上海地质环境演化与工程环境效应研究

严学新　史玉金　周念清 等　著

科学出版社

北京

内 容 简 介

  地质环境演化特征决定了区域工程地质与水文地质条件，城市工程建设必须以地质条件为基础。本书通过大量的现场调查、监测、取样和分析，从不同视角开展了相关专项研究，积累了丰富的资料，对上海市地质环境演化过程进行了系统归纳和总结，并对重点区域建设场地适宜性进行了综合评价。以城市超强度开发为诱因，针对高层建筑和地铁站深基坑开挖，城市地下空间大面积开发，隧道、桥梁及高架道路等基础设施建设过程中，产生的流沙、管涌、塌方、浅层沼气排放、地面沉降、水土污染等相关工程地质问题和工程环境效应进行了探讨，提出了各类地质灾害防治对策和措施。在此基础上建立了上海市工程地质信息化管理系统和服务平台，从点、线、面到三维地质体实现空间数据实时更新和可视化，随时可以提取工程建设所需的地质参数信息，为工程实践和城市安全提供强有力的技术支撑。

  本书可供地质工程、地下水科学与工程及土木工程相关专业的教师、研究生和科研人员参考。

审图号：沪 S（2020）104 号

图书在版编目（CIP）数据

上海地质环境演化与工程环境效应研究/严学新等著 . —北京：科学出版社，2021.9

  ISBN 978-7-03-067729-7

  Ⅰ.①上… Ⅱ.①严… ②史… ③周… Ⅲ.①地质演化-研究-上海 ②市政工程-环境效应-研究-上海 Ⅳ.①P562.51②TU99

  中国版本图书馆 CIP 数据核字（2020）第 262400 号

责任编辑：焦　健　韩　鹏　李亚佩／责任校对：王　瑞
责任印制：吴兆东／封面设计：无极书装

科学出版社 出版

北京东黄城根北街 16 号
邮政编码：100717
http://www.sciencep.com

涿州市般润文化传播有限公司印刷
科学出版社发行　各地新华书店经销

*

2021 年 9 月第　一　版　　开本：787×1092　1/16
2025 年 3 月第二次印刷　　印张：40
字数：948 000

定价：518.00 元
（如有印装质量问题，我社负责调换）

前　言

在漫长的地质历史演化进程中，由于地球的内外动力地质作用和地质环境的变迁，形成了现今相对稳定的地质构造格局和地形地貌形态。地质环境的演化过程，需要通过各种手段和方法对其进行反演，根据构造形迹、地层对比、岩性分析、同位素测年、古生物化石鉴定等，结合地质历史事件，恢复区域地质构造演化历史和形成环境。

上海是典型的河口海岸地区，河流冲淤积与滨海相沉积交互作用强烈，具有自身的沉积特点和演化规律。地层的沉积韵律、物质组成与地质环境演化过程决定了区域不同工程地质层的物理力学特性。地层沉积韵律一般是按照颗粒由粗到细、密度由大到小的顺序分层沉积，在地层剖面结构上表现为由老到新的顺序，地层沉积具有多期次、多旋回的特点。由于地壳构造运动，岩浆侵入或者河流侵蚀等地质作用，往往使地层的沉积韵律遭到一定程度的破坏，需要根据区域地层的特点进行对比分析，确定地层的形成时代，恢复地质演化历史。上海地区工程地质层序的划分主要是以第四纪沉积时代及成因、地层结构、岩性特征、物质组成及物理力学性质等来确定。在此基础上，根据地层形成机制、岩性特征、物理力学指标和工程建设的需要对区域地层进行工程地质分区，有利于了解不同区域和场地的工程地质条件，指导城市规划与布局，优化工程设计与施工管理等。

工程地质问题普遍存在，它在工程建设和运行期间使已有的工程地质条件产生一些新的变化，引发不良地质现象的发生，处理不当就会影响甚至威胁工程建设的安全。由于工程地质条件复杂多变，不同类型的工程对建设场地工程地质条件的要求不尽相同，工程活动遇到的工程地质问题可能多种多样，主要包括区域稳定性问题、场地地基稳定性问题、斜坡稳定性问题及硐室围岩稳定性问题等。城市高强度开发，涉及高层建筑、深基坑、高架道路、桥梁、地铁、隧道、地下空间、机场和码头、防汛墙等修建，都需要查清工程活动影响范围内的工程地质与水文地质条件。上海地区所面临的主要工程地质问题有以下几方面：软土地基变形、砂土液化、基坑突涌、地面沉降、浅层气害、河流冲刷、海岸侵蚀等。因此，需要对工程建设场地进行综合评级，既要考虑建设场地的稳定性，又要考虑建设场地的适宜性，对于不能满足建设要求的场地就需要采取加固措施，以满足工程设计和建设的要求。与此同时，对人类工程活动所产生的工程环境效应需要进行综合评价，促进人与自然的协调发展，达到保护地质环境的目的。

本书依托国土资源部与上海市人民政府科研合作项目"上海三维城市地质调查"子课题"上海市三维地质结构调查与地下空间开发适宜性评价"（子课题编号：基［2004］011–02）、国土资源部与上海市人民政府合作项目"上海海岸带综合地质调查与监测预警示范"（课题编号：Gzh201200506），上海市规划和国土资源管理局项目"上海市地质资料信息集群化和产业化三年行动计划（2009.7—2012.6）"，上海市科技攻关项目"深基坑降排水地面沉降机理与控制关键技术研究"（课题编号：12231200700）、"深层地下空间地质安全评估及利用技术"（课题编号：16DZ1201300）以及"上海市地下空间开发的地质条件和环境影响研究"（课题编号：04DZ1212）等所取得的一系列研究成果，进行系统归纳和总结，最后撰写成《上海地质环境演化与工程环境效应研究》一书。

完成的科研项目已获得了以下科技成果奖："上海地面沉降监测标技术与重大典型建筑密集区地面沉降防治研究"于 2004 年获得国家科学技术进步奖二等奖，"上海三维城市地质调查"于 2011 年获得国土资源科学技术奖一等奖，"上海市城市地质环境综合研究与应用"于 2011 年获得上海市科学技术奖科技进步奖一等奖，"上海地下空间开发地质环境适宜性评价与监测预警机制研究"于 2008 年获得国土资源科学技术奖二等奖，"长江河口区第四纪地质环境演化研究与应用实践"于 2012 年获得国土资源科学技术奖二等奖，"上海沿海地区地质环境综合评价关键技术及应用"于 2014 年获得国土资源科学技术奖二等奖。这些研究成果均以国家和上海市重大科研项目做支撑，取得的成果得到了国内外专家、学者和政府的高度认可，并为上海市的城市建设和经济社会可持续发展提供了强有力的技术支撑。

本书由严学新总工程师统筹协调，从书稿的定位、目录编排到内容章节安排，逐一进行审核。全书共分 10 章，包括：绪论、区域地质背景与演化特征、区域工程地质层序划分与工程地质分区研究、水文地质条件及其对工程建设的影响、主要工程地质问题及防治对策研究、建筑场地与中心城区地下空间开发适宜性评价、深基坑减压降水引发地面沉降机理及控制措施、重点区域工程地质调查与评价及环境效应、轨道交通工程地质安全评估及风险控制关键技术、工程地质信息化与服务体系构建。书稿由史玉金、周念清执笔撰写。参与本书撰稿工作的还有王军、王建秀、占光辉、刘映、刘婷、刘金宝、朱晓强、陈大平、陈洪胜、陈锦剑、李金柱、李晓、杨天亮、何晔、吴建中、张士宽、张金华、俞俊英、战庆、赵宝成、郭兴杰、唐继民、黄小秋、黄鑫磊、曾正强、彭文祥、温晓华、谢建磊、黎兵、董智渊、熊福文等，最后由周念清统稿。书稿经主要参与人员多次讨论最终定稿，在此对所有付出辛勤劳动的所有参著人员和默默奉献的科研工作者一并致以衷心的谢意。

作　者

2020 年 10 月 30 日

目　　录

第1章 绪 论

上海市域面积为 6833km^2，其地位在我国乃至全世界都举足轻重。上海所处的地质环境及其变迁在我国东部滨海平原区具有一定的普遍性和代表性，但其特殊性也十分显著。人类工程活动对地质环境会产生重要影响，同时地质环境对人类工程活动也会产生干预。对地质环境演化与工程环境效应进行研究，有利于了解长江三角洲及我国东部滨海平原地区地质环境的系统演化规律。

1.1 上海工程地质与城市发展

地质历史的演化进程经历了太古宙、元古宙、古生代、中生代和新生代等历史时期，其中在新生代第四纪我国青藏高原的持续隆起，塑造了中国现代地形地貌格局。特别是自第四纪以来，由于全球性古气候旋回的周期性变化引发了一系列环境效应，如沉积环境随海水升降、进退而发生变迁，受地壳构造运动与气候变化等内外地质营力长期作用的影响，在第四纪沉积层中留下了环境演化的相应证据，尤其是在沉降平原与滨海陆架交接地带对地质环境变化和海陆交替变迁的响应更为敏感。上海位于我国东部沉降平原与滨海大陆架这两个地质环境系统的交接带上，海陆交替作用强烈，充分利用蕴含地质事件的诸多信息，研究第四纪时期形成的沉积地层及环境演化规律，揭示早期的陆相环境、中期的海陆过渡及晚期以海相沉积环境为主的地质环境演变历史过程。第四纪期间，上海所处的地质环境是由沉降平原内部向平原前缘不断延伸形成的东部平原系统，再向滨海陆架系统逐步推进，且地壳沉降有渐行加强的演化趋势。

上海及广大沿海地区各类工程活动主要涉及第四纪地层。有关第四纪地层的正确厘定、岩土层的详细划分、岩性对比与分布特征、沉积环境变迁的重建等，都是工程地质研究的范畴，需要借助大量的勘察成果资料进行综合研究并给予充分、可靠的论证。近年来伴随着上海城市建设迅猛发展，分布较浅的晚第四纪地层的中砂层、硬土层是承载城市建（构）筑物桩基或天然地基的持力层，而城市超强度开发引发的地面沉降等地质灾害的控制愈加受到人们的关注，迫切要求对不同区域的第四纪地层结构、组成成分与沉积环境演变过程等基础地质问题进行深入的研究。通过对第四纪地层中沉积韵律与构造活动形迹的研究，以及区内磁性地层与极性年表的对比分析，可以为新构造活动性质及活动断裂的确定提供重要佐证。因此，研究第四纪沉积环境、地层结构与工程性质，无论是在理论上还是在实际工程应用上对工程地质学科的发展都具有非常重要的科学价值和现实意义。

上海市在解放初期人口只有 500 万人，到 1978 年为 1100 万人，1992 年为 1365 万人，截至 2018 年底常住人口已达到 2418.33 万人，全年实现国民生产总值 32679.87 亿元，成为长江三角洲的龙头。经济的高速发展和人口的快速增长带动了城市的扩张和大面积的开发，1979 年上海市超过 24m 高的建筑只有 135 幢，到 2013 年底已经达到 36055 幢。高层建筑层出不穷，上海的地标建筑"上海中心大厦"建筑主体地上 119 层，地下 5 层，总高度为 632m，占地面积 30368m²，总建筑面积达 57.8 万 m²，是目前国内最高的超高层建筑。上海于 1990 年 1 月 19 日开始修建地铁 1 号线，1993 年 5 月 28 日正式通车，随后相继有多条地铁线路开工建设和建成通车，截至 2019 年底已经建成通车的地铁线路有 17 条，运营总里程达 705km，拥有地铁站 415 座，位居全国第一。还有多条地铁正在兴建，"上海市轨道交通近期建设规划（2017—2025）"项目实施后，轨道交通网络规模将达到 24 条线路，总长度超过 1000km，车站总数 600 余座。另外，跨越黄浦江的大桥已经有 6 座建成通车，穿越黄浦江的隧道已有 13 条（不含地铁线路隧道）。上海的建设和发展速度，在全国都起到了示范和引领作用，也令全世界瞩目。

上海城市的发展，得益于广大工程地质工作者对城市建设场地和区域工程地质条件的深入研究。他们肩负起城市工程地质调查和研究的重任，付出了艰辛的劳动，为城市的建设和发展提供了强有力的技术支撑，做出了不可磨灭的贡献。同时，城市快速扩张和工程难度不断加大，也为工程地质工作者提出了更高要求，有力地推动了上海工程地质事业的蓬勃发展。

1.2　上海工程地质工作发展历程及研究意义

1.2.1　上海工程地质工作发展历程

上海是中国近代地质科学和地质工作的发端地之一，为我国地质学的创立和发展发挥了重要作用。上海的工程地质工作主要以服务城市建设为特色，其发展历程大致经历了 5 个阶段。

（1）晚清民国时期，地质科技教育逐步兴起，对地面沉降问题开始研究。

据相关史料记载，上海本地开展地质调查与钻探工作可以追溯到 1860 年，当时在黄浦路（今中山东路）美商旗昌洋行内钻探了第一口以取用地下水为目的的深度达 77m 的深井，于 1871 年开始观测记录水文资料。在 1920～1922 年，刘季辰和赵汝钧二人在松江和金山进行地质调查。在此期间，英、美学者先后发表了有关上海第四纪地层及地下水水质方面的研究论文。随后，美国人克里塞利用英商上海自来水公司在市区开凿的一些深井剖面资料，首次对上海第四纪地层做了较为深入的研究。在 1928 年 1 月～1932 年 9 月，著名地质学家李四光在上海创建了"中央研究院地质研究所"。

在上海张华浜附近于 1900 年设立了第一个水准点——吴淞零点，在 1910～1919 年，经反复水准测量，发现西门外一里程标高点高程有 3.96mm 微小变化，说明在此之前上海地面无明显的沉降现象。在 1920 年最早发现上海地面有下沉现象，是从潮水位上升和水准点高程降低发现的。在 1920～1946 年，市区水准点高程年平均降低达 30mm，当时已认识到地下水开采是造成地面沉降的主要影响因素，为地面沉降监测奠定了基础。

（2）中华人民共和国成立初期，地质工作重点是资源勘探，工程勘察初步应用于城市规划建设。

20 世纪 50 年代，上海地区的地质工作曾一度以石油等地质普查为主。1958 年，上海市成立了上海石油普查大队，初步查明了上海及周边地区全新世天然气形成、迁移、聚集规律和分布状况，编制了《上海市石油、天然气地质普查总结报告》。当时地质部在上海进行了 1∶100 万航空磁法及重力测量普查工作以及 1∶20 万高精度航空磁法普查。同时，还开展了石材、砂料、泥炭和煤等固体矿产资源的地质调查工作，编写了《上海地区矿产地质普查工作总结报告》。1959 年 4 月，上海市人民委员会决定将上海石油普查大队改建为综合性地质队伍，成立了上海市人民委员会地质处，首创了市政府直接管理地质工作、政事合一的城市地质调查专业机构。1960 年 6 月，上海市贯彻执行中央关于"大搞地质、抓地下资源"的指示精神，决定扩充上海的地质队伍，组建了上海市地质勘察局。

据地质档案资料记载，上海市地质档案馆馆藏的第一份报告是 1956 年 11 月 26 日编写完成的《上海市华东纺织工程学院工程地质勘察报告》。在当时，上海的许多钢铁、化工、制药、造船以及相关高校单位新建和扩建，加大了对工程勘察的需求。为此上海市编制了全市 33 个规划地区共 688km² 的 1∶1 万、1∶5 万工程地质图，着重调查了各规划区天然地基承载力、暗绿色硬土层作为桩基持力层的分布及可能发生流沙的地段，首次出版了《上海市工程地质图集》，成为上海城市规划、设计和建设施工的重要基础性技术资料。其间，还为上海市地铁、越江隧道的预期规划研究开展了前期地质调查工作，完成了选线勘察和部分地段初步设计及详勘工作。

（3）20 世纪 60～70 年代，环境地质调查工作得到加强，在城市建设中发挥重要作用。

自 20 世纪 60 年代起，上海市加强了地面沉降调查与控制措施的研究工作。为研究、控制上海地面沉降问题，1961 年 9 月，上海市基本建设委员会组织城市建设局、地质勘察局、港务局、公用局、隧道局，以及华东师范大学地质地理研究所、同济大学等单位，组成上海地面沉降问题研究小组开展工作。1962 年 5 月，地质部和上海市政府组建地质部水文地质工程地质第二大队，正式接受研究、控制上海地面沉降的科研项目。首先查清地面沉降原因，在此基础上有针对性地采取措施控制地面沉降。经过综合调查、地质勘查、专家论证，查明了过量开采地下水是引起上海地面沉降的主要原因。随即采取了压缩或限制地下水开采的措施，从 1966 年起基本上控制了上海市区的地面沉降，组织编写了《上海市地面沉降勘察研究报告》《上海市地下水动态观测总结报告》《上海市区地面沉降水准测量总结报告》《上海地区第四纪地质水文地质工程地质条件》等，取得了一系列的研究成果。

自 20 世纪 70 年代起，上海城市地质工作高度关注环境地质的调查与评价工作。1974 年，将地下水动态监测与地质环境工作相结合，提交了《上海市地下水污染监测工作总结报告》。1979 年，上海市开展环境地质普查与专题评价研究，先后提交了《上海市人工回灌引起地下水中酚污染问题探讨》、《上海市地下水中砷成因初步探讨》及《苏州河水质评价报告》等地质研究报告和相关成果，为评价水质、治理污染和合理保护提供了科学依据。

（4）20 世纪 80 ~ 90 年代，地质工作的内涵不断丰富，服务领域得到全面拓宽。

20 世纪 80 ~ 90 年代，上海市地质工作将重点转移至区域性地质调查和与城市发展建设紧密结合的工程地质调查工作上来，相继完成了 "上海市 1∶20 万区域水文地质普查"、"上海市 1∶10 万区域工程地质调查" 及 "上海市 1∶10 万区域环境地质调查" 等重大项目，编写并出版了 1∶20 万《上海区域地质志》，系统地建立了上海市地层层序，介绍了区域内有关基岩的构造格架及其特征，并汇集了从基础地质、构造地质到水文地质、工程地质、环境地质的众多研究成果，阐述了上海地区地质史的演变进程。对上海地区广袤厚积的第四纪地层进行了详细划分和典型表述，且被《中国地层典·第四系》广泛引用。

1986 年，先后完成了 1∶10 万《上海地区遥感解译地貌图》和《上海地区遥感解译第四纪地质图》的编制，编纂了《上海市航空遥感综合调查与研究》。遥感工作研究成果在上海市地质调查、资源评价、土地利用、环境整治、滩涂开发及城市综合管理等方面发挥了积极的作用。1991 年，为配合编制城市总体规划，进行了城区 1∶2 万工程地质详查工作，完成了主城区 600km² 工程地质勘察，基本掌握了上海市工程地质特征，对区域工程适宜性进行了评价，为城市规划部门和建筑设计提供了地质条件参考，也为场地选址提供了基础依据。

为推进上海市的抗震防灾工作，上海地矿局主动开展了地震地质研究。先后承担并完成了 "上海及邻近地区区域地震地质研究" 和 "上海地区地质构造研究" 等科研项目，对上海地区地震地质背景及构造稳定性进行了全面深入的研究与评价。

随着城市建设的快速发展，工程地质的服务领域得到不断拓展。为了配合浦东开发区的规划建设，上海地矿局及时开展了浦东地区工程地质详查和浦东张江高科技园区供水水文地质详查等专项调查工作。还为上海市地铁 1 号线、2 号线建设，南浦大桥和杨浦大桥，浦东国际机场等一大批重点基础设施建设开展了工程地质勘察工作。此外，还开展了大量的专项工程地质调查（主要包括卫星城镇、工业基地建设），以及为城市规划服务的工程地质调查等。

（5）进入 21 世纪，地质工作融入城市规划建设中，信息技术推动城市地质数字化。

在 21 世纪初，地质工作已开始从注重基础地质研究转向环境地质综合调查研究，目的是进一步查明全市范围内地质环境背景以及工业发展和工程建设活动而导致地下水污染的现状、原因与途径，着重研究人类工程活动与地质环境的相互作用和相互影响，在综合调查的基础上进行现状评价，提出防治对策。先后完成了中国地质调查局重点项目 "长江三角洲地下水资源与环境地质评价"、"上海市幅 1∶25 万区域地质调查"、"上海市国土资源遥感综合调查"、"上海市 1∶20 万环境地质调查" 以及 "上海市海岸带资源遥感调查与环境评价" 等项目，取得了丰富的研究成果，为国土资源开发与整治提供了科学依据，促进了经济建设与地质环境的协调发展，同时锻炼和造就了上海区域地质与环境地质调查的新兴人才队伍（张阿根，2006）。

工程项目建设都需要开展前期的地质调查工作，尤其是重大工程项目建设，为地质工作者提供了机遇和挑战，促进了地质工作融入城市规划建设和经济社会发展进程中。曾先后为"上海磁悬浮轨道交通""上海化工区""上海临港新城""上海世博会园区""沪崇苏越江桥隧""洋山深水港及东海大桥""西气东输管网"等一大批重大建设项目展开了地质调查与环境地质评价工作，及时提供了可靠的地质资料。同时，积极开展了地质灾害危险性评估，调查工程建设拟建场地已有或潜在的地质灾害，分析其对规划建设的影响，评价工程建设可能加剧或诱发地质灾害的可能性，提出防治对策和措施建议，确保工程建设安全与地质环境相协调。另外，在地下管线、障碍物的精确调查，城市防沉墙（海塘）的安全鉴定，重大工程三维变形自动化监测等方面，地质工作者也为此做了大量研究和探索工作。

地面沉降监测与防治历来是上海城市地质工作的重点，及时跟踪、引进国际地学界在地面沉降机理、模型和监测方面的最新成果，广泛地应用新方法和新技术，如 GPS、GIS、InSAR 等，在全市范围内建立了地面沉降 GPS 监测二级网，编制了地面沉降 GPS 监测技术规程，建成了自动化综合监测站及监控中心；应用 InSAR 编制了沉降区域图，建设了上海地面沉降自动化远程监测网络、预警预报及信息管理系统，进一步提高了地面沉降防治能力（张先林，2001；张阿根，2006）。

2004 年，上海开始启动了三维城市地质调查工作，旨在系统建立中心城区、外环线以外陆域、河口滨海地区工程建设影响范围内的地层地质结构模型，为地下空间开发、建筑桩基适宜性评价、工程地质概念建模、城市规划建设与管理工作，提供所需的开放的、动态的三维可视化城市地质信息咨询与服务平台，实现了地质信息的数字化管理，为城市数字化建设奠定了基础，由此开启了地质服务与城市规划建设、服务管理的新篇章。

1.2.2　研究意义

研究区域及场地的工程地质条件是开展一切工程项目规划、设计和建设的前提。为了推动城市建设的合理开发和利用，城市规划工作的开展需要将工程地质条件放在首位。一方面，需要对地质环境演化历史、区域和场地地质条件、地质灾害等情况有详细的了解，并根据所提供的数据资料预测不良地质条件对工程建设活动的影响程度及可能产生的后果，提出合理的解决方案，确保工程建设安全。另一方面，工程地质条件对于评价、预测人类工程活动对地质环境的影响也具有积极的作用。进行工程地质调查与研究工作可以防止人类工程活动对地质环境的过度干预和破坏，预防城市地质灾害对人们的生命财产安全造成威胁，以便科学合理地利用和保护地质环境。因此，对上海地质环境的演化与工程环境效应进行深入的研究，具有非常重要的理论价值和现实意义。

1.3　国内外研究现状

地质环境演化与工程环境效应研究，涉及构造地质、地震地质、水文地质、工程地质、第四纪地质、海洋地质、环境地质、土木工程及城市规划等相关学科，具体包括区域地质构造与地震特征，区域地层分布特征与岩性组成、区域稳定性与场地稳定性、海岸带冲淤积演化、城市地下空间开发及地质环境、深基坑降水、地面沉降及环境地质灾害、浅层气害、水土污染等多个领域。

1.3.1 区域地质构造与地震特征研究

区域地质构造与地震活动关系密切，国内学者对上海及邻近区域的地质构造和地震活动特征进行了广泛深入的研究，并对地震的基本烈度和危险性进行了综合评价，提出了许多预防措施（朱积安等，1984；朱积安，1990；朱履嘉和顾志文，1994）。结合区域地质构造特点、断层分布及地震活动历史，分析了区域内构造活动背景及潜在地质灾害（周积元和高灯亮，1995），并根据地区重磁场特征和断裂构造的关系进行了地震地质分析，研究断裂活动性与地震的关系（焦荣昌，1990；朱子沾和徐关生，1990；章振铨等，2004a）。其中，姚保华等（2007）对上海地区地壳精细结构进行了综合地球物理探测研究。朱子沾（1992）对上海市南部地区地震危险性进行了分析，确定了场区周围九个潜在的震源区，分析计算得出各潜在震源区的地震活动性参数，用概率论的方法，以洪华生等人提出的断层-破裂模型计算得到上海市南部地区地震烈度年超越概率，以及 10 年、20 年、50 年、100 年、200 年、300 年、500 年内场区的地震影响烈度超越概率，并对这一地区的地震危险性进行了估计。高灯亮（1990）也对上海及其邻区潜在地质灾害的构造背景与成因机理进行了探讨，提出了上海及其邻区楔形断裂系统的存在和活动是诱发有关地区潜在地质灾害的主导因素。沈建文等（1992）针对地震危险性分析的不确定性，将其分为客观不确定性和主观不确定性两类，认为客观不确定性往往伴随主观不确定性一起出现，因而在对客观不确定性作校正时应重视减小其中主观不确定性的影响。宋先月等（2003）就上海及其邻区的地壳形变速率与地震活动的关系进行了研究，取得了一些应用成果，对于工程建设中地震灾害的防治具有重要作用。

1.3.2 第四纪地层沉积韵律与地层对比研究

众多学者从不同视角对第四纪特征进行研究，如崔征科和杨文达（2014）对东海陆架晚第四纪地层层序及其沉积环境进行研究，探讨了拖痕、海流冲刷、浅层气和砂土液化等灾害因素的致灾机理和致灾结果；李从先等（2008）对中国河口三角洲地区晚第四纪下切河谷层序特征和形成进行了比较系统的论述，认为海侵序列是在海平面上升过程中，溯源堆积依次叠置而成的，其下部的河床相是在溯源堆积能到达而涨潮流未能到达的下游河段产生的，往往不含海相微体化石和潮汐沉积构造；李晓（2009）则对上海地区晚新生代地层划分与沉积环境演化进行了分析和比较。另外，闵秋宝和李从先（1992）根据微体古生物分析、综合岩性、孢粉、测年等资料，将长江河口晚第四纪古地理划分为末次冰期亚间冰期（35000～25000 年前）、末次冰期晚期（20000～15000 年前）、冰后期早期（14000～10000 年前）、冰后期中期（10000～7000 年前）和冰后期晚期（7000 年前至现代）五个阶段；王张华等（2008）对长江三角洲地区晚第四纪年代地层框架及两次海侵相关问题进行了探讨；张瑞虎等（2011）对长江口水下三角洲沉积物记录的古环境演化进行了比较系统的研究。

上海地区晚更新世地层有六个沉积相（邱金波和李晓，2007），其沉积顺序自下而上分别为河湖相、滨岸河口相、湖沼相、浅海相、滨海河口相、湖沼相，由三个陆相层和三个海相层组成，三次成陆，其间发生二次海侵，即早期的曹家渡海侵、中期的虹口海侵。晚更新世海面的变化，从地层沉积厚度和埋深分析，早期低海面可能在–135m 左右，中期和晚期低海面均可能在–60m 左右。晚更新世早期上海为湖河和广阔的滨岸河口，中期至晚期则体现了由浅海到三角洲的沉积特征。前三角洲相为浅海相，其上部为灰色粉质黏土夹砂，三角洲前缘砂为滨海河口黄色粉砂和青灰色细砂，三角洲平原相为湖沼相暗绿色硬土层。

晚更新世沉积物极为发育，剖面完整，可划分为早、中、晚三期。综合分析前人的研究成果，认为上海地区晚更新世出现过三次寒冷期和二次温暖期，与国际气候分期基本一致。晚更新世早期为闸北寒冷期，相当于里斯冰期（庐山冰期）；中期为早苏州河寒冷期，相当于早玉木冰期（早大理冰期）；晚期为晚苏州河寒冷期，相当于晚玉木冰期（晚大理冰期），其中早苏州河寒冷期沉积为湖沼相的暗灰色粉质黏土。在上海西部和西北部有两层暗绿色硬土层，埋深分别为 5～10m 和 20m，其前者为全新世海退期湖沼相沉积，后者为晚更新世晚期海退期湖沼相沉积。

不同的河口三角洲地区，地层沉积韵律有各自的特点，需通过对比分析来研究沉积规律。Cheng 等（2017）回顾了中国地貌学 40 年的研究发展进程；Dou 等（2015）对济州岛西南部末次冰期和全新世沉积物的物源及性能进行了判别；Deng 等（2019）曾对我国第四纪综合地层与时间尺度进行过研究；Yin 等（2018）将长江三角洲与红河三角洲全新世沉积演化过程进行过对比分析；Wang 等（2013a）对长江三角洲平原南部海岸沉积物特征与海平面升高进行了探讨。通过对第四纪地层的对比研究，对沉积环境的演化规律具有重要的科学价值。

1.3.3 海岸带冲淤积演化研究

上海地处东海之滨、长江入海口和钱塘江入海口之间地带，独特的地理位置致使海陆交互作用强烈。岸带冲淤积过程塑造了上海及周边海域的岸线形态，围垦和吹填活动对岸带演化也产生了重要影响。很多学者从沉积物特征、古气候演化等不同视角对海岸带冲淤积演化进行了研究，如长江口及东海内陆架全新世沉积物物源研究（Bi et al.，2016）；中国东部杭州湾近岸晚第四纪沉积环境演化与长江沿岸流的形成关系（Wang et al.，2015a）；从大陆架泥质沉积特征研究东海 2000 年来的古海啸（Yang et al.，2017）；东海内陆架泥区千年尺度气候变化的全新世记录（Li et al.，2015）；东海内陆架泥质沉积物稀土元素组成变化的高分辨率记录对古环境变化的研究（Mi et al.，2017）；东海内陆架泥质沉积物中黏土矿物的时空分布及其恢复全新世古环境变化（Liu et al.，2014）；利用沉积物元素比值可以重建东海冬季风强度（Yang et al.，2015b）；基于东海内陆架泥质沉积重建全新世古气候（Liu et al.，2013）；14000 年以来东海沉积环境的演化规律（Ge et al.，2016）；全新世东海内陆架高分辨率黏土矿物组合与东亚季风演化的关系（Fang et al.，

2018)；长江三角洲的形成及其对中全新世海平面变化的响应（Song et al.，2013）；等等。以上这些研究成果均从不同的视角采用不同的研究方法探讨了海洋环境的变化对海岸带冲淤积的作用机制与影响。

上海地层沉积与演化受到长江口、杭州湾和海岸潮汐的共同影响，有关长江口和杭州湾的研究成果比较多，如杜景龙等（2007）应用 GIS 对长江口横沙东滩近 30 年来自然演变及工程影响进行了对比分析，并就长江口北槽深水航道工程对周边滩涂冲淤的影响进行了研究；黎兵（2010）探讨了上海近岸海域近 30 年来的地形演变和作用机制；李鹏等（2007）对近 10 年来长江口水下三角洲的冲淤变化及演化趋势进行了系统分析；吴立成等（1996）对长江河口及其水下三角洲晚第四纪地层和环境变迁做了深入研究；刘光生（2013）对杭州湾水沙运动特性进行了系统分析；何小燕等（2018）就杭州湾北岸金山岸段滩势演变机制及趋势进行了分析和探讨。这些研究对上海市海岸演化发展趋势研究均具有重要的科学价值。

1.3.4　城市地下空间开发及地质环境研究

对城市地下空间开发及地质环境的研究和探讨比较多，如张弘怀和郑铣鑫（2013）对城市地下空间开发利用及其地质环境效应进行了系统的介绍；胡瑜韬等（2012）综合分析了上海深层岩土的工程性质、地下水等主要地质因素对深层地下空间开发的影响，结合地下空间开发现状和城市功能布局对地下空间开发模式进行了分析；范益群等（2014）提出了城市地下空间开发利用中的生态保护及相关问题；顾宝和（1993）关于城市地下空间开发中的工程地质问题，从土体的稳定与变形，地下水的勘查与治理，开挖支护与地质条件的关系，施工对已有工程的影响等方面进行了讨论；刘慧林等（2008）针对城市地下工程建设诱发的地质环境问题提出了相关的预防措施；刘堃等（2009）也就地下空间开发对城市地质环境的影响提出了一些保护措施；彭建等（2010）提出了基于层次分析法的地下空间开发利用适宜性评价；史玉金等（2016，2008）对上海深层地下空间开发地质环境条件及适宜性进行了评价，并就中心城区地下空间开发中面临的主要地质灾害问题提出了防治对策；王建秀等（2017）对上海市地下空间的地质结构及其开发适应性做了系统的分析；杨木壮等（2009）重点探讨了城市地下空间开发利用潜在的不利影响；严学新等（2004）长期致力于上海地下空间开发地质环境问题研究，提出了众多的工程措施，对城市建设起到了重要的引领作用。

1.3.5　深基坑降水引起的地面沉降及风险评估研究

高层建筑和地铁车站等工程都不可避免地遇到深基坑工程。国外对这方面的研究比较早，取得了很多研究成果，主要表现在监测技术、测试手段、作用机理和计算方法上，如利用 InSAR 测量绘制西班牙中部马德里地下含水层的水位和储水量变化图（Béjar-Pizarro et al.，2017）；研究基坑开挖对邻近建筑物的影响及引起的周边地面沉降（Zertsalov et al.，2014；Rahnema and Mirassi，2016）。

国内众多学者对深基坑降水进行了深入的研究，Zhang 等（2013）对上海深基坑施工中抽取承压含水层中的地下水引发的地面沉降问题进行了研究；Xu 等（2012）对地下结构穿透含水层引起的地面沉降做出了评价；Gao 等（2018）在分析上海地区承压含水层分布特征的基础上，对承压含水层突涌进行了分区研究，对具体工程实施具有很好的指导作用。

上海地下水位埋深较浅，深基坑施工均需要采取工程降水措施。上海地区深基坑降水目标层主要是第⑦层粉砂土层，地下水为承压含水层，降水的目的主要是降压，以防在基坑施工中出现坑底冒顶现象，同时要考虑降水引起周围环境的地面沉降问题。

深基坑降水大多采用数值模拟研究方法，优化降水方案和基坑围护结构设计，以地面沉降控制作为主要约束条件。如何对基坑降水方案进行优化，采取有效的基坑围护措施尽量减轻工程活动对周围环境的影响显得尤为重要（Wang et al.，2013b；You et al.，2018；Li，2014）。基坑降水不可避免地会引起地面沉降问题。Wang 等（2015b）对上海市工程降水引起的地面沉降进行了防治分区研究。为了减轻地面沉降造成的影响，需要采取止水帷幕的方式，如采用悬吊式止水帷幕预防深基坑降水引起的地面沉降（Yang et al.，2015a），也有采取工程回灌的措施减轻地面沉降的发生（Zheng et al.，2018）；另外，可以利用 PS-InSAR 预测地铁建设运营引起的地面沉降时空分布规律（Wang et al.，2017）。

杨科和贾坚（2013）对上海软土基坑变形土体扰动机理及室内试验进行了研究，分析了软土基坑变形的机理；赵民等（2011）对基坑降水的环境影响评价体系进行了系统研究；郑剑升等（2003）研究了承压水地层基坑底部突涌及解决措施；叶为民等（2009）就深基坑承压含水层降水对地面沉降的影响进行了分析；陈洪胜等（2009）对上海深基坑工程地面沉降危险性进行了分级；陈晖（2006）针对上海典型地质条件变异性引起的基坑工程失效风险进行了分析；兰守奇和张庆贺（2009）基于模糊数学理论评估了深基坑施工期的风险；陈有亮等（2008）采用有限元法分析了深基坑地连墙开挖的变形问题；胡展飞等（2005）对软土基坑突水基底变形进行了研究和探讨；金小荣等（2005）分析了基坑降水引起周围土体的沉降性状及规律；陆建生（2015）探讨了悬挂式帷幕基坑地下水控制中的有关尺度效应问题；黄鑫磊等（2014）对深基坑减压降水设计进行了优化，并对止水帷幕隔水效应进行了分析；许胜等（2008）采用三维黏弹性全耦合模型对深基坑降水与地面沉降进行了数值模拟研究；刘学昆和崔溦（2012）考虑软土低应变性态对深基坑变形问题进行了分析；骆祖江等（2006）利用地下水渗流理论对深基坑降水与地面沉降变形进行了三维耦合数值模拟；缪俊发等（2011）提出了基坑工程疏干降水效果分析与评判方法；瞿成松等（2012）基于浅层地下水回灌对基坑工程沉降防治进行了分析与计算。

场地地质条件是建立数学模型的基础，骆祖江等（2008）、Dassargues 等（1991）曾对上海第四纪沉积层岩土工程特性进行了研究。针对基坑渗流计算的研究成果比较多，吴林高等（2009）将渗流理论与工程实践相结合，解决了众多的工程地下水问题。俞洪良等（2002）基于二维有限元方法对基坑施工不同阶段的地下水渗流特征进行了分析。对于深基坑工程，围护结构入土深度与降水管井滤管位置及组合关系不同，降水产生的效果存在明显差异，可以根据降水数值模拟结果，优化基坑降水方案。Wang 等（2009）对上海地铁 9 号线宜山路地铁站的承压含水层进行了数值计算，提出了几种比选方案，对于有效控制周边环境的地面沉降起到了良好的效果。Zhou 等（2010）以上海地铁 10 号线航中路地铁站为例，基于三维地质体特征，采用三维有限差分法对围护结构不同深度的基坑降水进行数值模拟，使基坑围护结构设计得到了优化。

　　风险评估始于 20 世纪 60 年代，国内外不少学者曾对此进行了研究，取得了许多成果。有关地铁与隧道工程风险分析与评估，Sturk 等（1996）在瑞典的斯托克霍姆环线隧道建设中，提出了一种大型地下工程建设风险决策分析系统；Kampmann 等（1998）结合哥本哈根地铁工程提出了 40 多种灾害、10 种风险类型和 48 个风险减轻措施；陈神龙等（2006）利用模糊综合评判法对地铁车站施工进行了风险评估；王岩和黄宏伟（2004）运用层次-模糊综合评判法对地铁隧道进行了安全评估；宋飞和赵法锁（2008）针对层次分析法在风险分析中应用的不足，探讨了层次分析法在 MATLAB 中的实现过程，编制了相应的子函数程序；徐岩和赵文（2008）对沈阳地铁的降水工程专门进行了风险分析；陈太红等（2008）、孙明和高兴（2007）从施工、设计、管理等方面提出了地铁工程建设中风险的防范控制措施。这些研究成果有不少内容是涉及地下水风险的，但没有一个专门针对地下水风险的评估体系。

　　风险评估的方法有很多，每一种方法都有它的适用范围和不足之处。近几年来许多学者对各种经典的评估方法进行了改进，吸取了各种方法的优点。Markowski 和 Mannan（2008）为了克服传统风险矩阵法的不精确和不确定性，在风险矩阵法中引入了模糊逻辑的概念；Shalev 和 Tiran（2007）将故障树方法与状态监测数据结合，使其能够在系统的整个生命周期内实时更新并且进行维护，而不仅限于设计阶段；Rezaie 等（2007）提出了推广蒙特卡罗模拟法，考虑了时间、成本等不确定因素之间的联系。

　　地铁工程是一个复杂体系，具有隐蔽性和不确定性。地铁工程地下水风险因子就更为繁杂多样。如要将各种因素尽量全面概括，又要使整个风险评估模型可以有序、有效地运行，就需要通过层次分析法来将各类风险因子进行分层分析，确定各因素的权重，使管理者明确应该在哪方面给予更多的重视。同时，针对地铁工程地下水产生危害的不确定性、模糊性的特点，可以利用模糊数学的原理来得到一个更为接近真实情况且更为精确的评价。因此，这里拟采用层次-模糊分析法对地铁工程进行地下水风险分析。

　　风险评估一般采用模糊风险矩阵进行评判（Markowski and Mannan，2008），也可以基于状态的故障树分析，采用一种改进的故障树分析可靠性和安全性并进行评估（Shalev and Tiran，2007）。采用不同方法对不同城市、不同区域进行风险评估，有利于了解各地区的风险防控等级。Wang 等（2008）通过大量的数据资料对中国城市自然灾害进行了系统的区划。

1.3.6　地面沉降及环境地质灾害研究

　　上海市自 1921 年发现地面沉降以来，至今沉降面积已达 1000km² 以上，沉降中心的最大沉降量达 2.6m，市区地面平均每下沉 1mm 造成的经济损失约为 1.56 亿元。上海市地面沉降的原因最初是超采地下水所致。在 20 世纪 60 年代中期开始严格控制地下水的开采，并采取人工回灌的措施使地面沉降的下降速度得到有效控制。近年来，城市超强度开发又导致了地面沉降的加速。对诱发工程性地面沉降机理及潜在危害进行研究，有利于地面沉降的防控。

20 世纪 90 年代初，上海市（Xu et al.，2012；Zhou et al.，2010）、河北省和江苏省等地都先后出现了不同程度的区域性地面沉降问题，众多地质工作者都非常关注城市的地面沉降问题。目前，中国有 50 多个城市发生了地面沉降。长江三角洲、华北平原和汾渭地堑是我国三大地面沉降带，特别是长江三角洲地区是最为严重的地区，原来分散的沉降区现已连成一个整体，成为跨省的区域地质灾害。由于地面沉降的不可逆性，大部分损失的地面高程无法恢复，因此上海市中心的地面低于黄浦江的高潮位，对城市防洪和排水造成严重威胁。

上海地区地面沉降与第四系水文地质工程的地质特征关系非常密切（包曼芳等，1981）。张云等（2003，2006）对上海现阶段主要沉降层及其变形特征进行了分析，特别对地下水位变化模式下含水砂层变形特征及上海地面沉降特征做了探讨。此外，相关研究包括：深基坑减压水引发的地面沉降效应分析（杨天亮，2012），深基坑降水与地面沉降控制研究（骆祖江等，2007），地面沉降对地铁施工测量的影响及应对措施（耿长良等，2011），上海城市建设对地面沉降的影响（龚士良，1998），城市高架道路沉降监测研究（黄小秋，2007），区域沉降对城市轨道交通建设的影响及应对措施（刘运明，2016），上海地面沉降及其对城市安全的影响（魏子新等，2009），上海地面沉降的研究（李勤奋和王寒梅，2006），上海市地面沉降防治措施及其效果（刘毅，2000），上海地面沉降风险评价及防治管理区建设研究（王寒梅，2010），区域地面沉降对上海地铁隧道长期沉降的影响评估（吴怀娜等，2017），高层建筑群引起的地面沉降与土体孔隙结构离心模型的试验研究（Cui and Tang，2010），上海市外滩防汛墙结构沉降的预测研究（陈宝等，2006），上海城市地貌环境形变与防汛墙地理工程透析（戴雪荣等，2005），上海地面沉降与城市防汛安全（龚士良和杨世伦，2008a），地面沉降对上海城市防汛安全的影响（龚士良和杨世伦，2008b），地面沉降对上海黄浦江防汛工程的影响分析（龚士良等，2008），上海市黄浦江防汛墙评价（顾相贤，2000），黄浦江防汛墙沉降特征及其对防洪能力影响的分析（沈洪等，2005），基于野外试验的上海市地下水人工回灌可行性分析（桓颖等，2015），水位与沉降双控模式下浅层地下水压力回灌试验研究（杨天亮等，2010），地下工程建设对城市地下水环境的影响分析（杨晓婷等，2008），南水北调工程对长江河口生态环境的影响（陈吉余和陈沈良，2002），上海市地下水超采现状及防范措施（俊英等，2000），上海城市地貌形变的生态环境效应及应对策略（李超和戴雪荣，2011），侵蚀性地下水对地下结构工程的影响、评价标准及其防治措施（刘恩军，2001），地下水对建筑基础工程、地下隐蔽工程的腐蚀性分析（王会兰和杨雷鹏，2006），上海市潜水含水层环境水文地质评价（孙翠玉，1987），地下工程的工程地质和环境地质问题研究（郎宝玉，1992），上海某地铁站试降水对周边环境的影响分析（唐益群等，2008），地铁隧道施工对周边环境影响的数值分析方法适宜性评价及其改进方法（滕延京等，2011）。

城市地质灾害研究首先需要对致灾因子进行识别，并对其进行分析和综合评价。国外对这方面的研究较早，如 Kozlyakova 等（2015）对莫斯科地下工程地质进行了分区；Oliveira 等（2017）进行了固化时间对化学稳定软土蠕变特性影响的数值模拟。

中国是一个幅员辽阔的国家，南北纬 50°，东西经 60° 以上。气候、地形、地貌、地质等自然条件差异较大。值得注意的是，中国大多数城市都位于极易受到各种自然灾害影响的地区（Wang et al., 2008）；城市灾害发生频率很高，其损害在时间和空间上都是巨大的。

城市化是世界各国发展的必然趋势，城市化的驱动力是经济发展和社会进步。在这个时代，全世界一半的人口生活在城市地区。根据联合国的报告，到 2050 年，这个数字将上升到 70%。特别是中国的城市人口不断增长，到目前已经超过 50%，正处于快速城市化进程中。

经济的快速发展极大地加速了中国的城市化进程，特别是 1978 年改革开放以来，城市人口和城市规模迅速增加。人类活动的直接和间接影响日益对自然地质环境造成巨大压力和威胁（Baioni, 2011；Wu et al., 2001；Liu et al., 2004；Li et al., 2011），对长江中下游城市的地质环境产生了一定的负面影响。同时，城市资源开发、土地利用、垃圾处理、环境保护、防灾等问题日益突出，直接影响和制约着城市经济的发展。因此，最紧迫的任务是制定合理的城市规划和发展政策。

环境地质灾害是城市化进程中不可避免的，地质灾害的数量和影响程度在稳步增加（Ge et al., 2011），这些问题在全世界受到越来越多的关注（Glassey et al., 2003；Kadirov et al., 2012；Ghobadi and Fereidooni, 2012；Lepore et al., 2012）。毫无疑问，所有这些小规模或大规模的环境地质灾害已造成社会和经济的实质性和持续性损害。渐进式城市化被广泛认为是诱发越来越多地质灾害的因素之一（Sengezer and Koc, 2005；Villarini et al., 2010）。在过去的几十年中，城市化发展已经普遍发生在所有地方（Nirupama and Simonovic, 2007）。尽管如此，正如 Diamond 和 Hodge（2007）指出的，城市化存在更有效利用土地资源和更有效开展公共交通等积极方面。

1.3.7　城市地下空间工程环境地质效应的类型及其潜在危害

城市地下空间工程环境地质效应具有一般地质效应的共同特点，但也具有其自身的特性，这是由城市地下空间开发的特点所决定的。因城市人口和财富相对集中，地上地下建筑物和各种管道及电缆交叉分布，一旦受灾，损失大大超过其他地区。城市地下空间工程环境地质问题包括：地下空间开发引起的地面沉降，软土层中沉井与盾构法施工隧道引起的工程环境地质问题，沉桩施工对地下空间工程环境的影响，海平面上升对地下空间发展的影响，浅层沼气囊体对地下空间开发利用的工程环境地质问题，隧道工程施工中化学灌浆对工程环境地质的影响，以及地下空间开发引起的粉砂性土层液化等。

1）地下空间开发引起的地面沉降

上海是中国最早发现区域性地面沉降的城市。其中以 1957~1961 年沉降量最大，年沉降量 110mm，沉降中心区最大年平均速率达 200mm。市中心区 1921 ~ 1965 年最大沉降量达 2.63m。由于从 1962 年开始压缩地下水开采量，1965 年又辅以人工回灌，调整开采层次，使地面沉降基本得到控制，年沉降量仅 2.2mm，并出现短时反弹现象。20 世纪 90 年代以来，上海地区开始新一轮大规模开发，如地铁、越江隧道、大型地下购物中心和停车场等的建设，使地下空间利用程度不断提高，工程扰动现象相当严重，由工程环境地质效应诱发的地面沉降问题也逐渐显现。自 20 世纪 90 年代以来，上海地面的沉降速率在逐年增加，至 2002 年，沉降量为 196.8mm，年均沉降量 15.1mm，有的区域地面沉降量有较大增加的趋势（根据最新资料统计，上海的地面标高平均在 3.50m 以下，最低标高在 2.20 ~ 2.50m，如果不采取有效措施控制地面沉降，以 2.20m 标高处计算，100 多年以后，上海部分地区的地面与海平面将成为一个平面）。90 年代以来，在地下水开采严格控制，回灌量一直大于开采量，地下水动态历年基本保持稳定的情况下，地面沉降的速率却在明显地增加。多年实践证实，工程环境地质效应是引起上海地面沉降的主要原因之一。如地铁 1 号线（1994 年建成）通车至今，某些区段最大沉降量已超过 20cm；地铁 2 号线 2000 年 4 月 ~ 2001 年 4 月沉降量平均达到了 14.25mm。可见，地下空间开发工程环境地质效应诱发的地面沉降已经成为上海城市新的重大地质环境问题。

2）软土层中沉井与盾构法施工隧道引起的工程环境地质问题

上海地区地下空间的利用（如建造沉井、隧道工程等）主要是在 0 ~ 40.00m 浅层软土层中，不论采用盾构、沉井或基坑法，均会扰动土层，产生软土层蠕动、饱水砂性土的管涌、地面沉降、土体变形等工程环境地质问题。在淤泥质软土地层中开挖隧道，不论采用何种方法都会产生不同程度的工程环境地质问题，如地面沉降、坍塌等，特别是在松软含水不稳定的淤泥质黏土层的浅覆隧道中，这种现象尤为明显。用沉井与盾构法施工隧道过程中及施工后出现的工程环境地质问题的工程实例，在上海地区不胜枚举。其典型的实例为地铁 4 号线越江隧道区间用于连接上、下行线的安全通道工程施工作业面内，冻结土层软化导致大量水和泥沙涌入隧道，造成隧道部分结构损坏，周边地区地面沉降，3 栋建筑物严重倾斜，黄浦江防汛墙局部塌陷并引发管涌，直接经济损失 1.5 亿元，属重大工程事故。如何保持淤泥质黏土层中地下工程施工时开挖边坡的稳定性，以及防止淤泥质黏土层中沉井与盾构法施工隧道引起的工程环境地质问题，是岩土工程界研究的主要任务之一。

3）沉桩施工对地下空间工程环境的影响

20 世纪 90 年代以来，上海地区多层、高层和超高层建筑群不断涌现，沉桩对地下空间开发的影响主要来自沉桩的挤土效应，其影响作用的大小取决于桩型、桩间距、沉桩方法及地基土的类型等因素。其中尤以在饱和土层中沉入大量密集型的实腹型群桩的影响最为严重。在饱和软土中沉桩时，桩身被"刺入"时，桩周土体中的原有力平衡遭到破坏，产生非常高的超孔隙水压力，造成土体的垂向隆起与水平位移。由于饱和黏土的渗透系数很小，在此类土层中由沉桩产生的超孔隙水压力消散速度很慢，地基土垂向隆起在超孔隙水压力影响范围内对地下建筑物的损坏程度比较严重。

　　4）浅层沼气囊体对地下空间开发利用的工程环境地质问题

　　上海地区浅层沼气（天然气）在嘉定至奉贤南北向古海岸线以东广泛分布，是第四纪全新世浅海相沉积的产物。随着上海城市建设的迅速发展及大量地下工程的兴建，沼气无疑对地下工程施工、运转、管理带来诸多不利影响。开发利用上海地区的地下空间时，对浅层沼气存在的地区，必须首先考虑浅部地层中的沼气造成的地下工程环境地质问题，要充分认识这一点，制定适当的开发对策，消除沼气囊体对地下空间开发的不利影响，才能达到安全开发利用地下空间的目的。

　　5）隧道工程施工中化学灌浆对工程环境地质的影响

　　在地下工程施工中采用化学灌浆来实施加速护壁措施或堵漏处理。如 2003 年 7 月 1 日凌晨发生的上海地铁 4 号线的工程事故封堵流沙作业，灌浆就达 1.3 万 m^3，至于对地下掏空部位的灌浆量更是无法统计。化学灌浆材料多数具有不同程度的毒性，特别是有机高分子化合物（环氧树脂、乙二胺、苯酚）毒性复杂，不论是在制备、配制，还是在施工灌浆中，作业人员都要接触这些有毒物质。此外浆液注入构筑物裂缝与地层空隙后，通过溶滤、离子交换、复分解沉淀、聚合等反应，不同程度地污染地下水，甚至造成公害。因此，如何防止地下空间开发中化学灌浆对环境的污染不仅对施工者、场地附近居民的工作和生活环境很重要，而且对保护环境特别重要。

　　隧道建设一般采用明挖回填法和钻挖法，其中明挖回填法是最简单最直接的方法。钻挖法则是先在地面某处挖一个竖井，再在井底挖掘隧道，它的优点是对街道或其他地下设施的影响非常小，甚至可在水底建造。地铁车站建设一般采用深基坑的方式，基坑按施工方法的不同有明挖法、暗挖法和盖挖法，根据施工顺序不同又可分为顺挖法和逆挖法。施工一般采用明挖顺作法、基坑盖挖顺作法、基坑盖挖逆作法等几种常用方法。

1.3.8　轨道交通相关问题研究

　　地铁轨道交通建设最早始于英国。1860 年，在英国伦敦帕丁顿（Paddington）的法灵顿（Farringdon）街和毕晓普（Bishop）路之间的一条长 6km 的地铁开工，采用开挖回填的方法建造，并于 1863 年 1 月 10 日全线通车，这就是世界上首条地下铁路系统——伦敦大都会铁路（Metropolitan Railway），采用蒸汽机车牵引。1890 年，伦敦第一条 4.8km 的电气地铁开始运转，1900 年伦敦开始建造更多的管式地铁，并对开挖回填式线路进行电气化改造。1896 年，奥匈帝国的布达佩斯开通了欧洲大陆的第一条地铁，共有 5km，11 站，现今仍在使用。1898 年巴黎开始建造一条长 10km 的地铁，1900 年地铁开通。

　　1895～1897 年波士顿建成美国第一条地铁，长 2.4km。1904 年 10 月 27 日，当时世界最大的地铁系统在纽约市通车。1913 年，位于南美洲的布宜诺斯艾利斯地铁建成通车。20 世纪 30 年代，莫斯科建立了地铁系统。1954 年，加拿大多伦多市地铁通车。亚洲地区的日本东京、京都、大阪、名古屋等地先后于 1927 年、1931 年、1933 年和 1957 年陆续建成地铁。

　　在我国，北京地铁一期工程于 1965 年 7 月 1 日正式开工，这是中国第一条地铁线路。1969 年 10 月 1 日完工并投入运营，1969 年 11 月因路线供电方式有缺陷，经过路线改造后于 1971 年 1 月 15 日继续运营。1990 年 1 月 19 日上海开始兴建地铁，1993 年开通第一条路线，截至 2019 年上海已经建成世界上规模最大的地铁网路。

1.3.9　三维地质建模与数字化信息研究

三维地质建模最早是由加拿大 Simon W. Houlding 于 1993 年提出的。我国自 20 世纪 80 年代末开始引入 Earth Vision 以来，开展三维地质建模研究已经有 40 多年的历史。近年来应用 Earth Volumetric Studio 软件（以下简称 EVS）进行三维地质建模比较广泛。有关三维地质建模的研究，在国内发展很快。结合 GIS，将工程地质信息管理三维可视化（朱发华等，2009），并基于 GIS 编制城市工程地质系列专题图件（汤连生等，2007），其中 CAD 软件在工程地质三维建模中的应用是基础（徐文杰等，2007）。马锋（2015）基于 MapGIS 的工程地质资料集成与服务开展了相关研究。朱桂娥等（2000）结合上海市特点对多层结构地下水系统准三维模型进行了改进。目前三维地质建模主要有两个作用，一是为数值模拟提供基础模型，二是对地质环境进行整体评价。此外，数字化信息的研究领域不断得到拓展，如基于 GIS 和遥感应用的地下水资源潜力评价（Sunitha et al.，2016），基于 GIS 和地理信息的纳布勒–哈马马特地区滑坡制图（Haddad et al.，2016），等等。

数字化地球是利用数字技术和方法将地球及其上的活动和环境的时空变化数据，按地球的坐标加以整理，存入全球分布的计算机中，构成一个全球的数字模型。其在高速网络上进行快速流通，这样就可以使人们快速、直观、完整地了解我们所在的这颗星球。"数字地球"将最大限度地为人类的可持续发展和社会进步以及国民经济建设提供高质量的服务。数字化城市是从工业化时代向信息化时代转换的基本标志之一，它一般指在城市"自然、社会、经济"系统的范畴中，能够有效获取、分类存储、自动处理和智能识别海量数据的、具有高分辨率和高度智能化的、既能虚拟现实又可直接参与城市管理和服务的一项综合工程。智慧城市是利用各种信息技术或创新概念，将城市的系统和服务打通、集成，以提升资源运用的效率，优化城市管理和服务，以及改善市民生活质量。智慧城市是把新一代信息技术充分运用在城市中的各行各业，基于知识社会新一代创新（创新 2.0）的城市信息化高级形态，实现信息化、工业化与城镇化深度融合，有助于缓解"大城市病"，提高城镇化质量，实现精细化和动态管理，并提升城市管理成效和改善市民生活质量。

2019 年，自然资源部组建后的第一次全国国土测绘工作座谈会在北京召开，宣布启动全国"十四五"基础测绘规划编制工作，建设城市地质信息大数据平台。平台构建目标任务是，将城市地质调查产生的地质资料和成果收集、处理、检查、入库，建立多源、异构、海量的地质数据集成的"数据中心"；综合利用 GIS、三维、数据库等技术，建成面向专业研究的基础工作平台、面向政府规划管理的三维可视化决策支持平台、面向社会公众的地质信息共享服务平台。

1.4　研究方法、研究内容与技术路线

1.4.1　研究方法

　　上海市地质调查工作已经有上百年的历史，积累了大量的地质数据资料，通过不同年代的资料汇编和整理，并随着科学技术的进步，采用的方法除了钻探取样、现场试验和室内试验外，信息技术和地球物理勘探技术、遥感技术等都得到了广泛的应用，在此基础上进行了大量的理论分析和数值模拟计算，尤其是对上海地区面临的最为严峻的地面沉降问题、岸带演化和变迁问题以及人类活动所引起的水土污染问题，采用了多种方法进行试验和数值研究，探讨了问题产生的机理，为问题的解决提供了技术方案。结合计算机信息技术和网络监测技术，开发了各类信息系统，为上海的发展提供了强有力的技术支持。

　　自 20 世纪 50 年代以来，上海市进行了区域、专项、工业与民用建筑地质勘察等大量的工程地质工作，采用工程地质测绘、工程地质钻探、原位测试、地球物理勘探、工程地质监测等方法，开展了工程地质信息化建设工作，取得了比较丰硕的成果。区域工程地质调查的开展，主要是结合城市规划、供水需要进行了系统的工程地质调查工作。1982 年，上海市水文地质工程地质队开展了上海市 1∶10 万工程地质普查，查明了 75m 以浅土体的岩性、成因类型、地质年代、工程地质特性及动力地质作用（现象）的区域性分布规律，对主要工程地质问题做了较为全面的论述。

　　工程地质调查方法主要包括以下方面。

　　（1）工程地质测绘。主要工作方法有路线测绘法、地质点测法、实测剖面图法等。工程地质测绘是工程地质调查的基础性工作，GPS、遥感、GIS 等技术在地质测绘领域得到了应用，体现了工程地质测绘的发展方向。GPS 可以确定观测点位的三维坐标，具有精度高、效率高、操作简便等优点，特别是在通视困难或工期紧的情况下，更能发挥其优势。GPS 将观测数据导入计算机后进行分析与处理，极大地方便了地质测绘人员的工作，大大缩短了作业时间，有效提高了地质测绘的精度。GIS 既可自动绘制各种工程地质图件，还能处理图形、图像、空间数据，进行相应属性数据的数据库管理、空间分析等。采用信息化手段进行工程地质测绘工作是工程地质调查发展的必然趋势。

　　（2）工程地质钻探。工程地质钻探是指利用机械设备或工具，在岩（土）层中钻孔，并取出岩（土）心（样）了解地质情况的手段，它是工程地质调查的一种勘探方法，目的是了解与各类建筑物（大坝、隧道、厂房等）有关的工程地质和水文地质条件与问题。钻探一般是在工程地质测绘和地球物理勘探获得一定资料的基础上，为进一步探明地下地质情况而进行的。目前钻探仍是工程地质调查工作的主要手段，其钻进方法及机具种类较多，视具体任务的需要采用。按钻进方式可分为冲击钻进、回转钻进和冲击–回转钻进三类。

　　（3）原位测试。原位测试是在岩土层原来所处的位置，基本保持岩土体天然结构、天

然含水量及天然应力状态下，测定岩土的工程力学性质指标。常用的原位测试方法有：载荷试验、静力触探试验、旁压试验、十字板剪切试验、标准贯入试验、波速测试及其他现场试验。其优点是可以测定难于取得不扰动土样的有关工程力学性质，可避免取样过程中应力释放的影响；影响范围大，代表性强。不足之处是各种原位测试有其适用条件，有些理论往往建立在统计经验的关系上等。影响原位测试成果的因素较为复杂，使得对测定值的准确判定造成一定的困难。

（4）地球物理勘探。地球物理勘探是应用观测仪器测量被勘探区的地球物理场，通过对测量场数据的处理和地质解释来推断和发现地下可能存在的局部地质体、地质构造位置、埋深、大小及其属性的科学。工程地球物理勘探方法主要有以下几种。①地震勘探，地震勘探在工程领域发展较快。人工激发震源地震波勘探是应用较多的一种地震勘探方法。近年来，水平地震剖面法、长距离超前预报法等技术的应用，基本解决了利用反射波地震勘探进行隧道超前预报的难题。国内部分大型工程利用弹性波、纵波对工程岩体质量进行定性评价，取得了显著效益。另外，地震成像方法发展较快，可利用探孔、边坡等进行平面或立体地质成像，使地质勘测向定量化方向发展。②电磁勘探，包括天然场源的电磁测探和人工场源的连续电磁波勘探等多种方法。近年来，电磁勘探在工程中的应用越来越广泛。例如，可控源音频大地电磁法、二维和三维电阻率成像等技术，在工程中可用来推测深埋长隧洞围岩介质的结构特征、隐伏断层、破碎带及异常区等各种有可能影响工程的因素，取得了显著的经济效益。③电法勘探，主要有电阻率、充电和自然电场、激发极化、电磁感应等方法，电阻率法应用较多。近年来，高密度电法勘探借鉴地震勘探的数据采集办法，实现了数据的快速、自动采集，以二维方式实时处理和显示勘探成果，并发展为多源、多点、多线测量，基本实现了三维观测技术。④地球物理测井，由于数值模拟和计算机技术的发展，地球物理测井基本实现了动态测井技术。钻孔彩色电视技术更广泛地应用于地质勘测领域，使地质勘测向定量数据化方向发展。

（5）工程地质监测。工程地质监测是指定期观测工程建筑物地基、围岩、边坡工况和有关不良地质现象变化过程的工作。水电工程建设和运行期间，为了准确预测渗漏、岸坡稳定性、地基沉陷、硐室围岩变形及水库诱发地震等问题，除进行地质勘探和试验研究外，有时需要较长期的观测、监视不良地质现象及其有关因素的动态和变化规律，以便及时采取防护和处理措施。由于水电工程的特殊性和近年来高坝、大库的兴建，工程地质监测技术日趋重要，它不仅是预测险情的有效方法，而且是工程地质勘察工作中不可缺少的手段。

1.4.2　研究内容

（1）区域地质背景与演化特征研究，主要介绍上海市的地形地貌特征、晚更新世以来第四纪沉积环境演化规律以及基岩地质及地壳稳定性等。

（2）区域工程地质层序划分与工程地质分区研究，包括工程地质层的沉积韵律、工程地质层序划分、湖沼平原区工程地质层沉积环境分析及层序确定、河口沙岛区浅部砂和粉性土层沉积环境分析及层序确定、海陆一体工程地质结构构建、工程地质层与水文地质层对比分析、海陆一体工程地质层统一厘定以及工程地质分区研究。土体类型及其工程地质性质，主要阐述工程层分布规律及评价，以及不良地质条件及其对工程的影响。

（3）水文地质条件及其对工程建设的影响，针对工程活动影响范围内的潜水、承压水对工程建设的不良影响进行研究，包括水文地质层划分、水文地质层结构特征及分区、地下水开发利用及变化特征、地下水与工程建设相互影响。

（4）主要工程地质问题及防治对策研究，包括地基变形、砂土液化、基坑突涌、地面沉降及浅层气害等内容。

（5）建筑场地与中心城区地下空间开发适宜性评价。建筑场地工程地质条件分析与建设适宜性评价，主要介绍天然地基工程和桩基工程。中心城区地下空间开发及场地适宜性评价，包括上海地下空间开发现状、中心城区工程地质条件、影响地下空间开发的主要工程地质问题、中浅层地下空间开发适宜性评价、深层地下空间开发适宜性评价。

（6）深基坑减压降水引发地面沉降机理及控制措施，包括深基坑工程地质环境条件、深基坑减压降水引发地面沉降机理研究、深基坑减压降水地面沉降规律研究、深基坑减压降水地面沉降防治试验研究、深基坑减压降水地面沉降防治关键技术研究等。

（7）重点区域工程地质调查与评价及环境效应，重点对上海世博会会址区、上海临港新城、上海虹桥商务区等规划区的工程地质条件、水土污染状况等进行调查与评价。

（8）轨道交通工程地质安全评估及风险控制关键技术，包括轨道交通相关工程地质条件及主要工程地质问题、工程地质环境综合评估方法、轨道交通建设地质环境风险识别及评判、轨道交通地质环境安全控制、轨道交通运营期地质环境风险源识别及安全监控等。

（9）工程地质信息化与服务体系构建，包括工程地质数据信息化、工程地质信息系统建设、工程地质信息应用服务体系等内容，用数字化地球、数值化城市、数值化地质对城市实现精细数值化管理。

本书的特色是：采用"点、线、面、体"三维空间相结合，"宏观、微观"变形机理相结合，"时、空"变形效应相结合，"静态、动态"变化相结合，研究上海市地质环境演化以及人类工程活动所引起的工程环境效应等问题，在深度和广度上使研究更加精细化，实现地表与地下、陆地与海岸、上海和长三角一体化管理，做到人与自然环境融合，达到统筹资源、环境与生态可持续发展的目的。

1.4.3　技术路线

本书总体构架是以研究问题为出发点，采用多种科学方法，从不同的视角分析和研究上海市地质环境演化过程以及人类工程活动产生的工程环境效应，重点对区域性的地面沉降、岸带冲淤演化以及工业生产和人们生活造成的水土污染问题进行研究，并通过建立工程地质信息与服务系统，达到实现可持续发展的目的。具体技术路线如图 1-1 所示。

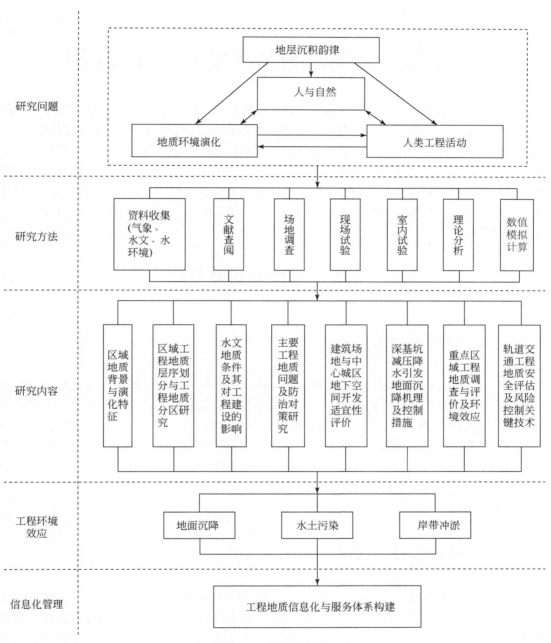

图 1-1　技术路线图

第 2 章　区域地质背景与演化特征

区域地质背景是在漫长的地质历史演化进程中，由于地球的内外动力地质作用和自然环境的不断变迁，经历了多次构造运动、海进海退作用，形成了巨厚的海陆交互相地层，呈现出现今相对稳定的地质构造格局和各种地形地貌形态。世界各地的地质背景存在很大的差异，但也具有一些共同的特征。地壳板块构造的运动、地震的发生、火山的喷发、沉积地层的形成以及海侵和海退等因素的影响，致使各地的工程地质条件千差万别。上海是典型的河口冲淤积与滨海相沉积平原区，海陆交互作用强烈，形成的地层具有自身显著的特点和演化规律。

2.1　地形地貌特征

2.1.1　区域地貌类型

长江三角洲是我国最大的河口三角洲，泛指镇江、扬州以东区域由长江泥沙冲淤积形成的冲积平原，位于江苏省东南部、上海市及浙江省杭嘉湖地区。长江三角洲顶点在江苏省仪征市真州镇附近，以扬州、江都、泰州、海安、拼茶一线为其北界，镇江、宁镇山脉、茅山东麓、天目山北麓至杭州湾北岸一线为西界和南界，东至黄海和东海。长江三角洲基底为扬子准地台的一部分，喜马拉雅构造运动中断沉降。在第四纪新构造运动中，地壳和海平面频繁升降，最后一次大海侵结束后，长江挟带的泥沙不断沉积，在江口逐渐发育形成了三角洲。

2.1.2　陆域地形地貌特征

上海市域地处东经 120°51′~122°12′，北纬 30°40′~31°53′，位于长江三角洲东南前缘，陆域大部分土层为泥沙冲积而成，除西部、西南部零星散布海拔百米以下的火山岩剥蚀残丘外，全区地势低平，总面积 6833km²。全新世以来，长江下泄泥沙在径流与东海潮流的共同作用下，形成了广阔的湖积平原、滨海平原和河口三角洲平原，堆积地貌几乎占据全区（邱金波和李晓，2007）。区内地势平坦，海拔（以吴淞零点起算）一般为 2.2~4.8m，平均海拔为 4m 左右，地形略呈东高西低微倾斜，其中海拔在 4.0m 以下的地区约占全区总面积的一半（魏子新等，2010）。

上海市东北部为现代三角洲发育地区，东部为滨海平原，东部和南部沿海地区发育潮坪，西部地区发育湖沼平原。上海中心城区属滨海平原地貌单元，其地面高程在 3.5m 左右，部分地区低于 3m，最低仅 2.2m。上海河网密布，河网水面面积约占全市陆域面积的 10.9%，河网与太湖流域河网相连，形成以黄浦江—苏州河为主干的水系，是典型的感潮河网地区（顾正华等，2013）。

按地貌形成的动力机制，将区内地貌划分为堆积地貌及分布局限的剥蚀地貌、人工地貌三大类型，其中堆积地貌广布全区。按形成的水动力作用和地貌形态组合差别，将一级堆积地貌单元又划分为滨海平原、湖沼平原、河口沙岛三个单元（许世远等，1986；张文龙和史玉金，2013）。

滨海平原区：滨海平原是经潮流、波浪作用沿东海岸沉积而成的，包括冈身以东至长江南岸之间的坦荡平原，按成陆的先后次序可划分为多个次一级地貌单元，包括浦东新区、上海市区、宝山区以及嘉定、闵行、青浦等局部地区。该区为主要地貌类型区，地势相对较高，地面标高一般在 3.2 ~ 4.8m，并发育有数条贝壳沙带，其中最西的一条形成最早（距今 6000 年），是滨海平原区与西侧湖沼平原区的分界。

湖沼平原区：位于上海市西部，与滨海平原紧邻，包括冈身以西的青浦和松江、金山等局部太湖堆积平原区域。

河口沙岛区：由于受地球自转产生的科里奥利力作用，使挟带大量泥沙下泄的长江径流与落潮流汇合偏向长江口南岸，在口门区泥沙淤落，按 NW—SE 走向，依次形成崇明岛、长兴岛、横沙岛等河口沙岛、浅滩及河口侧翼边滩。该区以崇明岛为最大，岛内地形大致为南部高，北部低，平均高程约为 4.0m。长兴岛、横沙岛等岛屿地形相对较低。

根据新近研究成果，充分考虑了河口海岸水动力作用特点，在原有三个地貌单元基础上增加了潮坪区，其地貌单元划分如图 2-1 所示。

2.1.3　水域地形地貌与岸线演化特征

长江河口为径流与潮流相互消长非常明显的丰水、多沙、中等潮汐强度的三角洲河口，90km 宽，向东至黄海敞开的口门接纳外海巨大的潮量，使潮波可上溯至离口门 642km 的安徽大通（潮区界）；洪季涨潮流达及的上界（潮流界）在江苏江阴，离口门鸡骨礁（10m 水深）约 252km（恽才兴，2004）。

根据长江水动力条件与地貌形态综合特征，长江河口可分为三段：大通至江阴（洪季潮流界），长约 400km，以径流作用为主，多江心洲河型，为近口段（河流段）；江阴至河口拦门沙浅滩（佘山—牛皮礁—大戢山一线）长约 220km，泾潮流相互作用，河床分汊多变，为河口段；自口门向外至 30 ~ 50m 等深线处，以潮流作用为主，水下三角洲发育，为口外海滨段（潮流段）（陈吉余，2007）。

长江河口平面上呈三级分汊、四口入海格局。自徐六泾节点向下，河口由崇明岛分为南支与北支水道，南支由长兴岛和横沙岛分为南港与北港水道，南港在九段沙又分为南槽和北槽水道（图 2-2）。南支为长江主流，径流量占长江总径流量的 90% 以上（魏子新等，2010）。

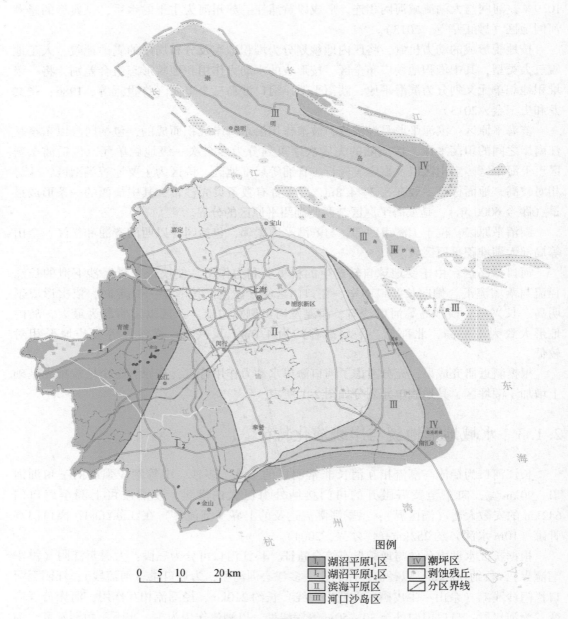

图 2-1　上海市地貌类型分区

上海江海岸线总长约520km，其中大陆岸线为207km，岛屿岸线313km（据2006年航片解译资料），属于淤泥质海岸类型。近岸水域水深大多小于10m，以杭州湾内的金山深槽水深最大，超过20m，最深处可逾50m（郑璐等，2015；刘毅飞等，2017）。

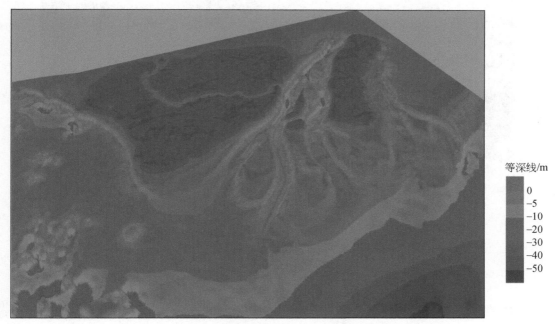

等深线/m

0
−5
−10
−20
−30
−40
−50

图 2-2　长江河口水下地形模型图

2.1.3.1　长江河口河槽地形特征

1. 长江北支

北支为长喇叭形的潮汐汊道，西起南北支分流口崇头，东至口门连兴港，全长 84km（图 2-3）。上口崇头断面宽为 3.0km，下口连兴港断面宽为 12.0km，河宽最窄处在青龙港附近，仅 1.2km。北支水道分为上、中、下三个河段：上段为崇头至青龙港，河段长 10.4km，属涌潮消能段，由于河宽缩窄河床抬高，0m 以深的河槽槽形已经中断；中段位于青龙港至头兴港，河段长 39.6km，是北支河宽明显缩窄的涌潮河段，底沙运动活跃，滩槽交替多变；下段为头兴港至连兴港，河段长 28.8km，在潮流作用下形成脊槽相间潮流脊地形。目前，北支中上段淤积严重形成沙坎型浅滩，下段在强劲潮流作用下形成数列长条形沙脊、河潮流冲刷槽，脊槽之间的高差可达 8m（李伯昌等，2010；张云峰等，2019）。

北支自 18 世纪中叶长江主流改走南支水道后逐渐成为支汊。受南北支分流口河势变化引起的分流量改变、人工围滩、堵汊等因素影响，河道上游到下游全面束窄，平均河宽减小，河槽平均深度、面积、容积大幅度减少，造成河道淤积萎缩（图 2-4）。河床冲淤变化的特征为上游冲淤幅度变化大，下游小；此外，河道全面束窄导致目前北支下段处于微冲状态。

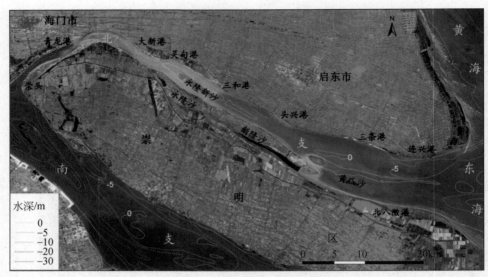

图 2-3　长江口北支河势图

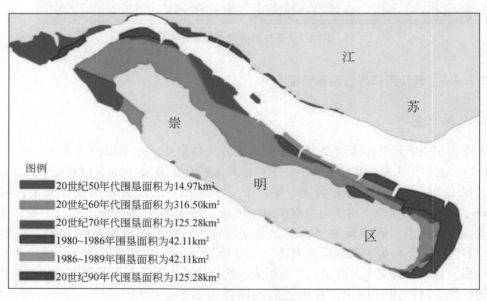

图 2-4　长江口北支河宽演化图

2. 长江南支

长江南支河槽地形可分为 4 个区段：徐六泾至七丫口白茆沙河段为河槽成形较早的江心洲河型；七丫口至吴淞—堡镇断面为散滩状复式河槽；长兴岛两侧南、北港主槽由于承受南支大量下泄底沙，河槽分化为复式形态；横沙岛以东属拦门沙河段，长江入海泥沙在这里扩散堆积发育宽广的边滩和心滩（陈吉余和徐海根，1988）。

1) 南支河段

上起徐六泾,下至吴淞口,河段全长 70.5km,主要包括白茆沙、扁担沙、新浏河沙、中央沙、宝山水道、新桥水道。其中,徐六泾至七丫口白茆沙河段南北水道分流稳定,河床较稳定,属于河道成形、河槽加深的江心洲河型,是河口段发育的典型,白茆沙南水道主槽最深处可达 50m。

七丫口—吴淞口为散滩状复式河槽,河槽阴沙与深槽相间分布,洲滩游移不定(俗称扁担沙、中央沙、新浏河沙三沙动荡),分流汊道迁移频繁,如图 2-5 所示。由于江面宽阔,阴沙分布,平均水深较浅,江面宽度(0m 水深河宽)13km,平均水深不足 7m(图 2-6)。

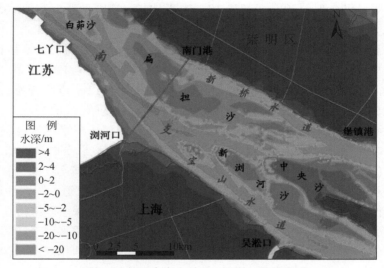

图 2-5　长江南支七丫口—吴淞口河槽地形

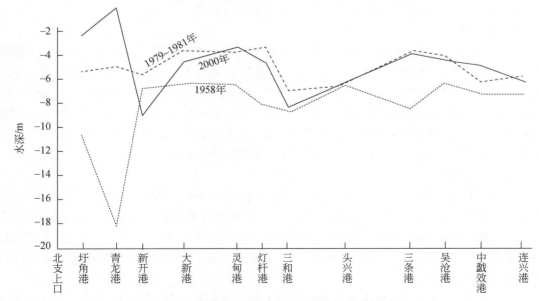

图 2-6　长江口北支河床沿程平均深度历年变化

2) 南港河段

自 1843 年上海港开埠以来,南港河段始终是一条上下贯通的入海航道,长期以来航道比较稳定。目前主要呈"W"形复式河槽,其形成主要由南港主槽、瑞丰沙嘴、长兴岛涨潮槽组合的地貌格局。

南港主槽与北槽上段、北港之间为圆圆沙通道和横沙通道连接。在科里奥利力作用下,落潮动力轴始终偏南,限制了南港南岸边滩的发育,吴淞口至五号沟以下 20km 的岸段,水深大于 10m 的深槽始终存在,10m 等深线离南岸的距离变幅小于 1km,该深槽自 1997 年以来尾端指向南港北槽。

南港上段外高桥断面处于涨落潮水流顶冲位置,深水近岸,岸滩长期处于稳定状态,10m 等深线距南岸仅 0.8~1.0km,该处 10m 槽宽及 12m 槽宽变幅分别为 1658~3175m 和 1164~2611m,最大水深离岸距离为 987~2540m,变幅为 1553m。

南港下段五号沟断面位于南北槽分流口上游 9.5km,落潮水流向南槽和北槽扩散,0m 岸线冲淤变幅从五号沟上游的 50~80m 增至五号沟下游的 350~410m,其 2m、5m、10m 等深线自 1958 年以来均呈现冲刷后退,该处 10m 槽宽及 12m 槽宽变幅分别为 1330~4027m 和 0~2588m,最大水深离岸距离为 1258~3270m,变幅为 2012m。

长兴岛涨潮槽属瑞丰沙嘴的伴生产物,目前,5m 水深河槽平均宽度约 2.5km,10m 水深的深槽上端向西延伸至瑞丰沙沿岸,下端至横沙通道南口以东的横沙水文站,东西绵延长达 31km(刘卫平和张金善,2009;程海峰等,2010;万远扬等,2010)。

横沙通道和圆圆沙通道为洪水造床、切滩作用塑造的新生汊道。圆圆沙通道是长江口南港航道与北槽人工深水航道衔接的关键河段,该通道自然水深一般维持在 8m 左右,通道两端 10m 等深线之间的最短距离小于 1km,目前 10m 深槽已贯通整个圆圆沙通道。

横沙通道是 1954 年特大洪水造床作用在口门地区与北槽同期塑造的新生汊道,近 50 年来经历了冲刷扩大、中段淤浅及束窄加深三个阶段。1998 年洪水过后,横沙通道 5m 水深河槽宽度不仅普遍增大,而且出现了 10m 深槽扩大延伸。

3) 北港河段

北港河段主要包括北港河槽、新桥水道和青草沙。北港水道平均河宽 8.5km,主槽水深一般为 8~15m。河型顺直微弯,上段凸岸为青草沙水域,下段凸岸为六淴沙脊—团结沙水域。随着北港北岸堡镇—六淴沙脊的形成,北港堡镇至奚家港岸外水域 18.6km 长的河段内,河槽断面呈三槽两脊相间的复式河槽,中间主槽为以落潮流为主的河槽,两侧为以涨潮流为主的河槽,而扁担沙的不断扩大致使堡镇港以西的新桥水道逐渐成为一个涨潮流起主导作用的河道,泥沙不断向上游输移,河槽呈淤积现象。

4) 北槽河道

北槽是目前长江口主要的入海通道,但北槽的发育历史并不长,1931 年以后长江入海主汊由北港转入南港;1931 年、1935 年洪水使北槽上段形成落潮冲刷槽,横沙岛与九段沙沙体分离;1949 年、1954 年两次较大洪水过程使北槽形成上、下贯通的新生入海汊道。半个多世纪以来,该汊道的分流、分沙比逐年增大,在 1984 年以后代替南槽成为长江口通海的主要航道。

1998 年以来,长江口深水航道双导堤、丁坝治理工程实施,使横沙东滩和横沙浅滩连成一体，北导堤起到了堵汊、挡沙、导流的效果，导致横沙东滩流场发生较大改变，横沙浅滩和九段沙不断加高，漫滩水流减少，目前航道水深维持在 10m 左右。随着长江口深水航道三期治理工程的实施，航道水深将达到 12.5m。

5）南槽河道

南槽河道在 1954 年前是南港河道的下段。1954 年长江流域大洪水促使北槽诞生后，九段沙以南的航道就成为南槽河道。南槽水域宽阔，口门 2m 及 5m 水深河宽分别为 26.4km 和 15.6km。南槽河道冲淤受南北槽水沙分配和九段沙上、中、下沙涨落潮串沟盛衰及台风的影响严重。

长江口由于深水航道治理工程实施，分流口潜堤及南导堤工程封堵江亚北槽，使南北槽分流口位置由九段沙上沙上移 13km 至圆圆沙断面，分流口位置的固定对南北槽水沙交换起到了限制作用。自 2000 年以来，南北槽的分流、分沙比又均降至 50% 左右变动，南槽分流比有所增加，进口段河床发生冲刷，过水断面扩大，对南槽航道维护有利。

2.1.3.2　口外水下三角洲

现代长江河口水下三角洲分布于口门外，其内界为拦门沙滩顶（佘山—牛皮礁—大戢山一线），外界为 30~50m 水深，与陆架残留沙相接，北界至苏北浅滩，南界越大戢山，叠覆于杭州湾平缓海底，面积约为 10000km²，地形坡度自北向南逐渐变缓，其地形变化呈现如下特点。

1. 水下三角洲变化总趋势为向海伸展

近一个世纪以来，5m 水深线普遍向海伸展 5~12km；10m 水深线除局部海区外，也是普遍向海伸展，南港口门外的最大推进距离为 14km。在 1958~2000 年，三角洲面积和体积都普遍增大，泥沙堆积总量达 26.26 亿 m³，年均淤积量为 0.87 亿 t。南港口门外淤积量占总淤积量的 66%。

2. 水下三角洲为长江入海泥沙中悬移质的主要沉积区域

北港、北槽和南槽属输沙通道，泥沙堆积部位集中在 7~25m 水深的海域，其中南港口门为细颗粒泥沙堆积中心，由粉砂质黏土组成，粒径为 0.0018~0.0037mm。

3. 水下三角洲的地形变化受长江入海径流量、输沙量及汊道分流、分沙比的影响

当入海主汊为北港时，北港口门外水下三角洲发育；若南港分流、分沙比增加，南港口外的水下三角洲就迅速向海伸展。1860~1931 年，北港为长江入海的主汊，北港口北侧水下三角洲大片淤积，而南港口门外海床 10m 及 15m 等深线出现明显后退。1931~1976 年，长江入海主泓改走南港，崇明东滩 10m 等深线后退 5km 左右；横沙浅滩 5m 等深线及南港口门外 10m、15m 等深线分别向海推进 6.5km 和 11.5km。1985 年以来，长江入海泥沙明显减少，20m 深海海域海床呈现冲刷后退，但 1998 年、1999 年连续两年较大的洪水过程使水下三角洲普遍堆积淤涨，主要沉积部位外移至 15m 等深线以外的海域，淤积区主要分布在南港口门以外。

4. 水下三角洲发育符合典型的三角洲发育过程

根据拦门沙地区的钻孔资料,在现代长江河口附近,28～34m 为青灰色黏土,质纯细腻,层理不清,具明显虫孔,属前三角洲相浅海沉积物;8～28m 为青灰色淤泥夹薄层粉砂,粒级较前三角洲相粗,属三角洲前缘相沉积;0～8m 为粉细砂或砂质粉砂,推移质泥沙成分增多,属三角洲前积层的拦门沙沙坝堆积;0m 以上为受涨落潮漫滩水流的悬浮泥沙淤积区,组成物质为粉砂质黏土,水平层理明显,土层中多含植物根系,属三角洲顶积层。

2.1.3.3 杭州湾北岸

杭州湾在形态上表现为典型的漏斗状海湾,湾内宽度由澉浦向东不断加宽,南汇嘴到镇海一线湾口宽达 100.6km。由于强劲潮流的不断作用以及历年来不断改造,北岸侵蚀后退,南部岸滩迅速外涨扩张呈扇形凸出,促使杭州湾成为弯曲的漏斗状海湾。

杭州湾北岸上海段自南汇嘴至沪浙交界处的金丝娘桥,全长 74km。杭州湾北岸沿岸等深线分布基本与岸线平行,岸滩断面地形分带明显。由潮间带滩地、水下斜坡和海床三部分组成,即 0m 等深线以上为潮间带滩涂,0～8m 等深线为水下斜坡,8m 等深线以下为杭州湾底部海床,岸坡坡度较大,金山嘴剖面坡度达 3%。金山深槽如图 2-7 所示。

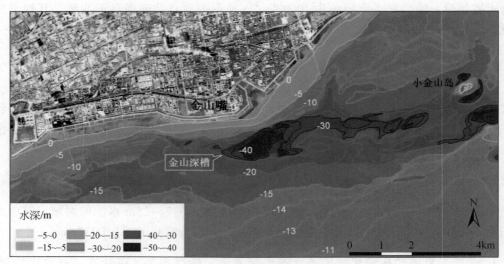

图 2-7　金山深槽示意图

20 世纪 90 年代以后,入海泥沙尤其是进入杭州湾的泥沙较大幅度减少,导致杭州湾北岸滩涂普遍冲刷后退,奉贤区管辖的岸滩已由淤涨转为侵蚀。目前全区一线海堤外已无 3m 以上高滩,0m 以上滩涂面积已减少 500 多亩[①],5m 等深线全线向岸后退,金汇港东断面最大后退距离 405m,中港断面 0m 等深线后退最大距离达 475m,在柘林滩涂上出现 1m 多高的侵蚀陡坎(左书华等,2006;刘苍字和虞志英,2000)。

---

① 1 亩≈666.7m²。

2.2　晚更新世以来第四纪沉积环境演化规律

2.2.1　沉积演化特征

研究长江三角洲及上海晚更新世以来第四纪沉积环境的演化过程，分析三角洲环境演化影响因素和自身发展规律，为城市建设和发展提供科学决策依据。

2.2.1.1　晚更新世

在晚更新世早期（128～75ka），随着古气候的回暖，上海所在的沉积盆地进入强烈沉降阶段，开始广泛出现海陆过渡沉积环境。海侵范围达到太湖地区和现长江三角洲的南北两翼，即常称的"太湖海侵"（李从先等，1986；严钦尚和洪雪晴，1987；信忠保和谢志仁，2006）。这一期间所形成的弱海陆过渡沉积的三角洲河流相砂层构成了广布全区中深部位、厚度较大的川沙组地层。其下部是中更新世早期及晚更新世早期岩相古地理环境，如图2-8、图2-9所示。

在晚更新世晚期（75～11ka），开始在75～70ka期间，上海处在类似现今暖温带的温凉气候下，演化为泛滥平原—泛滥湖泊环境，堆积了暗绿色、灰绿色，部分深灰色、浅蓝灰色、灰黄色的硬性黏土，夹砂质粉土或粉细砂纹层，组成南汇组下段或漏湖组下段。

在70～20ka期间，气候转变为温暖湿润，海平面大幅度回升，海侵范围广泛波及长江三角洲和太湖地区，其前锋抵达江苏漏湖附近，被称为"漏湖海侵"。堆积了海相或海陆交替相地层，即南汇组中段或漏湖组中段，形成本区海相性最强的第Ⅱ海进层。漏湖海侵层的上亚层为灰色粉质黏土与粉砂纹层相间的"千层饼"层和上覆的灰色砂层。

在23～20ka期间，海平面开始下降导致海水逐渐向东海陆架退去，原来上海境内的浅海和海湾演化为滨海—三角洲平原河流环境，堆积了南汇组中段上部的褐黄色、锈黄色的砂质粉土和粉砂、粉细砂，如图2-10所示。

在20～11ka期间，本区古气候变为凉冷干燥，海面急剧下降。原来局限于上海西北部发育的泛滥平原—湖泊已扩展到除现河口区外的整个上海陆域，广泛沉积了上更新统顶部的褐黄色粉质黏土和暗绿色黏土层，组成南汇组上段或漏湖组上段。根据光释光测年结果，南汇组上段/漏湖组上段下部的褐黄色粉质黏土形成于20～17ka，其上部的暗绿色黏土层形成于17～11ka。其中在15～11ka期间，随着海平面的持续下降，褐黄色—暗绿色黏性土逐渐脱水成陆，经历了风化成壤的过程（史玉金，2011）。

在晚冰阶末期（13～11ka），由于海平面的持续下降，现上海陆域中东部地带分布的褐黄色—暗绿色硬土台地受到频繁变迁、分合河网的侵蚀切割，在河道切割形成的内叠阶地或废弃河道内，堆积了如市区、浦东等地埋深40余米的暗灰绿色—褐灰色黏性土及嘉定娄塘、上海外滩等地所见的泥炭层。在孢粉中普遍可见环纹藻、原球藻，还有较多的旱生草本植物花粉，反映当时为温凉偏干气候下的淡水泛滥湖泊沉积。据对市区外滩和嘉定娄塘深约45mm泥炭层的^{14}C测年证明，其为形成于12.6～11.5ka的沉积物，与20世纪

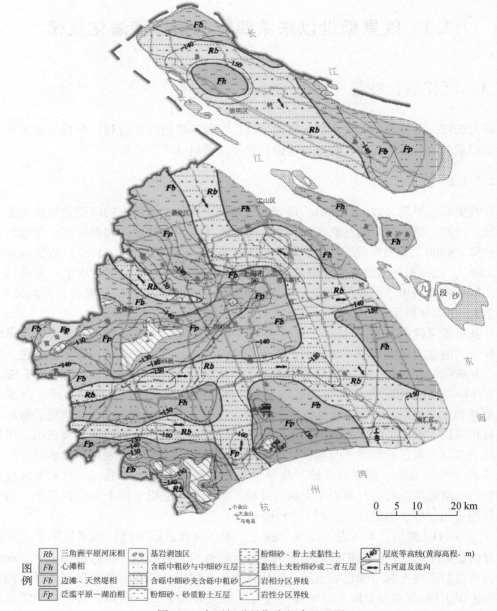

图例

Rb	三角洲平原河床相	基岩剥蚀区	粉细砂、粉土夹黏性土	层底等高线(黄海高程,m)
Fh	心滩相	含砾中粗砂与中细砂互层	黏性土夹粉细砂或二者互层	古河道及流向
Fb	边滩、天然堤相	含砾中细砂夹含砾中粗砂	岩相分区界线
Fp	泛滥平原—湖泊相	粉细砂、砂质粉土互层	岩性分区界线

图 2-8　中更新世早期岩相古地理图

80 年代在欧洲苏格兰和挪威西海岸等地发现的"新仙女木突冷事件"（12.9～11.5ka）为同期的产物,属晚更新世末期沉积物（刘兴起等,2003;李晓,2009）。

2.2.1.2　全新世

根据综合光释光和 ^{14}C 测年取得的成果,上海地区冰后期海侵开始于 11～10ka 期间,前锋首先抵达崇明岛东端河口区,当时海平面达到的高度约为现在黄海高程−50m 处。

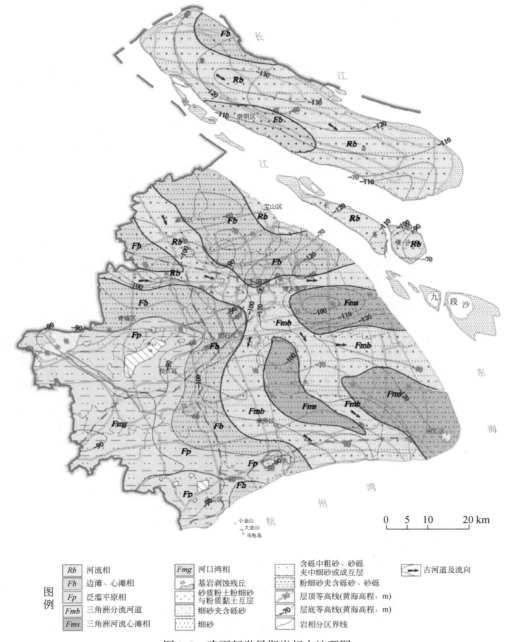

图例

Rb	河流相	Fmg	河口湾相	含砾中粗砂、砂砾夹中细砂或成互层
Fb	边滩、心滩相		基岩剥蚀残丘	粉细砂夹含砾砂、砂砾
Fp	泛滥平原相		砂质粉土粉细砂与粉质黏土互层	层顶等高线(黄海高程，m)
Fmb	三角洲分流河道		细砂夹含砾砂	层底等高线(黄海高程，m)
Fms	三角洲河流心滩相		细砂	岩相分区界线

古河道及流向

图 2-9　晚更新世早期岩相古地理图

在 10.3 ~ 9.5ka 期间，古气候趋于温暖稍湿。东部陆架海平面大幅上升，初期海水沿河口区—浦东滨岸地带及原陆域内切割较深的支流河谷演进，形成河口湾及溺谷堆积，主要为灰色砂质粉土、黏质粉土与灰白色粉细砂互层；在浦东滨岸地带多为灰色砂质粉土与粉质黏土互层，构成了娄塘组下段，厚度在 10 ~ 20m。

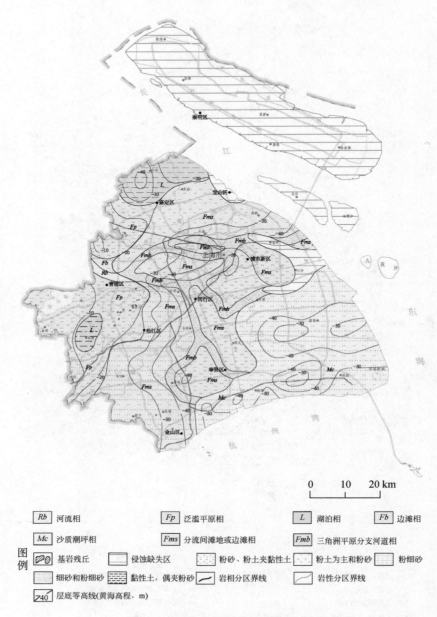

图 2-10　晚更新世末期岩相古地理图

　　在 9.5～8.0ka 期间，古气候趋向温和偏干，海平面上升趋于缓慢，侵入的海水淹没了金山、松江、闵行、宝山及其以东地区，使现今上海的广大陆域沦为滨海沼泽和潮滩，堆积了富含芦苇根茎和黄色泥灰质结核的灰黑色黏土和泥炭夹层。在现崇明三岛和浦东地区则为河口湾和潮滩环境，堆积了深灰色粉质黏土夹灰白色粉砂或呈互层，构成了娄塘组上段，厚度多为 5～10m。

在 8.0～5.0ka 期间，古气候趋向暖热潮湿，海平面再度显著上升，成为全新世海侵的最盛期，海侵范围直抵江苏镇江，由此被名为"镇江海侵"。随着海侵向西推进，原来全新世早期广布于现上海西北部的晚更新世暗绿色硬土台地已退缩至佘山、天马山附近的青浦区及与松江、金山接壤的地区，包括宝山区、市区、浦东新区和闵行区东部的现陆域东部地带，以及崇明三岛所在地的河口地区沦为滨岸浅海环境，堆积了深灰色淤泥质黏土。在海侵最盛的中、后期，即在 6.5～5.0ka 期间，海岸带长期稳定滞留于嘉定区中部—闵行、奉贤两区西部地带，先后构筑了紧邻的两道断续相连的贝壳沙堤，与相邻的滨海滩涂组成冈身带。其时，与冈身带毗邻的西部金山、松江区及青浦、嘉定区的部分地区演化为潟湖、沼泽，堆积了普遍含植物碎片和褐铁矿结核的灰色粉质黏土。

在 5.0～3.0ka 期间，古气候趋向温凉稍干，致使海平面略有下降，海岸线随之略为向东后撤，又陆续在嘉定城区至闵行颛桥一带构筑了两道贝壳沙堤。当时在冈身带以东的长江三角洲沉积区演化为河口滨海环境，主要堆积了灰色粉土与粉质黏土互层和部分的淤泥质粉质黏土；在冈身带以西的太湖沉积区则由前期的潟湖演化为后期的湖沼，堆积了深灰色淤泥质粉质黏土夹粉砂或粉土。这一时期与上述海侵最盛期形成的以淤泥质黏性土为特征的海相地层组成了上海组。其埋深和厚度均由西南太湖区向东北的长江三角洲沉积区增大，在太湖沉积区埋深介于 2.5～15m，厚度通常为 7～12m；至长江三角洲沉积区埋深介于 5～25m，厚度多为 10～18m。

在 3ka 之后，古气候转为温暖湿润，此时海面又略微上升并趋于稳定，但由于长江中上游挟来泥沙显著增加，使长江三角洲前缘河口沙坝向海域的推进堆积作用加快，导致海岸线迅速向东后撤。包括嘉定、宝山、闵行、奉贤各区的原冈身带及以东毗邻地区成为潮上泥坪，堆积了褐黄色粉质黏土夹粉砂层；其东的陆域则为潮间带沙泥混合坪和部分的潮上泥坪，主要堆积了褐黄色粉质黏土和粉砂或粉土的互层。在崇明岛等河口沙岛上，为河口沙坝与汊流河道分布，在沙坝部位由下而上堆积灰色粉细砂和棕黄色粉质黏土与粉砂互层，汊流河道内则堆积了灰色粉细砂和砂质粉土。在冈身带以西的青浦、松江、金山境内，此时已基本演化为淡水湖泊沼泽，超覆于原来的晚更新世台地之上，堆积形成褐黄色—深灰色黏土和淤泥质黏土以及浅部的泥炭层。另外，从西侧的安亭、白鹤间流入的吴淞江古河道，至市区后扩展为扇形，南抵虹桥，北至大场、江湾，并继续东流注入长江，成为三角洲平原支流河道，堆积了灰色粉砂夹砂质粉土和表层的褐黄色粉质黏土，如图 2-11 所示。这期间的沉积物组成上全新统如东组和青浦组，其厚度总体上也由西南太湖区向东北河口区增大，介于 1～14m 不等。

约在 1.2ka 以来，随着长江入海口逐渐向东南推移，长江输运的泥沙在河口不断淤积，致使崇明岛、长兴岛、横沙岛等河口沙岛依次出现；近年来，九段沙等水下沙洲也相继出水成陆。上海地区最近一次成陆过程始于距今约 6.5ka 的中全新世，大致经历了三个主要阶段（邱金波和李晓，2007；李晓，2009）。

1. 初期成陆阶段（距今约 6500～3000 年）

古海岸线长期稳定在西起嘉定外冈—闵行邬桥—金山漕泾，东至嘉定朱桥—闵行颛桥、北桥之间地带内，由西向东构筑了由多条沙坝—沙洲及其间的潮滩组成的冈身带，成

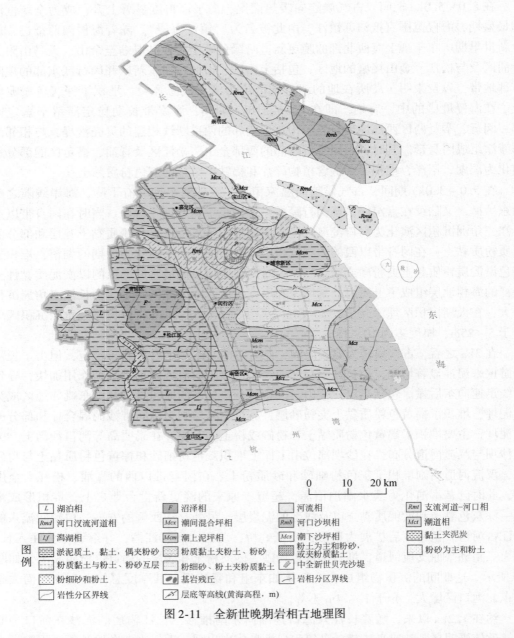

图 2-11　全新世晚期岩相古地理图

为区内较早成陆的滨海平原。当时在其以东的现上海东部地带和崇明等三岛地区仍为海域，而冈身带以西的现在青浦大部分地区和松江、金山部分地区已形成陆地。

2. 主要成陆阶段（距今约 3000~100 年）

在长江泥沙向南翼扩散与潮流再造作用下，使冈身带以东水域迅速淤积成陆，形成了现在上海市域东部的滨海潮滩堆积平原。冈身带以西的地区演变成为湖泊洼地，随着太湖水域挟带沉积物的不断堆积作用，淤积成为湖泊堆积平原。崇明岛自距今 1000 多年前的唐宋时期起，经过多次变迁，直至距今约 400 年前的明末清初时期基本稳定为今日的格局；长兴和横沙两岛则主要形成于近 200 年间。

3. 近期成陆阶段（约 100 年以来）

主要为长江三角洲河口沙坝和侧翼边滩的继续淤涨成陆，尤其是 1949 年后，崇明岛外缘和南汇嘴等地大规模的围垦和人工促淤加速了河口侧翼岸带淤涨成陆的过程，为上海的可持续发展补充了弥足珍贵的土地资源。

2.2.2　晚第四纪沉积分区及地层结构

根据钻孔的沉积相序将长江三角洲分为三角洲主体、三角洲南翼和北翼等三个基本的地层分区，鉴于两翼前缘和后缘的相序具有很大差异，因而两翼均划分出前缘和后缘两个亚区，地层结构的不同决定了与沉积层有关的潜在环境问题和灾害的分布，三角洲南翼和北翼的后缘为地面沉降发育区和潜在发育区，北翼的前缘为地下海水入侵的潜在发育区，三角洲主体是污染江水的潜在渗滤区，现今河口为底辟构造潜在发育区（李从先等，2000）。

2.2.2.1　晚第四纪沉积分区

根据全区晚更新世以来沉积环境演变及沉积地层结构的差异，分为长江三角洲（Ⅰ）和太湖（Ⅱ）两个沉积区（邱金波和李晓，2007），二者的分界为冈身带的西界。按地层结构的差别，长江三角洲又可进一步分为三角洲主体河口沙岛（Ⅰ$_1$）和三角洲侧翼滨海平原（Ⅰ$_2$）两个沉积分区。穿越长江三角洲和太湖两个沉积区的吴淞江故道，改变了其流经地带，尤其是上海市区部分全新统的地层结构，鉴于其时空分布上的局限性与不稳定性，未予以单独划出。上海市境内的太湖沉积区属于太湖沉积盆地的边缘部分，其分布范围较小，但是晚第四纪期间的沉积环境与地层结构变化较大，大致以青浦赵屯—赵巷—佘山、天马山东麓—松江石湖荡—金山枫泾一线为界，其以西地区在晚更新世期间陆相沉积与硬土层比较发育，在早、中全新世期间为未受到海侵的硬土台地，与以东地区的晚第四纪环境与地层结构存在着较大的差别，据此将上海境内的太湖沉积区划为东、西部两个沉积分区（苗巧银等，2016），如图 2-12 所示。

2.2.2.2　晚第四纪地层结构

1. 长江三角洲沉积区（Ⅰ）

1）三角洲主体河口沙岛沉积分区（Ⅰ$_1$）

该区内晚更新世早期河流下切较深，底界深度大都达到 120 ~ 130m，致使中更新统上部地层多被侵蚀。

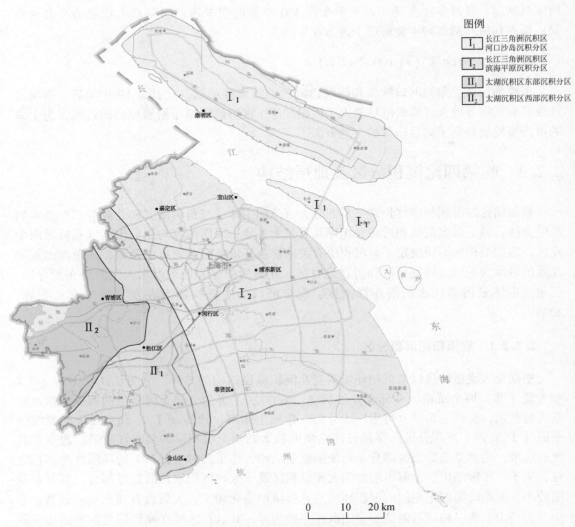

图 2-12　上海地区晚第四纪沉积分区图

　　晚更新世早期，大都由下部的河床相含砾中粗砂，中上部的河流边滩相中细砂和粉细砂夹河床相砾砂组成，局部夹有泛滥平原相青灰色粉土—粉质黏土层；或为河流边滩相中细砂和河床相含砾中粗砂的互层，表明为摆动不定的曲流河道沉积。晚更新世晚期，只保存相当于末次冰期间冰阶沉积的溺谷相灰色细砂夹砂质粉土和上覆的滨海相粉细砂和粉土互层。相当于早、晚冰阶的陆相堆积已被侵蚀殆尽。

　　全新世地层在河口分区最为发育，底界深度普遍达到 50 余米，呈自西而东趋深；由下部的溺谷—河口湾相灰色粉细砂和粉土、粉质黏土，中部的滨岸浅海相深灰色淤泥质黏性土与滨海相灰色砂质粉土夹粉质黏土，以及上部的河口相粉土、粉砂和地表部的三角洲平原相褐黄色、灰黄色粉质黏土组成，三分性明显，构成完整的冰后期海侵旋回（徐振宇等，2015）。

2）三角洲侧翼滨海平原沉积分区（I$_2$）

中更新世末期，普遍堆积了泛滥湖泊相蓝灰色黏土。在晚更新世早期，北部的嘉定、宝山地区经历前期的河道至中、后期的河流边滩为主的曲流河道环境演变，至市区及其东南的浦东新区、闵行、奉贤地区进入明显受海水影响的溺谷沉积环境，在浦东新区的滨岸地带还曾出现河口滨海环境。岩性基本为由含砾中粗砂和中细砂、粉细砂组成的沉积序列；在市区—浦东南汇的部分地区，中部地层内见有泛滥平原相青灰色粉质黏土层。该分区的上更新统底界起伏较大，大体上由西而东加深，至浦东滨岸地带已下切到中更新统中部。

晚更新世晚期，北部为海湾，中、南部为浅海环境，相应堆积了北部的灰色粉质黏土夹粉砂、砂质粉土纹层；中部市区、浦东新区的粉质黏土与粉细砂薄互层，即俗称的"千层饼"；南部闵行、奉贤、浦东南汇地区为灰色、灰黄色粉细砂夹砂质粉土互层或夹粉质黏土层（李晓，2009）。其底部，断续出现相当于末次冰期早冰阶泛滥平原堆积的灰绿色、深灰色黏土或黏质粉土等陆相层；其上部，则在深约40m的滨浅海相"千层饼"层之上，超覆一套基本为河流相的锈黄色粉细砂—黄色砂质粉土，其顶部大都保存末次冰期晚冰阶泛滥湖泊堆积的褐黄色—暗绿色硬黏土，成为常见的更新统顶部的标志层，而在该标志层被侵蚀的谷地内，则有与末次冰期末的"新仙女木突冷事件"（许靖华，1992）相当的泛滥湖泊、废弃河道堆积，为暗绿色、灰绿色硬黏土或含多少不一腐殖物的灰色、深灰色粉质黏土，亦属晚更新世末期沉积。

区内在晚更新世晚期海、陆变迁频繁，从而形成中、底部之间及中、上部之间的两三个沉积间断。全新世地层，在滨海平原分区发育一套完整的海侵旋回，由下而上出现河口滨海—滨岸浅海—河口滨海相的变化；相应的沉积序列为灰色砂质粉土、灰黑色含腐殖物黏土—深灰色淤泥质黏土、淤泥质粉质黏土和砂质粉土—灰色黏土、砂质粉土互层和褐黄色粉质黏土，显示相对粗—细—粗的岩性变化，其岩相、岩性的三分性明显，这与湖沼平原区仅有海陆过渡或未受海水侵进是迥然不同的（邱金波和李晓，2007）。

另外，在中—晚全新世期间，出现流经嘉定、青浦接壤地区，穿越市区后流向宝山、浦东的吴淞江故道切割地带，在埋深约10m以浅堆积了三角洲支流河道—河口相青灰色砂质粉土和粉砂，上覆河口滨岸相褐灰色粉质黏土。

2. 太湖沉积区（II）

根据沉积特点将太湖沉积区划分为东部沉积分区（II$_1$）和西部沉积分区（II$_2$）两个区。在中更新世末期，全为泛滥湖泊环境，普遍沉积了蓝灰色黏土。

（1）西部沉积分区（II$_2$），包括青浦区大部及与松江、金山的接壤地区。

在晚更新世早期，通常出现下部的河床相与上部的沙坝相组成的曲流河道沉积序列，其下部以含砾砂为主夹粉细砂，上部常为粉细砂夹含砾砂和黏性土。

晚更新世晚期，已形成一套泛滥平原—湖泊与滨海—潟湖相交替沉积为特征的地层，为潟湖组典型发育的地区。在其下（埋深40~60m）、中（埋深20~30m）、上部（埋深5m上下）各出现一层泛滥平原—湖泊沉积的暗绿色、灰绿色—褐黄色硬黏土，其形成年代自下而上分别为75~55ka、45~35ka和20~13ka。其间多为滨海—潟湖沉积的粉土、粉细砂夹粉质黏土，至上部的硬黏土之下则为河流边滩沉积的黄色砂质粉土。表明滆湖海侵曾在55~20ka期间侵入西部沉积分区，但其表现较弱，并在45~35ka期间退出，于是在这一沉积分区内形成了常称的上海西部"第二硬土层"。

全新世早—中期，西部沉积分区为未受海侵波及的剥蚀硬土台地，而在全新世晚期沦为湖沼，堆积了灰黄色、灰黑色黏土，局部夹有泥炭。

（2）东部沉积分区（II₁），大体包括金山、松江两区和青浦区的东北部地区。

晚更新世早期，通常为曲流河道沉积。其下部以河床相含砾砂为主，间有沙坝相粉细砂、中细砂。上部常以粉细砂、中细砂为主常夹含砾砂，还有砂质粉土和粉质黏土，反映为沙坝与河床交替，间或为泛滥平原沉积。微体古生物分析表明，在个别钻孔中发现属种、个数均很少的广盐性半咸水有孔虫和半咸水介形虫，伴有偶见的陆相介形虫及淡水腹足类化石，反映了曾有受海水淹没的溺谷沉积（王张峤等，2005）。

晚更新世晚期沉积的地层与西部沉积分区（II₂）类似，同样是滆湖组比较发育。在埋深15~65m出现四层厚5~10m不等的灰绿色、灰黄色杂蓝灰色硬黏土，通常不含海相微体古生物化石，但可见较多的中生、水生草本植物及环纹藻等藻类孢粉化石，为泛滥平原—湖泊沉积；其上、中部两层硬黏土可与西部沉积分区相应层位的两层硬土对比，下部两层相当于西部沉积分区的下层硬土。夹于硬土层间的为潟湖或滨海相的灰色、灰黄色（粉质）黏土与粉砂或砂质粉土薄互层，通常含属种、个数均少的半咸水微体古生物化石，表明滆湖海侵在这里比西部沉积分区多出现一次进退。

在东部沉积分区的东南侧部分，根据金山亭林钻孔揭示，已相变成在中段地层内无陆相硬土层出现为特征的南汇组地层。

依次往上，包括与末次冰期末的"新仙女木突冷事件"相当地层以至上覆的全新世沉积地层，其岩性、岩相序列与长江三角洲滨海平原地层剖面可以对比，唯有上全新统一般为不含海相微体古生物化石的青浦组湖相沉积。

2.2.3　第四纪地质研究对工程地质工作的支撑

上海市地处长江三角洲前缘，在第四纪时期（260万年以来），由于受古气候、古环境和地质构造的影响，经历了多次海侵、海退事件，在江、湖、海的交替作用下，经历了沉积—冲刷或切割—再沉积的反复作用，沉积了厚达150~400m的第四纪松散沉积物，其岩性和物理力学性质等受沉积动力、海面变化及古气候、古环境等因素的影响，各沉积层的三维空间分布非常复杂。其中，作为工程建设地基土层的晚第四纪沉积物，其埋藏深度、分布、结构、物理力学性质等方面的差异，对工程造价及建筑物的稳定性起着决定性的作用。因此，对浅部土层的第四纪及古地理研究越来越被人们关注和重视。

以前由于受第四纪地质研究方法和测试技术所限，关于上海地区晚第四纪的分层及时代的确定等问题存在较多分歧，例如许多研究者认为西部发育在浅部埋深1~6m的暗绿色黏土（工程地质中的"第一硬土层"）系全新世中期所沉积；埋深20~30m的暗绿色黏土（工程地质中的"第二硬土层"）作为上更新统的顶板，认为全新统的厚度普遍可达20m以上；河口沙岛地区由于缺乏标志性黏性土层，根据岩性和埋深将其全新统底界划在20~

30m；现行的上海市工程建设规范《岩土工程勘察规范》（DGJ08—37—2012）即沿用了这些划分方案。

近年来，相关科研机构和科研人员先后在不同地点，运用不同技术，从不同角度对上海市第四纪地层，特别是全新世地层和浅部发育的多层硬土进行了较深入的研究，并且在岩相层序、古气候和古环境的变迁等方面取得了一些重要的认识，但在硬土层成因等方面仍存在一定分歧。上海市地质调查研究院通过近几年开展的新一轮长江三角洲地区地质环境综合评价、1∶25 万上海市幅区域地质调查和 1∶5 万上海市北部地区地质调查等区域性基础地质调查研究，在以往第四纪地质研究的基础上进一步厘定和修正了上海市第四纪地层的系统划分对比，以及第四纪沉积环境、沉积模式和沉积分区，确定了浅部硬土层的时代归属、河口沙岛地区全新统下限及与陆域地层的对比等问题。

2.3　基岩地质及地壳稳定性

2.3.1　区域地质及地球物理特征

上海及邻近地区在大地构造位置上横跨扬子板块和华夏板块两个构造单元，以江绍拼合带为界，以北为扬子板块，以南为华夏板块。上海地区处于扬子板块的东南边缘，紧邻华夏板块。研究区域内的扬子板块部分以湖苏断裂为界进一步划分为昆沪地块和苏锡常地块。地层发育比较齐全，但局部存在差异，构造变动复杂，岩浆活动较为频繁。在漫长的地质发展历史中，经历了基底形成、地块增生及褶皱盖层形成和滨太平洋大陆边缘活动三个主要发展阶段，共经历了前晋宁、晋宁、加里东、印支、燕山和喜马拉雅六个构造旋回。

2.3.1.1　区域地质特征

区域内出露和揭露的地层包括元古宇到新生界，古老地层除局部出露外，广大地区为厚松散沉积层所覆盖。元古宇主要包括震旦系、中新元古界（金山群、陈蔡群、埤城岩群等）和古中元古界。下古生界分布广泛，地层在区内多存在相变。目前上古生界除在湖苏断裂和苏州—嘉善断裂之间的区域还未发现外，区内都有分布。中新生界分布广泛，以火山碎屑岩和红盆沉积为主。前震旦系构成区域变质基底，为中浅变质岩类。被松散层直接覆盖或者出露的地区主要有苏鲁造山带、江南隆起带、丹阳市埤城地区、上海境内南部、江绍拼合带沿线及其以南地区。

已有的研究成果表明，本区地块呈现出纵向分层的特征，地壳自下而上分为下、中、上三个层次。中、上地壳的形成和发展先后经历了前晋宁—喜马拉雅期构造运动的改造作用。从物质组成上主要经历了三个阶段的建造堆积过程，第一阶段为在前震旦纪约 10 亿年的时段中形成的大于 10km 的堆积，经历多次构造运动，发生广泛的区域变质作用。由结晶基底和褶皱基底形成双层基底，基底的底面埋深在 15km 左右，自苏鲁地区由北向南，基底形成时间逐步变新，上海地区集中分布于由张堰—南汇断裂和枫泾—川沙断裂所控制的范围以内。第二阶段为在震旦纪到早三叠世约 6 亿年的时段中形成的厚 5～10km 的堆积，以海相沉积为主。第三阶段为燕山期以来的沉积建造，其中燕山早中期以火山沉积作用为主，晚期以陆相碎屑沉积为主。三个阶段的累积厚度相当于地壳浅部的硅铝层。空间分布上，杭州湾岛屿的变质基底之上覆盖火山堆积和很薄的第四系。陆区和海区前两个阶段的建造情况基本相同，最后阶段则情况有别，陆区盆地堆积点多、层厚，海区除东北隅局部地段外，基本缺失，现代陆区以缓慢上隆为主，海区却逐步沉降，继续着新的盆地堆积。

上海及其邻区内断裂构造大量发育，可以分为 NE 向、NW—NNW 向、NWW 向、NNE 向、NEE 向、近 EW 向、近 SN 向几组，其中 NE 向和 NEE 向断裂的发育最早，控制了基底的主体构造线方向。近年来的研究表明，断层之间的相互作用具有较强的地震地质意义，而上海及其邻区上述各组断裂组成的断裂构造网络是区内断裂构造的重要特征（王允侠和高灯亮，1993；段光贤等，1989；顾志文，1997；顾澎涛和程之牧，1990）。除了 SN 向断裂尚待进一步研究外，每一种方向的重要断裂构造延伸相对稳定、长度较大、基本连续。由于多种方向断裂的存在，相互之间必然产生干扰，先形成的制约后形成的，后形成的又改造先形成的，挤压、扭曲、切割、位移、归并、复合等现象时有发生，但都没有从根本上影响断裂形态规整的构造形象，每一种方向的断裂仍可在很长的距离内被连续追踪。断裂活动具有明显的分段性。多种方向断裂的互相切割是形成断裂分段的基础，这种分段性是在中生代燕山运动以后逐步发展起来的。

中新生代陆相盆地的发育与断裂构造具有密切的关系。燕山早中期，华南发生了多次的挤压和伸展体制的转换，其中自晚白垩世开始发生了大规模的伸展。受边界断裂的控制，形成了一系列的断陷盆地。白垩纪断陷盆地、古近纪盆地和新近纪—第四纪盆地的沉积都明显受到断裂构造格局的控制。

2.3.1.2 区域地球物理特征

1. 区域重力场特征

1）区域总体特征

布格重力异常图（图 2-13）反映了区域上异常呈 NE—NEE 向、近 EW 向走向。以正重力场区为主，大致分布在张家港、常熟、松江一线以东地区；负重力场区主要分布在甪直、松江、桐乡、平湖、王盘山至泗门镇一带。重力场强度变化在 $-16 \times 10^{-5} \sim 33 \times 10^{-5}$ m/s^2，整体上由西向东呈现抬高趋势，海域除近岸段附近外基本上均呈正值区。全区局部发育一系列相对重力高值区和重力低值区，轴向总体也呈 NE 向、近 EW 向走向。但在近岸附近海域（121°40′～122°30′）中，局部异常轴的轴向与两侧有明显的不同，呈 NNE—SN 向走向。沿 SN 向 E122°（大地坐标 x 方向 21400）附近，异常等值线发育梯度带或有规律的同步弯曲。在邻近海域中，异常等值线方向延续陆域 NEE 向和近 EW 向主要构造线的特征，自南向北由四个相对高值区和低值区组成。长江口附近，在长江口凹陷中横亘一近 EW 向局部重力高值区，由区域位置推断为前古生界和古生界。

重力高值区和低值区通常对应于隆起区和坳陷区，一般由不同级别的梯级带分割或之

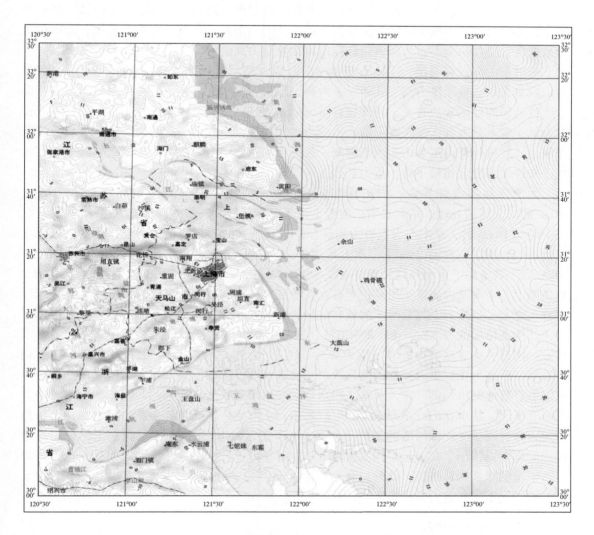

图 2-13　上海及邻近地区布格重力异常图

间形成线状过渡带，为断裂构造的识别标志之一。其中在安亭盆地北侧、葛隆—南翔一带、松江—北桥盆地两侧、平湖盆地北侧、北桥盆地东南侧的陡梯级带极为明显。重力高值区的产生原因与前白垩纪地层的上隆有关；重力低值区的产生原因除浅部的密度低的花岗岩体外，大多数与中新生代断陷和火山盆地有关。以上的变化趋势也有深部壳幔结构变化的因素。

　　2）上海境内基本特征

　　在上海陆域内，除松江、青浦区西侧和堡镇一带外，基本上全部为正异常区。重力场强度变化在 $-7 \times 10^{-5} \sim 20 \times 10^{-5} \, \text{m/s}^2$。全区区内有两条重力高值区、一环状重力高值区和一重力低负值区。阳澄湖—崇明重力高值区异常轴向为 NE 向和 NEE 向，岳王、陆渡以东异常为连续且多峰出现，以西则以断续异常出现。嘉兴—南汇重力高值区总体走向为 NEE

向，但嘉兴异常轴向为近 EW 向。昆山—真如—吕巷重力高值区，呈围绕淀山湖的环状展布。用直—松江重力低负值区，又可分为近东西的三个带，用直—花桥低值带，为区内重力最低区，松江—金汇重力低值带和淀山湖相对重力高值带。

局部重力高发育明显，主要有庙镇—港西重力高、吕巷重力高、嘉定—罗店重力高、宝山西重力高、重固重力高、北新泾重力高、坦直—祝桥重力高，钻探结果显示大多与前中生代地层的埋藏较浅有关。局部发育重力低，如庄行重力低、金桥重力低、松江—北桥重力低、安亭重力低，钻探揭示前两者为中生代构造火山盆地、后两者为断陷盆地。近海海域内，除杭州湾内王盘山—南汇南滩一带为小的主体轴向为 NW 向的断续异常外，其他地区较连续且变化比较平缓，重力场强度一般在 $2\times10^{-5} \sim 15\times10^{-5} m/s^2$。

为消除浅部叠加异常、突出深部异常，对重力异常进行 1km、2km、5km、10km、20km 的向上延拓处理。结果表明，随着上延高度不断加大，一些局部正重力场逐步衰减。当上延达 10km 时，基本上为正重力场区，仅用直、长河一带为负重力场区。重力场强度变化在 $-11\times10^{-5} \sim 21\times10^{-5} m/s^2$。当上延达 20km、30km 时，负重力场区范围进一步缩小。10km 以上异常图上重力梯级带都呈 NW—SE 向展布，纵贯全区。值得注意的是直到 20km 延拓图上，上海境内庙镇重力高仍然存在，推断该区存在前古生界隆起或下古生界推覆至侏罗系之上。延拓图上都显示了海域和陆域构造线的一致性，重力异常高值带明显控制区内主体构造格局的为 NE—NEE 向构造线，被后期 NW 向构造线改造。其中最明显的是沿嘉定—闵行—奉贤这一构造带（重力异常高值带），这一构造带在 30km 的上延高度上仍有显示。这些上延后重力异常的变化反映了深部密度界面的起伏。垂向一阶导数和二阶导数能够有效地突出局部异常，对基底构造格局和地形起状变化反映均较清晰，但两者的精度略有不同。从求导的一系列图上都可以看出，上海境内隆起带和中新生代盆地构造十分清楚，并且明显受深部构造的制约（图 2-14），在 30km 的垂向一阶导数图上明显显示地幔的局部隆拗特征。在上延不同高度的 45° 方向导数上，NW 向异常轴向明显发育，代表了 NW 向的线性构造特征。此外，各个高度的向上延拓和导数图上，121°40′ ~ 122°30′ 发育的与两侧不同的重力异常特征仍然存在。

2. 区域航磁场特征

上海及邻近地区航磁 ΔT 异常等值线图（图 2-15）显示区域磁场以 NE—SW 向占优势，航磁异常强度变化在 -499 ~ 1066nT。异常明显呈带状分布，总体构成 NE 向和 EW 向醒目的异常带，上海境内区域上自北向南呈以下分带。

（1）海门—启东正磁异常区。总体上近 EW 向分布，局部异常轴向为 NE—NEE 向。磁场特征以宽缓升高场为主，异常形态较规则，强度变化不大。在更大区域上隶属于张家港—三门闸低缓磁场区。

（2）苏州—崇明—寅阳异常区。总体走向为 NEE 向，向 NE 端变宽，北侧以宽度不等的负异常区与海门—启东异常区相接，由一系列大小不等的局部高异常和低异常组成，规模较大的低（负）异常区有常熟—白茆、庙镇和崇明东南负磁场区，其中白茆地区为一中新生代断陷盆地。崇明地区与火山作用有关，异常轴向由苏州的 NE 向转为 NEE 向。

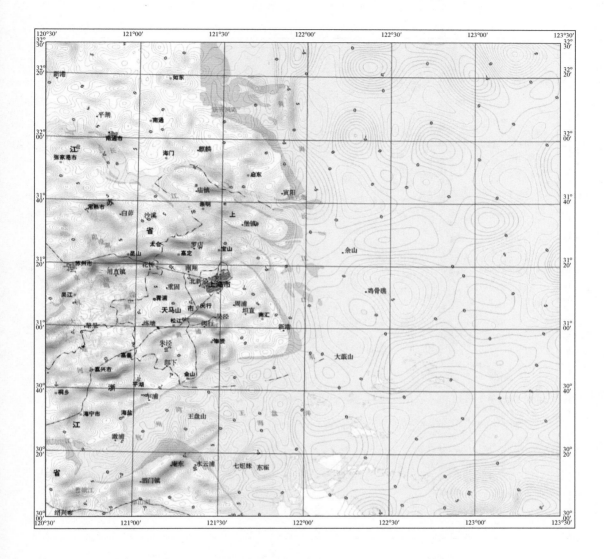

图 2-14　上海及邻近地区布格重力异常垂向二阶导数图（上延 5km）

（3）吴江—花桥—崇明东滩负磁异常区。异常带呈 NE 向，西宽东窄。以太仓—奉贤断裂为界，以西较宽，向东变窄，带状特征明显，并且局部强度较大的正磁异常高值区明显增多。该带主要与中新生代的盆地构造有关。

（4）嘉善—天马山—佘山岛磁异常区。异常分布总体呈 NE 向，由较多局部高异常组成，异常轴向多样，有 NEE 向、近 EW 向、NE 向、NW 向和近等轴状。在松江新桥处异常带明显变窄。南侧沿朱泾—北桥—新港为宽度不等的负异常过渡区。东端被 NNE 向异常带截断。长江口水域佘山岛南北有大片负值区，该 NEE 向异常带横穿其中。

（5）金山卫—大戢山磁异常区。主要分布在杭州湾水域，局部高异常轴向多为 NEE 向，也有 NE 向和 NWW 向。强度变化较大，一般强度为中等，并且范围较小。大戢山—

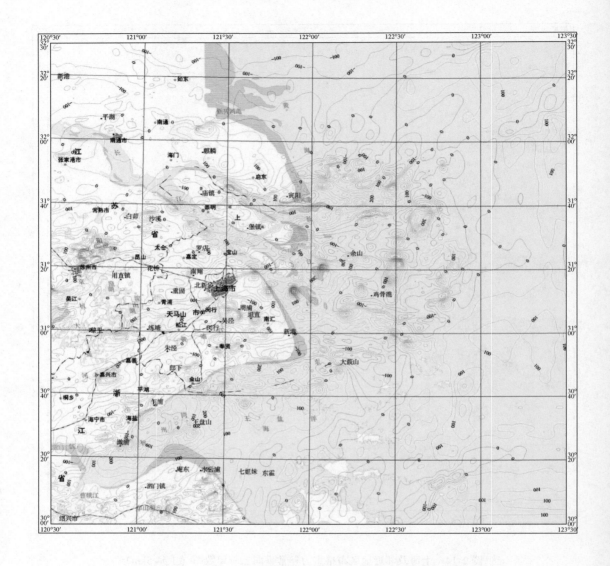

图 2-15　上海及邻近地区航磁 ΔT 异常等值线图

鸡骨礁以东海域正磁场以条块状为主，局部异常以 NNE 向为主。

　　在化极后的航磁异常等值线图（图 2-16）上，局部的磁异常形态更加清晰，其中嘉善—天马山—佘山岛磁异常区在天马山地区的正异常范围扩大到青浦以北地区；而金山卫—大戢山磁异常区中的负异常区范围明显扩大。后者杭州湾地区已被证实为新生代断陷盆地陆源碎屑岩沉积。磁异常等值线图及化极等值线图，基本上反映新生界、中生界的火山岩和元古宇变质岩及中酸性、中基性侵入岩的分布特征。通常高磁异常区对应于基底隆起区和基性岩体，中磁异常区对应于火山岩、中酸性侵入岩体，低负磁异常区通常对应于陆源碎屑岩类的浅埋区。

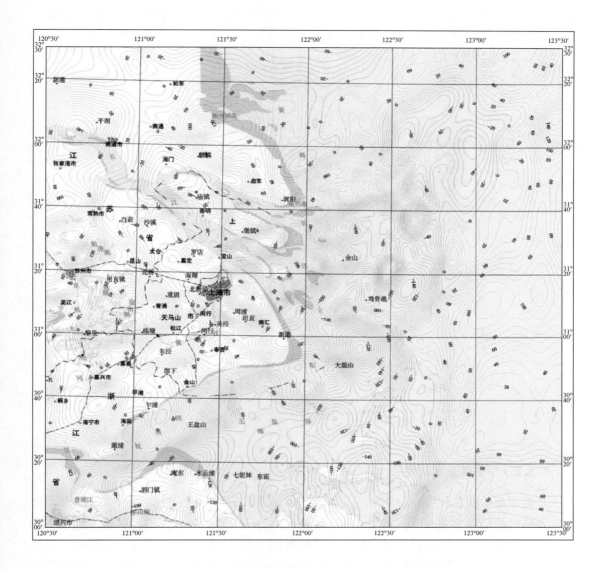

图 2-16　上海及邻近地区航磁 ΔT 上延 5km 化极后等值线图

　　对区内航磁异常进行上延 1km、2km、5km、10km、20km 的解析延拓处理，随着上延高度的不断加大，一些局部异常逐步消失，当上延至 5km 时磁场带状分布特征已不明显，正磁异常区多呈块状分布，基底的隆起和拗陷反映更为明显。上海境内的崇明、淀山湖、浦东、金山等处异常依然存在，存在上海—余山岛、青浦—黎里、金山卫、崇明—寅阳等几个明显的正高磁异常块体，直到 20km 的上延图上还清晰可见。当上延达 20km 时，区内磁异常基本在 $-89 \sim 173$ nT 波动，认为是磁性构造层底面（居里等温面）的反映。庙镇负磁异常区仍然存在，只是异常中心移至嘉定—罗店一带。

　　据测区内中新生代地质构造及地球物理场的综合特征，区域上自北向南可划为 11 个隆起带和 10 个拗陷带。上海境内隆起带主要划分有昆山—嘉定隆起带、崇明—启东隆起带、重固隆起带、闵行—周浦隆起带、嘉兴—朱泾隆起带。拗陷带主要划分为白茆—麒麟拗陷带、甪直拗陷带、松江—吴泾拗陷带（图2-17）。

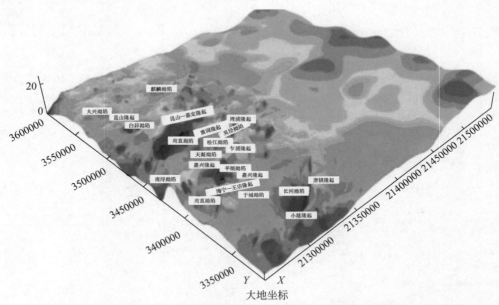

图2-17　上海及邻近地区布格重力异常及基底隆拗特征示意图

2.3.2　上海地区岩石圈垂向结构特征

2.3.2.1　基岩面起伏特征

基岩面起伏变化较大，总体南西高，北东低，最大高差可达600m，自SW向NE呈阶梯状下降的趋势（图2-18）。太仓—奉贤断裂、大场—周浦断裂控制的三级被掩埋的古夷平面表现出新构造期的差异性沉降特征。西南部大金山岛、佘山、天马山等剥蚀残丘海拔均在100m左右；西北部的华亭、安亭地区的基岩埋深为440m；而在崇明港西、向化地区埋深可达500m（王小平等，2005；王俊菲等，2009）。

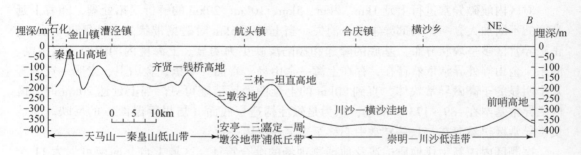

图2-18　上海地区基岩SW—NE向埋深剖面

　　受早期 NE 向断裂和晚期近 NW 断裂构造的联合控制，基岩呈现 NW 向分带，NE 向分块二隆二凹的基本格局（表 2-1，图 2-19）。

表 2-1　上海地区基岩地势形态区划表

天马山—秦皇山低山带	安亭—三墩谷地带	嘉定—周浦低丘带	崇明—川沙低洼带
淀山湖—香花桥高地	安亭谷地	嘉定—南翔高地	川沙—横沙洼地
			华亭洼地
沈巷—重固洼地		大场高地	前哨高地
天马山高地			向化洼地
枫泾—北桥洼地	三墩谷地	虹桥高地	新河高地
秦皇山高地			港西洼地
齐贤—钱桥高地		三林—坦直高地	三星高地

1. 安亭—三墩谷地带

　　自安亭至三墩穿越上海市中部呈 NW 向狭长展布，构成区内基岩地势 SW 高，NE 渐次加深的分界。呈一两端下陷，中部凸起的弓形，其 NW 端安亭谷地埋深大于 440m，SE 端三墩谷地埋深大于 340m，中部凸起的松江九亭、七宝附近埋深仅 200～220m。

2. 嘉定—周浦低丘带

　　由嘉定—南翔高地（埋深 200～300m）、大场高地（高点埋深 200m）、虹桥高地（高点埋深 40m）及三林—坦直高地（高点埋深 200m）组成，除三林—坦直高地受金桥火山盆地影响，略呈环状分布外，大体呈 NW 向狭长分布，并构成上海市基岩地势的第二高阶。

3. 崇明—川沙低洼带

　　分布在崇明岛、长兴岛、横沙岛和长江南岸沿江地区，埋深一般大于 360m，崇明地区最深可达 500m。由 4 个次级凹陷和 3 个隆起组成，次级隆凹呈 NE 向相间排列。

2.3.2.2　构造层及构造运动面

　　研究区内元古宇到第四系地层发育齐全，垂向上分层明显，自上而下可大致分为：新生代松散沉积层、盖层沉积、前震旦纪变质基底、中上地壳下部、下地壳（下部为莫霍

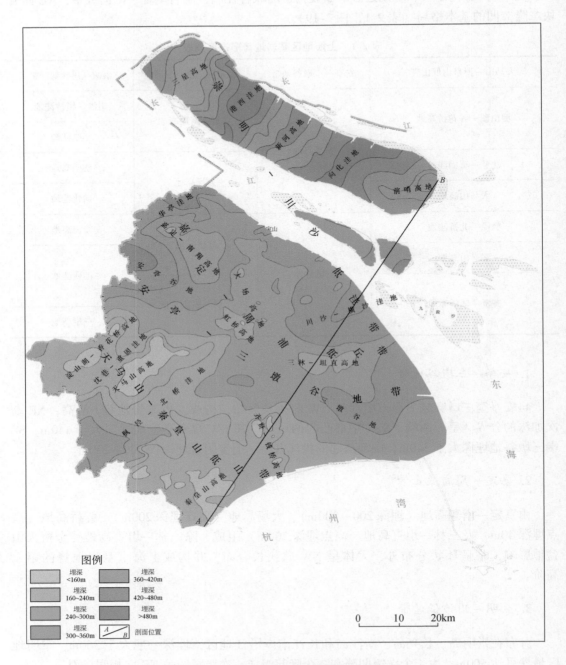

图 2-19　上海地区基岩地势展布基本格局

面)、岩石圈地幔等六层。这种分层在各个断块区是不均一的，凹陷区松散沉积层厚度大，而在隆起区往往出露前震旦纪变质基底。根据地层之间的接触关系、沉积建造、岩浆和变质作用、构造变形等特征，将上海地区的构造层划分为前晋宁及晋宁构造层、加里东构造层、海西—印支构造层、燕山构造层、喜马拉雅构造层等，相应的构造运动面表现为角度不整合和假整合特征，受多次挤压和伸展构造运动的改造、造陆和造山作用造成的剥蚀作用影响，各个构造运动面支离破碎。构造层在垂向上的分布也不均匀，隆起区松散层下直接揭露有前晋宁及晋宁构造层。

1. 前晋宁及晋宁构造层

主要由金山群和惠南板岩组成（表 2-2）。揭露区多分布于南部吕巷、张堰、朱行—庄行、三林—周浦一带。金山群岩性为片岩、斜长角闪岩、片麻岩夹大理岩。原岩由一套优地槽型火山岩、碎屑岩夹薄层碳酸盐岩所组成；为浅海沉积环境，根据邻区资料认为总体上反映了一个海进的沉积特征。在岩性组合、主量元素特征上，与陈蔡群具有很大的相似性。前晋宁运动使扬子地槽东部边缘局部回返，巨厚的优地槽沉积物被褶皱隆起，并发生变质作用。惠南板岩的岩性主要为板岩类。原岩为冒地槽型泥岩或粉砂质泥岩沉积，次深海沉积环境。晋宁运动以强烈的造山作用席卷了金山群与惠南板岩等全部建造，使本区发生全面回返、固结，并从此进入了地台发展阶段。变质程度上，受区域变质作用，金山群可达高绿片岩相，惠南板岩仅为低绿片岩相。

表 2-2　上海市前第四纪地层划分简表

代	纪	世	岩石地层	视厚度/m	主要岩性
新生代	新近纪	上新世	崇明组（N_2c）	218.90	下部为砂砾石，含砾砂和灰绿色黏土，上部以含砾砂与细砂互层为主，向上渐变成黏土
		中新世	白龙港玄武岩（N_1b）	262.81	玄武岩、橄榄玄武岩、辉石玄武岩夹粉砂质黏土和砂质层
	古近纪	古新世	北桥组（E_1b）	396.00	棕红色、灰褐色泥岩、粉砂质泥岩，夹粉细砂岩和玄武岩，产轮藻、介形虫和植物孢粉化石
			夏驾桥组（E_1x）	133.00	棕红色、暗红色粉砂质泥岩、泥岩和泥质粉砂岩含石英细砾，富含介形类及轮藻微体化石
中生代	白垩纪	晚白垩世	赤山组（K_2c）	1119.00	棕红色泥质粉砂岩与粉砂质泥岩、粉细砂岩夹薄层石膏，富产介形虫与轮藻化石
			浦口组（K_2p）	1495.50	以砾岩、砂砾岩为主夹细粉砂岩和泥岩，见少量介形虫和轮藻化石
	侏罗纪	晚侏罗世	寿昌组（J_3s）	667.79	上部为流纹英安岩、含角砾熔结凝灰岩；中部为凝灰岩、凝灰质砂岩及泥岩、粉砂岩；下部为粉细砂岩、砂岩和杂色砾岩。见有丰富孢粉化石
			黄尖组（J_3h）	628.48	上部为英安岩、流纹英安岩、英安质角砾熔结凝灰岩、凝灰熔岩；下部为辉石安山岩、安山质角砾熔结熔岩、安山岩、安山质凝灰岩
			劳村组（J_3l）	1602.80	由凝灰质砂岩、凝灰质砂砾岩、流纹质凝灰熔岩及砂岩组成

代	纪	世	岩石地层	视厚度/m	主要岩性
古生代	志留纪	中志留世	康山组（$S_{1-2}k$）	100.08	紫红色灰褐色岩屑石英杂砂岩夹粉砂质泥岩、泥岩薄层，见有丰富藻类及孢子等微古植物化石
		早志留世	河沥溪组（S_1h）	>572.34	暗灰色、灰绿色泥质砂岩、粉砂泥岩互层，普遍见有泥砾
	奥陶纪	晚奥陶世	长坞组（O_3c）	302.25	黄绿色、灰黑色泥岩、粉砂质泥岩与粉细砂岩，富产笔石化石
			黄泥岗组（O_3hn）	39.20	含泥质或硅质瘤状灰岩
		中奥陶世	牯牛潭组（$O_{1-2}g$）	45.38	紫红色微晶碎屑生物灰岩夹微晶灰岩，含腹足类、牙形刺化石
		早奥陶世	红花园组（O_1h）	253.14	灰黑色、灰色微晶灰岩夹泥灰岩，普遍含有生物骨屑和泥质
			仑山组（O_1l）	385.44	以灰色白云质灰岩与灰质白云岩为主
	寒武纪	晚寒武世	超峰组（$\mathcal{C}_3ch$）	761.95	由浅灰色与青灰色白云岩、同生角砾状白云岩组成，局部夹灰白色与灰黑色白云质灰岩
		中寒武世	杨柳岗组（$\mathcal{C}_2y$）	175.69	以浅灰色、深灰色泥灰岩、含泥质灰岩与含粉砂灰岩为主，局部夹钙质页岩或硅质灰岩薄层
		早寒武世	大陈岭组（$\mathcal{C}_1d$）	103.56	由灰色、灰黑色白云质灰岩、白云岩及灰岩组成，局部夹薄层碳质页岩和钙质砂岩
			超山组（$\mathcal{C}_1c$）	299.50	灰黑色、黑色碳质页岩，间夹有钙质页岩及含粉砂、细砂质页岩薄层，产三叶虫、腕足类化石
新元古代	震旦纪	晚震旦世	灯影组（Z_2d）	449.40	泥质白云岩夹灰岩条带，以灰白色白云岩与灰黑色白云质灰岩为主。顶部见硅质层，间夹有泥质白云岩、白云质泥岩及薄层石英砂岩
古-中元古代			惠南板岩（Pt_2h）	>194.39	钙质绢云母板岩，含微古植物化石
			金山群（$Pt_{1-2}Jn$）	>578.82	a段主要为粒岩、片岩、石英岩、大理岩类；b段主要为角闪岩、片麻岩类，还有粒岩、片岩、石英岩、大理岩类；c段主要为一套片岩、石英岩和大理岩类

　　前晋宁和晋宁构造运动界面没有直接揭露。从两个界面上下地层的变形和变质特征、邻区相似地层之间的接触关系判断，上下地层应该沿两者呈角度不整合接触，均为一个变形特征和岩性的变化界面。在枫泾—川沙断裂以南部分地区，因为两套变质基底直接被松散层覆盖，所以又呈现出与后期构造运动面复合的特征，两个构造运动面的埋深与变质基底的埋深具有很大关系，在枫泾—川沙断裂以南地区埋深较浅，甚至直接被松散层覆盖，以北埋深较大。

2. 加里东构造层

包括震旦系与下古生界碳酸盐岩及碎屑岩系。细分为震旦系灯影组，寒武系超山组、大陈岭组、杨柳岗组和超峰组，奥陶系仑山组、红花园组、牯牛潭组、黄泥岗组和长坞组，志留系河沥溪组和康山组。其中仑山组、红花园组、牯牛潭组由荆山群根据岩性对比，新发现的腹足类和牙形刺化石解体而成；志留系根据岩性对比和孢粉化石确认和划分。它们主要呈不连续的零星小块，散布于北自崇明南到奉贤的上海中部。

随着区内地槽沉积的褶皱回返，上海境内形成以"一隆一拗"为主体的构造格架，即金山—南汇隆起与其北的青浦—宝山拗陷。这一基底隆拗，向西延入浙江境内，并可能分别与常山—诸暨隆起和钱塘凹陷相连，在加里东旋回期间，金山—南汇隆起曾较长时期地隆出水面，遭受风化剥蚀；与此同时，其北侧的青浦—宝山拗陷，则接受了巨厚的震旦系—下古生界沉积（已揭地层厚度约 2000m）。

震旦系—奥陶系岩性为含镁碳酸盐岩夹泥质碎屑岩类，属浅海盆地和台地相沉积。志留系仅见杂砂岩、砂岩夹粉砂岩、泥岩，属浅海—三角洲前缘—滨海潮上坪沉积相。震旦系—寒武系为一次海进—海退旋回。奥陶系—志留系同样表现为一次海进—海退的完整旋回。下寒武统底部的软弱地层可能为后期变形的一个主要的滑脱层。

加里东运动区内表现为一次造陆运动，呈现出差异性隆起特征，形成下古生界宽缓型褶皱。上海境内标志的加里东构造运动面未有揭露，主要表现为下古生界与上覆地层之间的接触面，包括第四系、侏罗系和白垩系等。该面在枫泾—川沙断裂以南除存在加里东构造层的局部外，多与前晋宁和晋宁构造运动面复合。以北该面除局部表现为下古生界被第四纪沉积物覆盖的特征外，大面积可能表现为下古生界被中生界覆盖的特征，多与后期的构造运动面复合。

3. 海西—印支构造层

该层在上海境内目前没有发现，但据邻区地层的分布特征、区域演化史和区内前印支构造层的变形特征，区内该旋回的构造作用是存在的，在青浦—宝山拗陷带中，可能存在该旋回的沉积建造。印支运动使加里东时期形成的宽缓褶皱，进一步发展成为紧密的复式线性褶皱，或由其伴生的 NE 向及 NW 向断裂构造切割形成单斜构造。

印支运动结束了上海全境海相沉积，形成了区内重要的印支侵蚀面。中生界与下伏地层沿该界面呈角度不整合接触，局部该面被松散层直接覆盖，埋深变化较大，主要与中生界的厚度有关。据区内岩石物性特征，古生界与上覆中生代火山岩密度差为 $0.15 \times 10^3 \sim 0.20 \times 10^3 kg/m^3$，用平均场法分解布格重力异常，采用 U 函数法进行反演计算埋深（图 2-20），埋深一般在布格重力异常相对高值区对应的隆起区较浅，多在 500m 左右，局部地区接近 300m，而在负异常区的安甪盆地、长河盆地埋深一般在 2500～3000m。上海境内除青浦、松江和堡镇一带外，普遍埋藏较浅。堡镇一带的深埋区经钻探表明松散层之下为燕山期岩浆岩出露，根据印支侵蚀面的埋深推断其可能是燕山期在印支期形成的强变形构造域基础上侵位形成的。

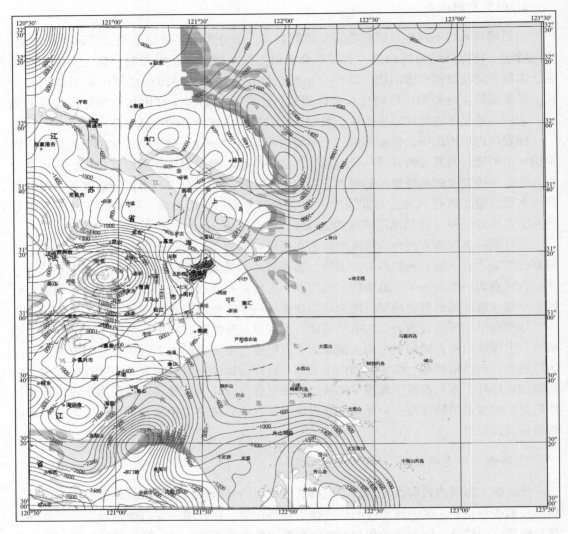

图 2-20　上海及邻近地区基岩印支侵蚀面埋深等值线图

4. 燕山构造层

包括中生界的火山岩系和陆源碎屑岩系。细分为上侏罗统劳村组、黄尖组和寿昌组，上白垩统浦口组、赤山组。根据岩性和接触关系细分为上侏罗统第一亚构造层、上白垩统第二亚构造层。上侏罗统分布范围遍布全市，约占基岩表面的 70%，岩性主要为凝灰岩、凝灰质砂砾岩、火山熔岩、次火山岩、沉凝灰岩和夹凝灰质的泥岩、细碎屑岩，属内陆河流和湖泊相夹火山喷发和火山溢流相沉积。岩石多保留有火山岩所特有的岩屑、晶屑碎片，气孔、流纹、流线构造。上白垩统主要分布于嘉定的安亭盆地和松江及闵行的松江—北桥盆地中。浦口组以砂砾岩为主夹粉砂岩和泥岩，其余地层主要为细碎屑岩与泥岩。赤山组多处夹薄层石膏。岩石多为紫红色、棕红色，泥沙质胶结，固结程度差，为山麓边缘相、炎热干燥的河流至湖泊相沉积。

第一亚层构造运动面表现为上侏罗统与上白垩统间的角度不整合接触面，该面在白垩纪以后的松江、安亭等继承性盆地中埋深通常较深，在大部分地区由于缺少白垩系沉积而与后期的构造运动面复合。第二亚构造层的顶面与上覆古近系呈整合接触，主要分布于上述盆地之中。

5. 喜马拉雅构造层

自下而上划分有两个构造亚层。前者由下而上划分为夏驾桥组和北桥组。后者包括中新统白龙港玄武岩。夏驾桥组分布在嘉定及闵行北桥一带（仅见于安亭 3#、D3 孔），主要由棕红色、暗红色粉砂质泥岩、泥岩和泥质粉砂岩组成。沉积环境为氧化条件下的河湖相沉积。北桥组主要分布于闵行区北桥附近及新港（仅见于 D3、马桥孔、SG7 孔 3 孔中），以棕红色、灰褐色泥岩、粉砂质泥岩为主，夹粉细砂岩及玄武岩，局部见有砾岩，反映当时为气候炎热湖泊相环境。中新统白龙港玄武岩为基性火山喷溢堆积，形成于强烈拉张背景下的大陆裂谷型环境，岩性为深灰色辉石玄武岩、橄榄玄武岩、玻质玄武岩，顶部可见夹有厚 9 ~ 24m 不等的粉砂质黏土、粉细砂和砂层。河流相沉积与玄武岩互层表明由断裂构造控制的间歇性火山喷发沉积环境，分布于长江河口南岸滨岸地带及嘉定地区。

2.3.2.3　深部构造特征

1. 变质基底埋深

对航磁异常采用加拿大学者 Spector 提出的匹配滤波法分解出浅源异常和深源异常，用 Parker 法进行迭代反演松隐变质基底埋深在 300 ~ 4900m，浦东新区境内的埋深明显较浅，有一个明显的 200 ~ 400m 浅埋区，钻孔也显示该区松散层下为强磁性基底。在吕巷—朱泾一带反演的最浅埋深在 1200 ~ 1400m，而钻孔揭示 200 ~ 300m 的松散层之下就是近于无磁性的石英片岩、石英岩类变质基底，由此推测这套无磁性的地层厚可达数百米到近千米。埋深最大区主要位于长河盆地、安亭盆地内。变质基底的浅埋区通常对应于隆起带、相对重力高值区，显示了一条沿太仓—嘉定—奉贤一带的 NW 向构造隆起带。深埋区对应于中新生代的火山盆地和断陷盆地、相对重力低值区。

2. 居里等温面

居里等温面是一个十分重要的温度界面，对区内航磁异常采用匹配滤波法分解出深源异常，用 Parker 法进行迭代反演，反演计算区内居里等温面埋深在 28 ~ 32km（图 2-21）。上海地区位于一 NE 向的隆起带上，由嘉善—淀山湖向北、由西向东具有增大的趋势，测区西部平湖、松江、苏州、上海、慈溪、余姚一带的居里等温面埋深在 28 ~ 30km，长江以北及海域的东部居里等温面埋深在 31 ~ 32km。上海陆域东西两侧居里等温面埋深相差 2km 左右。在上海地区的西侧和北侧发育两个上隆和下拗中心。居里等温面埋藏较浅的地方通常大致与高的地温梯度区相对应，热流值较高，在居里等温面隆起区边缘及其等温线的梯度带上容易发生地震（雷芳等，1999），由此可以推断上海境内平均地温梯度相应地应自西向东略有降低。

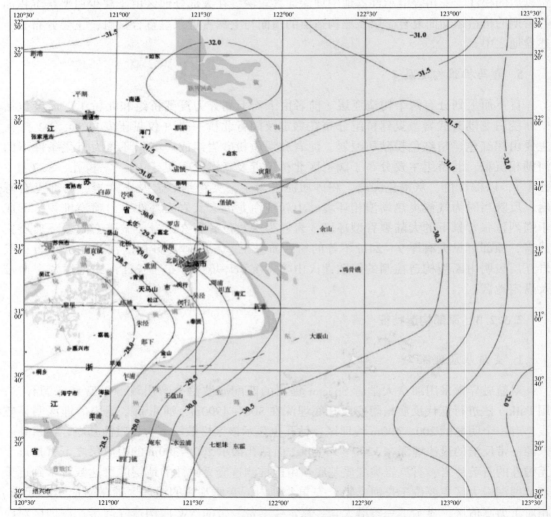

图 2-21　上海及邻近地区居里等温面埋深等值线图

3. 莫霍面

用平均场法提取区内深部布格重力异常，采用 Parker 法进行迭代反演，用趋势分析做一步处理，勾绘出区内莫霍面埋深等值线图（图 2-22）。区域内莫霍面埋深总体呈由东部向西、向北、向南均由平缓变深，埋深在 30.9～31.04km。其最高处在南汇东南的海域，最低在青浦朱家角以西的淀山湖—苏州一带。上海地区处于启东幔拗、苏州幔拗和东部海域幔隆的过渡带上。在 30km 的布格重力异常的上延图中同样显示了幔隆和幔拗的特征。在杭州湾一带，莫霍面等深线明显转向，由近 SN 向变为近 EW 向，呈弧形向 SW 凸出，显示了江绍断裂带两侧莫霍面起伏的差异性。

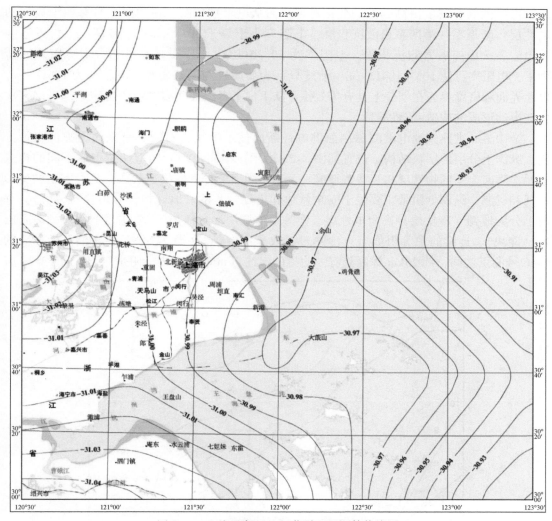

图 2-22 上海及邻近地区莫霍面埋深等值线图

通常居里等温面深度与软流圈具有很好的相关性，所以上述两处居里等温面隆拗处软流圈应分别为上隆和下拗。对比居里等温面的埋深，在吴江—南汇一带的居里等温面上隆区，莫霍面呈现略微下拗。软流圈的强烈上隆挤压在江苏东南—上海东部导致了地幔岩石圈的减薄，进而导致了地幔高导层和下地幔岩石圈团块状高阻层的发育。在主要的壳、幔深断裂附近，地质史上的强烈挤压导致热量释放和深部热量沿断裂上移，在地壳中积聚，形成部分熔融和重熔。

4. 深部地球物理的综合地质解释

从重磁参数来看，区内浅部壳层存在四个明显的物性层：前震旦系变质岩属"高密高磁"层；震旦系和下古生界属于"高密低磁"层；上侏罗统属于"中密中磁"层；

白垩系和石炭系属于"低密低磁"层。侵入岩的重磁参数一般从基性到酸性具有磁性参数由强到弱、密度由高到低的变化特征。而从电参数判断，在垂向上具有四个典型的电性层：新近系—第四系松散沉积层，电阻率小于等于30Ω·m；上侏罗统—古近系为火山岩、火山碎屑岩和沉积岩，电阻率为30～500Ω·m；震旦系—下古生界以碳酸盐为主，电阻率可达103～104Ω·m；前震旦系为变质岩和侵入岩类，电阻率为103Ω·m。电性界面和密度界面在划分上具有等效性，从下向上各层界面多对应于晋宁运动以来多次构造运动形成的构造–岩性界面。

金山卫—常熟大地电磁测深剖面的电性断面显示沿线岩石圈具有横向上被低阻带分割，纵深上分层的层块结构，位置如图2-23所示。横向上断裂构造切割形成不同的构造单元，垂向上不同物性层相互叠置形成一系列不同变形程度的构造层次，具有不同的变形特征和机制。纵深低阻带主要位于安甪盆地和松江—北桥盆地（枫泾—川沙断裂带）。垂向上分为地壳（冷块层）高阻电性层、中等阻值层块（过渡层）、低阻层、巨厚的高阻层块（冷块）、连续的中等阻值层（冷热过渡块）、软流圈（图2-24）。在青浦—松江段的4～6号测点之间，约25km深度具有一明显的厚约8km的"壳内低阻带"，位于图2-24所

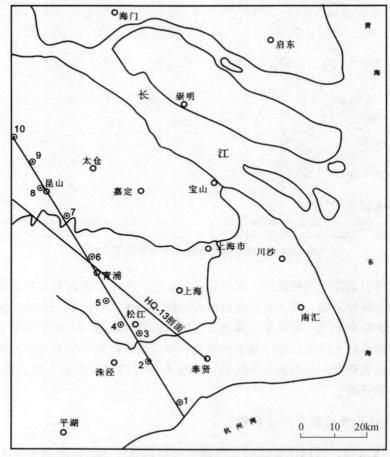

图2-23　金山卫—常熟大地电磁测深剖面位置和HQ-13剖面位置图

示的下地壳与深变质岩系之间，其电阻率小于等于 $250\Omega \cdot m$，虽比四周围岩的电阻率低，然而比之"壳内高导层"而言，阻值显高，故定之为"低阻带"。据近年来的金山卫—常熟大地电磁测深剖面和奉城—湖州地球物理综合探测剖面，在湖苏断裂以西地区发育有中地壳的壳内高导层，而在以东地区在下地壳只见有低阻层。壳内低阻层上方一定深度内往往容易诱发地震，是一个构造活跃层。在 4～5 号测点之间、9 号测点附近的中上地壳明显具有两个相对低阻层和两个高阻层，与 HQ-13 大地电磁测深断面反映的中上地壳结构近乎一致。HQ-13 断面上下地壳及其以下的岩石圈在青浦一带为高阻体，为区域上团块状高阻层的一部分，相当于下地壳下部的中性麻粒岩和岩石圈上地幔部分，在金山卫—常熟电磁测深剖面上与巨厚的高阻层块（冷块）层位相当。青浦一带岩石圈较厚（120～125km），向西至松江地区岩石圈逐渐变薄至 70km（图 2-25）。同时显示松江地区为一推覆带，断面向东倾斜，向西逆冲，向下收敛至深层滑移面上。这一推覆带同时曾是巨大的岩浆房所在。

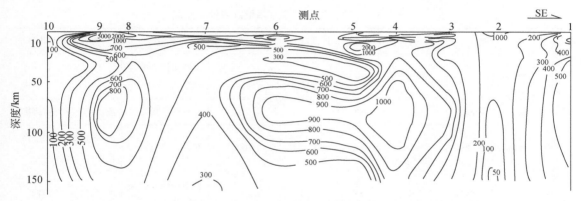

图 2-24　金山卫—常熟大地电磁测深断面图

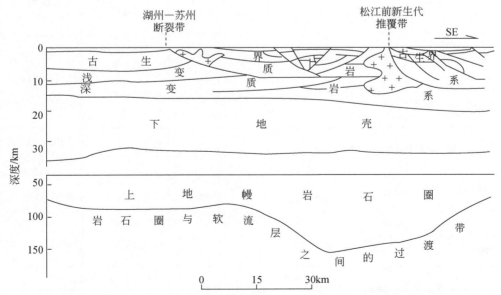

图 2-25　HQ-13 大地电磁测深断面综合解释上海地块剖面

资料来源：华东石油局《陈沪生论文选集》

2.3.3　上海地区构造单元区划

2.3.3.1　断裂构造

上海地区地质演化历史和变形复杂，不同规模和方向的断裂构造十分发育。断裂构造以物探重磁解释、浅层人工地震探测结合少量钻孔控制为主。主要分为 NE 向、NNE 向、NW—NNW 向、近 EW 向等四组，NE 向和近 EW 向断裂一般属早期构造，NNE 向、NW—NNW 向断裂为晚期构造（表 2-3、图 2-26）（魏子新等，2010）。基岩断裂新构造期多表现出新生性，上海陆域共探测确定第四纪以来活动断裂 20 条，其中最新活动时代多为早、中更新世。

表 2-3　上海市陆域断裂基本情况统计一览表

编号	名称	走向	倾向	倾角/(°)	区内延长/km	性质	显著活动时代
F1	湖苏断裂	NE45°	SE		>25	早期压性，晚期张性	印支晚期
F2	太仓—奉贤断裂	NW330°	SW		75	逆冲挤压断裂带	燕山期—喜马拉雅期
F5	苏州—嘉善断裂	NW330°	SW	60～80	100	左旋水平位移	燕山晚期—喜马拉雅期
F6	徐市—大兴断裂	NEE	SE		>35	早期压性，晚期张扭性	加里东期—燕山期
F7	太仓—二堡镇断裂	EW—NEE	N		>75	张扭性正断层	燕山晚期—喜马拉雅期
F9	枫泾—川沙断裂	NE60°	NW	>75	70	早期压扭性逆冲，晚期张扭性	晋宁期—喜马拉雅期
F10	张堰—南汇断裂	NE60°	SE	80	70	早期逆断层，晚期正断层	晋宁期—喜马拉雅期
F15	罗店—周浦断裂	NW325°～330°	NE	85	50	张扭性	燕山晚期—喜马拉雅期
F18	姚家港—白鹤断裂	NE25°	SE	70	22	张性正断层	喜马拉雅期
F19	虹桥—五角场断裂	NE30°	SE		17	张性正断层	燕山期
F20	兴塔—泖港断裂	NE60°	NW		36	张性—张扭性正断层	燕山晚期

续表

编号	名称	走向	倾向	倾角/(°)	区内延长/km	性质	显著活动时代
F21	大场—九亭断裂	NE25°	NW	50	22	早期压扭性，晚期张扭性	印支期—喜马拉雅期
F22	绿华—三星断裂	EW	N		12	张扭性正断层	燕山期—喜马拉雅期
F23	千灯—黄渡断裂	EW	N	50	>25	张性—张扭性正断层	燕山晚期—喜马拉雅期
F24	大场—江湾断裂	EW	N		13	张性—张扭性正断层	燕山晚期
F25	丰庄—静安寺断裂	NWW	N	30～50	10	张性正断层	燕山晚期
F26	青浦—龙华断裂	NE60°—EW	SE—S	50	56	张性—张扭性正断层	燕山期—喜马拉雅期
F27	梅陇—邓镇断裂	EW	N		30	张性—张扭性正断层	燕山晚期
F28	卖花桥—鲁汇断裂	NEE—NWW	S		35	张性正断层	燕山晚期—喜马拉雅期
F29	葛隆—南翔断裂	NW300°	SW		32	张性—张扭性正断层	燕山期—喜马拉雅期
F30	马桥—金汇断裂	EW—NW	NE		20	张性正断层	燕山晚期
F31	灯塔—赵家宅断裂	NW335°	NE		>40	张扭性断裂	燕山期—喜马拉雅期
F32	张堰—金山卫断裂	NW320°	SE		15	张性正断层	燕山期—喜马拉雅期
F33	淞南断裂	NW295°	SE		12	张性正断层	燕山晚期
F34	高东断裂	EW	S		8		燕山晚期
F35	钱桥—奉断裂城	NE60°	NW		16	张扭性正断层	燕山晚期
F36	永盛—施庙断裂	NE75°	NW		6	张性正断层	燕山晚期
F37	凉城断裂	NE55°	NW		1.6	压性逆断层	加里东期
F38	愚园—动物园断裂	NE60°	NW		7	压性逆断层	加里东期

编号	名称	走向	倾向	倾角/(°)	区内延长/km	性质	显著活动时代
F41	松隐—廊下断裂	NE20°	SE	50	26	张性正断层	燕山期
F42	朱行断裂	NW330°	SW	70	>7	张性正断层	喜马拉雅期
F43	江山—绍兴断裂	NE40°~50°	SE		>280	压性逆断层	神功期、晋宁期、燕山期
F44	唐镇—合庆断裂	NEE	NW		>10	压性逆断层	喜马拉雅期

图 2-26 上海市陆域断裂构造分布略图

　　根据其对地质体的影响控制程度及地球物理性质，将本区断裂分为深断裂、基底断裂和盖层断裂，前二者多属 NE 向断裂。深断裂有湖苏断裂；基底断裂有太仓—奉贤断裂、张堰—南汇断裂、枫泾—川沙断裂；其他为盖层断裂（魏子新等，2010）。主要断裂简述如下。

1. 湖苏断裂（沙溪—吕四断裂）（F1）

　　分布于江苏沙溪—崇明岛西，湖苏断裂的 NE 延伸段延入黄海，为崇明—景德镇断裂的一部分。该断裂走向 NE45°，倾向 NW，整体大于数百千米，区内长约 25km。两侧地层发育存在极大差异。断裂构造早期可能为压性，后期表现为张性。晋宁旋回开始活动，主要形成于印支晚期，燕山晚期活动加剧，喜马拉雅期仍继续活动。深切上地壳下部深变质岩系。构成上海—浙西地块北西边界，是上海推覆体早期滑移面。

2. 江山—绍兴断裂（F43）

　　位于本区南界杭州湾，东起王盘山，经绍兴、金华延至江山以西。王盘山至芦潮港东南杭州湾北缘，地球物理特征表征不明显。走向 NE40°～50°，长度大于 300km。地表产状近直立，倾向深部转向 SE 向，深 10km 处消失。形成于新元古代，主要活动时期为元古宙和中生代，至喜马拉雅期仍有活动。断裂两侧岩性及构造活动强度具有很大差异，为扬子地块与华夏地块的拼合带。

3. 太仓—奉贤断裂（F2）

　　自江苏福山长江边，经常熟支塘—太仓—上海外冈—诸翟—莘庄—奉贤西南入杭州湾，为倾角上陡下缓的"犁式"，长约 140km，宽数千米。性质与深度有严格的分段性，主体部分在支塘至新桥之间，切割深 10km 以上，支塘以北和新桥以南是后期伸展的浅层断裂，深不超过 5km，在北桥断陷带和杭州湾被掩盖。HQ-13 剖面反映该断裂构成深、浅变质岩系之间的滑移界面。重磁异常图上明显显示，沿断续分布的重力梯度带或等值线扭曲的部位通过。沿线伴有串珠状斜列的局部航磁异常分布。区内两条主要的 NE 向航磁异常带在该断裂附近被中断，呈不连续或收敛，致使两侧异常带宽度、局部异常轴向发生变化。

4. 枫泾—川沙断裂（F9）

　　沿枫泾、车墩、周浦、川沙一线分布，南西段延入浙江，北东段经白龙港附近延入东海海域。走向 NE60°，倾向 NW，倾角大于 75°。宽 4～6km，全长大于 370km，区内断续出露约 40km。由数条 NE 向断裂组成，早期为压扭性逆冲性质，晚期表现为张扭性性质。形成于晋宁期，最新活动时间为中更新世。沿断裂见有上新世玄武岩流局部喷溢。构造破碎、动力变质、热液蚀变现象强烈。

5. 张堰—南汇断裂（F10）

　　大致位于钱圩—张堰—朱行—奉贤—南汇一线，奉贤以东分为南、北两支。北支齐贤—航头—新场—盐仓一线，南支光明—曹家宅—塘桥—惠南镇—义灶泓一线。走向 NE60°，主断面倾向 SE，人工地震剖面显示浅部多破碎带，以倾向 NW 为主，突破 T_4 反射波组面，为早更新世活动断裂。长度大于110km，东延入海至九段沙浅滩，南西与浙江球川—萧山断裂相接。金山群、灯影组分布于北西盘，而黄尖组主要分布于南东盘或断裂带上。沿断裂带多个钻孔中均见挤压片理、动力变质岩或构造角砾岩、破碎带，热液蚀变现象普遍。

6. 罗店—周浦断裂 (F15)

沿浏河—罗店—大场—周浦一带分布。走向 NW325°～330°，倾向 NE，倾角为85°，长约50km，由相距约1km的两到三条相互平行断裂构成。大体呈断面向东的阶梯状下滑。位于断续分布的 NW 向重力梯度带上，走向基本与等值线方向一致。

除陆域断裂外，在上海邻近海域的断裂构造除江绍断裂、张堰—南汇断裂和枫泾—川沙断裂带的海内延伸段、鸡骨礁—镇海断裂外多为盖层断裂，也可分为近 EW 向、NW 向、NNW 向和 NE 向 4 组。基本分布在长江口外围的邻近海域内。

2.3.3.2　构造单元划分及其特征

上海地区属扬子板块，除崇明西北角属下扬子地块外，主体属上海—浙西地块。据重力场特征，参考航磁场变化，结合钻探资料综合分析，以沙溪—吕四断裂、太仓—奉贤断裂和松江—北桥拗陷北界（卖花桥—鲁汇断裂及其两端延长线），划分上海—长江口断隆区（Ⅲ₁）、角直—青浦断陷区（Ⅲ₂）、金山—杭州湾断隆区（Ⅲ₃）和湖州—南通断隆区（Ⅲ₄）4 个三级构造区。再以前震旦纪—早古生代断隆、中生代火山沉积拗陷（盆地）、新生代断陷盆地为构造带，以较大断裂为边缘，划分庙镇—启东隆起带（Ⅳ₁）等 11 个四级构造带（朱子沾，1992；沈建文等，1992），参见图 2-27。

1. 上海—长江口断隆区（Ⅲ₁）

北以沙溪—吕四断裂为界，西至太仓—奉贤断裂，南抵松江—北桥拗陷带北界，东延入海。从上延 5km 的布格重力异常垂向一阶导数图（简称异常图）可看出：除堡镇和金桥地区外，该区重力场均显示呈大片重力正异常。钻孔资料反映了区内多为震旦系—下古生界构成的断隆。而堡镇则为燕山晚期花岗岩，金桥地区为中生代火山岩系。该区又可分为：庙镇—启东隆起带（Ⅳ₁）、浏河—新开河拗陷带（Ⅳ₂）、上海—佘山岛隆起带（Ⅳ₃）和泥城—牛皮礁拗陷带（Ⅳ₄）等。

1）庙镇—启东隆起带（Ⅳ₁）

北西抵沙溪—吕四断裂，南东大致以长江农场—太仓北一线为界。其重力异常形态在异常图上除北西角见-2～0Gal 区域外，均呈大片 0～10Gal 正异常形态。据区内及邻区钻孔资料，深部应以下古生界为主。

2）浏河—新开河拗陷带（Ⅳ₂）

北与庙镇—启东隆起带相邻，西止于沙溪—吕四断裂、太仓—奉贤断裂，南以太仓—二堡镇断裂为界。重力异常形态呈一极值为-9Gal 的大面积负异常。钻探资料证实该带由中新生代沉积拗陷及燕山期花岗岩体构成。

3）上海—佘山岛隆起带（Ⅳ₃）

北起太仓—二堡镇断裂，南至卖花桥—鲁汇断裂，西以太仓—奉贤断裂为界，东部延

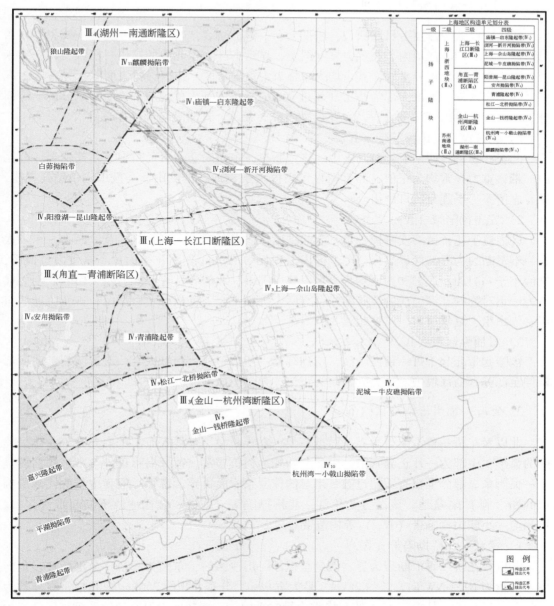

图 2-27　上海及邻近地区构造单元划分

入东海。异常图显示除东沟—北蔡—川沙一带为重力负异常外，其他均为重力正异常。

4）泥城—牛皮礁拗陷带（IV_4）

北西起自奉城—南汇一带，南西抵鲁汇—芦潮港一线，东南边界为北港口断裂。在异常图上显示与南、北相比均为相对低缓的布格重力异常，一般在 0～1Gal。

2. 角直—青浦断陷区（Ⅲ$_2$）

断陷区以北为沙溪—吕四断裂，东抵太仓—奉贤断裂，南以练塘—新桥一线为界，西部延伸至江苏和浙江境内。在重力异常图上，显示本区除东北角的昆山—巴城—太仓和东侧重固周围为重力正异常外，其余均为布格重力负异常区。钻探资料表明除正异常区为震旦系—奥陶系外，本区大部为厚层（超过 3000m）的中新生代地层。该断陷区可进一步细分为阳澄湖—昆山隆起带（Ⅳ$_5$）、安角拗陷带（Ⅳ$_6$）、青浦隆起带（Ⅳ$_7$）。

1）阳澄湖—昆山隆起带（Ⅳ$_5$）

北至沙溪—吕四断裂，南到昆山—嘉定断裂，东到太仓—奉贤断裂，西部延至江苏昆山一带，重力异常均为正值，异常图显示极值大于 8Gal。据昆山、马鞍山一带钻孔揭露，见有志留系—上震旦统灯影组。

2）安角拗陷带（Ⅳ$_6$）

区内位于花桥镇—安亭镇一带，北起昆山—嘉定断裂，南到千灯—黄渡断裂，东以太仓—奉贤断裂为界，西界延入江苏，区内面积仅为 120km^2 左右，呈大片布格重力负值区，极值小于 −11Gal。底部和四周均为上侏罗统所围限，北部尚见有侵入岩及火山岩。剖面显示为一不对称的北深南浅的箕状断陷，有两个沉积中心，沉积有上白垩统—古新统的浦口组、赤山组、夏驾桥组，厚度超过 3000m。

3）青浦隆起带（Ⅳ$_7$）

该隆起带北起千灯—黄渡断裂，南到练塘—新桥一线，东抵太仓—奉贤断裂，向西部延伸至江苏和浙江境内。重力异常均为正值，异常图显示极值为 4Gal。

3. 金山—杭州湾断隆区（Ⅲ$_3$）

北以卖花桥—鲁汇断裂为界，西抵苏州—嘉善断裂，东延入海。重力异常带总体呈北凸的弧形，中部为一片正异常带，南、北两侧均为负异常。钻探揭示正异常带多属前震旦系—奥陶系，部分上覆有不超过数百米厚的侏罗系。而负异常带则一般为中新生代地层构成的断（拗）陷盆地。该区分为松江—北桥拗陷带（Ⅳ$_8$）、金山—钱桥隆起带（Ⅳ$_9$）、杭州湾—小戢山拗陷带（Ⅳ$_{10}$）等构造带。

1）松江—北桥拗陷带（Ⅳ$_8$）

北以卖花桥—鲁汇断裂为界，西南至枫泾—川沙断裂，东南为马桥—金汇断裂，走向由西向东为 NE—NW 向，长约 28km，最大宽 9km，分布面积约 250km^2。布格重力异常为一弧形负异常带，从上延 1km 的布格重力异常垂向一阶导数图上可清晰地看到该区四周为密集的等值线所圈闭。根据物探异常特征和钻探结果确认本区为一中、新生代晚侏罗世—古新世地堑式断陷盆地。分布于古松—松江—北桥—闸桥一线，四周及盆地底主要为上侏罗统火山岩系，局部亦见有上寒武统超峰组和中—古元古界金山群。

2）金山—钱桥隆起带（Ⅳ$_9$）

北以枫泾—川沙断裂、马桥—金汇断裂为界，西抵苏州—嘉善断裂，东到奉城一带，南延入杭州湾江绍拼合带。北部、东部为布格重力正异常区，异常极值在吕巷大于 9Gal，西南部为负异常区。钻孔资料表明正异常区主要为前震旦系金山群（中部和西部）及奥陶系—寒武系（东部）构成的断隆。而负异常区多为火山岩构成的中生代拗陷盆地。

3）杭州湾—小戟山拗陷带（IV_{10}）

东以鲁汇—芦潮港一线为界，南西到齐贤桥—钱桥隆起，东南延入杭州湾，为一布格重力零异常区。陆域据钻孔揭露主要为上侏罗统劳村组，东部见新近系中新统白龙港玄武岩覆盖，区内厚度一般为数十米。其下为侏罗系劳村组，根据物探资料推测其最大厚度可达 1500m 左右。

4. 湖州—南通断隆区（III_4）

涉及上海境内的为麒麟拗陷带（IV_{11}）四级构造单元。位于湖州—南通断隆麒麟拗陷的东南端，东南以湖苏断裂为界（大致与崇明跃进农场范围一致），西边与北界均延入长江并与对岸江苏陆域共同构成拗陷部分，为一大片的布格负异常区，区内面积约 90km²。推测基岩地层为上侏罗统。

2.3.4　上海及邻近地区地震活动性与危险性分析

2.3.4.1　地震活动性分析

为研究方便，将区内分为工作区和近场区，确定北纬 29°~34°、东经 118°~124°的区域为工作区，北纬 30°00′~32°30′、东经 120°30′~123°30′的区域为近场区。

1. 区域地震活动性

1）上海市及邻近地区地震区的划分

对工作区而言，南黄海区域地震活动水平明显较高，不分区可能把它较高地震活动性分摊到陆地的其他地区；北纬 29.8°以南区域地震活动水平明显较低，不分区可能人为降低其他地区的地震活动性。结合地震地质构造特点，将工作区划分为 3 个子区（图 2-28）：南黄海和邻近的苏北地区作为一个统计区，简称为北区；北纬 29.8°以南地区作为一个统计区，简称为南区；其他地区则简称为中区。

工作区属中强地震活动区，地震活动大致呈现北强南弱、东强西弱（或海域强、陆地弱）的态势。北区地震活动性水平最高，工作区内最大的一次 7 级地震发生于该区。6 级以上地震均分布在南黄海凹陷及其南部隆起的次一级凹陷，包括 1846 年 7 级地震、1852 年 6 级地震、1853 年 6 级地震及 1984 年 6.1 级和 6.2 级地震。中区的地震活动性强度次于北区，但该区 5 级左右的地震活动频度较高，且分布较广。中区最大地震为 1505 年的南黄海 6 级地震，其次为 1624 年扬州 6 级地震、1979 年溧阳 6 级地震和 1996 年长江口东 6.1 级地震。南区（北纬 29.8°以南）的地震活动水平明显较低（朱积安，1990；沈建文等，1992；章振铨等，2004b；沈宗丕等，2004）。

与北区和中区相比，南区地震活动性水平很低，其强度亦相对较弱。公元 1500 年至今仅记载到 $M \geq 4$ 级地震两次。

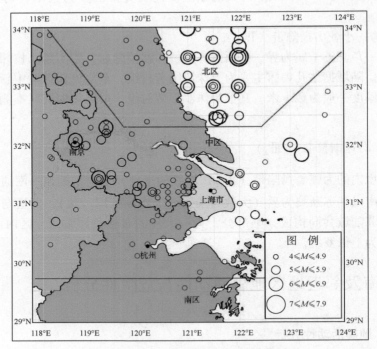

图 2-28　工作区内地震活动性统计分区图

2）工作区子区内地震活动性趋势分析

对北区和中区的最大震级（采用地震能量的对数）周期图进行分析，图 2-29 和图 2-30 分别为北区和中区最大震级的时间序列周期图分析结果。目前北区的地震活动低于平均水平，外推预测未来 50 年内地震活动有可能进一步下降。根据分析判断，未来 50 年，北区的地震活动在平均水平的基础上偏低。

目前中区基本上处于地震活动平均水平，外推预测结果表明，其地震活动可能呈现起伏变化。认为未来 50 年，中区的地震活动在平均水平的基础上偏高。

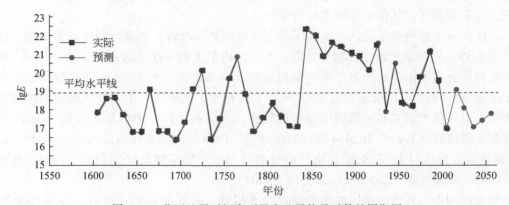

图 2-29　北区地震时间序列最大地震能量对数的周期图

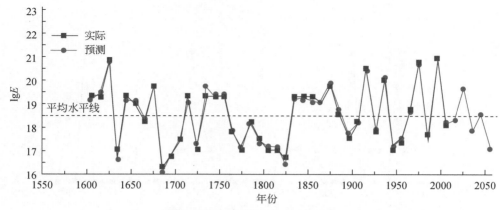

图 2-30 中区地震时间序列最大地震能量对数的周期图

对北区和中区 4 3/4 级以上地震频次的周期图进行分析，为了去除余震对结论的影响，在进行地震频次周期图分析时，已删除了区内 5 级以上地震的余震。

根据北区 4 3/4 级以上地震频次的周期图，得到北区 4 3/4 级以上地震频次的时间序列周期图，如图 2-31 所示。外推预测结果表明，北区在未来 50 年，4 级以上地震比平均水平偏低。

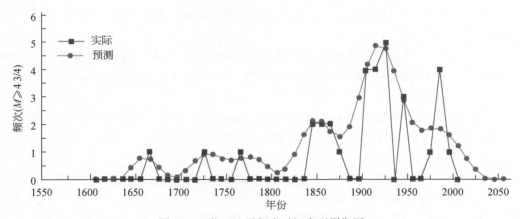

图 2-31 北区地震频次时间序列周期图

同样对中区 4 3/4 级以上地震频次的周期图进行分析，得到中区 4 3/4 级以上地震频次的时间序列周期图，如图 2-32 所示。外推预测结果表明，中区在未来 50 年，有可能发生数次 4 3/4 级以上地震。通过比较北区和中区的地震频次时间序列周期图表明，今后 50 年中区的 4 级以上地震活动高于平均水平。

2. 近场区地震活动性

自有地震记载（公元 1475 年）以来，据不完全记载，上海地区曾遭受过 160 余次中强地震袭击，其中发生在现今上海行政区及其东侧海域内的地震有 70 余次。在近场区内，从 1970 年 1 月至 2005 年 12 月，记录到 $M_S \geq 0$ 级的地震约有 1462 次，其中最大地震为

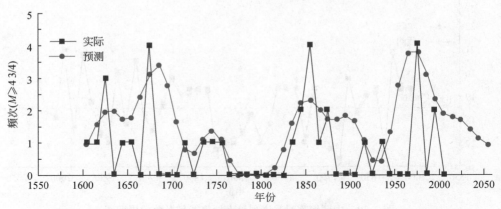

图 2-32　中区地震频次时间序列周期图

1984 年 5 月 21 日南黄海 6.2 级地震，其次是 1996 年 11 月 9 日长江口东 6.1 级地震。近场区内烈度达 6 度（或局部达 6 度）的地震有 3 次，分别如下。

（1）1624 年 9 月 1 日上海地震。上海境内唯一的一次破坏性地震，有民居发生倾倒，最远波及江苏常熟，震级 4 3/4 级，震中位置北纬 31.2°、东经 121.5°。

（2）1853 年 4 月 14 日南黄海 6 3/4 级地震。上海全境地震，连日屡震，有的地方烟囱和墙壁倒塌；川沙（今浦东新区）一带有民居倾倒；奉贤沿海产生地滑，盐田受损；崇明河水翻激等。

（3）1927 年 2 月 3 日南黄海连续两次 6 1/2 级地震。上海江湾赛马场（原万国体育场，今废，现为建筑机械厂附近）俱乐部及钟塔大片墙皮和多处石块脱落，甚至部分石墙坍倒。

在东侧长江口海域地震较陆上地震频度高、强度大，曾发生多次强烈有感地震。

（1）1855 年 11 月 20 日长江口 5 级地震，震中为北纬 31.5°、东经 122.0°，波及上海、江苏及浙江等地。

（2）1971 年 12 月 30 日 18 时 46 分长江口 4.9 级地震，震中位置为北纬 31°18′、东经 122°18′，波及上海地区、江苏南通、常熟、苏州、吴江及浙江嘉兴、海盐、舟山、慈溪、三门、象山等。佘山岛、鸡骨礁、嵊泗、花鸟山岛烈度 5 度，建筑物有轻微损坏。

（3）1984 年 5 月 21 日 23 时 39 分南黄海 6.2 级地震，震中位置为北纬 32°27′、东经 121°33′，波及苏、沪、浙、皖、鲁四省一市，上海东北部以东地区 5 度强烈有感，建筑物轻微损坏，上海死亡 3 人，有几十人跳楼受伤，川沙有少数厩棚倒塌，砸死砸伤家畜数头。

（4）1996 年 11 月 9 日 21 时 56 分长江口东 6.1 级地震，震中位置为北纬 31°49′、东经 123°13′。江苏阜宁、南京，安徽芜湖，浙江建德、金华、台州以东有感，等震线呈北东向展布。崇明东部江口乡、港东乡有轻微损坏，上海普遍有感，高层建筑震感强烈，如东方明珠电视塔顶有 3 根避雷针折断坠落，出现书柜倾倒、大花盆翻地现象等。

（5）1990 年 2 月 10 日太仓 4.9 级地震对上海的影响，是 1949 年后历次地震波及中较重的一次。虽然上海大部分地区只是 4 度有感，但嘉定区娄塘乡西北部却遭到一定程度的损失（5 度），房屋轻微损坏的有 24 户，基本完好的有 108 户，尤以陆渡、庵桥、新泾三村较重，墙壁裂缝宽的可达数毫米。另外，唐行乡有 24 户房屋具细微震裂，一户简易棚倒塌。嘉定区城关震感强烈，许多居民涌向街头。这次地震对江苏太仓、常熟、昆山及上海嘉定共造成 21 个乡镇 300 余村不同程度损害，受损人家共 2.6 万余户，受损房屋 10.6 万余间。

近场区绝大部分地震均属 3 级以下小震，如长江口小震群、南通小震群、滩浒山小震群、常熟以北福山小震群、张家港小震群等。近场区内小震时有发生，且分布较广。但值得注意的是，1970 年 1 月至 2005 年 12 月期间，在近场区内，发生了两次强震序列，即 1984 年 5 月 21 日南黄海 6.2 级地震序列和 1996 年 11 月 9 日长江口东 6.1 级地震系列；发生了 1 次中强震序列，即 1990 年 2 月 10 日太仓 4.9 级地震系列。

根据已有资料，上海行政区近 500 年来遭遇过 26 次 4 度以上的地震影响，其中有 13 次地震的影响烈度为 5~6 度（含 4 次 6 度），其余 13 次地震的影响烈度为 4 度，地震对工程场地的最高地震影响烈度为 6 度。

2.3.4.2　上海市陆地地震危险性分析

一个地区或工程场地的地震危险性可以理解为该地区或工程场地未来可能遭遇的大小不同的烈度或地震动的超越概率。由于国家地震区划图采用的是峰值加速度，因此本节也用峰值加速度表示地震危险性。地震危险性分析采用综合概率法。在衰减规律方面则采用目前我国广泛使用的椭圆模型（沈建文等，1989）。

尽管《工程场地地震安全性评价》（GB 17741—2005）中规定需以地震带作为统计区域，但这仍有较大的不确定性，特别是对于上海邻近地震不密集成带的地区。长江下游—黄海地震带的主要地震集中在黄海区域，长江下游—黄海地震带的统计参数并不能代表本区的地震活动规律。实际上，统计区域内部的地震活动性也有明显的差异，明显存在北强南弱的特点。故本节把上述划分的北区、中区和南区，分别作为统计区域。考虑到南区地震活动稀少，且距离较远，可以忽略，仅对北区和中区分别作统计分析。为对上海行政区进行概率法危险性分析，需确定上海邻近的潜在震源和衰减规律。

潜在震源区的划分和震级上限等主要参数的确定是地震危险性分析中极为关键的中间环节，也是地震安全性评价工作的重点。潜在震源是在《上海市地震动参数区划》（上海市地震局和同济大学，2004）及地震地质和地震活动性分析结果的基础上确定的。

1. 潜在震源划分方法

潜在震源区划分原则采用历史地震重演原则和构造类比原则。历史地震重演原则是指历史上已发生过强震的地段和地区，将来还可能发生类似的地震，可以据此划分出具有同类震级或稍高于原最大震级的潜在震源区。此外，地震活动性方面的一些时空分布特点，也可用作划定潜在震源区的辅证。

在使用历史地震重演原则时，进一步考虑了以下情况：历史上发生过 5 级或 5 级以上地震的地区一般都划为稍大于该震级的潜在震源区；充分运用小震活动条带和中小地震聚集区相关资料来圈定潜在震源区。

地震构造类比原则是指某地区在历史上虽然没有发生过强地震或中等强度的地震，但与已经发生过强震地区的构造条件具有相同或类似的特点，可采用类比法圈出相应震级上限的潜在震源区。

根据中国东部中强地震的构造环境条件，并结合上海邻近地区的具体情况，将地震构造类比概括为：凡是 NE 或 NW 走向的第四纪活动断裂带，无论错动性质如何，晚更新世以来是否有过活动，只要沿断裂带有明显的小地震活动都应考虑为中强地震的潜在震源区，对晚更新世以来有活动断裂的地方应予特别关注；凡是沿区域性活动断裂带发育的次级断陷盆地或谷地，以及隆起区和拗陷区内的次级断陷或拗陷内，只要沿断裂带有明显的小地震活动，不论规模大小（10～100km），也应考虑为中强地震的潜在震源区；新构造时期隆凹的边界或强烈下沉的地段是中强地震的潜在震源区。

2. 潜在震源区优势方向和范围的确定

1）潜在震源区优势方向确定

对潜在震源区方向性主要考虑：潜在震源区长轴方向和主要发震构造或发震断层方向一致；沿两组活动构造交汇区圈定潜在震源时，如果发震构造没有明确是哪一组，一般以区域上构造活动最新的一组为主；如果发震构造明确是其中一组，则应有方向性，沿主要发震断层圈定。

2）潜在震源区范围确定

确定潜在震源区范围的总原则是：对于资料比较详细、发震构造研究较为深入的地区，范围尽量划得小一些；对于资料较少、发震构造研究程度较差的地区，范围可相对大一些。需着重考虑以下几方面。

（1）活断层长度，一般将同类性质断裂或活动强度、时代相近的包括在内。

（2）位置上首先考虑的是将大于等于 5 级地震的震中位置包括在内。

（3）本地区发现活动断层主要是正断层。正断层和带有很大正断层分量的走滑断层主要发育在我国东部，大地震一般在断层上盘（倾向方向）和地表断层距离不超过 10km。沿这类断层带圈定潜在震源区时，如果断层倾向明确，圈定的潜在震源区只需包括地表断裂带，顺倾向方向 10km；如果断层倾向不明确，则以断层带为中心，向两侧各扩张 10km。

（4）当两组断裂交汇时，如已明确发震断裂是其中一组，沿该组断裂圈定，如未明确哪一组为发震断裂，以区域上活动时代较新的断裂或主干断裂为长轴方向。

（5）沿活动盆地确定潜在震源区的位置和宽度，应根据发震构造研究的详细程度和盆地性质来圈定。当发震构造研究比较详细，可以确定发震断层时，则按沿断层划分的方法确定潜在震源区的位置和宽度。尽管发震构造不清楚，但盆地中存在狭长的新近系—第四系或第四系等厚线梯度带，可以沿梯度带两侧一定范围内圈定。在发震构造不清楚，也无其他反映活动构造线索的情况下，潜在震源区宽度需包括整个盆地的宽度。

（6）根据余震分布圈定。根据已有的震例，对于 6～6.5 级的地震，其主震一般位于余震分布的轴线附近的部位，在圈定时，可考虑以余震轴线为中心，向两侧扩展 10km 作为潜在震源的宽度。6 级左右的地震，其余震分布方向性较差，而且主震不一定位于余震分布的中心附近部位，圈定时，应包括整个余震分布范围。

3. 潜在震源震级上限的确定

用于确定潜在震源区震级上限（Mu）的方法主要有历史地震法和综合构造类比法两种。考虑到实际应用的可操作性，一些确定震级上限的规则归纳如下。

1）历史地震法

本区陆域是我国地震资料记载较为丰富的地区，资料相对可靠，是利用历史地震法确定震级上限的有利地区。

（1）历史地震 $M \geqslant 7$ 的潜在震源区通常结合构造特征来确定其震级上限，但在缺乏确切构造评价资料的情况下，可考虑震级上限为历史地震加 0~0.5 级。

（2）历史地震 $6 \leqslant M < 7$ 的潜在震源区如没有构造标志，则根据地震活动情况可将震级上限考虑为历史地震加 0.3~1 级；有构造评价资料时，需结合构造标志考虑。

（3）历史地震 $5 \leqslant M < 6$ 的潜在震源区仅有新构造资料时，如果新构造活动比较稳定，震级上限可考虑为历史最大值加 0.3~0.5 级；如果位于新构造分区边界、大型断裂带或新生代盆地边界，那么震级上限可考虑为历史地震加 0.5 级；当有断层活动资料时，如果断层为晚更新世以前的第四纪活动断层，则震级上限可考虑为历史地震加 0.5~1 级；如果为晚更新世以来的活动断层，则震级上限根据活断层的规模或相关活动性参数评价，特别是有全新世活动断裂时将增加 0.5~1.5 级。

（4）取背景地震上限为 5 级。

2）综合构造类比法

受地质构造发育条件和研究程度的限制，对资料缺乏的地区可通过与构造类似的地区进行构造类比来确定潜在震源区的震级上限。主要有两个层次的构造类比，即相似构造部位的类比和同一构造带的类比。类比的主要内容包括构造性质、规模、活动性、综合特性等。

4. 潜在震源区划分方案

在近场区内的主要潜在震源有：长江口海域 NW 向潜在震源区（21 号）、长江口海域 NE 向潜在震源区（20 号）、上海地区 NW 向潜在震源区（19 号）、角直盆地 EW 向潜在震源区（18 号）、上海—杭州 NE 向潜在震源区（17 号）、杭州湾潜在震源区（22 号）、背景潜在震源区（25 号和 26 号），参见图 2-33。

1）长江口海域 NW 向潜在震源区（21 号）

该区历史上曾发生过 6 级以上地震两次。其中 1505 年黄海 6 级地震的震中位置有较大的不确定性。在《上海地区地震危险性分析与基本烈度复核》的研究中，综合了大多数研究者的观点，给出了震中位置的可能范围（火恩杰等，2003；章振铨等，2004b；谢建磊等，2008）。根据对等震线长轴方向和构造背景的分析，现将这次地震暂置于这可能范围的南端，即 32°N，123°E 处。1996 年 11 月 9 日长江口以东海域 6.1 级地震的发生，从一定程度上支持了上述 1505 年地震的定位。在磁异常图上，这两个地震所在区域存在有明显的 NW 向条带，100~300nT 的正异常呈串珠状分布，重力异常图上也显示有一个

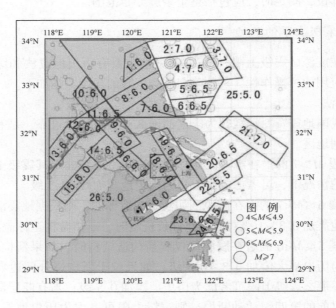

图 2-33　潜在震源示意图

数值为潜在震源区代号：可能发生的最大震级

15～20mGal 的重力高带。

区域上，NW 向奄美–虎皮礁断裂向西延伸也大致在这一带上。最近在长江口海域的人工地震探测，也确实发现有 NW 向断裂存在。综合上述多种原因，将该潜在震源区圈定为 NW 向，震级上限为 7 级。

2）长江口海域 NE 向潜在震源区（20 号）

该区断裂构造以 NE 向为主。断裂最新活动一般为早更新世。发生有多次 4～5 级的中强地震。将该潜在震源区的震级上限定为 6.5 级。

3）上海地区 NW 向潜在震源区（19 号）

该区主要据 NW 向太仓—奉贤断裂、南通—上海断裂而划定。从上海市的断裂活动性探测结果来看，NW 向断裂是活动性较强的一组断裂。太仓—奉贤断裂的最新活动时间为晚更新世，距今约 10 万年，是上海地区活动时间最新的一条断裂。上海地区的几次 5 级左右的地震也都与这组 NW 向断裂有关，沿断裂经常有小地震发生。沿断裂发育的断陷盆地不大（如白茆盆地），因而将该潜在震源区的震级上限定为 6.0 级。

4）甪直盆地 EW 向潜在震源区（18 号）

甪直盆地是苏、锡、沪地区最大的一个新生代断陷盆地，长约 60km，是一个长期活动、继承性发育的断陷盆地。新近系至第四系沉积最厚处可达 600m 以上，是苏南、浙北地区同期沉积最厚的地方。盆地边缘 3～4 级的历史地震发生较多，最大震级为 1731 年的昆山淞南 5 级地震。沿断陷盆地北缘分布有喜马拉雅期玄武岩。该潜在震源区的震级上限定为 6.0 级。

5）上海—杭州 NE 向潜在震源区（17 号）

该区断裂构造的主导方向为 NE 向。在浙江有萧山—球川断裂、马金—乌镇断裂，在上海有枫泾—川沙断裂、张堰—南汇断裂。本区 NE 向断裂的活动性一般可至中更新世，在浙江个别区段有至晚更新世的。沿断裂小震活动较为集中，最大的历史地震为 5 级。该潜在震源区的震级上限定为 6.0 级。

6）杭州湾潜在震源区（22 号）

长江口外 1847 年和 1855 年发生过两个 5 级地震，同时杭州湾也存在 NE 向断裂构造。该潜在震源区的震级上限定为 5.5 级。

7）背景潜在震源区（25 号和 26 号）

考虑到 5 级以下地震在北区、中区到处都有可能发生，对此，将北区背景潜源（25 号）和中区背景潜源（26 号）的震级上限均定为 5 级。

5. 上海邻近地区的峰值加速度衰减规律

1）上海邻近地区的基岩峰值加速度衰减规律

地震动衰减关系也是地震区划和工程场地地震安全性评价的关键之一，其差别对地震动区划结果的影响很大。根据上海邻近地区、美国西部和中国东部峰值加速度衰减规律的比较，上海地区的峰值加速度衰减相对较慢。

2）上海地区土层的影响

当基岩峰值加速度较小时，土层对基岩峰值加速度有较大的放大作用。随着基岩地震动的加大，放大作用减小。基岩峰值加速度达到一定程度时，土层的非线性增大，地表峰值加速度不仅不放大，反而有所减少。

6. 上海市各行政区概率法危险性分析预测结果

概率法危险性分析最终用地震危险性曲线表示研究场地或地区的地震危险性。地震危险性曲线是指不同地震动参数与超越概率的关系曲线。

上海市行政区域不大，根据《上海市地震动参数区划》（2004）的研究，上海市行政区陆域地震动参数差异不大，在计及上海市厚软土层的影响后，50 年超越概率 10%，或 50 年超越概率 2% 的 2/3，设计地震动参数峰值加速度均在 0.1g 的范围（0.09g～0.14g）。以区中心为控制点，用先得到基岩峰值加速度再根据上海地区土层反应的统计结果做调整，以及直接用地表衰减作危险性分析两种方法进行讨论。给出各控制点地表 50 年内若干峰值加速度的超越概率和 50 年超越概率 63%、10% 和 2% 的峰值加速度。

1）上海市行政分区

为了对各区作震害预测，取各区的中心作控制点（图 2-34）。

2）各区危险性分析结果

将地表峰值加速度换算为基岩峰值加速度，通过危险性分析不难得到指定地表峰值加速度的超越概率。对上海市 16 个行政区控制点危险性分析得到的结果由表 2-4 中"上海衰减经土层反应调整"一栏给出。直接采用美国西部地表衰减危险性分析得到的结果列于表 2-4 中"美国西部土层衰减"一栏。

图 2-34 上海市行政区和控制点

表 2-4　地震危险性分析结果　　　　　　　　　　（单位：m/s^2）

方法	美国西部土层衰减			上海衰减经土层反应调整		
超越概率	50 年 63%	50 年 10%	50 年 2%	50 年 63%	50 年 10%	50 年 2%
宝山	2.48×10^{-1}	8.15×10^{-1}	1.70	3.70×10^{-1}	9.49×10^{-1}	1.60
长宁	2.43×10^{-1}	8.89×10^{-1}	1.89	3.60×10^{-1}	1.00	1.71
崇明	2.58×10^{-1}	6.88×10^{-1}	1.27	3.90×10^{-1}	8.76×10^{-1}	1.33
奉贤	2.33×10^{-1}	8.76×10^{-1}	1.88	3.47×10^{-1}	9.84×10^{-1}	1.69
虹口	2.46×10^{-1}	8.79×10^{-1}	1.91	3.68×10^{-1}	9.98×10^{-1}	1.72
黄浦	2.45×10^{-1}	9.03×10^{-1}	1.97	3.64×10^{-1}	1.02	1.75
嘉定	2.44×10^{-1}	8.47×10^{-1}	1.84	3.64×10^{-1}	9.71×10^{-1}	1.66
金山	2.23×10^{-1}	8.38×10^{-1}	1.84	3.32×10^{-1}	9.33×10^{-1}	1.65
静安	2.44×10^{-1}	8.93×10^{-1}	1.93	3.64×10^{-1}	1.01	1.73
闵行	2.40×10^{-1}	9.00×10^{-1}	1.90	3.57×10^{-1}	1.01	1.71
浦东	2.48×10^{-1}	9.36×10^{-1}	2.12	3.69×10^{-1}	1.05	1.84
普陀	2.44×10^{-1}	8.77×10^{-1}	1.88	3.64×10^{-1}	9.94×10^{-1}	1.70
青浦	2.33×10^{-1}	8.47×10^{-1}	1.81	3.47×10^{-1}	9.53×10^{-1}	1.65
松江	2.33×10^{-1}	8.56×10^{-1}	1.81	3.45×10^{-1}	9.62×10^{-1}	1.65
徐汇	2.42×10^{-1}	9.04×10^{-1}	1.92	3.60×10^{-1}	1.01	1.72
杨浦	2.48×10^{-1}	8.76×10^{-1}	1.91	3.69×10^{-1}	9.97×10^{-1}	1.73

根据所得结果进行分析，"上海衰减经土层反应调整"63% 的数值远大于"美国西部土层衰减"，"上海衰减经土层反应调整"10% 的数值略大于"美国西部土层衰减"的结果，而"上海衰减经土层反应调整"2% 的数值略小于"美国西部土层衰减"的结果。这种差异是由土层对基岩峰值加速度放大倍数的曲线斜率太大造成的。该放大倍数依据的是上海地区土层反应的计算结果，其优点是有较强的针对性，其缺点是中间环节有较大的不确定性。与此相反，用美国西部土层衰减得到的结果可能有地区的差异，但其中间环节较少，带有平均意义。

为了更清楚地说明这一点，在图 2-35、图 2-36 中分别给出宝山区"上海衰减经土层反应调整"和"美国西部土层衰减"的地震危险性曲线。图 2-35 和 2-36 中从上至下分别是 100 年、50 年和 1 年的危险性曲线。

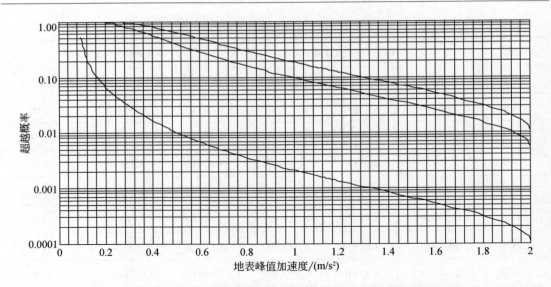

图 2-35　宝山区地震危险性曲线（上海衰减经土层反应调整）

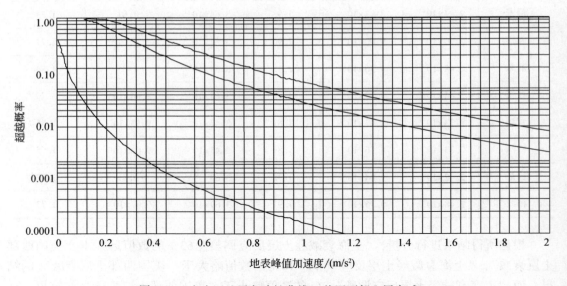

图 2-36　宝山区地震危险性曲线（美国西部土层衰减）

据"上海衰减经土层反应调整"得到的结果在峰值加速度较大时下降速度明显大于据"美国西部土层衰减"得到的结果。

在《上海市地震动参数区划》中认为 50 年 63% 的结果不确定性较大，没有应用价值。据《上海市地震动参数区划》确定的上海市《建筑抗震设计规程》（DGJ08—9—2013）给出的设计地震动参数，设计基本地震加速度（相当于 50 年超越概率 10%）的峰值加速度是 $0.1g$（$1m/s^2$），与"上海衰减经土层反应调整"得到的结果大体相当，比"美国西部土层衰减"得到的结果略大；而相当于罕遇地震（50 年超越概率 2%）的加速度为 $0.2g$（$2m/s^2$）比"上海衰减经土层反应调整"得到的结果略大，与"美国西部土层衰减"得到的结果相当。应该说，《建筑抗震设计规程》（DGJ08—9—2013）给出的标准是合理的，上海市防震减灾的依据是科学的。

根据上述危险性分析的概率方法，对上海地区产生超越概率 50 年 10% 的峰值加速度（相当于设计基本地震加速度）主要是较近潜在震源的近场影响。南黄海等较远潜在震源可以对上海产生长周期地震影响，但其峰值加速度较小，一般相当于烈度 4~5 度。

2.3.4.3　活动性断裂活动对城市建设的影响

1. 上海及邻近海域活动断裂构造

区内活动断裂暂定为第四纪以来活动的断裂，分 NE 向、NNE 向、近 EW 向和 NW—NNW 向等四组。NE 向、NNE 向是本区的控制性构造，规模较大，新活动较明显。近 EW 向断裂主要控制新生代沉积盆地及山区的抬升隆起和平原的下沉（章振铨等，2004b）。NW 向与 NE 向断裂形成共轭构造，具有明显的新活动性，但规模较前者小，且常切割 NE 向和近 EW 向断裂。共确定活动断裂约 37 条，其中上海陆域 20 条。一般 EW 向、NEE 向略早，NNE 向其次，NWW 向、NNW 向较晚。主要断裂构造特征如下。

1）晚更新世断裂

a. 太仓—奉贤断裂（F2）

由江苏福山长江南侧起经太仓支塘、外冈、七宝、闵行、奉贤等地入杭州湾。总体走向 NW330°，倾向 NE，断续延长达 250km 左右。先右行压扭后张扭。断裂明显活动于新生代早期，晚期仍有一定活动性。北段是一条倾向 NE 的正断层，上延突破 T_3 反射层，为中更新世断层；断裂南段的申兴路、黎安路等 4 条剖面表明断裂是由两条相距 250~500m，倾向向背的正断层构成（图 2-37）。这 4 条剖面均发现断裂延入第四系，并突破 T_2 反射层一直进入到上更新统的青灰色细砂层中，断距 10~15m。断裂上断点埋深约 80m。根据古地磁测量结果，南段的最新活动时间约在距今 10 万年。断裂垂直位移年平均速率为 0.01~0.03mm/a。

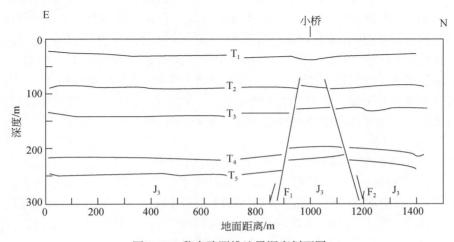

图 2-37　黎安路测线地震深度剖面图

太仓—奉贤断裂是区分上海西部湖沼地貌区和东部冲、海积地貌区的重要界线，且和相当于海侵范围边界的冈身位置基本一致。沿断裂的北桥、莘庄等处有地热异常。1990 年太仓 4.9 级地震、1992 年奉贤西北的 2.1 级地震都与此断裂有关，等震线长轴延伸方向及余震分布方向均与断裂走向一致。

b. 张堰—金山卫断裂（F32）

走向 NW322°，倾向 SW，陡倾角，长 15km，是查山凸起和金山凹陷的分界。东侧第四系等厚线呈 NE 向分布，厚 100～140m；西侧第四系等厚线呈 NW 向分布，沉积厚度向西迅速变厚，最厚可达 240m。在金山卫城南部测得基岩面落差达 12.5m，断裂的上断点终止于上更新统的底部（图 2-38）。

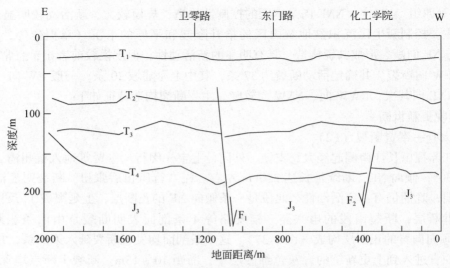

图 2-38　金山卫测线地震深度剖面图

陆上可分成两段，呈雁行排列。北段长 5～6km，走向 NW330°～335°，倾向 SW，倾角 60°，上断点埋深为 160m 左右，为早更新世断裂。往南至张堰附近，表现为由阶梯状的两条断裂构成，宽 60m，倾向 NE，倾角 55°～65°，基岩面落差约 30m，上断点埋深约 90m，属中更新世断裂。断裂南段走向为 NW325°，倾向 SW，倾角 70°，长 6km。同样该断裂也显示往南活动时代更新的特点，北部断裂进入第四系底部，断裂上断点埋深 135m；南部断裂进入第四系中部，断裂上断点埋深 75m，属晚更新世断裂。在上海石油化工总厂南部海域该断裂的南延由两条断裂组成，走向 NW330°，每条长 5～6km。

2）中更新世断裂

a. 枫泾—川沙断裂（F9）

自枫泾，经车墩、莘庄、杨思、川沙一线断续分布，呈 NE60°～70°走向，长 75km 左右，倾向 NW。先逆冲后张性。古生代早期即已存在并有活动。断裂带构造破碎，动力变质、热液蚀变均颇强烈，燕山晚期沿断裂或在断裂附近有花岗岩、石英闪长岩等岩体侵入。喜马拉雅期沿断裂如马桥、白龙港等，有玄武岩喷溢。

进入第四系，由两条倾向相反的断裂组成，成地垒状，宽 0.5～2km，但各段略有不同。在松江城南，基岩破碎带宽 50～60m，基岩面落差 30m，距地面 185～195m 处落差 10m，地下 160～165m 处落差为 5m，断层进入中更新统下部，为中更新世断裂。断裂中段自莘庄南，经朱行、长桥，至黄浦江边，该段由两条断裂组成，北支基岩破碎带宽 20～60m，基岩面落差 13～30m，倾向 NW；南支基岩破碎带宽 20～60m，落差 24～44m，倾向南东（图 2-39）。两者上延的最高层位均突破 T_3 反射层，断裂上断点埋深 130～150m，突破（29.85±2.42）万年的中更新世灰色砂层，而被（23.09±1.87）万年的中更新统上部的蓝灰色粉质黏土所覆盖，最新活动时间为中更新世。在莘庄一号钻孔中测得井底地温 27.2℃，地温梯度 4.4℃/100m，属地热异常地段（章振铨和刘昌森，2001）。

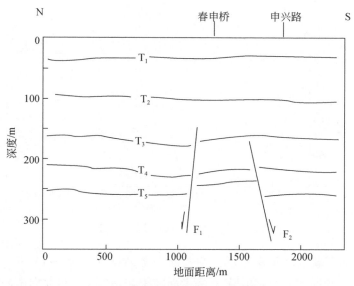

图 2-39　沪闵路测线地震深度剖面图

断裂东段，浦东杨思南仅见南支断裂，断层带宽 50m，基岩面落差 22m，断层仅上延至第四系底部。自北蔡北，经张江、唐镇至川沙城北，仅出现北支断层，长 16km，走向 NE75°～80°。据北蔡等 5 条测线的探测结果，基岩断层带宽 20～50m，基岩面落差 11～13m。断裂穿越 T_4 反射层而被 T_3 反射层覆盖，属早更新世活动断裂。横沙岛附近小震相对密集，可能与该断裂的现代活动有关。

b. 罗店—周浦断裂（F15）

该断裂向 NW 延伸至南通狼山西侧，经上海的罗店、大场、周浦等地，以雁行排列，呈断续分布，总体走向 NW320°～330°，长 100km 左右。断裂切割古生界及上侏罗统火山岩，其形成可能在燕山期晚期，新生代早、晚时期仍有一定活动性。1615 年南通 5 级地震及 1624 年上海 4³/₄ 级地震均发生在该断裂各分段断裂的端部，等震线长轴方向与断裂一致。此外沿断裂还有浮桥、浏河、罗店、北蔡、新场等小地震发生。该断裂形成于中更新世早期，在上海境内的断裂大致可分为以下三段。

　　断裂北段自江苏浏河至大场。从罗店镇人工地震剖面得知，该段由 3 条断层组成，呈复式地堑形式，宽 610 余米，NW 两断裂相向倾斜，倾角均在 75° 以上。基岩面断距 12 ~ 18m 不等，且均突破 T_3 反射层，上断点埋深 145 ~ 155m，进入中更新统底部。

　　断裂中段自大场至黄浦江边，由 4 条断层组成，西侧两条倾向 NE，东侧两条倾向 SW，构成复式地堑构造（图 2-40）。精密重力测量显示为剩余布格重力负异常，最大幅值为 -400mGal。4 条断裂自东向西，F_1 从大场经甘泉新村，过吴淞江在常熟路北京路口被 NE 向断裂所截，在打浦路复兴路西侧又复显现至老南火车站江边。F_2 自大场北经侯家宅、海防路东端、江宁路延安路口、斜徐路，至黄浦江边。F_3、F_4 自彭浦始经蒙自路东西两侧至南浦大桥。4 条皆为正断层，断距一般为 7 ~ 10m，钻探结果表明断层已影响到中更新统地层顶部。

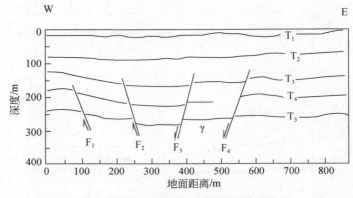

图 2-40　斜土路测线地震深度剖面图

　　断裂南段自浦东新区六里至新场，两条断裂雁列排列，全长 15km，单条长 6 ~ 7km。走向 330° ~ 340°，倾向 SW，倾角 70°。基岩面断距 12 ~ 30m，自北向南断距逐渐减小。上断点埋深 160 ~ 190m，呈向南逐渐加深的趋势。

　　c. 朱行断裂（F42）

　　断层始于朱行镇北的横泾村附近，经朱行镇东、戚家宅、西护塘东，终止于邓桥村附近，全长 7 ~ 8km。断层走向 NW335°，倾向 SW，倾角 70° 左右。基岩面断距 5m 左右。断裂在第四系中错断 T_4 反射波组，而进入中更新统下段。上断点埋深 115 ~ 120m，为中更新世早期断裂。

　　d. 江山—绍兴断裂（F43）

　　其东段大体从芦潮港东南杭州湾北缘，沿北东 50° 左右方向延伸，经长江口牛皮礁、鸡骨礁南侧，向东与西南日本相接，西段自王盘山、经绍兴、诸暨、金华、江山进入江西，规模巨大。中段构造行迹不显，形成于新元古代，至喜马拉雅期仍有活动，其是老构造单元的重要区划界线。芦潮港至嵊泗小乌龟岛断裂带宽 80 ~ 120m，走向 NE50°，倾向 NW；杭州湾北东段 45km 区段，断面 80% 倾向 NW，倾角 45° 以上，带宽 1.1 ~ 3.8km，皆正断层。断裂往东与上海市地震局在长江口海域进行的人工地震资料所解译的 F_2 断裂相连接。F_2 断裂在嵊泗列岛北部海域切穿基底面（Tg 界面）与中更新统，断距分别为 45m

和 13m。F_2 断裂在该处由若干条断层组成，基底破碎。往东北，所断错的地层层位逐渐降低，在北部的 DZ40 测线 1815 点附近，该断裂仅断至中新统，但断距较大，达 86m 左右，也由若干条断层组成。

e. 长江口外海域断裂（F51）

位于长江口以东海域，呈 NE50° 方向延伸，倾向 SE，视倾角 46° ~ 61°，长度大于180km。为张性或张扭性。错断的最新层位自上新统至中更新统不等。由南向北随着沉积层的加厚，错断层位由新变老。在本区南部 DZL11oa 测线的 4150 点附近，断层断切了 T_0^1界面（中更新统底界），其中基底面（Tg 界面）的垂直断距可达 60m，向上断距变小，中更新统底界垂直断距只有 12.5m（图 2-41）。在本区北部 DZ40 测线的 3615 点附近，断错的最高层位为上新统，断切了 T_0^2 界面（上新统底界），断距 40m 左右。该处沉积层的厚度可达 650m。

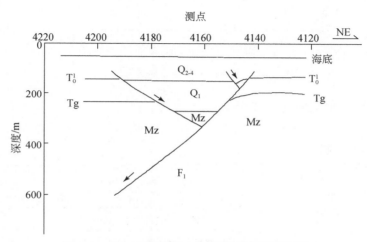

图 2-41　DZL11oa 测线 4150 点地震深度剖面图

3）早更新世断裂

上海境内早更新世活动断裂较多，主要介绍如下。

a. 张堰—南汇断裂（F10）

西起盐官、海宁附近，经张堰、庄行、三灶等地，在祝桥附近入长江。NE60° 左右方向延伸，研究区陆域中总长约 210km。HQ-13 剖面资料认为其深部倾向 SE，陡倾角。浅层人工地震剖面揭示，浅部以倾 NW 者多，陡倾角。先逆冲后张裂。活动性延续至新生代。张堰镇松金路（图 2-42）、奉贤南桥北沪杭公路人工地震测线均证实为早更新世断裂。

b. 灯塔—赵家宅断裂（F31）

位于浦东新区灯塔附近，经曹路、施湾、高宅一带。走向 NW320° ~ 330°，倾向NE，断续长 40km 左右。推测为张扭性。祝桥—东海段具密集的重力梯级带显示。航磁异常的轴向和形态明显受该断裂控制。在顾高路、灵通路、闻居路 3 条人工地震测线均见断裂进入上覆第四系；断裂分两段，北段显示活动时间为新近纪末，灵通路和闻居路

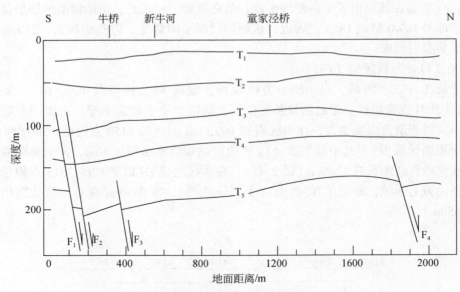

图 2-42 张堰松金路测线地震深度剖面图

都反映为突破 T_4 反射层面（图 2-43）。

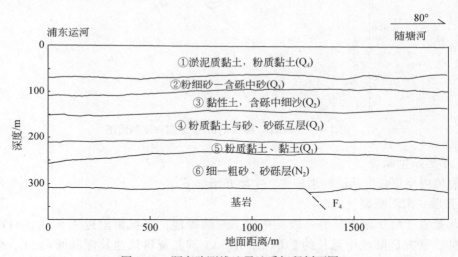

图 2-43 顾高路测线地震地质解释剖面图

c. 葛隆—南翔断裂（F29）

由 2～3 条 NW 向断裂组成。呈 NW—SE 走向，倾向南北不等，与海区倾向北的嵊山断裂可能属于同一体系。该断裂形成时间较早，新生代仍有活动。

葛隆—真如附近有密集或稀疏重力梯度带显示，卫星图片上有明显线性特征，人工地震详查资料确定其存在。在外冈、马陆进行的人工地震勘测，显示断裂突破 T_4 反射波组界面，为早更新世晚期断裂。海域内该断裂经高分辨率人工地震勘测确定，属早更新世活动断裂。

d. 卖花桥—鲁汇断裂和马桥—金汇断裂（F28、F30）

位于北桥、闵行和航头以西附近，由两条断裂组成北桥古近系盆地的南、北界，以 NW290°~295°方向平行延伸，各长约 15km，相向倾斜。张性断裂。新生代时对北桥盆地起控制作用。人工地震探测反映，卖花桥-鲁汇断裂南北两侧基岩反射波组特征不同，应为岩性分界断层，上盘为古近系，其上第四系厚 295~328m，下盘为上侏罗统，上覆 265~284m 松散堆积。马桥—金汇断裂两侧的第四系厚度也有所不同，上盘第四系厚 258~275m，下盘第四系厚 223~227m。两断裂都从基岩进入第四系后突破 T_4 反射层面，为早更新世活动断裂。断裂规模小，现代活动性较弱，但对坦直隆起和奉贤隆起之间的第四纪沉积凹陷有一定的控制作用。

e. 姚家港—白鹤断裂（F18）

自北而南，由白鹤经新民、青浦城西至练塘一带。走向 NE25°，倾向 SE，倾角 70°，长约 25km，规模很小，正断层。沿断裂有密集的重力梯度带显示，在李墟村航磁异常区的钻孔中见厚 10 余米的构造破碎带。青浦城北香大路人工地震测线揭示，仅突破基岩面进入第四系底部，断层形成于早更新世早期。

该断裂对第四系厚度有一定的控制作用，断裂处于凹陷地带，分隔为东以佘山为中心、西以淀山附近为中心的两个 NE 向相对隆起区段。断裂附近发生过多次小震，如 1975 年青浦西南 1.0 级地震、1978 年白鹤 2.3 级地震及 1991 年练塘 3.0 级地震等。

f. 大场—九亭断裂（F21）

断裂带两侧基岩重复水准测量初步认为：东盘上升速率分别为 0.35~0.39mm/a，西盘桃浦、华漕则下降，速率分别为-0.13mm/a、-3.56mm/a。人工地震七宝、虹桥路揭示该断裂进入下更新统上段底部，为早更新世晚期活动地层，沿断裂近期有微弱地震活动。

g. 松隐—廊下断裂（F41）

沿廊下向 SW 进入浙江，越杭州湾可能与丽水—上虞断裂相连，向北经松隐、七宝呈 NE25°方向延伸，长度 80km 左右，倾向 SE，向北与大场—九亭断裂断续连接，构成较大规模的 NNE 向断裂构造带的一部分。

该断裂中生代活动强烈，新生代仍显示一定的活动性，但强度似有减弱。松隐等地测线都揭示该断裂进入下更新统上段底部，为早更新世晚期活动断裂。

h. 昆山—嘉定断裂（F16）

自江苏唯亭经昆山市南、蓬朗、嘉定外冈、刘行一线呈近 EW 向延伸，为角直断凹的北界断裂，倾向 S，倾角 65°左右，向西与苏州—昆山断裂相连，区内长度为 65km 左右。张性断裂。断裂北侧基岩为寒武系、奥陶系及上侏罗统。南侧重力低，广泛分布上白垩统至古近系陆相红色岩系，厚 2600m。

浅层人工地震和钻探揭露，断裂成阶梯状，节节向南跌落。沪嘉辅道及胜辛路两条剖面资料揭示，断裂由两条断层组成，基岩面落差 15~17m 和 21~30m，断层视宽度分别为 15~50m 和 20~50m，构成地垒形式。断裂上延入第四系被 T_3 反射界面（中更新统底界）整合覆盖，为早更新世活动断层。

i. 青浦—龙华断裂（F26）

自青浦城北附近至徐泾、龙华一带；东端切割市南花岗岩体，终止于杨思以西。走向近 EW，断面倾向南、北不一，倾角较陡，延伸长 30km 左右。可能为先逆后张。断裂北盘为重固—北新泾重力高，南盘为泗泾相对重力低，重力梯度值为 3.5mGal/km。沿断裂带构造破碎显著，如糜棱岩、断层角砾岩等岩脉发育。

由 2～3 条断裂组成，宽 0.7～1km，基岩面断距 4～26m 不等，由西向东断距增大。西段断层突破 T_5 反射界面，东段进入第四系后还突破 T_4 反射界面，其西段为早更新世早期、东段为早更新世晚期断裂，对第四系厚度有一定的控制作用。

2. 断裂构造活动特征

1）陆域断裂

按展布方向可分为 NE 向、NNE 向、NEE—近 EW 向与 NNW 向几组。探测所涉及的 24 条断裂中，有 20 条在第四纪都有一定的活动（章振铨等，2004b），并具有如下特点：在本区的断裂构造中，以 NNW 向、NE 向、EW 向 3 组较为显著；断裂的最新活动时间一般为早更新世—中更新世。NNW 向断裂的最新活动时间一般为中更新世，有的可延续至晚更新世；断层性质为正断层，位移一般为 5～8m，最大达 40～50m，时代越新，位错幅度越小，断裂平均位移速率以太仓—奉贤断裂为最，在 0.01～0.028mm/a；断裂活动具一定的规律性，NNW 向断裂自西向东活动性减弱，NNE 向断裂则反之。NEE 向断裂一般西段的活动性要较东段的稍强。断裂活动性相比，由强至弱，依次为 NNW 向、NNE 向、NEE 向。

2）邻近海域断裂

上海邻近海域断裂构造展布方向有 NE 向、NEE 向、NW 向和 EW 向。其 NE 向断裂方向在 NE30°～60°，以 NE50°～60°方向居多，倾角一般大于 45°，其规模沿走向长度在 25～185km，最大断距 21～86m 不等，断层性质均为正断层。错断的最新层位有自 NE 至 SW 越来越新的特点，断层最新活动时间由新近纪的中新世、上新世直至第四纪的早更新世及中更新世。NW 向断裂是调查区内另一组主要断裂，共有 10 条，这组断裂展布方向为 NW300°～330°，以 NW300°方向居多，倾角一般大于 40°，断裂长度在 25～150km，最大断距 11～755m 不等，断裂性质以正断层为主，兼有左旋走滑。断错的最新层位自 NE 向 SW 分别为古近系、新近系及第四系。

长江口海域断裂活动具有如下一些特征：以上新世—早更新世活动为主，最新可至中更新世，且均为正断层；断点剖面上显示往上断距变小，第四系底界断距在 10～30m；中更新统底界的断距在 12～13m，断裂的最大断距一般为几十米，百米以上的断距都在北部的几条 NW 向断裂上，与古近纪凹陷的发育有关，具有同生断层性质，最大的平均垂直位移速率在 0.016mm/a 左右；NE 向断裂分段明显，自西南至东北，依次可分为第四纪断裂、新近纪断裂和古近纪断裂。NW 向断裂分段不很明显。

3. 断裂活动对城市建设的影响

断裂活动能引起多种自然灾害，给城市发展造成很大的影响，其中以断错和地震最为突出。断错系指地面错动，也称为地表断层作用。地面错动产生的破坏力是很大的，目前工程上还无法抗拒断错作用。地震，特别是中强以上的地震与活动断层密切相关，是公认的事实。大量震例表明，地震所造成的灾害主要是沿断层线的破坏最为严重。综观上海有史以来的地震灾害，除建筑物破坏外，还有其他表现。

1）地震地裂缝

除 1668 年崇明发生的地面崩裂外，1990 年江苏太仓发生 4.9 级地震时，在沙溪乡间小路边缘及桥堍填土处出现细小裂缝，方向随地形变化而异，宽不及 1cm，长不过数米。1984 年 5 月南黄海地震时，曾在吴淞江故道的宝山路虹江路口沥青路面出现过细微裂缝，因交通繁忙，几经碾压后裂缝消失。预估上海若发生 6～7 度地震时，地裂缝主要在崇明岛、长兴岛、横沙岛、浦东钦公塘以东海积平原和高液化指数的吴淞江故道流经地区出现。

2）地滑

奉贤海边在经历了 1846～1853 年一系列南黄海强震袭击后，于 1853 年 4 月 14 日南黄海再次发生 $6^{3/4}$ 级地震时，钱桥北张至桃花村、海堤南侧宽约 10km 的海涂盐田向海中滑移，庐舍、船只、晒盐工具沦丧。上海若遭受 7 度地震袭击，不稳定岸段、已有的古滑坡及天然和人为的松软堆积体也难免再次滑动。因此，对长江南岸的侵蚀段、崇明岛南岸、杭州湾北岸西段及黄浦江某些凹岸应予提防。

上海自有地震记载以来，陆地遭受的地震最大烈响仅为 6 度，无人员直接伤亡记录。地表破坏也仅为砂土液化及浅层软土滑移，且出现概率甚低。尽管上海千余年来遭受的地震灾害较轻，但历史上在上海行政区内曾发生过 $4^{3/4}$ 级地震，因而不能排除将来会发生 5 级左右的地震可能。由于受各种条件的限制，对区内的断裂展布位置、活动性及其地震危险性尚缺乏有清楚的了解，给城市的安全留下了严重的隐患。分析活动断裂对城市建设的影响，主要是对活动断层未来的地震危害性进行评估，在活动断层探测与地震危险性评价的基础上，对地震活动断层不同段落未来地震引起的地表破裂带或地表变形带长度、宽度、性质、位移量及其沿断层走向的分布，近断层强地面运动影响场等特征参数进行评定，预测未来地震对城市地面的破坏程度。

据中国地震局颁布施行的《中国地震活动断层探测技术系统技术规程》（JSGC—04）的要求，活动断层的地震危害性评价工程目标包括：基于有发震危险的主要地震活动断层进行未来地震地表破裂带或强变形带预测；基于有发震危险的主要地震活动断层进行近断层宽频带强地震动数值预测。

对地震活动断层未来地表破裂带或强变形带预测，可根据断裂构造分析，区内虽然存在切割较深的深断裂、基底断裂，但沿这些断裂地震活动极少，震级很弱，甚至没有与之有关的地震活动。上海为数不少的隐伏断裂，活动时代主要为中更新世以前，中更新世以来的断裂只有个别 NEE 向断裂和 NNW 向断裂，其中 NNW 向断裂较为活动，最新活动可达晚更新世早期，但规模均不大，多呈雁列式排列，各分段断裂长度以几千米者居多，有些断裂以地垒、地堑断层形式构成断裂带，宽度以 1km 以内为主。断裂活动时代主要为中更新世以前，中更新世以来活动的断裂为数不多，最新活动可达晚更新世早期，且活动速率最大为 0.06～0.08mm/a，不足 0.1mm/a，属弱活动性断裂。表明上海所处地下扬子地块陆域部分晚新生代以来各断块之间差异活动和缓，不具备发生 6 级以上地震的地质构造条件。因此，在上海地区，地震活动断层一般不会产生地表破裂或地表强变形带现象，无须采取避让带的举措。

　　强烈地震发生时，断裂附近会产生强地面运动，造成地面和地下结构严重破坏，且往往是不可抗拒的。破坏性地震引起的地面剧烈震动（强地震动）是造成地震灾害的直接原因。此外，强烈地震动也是地基失效、滑坡等其他地震破坏作用的外部条件。研究强地面运动可以揭示地震引起地震动的机理，为强地震动的预测（如提供设计地震加速度图等）提供理论基础，需要对地震活断层近场强地面运动进行计算与评定，这也是工程上的客观要求。

　　目前作为抗震设防依据的地震动参数主要基于概率方法。世界上大部分国家的地震区划图用概率方法编制，我国和上海市地震动参数区划图也是如此。对于重大工程和可能产生次生灾害的工程，已有法规明文规定必须按照规范进行工程场地地震评价。

第3章 区域工程地质层序划分与工程地质分区研究

地层的沉积韵律反映了地层形成的地质环境与地层的结构特点。地层沉积一般是按照时间先后、颗粒由粗到细、比重从大到小的顺序分层沉积而成，且地层沉积具有多期次、多旋回的特点，在地层剖面结构上表现为由老到新的顺序。地球内动力地质不断作用，往往伴随有构造运动和岩浆活动，使地层的结构发生变化，需要通过地层对比分析和反演来恢复地质作用历史。地层的沉积韵律与地质环境演化过程决定了区域内不同工程地质层的物理力学特性。上海地区工程地质层序划分主要是依据第四纪地层沉积时代及成因、地层岩性结构特征、物质组成及物理力学性质来确定，并以此进行工程地质分区。了解区域工程地质特点与分区，有利于指导城市规划布局，优化工程设计及建设和运营管理等。

3.1 区域工程地质层序划分

3.1.1 区域工程地质层序划分原则

根据已有的第四纪地质研究成果，结合海岸带地质调查资料，以第四纪地层沉积时代及成因为依据划分工程地质大层。在研究区137m深度范围内主要是全新统、上更新统和中更新统。海域和陆域地层存在一定差异，经过综合对比分析，全新统海域工程地质大层主要有河口-滨海相的浅部砂层（②₃）、三角洲河流和滨海-浅海相的软土层（②′₃、④）、滨海和溺谷相的一般黏性土层（⑤）；上更新统的工程地质大层有湖沼相第一硬土层（⑥）、河流相的下部砂层（⑦）、泛滥平原沉积的黏性土层（⑧）和河流相的深部砂层（⑨）；中更新统工程地质大层主要有湖沼相的硬土层（⑩）、河流相的粉细砂及含砾中粗砂层（⑪）以及湖沼相的杂色硬土层（⑫）。

在工程地质大层划分确定的基础上，以地层岩性结构特点为准则，再划分出亚层和次亚层。调查深度范围内土层的岩性主要如下。

（1）黏性土层，一般天然含水量较高，呈软塑至可塑状态，岩性主要有黏土、粉质黏土。

（2）软土层，一般为天然含水量高，呈流塑状态的淤泥质黏性土层，岩性主要有淤泥质粉质黏土和淤泥质黏土。

（3）砂、粉土层，工程地质层为含砾中粗砂、细砂、粉细砂、粉砂及粉土层，其中粉土包括砂质粉土和黏质粉土。

（4）硬土层，天然含水量较低，强度相对较大，呈可塑至硬塑状态的黏性土层，岩性主要有黏土和粉质黏土。

层次划分尽量沿用上海地区工程勘察所惯用的地基土层序号，如②₃层属河口相沉积，属工程地质大层，但由于上海地区勘察及建设中该序号已经得到广泛使用，其已经代表了浅部砂层，因此该层序号仍然使用②₃，而未去掉下标；一般黏性土层（⑤）中又包括中部粉土层（⑤₂），属于微承压含水层；另外，灰绿色硬土层⑤₄层，根据已有研究结果，该层为更新统地层而不是全新统地层，不应再是⑤层中的地层，同样按照习惯，该层序号不改。

3.1.2　湖沼平原区工程地质层沉积环境分析及层序确定

上海市现行工程建设规范《岩土工程勘察规范》（DGJ08—37—2012）中，将西部湖沼平原区埋深3～5m的暗绿色—褐黄色硬黏性土层定位为全新世中期地层，而将埋深20～35m的第二硬黏性土层与滨海平原区埋深20～22m的硬黏性土层作为同一个时代的土层，并将其作为全新世底界的标志。在河口沙岛区，规范仍将⑥层暗绿色—褐黄色黏性土层列入在河口、沙嘴、沙岛地基土层中，对于河口沙岛区全新世底界标志层一直没有得到确定。为此，在广泛进行工程地质调查研究工作的基础上，将上述存在的问题与第四纪地质进行了综合对比研究，并结合人工地震分析，查明了浅部硬土层分布规律，对存在的问题进行了界定，使之得以解决。

3.1.2.1　第四纪地质研究成果

研究表明，西部湖沼平原区埋深3～5m，冈身带在埋深13.0m左右及滨海平原区埋深20～22m的暗绿色—褐黄色硬黏性土层属同一个层位，均为晚更新世晚期沉积物。根据面粉厂钻孔、青浦凤溪钻孔及青浦钻孔地层取样测年分析资料可知，更新统顶界标志层为暗绿色—褐黄色硬黏性土层，其顶界年龄在1万年左右，埋深由西部向东部逐渐加深，呈阶梯状分布（图3-1）。

作为晚更新世顶部标志层的硬土层由东向西是逐渐抬升的。在佘山、天马山残丘群以东地区曾被全新世海侵淹没，与晚更新世的沉积间断时间较短；而在残丘群周围的青浦、松江、金山接壤地区曾为上更新统顶部硬土长期暴露的台地，据青浦钻孔揭示地层的研究结果，其暴露时间达8000年以上，至晚全新世才沦为湖泊，这一硬土层在现今苏州、无锡等地区仍广泛裸露于地表。

第二暗绿色—褐黄色硬黏性土层年龄介于3万～4万年，形成于晚更新世中期的一次海退过程，该层在湖沼平原区分布较广，埋深20～30m，在滨海平原区也有零星分布，埋深为50～80m。

3.1.2.2　地震波测试

为查明浅部硬土层埋藏分布规律，特别是西部埋深数米的硬土层与东部埋深20余米的硬土层的沉积关系，在金山朱泾至兴塔之间进行了浅层人工地震波测试，并沿地震剖面施工了3只浅孔进行对比验证。从图3-2中可以清晰地看出，在西部湖沼平原区第一硬土

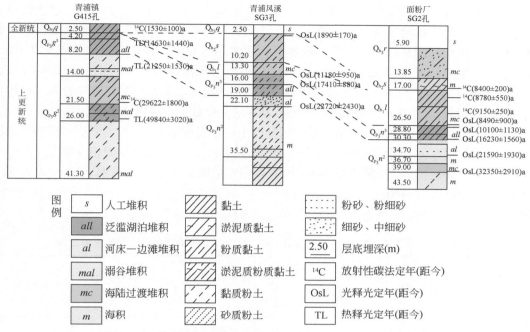

图 3-1 西部湖沼平原区与上海市区第一、第二硬土层对比图

层和东部滨海平原区暗绿色硬土层（⑥）同属一个地震标准层位，而西部埋深与东部硬土层埋深相近的第二硬土层则中途尖灭，与区内第四纪地质剖面和工程地质剖面揭示的硬土层展布规律一致。

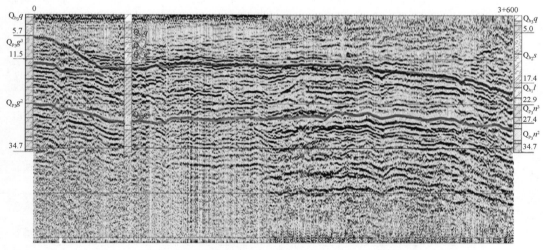

图 3-2 西部湖沼平原区与东部滨海平原区人工地震反射波组对比图

3.1.2.3 工程地质调查成果分析

根据第四纪地质和人工地震波测试成果，针对西部湖沼平原区的两层硬土层（⑥、

⑧₂₋₁）进行了重点研究和评价。根据钻探取样和试验分析测试结果对工程地质层进行梳理和界定，并绘制工程地质剖面图。第一硬土层（⑥）分布较为广泛，部分地区受古河道切割而缺失，该层埋深从西部向东部逐渐加深，西部湖沼平原区和嘉定区西部埋深 3～5m，冈身地区和宝山区南部埋深 12～16m，至滨海平原区埋深则为 22～28m，如图 3-3 所示。第二硬土层（⑧₂₋₁）仅在青浦区西部和金山区西部有分布，东部地区仅零星分布，该层在西部埋深一般均小于 28m，而东部零星分布地区则变化最大，最深达 60m。

　　据此将湖沼平原区第一暗绿色—褐黄色黏性土层原编号④₁、④₂改为⑥，与滨海平原区相对应。第二暗绿色—褐黄色黏性土层原编号⑥改为⑧₂₋₁，其余土层均做相应修改。

　　在河口沙岛区，全新世底界较难确定。根据第四纪地质研究成果，河口沙岛区全新统与更新统分界深度在 50～60m，均缺失⑥层暗绿色—褐黄色黏性土层，⑦层草黄色砂质粉土、粉砂极少分布，因此，将地基土层中编号⑥、⑦去掉，其修改后土层对应关系见表 3-1。

表 3-1　岩土工程勘察规范（DGJ08—37—2012）湖沼平原区硬土层序号修改表

地质时代		土层名称	土层序号		顶面埋深 /m	常见厚度 /m	成因类型
			原层号	建议层号			
全新世 Q₄	Q_4^2	暗绿色—草黄色粉质黏土	④₁	⑥₁	2.8～4.6 （11.0～13.0）	1.2～2.7	河口—湖沼
		褐黄色粉质黏土	④₂	⑥₂	4.2～7.3	4.0～10.0	河口—湖沼
		黄色—灰色砂质粉土	④₃	⑦	5.0～7.0	5.0～10.0	河口—滨海
	Q_4^2	灰色淤泥质黏土	④₄	⑧₁	8.0～10.0	2.0～3.0	滨海—浅海
	Q_4^1	灰色粉质黏土	⑤₁		11.0～15.0	2.2～8.6	滨海—沼泽
		青灰色砂质粉土	⑤₂		13.0～16.0	1.8～5.5	滨海—沼泽
		褐灰色粉质黏土	⑤₃		17.0～20.0	5.0～24.0	滨海—沼泽
上更新世 Q₃	Q_3^2	暗绿色粉质黏土	⑥₁	⑧₂₋₁	(18.0～20.0) 24.0～26.0	0.9～4.3	河口—湖沼
		草黄色粉质黏土	⑥₂		27.0～30.0 （30.0～35.0）	1.0～9.9	河口—湖沼
		灰色黏质粉土	⑦	⑧₂₋₂	32.5～39.0	1.7～12.3	河口—滨海
		灰色粉质黏土	⑧₁	⑧₂₋₃	42.0～44.5	2.7～10.3	滨海—浅海
		灰色粉质黏土	⑧₂		48.0～51.0	17.0～20.0	滨海—浅海
	Q_3^1	青灰色粉细砂	⑨	不变	69.3～70.5	>10.0	河口—滨海

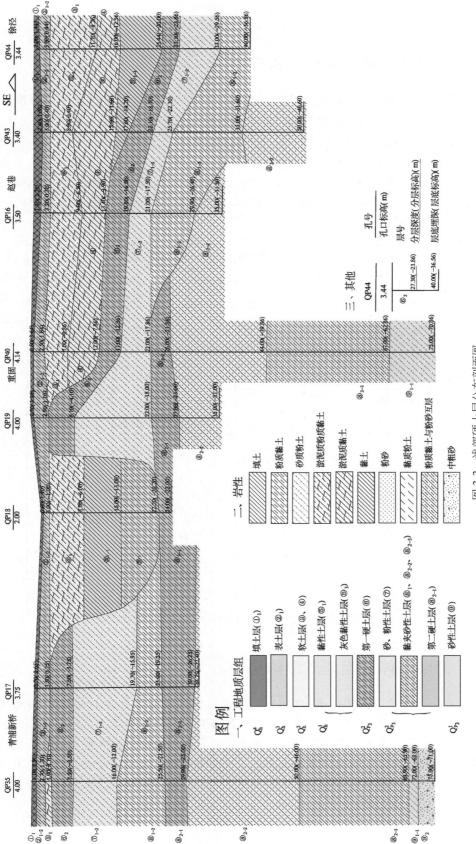

图 3-3　浅部硬土层分布剖面图

3.1.3　河口沙岛区浅部砂、粉性土层沉积环境分析及层序确定

根据对河口沙岛区工程地质条件分析，该区浅部砂层②$_3$普遍存在，且厚度大，层中岩性有明显差别，上部为砂质粉土，黏粒含量较小；中部黏质粉土夹黏性土，局部地段黏粒含量大。根据静力触探资料，其比贯入阻力较小，经初步分析，该层土有可能是沟槽土；下部为砂质粉土、粉砂，砂粒含量较大，比贯入阻力比上部和中部大。由于崇明岛、长兴岛等地段未来工程建设活动较为频繁，因此将该层划分为3个亚层，即②$_{3-1}$、②$_{3-2}$、②$_{3-3}$，其静力触探曲线见图3-4，②$_3$的3个亚层分布在工程地质剖面图中有较好的反映。

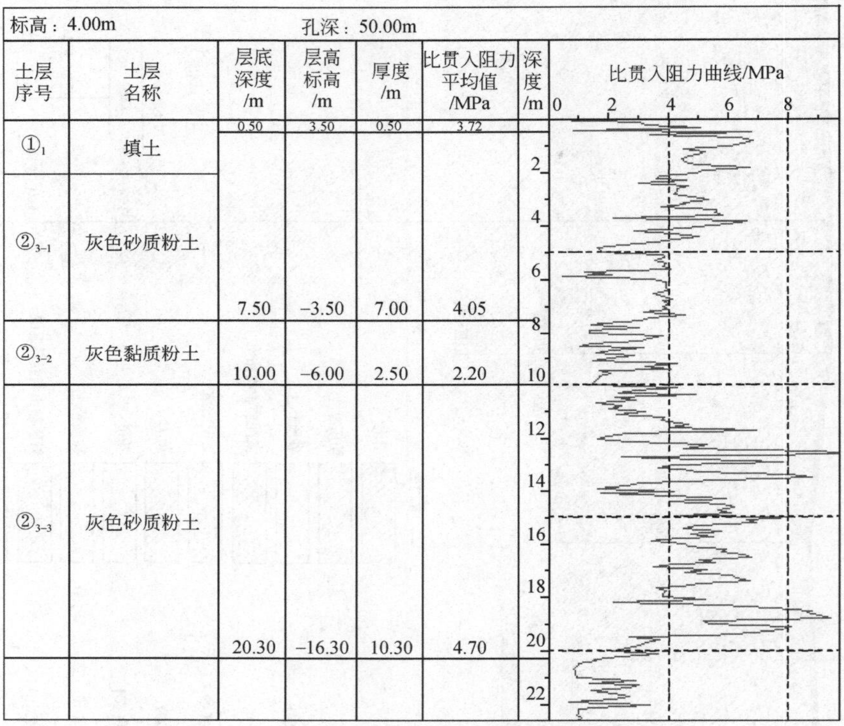
标高：4.00m
孔深：50.00m
土层序号
土层名称
层底深度/m
层高标高/m
厚度/m
比贯入阻力平均值/MPa
深度/m
比贯入阻力曲线/MPa
0
2
4
6
8
0.50
3.50
0.50
3.72
①1
填土
②3-1
灰色砂质粉土
7.50
-3.50
7.00
4.05
②3-2
灰色黏质粉土
10.00
-6.00
2.50
2.20
②3-3
灰色砂质粉土
20.30
-16.30
10.30
4.70
2
4
6
8
10
12
14
16
18
20
22

图3-4　河口沙岛区②$_3$层各亚层静力触探曲线图

3.1.4　海陆一体工程地质结构构建

根据《上海市城市总体规划（2015—2040）》提出的强化跨区域战略引领和协同发展，面向海洋，重视海陆空间的一体化发展，加强对浦东滨江沿海、杭州湾北岸、长江崇明三岛等沿海、沿江重大战略地区的空间统筹力度。上海海岸带地区是今后城市发展空间拓展的重要延伸地区，目前海岸带地区重大工程密集分布、海河床侵蚀淤积规律复杂，滩涂湿地环境保护与后备土地资源开发矛盾突出，海岸带地区规划、建设和管理需要工程地质调查评价等成果做支撑。

伴随上海沿海地区工程活动的逐步开展，工程建设过程中面临的工程地质问题也日益凸显。沿海地区工程地质条件复杂，将对新城镇、工业区、重大工程的规划和建设产生明显的影响。岸带冲淤、地面沉降等环境地质问题的发展及变化趋势将对重大工程的安全运营带来不同程度的影响。海岸带地区工程活动日渐增多，合理评价不同类型的工程地质条件适宜性对保障工程安全、节省投资成本显得至关重要。

2012 年，中国地质调查局青岛海洋地质研究所和上海市合作开展了上海海岸带综合地质调查和监测预警示范项目研究，投入了大量实物工作，开展了综合地质结构调查。利用钻孔资料，结合长江河口第四纪地质研究成果，通过分析上海陆域已有的大量地质资料，构建海陆一体工程地质结构，研究海陆一体工程地质层埋藏分布规律，结合沿江沿海工程建设特点，进行工程地质分区评价，为沿江沿海规划提供基础科学依据，其研究成果也可作为重大工程规划和建设的前期地质基础。

上海市陆域工程地质研究程度较高，全市已达到 1∶5 万精度，而海域调查精度较低，仅有以往水域调查和近年来重大工程岩土工程勘察积累的地质资料，精度远未达到 1∶5 万。

海陆一体工程地质结构构建，陆域部分选择为有代表性的工程地质钻孔，水域钻孔基本全部利用，钻孔总数将近 2000 只（图 3-5）。通过对工程地质钻孔对比分析，同时综合第四纪地质研究成果，以第四纪沉积时代及成因为准则进行工程地质层划分，以岩性为准则划分亚层和次亚层。根据上述分层原则，结合上海地区的特点及工程地质研究需要，对海域及陆域进行统一分层，并沿垂直地貌单元和平行地貌单元绘制出 15 条工程地质剖面，在此基础上构建海陆一体工程地质结构（表 3-2），图 3-6 是其中一条典型剖面，显示了海陆一体工程地质层对比，并利用 GIS 建立了海陆一体工程地质结构三维模型，如图 3-7 所示。

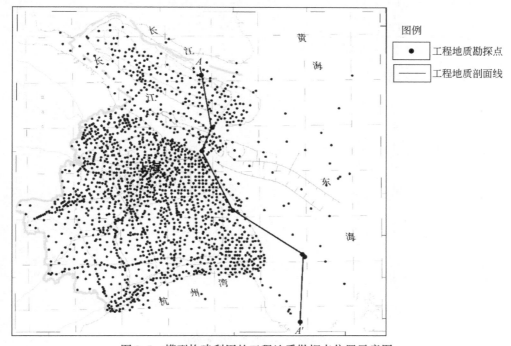

图 3-5　模型构建利用的工程地质勘探点位置示意图

表 3-2　上海海岸带地区海陆一体工程地质层层序

地质时代		土层序号	土层名称	顶面标高/m	常见厚度/m	成因类型	状态或密实度	分布特征
全新世 Q_h	Q_{h_3}	①₁	杂填土		0.4 ~ 2.7	人工	松散	陆域遍布
		①₃	冲填土	5.5 ~ 0.8	0.4 ~ 6.0	人工	松散、流塑	新近围垦区
		②₁	褐黄色黏性土	4.4 ~ 0.7	0.5 ~ 3.4	滨海—河口	可塑—软塑	陆域遍布
		②₃	灰色粉性土、粉砂	3.5 ~ −20.0	0.9 ~ 29.4	滨海—河口	松散—稍密	遍布
		②₃′	灰色淤泥质粉质黏土	−0.3 ~ −14.5	1.0 ~ 13.9	滨海—河口	流塑	水域广布
	Q_{h_2}	③	灰色淤泥质粉质黏土	1.6 ~ −4.7	2.8 ~ 9.0	滨海—浅海	流塑	陆域局部
		④	灰色淤泥质黏土	−2.5 ~ −29.4	1.2 ~ 22.3	滨海—浅海	流塑	遍布
	Q_{h_1}	⑤₁₋₁	灰色黏土	−11.1 ~ −33.7	1.0 ~ 15.9	滨海、沼泽	流塑—软塑	遍布
		⑤₁₋₂	灰色粉质黏土	−13.5 ~ −38.1	1.4 ~ 31.0	滨海、沼泽	软塑—可塑	遍布
		⑤₂	灰色粉性土、粉砂	−19.5 ~ −50.2	3.0 ~ 19.2	滨海、沼泽	稍密—中密	近岸区域
		⑤₃	灰色粉质黏土夹砂	−21.8 ~ −53.8	1.2 ~ 27.0	溺谷	可塑	河口区遍布
		⑤₄	灰绿色粉质黏土	−27.3 ~ −53.6	1.0 ~ 5.7	溺谷	可塑—硬塑	局部
晚更新世 Q_{P_3}	$Q_{P_3}^2$	⑥	暗绿色—褐黄色粉质黏土	−10.7 ~ −31.8	1.4 ~ 4.8	河口—湖沼	可塑—硬塑	陆域及杭州湾水域广布
		⑦₁	草黄色砂质粉土	−13.1 ~ −32.8	2.0 ~ 10.8	河口—滨海	中密—密实	
		⑦₂	灰黄色—灰色粉砂	−28.1 ~ −56.1	2.8 ~ 36.0	河口—滨海	密实	
		⑧₁₋₁	灰色黏土	−19.0 ~ −59.3	2.5 ~ 16.7	滨海—浅海	软塑~可塑	广布
		⑧₁₋₂	灰色粉质黏土	−30.4 ~ −58.9	4.5 ~ 12.0	滨海—浅海	可塑	广布
		⑧₂	灰色粉质黏土夹粉砂	−32.3 ~ −60.4	2.5 ~ 26.5	滨海—浅海	可塑	遍布
	$Q_{P_3}^1$	⑨	青灰色粉细砂	−57.0 ~ −77.8	10.0 ~ 30.0	滨海—河口	密实	遍布

注：顶面标高及厚度为水域和陆域统一统计值。

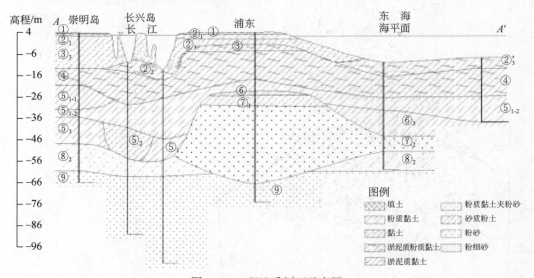

图 3-6　工程地质剖面示意图

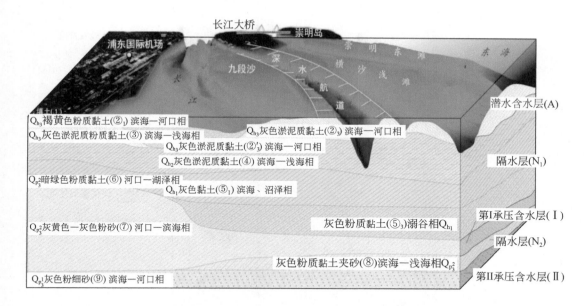

图 3-7　上海海岸带地区海陆一体工程地质结构三维模型示意图

上海海岸带水域和陆域工程建设影响范围内 100m 以浅共划分出 10 个工程地质层和 19 个亚层及次亚层，包括全新统滨海—河口相的浅部砂层（②₃）、滨海—浅海相的软土层（③、④）、滨海、溺谷相的黏土夹砂性土层（⑤），上更新统湖沼相的硬土层（⑥）、河口—滨海相的砂层（⑦）、滨海—浅海相的黏性土层（⑧）和河流相的砂层（⑨）。

在海陆一体工程地质结构构建中，涉及海岸带地区广泛分布的冲填土、软土、液化砂土等特殊土体，其发育程度存在较大差异，将其分为极发育区、发育区和一般发育区，如图 3-8 所示，具有不良工程地质特性，对工程建设影响较大。

冲填土为新近人工吹填形成，在沿江、海岸带新近成陆地区发育，岩性变化较大。冲填土按照填料可分为两类，一类填料以粉性土为主，饱和、稍密；另一类填料以黏性土为主，饱和、流塑。冲填土按照吹填时间的长短也可分为新近冲填土和老冲填土，老冲填土固结时间一般大于 10 年，其中填料为粉性土区的自重固结已完成，而填料为黏性土区域，由于排水条件不好，自重固结尚未完成。新近冲填土土质非常软弱，固结时间小于 5 年，自重固结尚未完成。图 3-9 为上海临港新城地区冲填土分布示意图。

冲填土处于欠固结状态，天然地基承载力低，不宜直接作为天然地基持力层，是影响轨道交通、防汛、地下管网建设的主要不良地质现象。

上海海岸带地区饱和液化砂土主要为浅部砂层（②₃），该层除杭州湾以外广泛分布。根据第四纪地质研究成果，其沉积环境为：约 2cal ka 以来，长江三角洲迅速向海推进，三角洲前缘在北港、北支口门大约在 2cal ka 开始发育，而在拦门沙区域则在 1cal ka 以来才开始发育。在上海陆域由前三角洲相、潟湖相逐步转变为潮间带—潮下带和湖沼相，并经历了自西向东的成陆过程，沉积了一套以砂质粉土和黏质粉土为主的粉性土层。

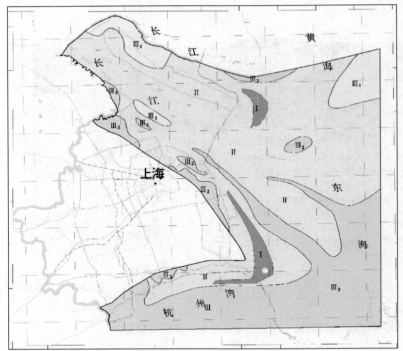

图 3-8　上海海岸带地区特殊土体分布示意图

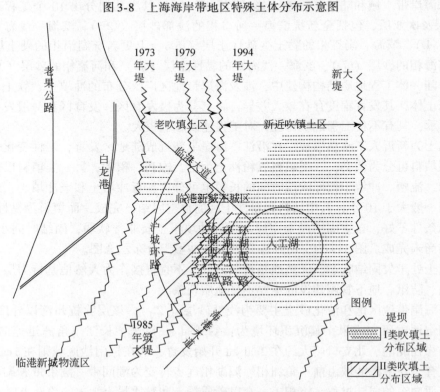

图 3-9　上海临港新城地区冲填土分布示意图

液化砂土（②₃）埋藏浅，厚度大，陆域地区岩性一般以灰色砂质粉土为主，局部为粉砂或黏质粉土，而海域则以灰色—灰黄色粉砂为主。陆域地区埋深变化不大，层顶标高一般均大于2m，海域受水深影响埋深变化大，在九段沙、崇明东滩、南汇东滩、横沙浅滩等滩涂地区水深浅，埋深较浅，顶面标高在-1～-4m，而南港和东部地区由于水深大而埋藏较深，层顶标高一般均小于-7m，最深达-22m。工程建设时应注意由液化砂土引起的砂土震动液化及渗流液化问题。

上海海岸带地区软土层（③、④）普遍分布，仅崇明岛西北端、南支航道局部缺失。③层以淤泥质粉质黏土为主，④层基本为淤泥质黏土，海域局部地区为淤泥质粉质黏土。软土层以淤泥质黏性土为主，均为浅海相沉积。其沉积环境形成时间在8.0～5.0ka，古气候趋向暖热潮湿，海平面再度显著上升，成为全新世海侵的最盛期，海侵范围直抵江苏镇江，整个海岸带陆域及水域沦为滨岸浅海环境，堆积了深灰色淤泥质黏土（④）。约在5.0～3.0ka，古气候趋向温凉稍干，致使海面略有下降，海岸线随之略为向东后撤，在黄浦江以东的长江三角洲沉积区演化为河口滨海环境，主要堆积了灰色粉土与粉质黏土互层和部分的淤泥质粉质黏土（③）。

3.1.5　区域工程地质层统一厘定与划分

按照工程地质层层序划分原则，结合上海地区的特点及工程地质研究需要，对整个上海市进行统一分层，在调查区100m以浅深度范围内共划分出11个工程地质层和40个亚层及次亚层，其工程地质层序见表3-3。

表3-3　工程地质层序划分

地质时代	地层	土层序号	土层名称	层厚/m	层面标高/m	颜色	湿度	状态	密实度	压缩性
全新统		①₁	填土	0.1～6.2						
		①₂	浜填土							
		①₃	冲填土	0.4～6.0	5.46～0.81	灰色	饱和		松散—稍密	中偏高
晚期 Q$_{h_3}$	青浦组/如东组	②₁	黏土、粉质黏土	0.4～4.7	5.56～0.27	褐黄色、灰黄色	湿	可塑—软塑		中等
		②₂	泥炭质土	0.2～0.9	4.04～1.06	灰黑色	饱和	流塑		高
	如东组/上海组	②₃	粉土、粉砂	0.6～2.6	4.30～-1.70	灰色	饱和		松散—稍密	中等
中期 Q$_{h_2}$	上海组	③	淤泥质粉质黏土（滨海平原区）	0.5～0.9	3.38～-7.31	灰色	饱和	流塑		高

续表

地质时代		地层	土层序号	土层名称	层厚/m	层面标高/m	颜色	湿度	状态	密实度	压缩性
全新统	中期 Q_{h_2}	上海组	③	灰色黏土、粉质黏土（湖沼平原）	0.5~2.7	3.54~1.83	灰色	很湿	软塑		高
			③ₐ	砂质粉土	0.5~3.7	1.56~ -7.77	灰色	饱和		稍密	中等
			④	灰色淤泥质黏土	0.9~7.7	0.40~ -22.42	灰色	饱和	流塑		高
			④ₐ	砂质粉土	1.5~4.0	-2.30~ -8.38	灰色	饱和		稍密	中等
	早期 Q_{h_1}	娄塘组	⑤₁	黏土	0.70~ 19.9	-0.30~ -27.00	灰色	很湿	软塑— 流塑		高
			⑤₁₋₂	灰色粉质黏土	0.5~ 28.1	-2.20~ -37.39	灰色	很湿	可塑— 软塑		中偏高
			⑤₂	砂质粉土，粉砂	1.8~ 24.3	-4.00~ -48.47	灰色	饱和		中密	中等
			⑤₃	粉质黏土	1.0~ 33.5	-7.99~ -51.17	灰色	湿	可塑— 软塑		中偏高
上更新统	上段 $Q_{p_3^2}$	南汇组/ 滆湖组	⑤₄	粉质黏土	0.8~9.6	-20.20~ -55.46	灰绿色	稍湿	可塑		中等
			⑥	黏土、粉质黏土	0.8~2.5	1.76~ -28.70	暗绿色— 褐黄色	稍湿	硬塑— 可塑		中等
			⑦₁	粉质粉土、砂质粉土	1.0~7.0	-3.21~ -31.13	草黄灰色	饱和		中密	中等
			⑦₂	粉砂	1.3~38.0	-13.1~ -56.42	灰黄色— 灰色	饱和		密实	中偏低

地质时代	地层	土层序号	土层名称	层厚/m	层面标高/m	颜色	湿度	状态	密实度	压缩性
上更新统	上段 $Q_{P_3}^2$	⑧$_{1-1}$	黏土	1.4~3.8	-3.93~ -53.76	灰色	很湿	软塑		高
		⑧$_{1-2}$	粉质黏土	5.5~10	-4.80~ -54.74	灰色	很湿	可塑— 软塑		中偏高
		⑧$_{2-1}$	粉质黏土	0.9~1.5	-12.56~ -61.50	暗绿色— 褐黄色	稍湿	硬塑— 可塑		中等
	南汇组/ 滆湖组	⑧$_{2-2}$	粉质黏土	4.0~5.0	-17.82~ -61.19	草黄色— 灰色	饱和		中密— 密实	中等
		⑧$_{2-1}$	粉质黏土夹砂	0.0~2.0	-30.63~ -69.22	灰色	湿	可塑		中等
		⑧$_{3-1}$	粉质黏土	0.0~2.0	-33.46~ -66.60	暗绿色— 蓝灰色	稍湿	硬塑— 可塑		中等
		⑧$_{3-2}$	砂质粉土	1.9~2.5	-35.00~ -79.78	褐黄色	饱和		中密	中等
		⑧$_{4-3}$	粉质黏土	1.1~13.1	-48.76~ -72.50	蓝灰色— 灰色	稍湿	可塑		中等
		⑧$_4$	粉质黏土	8.6~13.2	-60.00 ~-74.68	灰色	稍湿	可塑		中等
	川沙组	⑨$_1$	粉砂	1.5~22.8	-48.63 ~-71.24	青灰色— 灰色	饱和		密实	中偏低
		⑨$_2$	含砾中砂	11.3~26.0	-63.76 ~-78.64	青灰色	饱和		密实	低
中更新统	Q_{P_2}	⑩	粉质黏土	0.6~7.2	-75.89~ -94.94	蓝灰色	稍湿	硬塑— 可塑		中偏低
	嘉定组	⑪	粉细砂	未钻穿	-90.39~ -96.30	灰黄色— 灰色	饱和		密实	低

3.1.6　区域工程地质层剖面的构建

　　区域工程地质剖面图的构建涉及地质勘测技术领域，根据收集的区域钻孔资料进行钻孔数据组织。选取构建剖面图使用的典型钻孔，在对数据进行预处理的基础上，采用数据挖掘方法，获取钻孔集合中的每个钻孔的必要剖面构建信息，实现多源数据的有效整合，确定地层分层与层序，然后剖面连线，将相邻钻孔之间同一地层的顶板用实线进行连接以表示地层。加载剖面图辅助元素，如地面标高、地层分层高程、岩性地下水位等信息，为岩土工程相关的设计、地下空间开发及施工提供技术支撑服务，提高城市地下空间规划效率。图 3-10 和图 3-11 是上海地区滨海平原区典型工程地质剖面。

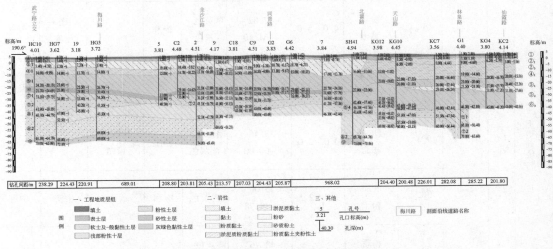

图 3-10　滨海平原区典型工程地质剖面图（Ⅰ—Ⅰ′）

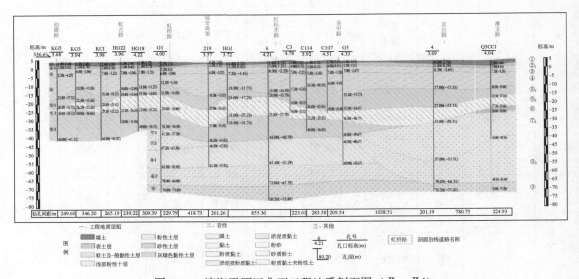

图 3-11　滨海平原区典型工程地质剖面图（Ⅱ—Ⅱ′）

3.2　主要工程地质层分布规律与评价

3.2.1　暗浜土（①$_2$）

上海市河道纵横交错，其分布广泛，在城市建设和人为共层活动的影响下，原有的河道大部分已经回填为暗浜。暗浜深度一般在 2～4m，浜底淤泥的厚度在 0.5～2m。浜土上部一般为杂填土，含大量建筑垃圾、生活垃圾等，下部以灰黑色淤泥为主，含大量有机质等。该土层土性极差，如处理不当，房屋附属设施及道路等采用天然地基的建筑易引发较大的不均匀变形，严重时将引发墙体开裂甚至倒塌。

3.2.2　表土层（②$_1$）

表土层是上海地区的"硬壳层"，可作为天然地基的持力层，因此广受关注。其分布较为普遍，仅在黄浦江、吴淞江两岸及沿江、沿海局部地区缺失，缺失区呈条带状，其中临港新城区东部及崇明东滩地区由于为新成陆区，均缺失该层。该层分布于填土层之下，埋深约为 0.5～2m，厚度则在 0.5～4m，且市区及西部大于沿江、沿海地区。该层的岩性在平面展布上存在着差异，河口沙岛地区为粉质黏土夹砂质粉土，具水平层理，滨海平原区东部海岸带地区以粉质黏土为主，中心城区以黏土为主，湖沼平原区以粉质黏土为主。此外，大部分地区该层上部土性较好，以可塑的粉质黏土为主，而下部土层以淤泥质粉质黏土和黏土为主，土性较差，具有上硬下软的特性。该层土性较好，是上海地区俗称的"硬壳层"，总体上 3 个工程地质结构区内其物理力学指标变化不大，其含水量为 31.1%，孔隙比为 0.91，液性指数为 0.65，压缩系数为 0.42MPa^{-1}，压缩模量为 5.16MPa，黏聚力为 27kPa，内摩擦角为 25°，从各指标可以看出该层含水量、压缩性较低，强度较高，静力触探比贯入阻力为 0.43～1.74MPa（平均值为 0.65MPa），为浅基础良好的持力层，但由于该层具有上硬下软特性，基础宜浅埋，同时还须注意该层厚度的变化，作为天然地基持力层时应进行强度验算。

3.2.3　浅部砂层（②$_3$）

1. 分布特征

该层在第Ⅲ工程地质结构区，即崇明岛、横沙岛、长兴岛三岛区均有分布，长江沿岸地区呈条带状分布，其中在南汇嘴地区分布较为广泛，主要是由于该地区为新近成陆区。黄浦江两岸在上海市区北部均有分布，以南缺失，吴淞江两岸也均有分布，但局部地区不连续。此外，在冈身一带亦有分布，呈条带状，为古海岸线。湖沼平原区该层不发育。该层在不同地区特性详见表 3-4。

表 3-4　上海市②₃ 层工程地质特性对比

项目			吴淞江、黄浦江沿岸	冈身沿线	崇明等三岛区及宝山、浦东沿岸			南汇嘴
工程地质层编号			②₃	②₃	②₃₋₁，②₃₋₂，②₃₋₃			②₃
测年成果及所属层组			如东组	6.5ka（嘉定冈身测年），上海组	3.2ka（7.65m），5.5ka（16.68m）（SG1孔），如东组（②₃₋₁，②₃₋₂），上海组（②₃₋₃）			1172年以来沉积（据里护塘海堤），如东组
沉积环境			三角洲河流	滨海	河口			滨海
空间分布特征			该层在上海地区埋深变化不大，位于表土层（②₁）之下，埋深一般为 2~4m					
			厚度变化较大，平均厚度约6m	厚度有一定变化，平均厚度约3m	厚度大，但变化不大，平均厚度约11m			厚度较大，由西向东厚度加大，平均厚度约9m
岩性变化特征			岩性以砂质粉土为主，但黏粒含量较多，且土质不均	岩性大部分地区以砂质粉土为主，部分地区以黏质粉土为主	上部为砂质粉土（②₃₋₁），中部为黏质粉土（②₃₋₂），下部为砂质粉土或粉砂（②₃₋₃）			岩性以砂质粉土为主，颗粒较均匀，具水平层理，土质较均匀
物理力学指标变化特征	含水量	w　%	34.4	30.3	②₃₋₁	②₃₋₂	②₃₋₃	29.6
					30.1	33.1	31.2	
	容重	γ　KN/m³	18.0	18.6	19.1	18.8	19.0	18.6
	孔隙比	e_0	0.98	0.79	0.87	1.01	0.89	0.84
	黏粒含量	ρ_c　%	9.4	6.1	6.5	12.1	7.3	5.3
	压缩系数	$\alpha_{0.1-0.2}$　MPa⁻¹	0.30	0.17	0.22	0.40	0.28	0.17
	压缩模量	$E_{s_{0.1-0.2}}$　MPa	7.13	10.93	8.69	6.30	7.70	11.79
	黏聚力	c　kPa	7	5	3	8	5	4
	内摩擦角	φ　(°)	29.5	32.0	31.2	22.0	29.5	34.0
	比贯入阻力	p_s　MPa	1.48	2.13	2.65	0.98	3.65	3.41
	标准贯入	击　次	6.2	9.9	8.3	5.6	12.5	11.6

2. 埋深、厚度变化特征

该层埋深总体变化不大，三岛区埋藏较浅，层顶标高一般均大于2m，仅中部南门港地区层顶标高在0~2m。长江沿岸局部地区层顶标高大于2m，其余大部分地区均在0~2m，如图3-12所示。

该层厚度变化较大，厚度在1~27m。河口沙岛区厚度最大，厚度一般均大于11m，其中在崇明岛西北端厚度为最大。第Ⅱ工程地质结构区南汇嘴地区厚度一般为7~15m，主要集中在临港新城规划区内，吴淞江、黄浦江两岸厚度亦较大，一般为6m，其余地区

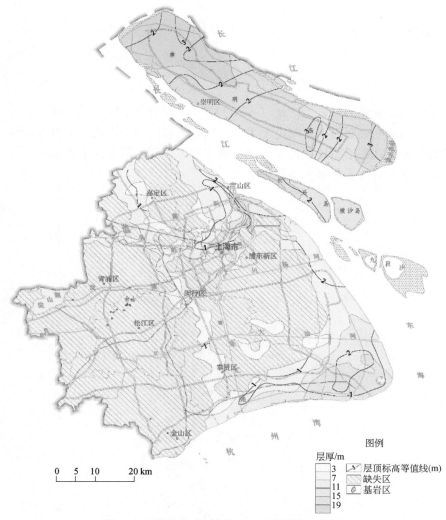

图 3-12　②₃层（浅部砂层）埋藏分布示意图

厚度一般小于 5m。

3. 岩性变化特征

在平面分布上，该层岩性变化不大，以砂质粉土为主，仅黄浦江两岸及三岛局部地区为黏质粉土。在垂向上该层在滨海平原区基本以砂质粉土为主，变化不大，但在三岛地区具有明显变化。自上而下一般有 3 种岩性，上部一般为砂质粉土，中部为黏质粉土，局部为淤泥质粉质黏土，下部为粉砂夹砂质粉土。

4. 工程地质层评价

该层为上海地区的浅部砂层，一般为可液化土层，应注意由其引起的砂土震动液化及渗流液化问题。

3.2.4　软土层（③、④）

1. 分布特征

　　软土层在上海地区分布较为广泛（图 3-13），但在湖沼平原区的青浦区和金山区西部缺失，河口沙岛区的崇明岛西北端由于受到后期古河道的切割亦缺失。其中③层在第Ⅲ工程地质结构区和沿江、沿海地区由于受到后期古河道切割而缺失，但在湖沼平原区普遍分布，④层则在西部湖沼平原区基本缺失。

图 3-13　③、④层（软土层）埋藏分布示意图

这两土层的工程地质特性对比详见表 3-5、表 3-6。

表 3-5　上海市③层工程地质特性对比表

项目			湖沼平原区Ⅰ		滨海平原区Ⅱ		河口沙岛区Ⅲ
			Ⅰ₁	Ⅰ₂	Ⅱ₁	Ⅱ₂	
工程地质层编号			③	③	③	③	
测年成果及所属层组			距今约 2000 年，上海组	距今约 2000 年，上海组	距今约 2000 年，上海组	距今约 2000 年，上海组	
沉积环境			滨海	滨海	滨海—浅海	滨海—浅海	
空间分布特征			平均埋深约 2.5m	平均埋深约 3m	黄浦江、吴淞江两岸、长江沿岸及南汇嘴大部分缺失，埋深较大，厚度较小		
					平均埋深约 3.5m	平均埋深约 4.5m	
			平均厚度约 4.9m	平均厚度约 6.0m	平均厚度约 5.8m	平均厚度约 4.4m	
岩性变化特征			以黏土为主	以黏土为主，东部以淤泥质粉质黏土为主	以淤泥质粉质黏土为主	以淤泥质粉质黏土为主	缺失
物理力学指标变化特征	含水量	w　%	34.6	37.2	43.3	41.9	
	容重	γ　kN/m³	18.1	17.8	17.6	17.9	
	孔隙比	e_0	1.01	1.07	1.25	1.16	
	塑性指数	I_p	15.0	15.2	15.6	14.6	
	液性指数	I_l	0.96	1.13	1.38	1.22	
	压缩系数	$\alpha_{0.1-0.2}$　MPa⁻¹	0.66	0.67	0.82	0.73	
	压缩模量	$E_{s_{0.1-0.2}}$　MPa	3.64	3.33	3.27	5.32	
	黏聚力	c　kPa	12	13	13	7	
	内摩擦角	φ　(°)	16.5	17	16.2	14	
	比贯入阻力	p_s　MPa	0.54	0.50	0.48	0.54	

表 3-6 上海市④层工程地质特性对比表

项目			湖沼平原区Ⅰ	滨海平原区Ⅱ		河口沙岛区Ⅲ	
			Ⅰ₁	Ⅰ₂	Ⅱ₁	Ⅱ₂	
工程地质层编号				④	④	④	④
测年成果及所属层组				上海组	上海组	上海组	上海组
沉积环境				浅海	浅海	浅海	浅海
空间分布特征			缺失	局部分布，平均埋深约9m	广泛分布，平均埋深约8.5m	广泛分布，平均埋深约10m	广泛分布，平均埋深约17m
				平均厚度约5.9m	平均厚度约7.9m	平均厚度约9.0m	平均厚度约5.9m
岩性变化特征				该层为浅海相沉积，岩性变化不大，基本以淤泥质黏土为主，河口沙岛区则夹有较多粉性土			
物理力学指标变化特征	含水量	w	%	47.5	49.8	49.5	46.3
	容重	γ	kN/m³	16.7	16.7	16.8	17.5
	孔隙比	e_0		1.38	1.42	1.40	1.30
	塑性指数	I_p		20.10	22.10	21.10	19.6
	液性指数	I_l		1.21	1.21	1.16	1.10
	压缩系数	$\alpha_{0.1-0.2}$	MPa⁻¹	1.12	1.20	1.01	0.84
	压缩模量	$E_{s_{0.1-0.2}}$	MPa	2.20	2.18	2.46	2.75
	黏聚力	c	kPa	12	13	11	10
	内摩擦角	φ	(°)	12.5	11.5	11.0	8
	比贯入阻力	p_s	MPa	0.59	0.50	0.65	0.72

2. 埋深与厚度变化特征

软土层埋深总体由湖沼平原区向滨海平原区、河口沙岛区逐渐加深，除黄浦江和吴淞江沿岸局部地区外，湖沼平原区和滨海平原区总体变化不大，层顶标高一般在3.5~-1m，仅在临港新城区内标高为-1~-9m。在三岛地区埋藏较深，为-9~-16m，以崇明岛西北端埋深最大，其厚度由西向东逐渐加大，一般为1~6m。西部地区包括嘉定西部、青浦区、金山区西部、闵行区西部厚度为6~10m。紧邻东部的上海市区、原南汇区西部、奉贤区、金山区东部和宝山区厚度过渡为10~14m，浦东新区部分地区厚度最大，在14~20m，而在南汇嘴地区由于淤积的浅部砂层厚度较大，使得软土层厚度变薄，一般为2~6m。

3. 岩性变化特征

软土层主要是③和④层，其中③层以淤泥质粉质黏土为主，④层基本为淤泥质黏土。③层土由东向西从滨海沼泽向湖沼相沉积过渡，因此，③层土在岩性上有所变化。第Ⅰ工程地质结构区一般黏性土层和淤泥质土层均有分布，且一般黏性土层占大部分，含水量较小，压缩性较低，夹粉土薄层少，工程性质较好。而滨海平原则属水动力条件更弱的滨海—浅海相沉积，③层普遍为淤泥质粉质黏土，且普遍夹有粉土、粉砂薄层，工程特性差。④层土由于均为浅海相沉积，湖沼平原区不发育，主要分布在滨海平原区，以淤泥质黏土为主。

4. 工程地质层评价

③层在第 I 工程地质结构区以黏土、粉质黏土为主，在第 II 工程地质结构区为淤泥质粉质黏土，其物理力学指标在不同工程地质结构区亦有相应差异，但基本为软土。④层为灰色淤泥质黏土，土质更软。由于软土层含水量高、孔隙比大，具有压缩性高、强度低等不良工程地质特性，在高层建筑和路基工程施工过程中极易产生变形。此外，这两层土还具有流变和触变特性，在基坑开挖及隧道盾构施工过程中，容易引起边坡失稳或地层沉降。

3.2.5　一般黏性土层（⑤）

1. 分布特征

该层为滨海、沼泽相沉积地层，主要分布在滨海平原区（第 II 工程地质结构区）及河口沙岛区（第 III 工程地质结构区），湖沼平原区（第 I 工程地质结构区）由于沉积间断局部有分布，此外，滨海平原区嘉定区中部、宝山区南部的部分地区亦有缺失。

2. 埋深、厚度变化特征

该层位于软土层之下，埋深变化不大，总体由第 I 工程地质结构区向第 III 工程地质结构区逐渐加深，嘉定区西部和宝山区局部地区层顶标高为$-6 \sim -9m$，市区及奉贤区、金山区层顶标高变化为$-9 \sim -15m$，长江沿岸地区为$-15 \sim -18m$，在三岛区埋深最大，层顶标高在$-18 \sim -24m$。其地层埋藏分布如图 3-14 所示。

由于古河道切割深度不同，使得该层厚度变化较大，从$1m$到$43m$不等。正常沉积区厚度一般在$3 \sim 8m$，而在古河道切割区厚度骤然增大，滨海平原区古河道内该层厚度一般为$12 \sim 28m$，在河口沙岛区最大，一般均大于$28m$，最厚可达$35m$。

3. 岩性变化特征

该层自下而上依次分为灰色黏土层（$⑤_{1-1}$）、灰色粉质黏土层（$⑤_{1-2}$）、灰色砂质粉土、粉砂层（$⑤_2$）、灰色粉质黏土夹粉土层（$⑤_3$）和灰绿色粉质黏土层（$⑤_4$），岩性变化较大。

$⑤_1$黏性土为滨海相沉积，埋深、厚度变化不大，厚度为$5 \sim 8m$，上海市区及奉贤区、松江区等地区岩性以黏土为主，三岛区及宝山区、浦东新区沿海地区岩性以粉质黏土夹粉土为主，至金山沿海地区以砂质粉土夹粉质黏土为主。

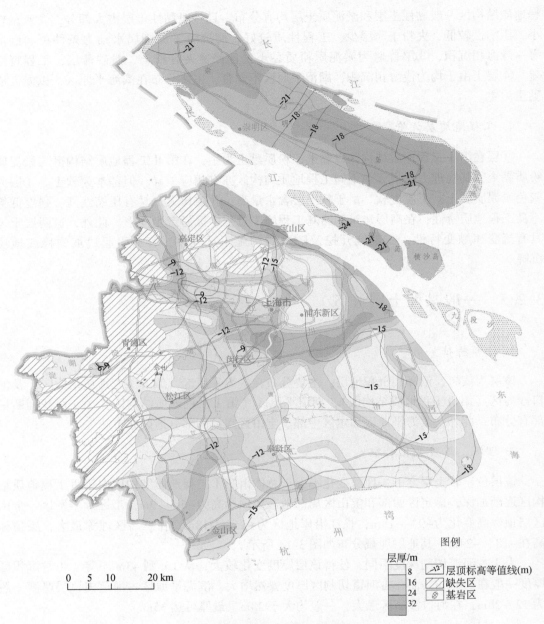

图 3-14　⑤层埋藏分布示意图

　　⑤₂砂质粉土、粉砂为溺谷相沉积，分布于古河道切割区，在第Ⅲ工程地质结构区普遍分布，而滨海平原区则局部分布，且不连续。该层岩性以砂质粉土为主，部分地区下部为粉砂，埋深、厚度变化大，滨海平原区层顶标高一般为-14～-28m，厚度为2～8m，三岛区埋深逐渐加深、加厚，一般为-29～-42m，厚度为3～18m。

　　⑤₃为溺谷相沉积地层，分布于古河道底部，岩性以粉质黏土夹砂质粉土为主，部分地区夹粉砂，呈"千层饼"状，颜色以灰色、褐灰色为主。

4. 工程地质层评价

该层以黏性土为主，夹有砂质粉土、粉砂透镜体，土层总体表现为不均匀特性，且厚度变化大，为荷载较大建筑物的地基压缩层，易产生地基不均匀沉降。其中，⑤$_{1-1}$、⑤$_{1-2}$层很湿—饱和，呈软塑—流塑状态，压缩性较高，强度低，为荷载较大建筑的压缩层，此外，这两层由于埋藏适中，可作为沉降控制复合桩的桩基持力层。⑤$_2$层为微承压含水层，在大的基坑开挖工程和隧道工程中如揭露该层，应注意该层在地下水头压力作用下可能产生流沙现象。⑤$_3$、⑤$_4$层为溺谷相地层，分布在古河道切割区，厚度、埋深变化较大，且土质不均，易引起荷载较大建筑的不均匀沉降。

3.2.6　灰绿色硬土层（⑤$_4$，中部砂层⑤$_2$）

⑤$_4$层为灰绿色粉质黏土夹粉土，在前面已对该层进行了详细描述，且判定其为晚更新世地层，其工程地质特性详见表 3-7。

表 3-7　上海市⑤$_4$层工程地质特性对比表

项目			潮沼平原区 I		滨海平原区 II		河口沙岛区 III
			I$_1$	I$_2$	II$_1$	II$_2$	
工程地质层编号				⑤$_4$		⑤$_4$	
测年成果及所属层组				11.5～2.5ka，南汇组		11.5～2.5ka，南汇组	
沉积环境				泛滥湖泊		泛滥湖泊	
空间分布特征				平均埋深约36m		平均埋深39m	
				平均厚度3.8m		平均厚度3.4m	
岩层变化特征				一般为灰绿色粉质黏土		一般为灰绿色粉质黏土，部分地区为褐灰色粉质黏土	
物理力学指标变化特征	含水量	w	%	缺失	27.0	缺失	24.3	缺失
	容重	γ	kN/m³		19.0		19.8	
	孔隙比	e_0			0.80		0.68	
	塑性指数	I_p			15.7		14.6	
	液性指数	I_1			0.38		0.49	
	压缩指数	$\alpha_{0.1-0.2}$	MPa⁻¹		0.27		24	
	压缩模量	$E_{s0.1-0.2}$	MPa		7.15		20	
	黏聚力	c	kPa		34		0.26	
	内摩擦角	φ	(°)		18		7.01	
	比贯入阻力	p_s	MPa		2.17		2.34	

3.2.7　第一硬土层（⑥）

为全新世和更新世分界的标志层，因此，该层一直为研究的重点层次。由于受到古河道的切割，该层呈块状分布（图3-15）。不同工程地质结构区的工程地质特性见表3-8。

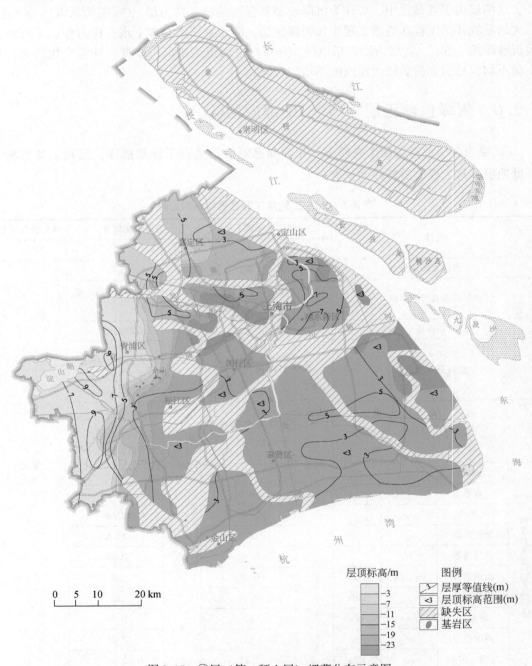

图 3-15　⑥层（第一硬土层）埋藏分布示意图

表 3-8　上海市⑥层工程地质特性对比表

项目			湖沼平原区 Ⅰ		滨海平原区 Ⅱ		河口沙岛区 Ⅲ
			Ⅰ₁	Ⅰ₂	Ⅱ₁	Ⅱ₂	
原工程地质层编号			④	④	⑥		
新工程地质层编号			⑥	⑥	⑥		
测年成果及所属层组			14.6ka（青浦 A5 孔），滆湖组	17.0ka（青浦 SG3 孔），滆湖组	10.1～16.2ka（面粉厂 SG2 孔），南汇组		
沉积环境			泛滥湖泊	泛滥湖泊	泛滥湖泊		
空间分布特征			埋深为 3～5m	埋深为 12～16m	埋深为 22～28m		
			厚度一般为 5～7m		厚度为 3～5m	缺失	缺失
岩性变化特征			总体以粉质黏土为主，部分地区以黏土为主，自上至下黏粒含量减少，粉粒含量增加				
物理力学指标变化特征	含水量	w	%	25.1	26.5	27.5	
	容重	γ	kN/m³	20.0	19.7	19.4	
	孔隙比	e_0		0.66	0.75	0.79	
	塑性指数	I_p		16.3	16.5	16.6	
	液性指数	I_l		0.24	0.39	0.51	
	压缩系数	$\alpha_{0.1-0.2}$	MPa⁻¹	0.21	0.23	0.28	
	压缩模量	$E_{s_{0.1-0.2}}$	MPa	8.74	7.68	6.82	
	黏聚力	c	kPa	52	48	44	
	内摩擦角	φ	(°)	14	16	19	
	比贯入阻力	p_s	MPa	2.75	2.52	2.25	

1. 分布特征

西部湖沼平原区（第 Ⅰ 工程地质结构区）由于成陆时代较早，该层分布较为普遍。最大的一条古河道为长江古河道，使得河口沙岛区（第 Ⅲ 工程地质结构区）和宝山区、浦东新区沿江沿海地区均被切割。

2. 埋深与厚度变化特征

根据最新的研究成果，第 Ⅰ 工程地质结构区第一硬土层与第 Ⅱ 工程地质结构区浅部硬土层为同一层次，由此该层埋深从西部向东部逐渐加深，西部湖沼平原区和嘉定区西部埋深 3～5m，冈身地区和宝山区南部埋深 12～16m，至滨海平原区埋深达到 22～28m。

该层厚度较小，变化不大，从西向东厚度逐渐减小，西部湖沼平原区厚度一般为 5～7m，而滨海平原区一般为 3～5m。

3. 岩性变化特征

该层为湖沼相沉积地层，岩性变化不大，大部分地区以粉质黏土为主，部分地区以黏土为主，一般自上而下黏粒含量减少，粉粒含量增加，颜色则从暗绿色逐渐过渡为褐黄色、草黄色。

4. 工程地质层评价

该层为湖沼相沉积地层，其物理力学指标如表 3-8 所示，该层含水量低、压缩性低、强度高，土性好，与下部⑦层联合可作中型建筑物的桩基持力层。此外，该层在控制地面沉降方面，除本身不易压缩外，在一定程度上还能消散或滞后下部应力对上部土层的影响。

3.2.8　下部砂层（⑦）

该层为河流相沉积地层，岩性以砂、粉性土为主，亦为上海地区第 I 承压含水层，不同工程地质结构区其工程地质特性存在较大差异，详见表 3-9。

表 3-9　上海市⑦层工程地质特性对比表

项目	湖沼平原区 I		滨海平原区 II		河口沙岛区 III
	I_1	I_2	II_1	II_2	
工程地质层编号	⑦$_1$	⑦$_1$、⑦$_2$	⑦$_1$、⑦$_2$	⑦$_2$	
测年成果及所属层组	21.2ka（青浦 G415 孔），滆湖组	22.7ka（青浦 SG3 孔），滆湖组	21.6ka（面粉厂 SG2 孔），南汇组	南汇组	
沉积环境	河口—滨海	河口—滨海	河口	河口	
空间分布特征	仅局部分布	⑦$_1$分布较广，⑦$_2$局部分布	均有分布	⑦$_1$基本缺失，⑦$_2$广泛分布	缺失
	平均埋深约9m	平均埋深约14.5m	平均埋深约29m	平均埋深约48m	
	平均厚度约3.5m	平均厚度⑦$_1$约 3.5m，⑦$_2$约10.3m	平均厚度⑦$_1$约6m，⑦$_2$约19.6m	平均厚度约9.1m	
岩性变化特征	以黏质粉土为主，颜色为草黄色，部分为灰色	⑦$_1$同 I$_1$ 区，⑦$_2$以粉砂为主，颜色为灰黄色—灰色	⑦$_1$以砂质粉土为主，颜色为草黄色，⑦$_2$同 II$_2$区	⑦$_2$以粉砂为主，颜色为灰黄色—灰色	

续表

项目			湖沼平原区 I		滨海平原区 II			河口沙岛区 III
			I_1	I_2		II_1	II_2	
物理力学指标变化特征	含水量	w	%	27.5	29.9	24.9	27.9	26.7	25.5	缺失
	容重	γ	kN/m³	18.5	18.3	18.7	19.1	19.4	19.6	
	孔隙比	e_0		0.80	0.85	0.74	0.86	0.78	0.74	
	黏粒含量	ρ_c	%	11.0	10.5	7.0	5.1	4.1	3.5	
	压缩系数	$\alpha_{0.1-0.2}$	MPa⁻¹	0.29	0.22	0.14	0.17	0.16	0.14	
	压缩模量	$E_{s_{0.1-0.2}}$	MPa	5.43	8.11	13.71	11.74	12.59	13.24	
	黏聚力	c	kPa	5.0	3.0	3.0	3.5	3.0	4.0	
	内摩擦角	φ	(°)	20.0	31.0	34.2	25.0	27.0	26.0	
	标准贯入	击	次	22.0	26.0	35.7	25.9	45.0	48.0	
	比贯入阻力	p_s	MPa	4.85	5.02	5.88	5.68	9.67	9.95	

1. 分布特征

该层为河流相沉积地层，在第Ⅲ工程地质结构区和宝山区沿岸地区由于受到长江古河道切割，均缺失，如图 3-16 所示。在滨海平原区（第Ⅱ工程地质结构区）由于切割深度不大而普遍分布，此外，西部湖沼平原区（第Ⅰ工程地质结构区）部分地区和嘉定区西部也有缺失。

2. 岩性变化特征

该层岩性在平面上变化不大，垂向上有一定差异，从上至下砂粒含量逐渐增加，粉粒含量逐渐减少，局部地区底部夹有砾石，颜色由草黄色变化为灰黄色，底部一般为灰色，从上至下由粉土（⑦₁）过渡为粉砂、细砂（⑦₂）。⑦₁层岩性以砂质粉土为主，西部湖沼平原区（第Ⅰ工程地质结构区）和嘉定区、宝山区局部地区则以黏质粉土为主；⑦₂层岩性以粉砂为主，部分地区为细砂，底部夹有砾石，西部地区一般无分布。

3. 工程地质层评价

该层广泛分布，为上海地区的下部砂层，其中⑦₁层压缩性低，强度高，而且埋藏适中，可作为大型建筑物的桩基持力层。⑦₂层可作大型及重型建筑物的桩基持力层。

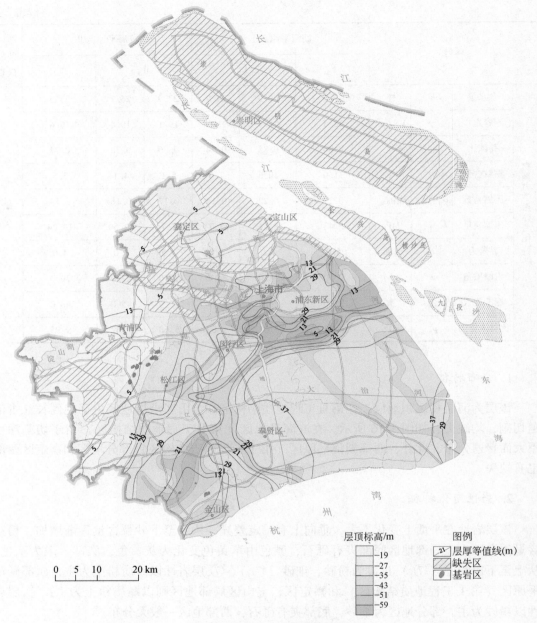

图 3-16　⑦层层顶埋深示意图

3.2.9　黏土夹砂性土层（⑧）

1. 分布特征

该层为滨海相沉积和泛滥平原沉积，西部湖沼平原区（第Ⅰ工程地质结构区）和河口沙岛区（第Ⅲ工程地质结构区）分布较为广泛，滨海平原区（第Ⅱ工程地质结构区）西部和原南汇区东部均有分布，浦东新区西部、中心城区南部、奉贤区东部和原南汇区西部缺失。

该层中有上海地区的第二硬土层（$⑧_{2-1}$），仅在青浦区西部和金山区西部有分布，东部地区零星分布（图3-17）。

图 3-17　$⑧_{2-1}$ 层（第二硬土层）埋藏分布示意图

2. 埋深与厚度变化特征

该层埋深总体由西部向东部逐渐变深，西部湖沼平原区和嘉定区、宝山区部分地区层顶标高一般为 -8 ~ -24m，冈身地带一般为 -24 ~ -40m，中心城区、浦东新区、金山区和原南汇区部分地区埋深最大，达 -40 ~ -64m，三岛地区埋深变化不大，一般为 -48 ~ -56m。本层厚度在西部湖沼平原区最厚，一般均大于 36m，最厚达 68m，冈身地带和宝山区西部地区为 20 ~ 36m，至滨海平原区东部和河口沙岛区逐渐变薄，一般为 4 ~ 20m。⑧层埋藏分布如图 3-18 所示。

该层中第二硬土层（⑧$_{2-1}$）在西部埋深一般均小于 28m，而东部零星分布地区则变化最大，最深达 60m，厚度则变化不大，一般为 4 ~ 10m。

3. 岩性变化特征

由于该层沉积成因较为复杂，岩性变化最大，尤其在垂向上，岩性以黏性土为主，夹有较多粉土层和砂层，局部地区呈互层状，从上至下岩性依次为：灰色粉质黏土夹薄层粉砂层（⑧$_1$），第二硬土层⑧$_{2-1}$暗绿色—褐黄色硬土，褐黄色—灰色砂质粉土、粉砂（⑧$_{2-2}$），灰色粉质黏土夹粉砂层（⑧$_{2-3}$），第三硬土层⑧$_{3-1}$暗绿色—褐黄色硬土，褐黄色砂质粉土、粉砂层（⑧$_{3-2}$），蓝灰色粉质黏土夹粉砂层（⑧$_{3-3}$），灰色—灰黄色粉质黏土夹粉砂层（⑧$_4$）。其中，⑧$_1$层为滨海相沉积地层，岩性上部一般为黏土，下部为粉质黏土，在三岛区和长江沿岸局部地区由于长江古河道切割，一般均缺失；⑧$_{2-1}$层为上海地区第二硬土层，为湖沼相沉积，岩性多为粉质黏土，且主要分布在西部，其下部⑧$_{2-2}$层为河流相沉积，湖沼平原区岩性以砂质粉土为主，夹有粉质黏土薄层，局部为粉砂，而三岛区则以粉砂为主，局部为砂质粉土，颜色变化为灰色，滨海平原区该层一般均缺失；下部⑧$_{2-3}$层在湖沼平原区以粉质黏土夹粉砂为主，而在滨海平原区则以粉质黏土和粉砂互层为主，在三岛地区一般缺失；⑧$_3$层岩性变化特征与⑧$_2$层基本一致，只是该层仅分布在湖沼平原区，滨海平原区和三岛地区均缺失，且颜色以灰黄色、蓝灰色为主，土性较⑧$_2$层好。

4. 工程地质层评价

⑧$_1$层以黏性土为主，其含水量为 31.5%，孔隙比为 0.91，液性指数为 0.80，压缩系数为 0.41MPa^{-1}，压缩模量为 5.47MPa，黏聚力为 18kPa，土性一般，且土质不均。由于上海地区桩基持力层一般选择为⑦层，因此，⑧$_1$层为桩基的主要压缩层，应注意由该层引起的桩基沉降和差异沉降问题。

⑧$_{2-1}$层为第二硬土层，其性质同第一硬土层，其含水量为 29.8%，孔隙比为 0.86，液性指数为 0.36，压缩系数为 0.25 MPa^{-1}，压缩模量为 7.36MPa，黏聚力为 51kPa，与第一硬土层基本相近，该层在西部湖沼平原区可与下部⑧$_{2-2}$层作为大型建筑物的桩基持力层。⑧$_{2-3}$层土性较好，中等压缩性，该层在滨海平原区分布较为稳定，当⑦层缺失时，可选择该层作为大型和超大型建筑物的桩基持力层。

图 3-18　⑧层埋藏分布示意图

3.2.10 深部砂层（⑨）

　　该层为上海地区的深部砂层，普遍分布，埋深亦较为稳定，一般为 60~70m，仅局部地区埋深超过 80m。由于埋藏较深，所采用的钻孔大部分未揭穿该层，根据钻孔资料，该层厚度一般为 20~30m，局部为 30~50m，其工程地质层埋藏分布如图 3-19 所示。

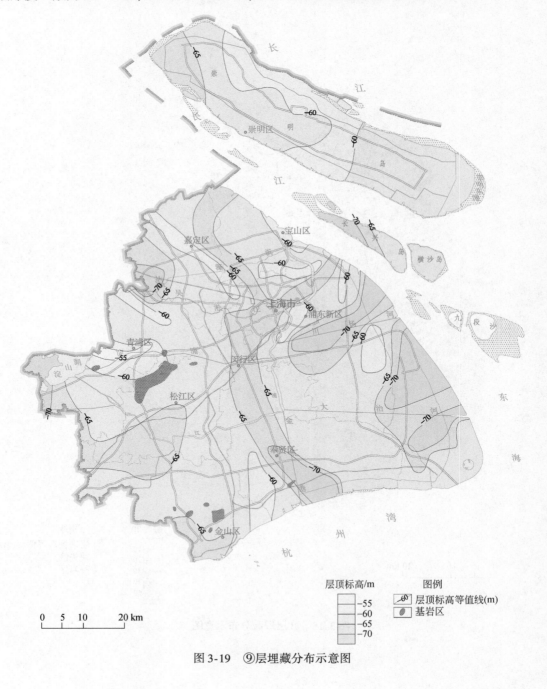

图 3-19　⑨层埋藏分布示意图

　　该层岩性以砂土为主，从上至下砂土颗粒逐渐变粗，一般上部为粉砂层，中部为细砂层（⑨₁），往下逐渐过渡为中粗砂（⑨₂），底部含有砾石。该层土含水量低，压缩性低，强度高，土性好，可作为超大型建筑物的桩基持力层，但由于埋藏较深，如作为桩基持力层，经济成本较高。

3.3　工程地质分区研究

3.3.1　工程地质分区原则

　　工程地质分区原则主要为以海陆一体工程地质结构构建为基础，结合沿江沿海工程建设特点，开展工程地质分区及评价。一般进行二级分区，即工程地质区、工程地质亚区。工程地质区主要考虑对工程地质条件起主导作用的因素，一般按照地貌成因类型进行划分；工程地质亚区则主要考虑区内工程地质层的类型及特征、水文地质条件等因素。

3.3.2　历年工程地质分区概述

　　以往工程地质层划分主要依照岩土工程勘察规范进行，规范中对上海市划分为 4 个地貌类型区（参见图 2-1），即湖沼平原区、滨海平原区、河口沙岛区和潮坪区，依此分别划分为第Ⅰ、Ⅱ、Ⅲ、Ⅳ工程地质区。然后按照工程地质层变化特征进行工程地质亚区划分。工程地质分区地层特征见表 3-10。

表 3-10　工程地质分区地层特征一览表

工程地质分区		硬土层分布特征	含水层分布特征	软土层分布特征
区	亚区			
湖沼平原区（Ⅰ）	Ⅰ₁	两层硬土层均有分布	第Ⅰ承压含水层均有分布，局部地区分为上下两层	软土层（③、④）基本缺失
	Ⅰ₂	分布有第一硬土层	第Ⅰ承压含水层上部发育，下部变化大	仅有③层分布，厚度小于5m
	Ⅰ₃	无硬土层分布	受古河道切割，第Ⅰ承压含水层缺失或厚度小	
滨海平原区（Ⅱ）	Ⅱ₁	⑥层分布	②₃缺失，⑦分布，⑦层埋深小于20m	③、④层发育
	Ⅱ₂		②₃、⑦分布，⑦层埋深大于20m	④层发育，③层局部缺失
	Ⅱ₃		②₃缺失，⑦分布，⑦层埋深大于20m	③、④层发育
	Ⅱ₄		⑦、⑨层沟通区	④层发育，③层局部缺失

工程地质分区		硬土层分布特征	含水层分布特征	软土层分布特征
区	亚区			
滨海平原区（Ⅱ）	Ⅱ₅	⑥层缺失	⑤₂层缺失，⑦层分布	③、④、⑤层发育
	Ⅱ₆		⑤₂层缺失，⑦、⑨层沟通	③、④、⑤层发育
	Ⅱ₇		⑤₂层缺失，⑦层缺失	③、④、⑤、⑧层发育
	Ⅱ₈		⑤₂层分布，⑦层分布	③、④层发育
	Ⅱ₉		⑤₂层分布，⑦层缺失	③、④、⑧层发育
	Ⅱ₁₀		⑤₂层分布，⑦、⑨层沟通	③、④层发育
河口沙岛区（Ⅲ）	Ⅲ₁	⑥层缺失	⑤₂层缺失	④层发育，③层基本缺失
	Ⅲ₂		⑤₂层分布	④层发育，③层基本缺失
潮坪区（Ⅳ）	Ⅳ₁	⑥层分布	①₃冲填土有分布，②₃层均有发育，⑦层发育，且大部分地区与⑨层沟通	④层发育，③层基本缺失
	Ⅳ₂	⑥层缺失	①₃冲填土有分布，②₃层均有发育，⑦层缺失或埋深厚度变化大	④层发育，③层基本缺失

具体工程地质区和工程地质亚区特征如下。

湖沼平原区（Ⅰ）：该区与东部地区地质结构差异较大，浅部含水层、软土层相对东部较不发育，硬土层发育，因此工程地质亚区主要按照硬土层分布特征进行分区。40m 以浅有二层硬土层的为 Ⅰ₁ 工程地质亚区，有一层硬土层的为 Ⅰ₂ 工程地质亚区，无硬土层分布的为 Ⅰ₃ 工程地质亚区。

滨海平原区（Ⅱ）：滨海平原区软土层和浅部含水层均发育，部分地区受古河道切割，硬土层分布不连续，工程地质亚区主要根据古河道分、含水层和软土层分布情况进行划分。

第 Ⅱ₁ 工程地质亚区：正常沉积区，第一硬土层⑥分布，②₃潜水含水层缺失，第Ⅰ承压含水层⑦均有分布，⑦层埋深小于 20m，③、④层软土层发育，⑤₁层发育较差。

第 Ⅱ₂ 工程地质亚区：正常沉积区，第一硬土层⑥分布，②₃潜水含水层和第Ⅰ承压含水层⑦均有分布，⑦层埋深大于 20m，③层软土层受②₃层影响基本缺失，④层发育。

第 Ⅱ₃ 工程地质亚区：正常沉积区，第一硬土层⑥分布，②₃潜水含水层缺失，第Ⅰ承压含水层⑦均有分布，⑦层埋深大于 20m，③、④软土层发育。

第 Ⅱ₄ 工程地质亚区：正常沉积区，第一硬土层⑥分布，第Ⅰ承压含水层⑦和第Ⅱ承压含水层⑨均有分布，且两含水层相互沟通，⑧层缺失。

第 Ⅱ₅ 工程地质亚区：古河道切割区，第一硬土层⑥缺失，微承压含水层⑤₂缺失，第Ⅰ承压含水层⑦有分布，③、④软土层发育，⑤₁、⑤₃层发育。

第 Ⅱ₆ 工程地质亚区：古河道切割区，第一硬土层⑥缺失，微承压含水层⑤₂缺失，第Ⅰ承压含水层⑦和第Ⅱ承压含水层⑨均有分布，且两含水层相互沟通，③、④软土层发育，⑤$_1$、⑤$_3$层发育，⑧层缺失。

第 II$_7$工程地质亚区：古河道切割区，第一硬土层⑥缺失，微承压含水层⑤$_2$缺失，第 I 承压含水层⑦基本缺失，软土层和饱和黏性土层特别发育，③、④、⑤$_1$、⑤$_3$、⑧层均发育。

第 II$_8$工程地质亚区：古河道切割区，第一硬土层⑥缺失，微承压含水层⑤$_2$有分布，第 I 承压含水层⑦有分布，③、④软土层发育。

第 II$_9$工程地质亚区：古河道切割区，第一硬土层⑥缺失，微承压含水层⑤$_2$有分布，第 I 承压含水层⑦缺失，③、④软土层发育，⑧层发育。

第 II$_{10}$工程地质亚区：古河道切割区，第一硬土层⑥缺失，微承压含水层⑤$_2$有分布，第 I 承压含水层⑦和第 II 承压含水层⑨均有分布，且两含水层相互沟通，③、④软土层发育，⑧层缺失。

河口沙岛区（III）：河口沙岛区受古河道切割，第一硬土层均缺失；②$_3$潜水含水层均发育，厚度大；③层缺失，④层厚度小，部分地区缺失；微承压含水层⑤$_2$部分地区有分布；⑦层大部分地区缺失。工程地质亚区依据⑤$_2$层分布特征进行划分，⑤$_2$层缺失区为第 III$_1$工程地质亚区，⑤$_2$层发育区为 III$_2$工程地质亚区。

潮坪地貌区（IV）：位于长江口及东海、杭州湾岸边，浅部冲填土层①$_3$发育，②$_3$潜水含水层发育。长江口受古河道切割，第一硬土层⑥缺失，划分为第 IV$_2$工程地质亚区；杭州湾地区为正常沉积区，划分为第 IV$_1$工程地质亚区。

每个地貌类型区的地基土层序不一致，其中潮坪地区基本同滨海平原区，详见表 3-11和表 3-12。

表 3-11　现行岩土工程勘察规范中湖沼平原区地基土层划分表

地质时代		土层名称	土层序号	顶面埋深/m	常见厚度/m	成因类型	状态密实度	包含物及物理性质	分布状况
全新世 Q$_4$	Q$_4^3$	人工填土	①$_1$	0	0.5~1.1			上部夹植物根茎，下部以黏性土为主	遍布
		黑色泥炭质土	①$_2$	1.2	0.5	湖沼	软塑	含腐殖物、有机质，有臭味，无层理	局部分布
		褐黄色黏性土	②$_1$	0.5~1.1	0.5~1.0	滨海—河口	可塑	含氧化铁及铁锰结核、贝壳等	遍布
		灰黄色黏性土	②$_2$	1.5~2.0	0.5~1.5	滨海—河口	软塑	含云母、腐殖物、铁锰氧化物结核	遍布
		黑色泥炭层	②$_3$	3.0~4.0	0.4~0.5	河口—沼泽	软塑	含腐殖物、有机质，有臭味	局部分布
	Q$_4^2$	灰色淤泥质黏土	③	2.0~3.6	1.0~3.0	滨海—浅海	软塑—流塑	含云母、有机质，夹薄层粉砂	局部缺失

地质时代		土层名称	土层序号	顶面埋深/m	常见厚度/m	成因类型	状态密实度	包含物及物理性质	分布状况
全新世 Q_4	Q_4^2	暗绿色—草黄色粉质黏土	④₁	2.8~4.6 (11.0~13.0)	1.2~2.7	河口—湖沼	硬塑—可塑	含氧化铁斑点、腐殖物，铁锰结核	局部缺失，层面变化
		褐黄色粉质黏土	④₂	4.2~7.3	4.0~10.0	河口—湖沼	硬塑—可塑	含氧化铁条纹、腐殖物，局部夹粉性土	局部缺失
		黄色—灰砂质粉土	④₃	5.0~7.0	5.0~10.0	河口—滨海	稍密—中密	含云母、氧化物，夹黏性土	局部分布
		灰色淤泥质黏土	④₄	8.0~10.0	2.0~3.0	滨海—浅海	流塑	含云母、有机质，夹薄层粉砂	局部分布
		灰色粉质黏土	⑤₁	11.0~15.0	2.2~8.6	滨海—沼泽	软塑	含云母、腐殖物，夹薄层粉砂	遍布
	Q_4^1	青灰色砂质粉土	⑤₂	13.0~16.0	1.8~5.5	滨海—沼泽	稍密—中密	含云母、腐殖物，夹薄层黏性土	呈透镜体分布
		褐灰色粉质黏土	⑤₃	17.0~20.0	5.0~24.0	滨海—沼泽	软塑	含云母、钙质结核、半腐殖物，夹薄层粉砂	分布较广，局部为次生硬土层
			⑤₄						
上更新世 Q_3	Q_3^2	暗绿色粉质黏土	⑥₁	(18.0~20.0) 24.0~26.0	0.9~4.3	河口—湖沼	硬塑—可塑	含铁锰氧化物、腐殖物	局部受古河道切割缺失，层面变化大
		草黄色粉质黏土	⑥₂	27.0~30.0 (30.0~35.0)	1.0~9.9	河口—湖沼	硬塑—可塑	含铁锰氧化物条纹、腐殖物，夹砂	
		灰色黏质粉土	⑦₁	32.5~39.0	1.7~12.3	河口—滨海	可塑	含云母、腐殖物，夹薄层黏性土及砂	局部缺失
		灰色粉质黏土	⑧₁	42.0~44.5	2.7~10.3	滨海—浅海	软塑—可塑	含云母、腐殖物，夹薄层粉砂	遍布，较稳定
		灰色粉质黏土	⑧₂	48.0~51.0	17.0~20.0	滨海—浅海	软塑—可塑	呈"千层饼"状，局部夹少量薄层粉砂	遍布，较稳定
	Q_3^1	青灰色粉细砂	⑨	69.3~70.5	>10.0	河口—滨海	密实	由长石、石英、云母等组成，夹少量薄层黏土	遍布，较稳定

注：①有括号者为古河道分布区的顶面埋深；②黄浦江沿岸分布有因河床变迁而新近沉积的褐灰色黏性土，厚度3~20m不等。

表 3-12　现行岩土工程勘察规范中滨海平原区地基土层划分表

地质时代	土层名称	土层序号	顶面埋深/m	常见厚度/m	成因类型	状态密实度	包含物及物理特征	分布状况
Q_4^3	人工填土	①₁	0	0.5~2.0		松散	含碎石、石块、垃圾、植物根茎等	遍布
	浜底淤泥	①₂	1.0~2.0	1.0~4.0		流塑	黑色淤泥、杂物、有臭味	暗浜、塘区
	褐黄色黏性土	②₁	0.5~2.0	1.5~2.0	滨海—河口	可塑—软塑	含氧化铁锈斑及铁锰结核	遍布
	灰黄色黏性土	②₂	1.5~2.0	0.5~2.0	滨海—河口	软塑	含铁锰质斑点、云母、粉砂	遍布
	灰色粉性土、粉砂	②₃	2.0~3.0	3.0~15.0	滨海—河口	松散—稍密	含云母，夹薄层黏性土，土质不均匀	沿苏州河向（主要位于苏州河以北）呈带状分布
Q_4^2	灰色淤泥质粉质黏土	③₁、③₃	3.0~7.0	5.0~10.0	滨海—浅海	软塑—流塑	含云母，夹薄层状粉砂、有机质等	遍布（局部为黏性土）
	灰色粉性土、粉砂	③₂	4.0~5.0	1.0~3.0	滨海—浅海	松散—稍密	含云母，夹薄层黏性土，土质不均匀	局部分布呈透镜体状
	灰色淤泥质粉质黏土	④	7.0~12.0	5.0~10.0	滨海—浅海	流塑	含云母、有机质，夹薄层粉砂，局部夹贝壳碎屑	遍布
Q_4^1	褐灰色黏性土	⑤或⑤₁	15.0~20.0	5.0~17.0	滨海、沼泽	软塑—可塑	含云母、有机质，夹泥、钙质结核、半腐芦苇根茎	遍布（呈淤泥质土）
	灰色粉性土、粉砂	⑤₂	20.0~30.0	5.0~10.0	滨海、沼泽	稍密—中密	含云母、天然气，夹薄层状黏性土，具交错层理	暗绿色硬土层缺失分布
	灰色—褐灰色黏性土	⑤₃	25.0~32.0	9.0~15.0	溺谷	可塑	含云母、有机质，局部为泥炭质土	
	灰绿色黏性土	⑤₄	35.0~46.0	1.0~3.0	溺谷	可塑—硬塑	含氧化铁、有机质，俗称次生硬土层	古河床边缘暗绿色硬土层缺失

全新世 Q_4

续表

地质时代		土层名称	土层序号	顶面埋深/m	常见厚度/m	成因类型	状态密实度	包含物及物理特征	分布状况
上更新世纪 Q_3	Q_3^2	暗绿色黏性土	⑥₁	20.0~30.0	1.5~4.0	河口—湖泽	可塑—硬塑	含氧化铁斑点，偶夹钙质结核	分布较广，埋藏深度一般分为三种情况，分别为20~30m、30~40m、>40m，局部受古河道切割而缺失
		草黄色黏性土	⑥₂	30.0~32.0	1.0~2.0	河口—湖泽	可塑—硬塑	含氧化铁斑点	
		草黄色—灰色粉性土、粉砂	⑦₁	28.0~33.0 (43.0~48.0)	4.0~8.0	河口—滨海	中密—密实	含云母，夹薄层状黏性土，土质不均匀	分布较广，厚度变化大
		灰色粉细砂	⑦₂	35.0~40.0 (50.0~54.0)	6.0~14.0	河口—滨海	密实	由石英、长石、云母等矿物颗粒组成，土质较均匀致密	分布较广，层位不稳定
		灰色黏性土夹粉砂	⑧₁	40.0~60.0	10.0~20.0	滨海—浅海	可塑	含云母、腐殖质，夹砂，具交错层理	分布较广，局部缺失
		灰色粉质黏土、粉砂互层	⑧₂	50.0~60.0	10.0~20.0	滨海—浅海	可塑或中密	含云母，具交错层理，夹砂互层呈"千层饼"状	分布较广，局部缺失
	Q_3^1	青灰色粉细砂夹黏性土	⑨₁	65.0~77.0	5.0~8.0	滨海—河口	中密—密实	砂砾自上而下变粗	分布较广，局部缺失
		青灰色粉细砂夹中粗砂	⑨₂	75.0~81.0	5.0~10.0	滨海—河口	密实	夹砾石及黏性土透镜体	分布较广，局部缺失
中更新世 Q_2	Q_2^2	蓝灰色—褐灰色黏性土	⑩	86.0~101.0	4.0~10.0	河口—湖泽	硬塑	含钙质、铁锰质结核	遍布
		青灰色粉细砂	⑪	88.0~101.0	10.0~30.0	河口—滨海	密实	含贝壳片	遍布
		绿灰色黏性土	⑫	110~120.0	8.0~12.0	河口—滨海	硬塑	含云母，夹粉砂	遍布

注：①有括号者为古河道分布区的顶面埋深；②黄浦江沿岸分布有因河床变迁而新近沉积的褐灰色黏性土，厚度3~20m不等。

3.3.3　工程地质区划分

根据上述分区原则，首先根据上海地区的地貌类型进行工程地质区划分，共划分为四个工程地质区，岸带陆域为第 I 工程地质区，下三角洲平原—潮间带区为第 II 工程地质区，杭州湾堆积平原为第 III 工程地质区，水下三角洲平原为第 VI 工程地质区。其次根据对工程建设影响较大的工程地质层变化特征进行亚区划分。岸带陆域区根据全新世与更新世分界标志层（暗绿色硬土层⑥）分布特征进行划分，有⑥层分布区为 I₁ 工程地质亚区，无⑥层分布区为 I₂ 工程地质亚区；II 区分布较为零散，且大部分为古河道切割区，⑥层缺失，因此不再进行亚区划分；III 区杭州湾水域地层变化不大，⑥层一般均有分布，因此亦不进行亚区划分；IV 区根据桩基持力层（砂土层⑦层）分布特征进行划分，⑦层发育区为 IV₁ 工程地质亚区，不发育区为 IV₂ 工程地质亚区（表 3-13，图 3-20）。

表 3-13　工程地质分区地貌特征及主要工程地质层组合简表

工程地质分区		地貌特征	主要工程地质层组合		备注
区	亚区		有分布	缺失	
I	I₁	岸带陆域：崇明岛、长兴岛、横沙岛为河口沙岛，其他地区为滨海平原	②₃、③、④、⑥、⑦	⑤₂、⑤₃	局部地区②₃层可能缺失
	I₂		②₃、④、⑤₂	③、⑥、⑦	局部地区可能有⑦层分布，但埋深大，厚度小。⑤₂层南部地区分布不连续
II		下三角洲平原—潮间带	②₃、③、④、⑥、⑦	局部地区露出水面，但表土层（②₁）无分布	
III		杭州湾堆积平原	③、④、⑥、⑦	②₃、⑤₂	金山深槽等水深地区软土层（③、④）缺失
IV	IV₁	水下三角洲平原	②′₃、④、⑦	②₃、③、⑤₂、⑥	②₃层基本缺失，仅局部地区有分布
	IV₂		②₃、②′₃、④、⑤₂	③、⑥、⑦	局部可能有⑦层分布，但埋深大，厚度小。⑤₂层仅在北部地区有分布，②′₃层仅在东部和南部分布普遍

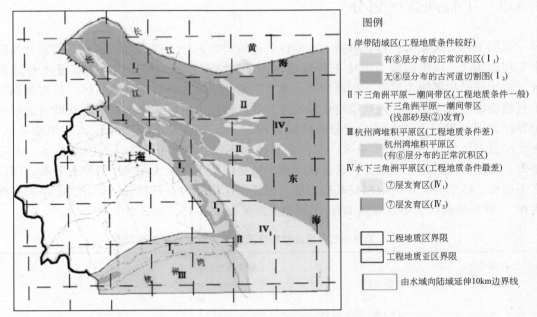

图 3-20　上海海岸带地区工程地质分区示意图

3.3.4　工程地质区地质条件评价

第 I 工程地质区位于陆域，整体工程地质条件较好，其中 I_1 工程地质亚区地层变化不大，适宜桥梁、房屋建筑及地下空间开发，I_2 工程地质亚区受到晚更新世末期古河道切割影响，地层变化大，工程地质条件较 I_1 亚区稍差，工程建设时应特别注意地基的不均匀变形问题。

第 II 工程地质区位于河口区，工程地质条件一般。均缺失上海地区良好天然地基持力层，即褐黄色黏性土层（$②_1$层），表土层以松散的新近沉积冲填土为主，天然地基条件差，不适宜仓储、物流厂房等采用浅基础的建筑工程，但对于采用桩基础的大桥、高层建筑等，由于下部地层变化较大，可选择的桩基持力层较多，适宜性一般。

第 III 工程地质区位于杭州湾北岸水域，工程地质条件差。水下表土层以淤泥质粉质黏土为主，天然地基条件差。水下地形变化较大，尤其是金山深层水槽地区，对跨海大桥、海底隧道等影响较大，但地层总体变化不大，桩基持力层分布相对稳定。

第 IV 工程地质区位于长江河口水下三角洲平原地区，工程地质条件最差。均缺失良好的桩基持力层（⑦层），地层变化最大，对于港口、大桥、隧道等工程建设影响最大，建设中极易出现不均匀变形、边坡失稳等问题。

3.4　不良地质条件及其对工程的影响

3.4.1　暗浜

　　上海是典型的江南河网地区，大小河流密布纵横。通过对 20 世纪 50 年代地形图和现在地形图对比分析，可初步圈定暗浜的分布范围，图 3-21 为中心城区暗浜分布图。

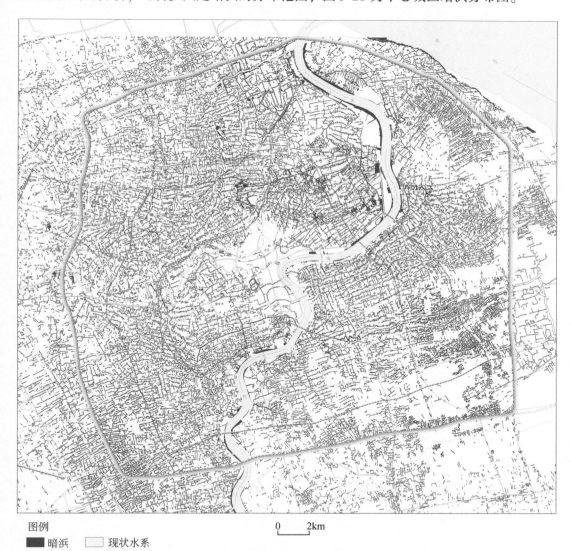

图例
　 暗浜　　 现状水系
0　2km

图 3-21　中心城区暗浜分布图
注：本图在上海市 1955 年始编的 1∶2500 暗浜分布图册基础上，根据 20 世纪 50 年代、60 年代地形图
（比例尺分别为 1∶2500 和 1∶10000）与 2006 年地形图（1∶2000）的比对分析结果编制而成

暗浜一般位于人工填土下部，埋深浅，一般为 1～2m，厚度基本在 1～2m，土性以黑色淤泥为主，含水量高，呈流塑状，含有机质，土性极差，为区域内的不良地质条件。对于车站基坑开挖，因浜填土成分复杂，结构松散，地连墙施工开挖时易产生坍塌现象，对邻近建筑及地下管线会产生不利影响。

3.4.2　冲填土

冲填土为新近人工吹填形成，主要分布在沿江沿海新近成陆区，包括临港新城、浦东国际机场附近及崇明东滩等地区（图 3-22）。

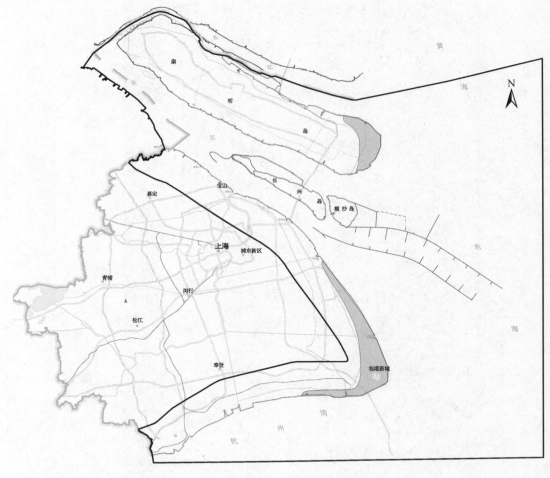

图 3-22　冲填土分布示意图

　　冲填土一般分布于地表，厚度变化较大，在 0.4 ~ 6m，其中临港新城区厚度最大，其埋藏分布特征见图 3-23。冲填土按填料成分可分为两类。Ⅰ类：填料以粉性土为主，饱和、稍密，基本为新近冲填土，厚度一般均大于 3m，直接出露于地表。Ⅱ类：填料以黏性土为主，饱和、流塑，厚度多在 2 ~ 3m，局部地区大于 3m。

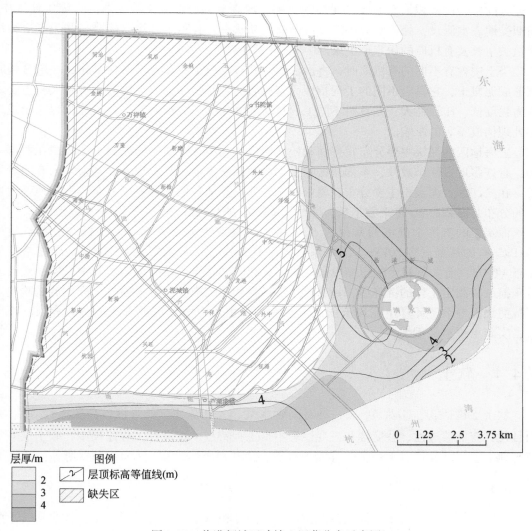

图 3-23　临港新城区冲填土埋藏分布示意图

　　冲填土具有明显的不均匀性，以粉性土为主的冲填土呈松散状态，强度低；以淤泥质黏性土为主的冲填土具有含水量高、压缩性高、强度低等特点。两者天然地基承载力均低，不宜直接作为天然地基持力层，在自然和工程活动影响下，会引起较大的地面沉降和不均匀变形，是影响轨道交通、地下管网安全的主要不良地质条件。

3.4.3　泥炭土

泥炭土是在河湖沉积低平原及山间谷地中，由于长期积水，在缺氧情况下，大量分解不充分的植物残体积累而形成含泥炭的土层。泥炭土主要形成于浅水湖泊和渍水洼地中，长期受地表水淹没，处于水分停滞或仅微弱流动状态，有利于悬浮物停滞，并为湿生和沼泽植被生长及有机质的积累创造条件。

当土中含有不同的有机质时，将形成不同的有机质土，在有机质含量超过一定含量时就形成泥炭土，它具有不同的工程特性，有机质的含量越高，对土质的影响越大，主要表现为强度低、压缩性大，并且对不同工程材料的掺入有不同影响等，对直接工程建设或地基处理构成不利的影响。

上海地区的泥炭主要分布在青浦和松江地区，其中，青浦区的泥炭土多埋藏在西部一带，有许多地方联结成片，东部地区除个别小地区有少量泥炭发现外，其余均未有泥炭发现。在松江区，泥炭土主要分布在境内的东北部，其他各地仅有零星分布。上海地区泥炭土的分布总面积有 30 多平方千米，埋藏深度平均在 1~2m，厚度平均在 0.2~0.3m。

泥炭土的不排水强度通常仅为 5~30kPa，表现为承载力基本值很低，一般不超过 70kPa，有的甚至只有 20kPa。压缩系数大于 $0.5MPa^{-1}$，最大可达 $45MPa^{-1}$，压缩指数为 0.35~0.75。有关泥炭土的压缩模量取值，只能依据软土或试验取值。其中试验一般可通过压缩试验测定土样的沉降量，计算出压缩系数和压缩模量，或者通过土样抗剪试验确定其抗剪强度参数，计算出泥炭土的最大承载力。由于上海地区泥炭土的分布有限，厚度小，实际工程意义不大。

3.4.4　软土

软土层包括③、④及⑤₁ 层，具有高含水量、大孔隙比、低强度、高压缩性等性质，而且还具有低渗透性、触变性和流变性等不良工程特点。在进行工程建设中，软土层对地基与地下空间开发均有不利影响（龚土良等，2001；严学新等，2004；郑立博等，2018）。

3.4.4.1　高压缩性

土的压缩变形是由于土体受荷载作用使孔隙体积减小。当荷载作用于土体之后，土的变形不是立即发生的，而随着时间逐渐发展，最后趋向一个稳定值，孔隙水缓慢从孔隙中排出，逐渐使土体发生固结。

相同压力条件下，其压缩系数越大，压缩性越大；压缩性不同的土，e-p 曲线的形态也不相同，曲线越陡，说明同一压力增量下孔隙比减小越显著，因而土的压缩性越高。上海地区软土层（③、④）及⑤₁ 层灰色黏性土层典型压缩曲线如图 3-24 所示。

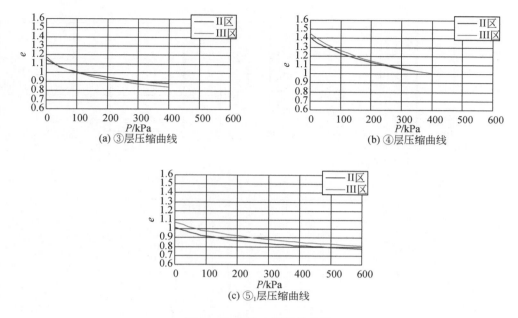

图 3-24　各软土层压缩曲线

对以上典型软土层压缩曲线进行对比分析，各软土层均为高压缩性土，③、④层压缩系数大，其中④层压缩系数>1.0MPa⁻¹，表现为在同样荷载作用下，沉降量大；⑤₁层压缩系数在 0.5MPa⁻¹左右，压缩性亦较高。因此，上海地区软土层均为压缩性较高、压缩模量较小的土层，对上海地区天然地基、地下空间开发影响最大。

3.4.4.2　软土的抗剪强度

土体的抗剪强度是土体抵抗剪切破坏的极限强度，包括内摩擦力和内摩擦角（黏性土还包括其黏聚力 c），抗剪强度可通过剪切试验测定。土体剪切破坏常以莫尔-库仑强度准则为依据，其表达式为 $\tau_f = \sigma \cdot \tan\varphi + c$。对于软黏性土，一般是通过固快直剪试验获得 c、φ 值，或采用三轴不固结不排水压缩试验获得 c_{uu}、φ_{uu}，对于饱和软黏土 $\varphi_{uu} \approx 0$，故用 c_{uu} 的数值大小能直接比较软土的强度。上海中心城区比较典型的软土层及其下部黏性土层三轴不固结不排水强度包线，如图 3-25 所示。

从以上各软土层典型的三轴不固结不排水强度试验结果分析，各软土层强度均不大，软土层抗剪强度最低，c_{uu} 为 20 ~ 40kPa；⑤₁层黏性土层 c_{uu} 为 40 ~ 60kPa。

软土强度对地下空间开发起重要作用，强度指标是基坑围护设计的必要参数，一般Ⅲ区土层的强度指标低，同样的基坑围护费用要高，基坑失稳、坑壁变形大的工程实例较Ⅱ区多。

3.4.4.3　软土的流变性

应力不仅与变形的大小有关，而且与变形发展的速率有关，即材料的松弛和蠕变现

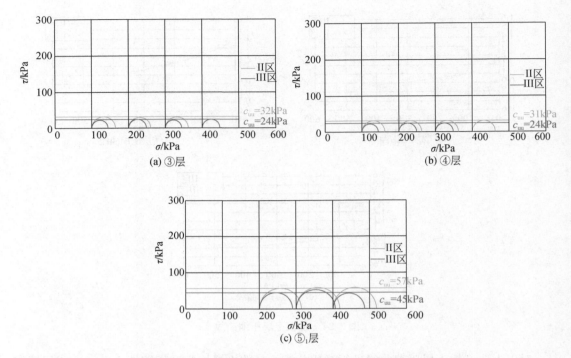

图 3-25 各软土的三轴不固结不排水强度包线比较

象。在常应力作用下，变形分为两部分，一部分是在应力作用下瞬时所引起的弹性变形，另一部分是随时间而增加的变形，这部分变形为不可恢复的蠕动变形，这种变形一般称为流变。在岩土工程所涉及的各类岩土材料中，黏性土的流变特性最为明显，这主要与黏性土的内部结构有关。村山朔郎根据爱林的黏性流动理论加以推广提出了黏性土的流变理论，认为物体之间具有流动性，是因为物体内部必然存在着粒子能够移动的空穴。因为黏土骨架是由许许多多微粒子所组成的团粒聚集体，当受外力作用时，在团粒内部，微粒子与空穴能进行位置交换，并引起蠕动变形。

软土的流变在宏观上表现为软土的次固结变形，图 3-26 为土的压缩曲线（胡中雄，2004），是由室内固结试验得到的。图 3-26（b）的压缩可分为瞬时压缩、主固结变形和次固结变形，这在上海地区建筑地基实测沉降曲线可以得到反映。按地区经验，当基础压缩层范围内以高压缩性土为主时，施工期沉降仅占总沉降的 10%~30%。塑性指数越高的高压缩性土，后期沉降量所占的比例越大，尤其是次固结沉降时间可达数十年。

基坑开挖后土体中应力释放，基坑暴露时间越长，因流变特性引发的坑壁位移越大，进而对周边环境影响越大。许多基坑因未及时支撑或及时浇混凝土底板容易引发工程事故。因此，考虑时空效应的设计理念已逐步被土木界广大技术人员所接受。

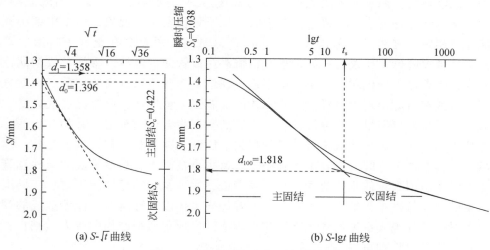

(a) S-$\sqrt{t}$ 曲线　　　　　　　　(b) S-$\lg t$ 曲线

图 3-26　室内固结试验土的压缩曲线

3.4.4.4　软土的触变性

软土是由许多极其细小的颗粒所组成的团粒聚集体，其沉积环境为滨海—浅海相，具有微层理结构，且具有一定的结构强度。软土触变性表现为当软土受到扰动以后，破坏了结构连接，就会降低软土的强度或很快地使土变成稀泥状态。

软土受扰动强度急剧下降的特性，应引起关注。地下空间开发设计时土层强度参数的取值来源于原状土抗剪强度，但工程施工或邻近工程施工对软土层的扰动使其强度降低，对工程安全性构成一定威胁。

3.4.5　流沙与液化

上海地区的粉性土、砂性土分布地区，在地下空间开发过程中具有不利影响。遇到的较多工程事故，主要为流沙管涌、砂土震动液化及承压水突涌三大类事故。

3.4.5.1　流沙管涌问题

进行地下空间开发时，经常需要通过降水方式使地下水位降至设计安全施工标高以下，人为形成了水头差，增大了水力坡度，使地下水的渗流速度加快，而这种渗流往往是竖向的。竖向渗流作用使土的有效容重发生了变化，向下渗流使有效应力增加，导致土体的渗透压密，增加土的抗剪强度；向上渗流则使有效应力减小，导致土的密实度和强度降低。如果水力梯度增加到使有效应力减少为零的某一数值，此时土中有效应力消失，土粒悬浮，造成渗透液化现象，产生流沙（柴军瑞和崔中兴，2001；陈大平，2014；靳虎等，2018）。

上海地下水位埋深浅，绝大部分基坑开挖均需采取降水措施，致使坑外地下水位高于坑内，围护墙后侧地下水向下渗流，绕过墙趾后地下水将向上渗流，在地基土中产生自下而上的渗透力。当水头差增大而使水力梯度达到临危梯度时，就会出现流沙现象。当土中渗流的水力梯度小于临界水力梯度时，虽不致诱发流沙现象，但土中细小颗粒仍有可能穿过粗颗粒之间的孔隙被渗流挟带出来，时间长了就会在土层中将形成管状空洞，使土体强度降低，压缩性增大，形成机械潜蚀或管涌。流沙、管涌形成初期往往不易被发现，随着砂土中细颗粒土不断被带走，在地下形成越来越大的空洞，一般直到地表出现塌方或在坑底出现大量涌砂、涌水才能被施工人员发现，此时已造成大量土体流失，如不及时采取堵漏措施，流沙、管涌形成的空洞将会迅速扩大，并相互连通，可能会产生严重的后果，甚至造成不可估量的损失。因此，在基坑工程、地铁车站、隧道工程、越江工程等地下空间开挖施工工程中，应特别重视砂土、粉性土层的流沙和管涌问题。流沙发生时因大量的土体流动，会引发滑坡、塌方及塌陷等地质灾害，使周围环境受到严重破坏，特别是当地下工程从江、河等地表水体以下穿越时，流沙造成的管涌可能导致大量泥沙和地表水体涌入地下结构工程中，造成重大财产损失或人员伤亡，地下空间开发时应予以特别重视。

3.4.5.2　砂土震动液化问题

饱和砂土或砂质粉土在地震力作用下，土中孔隙水压力逐渐上升，部分或完全抵消土骨架承担的有效压力，从而使土体承载力降低甚至完全丧失，发生地基液化（徐秀香，2010）。地下空间开发建设中主要包括地下车库、地下商场、地铁、隧道等，地下车库、商场、车站的埋深为 5～20m 不等，隧道最深处达 30 多米。在这一深度范围内将可能涉及上海吴淞江故道饱和砂质粉土或粉砂以及黄浦江两岸新近沉积的砂质粉土（俗称江滩土），这两种土层在地震作用下均可能发生液化，给地下空间开发带来不利影响。

根据国家及上海市抗震设计规程，上海市区地震基本烈度为 7 度，需对地表下 20m 深度范围内（深基础）饱和砂质粉土和粉砂进行液化判别。虽然城市地下建（构）筑物深埋地下，四周均有侧限，相对地上建（构）筑物而言，其抗震是有利的，但当建（构）筑物位于液化土层中，将涉及地震发生时地下构筑物地基承载力或侧向力丧失问题、地下构筑物底板地基不均匀沉降问题，如不采取有效措施，一旦发生较为严重的液化，将引发地下建（构）筑物开裂、渗水，影响建（构）筑物的安全及使用功能。

3.4.6　古河道

古河道一般是指 1.3 万～1.1 万年前晚更新世末期形成的古河道。在距今 2.0 万～1.1 万年的晚更新世晚期，上海地区古气候变为凉冷干燥，海面急剧下降。原来局限于上海西北部发育的泛滥平原—湖泊已扩展到除现河口区外的上海整个陆域，广泛沉积了上更新统顶部的暗绿色—褐黄色黏性土层（⑥），至距今 1.5 万～1.1 万年，随着海平面的持续下降，暗绿色—褐黄色黏性土逐渐脱水成陆，成为硬土层。在距今 1.3 万～1.1 万年晚冰阶末期，由于海平面的持续下降，已形成的广泛分布的暗绿色—褐黄色硬土台地受到频繁变迁、分合河网的侵蚀切割，形成了晚更新世末期的古河道。

　　根据已有调查结果，上海地区最大的一条古河道为长江古河道，使得河口沙岛区（崇明岛、长兴岛、横沙岛）和宝山区、浦东新区沿江沿海地区均被切割。

　　滨海平原区亦分布有几条大的古河道，南北一条贯穿上海市，经宝山区吴淞口、五角场至上海市区，往南分为两支，一支经闵行区西部至松江再到金山区，另一支经徐汇区至奉贤区西部再到金山区；东西一条由嘉定娄塘经嘉定城区至市区与南北向相交后向东经浦东新区至长江；另外在原南汇区有两条较小的古河道。古河道的切割深度在崇明岛地区最大，一般在 $50 \sim 60m$，在长兴岛、横沙岛其切割深度稍浅，一般在 $45m$ 左右，至滨海平原区其深度又有所变浅，为 $35 \sim 45m$。

　　古河道内主要的沉积物为厚度在 $10 \sim 20m$ 的黏性土层（⑤$_3$），部分地区还夹有厚 $5 \sim 15m$ 的砂、粉性土层（⑤$_2$），另外，在该时期河道切割形成的内叠阶地或废弃河道内，部分地区堆积了如市区、浦东等地埋深 40 余米的灰绿色—褐灰色硬黏性土层，即⑤$_4$层。

第4章 水文地质条件及其对工程建设的影响

水文地质条件主要是研究地下水的补给、埋藏、径流、排泄条件、水量和水质，以及地下水的物理性质和化学成分等。水文地质条件伴随着自然地理环境、地质环境演化和人类活动的影响而不断发生变化。研究地下水资源及其合理开发利用，以及地下水对工程建设的不利影响及其危害防治，必须查明研究区域的水文地质条件。水文地质学的发展经历了由传统水文地质学向现代地下水科学与工程方向的转变，其研究内容越来越丰富，范围也越来越广泛。传统水文地质学主要研究地下水形成与转化、地下水类型与赋存特征、饱水带及包气带中水分和溶质运移、地下水动态与水均衡、地下水资源计算与评价、地下水资源系统管理。随着人类对自然界的干预程度不断加深，特别是工程建设活动的影响，会使原有的水文地质条件发生改变。上海位于长江入海口，具有典型的冲淤积平原特点，海陆交互作用明显，水文地质条件有自身的演化规律。

4.1 水文地质层划分

4.1.1 划分原则

地下水赋存于岩土体介质中，不同的岩土体其含水性、贮水性、透水性、导水性和给水性等水理性质差异很大。根据土层透水能力的大小分为含水层和隔水层（或相对弱透水层），按照含水层是否承压又将含水层分为潜水含水层和承压含水层，含水层与含水层之间存在隔水层或者弱透水层。水文地质层的划分原则主要是以第四纪地层时代和成因为基础划分大层，再根据地层岩性及水文地质条件特征划分为亚层及次亚层。

上海地区地下水主要赋存于第四纪松散岩类孔隙介质中，松散岩类孔隙水是主要的地下水类型。根据第四纪地层时代和成因划分水文地质层，以此为依据可将松散岩类孔隙水划分为三大含水岩组和7个含水层（组）。①全新统潜水含水岩组：潜水含水层（A）和微承压含水层（B）。②上、中更新统承压含水岩组：第Ⅰ、Ⅱ、Ⅲ承压含水层。③下更新统含水岩组：第Ⅳ、Ⅴ承压含水层。相应地将各承压含水层之间的弱透水层或隔水层划分出（$N_1 \sim N_7$）层。

砂层是地下水赋存的基本物质基础，因此，根据含水层岩性特征对水文地质层进一步划分为水文地质亚层及次亚层。每个含水层内根据岩性不同细分为上部、下部含水砂层及中部的层内弱透水层，如将第Ⅳ承压含水层进一步划分为Ⅳ₁、Ⅳ₂、Ⅳ₃，其中Ⅳ₁、Ⅳ₃分别为上、下部承压含水层，而Ⅳ₂则为第Ⅳ承压含水层层内弱透水层。在亚层内也可进一步根据岩性的差异划分次亚层。

含水层内一般发育多次沉积旋回，每个沉积旋回自下至上砂颗粒逐渐由粗变细，因此，在黏土层不发育的含水层内，则可根据砂颗粒的粒径大小更替再划分出亚层及次亚层。

为了与工程地质层的划分相协调，对于浅部的潜水含水层、微承压含水层、第Ⅰ承压含水层的划分，需要充分考虑地层的岩性及工程力学性质指标等进行综合划分。

4.1.2　水文地质层层序

根据区域地质环境演化规律、地层沉积韵律及水文地质层划分原则，结合上海地区的特点、地下水开发利用和地质环境保护的需要，对整个上海地区地表至基岩间第四纪地层进行含水层统一分层，包括地层岩性、分布范围及成因类型。水文地质层划分见表 4-1。

表 4-1　上海市水文地质层特征表

地层年代	水文地质层填图单位			岩性特征		主要分布范围		成因类型	
全新世	晚期 Q_{h_3}	潜水含水层	表土层 A_1	黄褐色粉质黏土、褐灰色淤泥质粉质黏土夹泥炭	褐黄色黏性土、灰黄色黏性土、淤泥质黏性土	全区分布		湖沼	河口滨海
			A_2		灰色粉土、粉砂	河口沙岛区、东部海岸带、冲积平原			河口—溺谷
	中期 Q_{h_2}	第1隔水层	N_1	灰色淤泥质粉质黏土、黏土		东部滨海平原区普遍发布		河口滨海	
	早期 Q_{h_1}	微承压含水层	B	灰色砂质粉土、粉砂		东部滨海平原区局部分布		溺谷相	
更新世	晚期 Q_{P_3}	第2隔水层	N_2	灰色、暗绿色—褐黄色黏性土、草黄色粉性土		⑤₃、⑤₄分布于古河道；⑥广泛分布，为古河道缺失		洪泛平原	
		第Ⅰ承压含水层	Ⅰ	黄灰色、灰色粉质砂土、粉砂		广泛分布，但在河口沙岛及古河道深切区缺失		河流—河口、滨海	
		第3隔水层	西部 N_3 / 东部 N_3	与灰色粉质黏土夹粉砂互层夹暗绿色、灰黄色硬塑状的粉质黏土	灰色粉质黏土夹粉细砂或为薄互层	西部湖沼平原区	东部滨海平原区	滨海—洪泛平原	滨浅海

续表

地层年代		水文地质层填图单位		岩性特征	主要分布范围	成因类型
更新世	晚期 Q_{P_3}	第Ⅱ承压含水层	上部Ⅱ₁	灰色细砂、灰绿色细砂，含砾中粗砂，含砾中细砂	普遍分布	河流—河口
			第Ⅱ承压含水层层内弱透水层Ⅱ₂	蓝灰色、褐黄色、杂色粉质黏土夹细砂	分布较普遍	
			下部Ⅱ₃	黄灰色粉细砂、中细砂、砂砾石	较普遍分布	
	中期 Q_{P_2}	第4隔水层	N₄	灰绿色、黄灰色黏土	与上覆含水层沟通区缺失	河流—洪泛平原
		第Ⅲ承压含水层	上部Ⅲ₁	灰色、灰黄色中细砂含砂砾、砂砾石	普遍分布	河流—河口
			第Ⅲ承压含水层层内弱透水层Ⅲ₂	灰色、蓝灰色、杂色黏土、粉质黏土	分布较普遍	洪泛平原
			下部Ⅲ₃	灰色、灰黄色粉细砂，底部砾质砂、砂砾石	分布较普遍	河流—河口
	早期 Q_{P_1}	第5隔水层	N₅	灰绿色、褐黄色、杂色网纹黏性土夹粉细砂	普遍分布	洪泛平原
		第Ⅳ承压含水层	上部Ⅳ₁	黄色、淡绿色细砂、中粗砂、砂砾石	普遍分布，东部滨海地区与下层沟通	河流
			第Ⅳ承压含水层层内弱透水层Ⅳ₂	杂色网纹、斑状黏土，粉质黏土	分布较普遍	洪泛平原
			下部Ⅳ₃	浅灰色、灰黄色中粗砂，含砾砂夹黏性土	杭州湾北岸及西部基岩隆起区缺失	河流
		第6隔水层	N₆	黄绿色、褐黄色、紫红杂色黏性土，含钙质结核	分布于陆域北部至河口三岛屿	洪泛平原
		第Ⅴ承压含水层	上部Ⅴ₁	灰白色、灰黄色中细砂和中粗砂	分布于陆域北部至河口三岛屿	河流
			第Ⅴ承压含水层层内弱透水层Ⅴ₂	灰绿色、黄色黏土、粉质黏土夹砾石	分布于陆域西北部及河口三岛屿	洪泛平原—湖泊
			下部Ⅴ₃	含泥质中粗砂及砂砾层	河口三岛屿发育	冲洪积
上新世	N₂	第7隔水层	N₇	灰绿色、黄色黏土、粉质黏土夹砾石	河口三岛屿发育	残坡积、湖积、冲洪积
		基岩	J			

4.1.3　地下水补径排条件

4.1.3.1　潜水补径排条件

潜水补给来源主要为大气降水入渗，其次是灌溉回渗及地表水体的垂向与侧向渗漏补给，邻区的侧向径流补给十分微弱。潜水径流以垂向径流为主，水平径流十分微弱。潜水有多种排泄方式或途径，在天然条件下，蒸发、蒸腾为潜水排泄的主要形式，近地表水体处有侧向排泄现象；郊区潜水作为家庭洗涤等利用，是潜水人为排泄的方式之一；工程施工过程中基坑开挖对潜水疏干是近年来潜水排泄至地表的主要方式之一。

4.1.3.2　承压水补径排条件

微承压含水层空间分布相对独立，地下水为相对独立的径流系统，地下水与大气降水无直接补排关系；工程活动相对强烈地区，受工程大量降水影响，水位较低，工程降水为该含水层的主要排泄方式。

根据以往承压含水层地下水年龄测试结果，第Ⅰ、Ⅱ、Ⅲ承压含水层地下水年龄均超过1万年，说明承压水基本为封存水，尚未得到现代降水或地表水源等的补给，与现代降水之间及地表水之间不存在补给关系。

近些年来，承压含水层受到工程活动影响，包括地下水开采、工程降排水作用等引发相邻弱透水层中地下水发生越流补给；还有部分地区含水层之间缺乏隔水层致使含水层之间形成沟通区，如中心城区东部、南部局部第Ⅰ、Ⅱ或第Ⅱ、Ⅲ含水层，当基坑工程对第Ⅰ或第Ⅱ承压含水层地下水进行降水时，第Ⅰ或第Ⅱ承压含水层将直接接受与之接触的第Ⅱ或第Ⅲ承压含水层地下水补给。越流补给是承压水在降水或地下水开采期间获得补给的方式之一。在区域分布上，地下水总体径流方向为由北向南、由西向东径流，漏斗影响地区的径流方向为其邻近地区向漏斗中心方向径流。工程降排水及地下水开采为承压水的主要排泄方式。

4.2　水文地质层结构特征与分区

4.2.1　浅部含水层结构及其特征

4.2.1.1　潜水含水层（A）

潜水含水层（A）为全新世河口—滨海相沉积，该含水层分布较为广泛，呈带状分布及零星透镜体分布，潜水含水层底面埋深浅，一般为3～25m，接受大气降水的补给。潜水水位受大气降水、气温、潮汐变化等影响，地下水动态具有一定的季节性变化特点，其含水层水位分布如图4-1所示。潜水含水层厚度介于2.5～24m，特别是河口沙岛地区厚度较大。潜水含水层结构类型分布较为明显，上部为黏性土，下部为砂性土结构。按含水层岩性结构分为两类：一类为以单一黏性土（A_1）为介质的孔隙水，A_1层全市普遍分布，岩性以填土、褐黄色粉质黏土为主；另一类为以上部黏性土（A_1）、下部砂性土（A_2）为介质的孔隙水，A_2

层分布范围有限,主要分布在滨海平原区及河口沙岛区。A_2层分布在陆域中、东部的滨海平原区及河口沙岛区,岩性以灰色、灰黄色砂质粉土、黏质粉土夹粉砂为主,在沿吴淞江、黄浦江的三角洲支流河道地区岩性主要为青灰色粉砂和砂质粉土。

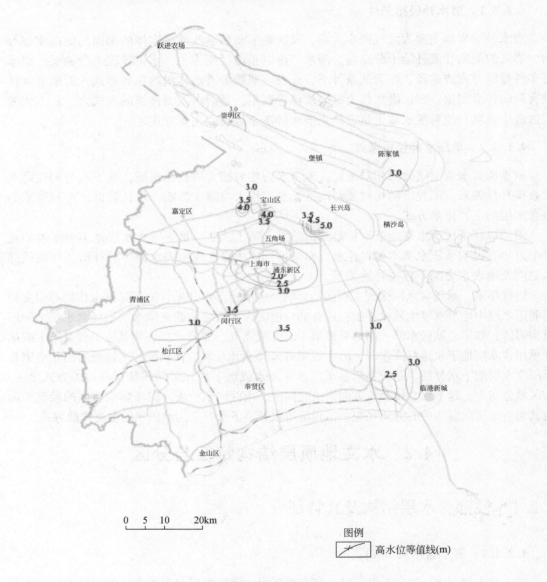

图 4-1　潜水水位分布图(2010 年 5 月)

潜水含水层分布及岩性特征见表 4-2,其含水层结构如图 4-2 所示。潜水含水层富水性弱,单井涌水量一般小于 $10m^3/d$(口径 500mm,降深 2m 时),崇明岛和临港新城局部地区大于 $10m^3/d$;其富水性如图 4-3 所示。地下水温度受外界空气温度影响大,一般在 $16\sim18℃$;水质以矿化度小于 $1g/L$ 的淡水为主,局部分布微咸水。潜水的地下水系统天然防护条件较差,易受外界污染。

表 4-2　潜水含水层地质特性对比表

地区	吴淞江、黄浦江沿岸	冈身沿线	崇明、长兴、横沙三岛区及宝山、浦东沿岸	南汇嘴
所属第四系层组	如东组	上海组	上海组	如东组
沉积环境	三角洲河流	滨海	河口	滨海
空间变化特征	上部均有 A_1 层分布，埋深一般为 2～4m			
	砂层厚度变化较大，平均厚度约 6m	砂层厚度有一定变化，平均厚度约 3m	砂层厚度大，但变化不大，平均厚度约 11m	砂层厚度较大，由西向东厚度加大，平均厚度约 9m
岩性变化特征	岩性以砂质粉土为主，但黏粒含量较多，且土质不均	岩性大部分地区以砂质粉土为主，部分地区以黏质粉土为主	上部为砂质粉土（②$_{3-1}$ 层），中部为黏质粉土（②$_{3-2}$ 层），下部为砂质粉土或粉砂（②$_{3-3}$ 层）	岩性以砂质粉土为主，颗粒较均匀，具水平层理，土质较均匀

砂层厚度/m
3
7
11
15
19

图例
潜水含水层底界面等值线(m)
砂层基本缺失区
基岩分布区

0　5　10　20km

图 4-2　潜水含水层结构图

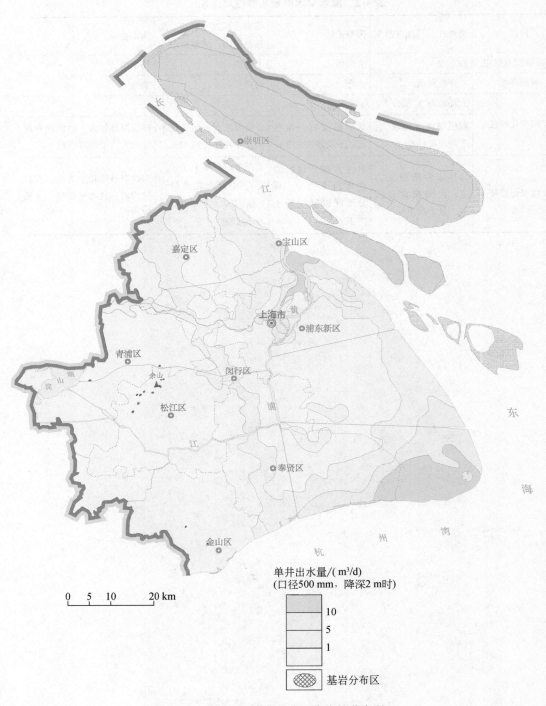

单井出水量/(m³/d)
(口径500 mm，降深2 m时)

10

5

1

基岩分布区

图 4-3　潜水含水层富水性分布图

4.2.1.2　微承压含水层（B）

微承压含水层（B）主要由全新世早期的灰色粉细砂构成，零星分布在古河道分布区及河口沙岛区，滨海平原区则仅有局部分布且不连续。该层岩性以砂质粉土为主，部分地区下部为粉砂，其顶面埋深 15～22m，厚度介于 2～15m，如图 4-4 所示。含水层富水性弱，单井涌水量 1～20m³/d（口径 250mm，降深 5m 时）。该含水层埋藏浅，地下水系统天然防护条件较差，地下水易受污染。由于富水性差，目前开发利用很少。

图 4-4　微承压含水层结构图

4.2.1.3　第 I 承压含水层

第 I 承压含水层为晚更新世晚期中段滨海—潟湖相沉积物，区内除西部佘山—天马山、西南部秦皇山—查山等剥蚀残丘—基岩凸起区和河口沙岛等地区缺失外，广泛分布，但发育状况不一。其顶、底面埋深一般在 20～40m、28～53m，砂层厚 3～18m。在南部莘庄—漕泾—奉城一带等地区第 I 承压含水层与下伏第 II 承压含水层相沟通。其含水层的水位分布如图 4-5 所示。

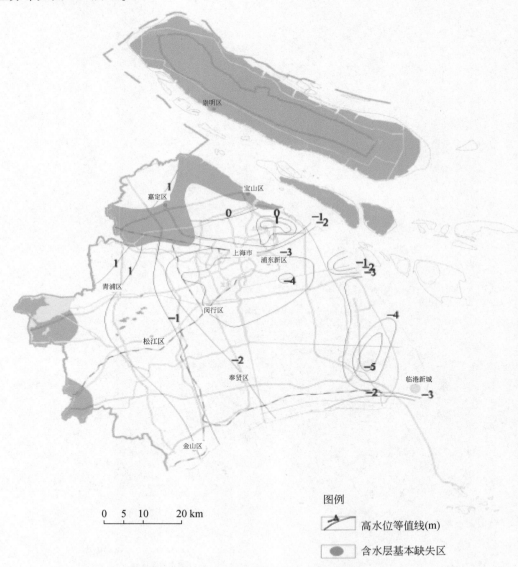

图例

高水位等值线(m)

含水层基本缺失区

0　5　10　　20 km

图 4-5　2010 年 12 月第 I 承压含水层水位分布图

含水层岩性从上至下颗粒逐渐变粗，以褐黄色、灰黄色粉细砂、细砂为主，偶夹砂质粉土。在陆域东部的滨海平原区，大致包括嘉定区、宝山区、市区、浦东新区等，本段埋深居中，大多介于 30 ~ 70m，厚度较大，一般为 15 ~ 61m 不等，大都在 30 ~ 40m。其北部（约为浦西—张桥—顾路一线以北）地区基本为灰色、灰黄色粉细砂夹砂质粉土，其以南地区主要为灰色、灰黄色粉细砂、砂质粉土互层，局部夹粉质黏土。陆域西部湖沼平原区及中南部的闵行区、奉贤区等区，该含水层埋藏较浅，顶面埋深为 7 ~ 30m，底面埋深为 40 ~ 55m，厚度为 5 ~ 20m，岩性以黄色粉砂、砂质粉土为主或互层。在崇明河口沙岛地区该含水层均被侵蚀而缺失（图 4-6）。

含水层厚度/m

5
13
21
29
37

0　5　10　　20 km

图例

顶面标高等值线(m)

含水层基本缺失区

基岩分布区

图 4-6　第 I 承压含水层结构图

　　该含水层富水性弱，单井涌水量小于 500m³/d，如图 4-7 所示。水化学类型以滨海相 Cl- Na 型咸水或盐水为主，矿化度较高，总硬度为 30 ~ 60 德国度。由于含水层水质差，未被开采利用。

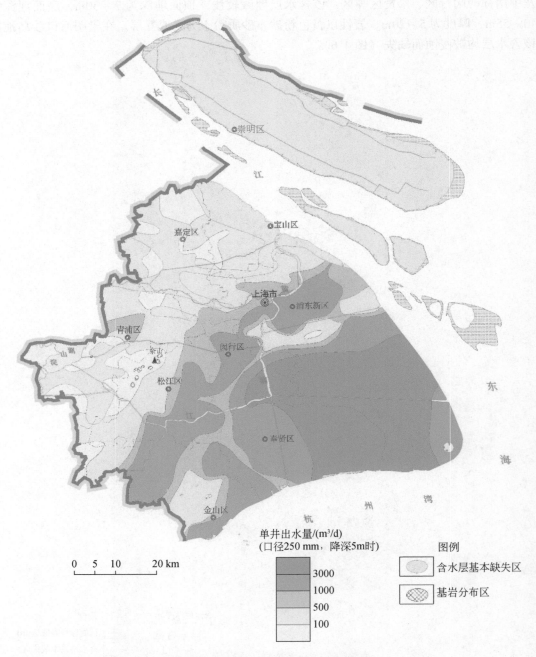

图 4-7　第Ⅰ承压含水层富水性分布图

4.2.1.4　第Ⅱ承压含水层

第Ⅱ承压含水层为晚更新世早期河口—滨海相沉积物。晚更新世早期，在方泰—虹桥—闵行—星火农场一线以东的上海陆域东部和崇明等岛上，当时为一片三角洲平原河流，在市区以南至南汇嘴为河口区，相应堆积了浅灰色、黄灰色含砾砂和粉细砂夹粉土，为上海第Ⅱ₃含水层主要分布区域。在天马山—虹桥残丘区以北的青浦、嘉定、闵行三区的接壤地区，主要为河流边滩、穿插有支流河道堆积的含砾砂和砂砾层（第Ⅱ₃含水层）。

晚更新世晚期，当时崇明等岛处于河口滨海环境，堆积了一套黄色、黄灰色砂和含砾砂，成为上海第Ⅰ至第Ⅲ承压含水层最为发育的地区。大约沿西起金山枫泾，经天马山南麓、市区，东至宝山一线以北的青浦、嘉定、宝山三区和市区北部等陆域北部地区，当时处在滨海沼泽—海湾、滨岸浅海环境，基本分布一套黏性土与粉细砂的互层。

图例

╱³	高水位等值线(2013年6月)
╱³	低水位等值线(2013年1月)
⬛	含水层基本缺失区

0　5　10　　20 km

图 4-8　第Ⅱ承压含水层地下水位分布图

第Ⅱ承压含水层除基岩凸起区缺失外全区广泛分布，且发育良好。该含水层多处与第Ⅰ或第Ⅲ承压含水层或第Ⅰ～第Ⅲ承压含水层呈沟通现象，莘庄—漕泾—奉城一带与上覆第Ⅰ承压含水层沟通，在宝山宝钢、浦东新区（东沟、果园、横沔、六灶）、松江泗泾等局部地区与下伏第Ⅲ承压含水层沟通，浦东新区的严桥—六里镇一带，第Ⅰ、Ⅱ、Ⅲ承压含水层沟通。含水层岩性以灰色细中砂含少量砂砾石为主。其含水层的水位分布如图 4-8 所示。

1. 含水层顶面埋深

总体上陆域北部比南部略深，岛域比陆域深，上海市第Ⅱ承压含水层顶面埋深及厚度分布如图 4-9 所示。

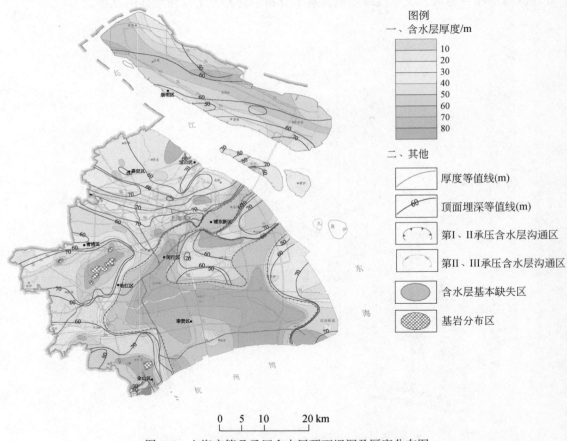

图 4-9　上海市第Ⅱ承压含水层顶面埋深及厚度分布图

岛域：崇明岛中部长江农场附近、新河镇—竖新镇一带顶面埋深较浅，基本在 45～60m，由此以西大部地区介于 60～80m，而在以东地区介于 50～70m。长兴岛中部含水层顶面埋深较浅，在 40～50m，向东、西两侧加深至 70m 左右。横沙岛顶面埋深在 70～75m。

陆域：在与第Ⅰ承压含水层沟通地区（以中心城区虹口区以南、浦东新区东部的龚路镇附近和西部的钦洋镇附近），顶面埋深较浅，在30～40m，西部嘉定镇、黄渡镇、南翔镇、重固镇附近、宝山区陈家行镇附近、浦东杨园镇、龚路镇附近，含水层埋藏也比较浅，在50～60m，其余地区顶面埋深在60～80m。

2. 含水层厚度

第Ⅱ承压含水层普遍较厚，尤其是含水层沟通区一般大于70m。

岛域：崇明岛庙镇—港西镇—新民镇—竖新镇—堡镇一线附近地区，含水层厚达80余米，该线南北邻近地区基本在50～80m；北部长江河道边滩部位即新村村—红星农场—长征农场—东风农场一线以北及东部合兴镇以北地区，含水层不甚发育，厚度一般小于20m，其余地区介于20～50m。长兴岛中部前卫农场附近含水层较为发育，厚度在40～50m，西部潘石村附近较薄，基本小于20m，其余地区介于20～30m。横沙岛中部横沙镇以北地区含水层较薄，为10～20m，以此向两侧加厚，西部为25m左右，东部为20～35m。

陆域：含水层沟通区厚度较大，在与第Ⅰ或第Ⅲ承压含水层沟通区，厚度一般大于70m，邻近地区在50～70m；在第Ⅰ、Ⅱ、Ⅲ承压含水层沟通区，厚度则更大，一般大于110m，邻近地区在60～110m；而在古河道的中心部位，即西部嘉定区中部城中、南部黄渡镇附近，南翔镇—江桥镇一带，青浦区重固镇，宝山区陈家行镇，浦东新区高桥镇，高行镇—顾路镇一带，含水层也较发育，厚度在50～60m；在古河道边滩部位含水层较薄，即宝山区东南部—杨浦区—浦东金桥—张江镇—唐镇—川沙新镇一带，厚度较薄，一般小于20m，其余地区厚度在20～40m。

3. 含水层岩性结构特征

该含水层岩性结构总体特征主要表现为下粗上细的特点，岩性以粉砂、细砂、中粗砂为主。其含水层分布及岩性特征如表4-3和图4-10所示。

表4-3　第Ⅱ承压含水层地质特性对比表

地区	陆域东部	陆域西部	青浦、金山、松江	崇明岛等河口沙岛
所属第四系层组	川沙组	川沙组	川沙组	川沙组
空间变化特征	顶面埋深一般为40～80m	顶面埋深一般为40～70m	顶面埋深一般为60～70m	顶面埋深一般为50～80m
	厚度较大，一般为20～60m	厚度较大，一般为20～70m	厚度较小，一般为10～40m	厚度较大，为30～70m
岩性变化特征	灰色、灰黄色砾质中粗砂、含砾粗中砂和含砾中细砂，中上部夹有粉细砂和砂质粉土	灰色、棕灰色粉细砂和砂质粉土夹含砾砂	以浅灰色粉砂为主，并夹灰色、棕灰色粉质黏土	与陆域东部岩性变化特征相同

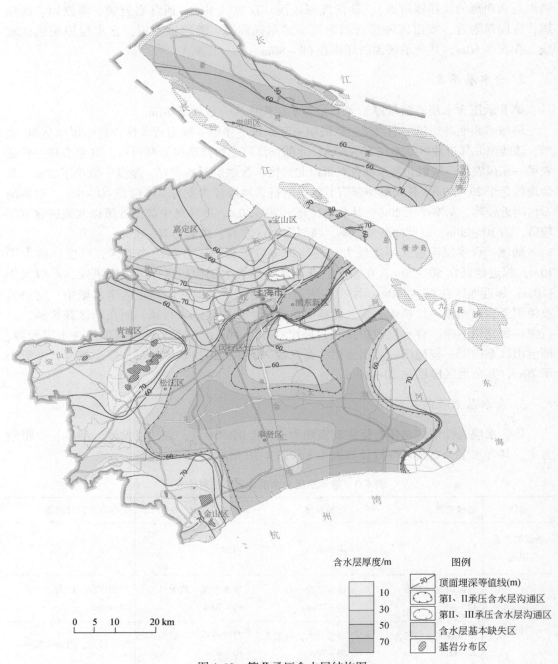

含水层厚度/m　　　　　　图例

10　　　　　　/50/ 顶面埋深等值线(m)
30　　　　　　⬭ 第I、II承压含水层沟通区
50　　　　　　⬭ 第II、III承压含水层沟通区
70　　　　　　 含水层基本缺失区
　　　　　　　 ⬭ 基岩分布区

0　5　10　　20 km

图 4-10　第 II 承压含水层结构图

　　在崇明岛、长兴岛、横沙岛等河口沙岛上,该含水层砂颗粒粗大,为河流相的灰色、灰黄色砾质中粗砂、含砾粗中砂和含砾中细砂,中上部夹有粉细砂和砂质粉土。

　　陆域东部,大致沿嘉定外冈—北新泾、漕河泾及其以南至燎原农场一线以东地区,基本以河流相—三角洲河流堆积的浅灰色、黄灰色含砾细中砂—含砾中粗砂为主,夹粉细砂或互层,中上部夹有河口滨海相浅灰色粉细砂、砂质粉土和粉质黏土。

陆域西部即嘉定外冈—燎原农场一线以西地区,大部分为三角洲河流边滩堆积,一般为灰色、棕灰色粉细砂和砂质粉土夹含砾砂。在与浙江毗邻的青浦、金山、松江三区接壤地区,以河口湾堆积的浅灰色粉砂为主,并夹灰色、棕灰色粉质黏土。

4. 含水层富水性

含水层富水程度,一般以定井径、定降深(井径254mm,水位降深为5m时)进行抽水试验测定单井涌水量(m³/d),来表征各地区含水层的富水性或富水程度。含水层富水性等级划分,一般以单井涌水量小于100m³/d为弱富水,涌水量在100~1000m³/d为中等富水,涌水量在1000~10000m³/d为强富水,涌水量大于10000m³/d为极强富水。

第Ⅱ承压含水层富水性,除徐汇区小闸镇基岩浅埋区附近富水性小于100m³/d(弱富水),以及嘉定区安亭镇、闵行区七宝镇、浦东新区耀化路及灯塔—孙小桥一线以东地区富水性在100~1000m³/d(中等富水)之外,广大地区含水层富水性普遍好,属于强富水,并大致呈NW—SE向带状分布。

陆域大致以嘉定区安亭镇—黄渡镇—普陀区桃浦镇—南市区—浦东新区川沙新镇一线为界,在界线附近地区富水性多为1000~3000m³/d,并由此界限区向南北两侧呈带状区逐渐过渡。界线北部带状区,含水层富水性基本大于3000m³/d,其中嘉定区娄塘镇—嘉定城南胜利村一带、马陆镇附近、宝山区宝山镇附近、杨浦区五角场镇、虹口区近外白渡桥处,含水层富水性更强,一般大于5000m³/d,仅在嘉定区华亭镇—宝山区盛桥镇一带、浦东新区高桥镇—金桥镇以东一带,富水性为1000~3000m³/d,曹路镇以东小范围地区富水性为100~1000m³/d,绝大部分地区富水性为3000~5000m³/d。界线南部带状分布区,也基本大于3000m³/d,其中青浦区大盈镇—重固镇一带及闵行区华漕镇附近,富水性均大于5000m³/d,南部青浦区陈桥—闵行区漕河泾镇一线附近,富水性为1000~3000m³/d,大部分地区富水性在3000~5000m³/d。

在崇明岛新海农场—合作镇—新港一线以北地区及富民农场附近,含水层富水性为1000~3000m³/d,其中红星农场北面的红河小范围富水性在100~1000m³/d;广大地区富水性均大于3000m³/d,其中绿华镇附近、长江农场—竖河镇一带、堡镇—永隆一线以东地区,富水性均大于5000m³/d,其余广大地区介于3000~5000m³/d。长兴岛富水性强,长兴—园沙一线以南,富水性在1000~3000m³/d,其余地区在3000~5000m³/d。横沙岛富水性也很强,总体介于3000~5000m³/d。

5. 含水层导水系数

含水层导水性用导水系数($T=KM$)表示,为单井在稳定流条件下抽水求得含水层渗透系数K与含水层厚度M的积(数值一般偏小)。

全区导水系数大小分布情况与该含水层富水性的分布情况基本吻合,即富水性强的地域其导水系数也大。在安亭镇—桃浦—小闸镇—南浦大桥一线附近、嘉定区华亭镇—宝山区刘行镇—月浦镇一线以北地区、浦东新区高桥镇—金桥镇—御桥一线以东地区及中心城区的淞南镇—彭浦镇—大场镇一带、青浦区的沈泾塘—闵行区七宝镇狭长地带,其导水系数均小于1000m²/d,其余大部分地区导水系数在1000~2000m²/d,在嘉定区嘉西、宝山区宝山镇北、青浦区白鹤镇南、虹桥机场、外白渡桥附近等地区,其导水系数在2500m²/d以上,其中嘉西地区大于4000m²/d。

崇明岛含水层导水系数总体分布大致呈现北部小于南部,且由北往南逐渐过渡。在西北部新海农场—合作镇—新港一线以北地区和富民农场—大港—北港一线以北地区均小于1000m²/d,一般为250~1000m²/d,其余广大地域导水系数均大于1000m²/d,其中绿华镇、堡镇、裕安镇和前哨农场附近,导水系数均在2200m²/d以上,而堡镇大于3600m²/d。长兴岛含水层导水系数相对较小,潘石—前卫农场—庆丰一线以北地区,导水系数大于1000m²/d,以南地区为750~1000m²/d。横沙岛含水层导水系数与长兴岛相似,翻身村—横沙—兴隆一线以北地区,导水系数大于1000m²/d,以南地区为750~1000m²/d。

6. 水质特征

由于受大规模海侵影响及古地貌控制,岛域大部、陆域城中以西、浦东东南沿海地带,地下水为咸水—微咸水,矿化度大于3000mg/L,氯离子含量为500~1000mg/L,甚至大于1000mg/L。其他地区如宝山大部—中心城区—浦东西、北地区为淡水分布区,矿化度小于1000mg/L,氯离子含量小于250mg/L。

水化学类型:陆域大致由东向西水化学类型由 HCO₃-Ca·Mg 型水向 Cl-Na·Ca 型水逐渐过渡。在区域分布上,大致以嘉定城区—宝山大场—周浦一线为界,其东北部地区以 HCO₃-Ca·Mg 型水或 HCO₃·Cl-Ca·Na 型水为主,Cl·HCO₃-Ca·Na 型水次之,仅在浦东新区杨思至顾路向南至施湾镇一带,为 Cl-Ca·Na 型水或 Cl-Na 型水;界线西南部地区为 Cl-Ca·Na 型水;仅在青浦区白鹤镇以西至赵屯镇一带为 Cl·HCO₃-Na 型水。

4.2.1.5　第Ⅲ承压含水层

第Ⅲ承压含水层为中更新世早期河口—滨海相沉积物。中更新世早期,大体承袭了早更新世晚期的古地理格局,原来分布于陆域东部的浏南古河道向东拓展到崇明岛的中西部等大部分地区,成为心滩与边滩均比较发育的网状河流;陆域南部的枫奉古河道继承了早更新世晚期的河流格局,只是在与浏南古河道汇合处显著拓宽。在这两条河流中沉积了一套已明显受到海侵影响的河流相灰色、黄灰色砂、含砾砂和砂砾层,构成了上海境内层位稳定、分布最广、厚度也较大的第Ⅲ₃含水层。中更新世晚期,当时在嘉定—市区—闵行—奉城一线以东地带与崇明等诸岛上,三角洲平原网状河流广布,后经中、晚更新世之交这些地区河流强烈下切,这一时期的地层大都已被侵蚀,相应的第Ⅲ₁含水层也已残缺。只有在陆域西部的天马山—虹桥丘陵区以北的青浦、嘉定地区完整地保存了曾受到海侵影响的三角洲支流河道和边滩堆积的灰色、黄灰色砂、含砾砂夹粉土和黏性土(第Ⅲ₁含水层);而在丘陵的周围地区则为泛滥平原—湖泊洼地,主要为富水性较差的粉细砂与粉土、黏性土互层堆积。

除基岩凸起区缺失外全区普遍分布,含水层埋藏具有西南浅、中部深、东北浅的规律，毗邻基岩浅埋区和三角洲前缘含水砂层逐渐尖灭。除宝山宝钢、浦东新区东沟、果园、横沔、六灶及松江泗泾等局部地区与上覆第Ⅱ承压含水层沟通外，还在奉贤区胡桥—奉城及青浦区重固—凤溪与下伏第Ⅳ承压含水层沟通。岩性在西部南、北古汊流河床地段为含砾中粗砂夹细砂，其他地段一般为中细砂。

1. 含水层顶面

全区含水层大致呈 NW—SE 向条带状分布，但含水层顶面埋藏深浅不一。在陆域大致以宝山区盛桥镇—杨行镇—大场镇—静安区—漕河泾镇一线为界，其东部地区含水层顶面埋深基本小于 110m，其中宝山区月浦镇、杨浦区、虹口区、黄浦区、浦东新区高行镇、孙小桥镇及川沙新镇与上覆第Ⅱ承压含水层沟通，顶面埋深为 55～80m，在浦东新区严桥镇—六里第Ⅰ、Ⅱ、Ⅲ沟通区顶面埋深小于 30m，其余地区均在 95～110m；界线西部地区，嘉定区娄南—外冈镇—安亭镇，青浦区塘湾、山前，闵行区华漕镇，普陀区等局部地区，顶面埋深在 100～130m，青浦区大盈镇红旗地区，该层与上覆第Ⅱ承压含水层沟通，其顶面埋深为 78m 左右，其余大部分地区顶面埋深在 100～130m。

崇明岛跃进农场—新海农场—三星镇—庙镇—港西镇附近地区及长江农场—新民镇—竖新镇—堡镇一线附近地区，与上覆第Ⅱ承压含水层沟通，顶面埋深在 45～70m；在东南部裕安—前哨农场一带埋深较大，在 120～130m，其他地区介于 100～120m。在长兴岛，该层顶面埋深大致以潘石—长兴—园沙一线为界呈南浅北深态势，南部顶面埋深在 90～100m，北部顶面埋深在 100～110m。在横沙岛，该层顶面埋深大致以富民—横沙—兴隆圩一线为界，其西南部顶面埋深为 100～105m，东北部顶面埋深为 110～130m。

2. 含水层厚度

在陆域总体上呈 NW—SE 向条带状分布（图 4-11），含水层厚度在地域上差异较大，其厚度由西往东大致呈间断的带状分布。西部赵屯镇—大盈—重固一带含水层厚为 40～70m，其中香花桥镇红旗村附近最厚，达 78m 左右。往东至白鹤—凤溪镇一带附近厚 20～40m。到嘉定区外冈镇—闵行区纪王镇—华漕镇—漕河泾镇一带附近含水层最薄，均小于 10m（安亭镇小于 4m），由此条带往东含水层厚度又逐渐变厚，并呈现薄—厚—薄—厚—薄的变化态势，即在宝山区的月浦镇—杨行镇—高镜镇—杨浦区、虹口区、黄浦区、南市区及浦东新区严桥镇—六里一带（含水层与上覆第Ⅰ、Ⅱ承压含水层沟通区），含水层厚度在 50～90m，其中严桥镇—六里一带第Ⅰ、Ⅱ、Ⅲ承压含水层沟通区，最厚达 115m 左右，在浦东新区高行镇—唐镇—孙小桥镇一线及川沙新镇，层厚 50～80m。在上述两条带之间，含水层厚度介于 20～50m，但在彭浦镇—普陀区一带及徐家汇至虹桥镇之间地区含水层厚度小于 10m。

该含水层厚度在崇明岛总体上呈近东西向发生变化，在南、北两侧沿江狭长地带，含水层厚度较薄，中间地带厚度大。在绿华镇、崇明西门—山阳—新开河镇一带狭长地区，含水层厚度为 30～50m。岛北沿江狭长地区的跃进农场—新海农场—红星农场，含水层厚 30～50m，前进农场、前哨农场含水层厚 20～30m，裕安地区含水层厚 10m 左右。岛中间的广大地区，含水层厚度均大于 50m，其中在含水层与上覆第Ⅱ承压含水层沟通区，含水

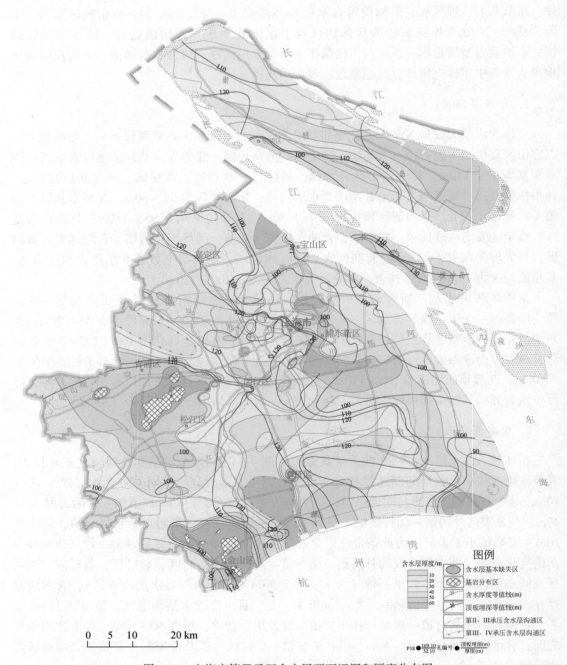

图 4-11　上海市第Ⅲ承压含水层顶面埋深和厚度分布图

层厚度在 80~100m，长江农场附近大于 100m。长兴岛潘石—长兴—园沙一线以南，含水层厚 35~50m，此线以北含水层厚 20~35m。横沙岛以富民—横沙—兴隆圩一线为界，西部含水层厚 10~20m，东部含水层厚小于 10m。

3. 含水层岩性结构特征

该含水层岩性、岩相变化较大，受中更新统早期继续发育的浏南古河道、枫奉古河道分布格局的控制，在崇明及陆域的宝山—市区东部—浦东—芦潮港至浏南古河道发育的宽广地带，还有南部的枫奉古河道展布地带，堆积物为河床相黄灰色或灰色含砾砂和砂砾层，其中枫奉古河道内冲积物略细；在东部宝山区、嘉定区及与市区中西部接壤地区、浦东外高桥、张江以及南部地区惠南与奉贤区东部地区，基本分布河道及心滩和边滩相的灰色、黄灰色含砾中粗砂、含砾中细砂及部分粉细砂，有的底部可见砂砾层。该含水层分布及岩性特征见表4-4。

表4-4　第Ⅲ承压含水层地质特性对比表

地区	浏南古河道区	枫奉古河道区	市区、浦东、奉贤等	崇明岛等河口沙岛
所属第四系层组	嘉定组	嘉定组	嘉定组	嘉定组
空间变化特征	顶面埋深一般为90～120m	顶面埋深一般为100～120m	顶面埋深一般为90～120m	顶面埋深一般为90～130m
	厚度较大，一般为30～60m	厚度较大，一般为20～65m	厚度较小，一般为10～30m	厚度为20～50m
岩性变化特征	黄灰色或灰色含砾砂和砂砾层	黄灰色或灰色含砾砂和砂砾层	灰色、黄灰色含砾中粗砂、含砾中细砂及部分粉细砂，有的底部可见砂砾层	以粉细砂为主，并夹较多黏性土薄层

4. 含水层富水性

崇明岛中西部含水层富水性较好，中部长江农场—港西镇—江口镇一线以北及三星镇以西地区富水性较好，一般为3000～5000m³/d；西部红星农场—合作镇—江口镇—建设镇—新民镇—东部富民农场—堡镇一线，富水性为1000～3000m³/d；其他如新河镇、向化镇以东地区为100～1000m³/d。长兴岛中部含水层富水性为1000～3000m³/d，东、西两侧为100～1000m³/d。横沙岛富水性总体较差，西部为100～1000m³/d，东部小于100m³/d。

在小闸镇基本缺失区附近、嘉定区娄塘镇—嘉定城中—马陆镇—南翔镇—黄渡镇一线以西地区，以及宝山区汶水路—中心城区西部一带，含水层富水性较差，一般小于100m³/d、100～1000m³/d；东部宝山区宝钢—杨浦区—浦东新区一线及西部青浦区白鹤镇—凤溪镇一带，富水性较好，为3000～5000m³/d，沿海局部地段大于5000m³/d；其余中部地区基本在1000～3000m³/d。

5. 含水层导水系数

总体分布与富水性较为一致。崇明岛含水层导水系数中西部比较大，中部长江农场—港西镇—江口镇一线以北及三星镇以西地区，导水系数在750～1500m²/d，崇明城镇—新河镇一带及东部向化镇以东地区在100～500m²/d，其余地区介于500～700m²/d。

在小闸镇基本缺失区附近、嘉定区娄塘镇—嘉定城中—马陆镇—南翔镇—黄渡镇一线以西地区、宝山区汶水路—中心城区西部一带，导水系数在 100～250m²/d，浦区白鹤镇—凤溪镇一带，导水系数在 750～2000m²/d，其他地区介于 500～1000m²/d。

6. 水质特征

崇明、长兴、横沙三岛地下水基本为矿化度大于 3000mg/L 的半咸水至咸水，氯离子均大于 1000mg/L；陆域嘉定城中附近及浦东南部沿海地带，为咸水—微咸水，为矿化度大于 3000mg/L 的半咸水至咸水，氯离子均大于 500mg/L；除此之外，陆域北部大部分地区（包括中心城区）为矿化度小于 1000mg/L、氯离子小于 250mg/L 的淡水分布地区。

陆域大致以黄浦江为界，其东部地区地下水以 Cl-Na·Ca 型水或 Cl-Na 型水为主，仅在浦东新区的高桥镇一带为 HCO₃-Ca·Na 型水，浦东新区周浦镇为 HCO₃·Cl-Ca·Na 型水。黄浦江以西地区以 HCO₃-Na·Ca 型水或 HCO₃-Ca·Na 型水为主，在宝山区及嘉定区南翔地区、杨浦区、虹口区、静安区、普陀区，地下水为 Cl·HCO₃-Na 型水，仅在嘉定镇以西—安亭镇—青浦区赵屯镇狭长地带分布 Cl-Na·Ca 型水。崇明岛以 Cl-Na 型为主，仅在绿华镇、裕安镇、陈家镇三地为 Cl-Na·Ca 型水。长兴岛为 Cl-Na·Ca 型水。横沙岛为 Cl·HCO₃-Na 型水。

4.2.2　深部含水层结构及其特征

4.2.2.1　第Ⅳ承压含水层

1. 第Ⅳ承压含水层上部（Ⅳ₁）

为早更新世晚期河流相沉积物，陆域西南部的两片低山经长期剥蚀，被进一步分割、收缩，与市区的虹桥、小闸镇和浦东新区坦直、三灶附近的剥蚀残丘一样，成为散落于冲积平原上的丘陵。原来在陆域滨岸地带分布的浏南古河道向西摆动，河道比早更新世中期明显拓宽、曲折，其西界达到嘉定—宝山月浦—市区真如—浦东周浦—横沔—芦潮港一线，河流宽度达到 10～15km，河流南段浦东新区南汇境内当时已受到海水的波及。早更新世中期，在南部低山丘陵区发育有一条比较顺直、狭窄的支流河道，此时也明显向西南摆动、拓宽，并向西溯源侵蚀，将松江—叶榭之间的垭口台地切穿，将原垭口以西经金山枫泾西流的河流袭夺，形成陆域南部由枫泾流入，流经松江、闵行、奉贤、奉城的枫奉古河道，至芦潮港汇入浏南主干河道。当时的枫奉古河道为心滩缀布宽度达 5～10km 的辫状河流，类似浏南古河道，堆积了灰色、灰黄色砂和含砾砂层，一般埋深在 160～200m，厚度为 20～30m，成为上海第Ⅳ₁承压含水层的主要分布地带。而在这两条古河道之间及崇明等现在的岛屿上则为大片河流边滩和泛滥平原—湖泊洼地，大多堆积了砂、粉土夹黏性土或二者的互层，与古河道层相比其富水性大为减弱。

1）含水层顶面埋深及厚度

崇明岛第Ⅳ₁含水层顶面埋深为 154～196m 不等（图 4-12），层面波状起伏。总体上南深北浅，东部堡镇—富民农场一线以东，含水层顶面埋深 164～196m，层面向东倾斜，中部含水层顶面埋深 154 ~ 195m，西部为 160 ~ 188m。中部含水层层面等值线封闭，体现古河道流向及发育状况，如鳌山镇张港至长江农场，含水层顶面埋深 154 ~ 165m。第IV$_1$含水层厚度 4 ~ 27m 不等，平均厚度 14.4m，东部 4 ~ 18m，中部 10 ~ 27m，西部 4 ~ 14m，

图 4-12　上海市第IV$_1$承压含水层顶面埋深和厚度分布图

大部地区为 6 ~ 14m，在古河道发育段为 18 ~ 27m，较薄地段为 4 ~ 6m，分布于合兴、新村、庙港及南门港沿岸；含水层较厚地段分布于中部的城区、蟠龙及长江农场，厚 14 ~ 27m，东部的向化镇、陈家镇及前哨农场含水层厚度较薄，为 10m 左右。长兴岛含水层顶面埋深149 ~ 190m，岛屿东南部为 149m，中部北沿岸为 161m，埋藏均较浅，埋藏较深处为岛屿南岸西、中部，为 190m，前者向北东方向倾斜，后者向南东方向倾斜。含水层厚度为 4 ~ 16m，平均厚度 9.4m，较薄且不甚发育。横沙岛含水层顶面埋深 154 ~ 196m，西南角层位较高，并向周围方向倾斜，含水层厚度为 4 ~ 20m 不等，平均厚度 10m 左右，大部分地段含水层发育不佳。

陆域地区第 IV_1 含水层顶面埋深介于 132 ~ 200m，层面波状起伏，在浏南古河道分布区，含水层顶面埋深一般为 165 ~ 197m，在古河道中心线附近，多处呈现封闭状高层面，其埋深一般为 150 ~ 170m，其北侧则向长江滨岸方向倾斜，顶面埋深 175 ~ 197m。在古河道内，刘行至罗泾其顶面埋藏深度为 197 ~ 171m，罗泾至月浦含水层层面较平缓，顶面埋深 171 ~ 176m，月浦至淞南为 176 ~ 170m（局部 170 ~ 163m），淞南至川沙新镇为 170 ~ 164m，古河道含水层总体自上游至下游平缓倾斜。此外，含水层顶面埋藏较深的地段为南翔、永丰、虹桥国际机场、徐泾、宝山、罗南、江湾、徐路、曹路等，含水层顶面埋深均逾 180m。该含水层于西南部胜利—石西，以及市区虹桥镇—徐家湾、漕河泾至天山五村基本缺乏。陆域北部含水层厚度 5 ~ 86m 不等，变化幅度较大，平均厚度为 38m，一般具有含水层顶面埋藏浅、厚度大的分布规律。含水层发育地区分布在浏南古道河及其支流古道河内，其厚度为 40 ~ 86m，在古河道北侧边滩，含水层厚度转薄，一般为 5 ~ 30m 不等，除含水层缺失区周边含水层较薄为 2 ~ 10m 外，其余地区一般为 10 ~ 40m。

2）含水层岩性结构特征

该含水层岩性、岩相变化较大，在大部分地区，上部为灰色、褐黄色细砂夹粉质黏土；中上部为灰色、褐黄色细砂夹褐色、褐黄色粉质黏土、粉土及杂色网纹状粉质黏土，富含钙质结核；下部为灰色、灰黄色、褐黄色含砾中粗砂、砾质中粗砂夹细砂，含半炭化木块；底部通常为砂砾石或砾石层。其含水层分布及岩性特征见表4-5。

表 4-5　第 IV 承压含水层上部（IV_1）地质特性对比表

地区	浏南古河道区	枫奉古河道区	市区、闵行、松江、浦东南汇西部等	崇明岛等河口沙岛
所属第四系层组	安亭组上段	安亭组上段	安亭组上段	安亭组上段
空间变化特征	顶面埋深一般为 150 ~ 185m	顶面埋深一般为 140 ~ 182m	顶面埋深一般为 155 ~ 178m	顶面埋深一般为 150 ~ 185m
	厚度较大，一般为 40 ~ 70m	厚度较大，一般为 30 ~ 65m	厚度较小，一般为 10 ~ 40m	厚度较小，为 10 ~ 20m，仅局部达 30m
岩性变化特征	灰色、灰黄色、褐黄色含砾中粗砂、砾质中粗砂夹细砂，底部通常为砂砾石或砾石层	褐灰色、灰绿色中细砂为主，下部有褐灰色、灰黄色含砾中粗砂	粉细砂，局部夹粉质黏土薄层	粉细砂为主，并夹较多黏性土薄层，或为粉细砂、黏性土互层分布

嘉定华亭—宝山—市区—浦东国际机场—东海农场为浏南古河道流经地区，宽达 10 余千米的曲形地带内主要堆积河流冲积含砾砂层，颗粒较粗。

在南部凹陷内的枫泾—洙泾—闵行—鲁汇—奉城—芦潮港一带为枫奉古河道流经地区，分布以褐灰色、灰绿色中细砂为主，下部有褐灰色、灰黄色含砾中粗砂。

在这两条古河道之间的市区与闵行、松江接壤区—浦东新区南汇西部地区岩性主要为河间带滩地堆积的粉细砂，局部夹粉质黏土薄层。崇明岛、长兴岛等河口地区岩性以粉细砂为主，并夹较多黏性土薄层，或为粉细砂、黏性土互层分布。

3）第 IV_1 承压含水层富水性、导水性

崇明岛第 IV_1 承压含水层的富水性为 $100 \sim 1000 m^3/d$，导水系数小于 $100 m^2/d$；长兴岛、横沙岛含水层富水性为 $100 \sim 1000 m^3/d$，导水系数小于 $100 m^2/d$。陆域地区该含水层富水程度与含水层发育程度大致相对应。浏南古河道含水层发育地段，如浏河—罗泾—盛桥—月浦—宝山—杨行—祁连—大场—庙行—淞南—高镜—东沟—金桥—张江—川沙新镇等，其含水层富水性一般为 $3000 \sim 5000 m^3/d$，导水系数 $750 \sim 2500 m^2/d$（局部大于 $2500 m^2/d$）。浏南古道河支流及边滩地区含水层富水性为 $1000 \sim 3000 m^3/d$，导水系数为 $250 \sim 1500 m^2/d$。其余地区含水层富水性小于 $100 m^3/d$ 和 $100 \sim 1000 m^3/d$，导水系数小于 $100 m^2/d$ 和 $100 \sim 500 m^2/d$，为含水层基本缺失区的周围地区及河流欠发育的泛滥平原区。

4）水质特征

以淡水和微咸水分布为主。崇明岛中部大部、长兴岛西部、嘉定城中附近、浦东金桥及黄浦江与大治河交界地带，地下水为微咸水（局部咸水），矿化度为 $1000 \sim 3000 mg/L$，其他大部地区为矿化度小于 $1000 mg/L$、氯离子含量小于 $250 mg/L$ 的淡水分布区。

陆域地区地下水化学类型以 HCO_3-Na 型水或 HCO_3-Na·Ca 型水、HCO_3-Ca·Na 型水为主，Cl·HCO_3-Na 型水或 HCO_3·Cl-Na 型水次之。

大致以嘉定区外冈镇—普陀区真如镇—宝山区杨行镇—浦东新区凌桥镇一线为界，其南部地区以 HCO_3-Na 型水或 HCO_3-Na·Ca 型水、HCO_3-Ca·Na 型水为主，仅在闵行区三林镇、浦东新区周浦镇为 HCO_3·Cl-Na 型水或 Cl·HCO_3-Na·Ca 型水；界线北部地区以 Cl·HCO_3-Na 型水或 HCO_3·Cl-Na 型水为主，HCO_3-Na 型水仅在宝山区罗泾镇和嘉定区娄塘镇零星分布。

崇明岛以崇明南门至长江农场一线为界，其东部地区为 Cl-Na 型水，西部地区由东往西其水化学类型由 Cl·HCO_3-Na 型水渐变为 HCO_3·Cl-Na 型水。

2. 第 IV 承压含水层下部（IV_3）

为早更新世中期河流相沉积物。在早更新世中期，是浦东新区三墩—闵行与金山枫泾两条沟谷溯源侵蚀最终沟通的结果，在早更新世早期时上海陆域西南部连绵分布的低山，被分割为收缩至青浦、松江接壤地区与金山、奉贤境内的两片低山。这两片低山夹持的松江—叶榭之间的垭口台地及西侧的枫泾—洙泾与东侧的松江—闵行镇的沟谷内，基本为一套泥质砂砾石与含砾砂互层夹黏土的冲洪积扇与扇上洼地堆积，其富水性较差。在上海陆域北起嘉定区，南至闵行区、奉贤区及其以东区域大部为冲积平原，堆积

了一套主要为砂与黏性土的互层，富水性也较差。其间在市区虹桥—小闸镇、浦东新区坦直、三灶等地散布若干天马山余脉的剥蚀残丘。当时在宝山盛桥—市区东部—浦东张桥、川沙新镇至浦东新区南汇东侧滨岸地带，开始出现一条宽达 7~8km 的曲流河道，即浏南古河道，形成浅灰色、灰黄色中细砂和含砾砂堆积，其底界埋深一般在 220~250m，顶面埋深一般在 200~220m，厚度大都在 10~30m，成为陆域第 IV$_3$ 承压含水层的主要分布地带。其西侧则分布较多分支，为源自西部低山丘陵区的顺直河流，堆积了灰色、灰黄色含砾砂夹泥质砂砾石和黏土，其厚度及富水性均不如主干河道。其中主要在南部有从闵行、北桥流出，流向浦东新区南汇新场—大团—芦潮港的支流，在汇入浏南主河道的现南汇嘴地区形成一泥质砂砾石与含砾砂夹黏土的冲积扇堆积；在北部，有从江苏花桥流入，经安亭—刘行后汇入浏南主河道的一股支流。在现崇明、长兴等河口沙岛上当时也大部分为冲积平原，只是在崇明东南部的侯家镇—新河—向化—前哨一带及西北角的红星农场附近地区各有一条近于东西流向的河流，堆积了含砾砂层，成为崇明岛上第 IV$_3$ 承压含水层的主要分布地带。

1）含水层顶面埋深及厚度

崇明岛第 IV$_3$ 承压含水层，顶面埋深 201~229m 不等，崇明城镇至东风农场一线以东，含水层顶面埋深为 228~202m，崇明城镇至堡镇一线以北，含水层顶面埋深由南西向北东方向倾斜，堡镇至合兴一线以东，含水层顶面向南东方向倾斜，东风农场—前进农场—富民农场一带，含水层层面抬高（形成北东向封闭埋深等值线），后向北东方向倾斜；在崇明城镇至东风农场一线以西的地区内，江口镇—庙镇—滨海镇一带含水层顶面形成埋藏较深的封闭地区（埋深 224~230m），顶面分别向南、北、西方向抬高（埋深为 224~205m）。第 IV$_3$ 承压含水层厚度 5~74m 不等（地区厚度差别较大），平均厚度 15.9m，大部地区厚度 10~14m，一般在含水层层面较浅的地区（段），含水层则发育较好，如跃进农场、新海农场、红星农场、东风农场、富民农场及裕东和崇明东滩等附近地区，含水层厚度均超过 20m，其中跃进农场—裕东一带含水层厚度分别大于 70m 和 40m。长兴岛含水层顶面埋深 224~232m，层面由北向南倾斜，含水层厚度一般为 7~35m，平均厚度为 29.6m，该岛屿两端含水层发育较差（厚度 6~10m），发育较好的地段在岛屿东端南部，含水层厚度一般为 28~35m，总体上东部优于西部。横沙岛含水层顶面埋深 201~211m，层面由岛屿中部横沙镇向四周方向倾斜；含水层厚度界于 5~42m，平均厚度为 22.5m，中部地区一般大于 26m，横沙镇达 42m，其余地区为 5~26m。含水层浅埋地区，一般为含水层厚度较发育的地区（图 4-13）。

陆域地区含水层顶面埋深 201~258m。层面起伏，在沿浏南古河道发育方向，含水层层面（顶面）大体上顺古河道方向倾斜，埋深一般为 204~215m。其间多处呈现北东向（罗店—月浦、彭镇—高境）和南东向（钦洋—曹路）含水层高层位区，含水层顶面埋深向古河道支流两侧和主古道方向倾斜（顶面埋深 204~208m），在基岩周边及含水层欠发育地段，如娄塘—朱家桥、新华—龚闵、卖花桥周围大片地区，诸翟、纪家桥、虹桥等大片地区以及小闸镇、吴淞一带，含水层顶面埋深 220~258m，层位较低，其他大片地区，含水层顶面埋深在 215~220m。

含水层厚度/m
0
10
20
30
40
50

图例
含水层厚度等值线(m)
顶面埋深等值线(m)
第Ⅳ、Ⅴ承压含水层沟通区
含水层基本缺失区
基岩分布区

0　5　10　　20 km

图 4-13　上海市第Ⅳ₃承压含水层顶面埋深和厚度分布图

　　该含水层在青浦西部、松江西部、金山南部、奉贤西南部、浦东新区南汇北部、嘉定城镇西北以及市区虹桥周围等地区缺失。陆域地区含水层厚度 5 ~ 67m 不等，平均厚度为 15.6m，大部地区含水层厚度在 10 ~ 25m，局部地区如月浦—高桥—曹路—龚路—合庆等临长江南侧地区，以及大盈镇、重固、天山五村、彭浦镇等地，含水层厚度为 25 ~ 40m，局部大于 60m。第 IV$_3$ 承压含水层岩性为灰白色、灰黄色含中细砂，含砾中粗砂，含岩屑，中上部夹多层钙质砂岩，下部多砂砾石层。

2）含水层岩性结构特征

该含水层岩性、岩相变化较大。因所在构造部位及古地貌的差异，在嘉定—市区—浦东新区坦直弧线凸起以东的宝山区滨岸带—浦东张桥、川沙、机场—浦东新区南汇的滨岸地带，为早期浏南古河道流经场所，为当时区内的主干河流所在，堆积了一套浅灰色、灰黄色、草黄色砂砾、含砾中粗砂和中细砂，大都结构松散。

北部安亭—崇明凹陷大部分地区和中、南部凸起区内基本为粉细砂，并夹较多褐色、杂色黏土、粉质黏土。其中部分地带如安亭—宝山城、崇明新河镇—前哨农场一带以及南部凹陷的闵行区北桥—南汇新场—芦潮港一带，为支流河道和边滩沉积的粉细砂夹粉质黏土或砂质粉土。西南部枫泾凹陷内洙泾等地、崇明凹陷西北隅红星农场等地堆积砾砂、中细砂，夹泥质砾石、泥质含砾粉细砂和粉质黏土。第 IV 承压含水层下部（IV$_3$）地质特性对比见表 4-6。

表 4-6　第 IV 承压含水层下部（IV$_3$）地质特性对比表

地区	浏南古河道区	崇明岛等河口沙岛	嘉定南部、青浦北部及市区等	枫泾凹陷区
所属第四纪层组	安亭组中段	安亭组中段	安亭组中段	安亭组中段
空间变化特征	顶面埋深一般为 200 ~ 230m	顶面埋深一般为 200 ~ 230m	顶面埋深一般为 200 ~ 230m	顶面埋深一般为 200 ~ 210m
	厚度较大，一般为 30 ~ 60m	厚度较小，一般为 10 ~ 20m，仅局部达 30m	厚度较小，一般为 10 ~ 30m	厚度较小，为 10 ~ 20m
岩性变化特征	浅灰色、灰黄色、草黄色砂砾、含砾中粗砂和中细砂	粉细砂，并夹较多褐色、杂色黏土、粉质黏土	粉细砂，并夹较多褐色、杂色黏土、粉质黏土	砾砂、中细砂，夹泥质砾石、泥质含砾粉细砂和粉质黏土

3）第 IV$_3$ 承压含水层富水性及导水性

崇明、长兴、横沙诸岛屿，因含水层发育较优于第 IV$_1$ 承压含水层，故富水性一般大于 1000m³/d，分布于崇明岛东、西部及长兴岛中部，其余大部地区含水层富水性小于 100 ~ 1000m³/d。在长征农场—长江农场北侧、长兴岛西部局部地区的含水层富水性小于 100m³/d，导水系数分别对应于 100 ~ 3500m²/d、100 ~ 2500m²/d 和小于 100m²/d。

陆域地区第 IV$_3$ 承压含水层的发育程度与第 IV$_1$ 承压含水层相比，总体较差。浏南古河道分布的月浦—宝山—东沟一带，含水层富水性可大于 3000m³/d，导水系数大于 750m²/d（含水层富水性大于 3000m³/d 的分布面积约为第 IV$_1$ 承压含水层富水性分布面的 1/5 ~ 1/6，说明当时浏南古河道的发育程度比第 IV$_1$ 承压含水砂层堆积时的发育程度要差，即发育深度与广度各不相同）。浏南古河道南侧、支流古河道及泛滥平原的大片地区，含水层富水性为 1000 ~ 3000m³/d，导水系数为 150 ~ 750m²/d（局部大于 750m³/d），嘉定区西北部及含水层基本缺失的周边地区，含水层发育程度很差，富水性小于 100m³/d，导水系数小于100m²/d，其余泛滥平原区含水层富水性在100~1000m³/d，属中等富水区，导水系数为100~250m²/d（局部大于250m²/d）。

4.2.2.2　第Ⅴ承压含水层

为早更新世早期河流相沉积物。上新世期间，上海陆域大部为连绵起伏的低山所占据，只是在嘉定区西南部的安亭—封浜、宝山区西北部的罗店—江苏浏河、长江沿岸的宝山镇—浦东高桥、川沙、横沔与浦东新区的东海、新港、三墩等地及金山区枫泾附近地区等凹陷部位，形成一些山前洪积平原与扇间湖泊洼地，堆积了一套泥质砂砾石与粉质黏土、砂质粉土互层的洪积物，其富水性很差。当时上海的沉降盆地中心在崇明岛上。在崇明岛偏西部的城桥镇—长征农场及东部的向化镇迤北一带，形成两条流向东北的山前洪积平原上的辫状河流，河流摆动、分合不定，堆积了一套河床相的灰白色、灰黄色、黄绿色含泥砾和多少不一的泥质胶结砂砾石及心滩、边滩相的含砾砂与灰绿色黏土、粉土互层；同期在横沙岛东部也堆积了这一套河床相砂砾石层。由此在崇明、横沙就成为上海松散盖层内赋存最深层位的承压含水层，即广义上的第Ⅴ承压含水层主要分布地区。

早更新世早期，原来在上新世期间上海陆域广泛分布的连绵低山仍占据着中、南部的广大地区，但其范围已向西收缩至青浦、松江、闵行、奉贤、金山诸区境内及市区西南部—浦东新区坦直的基岩凸起地区。陆域东、北部的嘉定、宝山、市区、浦东新区及金山区枫泾附近地区大部分仍为山前洪积平原与部分的湖泊洼地，堆积了一套洪积相的泥质砂砾石与黏土、粉土互层。其中在嘉定区中西部、浦东大部分与东部地区堆积了河流相的、泥质弱胶结的褐黄色、黄灰色含砾砂、砂砾石夹灰黄色、灰绿色黏土。同期在现崇明岛上，原来在上新世期间即已出现的城桥镇—长征农场与向化迤北两条古河道，尤其是后一条河道已大为扩展，包括长兴、横沙两岛都成为河床相砾砂层的堆积场所，成为上海市第Ⅴ承压含水层最为发育的地区。该含水层在青浦区大盈镇—香花桥—沈泾镇—徐泾镇—虹桥镇—长宁区夷定路—人民广场—西藏路—浦东龙阳路立交—六里一线以南地区、嘉定区昌桥—永新地区、宝山区场中路以北—江杨南路以西一带基本缺失外，在北部、东部的沟谷凹陷地区分布较广泛。

1. 承压含水层顶面埋深

第Ⅴ承压含水层顶面埋深总体上陆域比岛域浅。

陆域：在缺失区邻近地区及与第Ⅳ承压含水层沟通地区，即在西部青浦区大盈镇红旗村、重固镇、凤溪镇南部的新木桥、嘉定区南翔镇、闵行区上海动物园、长宁区等地，顶面埋深较浅，埋深在205~230m（图4-14）；嘉定区陆渡—曹王镇—宝山区盛桥镇一带、高镜镇—闸殷路一带，顶面埋深在270~290m，由此向南过渡至250~260m；近含水层缺失区顶面埋深在240~250m；中心城区以东地区，顶面埋深基本在250~270m。

岛域：长兴岛前卫农场附近及横沙岛横沙镇以东地区，顶面埋深较大，在280m左右；由前卫农场向西过渡至250m左右，前卫农场与横沙镇之间在240~260m。崇明岛庙镇附近、东风农场以北地区、长江农场—前进农场一带及向化镇地区，顶面埋深较大，最深处基本为273m，邻近地区为260~270m，建设镇以南地区，顶面埋深较浅，在230~250m，

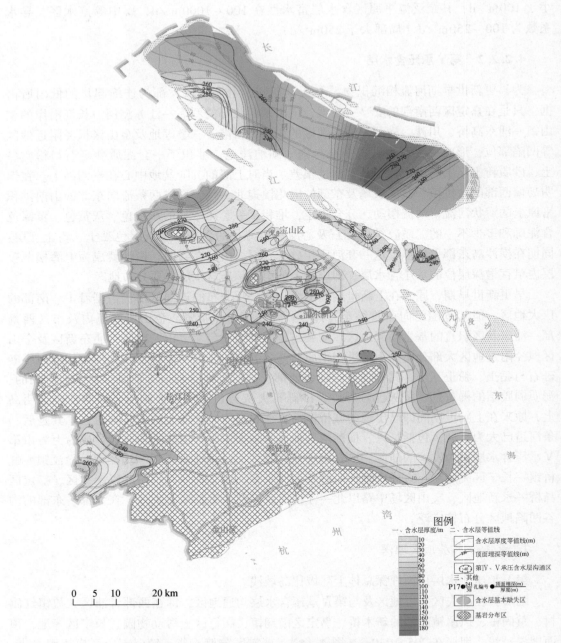

图 4-14　上海市第Ⅴ承压含水层顶面埋深和厚度分布图

其余地区介于 240～260m。

2. 含水层厚度

第Ⅴ承压含水层厚度总体上岛域比陆域厚。

陆域：在缺失区附近地区，大都小于 10m，嘉定区东南部至宝山区、浦东新区大部分地区，含水层也相对较薄，为 10~20m，其中宝山区近长江沿岸地带小于 10m；而西部嘉定区、青浦区与江苏省交界处较为发育，青浦区赵屯镇红旗村、白鹤镇朱家、大盈、嘉定区黄渡、安亭镇、陆渡、华亭等地区，含水层较厚，最厚处大于 70m，邻近地区在 40~70m。嘉定东南部、中心城区的西北和东北部地区以及东部浦东新区大部分地区，厚度在 20~40m。

崇明岛沟谷地带如西部红星农场以北地区、中部建设镇—新河镇—前进农场—长江农场地区、东部向化镇卫星村地区、前哨农场地区，含水层非常发育，最大厚度超过 100m，并以向化镇为最厚，可达 186.3m 左右，邻近地区厚度在 60~100m；在这些地区的两侧，近 NW—SE 向或 NS 向条带状隆起区，如合作镇—江口镇、北堡镇地区、陈家镇—裕安以北地区含水层厚度相对较薄，一般小于 25m，其他地区厚度介于 30~60m。长兴岛含水层厚度变化较大，前卫农场和潘石一带厚度小于 40m，一般在 20m 左右，长兴镇、长征村以北地区较厚，最厚可达 50m，其他地区厚度介于 20~40m。横沙岛含水层厚度变化也较大，横沙镇以东地区厚度较大，一般大于 70m，向西过渡至 25m 左右。

3. 含水层岩性结构特征

该含水层主要分布在基岩凹陷区，在北部崇明凹陷区该含水层非常发育，厚度超过 100m，陆域西南部地区仅枫泾凹陷区有该含水层发育，且含水层由多个沉积旋回形成。该含水层分布及岩性特征见表 4-7。

表 4-7　第 V 承压含水层地质特性对比表

地区	崇明岛	长兴岛、横沙岛	陆域北部、东部（宝山区、浦东新区等）	枫泾凹陷区
所属第四纪层组	崇明组、安亭组下段	崇明组、安亭组下段	崇明组、安亭组下段	崇明组、安亭组下段
沉积环境	冲洪积、辫状河流	冲洪积、辫状河流	冲洪积、河流边滩	冲洪积、河流边滩
空间变化特征	顶面埋深一般为 230~273m	顶面埋深一般为 240~280m	顶面埋深一般为 230~290m	顶面埋深一般为 240~260m
	厚度变化较大，一般为 30~100m，向化厚度达 186.3m	厚度有一定变化，一般为 20~58m	厚度变化较大，为 10~70m	厚度变化较大，为 10~30m
岩性变化特征	以砂砾石、含砾砂及灰色、灰白色、灰黄色含砾砂、砂砾和砾石层为主，局部夹有褐黄色、灰黄色及杂色黏土、粉质黏土	以粉细砂、细砂、中砂为主，局部夹黏性土、砾石层	以灰色、灰白色、灰黄色含砾砂、砂砾和中粗砂、细砂为主，局部夹黏土、砾石层，或为砂、黏土互层	含砾砂层一般分选较差，长石和泥质含量较高，含砾较多

　　崇明地区该含水层 350m 以下主要由砂砾石、含砾砂组成，并含较多灰绿色黏土夹层，290 ~ 350m 以含砾砂与细砂互层为主，250 ~ 290m 主要为灰色、灰白色、灰黄色含砾砂、砂砾和砾石层，局部夹有褐黄色、灰黄色及杂色黏土、粉质黏土，或形成砂、黏土互层结构。

　　长兴岛、横沙岛该含水层厚度 20 ~ 58m，且表现为自西向东逐渐变厚的趋势，顶面埋深 240 ~ 280m。在 250 ~ 300m 岩性以粉细砂为主，局部夹黏性土、砾石层。300 ~ 341m 以细砂、中砂为主，泥质含量较高，局部夹较多黏土层。

　　该含水层在陆域地区厚度 10 ~ 133m，且在安亭凹陷和川沙—三墩凹陷区发育最厚，其他地区该含水层一般为 10 ~ 40m。南部枫泾凹陷区分布的该含水层，其含砾砂层一般分选较差，风化岩屑、长石和泥质含量较高，含砾较多，大小不一，磨圆度较差，多次棱角状，成分也比较复杂，有石英、燧石、凝灰岩、砂岩、钙积石等。

4. 含水层富水性

　　富水性与含水层厚度及岩性有关，在南部缺失区附近、嘉定区嘉定城中—宝山区罗店—顾村—庙行镇—彭浦镇—市区共和新路立交—人民广场—浦东新区杨思镇一带，含水层富水性差，多以小于 100m³/d 分布为主；崇明岛东北部的红星农场—长征农场、东部的合作镇—向化镇一带、前进农场以东及横沙岛东部，富水性强，为 3000 ~ 5000m³/d；而在西部青浦区赵屯镇—白鹤镇—嘉定区南部与闵行区北部交界处、嘉定区北部与江苏省交界处、崇明岛北部及东部、长兴岛西部及横沙岛中部等地区，含水层富水性强，一般为 1000 ~ 3000m³/d；其余地区为 100 ~ 1000m³/d，富水性中等。

5. 含水层导水系数

　　含水层导水系数分布与富水性分布格局类似，在南部缺失区附近、嘉定区嘉定城中—宝山区罗店—顾村—庙行镇—彭浦镇—市区共和新路立交—人民广场—浦东新区杨思镇一带，导水系数在 100m²/d 左右；崇明岛东北部的红星农场—长征农场、东部堡镇—富民农场一带以东地区、西部青浦区赵屯镇—白鹤镇一带、嘉定区北部与江苏省交界处以及横沙岛东部等地区，导水系数在 500 ~ 1000m²/d，其他地区介于 100 ~ 500m²/d。

6. 水质特征

　　崇明中西部、嘉定—宝山北部、长兴西部，主要分布矿化度为 1000 ~ 3000mg/L、氯离子含量 250 ~ 500mg/L 的微咸水，除此之外其他地区为矿化度小于 1000mg/L、氯离子含量小于 250mg/L 的淡水分布。

　　陆域大致以嘉定外冈镇—宝山区顾村镇—普陀区真如镇—浦东龚路镇一线为界，其北部地区地下水为 $Cl \cdot HCO_3 - Na$ 型水，南部地区为 $HCO_3 \cdot Cl - Na$ 型水。

　　崇明岛以新河镇—裕安镇以北地区一线为界，其东部地区为 $HCO_3 \cdot Cl - Na$ 型水；西部地区为 $Cl \cdot HCO_3 - Na$ 型水。长兴岛以 $HCO_3 \cdot Cl - Na$ 型水为主，仅在凤凰镇以东地区为 $Cl \cdot HCO_3 - Na$ 型水。横沙岛以 $HCO_3 - Na \cdot Ca$ 型水为主。

4.2.3　含水层水文地质结构分区

4.2.3.1　含水层结构分区原则

上海地区水文地质研究工作主要目标是为地面沉降防治提供基础技术支持，因此，含水层结构的划分在考虑含水层本身结构发育特征的基础上，同时结合地面沉降防治工作的具体需要，综合确定含水层结构划分原则。

1. 根据承压含水层发育情况划分一级分区

综合以往研究成果，上海市地面沉降主要是由于过量抽取深部承压含水层的地下水资源而引起的，承压含水层的发育程度是决定地面沉降与否的重要影响因素，因此，首先根据承压含水层（第 II、III、IV$_1$、IV$_3$、V 承压含水层）的发育程度划分含水层结构一级分区。全市共划分为 3 个一级区，分别是 I 级区（发育 1~2 层承压含水层或缺失）、II 级区（发育 3~4 层承压含水层）、III 级区（发育 5 层承压含水层）。

2. 根据浅部含水层的发育情况划分含水层结构亚区

近年来，由于基坑降水等工程活动影响，浅部含水层的释水压密及浅部软土层压缩是引起地面沉降的另一个重要因素。因此，针对浅部含水层（潜水含水层、微承压含水层、第 I 承压含水层）的发育程度将含水层结构划分为亚区，共划分为 3 个含水层结构亚区，分别为 a 亚区（发育 1 层浅部含水层）、b 亚区（发育 2 层浅部含水层）、c 亚区（发育 3 层浅部含水层）。

4.2.3.2　含水层结构区特征

根据含水层结构分区划分原则，全市共分为 3 个一级区，并进一步划分为 3 个亚区（图 4-15）。各结构区分布及特征分述如下。

第 I 结构区：因主要分布于基岩残丘及隆起地区，含水层发育较差或缺失，地下水开采与工程建设活动微弱，这些地区地面沉降现象不明显，土体基本处于原始状态，该区地面沉降基本不发育。

第 II 结构区：分布于中、南部地区，深部承压含水层发育 2~3 层，并进一步根据浅部含水层发育情况，划分 3 个亚区，其中，II$_a$ 区发育较少，主要发育 II$_b$、II$_c$ 区。该区由于承压含水层较发育，地下水开发利用程度较高，而且浅部含水层及软土层受工程建设影响较大，该区地面沉降较为发育。

第 III 结构区：主要分布于北部地区，深部承压含水层发育 5 层，并进一步根据软土层发育情况，划分 3 个亚区，其中，III$_a$ 区发育较少，主要发育 III$_b$、III$_c$ 区。因地下水开采与工程建设等因素作用，该区为上海市地面沉降最发育的地区。

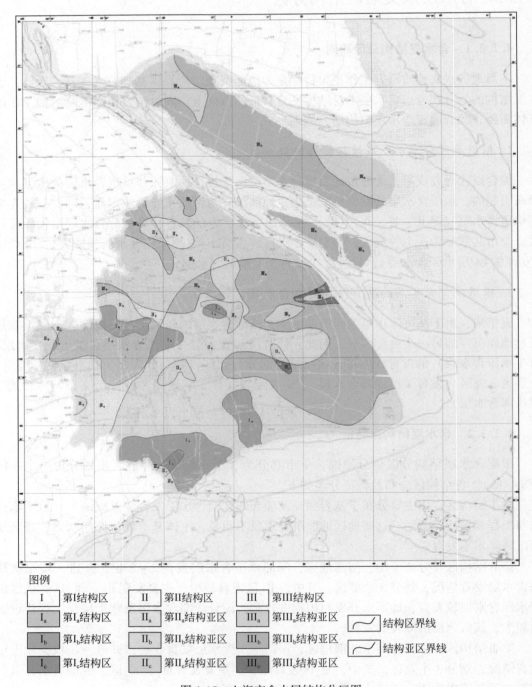

图例

I	第I结构区	II	第II结构区	III	第III结构区
I_a	第I_a结构区	II_a	第II_a结构亚区	III_a	第III_a结构亚区
I_b	第I_b结构区	II_b	第II_b结构亚区	III_b	第III_b结构亚区
I_c	第I_c结构区	II_c	第II_c结构亚区	III_c	第III_c结构亚区

结构区界线

结构亚区界线

图 4-15　上海市含水层结构分区图

4.3　水文地质层与工程地质层对比分析

4.3.1　水文地质层与地层对比

上海市的水文地质层共分为 7 层，包括全新统的潜水含水层、微承压含水层；上、中更新统第Ⅰ、Ⅱ、Ⅲ承压含水层以及下更新统第Ⅳ、Ⅴ承压含水层。自地表以下揭露到的与工程活动有关的地层共分为 12 层，分别是填土层（①），粉质黏土层（②），淤泥质粉质黏土（③），淤泥质黏土层（④），黏土层（⑤），粉质黏土层（⑥），粉砂层（⑦），黏土层（⑧），粉砂层（⑨），粉质黏土层（⑩），粉细砂层（⑪），硬土层（⑫）。

4.3.2　水文地质层与工程地质层对应关系

水文地质层与工程地质层在工程活动中所起的作用和效果不同。潜水含水层、微承压含水层、第Ⅰ承压含水层、第Ⅱ承压含水层、第Ⅲ承压含水层分别与工程地质层②$_3$层、⑤$_2$层、⑦$_2$层、⑨$_2$层、⑪层相对应，第Ⅳ和第Ⅴ承压含水层埋藏较深，除了原来供水开采这两层地下水外，工程活动未及此深度，故没有对应的工程地质层。其对应关系见表4-8。

表 4-8　水文地质层与工程地质层的对应关系

地质时代		工程地质层序号	工程地质亚层及序号	土层名称	对应的水文地质层
全新统	晚期 Q_{h_3}	①	①$_1$	填土	
			①$_2$	浜填土	
			①$_3$	冲填土	
		②	②$_1$	黏土、粉质黏土	
			②$_2$	泥炭质土	
			②$_3$	粉土、粉砂	潜水含水层
	中期 Q_{h_2}	③	③	淤泥质粉质黏土（滨海平原区）	
				灰色黏土、粉质黏土（湖沼平原）	
			③$_a$	砂质粉土	
		④	④	灰色淤泥质黏土	第一隔水层
			④$_a$	砂质粉土	

地质时代		工程地质层序号	工程地质亚层及序号	土层名称	对应的水文地质层
全新统	早期 Q_{h_1}	⑤	⑤$_1$	黏土	
			⑤$_{1-2}$	灰色粉质黏土	
			⑤$_2$	砂质粉土，粉砂	微承压含水层
			⑤$_3$	粉质黏土	
			⑤$_4$	粉质黏土	第二隔水层
上更新统	上段 $Q_{p_3}^2$	⑥	⑥	黏土、粉质黏土	
		⑦	⑦$_1$	粉质粉土、砂质粉土	
			⑦$_2$	粉砂	第 I 承压含水层
		⑧	⑧$_{1-1}$	黏土	
			⑧$_{1-2}$	粉质黏土	
			⑧$_{2-1}$	粉质黏土	
			⑧$_{2-2}$	粉质黏土	第三隔水层
			⑧$_{2-1}$	粉质黏土夹砂	
	下段 $Q_{p_3}^1$		⑧$_{4-1}$	粉质黏土	
			⑧$_{3-2}$	砂质粉土	
			⑧$_{4-3}$	粉质黏土	
			⑧$_4$	粉质黏土	
		⑨	⑨$_1$	粉砂	
			⑨$_2$	含砾中砂	第 II 承压含水层
中更新统	Q_{p_2}	⑩	⑩	粉质黏土	第四隔水层
		⑪	⑪	粉细砂	第 III 承压含水层
		⑫	⑫	杂色硬土层（湖沼相）	第五隔水层
				上部为细砂夹粉质黏土；中上部为细砂夹粉质黏土、粉土；下部为含砾中粗砂、砾质中粗砂夹细砂；底部通常为砂砾石或砾石层	第 IV 承压含水层
				黏性土层	第六隔水层
				上部为中细砂和中粗砂，中部为黏土、粉质黏土夹砾石，下部为含泥质中粗砂及砂砾层	第 V 承压含水层
				黏土、粉质黏土夹砾石，下部为基岩	第七隔水层

4.4　地下水开发利用及变化特征

上海市地下水开发利用主要包括水资源开采、农田灌溉、工程降水以及浅层地热能开发等，在此过程中，必然造成地下水位的波动，水环境发生相应的改变，并产生一些不良影响。

4.4.1　地下水采灌格局变化总体特征

4.4.1.1　地下水开发利用动态

20 世纪 60 年代初期，上海市地下水开采主要集中于市区，重点分布在杨浦、普陀、虹口和徐汇等地区，主要是利用第Ⅱ、Ⅲ承压含水层的地下水（图 4-16）。第Ⅱ、Ⅲ承压含水层的地下水开采量分别保持在 0.74 亿 m³、0.71 亿 m³。因地下水开采层次、地区、时间较集中，导致市区第Ⅱ、Ⅲ承压含水层的地下水位急剧下降，水位普遍低于 -20m，最低水位曾低于 -34m。

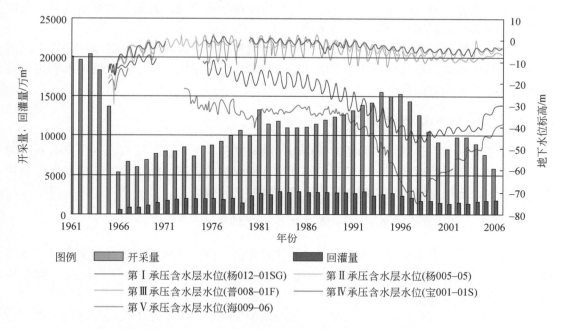

图 4-16　地下水开采量、人工回灌量与承压含水层地下水位变化（1961～2006 年）

由于市区第Ⅱ、Ⅲ承压含水层地下水位的急剧下降，市区出现严重的地面沉降问题，以市区为中心形成了一个边缘高程为 4m 的洼地。据沉降观测资料统计，1921～1966 年，平均沉降量为 1.76m，最大沉降量为 2.63m，其中 1949～1964 年市区沉降量达 1.03m。

1968 年开始，将第Ⅱ、Ⅲ承压含水层地下水开采调整到深部第Ⅳ、Ⅴ承压含水层，自 1972 年以后，深部承压含水层地下水成为主要开发利用层次。

20 世纪 70～80 年代，基本实施 1965 年调整后的采灌方案，在地下水位控制方面取得了良好的效果。第Ⅱ、Ⅲ承压含水层在少量开采的同时，实施大量的地下水人工回灌，开采量为 1000 万～2000 万 m³，回灌量为 300 万～1300 万 m³，开采量与回灌量比例基本保持在 1∶1～1∶1.5；第Ⅳ承压含水层开采量是第Ⅱ承压含水层开采量的 3～4 倍，回灌量相近，第Ⅴ承压含水层开采量是第Ⅱ承压含水层的 0.3～1.5 倍，回灌量为 0.1 倍。

20 世纪 90 年代，在近郊和远郊区，地表水污染严重，短期内城市供水能力不能满足，转而开发利用优质、天然的地下水资源，作为当时应急状态下的生活供水水源，导致第Ⅳ、Ⅴ承压含水层开采量增长迅猛，地下水位下降速度过快，在 1997 年，近郊区第Ⅳ、Ⅴ承压含水层呈现出历史最低水位。

自 20 世纪 90 年代地面沉降出现微量加速下降现象后，上海市政府高度重视对地面沉降的控制，为此，提出并实施进一步加强地下水资源管理，压缩开采量、增加回灌量等多种控制地面沉降措施，尤其是深部第Ⅳ、Ⅴ承压含水层地下水开采持续大量压缩得以实现，出现第Ⅱ、Ⅲ、Ⅳ、Ⅴ含水层地下水开采量总体调减开采格局，并在 2004 年开始逐步建设专门地下水回灌井，提高人工回灌强度，确保了地下水位在短期内的有效抬升，使得地下水环境有了明显的改善。地下水资源利用实施严格管理，为地下水可持续利用创造了条件，并为应急利用奠定了良好的基础。

针对新一轮地下水开采格局及资源利用方向调整，地下水利用将打破以往格局，转而以优水优用、特殊行业及应急状态下应急供水保障为利用原则，真正实现地下水利用由资源型向应急保障型方向转变。

4.4.1.2　地下水采灌格局变化规律

地下水开采与人工回灌格局随着城市城镇结构变化、工农业发展而表现出显著不同的特点，由于不断强化对地下水资源利用与地质环境保护的意识，地下水采灌格局发生变化的同时，也凸显出上海市对资源与环境政策调整的实施效果。

1. 第Ⅱ、Ⅲ承压含水层地下水采灌格局变化特点

第Ⅱ、Ⅲ承压含水层地下水开采井分布格局相似，但第Ⅲ承压含水层地下水开采强度略大于第Ⅱ承压含水层，总体呈现 20 世纪 60 年代初期最高，70～90 年代较低，2000 年后更低的开采特点。

在 20 世纪 50～60 年代，随着城市工业的逐步发展，地下水需求量迅速增长，在中心城区开凿了大量的第Ⅱ、Ⅲ承压含水层开采井，地下水被大量开发利用，年开采量大于 7000 万 m³。1966 年后，中心城区地下水开采被大量压缩，使开采地区向分布有淡水资源的宝山、嘉定、金山等地区扩展，并持续开发利用至今。

在 20 世纪 70～90 年代，由于第Ⅱ、Ⅲ承压含水层地下水开采量在 1966 年大幅调减后基本保持在 1000 万～2200 万 m³ 的开采格局，最大开采强度出现在 90 年代，其中第Ⅱ

承压含水层地下水开采量为 1500 万 m^3，第Ⅲ承压含水层地下水开采量为 2050 万 m^3。1998 年后至今第Ⅱ、Ⅲ承压含水层地下水开采量逐渐减少，其中 2006 年，第Ⅱ承压含水层地下水开采量为 297 万 m^3，第Ⅲ承压含水层地下水开采量为 856 万 m^3。

第Ⅱ、Ⅲ承压含水层中的许多开采井同时具备人工回灌的功能，因此，回灌井分布格局与开采井分布基本一致，中心城区在 1966 年开始实施地下水人工回灌，80 年代后崇明、奉贤等咸水分布地区相继建设第Ⅱ承压含水层地下水采灌井，将开采的地下水作为车间空调用水。据统计，第Ⅱ、Ⅲ承压含水层地下水人工回灌格局在 1961～1997 年逐渐递增，1998～2005 年逐渐减少，2006 年少量增加。20 世纪 90 年代为回灌量最大时期，第Ⅱ、Ⅲ承压含水层地下水年度平均回灌量分别为 1300 万 m^3 和 500 万 m^3。上海市不同阶段年均地下水开采量、回灌量统计结果见表 4-9。

表 4-9　上海市不同阶段年均地下水开采量、回灌量统计表　　（单位：万 m^3）

时间	第Ⅱ承压含水层		第Ⅲ承压含水层		第Ⅳ承压含水层		第Ⅴ承压含水层		总采灌量	
	开采量	回灌量	开采量	回灌量	开采量	回灌量	开采量	回灌量	开采量	回灌量
1961～1965 年	7384	0	7102	0	3539	0	261	0	18286	0
1966～1971 年	1433	452	2271	193	2985	258	439	22	7128	925
1972～1989 年	1325	893	1827	405	5263	825	1784	40	10198	2163
1990～1997 年	1472	1262	2050	458	8141	637	2467	21	14130	2377
1998～2005 年	613	930	1434	264	5906	177	1508	0	9462	1374
2006 年	297	1020	856	422	3388	123	1162	0	5703	1565

2. 第Ⅳ、Ⅴ承压含水层地下水采灌格局变化特点

第Ⅳ、Ⅴ承压含水层地下水资源丰富，水质良好，因此，地下水资源曾多年被大量开发利用。

20 世纪 60 年代初，第Ⅳ承压含水层地下水开采地区局限在中心城区，开采强度小于 40 万 m^3/km^2，70 年代之后，开采范围迅速扩展至郊区各个区县。在 70 年代，开采强度基本维持在 60 年代的开采强度，但开采地区已扩展至近郊及远郊原南汇、松江、奉贤等地区。80 年代开采强度逐渐加大，90 年代为该层开采强度最强时期，东部浏南古河道分布地带及南部枫奉古河道流经地区为地下水集中开采地区，且开采强度也最大，以大于 80 万 m^3/km^2 为主。2000 年后至今，中心城区及郊区的开采强度明显在降低，普遍小于 40 万 m^3/km^2。

中心城区及以北地区发育的第Ⅴ承压含水层，地下水资源较为丰富，为上海地区主要开采层次，尤其崇明三岛长期以此作为生活用水水源。20 世纪 60～70 年代，少量的开采井主要分布在中心城区，并进行少量开发利用，年度平均开采量小于 500 万 m^3。80 年代后，开采地区不断向西部闵行、嘉定、青浦和北部的崇明三岛转移。70～90 年代开采强度逐步递增，中心城区开采强度由 40 万 m^3/km^2 逐渐增至 80 万 m^3/km^2，局部地区大于

80 万 m³/km²。崇明三岛开采强度基本维持在 20 万 ~ 80 万 m³/km²，崇明岛中西部基本维持大于 80 万 m³/km²的开采强度。

自 1966 年开始对第Ⅳ承压含水层实施回灌，在 1966 ~ 1989 年地下水人工回灌量逐渐递增，60 年代平均回灌量为 258 万 m³，到 70 ~ 80 年代平均回灌量为 825 万 m³，1990 年至今逐渐减少，90 年代平均回灌量为 637 万 m³，2006 年为 123 万 m³。第Ⅴ承压含水层自 1966 年开始回灌后，回灌量较第Ⅳ含水层回灌量更小，地下水人工回灌量在 1961 ~ 1989 年逐渐递增，60 年代平均回灌量为 22 万 m³，70 ~ 80 年代平均回灌量为 40 万 m³，1990 年至今逐渐减少，90 年代平均回灌量为 21 万 m³，2001 年后停止开采。

部分第Ⅳ、Ⅴ承压含水层地下水开采井兼备人工回灌功能，1966 年开始实施人工回灌，但采灌井中的回灌井主要集中在中心城区，而郊区相当少。据统计，全市第Ⅳ、Ⅴ承压含水层地下水回灌量总体较小。

4.4.2　地下水位变化特征

在地下水开采与人工回灌格局控制下，各承压含水层区域地下水位动态特征如下。

4.4.2.1　第Ⅱ承压含水层地下水位动态

1966 年前，第Ⅱ承压含水层集中于中心城区开采，形成了以市区为中心的地下水位降落漏斗，其漏斗中心地下水位达−37m，同时产生了严重的地面沉降问题。为减缓地面沉降的发展趋势，1965 年后，由于实施人工回灌和采灌方案调整，地下水位迅速上升，至 1971 年时地下水位基本在 0m 左右变化，与区域地下水位基本一致（图4-17）。随着市区地下水人工回灌工程的实施，在冬灌期局部地区因水位上升形成反向漏斗，地下水位年变幅增大为 3 ~ 10m，地下水位回升对控制地面沉降起到了重要作用。

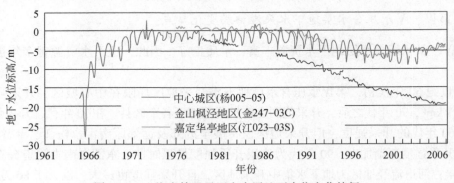

图 4-17　上海市第Ⅱ承压含水层地下水位变化特征

20 世纪 70 ~ 80 年代，全市地下水位保持较高水平，一般在 0 ~ −5m，中心城区由于采灌作用影响，年内地下水位变幅较大，局部达 8m 以上。90 年代初开始，全市地下水位开始呈现微幅下降趋势，中心城区普遍在−6 ~ −10m，区域水位在−4 ~ −6m。受浙江、江苏两省地下水开采的影响，金山枫泾地区、嘉定华亭和外冈等地区地下水位下降速率明显增大，形成区域性的水位漏斗。金山枫泾地区地下水位为全市最低分布地区，最低水位在-8~-15m。

2000年以后，全市地下水资源管理力度进一步加强，地下水位普遍出现上升的态势。至2006年，全市第Ⅱ承压含水层地下水位普遍在-2~-6m，松江、崇明局部地区为0m。西南部金山枫泾地区受邻近浙江开采影响较大，地下水位处于较低状态（-10~-24m）。

4.4.2.2　第Ⅲ承压含水层地下水位变化特征

1965年前，第Ⅲ承压层地下水开采强度较大，地下水位持续下降，最低地下水位在-10~-15m（图4-18）。

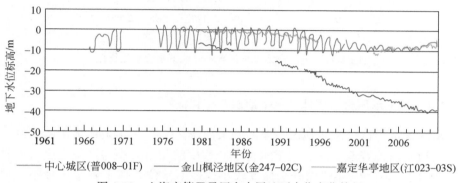

图4-18　上海市第Ⅲ承压含水层地下水位变化特征

1966年至80年代，中心城区第Ⅲ承压含水层因实施人工回灌，地下水位迅速恢复，总体处于高水平状态，大部分地区为-2~-5m，局部小于-10m。到90年代，全市地下水位总体处于下降态势，中心城区及近郊区普遍在-6~-14m，区域水位在-4~-5m，但金山枫泾地区因受邻近浙江地区开采影响，地下水位为全市最低分布地区，年度最低地下水位在-10~-28m。2000年以后，全市地下水资源管理力度进一步加强，地下水位出现上升的态势，至2006年地下水位普遍在-3~-7m，崇明局部地区为0m，但西南部金山枫泾地区因受邻近浙江开采影响，地下水位仍呈逐年降低状态（-14~-38m）。

4.4.2.3　第Ⅳ承压含水层地下水位变化特征

20世纪60~70年代，中心城区因开采强度较小，地下水位总体下降幅度较小，水位基本在-10~-15m（图4-19）；80~90年代开采强度不断加大，且开采地区遍及全市，在持续不断增加开采量的过程中，地下水位普遍出现持续下降现象，宝山大场地区已形成水位降落漏斗，闵行吴泾地区、奉贤燎原农场地区也形成局部降落漏斗，青浦白鹤地区及金山枫泾地区因受江苏和浙江地区开采地下水影响，成为地下水位低分布地区。1996年，在地下水开采强度最大时期，地下水位创历史最低，中心城区及近郊区大部分地区地下水位低于-20m，大场漏斗中心低于-45m；2000年以后，全市地下水资源管理力度进一步加强，地下水位出现上升的态势，2006年，大场地区地下水位在-28~-30m，水位降落漏斗基本消失，区域水位在-12~-20m。青浦白鹤地区因受江苏开采影响，已成为北部最低水位分布地区；金山枫泾地区仍受邻近浙江开采影响，地下水位处于较低状态（-20~-40m）。

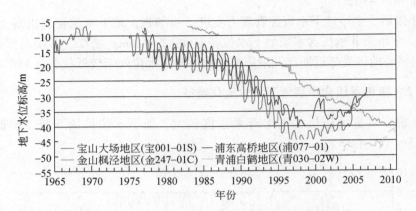

图 4-19　上海市第Ⅳ承压含水层地下水位变化特征

4.4.2.4　第Ⅴ承压含水层地下水位动态变化特征

第Ⅴ承压含水层也是上海地区主要的开采层次之一，多年来地下水的持续开采，导致全市该层地下水位普遍下降，地下水位下降程度的相对大小与开采强度大小具有正相关关系。20世纪60~70年代因开采强度较小，地下水位总体下降幅度较小，地下水位基本在−10~−15m（图4-20）；20世纪80~90年代开采强度逐渐增大，且开采井主要集中在西部闵行华漕、中心城区及崇明三岛，西部闵行华漕地区已形成影响范围大于几百平方千米的地下水降落漏斗，漏斗影响范围波及青浦、嘉定、中心城区，漏斗中心水位在持续的开采背景下呈持续下降态势，至1997年，漏斗中心水位已低于−75m，漏斗边缘的中心城区及青浦部分地区地下水位在−30~−45m，崇明三岛最低水位下降至−30m以下；2000年以后，全市地下水资源管理力度进一步加强，地下水位出现上升的态势，闵行华漕漏斗中心水位回升幅度较大，年上升速率在2m左右，同时因华漕地区第Ⅴ承压含水层地下水开采量压缩力度较西部青浦华新地区大，因此，最低水位分布地区由华漕向西部青浦华新地区逐渐偏移，至2006年，青浦华新地区最低水位在−38~−42m，全市区域水位基本维持在−20~−30m。

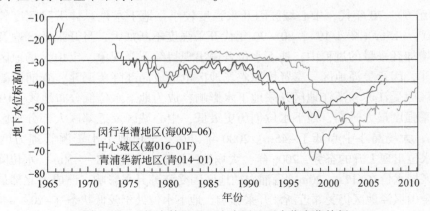

图 4-20　上海市第Ⅴ承压含水层地下水位变化特征

4.4.3　地下水质变化特征

根据多年地下水水质动态监测结果，上海市各承压层地下水化学组分比较简单，主要阴离子为 HCO_3^-、Cl^-，主要阳离子为 Na^+、Ca^{2+}、Mg^{2+}，一般无 CO_3^{2-}、NO_3^- 等检出，SO_4^{2-} 仅在第 Ⅱ、Ⅲ 承压含水层氯化物型水中有检出，且含量较高，第 Ⅳ、Ⅴ 承压含水层中含量一般小于 20mg/L（表 4-10）。

表 4-10　上海市各承压水化学常量元素平均含量统计表　（单位：mg/L）

项目 层次	钾 K^+	钠 Na^+	钙 Ca^{2+}	镁 Mg^{2+}	铵 NH_4^+	氯 Cl^-	硫酸 SO_4^{2-}	重碳酸 HCO_3^-	碳酸 CO_3^{2-}	硝酸 NO_3^-	矿化度	化学需氧量 COD
第Ⅰ含水层	9.1	993.0	578.6	124.2	3.75	2013.9	34.7	418.9	8.5	0	4346.5	4.18
第Ⅱ含水层	11.1	440.3	192.6	91.5	0.90	1114.3	19.0	395.6	0		2096.0	1.90
第Ⅲ含水层	4.5	237.8	85.3	45.7	1.40	428.5	21.0	374.7	0	0.28	1024.9	1.68
第Ⅳ含水层	4.0	152.4	52.0	24.6	0.46	143.4	11.5	430.9	0	0	517.2	0.70
第Ⅴ含水层	3.5	210.9	58.3	29.3	0.39	262.1	17.6	422.5	0	0.29	790.0	0.86
自来水	4.8	34.5	40.3	11.2	1.4	60.3	51.7	105.3	0	1.98	261.5	4.84

由于各含水层沉积环境不同、补给径流条件不一，致使地下水化学类型有所差异。第Ⅰ、Ⅱ、Ⅲ承压含水层为河口—滨海相成因，为具有海相特征的 Cl-Na 型咸水、Cl-Na·Ca 型微咸水和陆源相的 HCO_3-Ca·Mg 型和 HCO_3-Ca·Na 型淡水，以及海陆交互相的 HCO_3Cl-Ca·Na 型或 Cl·HCO_3-Ca·Na 型淡水—微咸水；第Ⅳ、Ⅴ承压含水层为河流相成因，水化学类型以 HCO_3-Na 型或 Cl·HCO_3-Na·Ca 型淡水为主，只在局部地区有 Cl-Na 型微咸水和咸水分布。

根据地下水动态监测数据和水质分析结果，各承压含水层开采区的地下水水质稳定，各项化学组分含量没有发生明显的变化（图 4-21）。目前尚未发现海水入侵和承压含水层咸水分布区大面积向淡水区迁移的迹象。因此，各承压含水层地下水组分含量及质量状况总体维持在原有状态。

选择代表地下水水质状况的 Na^+、Cl^-、总硬度等 3 项指标，采用秩相关法进行趋势性分析（表 4-11），计算结果表明：各承压含水层地下水水质的变化趋势处于稳定状态，水质指标无显著的变化趋势。

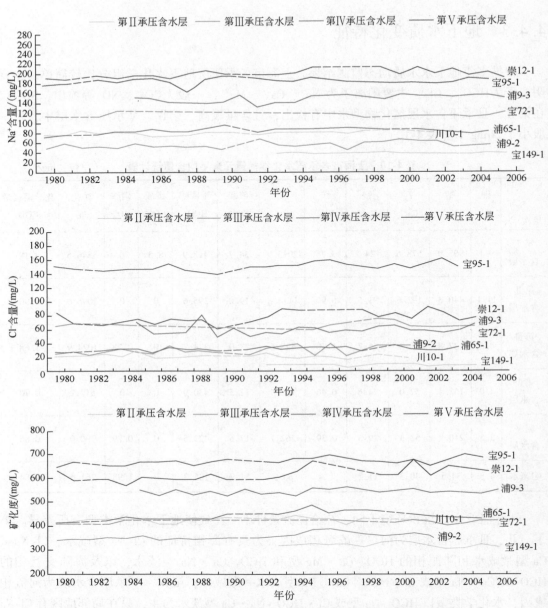

图 4-21　上海市各承压含水层 Na$^+$、Cl$^-$ 和矿化度指标变化历时曲线图

表 4-11　上海市各承压含水层地下水质量趋势性分析一览表

秩相关系数	含水层	Na$^+$	Cl$^-$	总硬度	$\gamma_{\alpha=0.01}$	变化趋势
γ_S	第Ⅱ承压含水层	0.04	−0.5	−0.25	0.943	稳定
	第Ⅲ承压含水层	0.21	0.52	−0.5	0.833	稳定
	第Ⅳ承压含水层	−0.10	−0.51	−0.03	0.712	稳定
	第Ⅴ承压含水层	−0.03	0.55	0.57	0.712	稳定

4.4.4　地下水温变化特征

地下水水温在人工回灌前或未受到人工回灌影响地区均处于自然状态，同一承压含水层的地下水温度变化极小，因埋深不同而略有增减（表 4-12）。地下水温度的垂直变化，在不受人工回灌影响条件下，符合地热增温线性规律。多年监测结果表明，各含水层地下水温度较为稳定，没有明显的上升或下降的趋势。

表 4-12　上海市各含水层地下水温度统计表　　　　　　（单位：℃）

含水层	东区	西区
潜水	16.0	16.0
第 I 承压含水层	17.0 ~ 18.0	17.0 ~ 18.0
第 II 承压含水层	19.5 ~ 20.5	20.0 ~ 21.0
第 III 承压含水层	21.0 ~ 21.5	21.5 ~ 22.0
第 IV 承压含水层	23.0 ~ 24.0	23.0 ~ 24.0
第 V 承压含水层		25.0 ~ 26.0
基岩水		28.0 ~ 30.0

当局部地区进行回灌后，回灌井周围一定范围内的地下水温度场就会发生其特有的动态变化规律。夏季或冬季将热水或冷水经人工回灌进入地下含水层，与原生水产生混合，随着热交换的不断进行，回灌井周围的地下水温度场会发生变化。一般在回灌井一定范围内（垂向、水平向）水温动态变化规律如下：冬灌时灌入含水层中的冷水和夏灌时灌入含水层中的热水在回灌井周围分别形成了冷水体和热水体，其热量扩散缓慢，在经过相当长一段时间后，仍可保持与周围地下水不同的温度。地下水温的垂直变化情况，也因回灌而在一定深度范围内发生改变，如冷水比重大于热水，因而冷水体位于含水层的下半部，热水体则位于含水层的上半部。在地下水采灌条件下，当冬灌冷水与夏灌热水相互干扰时，则热水始终超覆于冷水之上。在水平方向上，因不同温度的水混合后，距离回灌源不同距离处的温度也发生变化，即冬灌井自井管向外，其水温变化为高—低—高；夏灌井自井管向外，其水温变化为低—高—低。

4.5　地下水对工程建设的影响

工程建设活动有多种形式，包括基坑降水与开挖、地铁隧道及越江隧道建设、地下空间开发、垃圾填埋场建设等，均不同程度地与地下水发生关系，并且彼此之间会产生相互影响。

4.5.1 地下水对地下空间开发的影响

4.5.1.1 渗流液化与水土突涌

在砂、粉砂或砂质粉土等土层开挖基坑，如不采取井点降水措施或井点降水未达到预期效果，在坑内外水头压力差作用下，基坑底部可能产生冒水翻砂等管涌现象，严重时可导致基坑失稳或影响施工进程（图 4-22）。在基坑侧壁，如果止水帷幕或围护墙有开裂、空洞等不良现象，造成围护结构的止水效果不佳或止水结构失效，致使大量的地下水夹带砂粒涌入基坑，坑外产生水土流失（图 4-23）。

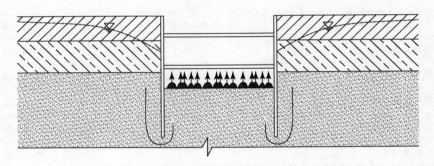

图 4-22 动水压力产生流沙管涌示意图

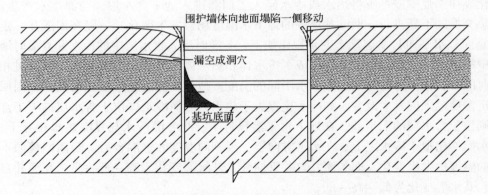

图 4-23 围护结构开裂、空洞引起的坑内流沙示意图

埋深较大的地下工程建成运营期间，位于深部砂土、粉性土中的竖井和隧道工程若结构出现裂缝，在大的承压水头差作用下，地下水将挟带结构周边的土体涌入竖井或隧道内部，引发周边大面积的地基变形和地面塌陷，从而进一步加剧竖井或隧道工程的不均匀沉降，严重威胁到地下工程的正常运行与安全使用，甚至会引发地下工程的损毁等事故。

当基坑开挖深度足够大，承压含水层顶面以上土层的重量不足以抵抗承压含水层顶面处的承压水头压力时，基坑开挖面以下的土层将有可能发生突涌破坏，承压含水层中的地下水和砂土将会大量涌入基坑，导致坑外地面严重塌陷，地连墙等围护结构严重下沉，支撑体系严重破坏，相邻建（构）筑物发生破坏等灾害现象（图 4-24）。

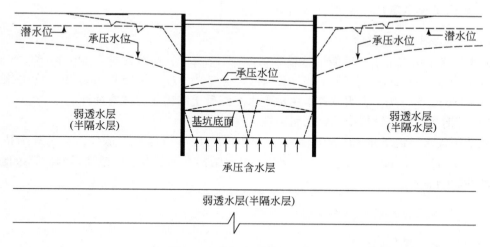

图 4-24　基坑突涌破坏示意图

对于深层地下空间工程，由于地下工程基础均埋置于 40m 以下，根据国家及上海市现有的抗震设计规程，20m 以下分布的第⑦层和第⑨层饱和砂质粉土、粉砂层均为不液化土层，因此，下部砂层一般不会引发砂土震动液化，对深层地下空间开发的影响较小。

4.5.1.2　地下水腐蚀性

地下水中氯化物含量、硫酸盐含量、pH、矿化度等的高低，将对地下构筑物材质有腐蚀影响。地下空间工程的基础及结构将长期置于地下水位之下，地下水水质及腐蚀性组分将对地下空间工程的基础及结构的耐久性产生显著影响。根据以往潜水、微承压地下水和第Ⅰ及第Ⅱ承压含水层地下水水质调查结果，依据上海地区经验及上海市工程建设规范《岩土工程勘察规范》（DGJ08—37—2012）的有关条文，进行评价地下水对混凝土结构、钢筋混凝土结构中的钢筋腐蚀性。

1. 潜水腐蚀性评价

1）对混凝土结构腐蚀性

依据环境类型分类要求，按Ⅱ类环境类型进行评价。根据中心城区地下水水质调查结果，潜水中硫酸盐含量为 12.7 ~ 311.7mg/L，镁盐含量为 31.7 ~ 95.9mg/L，铵盐含量为 0 ~ 4.3mg/L，苛性碱（K+Na）含量为 76.4 ~ 993.4mg/L，矿化度为 740.9 ~ 3418.1mg/L，潜水对混凝土具有微腐蚀性。

2）对钢筋混凝土结构中的钢筋腐蚀性

当地下建（构）筑物长期浸水时，需考虑地下水对钢筋混凝土结构中钢筋的腐蚀性问题，据中心城区调查结果，潜水中 Cl^- 含量为 166.7~1887.0mg/L，潜水对钢筋混凝土结构中的钢筋有微腐蚀性。当干湿交替时，对钢筋混凝土结构中的钢筋具有微或弱腐蚀性。

2. 微承压含水层地下水腐蚀性评价

1）对混凝土结构腐蚀性

微承压含水层地下水中硫酸盐含量为 0.4~87.2mg/L，镁盐含量为 146.4~672.5mg/L，铵盐含量为 0~44.2mg/L，苛性碱（K+Na）含量为 674.2~5539.8mg/L，总矿化度为 3798.1~18650.5mg/L，表明该含水层地下水对混凝土结构具有微腐蚀性。

2）对钢筋混凝土结构中的钢筋腐蚀性

微承压含水层地下水 Cl^- 含量较大，一般在 1896.4~11435.7mg/L，浦东外高桥地区 Cl^- 含量高达 11435.7mg/L，地下水对钢筋混凝土结构中钢筋有弱腐蚀性影响，其余地区有微腐蚀性影响。

3. 第 I 承压含水层地下水腐蚀性评价

1）对混凝土结构腐蚀性

第 I 承压含水层地下水中硫酸盐含量 0~5.9mg/L，镁盐含量 121.0~500.9mg/L，铵盐含量 0.17~35.30mg/L，苛性碱（K+Na）含量 636.5~3543.3mg/L，矿化度 2660.8~11544.5mg/L，该含水层中地下水对混凝土结构有微腐蚀性。

2）对钢筋混凝土结构中的钢筋腐蚀性

第 I 承压含水层地下水 Cl^- 含量均小于 10000mg/L，地下水对钢筋混凝土结构中的钢筋有微腐蚀性影响。

中心城区浅部含水层地下水对混凝土、钢筋混凝土结构中的钢筋腐蚀性影响微弱。

根据区域水文地质资料，第 I 承压水（环境类型 II 类）对混凝土结构、钢结构的腐蚀性评价如表 4-13~表 4-15 所示。在 II 类环境中，中心城区第 I 承压水对混凝土结构具微腐蚀性，对钢筋混凝土结构中的钢筋具微腐蚀性，对钢结构具有中腐蚀性。

表 4-13 第 I 承压水对混凝土结构腐蚀性评价

腐蚀介质	含量/(mg/L)		标准/(mg/L)	腐蚀等级
	范围	平均值		
硫酸盐	0~5.9	0.7	<390	
镁盐	121.0~500.9	232.4	<3000	
铵盐	0.17~35.30	5.27	<800	微腐蚀
苛性碱（K+Na）	636.5~3543.3	1349.0	<57000	
矿化度	2660.8~11544.5	5663.0	<20000	

表 4-14　第 I 承压水对钢筋混凝土结构中的钢筋腐蚀性评价

地点	水中的 Cl^- 含量/(mg/L)	标准/(mg/L)	腐蚀等级
长宁区东部	2282.7		微腐蚀
吴泾地区北部	2319.8		微腐蚀
普陀区东部	2287.2		微腐蚀
潍坊二村 6 号	1490.4		微腐蚀
浦江制氧厂	4357.8		微腐蚀
杨浦区中部	6718.7	<10000	微腐蚀
杨浦区南部	1519.8		微腐蚀
杨浦区东部	4019.6		微腐蚀
杨浦区中南部	1814.2		微腐蚀
宝山区南部	2825.4		微腐蚀
普陀区	3534.1		微腐蚀

表 4-15　第 I 承压水对钢结构腐蚀性评价

地点	pH，$(Cl^-+SO_4^{2-})$ 含量/(mg/L)	标准	腐蚀等级
长宁区东部	pH=7.10，$Cl^-+SO_4^{2-}=2283.5$		中腐蚀
吴泾地区北部	pH=7.45，$Cl^-+SO_4^{2-}=2325.7$		中腐蚀
普陀区东部	pH=7.38，$Cl^-+SO_4^{2-}=2288.0$		中腐蚀
潍坊二村 6 号	pH=8.16，$Cl^-+SO_4^{2-}=1491.5$		中腐蚀
浦江制氧厂	pH=7.42，$Cl^-+SO_4^{2-}=4358.5$		中腐蚀
杨浦区中部	pH=7.18，$Cl^-+SO_4^{2-}=6719.5$	pH=3~11，$(Cl^-+SO_4^{2-})\geqslant500$mg/L	中腐蚀
杨浦区南部	pH=7.38，$Cl^-+SO_4^{2-}=1520.6$		中腐蚀
杨浦区东部	pH=7.05，$Cl^-+SO_4^{2-}=4020.4$		中腐蚀
杨浦区中南部	pH=8.48，$Cl^-+SO_4^{2-}=1814.5$		中腐蚀
宝山区南部	pH=7.31，$Cl^-+SO_4^{2-}=2826.7$		中腐蚀
普陀区	pH=6.88，$Cl^-+SO_4^{2-}=3640.9$		中腐蚀

4. 第 II 承压含水层地下水腐蚀性评价

评价结果见表 4-16～表 4-18。中心城区第 II 承压水对混凝土结构具微腐蚀性，对钢筋混凝土结构中的钢筋具微腐蚀性，中心城区的东部、东北部、北部和西北部地区对钢结构一般具有弱腐蚀性，其他地区则为中腐蚀性。

表 4-16　第Ⅱ承压水对混凝土结构腐蚀性评价

腐蚀介质	含量/(mg/L)		标准/(mg/L)	腐蚀等级
	含量范围	平均含量		
硫酸盐	0.5～283.0	7.6	<390	微腐蚀
镁盐	0.64～767.00	54.43	<3000	微腐蚀
铵盐	0.02～31.00	2.83	<800	微腐蚀
苛性碱（K+Na）	9.0～1759.0	174.8	<57000	微腐蚀
矿化度	251.0～6873.4	1184.2	<20000	微腐蚀

表 4-17　第Ⅱ承压水对钢筋混凝土结构中的钢筋腐蚀性评价

地点	水中的 Cl^- 含量/(mg/L)	标准/(mg/L)	腐蚀等级
宝山区	8.1～185.0		微腐蚀
长宁区	262.0～2037.0		微腐蚀
浦东新区	50.0～2194.0		微腐蚀
虹口区	31.0～436.0		微腐蚀
黄浦区	112.0～1053.0		微腐蚀
静安区	89.0～436.0	<10000	微腐蚀
嘉定区	6.4～1845.0		微腐蚀
普陀区	62.0～2921.0		微腐蚀
闵行区	71.0～3762.0		微腐蚀
徐汇区	43.0～3542.0		微腐蚀
杨浦区	6.0～66.0		微腐蚀

表 4-18　第Ⅱ承压水对钢结构腐蚀性评价

地点		pH，（Cl^-+SO_4^{2-}）含量	标准	腐蚀等级
宝山区	大部分地区	pH=7.28～7.99 Cl^-+SO_4^{2-}=8.6～203.0mg/L	pH=3～11， （Cl^-+SO_4^{2-}）<500mg/L	弱腐蚀
	大场与汶水路处	pH=7.00～8.00 Cl^-+SO_4^{2-}=530.7～1470.6mg/L	pH=3～11， （Cl^-+SO_4^{2-}）≥500mg/L	中腐蚀
长宁区	长宁路与 华山路地段	pH=7.00～8.00 Cl^-+SO_4^{2-}=262.3～457.3mg/L	pH=3～11， （Cl^-+SO_4^{2-}）<500mg/L	弱腐蚀
	除上述外其他地区	pH=6.95～8.00 Cl^-+SO_4^{2--}=508.3～2537.3mg/L	pH=3～11， （Cl^-+SO_4^{2-}）≥500mg/L	中腐蚀

	地点	pH，（Cl^-+SO_4^{2-}）含量	标准	腐蚀等级
浦东新区	北部	pH=7.00～8.00 Cl^-+SO_4^{2-}=50.0～462.7mg/L	pH=3～11， （Cl^-+SO_4^{2-}）<500mg/L	弱腐蚀
	南部	pH=7.00～8.00 Cl^-+SO_4^{2-}=551.3～2324.0mg/L	pH=3～11， （Cl^-+SO_4^{2-}）≥500mg/L	中腐蚀
虹口区		pH=7.00～8.00 Cl^-+SO_4^{2-}=31.3～436.3mg/L	pH=3～11， （Cl^-+SO_4^{2-}）<500mg/L	弱腐蚀
黄浦区	北部	pH=7.00～8.00 Cl^-+SO_4^{2-}=112.3～488.3mg/L	pH=3～11， （Cl^-+SO_4^{2-}）<500mg/L	弱腐蚀
	南部	pH=7.00～7.29 Cl^-+SO_4^{2-}=695.3～1055.0mg/L	pH=3～11， （Cl^-+SO_4^{2-}）≥500mg/L	中腐蚀
静安区		pH=7.00～8.00 Cl^-+SO_4^{2-}=93.0～436.3mg/L	pH=3～11， （Cl^-+SO_4^{2-}）<500mg/L	弱腐蚀
普陀区	东部与苏州河两岸	pH=7.00～8.00 Cl^-+SO_4^{2-}=78.0～493.3mg/L	pH=3～11， （Cl^-+SO_4^{2-}）<500mg/L	弱腐蚀
	除上述外其他地区	pH=7.00～8.00 Cl^-+SO_4^{2-}=557.3～2925.0mg/L	pH=3～11， （Cl^-+SO_4^{2-}）≥500mg/L	中腐蚀
闵行区	东北部小片地区	pH=7.60～8.00 Cl^-+SO_4^{2-}=81.3～394.0mg/L	pH=3～11， （Cl^-+SO_4^{2-}）<500mg/L	弱腐蚀
	除上述外其他地区	pH=7.00～8.00 Cl^-+SO_4^{2-}=1038.0～3790.0mg/L	pH=3～11， （Cl^-+SO_4^{2-}）≥500mg/L	中腐蚀
徐汇区	北部	pH=7.00～8.00 Cl^-+SO_4^{2-}=78.0～466.3mg/L	pH=3～11， （Cl^-+SO_4^{2-}）<500mg/L	弱腐蚀
	南部	pH=6.67～8.00 Cl^-+SO_4^{2-}=632.3～3825.0mg/L	pH=3～11， （Cl^-+SO_4^{2-}）≥500mg/L	中腐蚀
杨浦区	大部分地区	pH=7.00～8.00 Cl^-+SO_4^{2-}=6.3～495.3mg/L	pH=3～11， （Cl^-+SO_4^{2-}）<500mg/L	弱腐蚀
	西南部	pH=7.00～8.00 Cl^-+SO_4^{2-}=501.3～879.0mg/L	pH=3～11， （Cl^-+SO_4^{2-}）≥500mg/L	中腐蚀

4.5.2　地下水与垃圾填埋场建设相互影响

垃圾填埋场建设是解决城市垃圾堆放的主要措施之一，地下水对垃圾填埋场具有重要的影响。为了做好填埋场的建设工作，必须对场址的选择进行深入的调查。因为填埋场建设中防渗处理不当，必然在运行过程中会对周围环境产生一定的不利影响，如恶臭、病原微生物、扬尘以及防渗系统破坏后渗滤液扩散污染等问题。填埋场渗滤液是一种成分非常复杂的高浓度有机废水，尤其是在过去尚未广泛推行垃圾分类的情况下，不同区域的垃圾渗滤液成分差异很大，有些渗滤液中检出致癌有机物和重金属污染物。

4.5.2.1　上海市垃圾处置概况

20世纪90年代之前，上海垃圾都是露天堆放。在1990~1992年，上海运用遥感技术手段对中心城区及周围1260km²范围内固体废弃物的分布状况进行了综合调查，共发现面积大于50m²的固废堆放点1927处，总面积5259525m²，其中生活垃圾堆放点443处，面积216515m²，平均每点面积488.75m²。

2003年，对上海中心城区及周围固体废弃物堆放场地进行遥感调查，调查范围700km²，解译出生活固废堆放点58处，总面积123810.4m²，堆放点的规模都比较小，最大的为15502m²，最小的为158m²，堆放点平均面积为2134.66m²。比20世纪90年代遥感调查时固废堆放面积减少92704.6m²。内环线以内已经没有发现较集中的固废堆放点，堆场主要分布在外环线两侧2km范围内。

由于历史遗留问题，原来许多非正规填埋场没有合格的防渗层，渗滤液首先进入地下水污染含水层，随着地下水的渗流，污染物对下游周边的土壤、地表水体造成一定程度的污染。

随着《"十三五"全国城镇生活垃圾无害化处理设施建设规划》的颁布，垃圾分类制度的推广，我国城镇生活垃圾处理处置水平将进入一个全新的阶段。规划要求"截至2020年底建制镇实现生活垃圾无害化处理能力全覆盖"。在这一过程中将新建一批更加规范的填埋场设施，在建设过程中应充分重视地下水问题，防患于未然。

4.5.2.2　垃圾填埋场建设要重视场地的水文地质勘查

填埋场的选址是建设部门应该充分重视的工作环节，选址要考虑地形、地质及水文地质条件、社会因素等方面。为避免地下水因素对填埋场工程造成的影响，调查工作应查明地下水埋藏条件、包气带的渗透性及分布规律以及与附近水源的关系。成果应满足《环境影响评价技术导则 地下水环境》（HJ 610—2016）及相关规范的要求，这些资料是地下水环境影响评价、监测、治理的基础数据。

随着《水污染防治行动计划》和《土壤污染防治行动计划》等一系列环境政策的出台，填埋场引起的地下水及土壤污染受到多方关注，相关科研单位也在这方面做了大量工作。

近年来，生态环境部开展了全国地下水基础环境状况调查评估这项基础工作，其中包括填埋场地下水污染修复阈值及修复工艺等方面的基础研究。这将为填埋场建设造成的地下水污染场地的治理提供技术支持。

4.5.2.3　垃圾填埋场渗滤液对土壤和地下水的影响评价

卫生填埋是目前国内外应用最为广泛且又比较经济的一种垃圾处置方法，但填埋后渗滤液泄漏造成土壤和地下水环境的污染是不可忽视的问题，这些垃圾在堆放和填埋过程中由于发酵和雨水的淋浴、冲刷，以及地表水和地下水的浸泡而滤出的污水，浓度高，流动缓慢，渗漏持续时间长，对周围地下水和地表水造成严重的污染，引发垃圾填埋场周围严重的环境地质问题，严重威胁着人民生活以及社会安定。

垃圾渗滤液是垃圾存放或消化过程产生的液体，它是一种污染性极强的高浓度有机废水，如果处理不当，它将会对垃圾填埋场的周围环境、底层土壤和地下水都造成严重污染。

生活垃圾填埋场对地下水的污染，归根结底是垃圾渗滤液透过土壤对地下水的污染，因此要研究生活垃圾对地下水的污染情况，就必须先搞清楚生活垃圾及其渗沥液的化学成分，然后将垃圾渗沥液的污染成分与地下水中的污染成分进行对比，判断垃圾填埋场对地下水的污染范围和污染过程及程度。垃圾渗滤液中含量较高的无机指标主要为 NH_4^+、HCO_3^-、NO_3^-、溶解固体总量（TDS）、COD、Cr、Ni 等；含量较高的有机指标主要为总石油烃（TPH）、苯酚、苯及甲苯等单环芳烃。

尽管上海市正在积极实施生活垃圾减量化、资源化，努力实现生活垃圾处置无害化，但垃圾填埋场建设对周围环境的影响是不可回避的，只是尽可能地减少对土壤和地下水的污染。

根据上海老港垃圾填埋场环境监测的结果显示，土壤有机污染测试指标为单环芳烃类、熏蒸剂类、卤代脂肪烃类、卤代芳烃类、三卤甲烷类、苯酚类、多环芳烃类、酞酸酯类、亚硝胺类、硝基芳烃及环酮类、卤代醚类、氯化烃类、苯胺类和联苯胺类、有机氯农药类等计 15 类 150 余项指标。检测出来的有机指标类主要为总石油烃类、苯酚类、多环芳烃类、酞酸酯类等 4 类 23 项。目前国内关于垃圾填埋场对地下水影响的研究大多是基于监测数据，根据污染物场地暴露情况和不同人群接触方式，对土壤和地下水进行健康风险评价工作。

第5章 主要工程地质问题及防治对策研究

在工程建设中工程地质问题普遍存在，它是已有的工程地质条件在工程建设和运行期间会产生一些新的变化和发展，构成威胁影响工程建筑安全的地质问题称为工程地质问题。工程地质条件复杂多变，不同类型的工程对工程地质条件的要求又不尽相同，所以工程地质问题是多种多样的。主要的工程地质问题包括地基稳定性问题、斜坡稳定性问题、硐室围岩稳定性问题、区域稳定性问题等。上海地区面临的主要工程地质问题有以下几方面：地基变形、砂土液化、基坑突涌、地面沉降、浅层气害等。

5.1 地基变形

5.1.1 地基变形特征

地基土在自重荷载的作用下会不断压缩产生缓慢变形，在各种外部荷载作用下地基发生变形的速率将更加明显，总结外部荷载作用引起的地基变形主要包括以下四个方面。

(1) 采用天然地基、桩基础的建（构）筑物在附加荷载的作用下产生的地基变形。当浅部有不良地质体发育时，若采用天然地基，有产生较大的地基变形或差异沉降的可能性；当桩基持力层选择不当或同一建（构）筑物采用的桩型、桩长不同时，在附加荷载作用下，桩基础有产生较大沉降和不均匀沉降的可能性。此外，当桩基工程采用预制桩方案时，预制桩的沉桩施工将产生挤土效应，从而引发一定范围浅部及深部土层水平向和垂直向的变形与位移（彭超，2013；葛雪华和赵小龙，2010；钟建敏，2017）。

(2) 基坑（槽）开挖时应力释放将会引起土体变形，从而产生一定的地基变形，对周围环境产生一定影响。另外，其他因素如基坑突涌、坑边堆载等引起的边坡失稳等地质灾害发生后，也将导致其周围地基土受到破坏，产生地基变形。

(3) 顶管施工过程中引发的地基变形。由于顶管顶进时对土体的挤压会产生超孔隙水压力，并造成局部地面隆起；而顶管通过后土体因扰动、应力松弛和孔隙水压力消散等一般会在沿盾构轴线方向形成一定的沉降带（魏纲等，2006）。

(4) 由于拟建地面道路均为现状道路的改扩建，新旧路基固结程度差异较大，在车辆动荷载作用下，易引发新旧路基的差异变形。

5.1.2　地基变形机理

地基变形实际上是地基与基础和上部结构的刚度差异所产生的，其直接原因是地基不均匀沉降、特殊土地基及地基失稳等；以及基础与上部结构的结构刚度、结构抗力、基础地基反力大小等。地基土的压缩变形表现为土的固体颗粒压缩，空隙水和气体被挤出或压缩。地基沉降变形有三个阶段组成：瞬时沉降、固结沉降和次固结沉降，其中瞬时沉降随荷载施加而发生，是基础与地基结合面的空隙挤压；固结沉降是土体中的液相或气体被挤压和排出而产生；次固结沉降则是由于地基土颗粒间滑移出现重新分布而产生。地基土的压缩变形达到稳定是一个缓慢的过程，其压缩量的大小取决于土体的组成、土体结构以及土体所承受的压应大小和压力范围大小等。

5.1.3　防治措施

工程类型众多，如高层建筑、基坑工程、道路工程、高架桥梁等，对于不同类型的工程，其对周围环境的影响范围和深度不同，涉及的地层存在较大的差异，因此需采取不同的防治对策和措施解决地基变形，具体如下。

（1）对于高架桥梁，应选择合理的桩基持力层，加强钻孔灌注桩护壁措施，合理控制泥浆配比，施工前应进行泥浆配合比试验，成孔后做好清孔工作，控制泥皮厚度和孔底沉渣。

（2）对于基坑工程，应选择合适的基坑围护结构和基坑开挖施工方案，确保围护墙接缝防渗效果，防止漏水及水土流失，减小地面超载，避免基坑周边振动荷载影响。

（3）对于路桥接坡段尽量控制桥后填土高度，采用轻质材料或地基处理以控制地基变形，并采取搭板等措施以协调不均匀沉降。

（4）对于地面道路工程，应加强新建路基的处理，减小新旧路基的差异变形。

（5）对于顶管工程，应根据变形控制要求确定合理的施工参数，并及时压注触变泥浆。

（6）工程设计时应根据地质条件及周边环境确定合理的变形控制要求，确定合理的施工方法和施工工艺，并加强监测工作，做到信息化施工。

（7）严格控制隧道上方地面堆载，防止因超载引起隧道的不均匀变形和沉降。

5.2　砂　土　液　化

5.2.1　砂土液化特征

上海地区地下空间开发中多揭露浅部饱水砂性土层（潜水含水层、微承压含水层和第

Ⅰ承压含水层），若保护措施不当，则可能产生管涌、流沙等现象，严重时将伴随产生地面开裂、坍塌等次生灾害，使周围环境受到破坏，相关的工程事故已不少见。砂土液化的发生与渗透力大小及土的颗粒级配、密实度、渗透性等条件有关（胡琦等，2008；冉龙和胡琦，2009；赵亚永，2013；王宇等，2016；姚志雄等，2016）。因此，施工中砂土液化将直接影响到地下空间开发的安全。

5.2.2 砂土液化评价与分区

砂土液化评价主要结合含水层厚度、空间结构进行综合分析，定性评价10m、20m、30m基坑工程可能遭受的砂土液化影响，并主要以产生的流沙现象加以表征。

1）10m基坑液化

根据有无砂层分布及揭露砂层厚度的大小，将无②₃层和③ₐ层的分布地区，划分为流沙影响轻微区（A区）；将砂层厚度小于等于7m的分布地区，划分为流沙影响中等区（B区）；将砂层厚度大于7m的分布地区，划分为流沙影响严重区（C区）。分区评价结果如表5-1和图5-1所示。

表5-1 中心城区10m基坑砂土液化分区评价表

分区	流沙影响轻微区（A区）	流沙影响中等区（B区）	流沙影响严重区（C区）
分区特征	无②₃层和③ₐ层分布	砂层厚度小于等于7m	砂层厚度大于7m
分区范围	中心城区广泛分布，主要分布在浦西苏州河南部、浦东高桥南部及西南部分地区	主要分布在浦西苏州河北部南北高架两侧，内环内黄浦江两侧及高行局部亦有分布	主要分布在苏州河两侧及高桥北部，内环内部分黄浦江边亦有分布
分区评价	基坑开挖时一般不会产生流沙	基坑开挖揭露的流沙层厚度小于6m，基坑底部土层为软土隔水层，可能产生流沙	基坑开挖揭露的流沙层厚度大于6m，大部分基坑底部位于透水层②₃层之中，施工时极易产生流沙

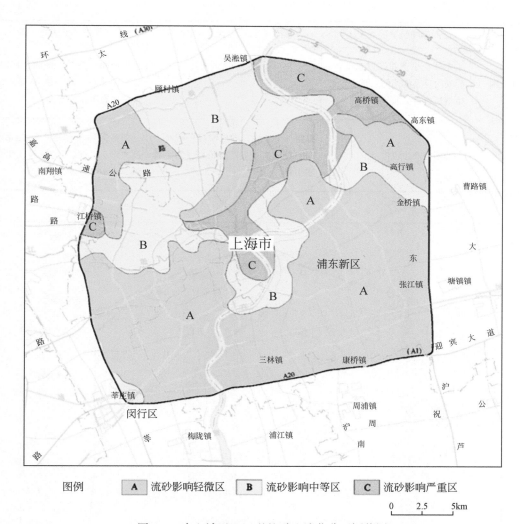

图例　　**A** 流砂影响轻微区　　**B** 流砂影响中等区　　**C** 流砂影响严重区

0　　2.5　　5km

图 5-1　中心城区 10m 基坑砂土液化分区评价图

2）20m 基坑砂土液化

依据砂层空间分布特征，将两个及以上砂层分布区或砂层厚度大于 7m 的分布区，划为流沙影响严重区（C 区）；有一个砂层分布区，划为流沙影响中等区（B 区）；开挖深度范围内无砂层分布，则划为流沙影响轻微区（A 区）。分区评价结果如表 5-2 和图5-2 所示。

表 5-2　中心城区 20m 基坑砂土液化分区评价表

分区	流沙影响轻微区（A 区）	流沙影响中等区（B 区）	流沙影响严重区（C 区）
分区特征	开挖深度范围内无砂层分布	一个砂层分布区	两个及以上砂层分布区或砂层厚度大于 7m

分区	流沙影响轻微区（A区）	流沙影响中等区（B区）	流沙影响严重区（C区）
分区范围	主要分布于黄浦江以东地区，静安内环高架两侧、长宁至虹桥枢纽也有分布	广泛分布于黄浦江以西，高行北部有零星分布	主要分布于高桥、杨浦、虹口、徐汇—莘庄，庙行西部等局部地区也有零星分布
分区评价	一般不会产生流沙	揭露一个砂层，砂层厚度一般小于7m，施工时可能产生流沙，影响程度中等	一般揭露两个砂层，砂层总厚度大于7m，施工时极易产生流沙，且影响程度大

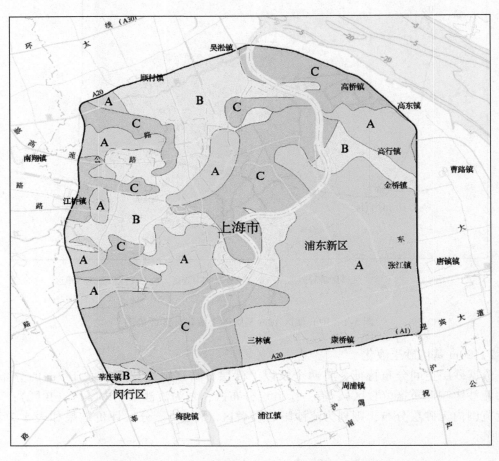

图例　　　Ａ　流砂影响轻微区　　Ｂ　流砂影响中等区　　Ｃ　流砂影响严重区

0　　2.5　　5km

图5-2　中心城区20m基坑砂土液化分区评价图

3）30m 基坑砂土液化

依据含水层空间分布特征，无砂层分布地区划分为流沙影响轻微区（A）；有一个砂层分布地区，为流沙影响中等区（B）；同时有两个及以上砂层分布地区，为流沙影响严重区（C）。同时结合各大区内揭露的不同砂层组合，进一步划分为若干亚区。评价结果如表 5-3 和图 5-3 所示。

表 5-3　中心城区 30m 基坑砂土液化分区评价表

分区	流沙影响轻微区（A 区）		流沙影响中等区（B 区）		流沙影响严重区（C 区）			
	A₁ 区	A₂ 区	B₁ 区	B₂ 区	C₁ 区	C₂ 区	C₃ 区	C₄ 区
分区特征	基坑开挖深度范围内无砂层分布		开挖深度范围内有一个砂层分布		开挖深度范围内有两个及以上砂层分布			
	基坑底部无一含水层分布	基坑底部有一含水层分布	有潜水含水砂层分布	有第Ⅰ承压含水层分布	有潜水含水砂层和微承压含水层分布	有微承压含水层和第Ⅰ承压含水层分布	有潜水含水砂层和第Ⅰ承压含水层分布	有潜水含水砂层、微承压含水层和第Ⅰ承压含水层分布
分区范围	仅在北部顾村、大场零星分布	主要分布在南部徐汇区和浦东川杨河以南	主要分布在浦西苏州河沿岸局部地区	主要分布在浦西北部、宝山和普陀地区，浦东大部分地区均有分布	零星存在于高桥北部和江桥南部，分布范围极小	主要分布于中心城西南部和虹口局部地区	广泛分布于北部大部分地区和内环内黄浦江两岸部分地区	零星分布于卢浦大桥附近和虹口北部局部地区
分区评价	基本无流沙问题	基本无流沙问题	应重视基坑上部的流沙问题，中部和下部流沙问题轻微	应重视基坑下部的流沙问题，浅部和中部流沙问题轻微	应特别重视基坑上部和中部的流沙问题，下部流沙问题轻微	应特别重视基坑中部和下部的流沙问题，上部流沙问题轻微	应特别重视基坑上部和下部的流沙问题，中部流沙问题轻微	基坑整体遭受流沙问题极严重

注：潜水含水砂层为②₃层，微承压含水层为⑤₂层，第Ⅰ承压含水层为⑦层。

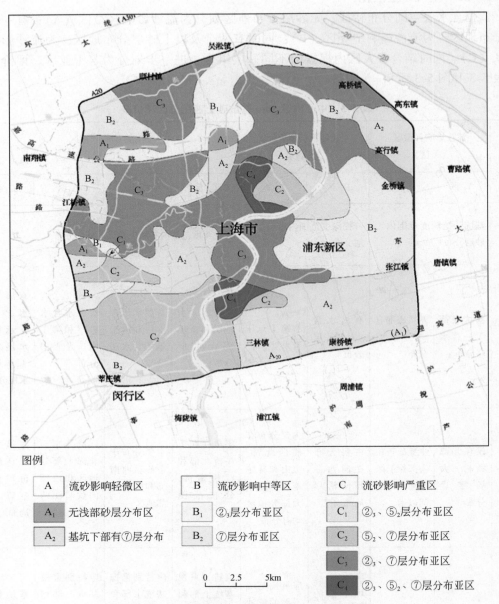

图例

| A | 流砂影响轻微区 | B | 流砂影响中等区 | C | 流砂影响严重区 |

A_1	无浅部砂层分布区	B_1	②₃层分布亚区	C_1	②₃、⑤₂层分布亚区
A_2	基坑下部有⑦层分布	B_2	⑦层分布亚区	C_2	⑤₂、⑦层分布亚区
				C_3	②₃、⑦层分布亚区
				C_4	②₃、⑤₂、⑦层分布亚区

0　　2.5　　5km

图 5-3　中心城区 30m 基坑砂土液化分区评价图

5.2.3　防治措施

（1）应查明工程沿线浅部粉、砂性土的分布范围与深度，并判别其液化可能性及场地液化等级，必要时采取相应的抗液化措施。

（2）基坑开挖施工时，应根据情况采取相应的止水及降排水等措施，避免流沙现象的产生，发现渗水时及时堵漏。

（3）工程运营期间应注意地下结构的防渗效果（尤其是地连墙接头处的防渗效果），特别是对埋置于砂、粉性土层的区间隧道段应加强巡查和监测，如发生渗漏应及时处理。

5.3　基坑突涌

5.3.1　基坑突涌特征

地下水是导致基坑开挖不稳定的最主要影响因素之一，而粉性土及砂土层是主要含水层，水量丰富，黏性土层为相对隔水层，水量小，地下空间开发过程主要控制粉性土、砂土层中的地下水（严学新等，2004；陈大平，2014；史玉金等，2106；郑立博等，2018）。在地下水高水头压力作用下，可能会使坑底土层产生隆起现象甚至破坏，严重时地下水和砂土一起突然涌出，淹没已开挖的基坑。上海地区由于浅部承压含水层水头高，在地下空间开发过程中常受浅部承压含水层地下水影响而发生基坑突涌。

基坑突涌主要是受承压含水层中地下水位（高水头）的影响。当上部为不透水层，坑底某深度处有承压含水层时，基坑底突涌稳定性验算公式为

$$\gamma_{RW} = \frac{\gamma_m \left(D + \Delta D\right)}{P_w} \tag{5-1}$$

式中：γ_m 为含水层以上土的容重，kN/m^3；$D + \Delta D$ 为含水层顶面距基坑底面的深度，m；γ_{RW} 为基坑土层分项系数，一般取 1.1；P_w 为含水层水压力，kPa。

受承压水位影响，基坑开挖深度较大，当开挖到临界深度时，就存在突涌的可能性。

基坑突涌的案例很多，如上海地铁 9 号线一期桂林路车站施工时，发现立柱桩隆起明显，日变形速率均超 10mm，经分析是由于施工单位基坑降水措施不力，降水效果不理想，基坑开挖过程中承压水降水不足，承压水头过大引起基坑底部隆起。

5.3.2　基坑突涌分区

5.3.2.1　评价依据

1. 基坑突涌临界深度计算

采用上海市工程建设规范《基坑工程技术标准》（DG/TJ08—61—2018）基坑工程抗承压水稳定性验算公式。

容重取值：临界深度至含水层顶面范围内的土体容重，取每个工程地质层平均值。

地下水位取值：微承压水以−0.4～−4.35m 计，第Ⅰ承压含水层中心城区北部以 2m 计，南部以−2m 计。

2. 评价原则

参照相关工程技术标准，基坑工程按照开挖深度分为安全等级三级，对于一级基坑，当基坑开挖深度（H）大于 20m 时基坑水土突涌危险性大大增加，因此将基坑工程水土突涌危险性评价按照开挖深度共分为 4 类基坑，按照此分类原则对基坑工程水土突涌进行评价。

（1）对于开挖深度 $H<7m$ 的基坑工程，引发和遭受水土突涌危险性小。

（2）对于开挖深度 $7m \leqslant H<12m$ 的基坑工程，中心城区西北部局部地区引发和遭受水土突涌危险性中等，其余地区引发和遭受水土突涌危险性小。

（3）对于开挖深度 $H \geqslant 12m$ 的基坑工程，当 $12m \leqslant H \leqslant 20m$ 时，北部含水层缺失区、南部第Ⅰ承压含水层顶面埋藏较深地区引发和遭受水土突涌危险性小，其余地区引发和遭受水土突涌危险性均为中等；当 $H>20m$ 时，只有北部局部第Ⅰ承压含水层和微承压含水层缺失区引发和遭受水土突涌危险性小，其余地区引发和遭受水土突涌危险性均为中等。

由于地下水位具有动态变化性质，对于分布于不同地区的降水工程，应根据施工时当地地下水位实际分布情况，进行基坑突涌的可能性判别。

5.3.2.2　含水层渗透性对地下空间开发影响评价

各含水层渗透性、富水性不同，对地下空间开发的影响主要体现在基坑涌水量大小方面。

1. 潜水含水层渗透性影响

分布于中心城区南部大部分地区、岩性主要为黏性土构成的潜水含水层，据土工试验，一般水平渗透系数小于 10^{-3}m/d，渗透性很差，富水性一般也很差，该地区基坑降水时径向渗流缓慢，降水井一般不能连续出水，基坑涌水量较小。北部吴淞江古河道砂性土分布地区，古河道中心或新近河口沉积地带，如浦东新区高桥地区和闵行华漕地区，砂层较厚，渗透系数一般较大，可达到 0.72m/d 以上。古河道两侧渗透系数递减，一般渗透系数在 0.27～0.45m/d，其渗透性能较好，基坑涌水量中等（图5-4）。

2. 微承压含水层渗透性影响

不同区域微承压含水层的差异性比较大，锦江乐园附近地区，岩性以粉细砂为主，渗透性和富水性较好，渗透系数在 2.85m/d 左右，工程降水受渗透影响相对大，基坑涌水量也将较大；除此之外，其余地区以砂质粉土为主，其渗透性、富水性较差，如同济大学附近渗透系数为 1.52m/d，世博会园区附近渗透系数在 0.22～0.70m/d，浦东外高桥以及闵行华漕附近渗透系数分别为 0.11m/d 和 0.57m/d，基坑涌水量也将较小。

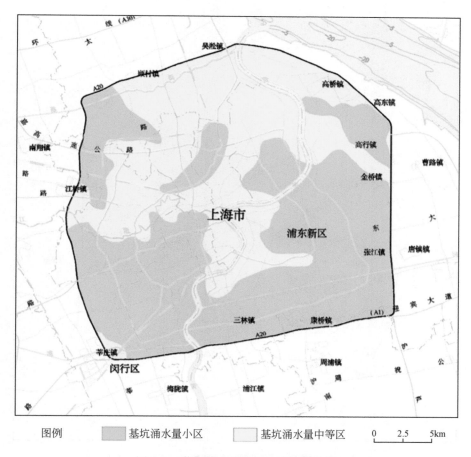

图例 ▨ 基坑涌水量小区 ☐ 基坑涌水量中等区 　0　2.5　5km

图 5-4 潜水含水层渗透性影响评价图

3. 第 I 承压含水层渗透性影响

第 I 承压含水层渗透性变化较大，因此，在不同地区受含水层渗透性影响不同。中心城区北部庙行、高镜、淞南、高桥一线至北外环线地区渗透系数小于 1.0m/d，渗透性较差，富水性较差，基坑涌水量中等；浦东陆家嘴至张江高科第 I 承压含水层渗透系数为 4.0m/d，基本位于第 I 承压含水层与第 II 承压含水层沟通区，富水性好，基坑涌水量大；其余第 I 承压含水层分布区渗透系数为 1.0~4.0m/d，富水性较好，基坑涌水量也大；第 I 承压含水层缺失区以黏性土为主，渗透系数极小，富水性差，基坑涌水量小（图 5-5）。

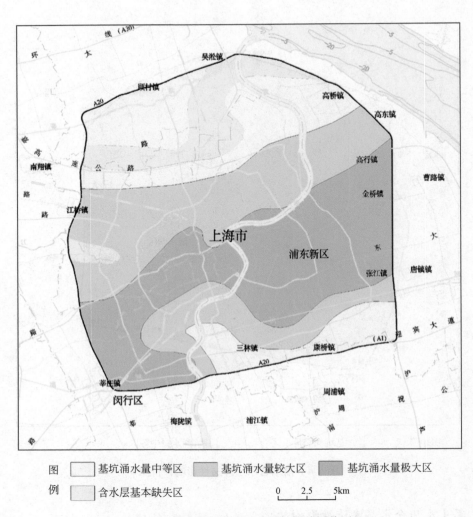

图 5-5　第 I 承压含水层渗透性影响评价图

5.3.3　防治措施

　　应加强勘察工作，查明各承压含水层的埋藏分布特征及水文地质条件。在设计、施工时应酌情选择降水方案，以满足抗突涌要求，并加强基坑施工过程中承压水位监测工作。同时，勘探孔、降水孔应做好封孔工作，确保围护结构施工质量，发挥其对承压水的阻水功能。

5.4　地　面　沉　降

5.4.1　地面沉降研究现状及特征

5.4.1.1　上海地面沉降现状

上海市自 1921 年发现地面沉降以来，已有近百年的漫长历史。上海市地面沉降特征与趋势是随着地下水开采与人工回灌格局的调整以及城市发展进程而不断发展变化的，总体上可分为两个时期（表 5-4，图 5-6），即地面沉降严重发展时期（1921～1965 年）、地面沉降控制时期（1966～2010 年）。

表 5-4　上海市中心城区地面沉降发展阶段一览表

地面沉降阶段		沉降特征	年平均沉降量/mm
地面沉降严重时期（1921～1965 年）	沉降明显（1921～1948 年）	在沪西的静安区和黄浦区出现两个地面沉降漏斗中心	22.8
	沉降加快（1949～1956 年）	沉降范围继续扩大，在普陀、杨浦工业区出现了两个沉降漏斗中心；在徐家汇和南市城厢出现了新的沉降漏斗中心	40.3
	沉降剧烈（1957～1961 年）	沪东、沪西两个沉降漏斗范围迅速向郊区扩展	98.6
	沉降缓和（1962～1965 年）	经采取压缩用水措施，地面沉降减缓。西部沉降漏斗基本消失；东部沉降漏斗向东沟一带扩展	59.3
地面沉降控制时期（1966～2010 年）	微量回弹（1966～1971 年）	进一步采取地下水计划用水、人工回灌及调整开采层次等措施，在主要集中灌采区内地面出现微量回弹	-3.0
	微量沉降（1972～1989 年）	地下水位呈现周期性变化，土层压缩量周期性地略大于回弹量。地面则呈微量下沉趋势，分布不均	3.5
	沉降加速（1990～2000 年）	地下水开采量的急剧增加以及大规模集中工程建设，导致地面沉降速率加大	14.3

地面沉降阶段		沉降特征	年平均沉降量/mm
地面沉降控制时期（1966～2010 年）	沉降平稳（2001～2005 年）	进一步采取人工回灌及调整开采层次等措施，前期年均地面沉降量稍有反复，后期保持持续下降，总体控制态势良好	10.6
	不均匀沉降凸显（2006～2010 年）	区域平均总体沉降逐年明显下降，但不均匀沉降现象凸显	<7

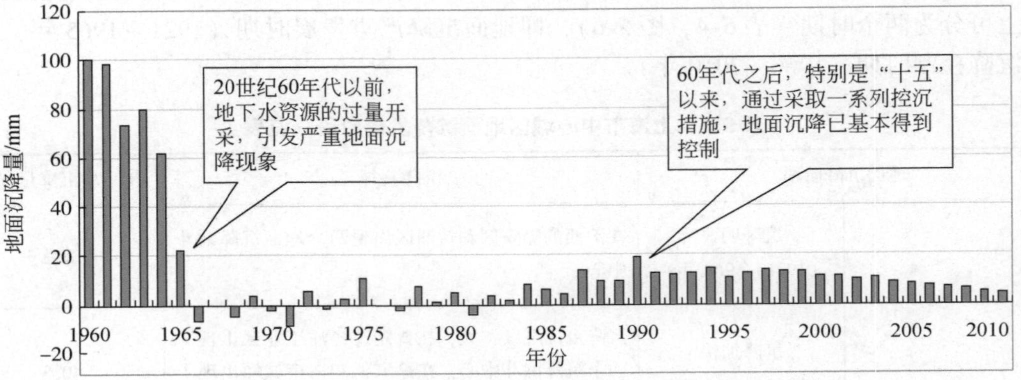

图 5-6　上海地面沉降发展历史沿革

　　1966 年以来，上海市中心城区地面沉降监测资料显示，随着地下水开采与人工回灌格局变化和城市建设的发展，上海市地面沉降时间上、空间上呈现不断发展的态势。1966～1971 年地面沉降表现为微量回弹；1972～1989 年为微量沉降；由于地下水开采量的急剧增加以及大规模集中工程建设，1990～2001 年中心城区地面沉降速率明显增大，年均沉降速率达 14.3mm/a；进一步采取人工回灌及调整开采层次等措施后，2001 年后地面沉降速率有所下降，地面沉降带范围也已基本稳定；"十一五"期间，通过进一步完善地面沉降防治共同责任机制，特别是地下水开采和人工回灌管理得到持续加强，全市年平均地面沉降量由 2005 年 8.4mm 减少至 2007 年的 7mm 以下，并保持了逐年减少趋势，至 2010 年继续保持小于 7mm 的良好态势。

　　1. 市域地面沉降特征

　　上海市域地面沉降现状主要通过全市水准点高程复测反映，根据 1980 年、1995 年、2001 年、2006 年全市水准复测资料，并利用 2006～2010 年每年一次的 GPS 地面沉降测量（中心城区水准复测）成果，分析上海市域 30 多年来地面沉降发展的总体状况。

　　1）1980～1995 年

　　地面沉降比较明显，全市沉降量超过 100mm 的区域有 484.7km^2，超过 200mm 的有

2.2km²。市区是地面沉降漏斗区,沉降主要分布在黄浦区(含原卢湾区)、陆家嘴等区域,向北延伸至虹口—杨浦区,平均地面沉降速率为5.6mm/a,最大沉降量为200mm。市区西部虹桥—华漕地区是另一个主要的地面沉降漏斗,最大沉降量为150mm。邻近江苏省的嘉定娄塘地区、邻近浙江省的金山枫泾地区,由于邻省地下水开采,地面形成了局部的地面沉降中心,娄塘地区最大沉降量达到200mm,枫泾地区最大沉降量为175mm。崇明的地面沉降发展缓慢,平均地面沉降速率只有3.7mm/a,主要分布在前哨农场和新海农场、红星农场,最大沉降量为75mm。

2) 1996 ~ 2001 年

地面沉降呈加速发展趋势,沉降速率超过20mm/a的地区有1340.0km²,其中超过40mm/a的地区约127km²。地面沉降中心影响范围明显扩大,沉降速率明显增大。市区平均地面沉降速率达到24.5mm/a,地面沉降影响面积扩大,在南浦大桥和高东镇出现了新的沉降漏斗,最大沉降量为250mm。市区西部虹桥—华漕地区地面沉降中心范围向西部、北部扩展,与市区地面沉降漏斗形成"哑铃"形沉降中心,最大沉降量达300mm,沉降速率达60mm/a。邻近浙江省的枫泾地区地面沉降中心向西部和南部扩展,影响金山区西北部地区,最大沉降量达到200mm。另外,在靠近江苏省的娄塘地面沉降中心向南扩展到华亭镇和罗泾镇,最大沉降量达到250mm。全市其他地区沉降速率均有明显增加,如崇明前哨农场加速沉降,平均地面沉降速率达到10.1mm/a,最大沉降量达到300mm。

3) 2002 ~ 2006 年

地面沉降得到缓解,沉降速率超过20mm/a的地区减少至185.0km²,超过40mm/a的地区仅13.7km²。市区地面沉降基本得以控制,平均地面沉降速率为12.7mm/a,市区大范围地面沉降中心"解体",分解为孤立分布的沉降点,如杨浦区引翔港附近地面沉降影响范围不大,但是最大沉降量达225mm;虹口区凉城公园的沉降漏斗最大沉降量为150mm。市区西部虹桥—华漕地面沉降中心已基本消失,地面沉降大幅降低为16.2mm/a,枫泾地面沉降中心仍保持较快的沉降速率(30mm/a),而娄塘镇一带沉降漏斗规模明显减缓。崇明区地面沉降的发展趋势基本保持不变,平均地面沉降速率为5.9mm/a,长江农场和绿华镇一带出现新的沉降漏斗,最大沉降量为175mm,其他地区地面沉降的发展趋势基本保持稳定。

4) 2006 ~ 2010 年

除局部地区出现沉降漏斗外,绝大部分地区此阶段沉降量较小,在0 ~ 25mm;沉降漏斗主要分布在浦东、闵行、金山区等局部地区,西部、北部局部地区甚至出现微量回弹。

从整体而言,浦东新区沉降量较大,分布的区域也较大,全区基本上沉降量在25 ~ 50mm,其中外高桥、金桥、张江、航头四个地区出现四个沉降漏斗,沉降量大于50mm,外高桥局部区域沉降量大于75mm。闵行区华漕、马桥两地区出现小的沉降漏斗,沉降量在25 ~ 50mm,华漕局部地区出现大于75mm的沉降漏斗。南部松江区的叶榭、泖港和金山区的亭林镇出现了大于25mm的沉降漏斗,金山区与浙江新埭镇交界地区出现一个小面积漏斗,沉降量大于75mm。西部青浦的白鹤、嘉定的华亭、宝山的杨行等局部区域出现小范围微量回弹。

　　根据《上海市地面沉降"十二五"防治规划》,"十二五"期间上海市将不断强化地面沉降防治效果,继续把全市年平均地面沉降量控制在 7mm 以下。因此,上海市地面沉降处于微量沉降阶段,未来随着地面沉降防治能力的不断加强,微量地面沉降的态势将持续得以保持。区域性地面沉降现已得到了较好控制,地面沉降速率呈现逐年递减的趋势,年平均沉降速率已保持在 –5mm 左右(图 5-7)。

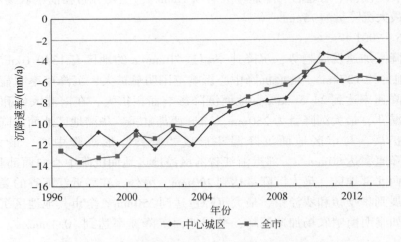

图 5-7　上海市年平均地面沉降速率历时曲线

2. 中心城区地面沉降特征

　　通过系统研究中心城区水准复测成果,编制了 1991~1995 年、1996~2000 年、2001~2005 年、2006~2010 年中心城区地面沉降量等值线图,对地面沉降发展规律和影响因素进行综合分析。

　　1)1991~1995 年

　　1991~1995 年,城市对地下水的需求量在大幅度的增加,各含水层水位下降幅度明显加大,其中第Ⅳ、Ⅴ承压含水层水位下降幅度较大。中心城区地面沉降速率相应明显增加,年均沉降速率达 11.9mm/a。地面沉降漏斗中心在以往基础上进一步发展,形成了黄浦区—不夜城地区—杨浦控江路地区—五角场地区,面积达 88.0km² 的地面沉降中心漏斗区,5 年沉降量大于 50mm;其中又出现了黄浦区(179mm)、不夜城地区(126mm)等数个新的沉降中心(图 5-8)。在此期间市区地面沉降速率的空间差异显著增大,差异沉降较显著的地区主要分布在杨浦区(28~160mm)、黄浦区(43~179mm)、虹口区(39~141mm)和原卢湾区(19~163mm)等地区。

　　2)1996~2000 年

　　1996~2000 年,中心城区及外围近郊区各含水层地下水位下降幅度虽趋减缓,但城市改造建设强度显著增加,中心城区年平均地面沉降速率显著增大,达 20.3mm/a。市区东部地区的地面沉降,在前阶段形成的沉降漏斗区进一步发展,沉降速率加快,影响范围进一步扩大,不夜城地区的最大沉降量达到了 280mm;外环线以内的浦东新区大部分地区沉

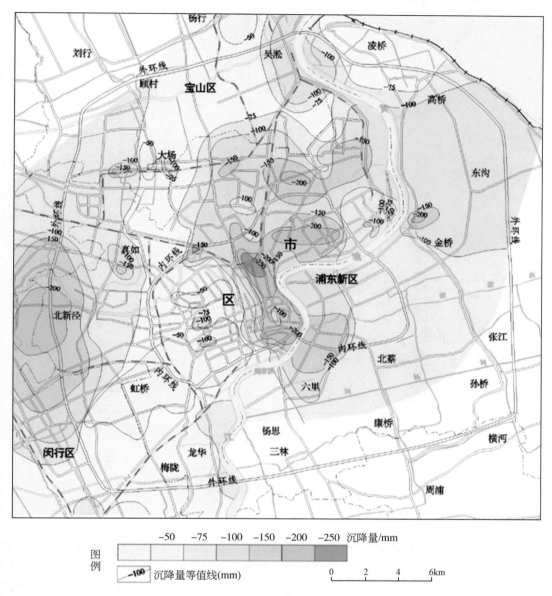

图 5-8　上海市中心城区地面沉降量等值线图（1991～1995 年）

降量由前一阶段的 30～50mm 增加至大于 100mm。市区西部北新泾地区形成明显的大范围地面沉降漏斗区，最大沉降量达 200mm，影响范围较上阶段明显扩大。随着本阶段地面沉降速率增大，市区地面沉降漏斗、市区西部漏斗的形成，使中心城区地面沉降不均匀特点更加突出（图 5-9）。

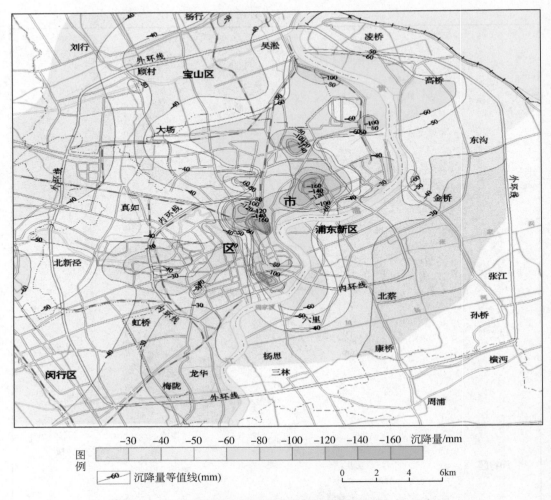

图 5-9　上海市中心城区地面沉降量等值线图（1996～2000 年）

3）2001～2005 年

这一阶段由于进一步实施开采量调减方案，各含水层地下水位继续处于上升态势，第Ⅳ、Ⅴ承压含水层水位上升速率明显加快，使得地面沉降下降速率明显减少，中心城区年平均地面沉降速率有所下降，为 15.3mm/a。随着地面沉降速率的减缓，市区地面沉降漏斗解体为多个次级沉降中心，但地面沉降的影响范围进一步扩大。北部吴淞地区地面沉降速率较前 5 年有明显的下降，最大年沉降速率约为 30mm/a；浦东地区形成了"六里—陆家嘴"和"东沟—高行—黄浦江"两个地面沉降中心，年沉降速率均超过 20mm/a。市区西部的虹桥—华漕地面沉降漏斗基本消失，北新泾地区年平均沉降速率由 1996～2000 年的 40mm/a 减至 22mm/a，沉降范围明显缩小。中心城区地面沉降不均匀的特点仍较为突出（图 5-10）。

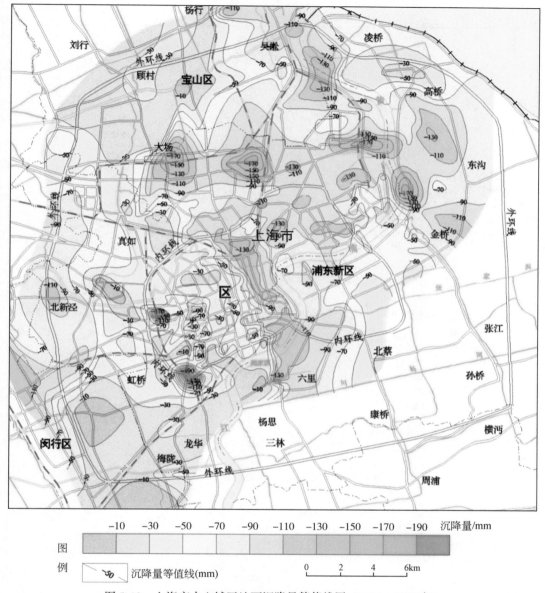

图 5-10　上海市中心城区地面沉降量等值线图（2001~2005 年）

4）2006~2010 年

根据 2006~2010 年来地面沉降发展趋势，地面沉降防治效果明显，沉降量及影响范围逐渐减小，但沉降漏斗中心量逐渐增多，地面沉降漏斗区同等距离上的变化更加剧烈，地面沉降的不均匀性逐年加剧。

从 2006~2010 年地面沉降量分析，中心城区地面沉降总体上仍较发育，累积地面沉降量大于 50mm 的范围达 162km²，地面沉降严重区与地下水位降落漏斗范围相吻合，尤其是叠加了深基坑降排水等因素的影响，使地面沉降格局更加复杂，共分解为 6 个地面沉降影响区（图 5-11），使不均匀地面沉降影响更加严重。

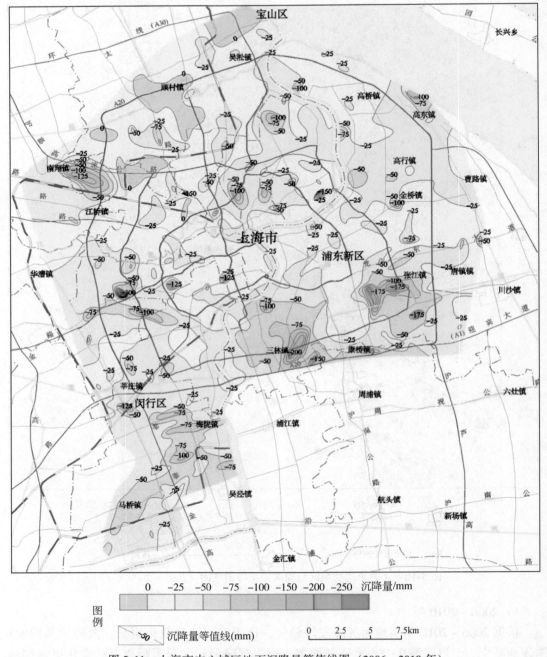

图 5-11　上海市中心城区地面沉降量等值线图（2006～2010 年）

中心城区西部地区：发育有大虹桥区域、嘉定南翔、闵行梅陇以及中心城区杨浦与虹口局部地区等地面沉降漏斗，漏斗中心最大沉降量达 300mm 以上，其中杨浦与虹口地区受历史地下水开采及工程建设双重影响，局部地区不均匀沉降现象严重。

　　中心城区东部地区：浦东地区受地下水开采和工程建设双重影响，成为中心城区地面沉降主要发育地区，在张江、三林等地出现了较大范围的地面沉降漏斗，漏斗中心最大沉降量达 200mm 以上，影响范围（地面沉降量大于 50mm）达 100km²。

　　图 5-12 为上海市 2007～2011 年地面沉降量等值线图，2007～2011 年上海市总体沉降量不大，全市大部分区域 5 年地面沉降量小于 25mm，年均沉降量不到 5mm，而 5 年最大

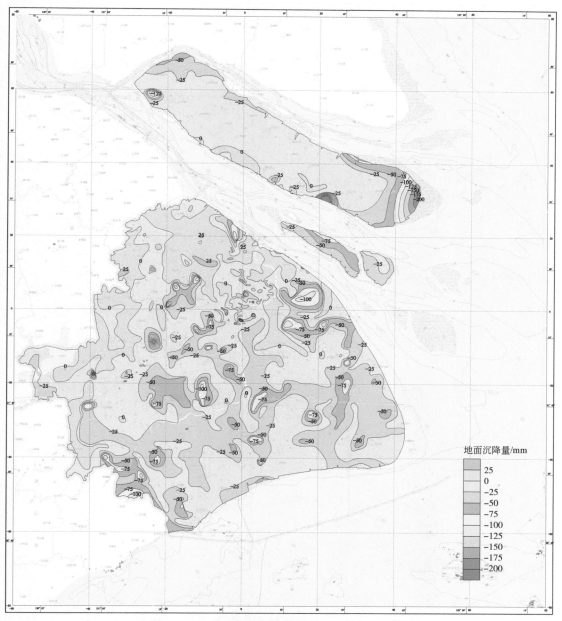

图 5-12　上海市地面沉降量等值线图（2007～2011 年）

沉降量超过 100mm（不含崇明三岛），最大回弹量也超过 25mm，可见不同地区间差异沉降显著。全市 2007 ~ 2011 年发育有大量小型沉降漏斗，漏斗中心沉降量普遍在 75 ~ 100mm，沉降漏斗面积普遍不大。可见不均匀沉降是近一段时期上海区域地面沉降的主要特征。

　　图 5-13 和图 5-14 为上海市中心城区 2011 年和 2013 年地面沉降量等值线图。由图 5-13

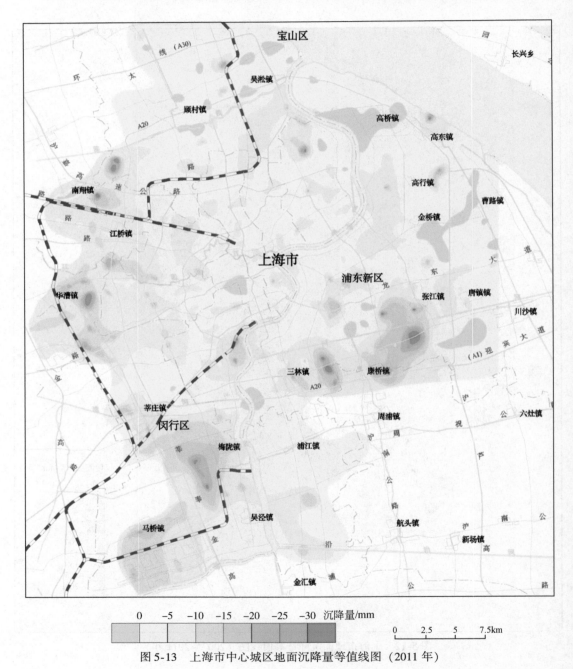

0　−5　−10　−15　−20　−25　−30　沉降量/mm

0　2.5　5　7.5km

图 5-13　上海市中心城区地面沉降量等值线图（2011 年）

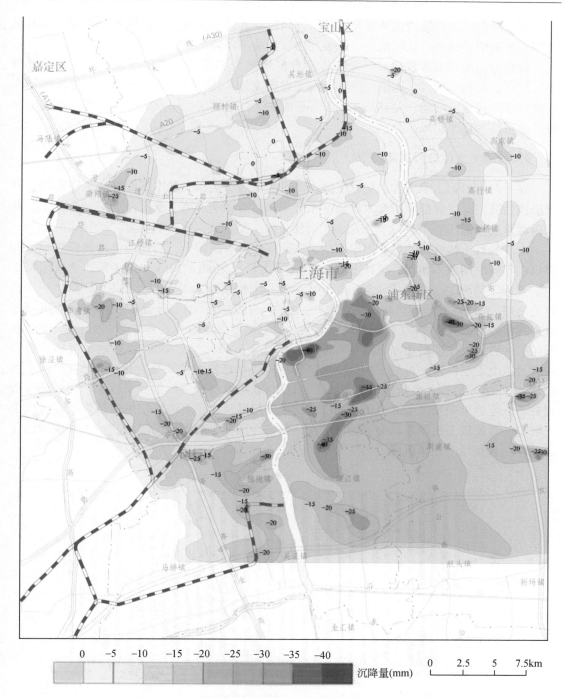

图 5-14　上海市中心城区地面沉降量等值线图（2013 年）

和图 5-14 可知中心城区 2011 年和 2013 年总体沉降态势较为一致，年度沉降量普遍不大于 10mm，且大部分区域年度沉降量小于 5mm，未发育有大型沉降漏斗。比较不同年份中心城区年度沉降量仍可以发现不均匀沉降发展趋势明显，2011 年在空间分布上 0～10mm

的沉降区域仍呈现连续的成片发育，小型沉降漏斗发育不显著，而在随后的年份中小型沉降漏斗数量明显增加，区域地面沉降表现出明显的不均匀沉降特征。

调查分析发现大多数小型沉降漏斗发育区域多为工程建设密集区域，如大虹桥、梅陇、张江、三林等地区。地面沉降漏斗与工程建设分布具有显著的一致性，可见沉降漏斗的发育受工程建设活动，尤其是基坑工程影响显著。基坑工程引发的地面沉降已经成为区域地面沉降的重要组成部分。

5.4.1.2　土体分层沉降特征

在垂向上，第 Ⅰ 承压含水层以下的深部土层因埋深较深，基本不受基坑工程影响，其沉降或抬升主要受深部承压含水层地下水开采和回灌影响。第 Ⅰ 承压含水层（含第 Ⅰ、Ⅱ 承压含水层沟通区）及其以上土层由于埋深较浅，受基坑工程影响明显。

由于导致土体沉降的影响因素不同，沉降规律亦有所差异，对地面沉降的影响程度和贡献在不同时期亦不相同。统计上海全市 24 座分层标 1980 ~ 2013 年第 Ⅰ 承压含水层以下土层（以下简称"一含以下土层"）和第 Ⅰ 承压含水层及其以上土层（以下简称"一含及以上土层"）沉降对地面沉降的贡献可知，1980 ~ 1997 年一含以下土层沉降对地面沉降的贡献逐年增大，并在 1997 年附近达到最大，其对地面沉降的贡献率将近 80%；从 1998 年开始，一含以下土层对地面沉降的贡献率开始逐年下降，至 2009 年以后地面沉降主要为一含及以上土层沉降，可见土体分层沉降特征较以往已经发生明显变化（图 5-15）。这里统计的 24 组分层标大多数位于中心城区，且 2000 年以前分层标组数量较少，因此统计数据并不一定能准确反映上海全市地面沉降特征，但其反映了上海区域地面沉降中一含以下土层与一含及以上土层总体变形特征和变化趋势。因此，当前地面沉降防治工作应较以往更关注一含及以上土层沉降。

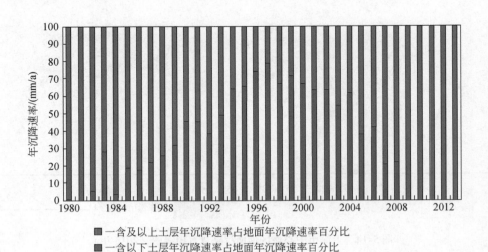

图 5-15　上海市一含及以上土层与一含以下土层对地面沉降贡献百分比

注：当土层贡献率超过 100% 时，以 100% 计，此时不在考虑其他土层回弹对地面沉降的贡献

　　以往研究表明第一压缩层、第二压缩层、第 I 承压含水层是一含及以上土层主要的沉降贡献土层。图 5-16 ~ 图 5-18 为上海不同地区第 I 承压含水层、第一压缩层、第二压缩层与第 I 承压含水层水位关系曲线图，从 1980 年至 2015 年第 I 承压含水层水位经历了 90 年代的持续下降，最低水位出现在 2000 年附近，之后水位开始持续回升，但大部分地区至今仍未恢复至 80 年代前水平，这也是导致其上覆黏土层持续下降的原因之一。上海第 I 承压含水层地下水由于水质较差，较少被开采利用，地下水的排泄以工程降水为主，从 90 年代开始大规模地建造高层建筑，导致深基坑工程数量和规模与日俱增，而且由于当时对深基坑降水引发的地面沉降的认识较为薄弱，使得在 90 年代出现了第 I 承压含水层水位大幅下降和相应土层下沉。

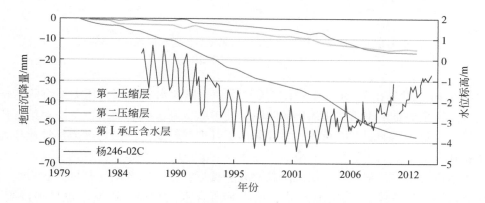

图 5-16　一含及以上土层沉降量与第 I 承压含水层水位历时曲线
数据来自双阳中学分层标 F4

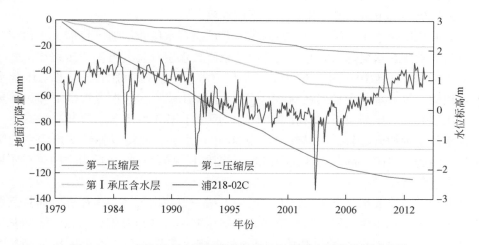

图 5-17　一含及以上土层沉降量与第 I 承压含水层水位历时曲线
数据来自浦东高化分层标 F13

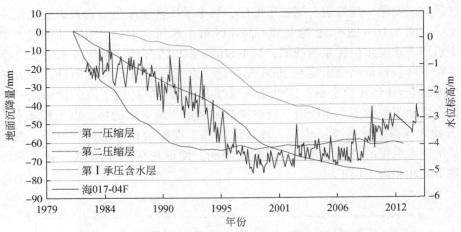

图 5-18　一含及以上土层沉降量与第 I 承压含水层水位历时曲线

数据来自吴泾电化厂分层标 F17

由图 5-16 ~ 图 5-18 可知，第一压缩层与第 I 承压含水层和第二压缩层沉降特征有一定的差别，这主要是由于第二压缩层的阻隔，使得基坑降水引起的水位下降对第一压缩层影响不显著。第一压缩层沉降量较大主要是由于其埋深较浅，土层物理力学性质较差，容易受工程建设活动及动、静荷载影响。

第 I 承压含水层与第二压缩层沉降趋势较为接近，表明二者均受基坑降水影响。在第 I 承压含水层水位持续下降的 90 年代，第 I 承压含水层和第二压缩层也呈现持续下沉；在第 I 承压含水层水位开始恢复后，第 I 承压含水层和第二压缩层沉降速率有一定的减缓，但不同地区表现出的沉降特征略有差别，这主要是由于地区间发展上的时空差异导致深基坑工程分布的非均匀性，在基坑工程相对密集的城区或者大型开发区第 I 承压含水层和第二压缩层仍持续下沉，甚至出现加速下沉现象。

由于第 II 承压含水层埋深较深，在第 I、II 承压含水层非沟通区目前大多数深基坑工程不涉及第 II 承压含水层降水问题，因此第 II 承压含水层及其上覆第三压缩层沉降主要受地下水开采影响。图 5-19、图 5-20 为第 II 承压含水层、第三压缩层与第 II 承压含水层水位历时曲线图，第 II 承压含水层在 90 年代受地下水开采影响，水位大幅下降，并导致第 II 承压含水层和第三压缩层下沉，在 90 年代以后由于第 II 承压含水层开采量减小，回灌量增加，水位呈现抬升趋势，但仍普遍低于 80 年代水平，使得以弹性变形为主的第 II 承压含水层沉降趋于稳定，部分地区甚至出现小幅抬升，而以塑性变形为主的第三压缩层则仍有持续下沉趋势。

综上所述，在第 II 承压含水层以上土层中以第一压缩层沉降最为显著，而且其影响因素较为复杂。第 I 承压含水层及其上覆相邻第二压缩层沉降趋势较为一致，受深基坑降水影响显著，在空间上表现为受深基坑工程分布影响，在基坑工程密集区域沉降显著，此外，部分地区第 I 承压含水层水位仍低于历史高水位也是其持续沉降的原因之一，因此控制第 I 承压含水层和第二压缩层沉降需对基坑降水引起的水位下降进行控制。第 II 承压含水层和第三压缩层总体受地下水开采和回灌控制，基坑降水对其影响较小，但需注意在第

Ⅰ、Ⅱ承压含水层沟通的区域，基坑降水将对第Ⅱ承压含水层构成一定影响。

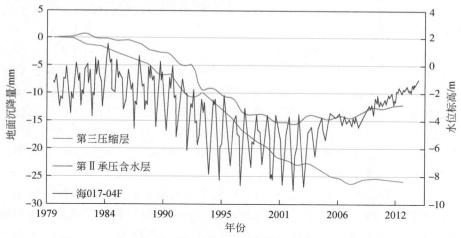

图 5-19　第Ⅱ承压含水层、第三压缩层与第Ⅱ承压含水层水位历时曲线
数据来自双阳中学分层标 F4

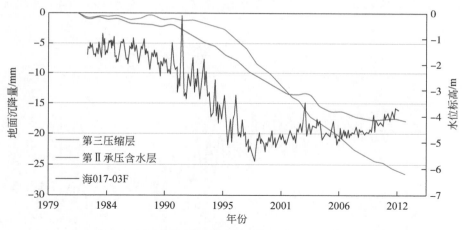

图 5-20　第Ⅱ承压含水层、第三压缩层与第Ⅱ承压含水层水位历时曲线
数据来自吴泾电化厂分层标 F17

5.4.2　地面沉降影响因素分析

5.4.2.1　深层地下水开采引起的地面沉降

1. 承压含水层变形特征

中心城区分层标监测资料可以直观地反映垂向不同埋深深度土层的变形特点。
由于地下水开采层次和强度在不同时间具有显著不同的特征，各承压含水层变形呈现出不同的变化特点。为便于讨论，将承压含水层分为浅部承压含水层、深部承压含水层。浅部承压含水层指埋深 150m 以浅的第Ⅰ、Ⅱ、Ⅲ承压含水层；深部承压含水层指埋深 150m 以深的第Ⅳ、Ⅴ承压含水层。

1）浅部承压含水层压缩变形特征

浅部第Ⅱ、Ⅲ承压含水层于 1963 年前是上海市主要的地下水开采层位，而且集中于市区开采，形成了以市区为中心的地下水降落漏斗。1964 年开始采取地面沉降控制措施后，地下水位迅速回升，市区地面沉降得到了有效控制。20 世纪 80 年代中期以来，由于这些土层的水位较 60 年代以前总体抬升了，有效应力一般不超过其前期最大固结压力，土层压缩性小，变形以弹性变形为主，土层随水位升降而膨胀、压缩，残余的塑性变形很小，变形和水位变化基本同步。

第Ⅰ承压含水层：地下水位在 20 世纪 90 年代以前基本稳定在 -1～2m，砂层变形与水位变化比较密切，其峰谷值相对应，无滞后现象，表明砂层具有良好的弹性变形特征。虽然第Ⅰ承压含水层由于分布与厚度不稳定，富水性和水质较差，一直未被开采，自 1990 年以来受区域地下水开采格局的影响，第Ⅰ承压含水层地下水位呈持续缓慢的下降趋势，含水层保持弹性变形的同时，残余变形量有所增大。近年来由于地下水人工回灌量的增大，使第Ⅰ承压含水层地下水位基本保持稳定，含水层压缩速率也有所减小（图 5-21）。

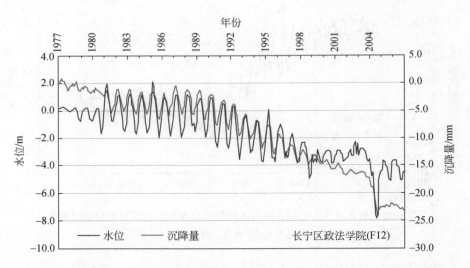

图 5-21　上海市第Ⅰ承压含水层地下水位变化与第Ⅰ承压含水层变形特征（长宁政法学院，F12）

20 世纪 90 年代以前，第Ⅱ、Ⅲ承压含水层地下水位总体处于稳定状态，大部分地区地下水位为 0～-3m，局部小于 -5m，含水砂层变形处于回弹变形状态。90 年代以来因城市发展过程中对地下水资源的需求量增大，开采强度微量增加的同时，地下水人工回灌量呈大幅减少趋势，使第Ⅱ、Ⅲ承压含水层地下水位总体处于下降态势，中心城区地下水位普遍在 -6～-14m，区域水位在 -4～-6m，含水砂层变形速率有 1.0mm/a、2.8mm/a。2000 年以来，地下水位又出现缓慢上升的态势，至 2006 年第Ⅱ、Ⅲ承压含水层地下水位普遍在 -2～-7m，含水砂层变形速率有明显减缓，年平均沉降速率仅为 0.1mm/a（图 5-22、图 5-23）。

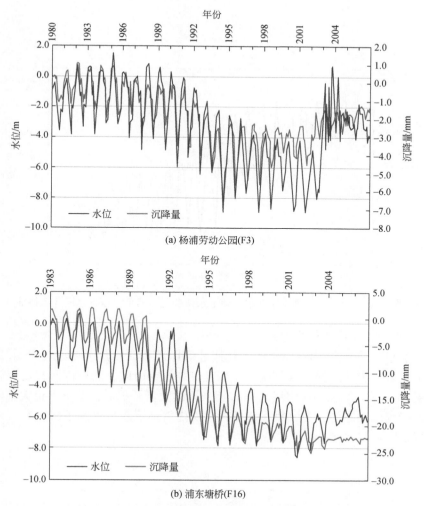

(a) 杨浦劳动公园(F3)

(b) 浦东塘桥(F16)

图 5-22　上海市第 II 承压含水层地下水位变化与第 II 承压含水层变形特征

注：浦东塘桥地区为第 I 、II 承压含水层沟通

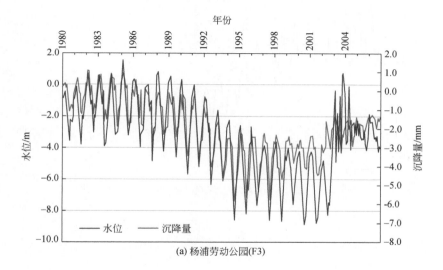

(a) 杨浦劳动公园(F3)

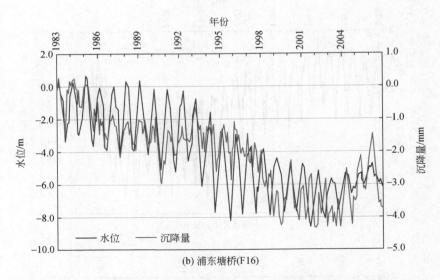

(b) 浦东塘桥(F16)

图 5-23　上海市第Ⅲ承压含水层地下水位变化与第Ⅲ承压含水层变形特征

2）深部承压含水层压缩变形特征

随着地下水开采全面调整，深部（尤其是第Ⅳ承压含水层）成为地下水开采主要层次，地下水开采逐步向北部工业化城市化程度较高的宝山区、浦东区和嘉定区转移。由于深部含水层（第Ⅳ、Ⅴ承压含水层）在多年来持续大量开采后，地下水位大幅降低，含水砂层表现为持续压缩态势，尤其第Ⅳ承压含水层随着地下水位不断下降，其沉降速率大幅增大趋势特别明显（图 5-24）。

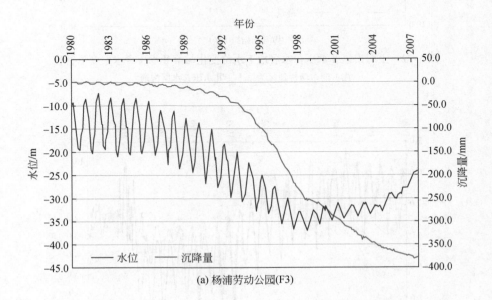

(a) 杨浦劳动公园(F3)

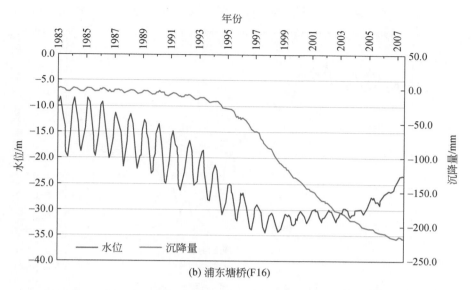

图 5-24　上海市第Ⅳ承压含水层地下水位变化与第Ⅳ承压含水层变形特征

　　第Ⅳ承压含水层自 1968 年采取调整地下水开采层措施后，开采量逐年增大，地下水位开始逐渐小幅回落；至 80 年代中心城区低水位保持在 -7.0 ~ -26.0m，年沉降量一般小于 3.0mm；90 年代初随地下水位进一步下降，第Ⅳ承压含水层变形速率逐年增加，表现为高水位期含水层回弹的逐渐减少、低水位期压缩量增大；随水位的进一步降低而渐呈常年压缩态势，年均沉降速率增大至 11.2mm，第Ⅳ承压含水层对中心城区地面沉降的贡献率上升到 49.3%。自 1998 年加强了对超采区地下水开采量的压缩，使第Ⅳ承压含水层地下水位略有回升，土层变形速率也有所减小，但第Ⅳ承压含水层仍表现为全年持续压缩变形状态。

　　第Ⅴ承压含水层在 20 世纪 60 ~ 70 年代因开采强度较小，地下水位总体下降幅度较小，地下水位基本在 -10 ~ -15m。20 世纪 80 ~ 90 年代第Ⅴ承压含水层地下水开采强度不断加大，漏斗中心地区因开采强度的加大地下水位持续下降。由于第Ⅴ承压含水层主要分布在上海市区北部和崇明三岛地区，1999 年前基本没有开展系统的第Ⅴ承压含水层分层沉降监测工作。图 5-25 显示，随着地下水开采强度增大，第Ⅴ承压含水层地下水位逐年大幅下降，如华漕地区地下水位自 1988 年的 -30m，下降到 1997 年的 -56m，之后随地下水开采量压缩而逐年大幅回升。中心城区地面沉降量的权重较小（图 5-25）。近年来随着第Ⅴ承压含水层地下水位大幅回升，第Ⅴ承压含水层地下水位漏斗中部闵行华漕地区含水层仍呈持续压缩状态，但变形速率已明显减小；地下水位漏斗中心北部的嘉定新城地区，地下水位回升，含水砂层处于回弹和平衡状态。

　　2. 承压含水层应力应变特征

　　1）浅部承压含水层应力-应变关系

　　浅部承压含水层（第Ⅰ、Ⅱ、Ⅲ承压含水层）应力-应变曲线特征反映，均小于弹性变形状态，在地下水位周期性波动的加荷、卸荷作用下，含水层也同样表现为压缩、

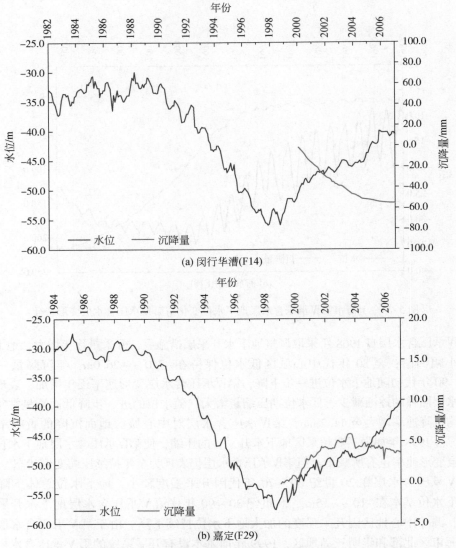

(a) 闵行华漕(F14)

(b) 嘉定(F29)

图 5-25　上海市第Ⅴ承压含水层地下水位变化与第Ⅴ承压含水层变形特征

回弹的变形状态，土层加荷段（低水位期）压缩量与卸荷段回弹量基本相等，残余变形微量。

　　总体而言，第Ⅱ、Ⅲ承压含水层应力-应变曲线表现为一系列的平行紧闭的应变椭圆，应力-应变轨迹的加荷、卸荷段基本平行，显示出较好的弹性变形特征。第Ⅰ承压含水层在 20 世纪 60 年代初期地下水位大幅回升，含水层表现为明显回弹，随着地下水位稳定，含水层表现典型的弹性变形状态特点，残留变形非常小，如长宁区政法学院标自 1977 年以来仅为 25mm。上海市中心城区第Ⅰ、Ⅱ、Ⅲ承压含水层应力-应变特征如图 5-26 ~ 图 5-28 所示。

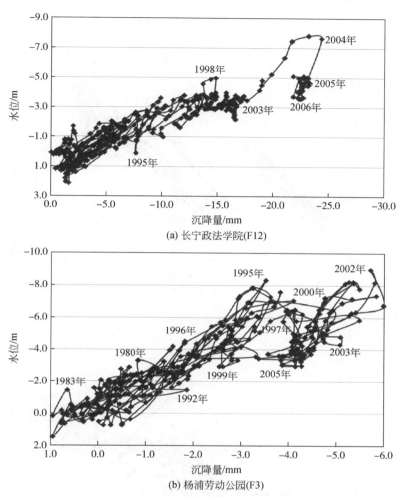

(a) 长宁政法学院(F12)

(b) 杨浦劳动公园(F3)

图 5-26　上海市中心城区第 I 承压含水层应力-应变特征

注：水位的变化反映的是应力的变化，沉降量的变化反映的是应变的变化

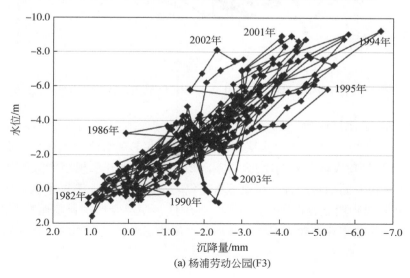

(a) 杨浦劳动公园(F3)

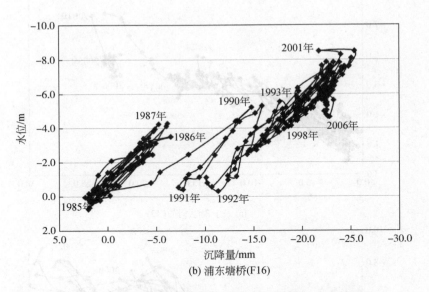

(b) 浦东塘桥(F16)

图 5-27　上海市中心城区第Ⅱ承压含水层应力–应变特征

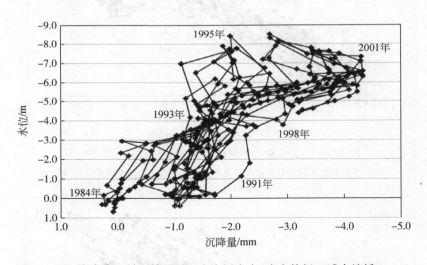

图 5-28　上海市中心城区第Ⅲ承压含水层应力–应变特征（浦东塘桥，F16）

2）深部承压含水层应力–应变关系

20 世纪 80 年代，第Ⅳ承压含水层逐步成为上海市主要的地下水开采层次，地下水位自 90 年代初开始呈现大幅下降的趋势，近年来由于地下水开采规模的大幅压缩，第Ⅳ承压含水层地下水位开始稳步回升。在地下水变化的不同状态下，第Ⅳ承压含水层变形特征（如应力–应变曲线）明显表现出弹性变形→弹塑性→塑性变形→弹塑性变形的变化规律。各阶段含水层压缩速率存在较大差异，与地下水位状态表现出密切的内在联系，在含水层应力–应变曲线变化上表现十分清楚（图 5-29）。90 年代以前地下水基本保持稳定，含水砂层形变表现为与地下水位波动基本同步的周期性夏沉冬升，每年仅有很小的残余变形，为典型的弹性变形状态。含水砂层的弹性变形主要由季节性低水位阶段固体颗粒骨架间空隙减小、高水位阶段孔隙水压力增大而使颗粒骨架间隙扩大而表现出来，应力–应变形迹为一系列闭合的应变椭圆。

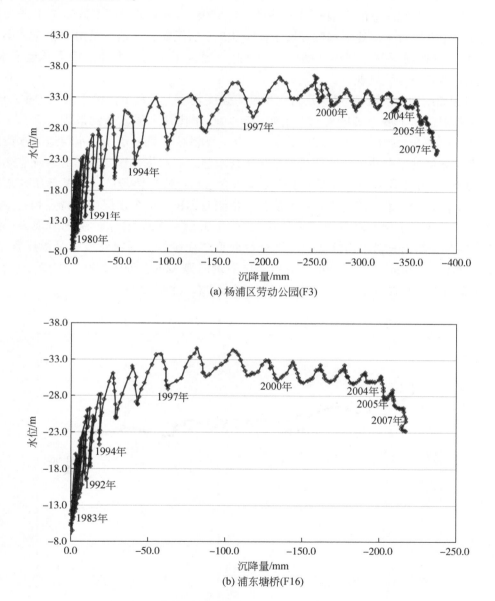

图 5-29　上海市中心城区第Ⅳ承压含水层应力–应变特征

90 年代初随地下水位进一步下降，当地下水位降低至临界水位（-28 ~ -32m）时，第Ⅳ承压含水层变形特征逐渐发生了变化，季节性低水位期的沉降量逐年增大，冬季水位回升期的回弹量逐年减小，表现为弹性变形向塑性变形过渡。此阶段含水层变形已不仅仅表现为颗粒骨架弹性的压缩与回弹，颗粒排列方式已开始出现重新调整的趋势，应力-应变形迹由闭合应变椭圆向尖峰谷状应变轨迹转变。当地下水位位于临界水位以下时，含水层在季节性高、低水位期均表现为持续性的固结压缩，表明含水层此时承受的附加应力已超过了其前期固结压力，呈现颗粒重新排列的破坏型变形，应力-应变形迹表现为在地下水位波动过程中持续压缩的波浪式应变路径。自 1998 年加强了对超采区地下水开采量的压缩，使第Ⅳ承压含水层地下水位开始逐步回升，土层压缩变形速率虽出现相应减小，含水层应力-应变曲线逐渐呈现出弹塑性变形状态，通过压缩地下水开采量提升地下水位，地面沉降防治效果开始显现。

　　20 世纪 60~70 年代，第Ⅴ承压含水层开采强度较小，开采范围以中心城为主；80 年代后开采范围迅速扩展至郊区青浦、崇明等地，90 年代开采强度达到最大，闵行—青浦地下水漏斗中心开采强度大于 60 万 m³/km²，闵行华漕位于第Ⅴ承压含水层地下水位漏斗中心，嘉定新城处于漏斗中心北部。第Ⅴ承压含水层地下水位、地层变形的系统监测数据较少，20 世纪 90 年代末期逐步完善了第Ⅴ承压含水层沉降监测设施。第Ⅴ承压含水层在地下水位下降过程中的沉降特点没有监测到，推测与第Ⅳ承压含水层压缩特点相一致。闵行华漕第Ⅴ承压含水层，随着地下水位从 -57m 上升到 -45m，含水砂层仍表现为持续压缩，应力-应变曲线表现为塑性变形向弹塑性变形转变阶段。嘉定新城第Ⅴ承压含水层，随着地下水位从 -54m 上升到 -39m，含水砂层微量回弹 4mm，处于很小的沉降变形状态，应力-应变曲线表明含水砂层已基本处于弹性变形状态（图 5-30）。

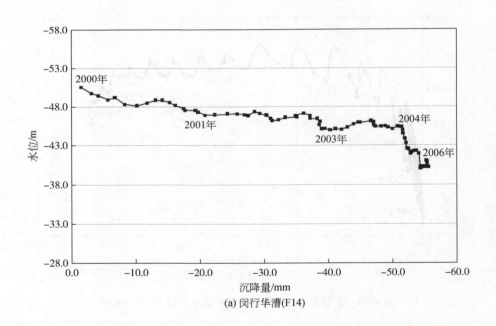

(a) 闵行华漕(F14)

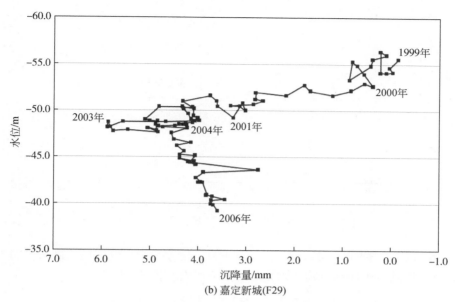

(b) 嘉定新城(F29)

图 5-30　上海市中心城区第Ⅴ承压含水层应力–应变特征

5.4.2.2　深基坑降排承压水引起的地面沉降

基坑工程建设引起地面沉降的主要原因是浅部含水层降排水。由于基坑开挖施工和防止基坑突涌，在基坑开挖施工前和过程中必须进行降排水工作。基坑降排水主要有潜水疏干和降低承压（微承压）含水层水位压力两种情况。潜水疏干通常由于基坑止水帷幕封闭，坑内外无水力联系，对基坑周围地面沉降影响较小，但对基坑底板以下含水层降水引起含水层地下水位下降并形成地下水位降落漏斗，对基坑周围区域地面沉降影响却相当显著。在基坑内外降低承压含水层水位时，造成基坑周围地下水位的大幅下降，渗流场各要素发生改变，土层释水压密，导致土层中孔隙水压力降低，引起土体有效应力增加，土体发生垂直和水平方向的位移变形，突出的结果就是发生地面沉降。因此，对深基坑工程建设地面沉降防治的关键仍然是对地下水的控制。基坑开挖引起围护结构位移变形，使基坑周围土体沉降，也是基坑开挖产生地面沉降的原因之一。

5.4.2.3　高层建筑建设引发的地面沉降

上海地区地表浅部广泛分布高含水层、高压缩性、高灵敏度、低强度的软土层，是近一万年以来的沉积地层，处于正常固结和欠固结状态。在不断增大建筑物荷载作用下，浅部软土层表现为变形速率逐渐增大的持续流变趋势，中心城区平均变形速率由 1966 年的 0.7mm/a 增加到 5.8mm/a。由于第一软土层总体上厚度较大，为淤泥质粉质黏土层。黏土层（工程地质③、④层）为欠固结土层，其变形速率明显大于其下部的第二软土层（工程地质⑤层）（图 5-31）。

陆家嘴典型高层建筑区地面沉降监测资料显示，该地区第一、二软土层同样表现为持续压缩变形，特别第一软土层尤为明显，该层在 1987～2006 年持续压缩变形已达 76mm，

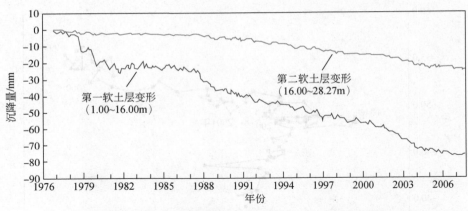

图 5-31　上海市中心城区浅部软土层变形特征（长宁政法学院，F12）

压缩速率近 4mm/a。除了土层自身的固结变形外，陆家嘴地区高强度、高密度的工程建设活动也是导致该地层欠固结持续压缩变形的重要因素（图 5-32）。

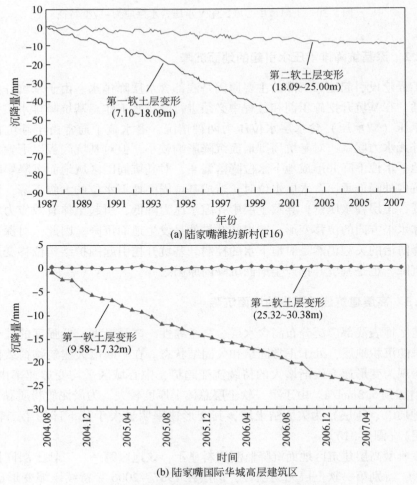

(a) 陆家嘴潍坊新村(F16)

(b) 陆家嘴国际华城高层建筑区

图 5-32　陆家嘴地区浅部软土层变形特征

5.4.3　地面沉降对重大市政基础设施影响

5.4.3.1　对轨道交通影响

由于地铁隧道纵向长度大，各区间隧道有严格的曲率半径参数要求。隧道沉降，尤其是不均匀沉降会对地铁安全运行产生严重影响。地铁隧道的抗纵向变形能力弱，在隧道纵向变形或曲率半径达到一定临界值后，可能导致管片环缝张开量过大渗水，进而加快隧道不均匀沉降并威胁轨道交通的运营安全（郑永来等，2005）。

1. 轨道交通线路隧道沉降特征

1）地铁隧道沉降总体特征

a. 地铁 1 号线隧道

地铁 1 号线隧道于 1994 年全线贯通，1994 年 10 月试运行；1994 年 12 月进行了第一次监测工作，取得了隧道变形监测的初始值；至 2007 年 6 月，地铁 1 号线隧道共进行了 25 次沉降监测。据监测资料分析，地铁 1 号线隧道总体处于沉降状态，并在空间上表现出明显的不均匀变形的特点（图 5-33）。地铁 1 号线隧道自 1994 年 12 月至 2007 年 6 月全线平均沉降 113.4mm，最小沉降量为 5.8mm（里程 3812.9m）；最大沉降量为 287.8mm（里程 11640.6m），黄陂南路—新客站区间及衡山路站附近隧道沉降量较大，平均沉降量分别为 200.1mm 和 185.0mm；其他隧道区间沉降量较小，一般为 10.0 ～ 130.0mm。

b. 地铁 2 号线隧道

地铁 2 号线隧道于 1999 年全线贯通，于 1999 年 9 月试运行；1999 年 12 月取得隧道沉降监测初值，至 2007 年 6 月已进行了 19 次沉降监测。沉降监测资料反映地铁 2 号线隧道处于沉降状态，并表现不均匀变形的特征（图 5-34）。地铁 2 号线全线隧道区间段平均沉降量为 60.4mm，世纪大道站—人民广场区间隧道沉降量较大，平均沉降量为 89.1mm；而人民广场以西、东方路以东隧道平均沉降量在 14.0 ～ 60.0mm，明显低于世纪大道站—人民广场区间段隧道的沉降量。

c. 地铁 3 号线隧道

地铁 3 号线从石龙路站开始向北一直到江湾镇车站全部高出地面，由承台支撑，承台之间的距离视所在地位置实际情况而不同，距离一般在 20 ～ 40m。于 2001 年 3 月对其高架桥承台监测点进行了首次沉降监测。从沉降监测成果上看沉降量较大的车站为宝山路站 BS-2（113.5mm）、中潭路站 ZT-2（108.3mm），沉降量较小的车站为宜山路站 YS-2（5.7mm）。镇坪路站—江湾镇站之间存在一个较明显的沉降波谷（图 5-35），可能受上海市地面沉降的影响。

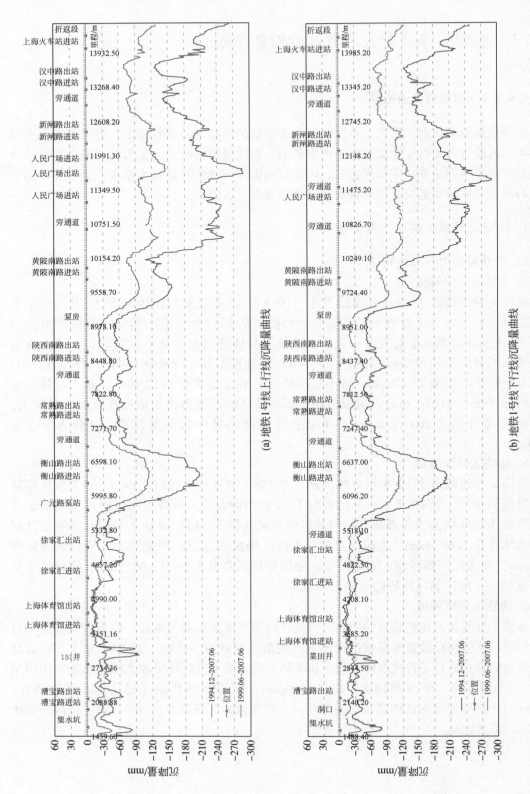

图 5-33　地铁1号线隧道沉降量曲线（1994.12~2007.06和1999.06~2007.06）

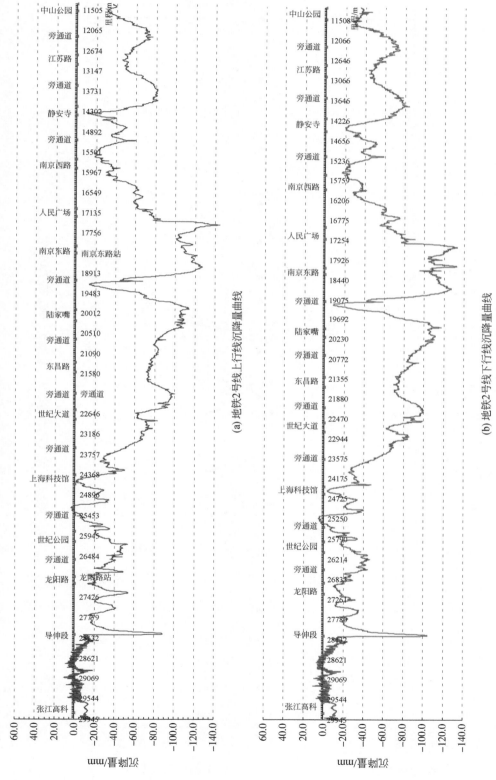

(a) 地铁2号线上行线沉降量曲线

(b) 地铁2号线隧道沉降量曲线

图 5-34　地铁2号线隧道沉降量曲线（1999.11~2007.05）

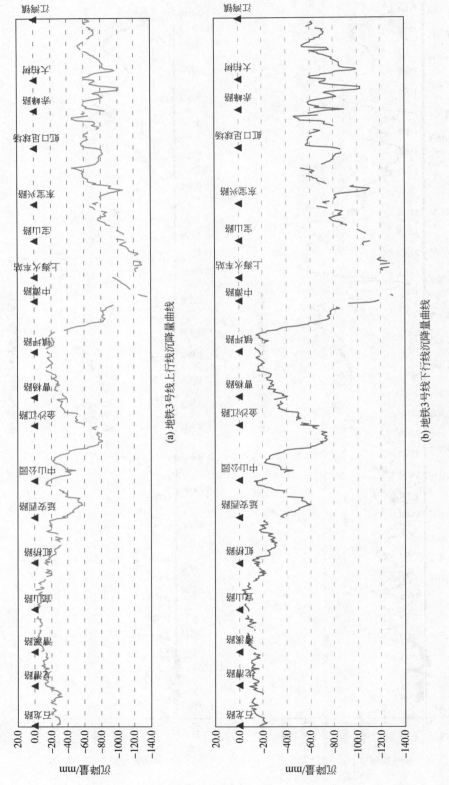

(a) 地铁3号线上行线沉降量曲线

(b) 地铁3号线下行线沉降量曲线

图5-35 地铁3号线隧道沉降量曲线（2001.07~2006.10）

　　d. 地铁 4 号线

　　地铁 4 号线于 2005 年 12 月 31 日开通试运营，并从 2006 年 1 月 1 日起正常营运，是上海市 400km 轨道交通基本网络中的唯一一条贯穿浦东和浦西的轨道交通环线，途经徐汇、黄浦、浦东、虹口和杨浦等。沉降监测资料反映出地铁 4 号线隧道处于沉降状态，并表现出不均匀变形的特征（图 5-36）。地铁 4 号线全线隧道区间段平均沉降量为 3.1mm，海伦路进站处沉降量较大，最大沉降量为 44.0mm，平均沉降量为 12.5mm；出入停车库段沉降量较大，最大沉降量为 46.1mm，平均沉降量为 11.2mm；而其他区间最大沉降量在 2～14mm 之间，明显低于海伦路区间段和出入停车库段的沉降量。

　　2）轨道交通线路沉降具明显的不均匀性

　　由图 5-33 可以看出，地铁 1 号线隧道沉降变形最突出之处是显著的不均匀特点。在地铁过陕西南路站后，隧道沉降变形开始表现出明显的增大趋势，黄陂南路—新客站区间隧道平均沉降量为 180.6mm，较地铁 1 号线隧道全线平均沉降 113.4mm 高出 1.7 倍。陕西南路—黄陂南路区间、黄陂南路—人民广场区间、汉中路—新客站区间隧道最大不均匀变形分别达到了 166.4mm/km、273.7mm/km、229.4mm/km，形成了地铁 1 号线隧道黄陂南路—新客站区间的沉降漏斗，以人民广场、新客站附近沉降量最大。地铁 1 号线衡山路站附近隧道的沉降量也较大，以衡山路站为中心的 1174.7m 隧道区间内的平均沉降量为 155.6mm，最大沉降量达 196.2mm，明显高于相邻隧道区间的变形量。

　　从图 5-34 可以看出，地铁 2 号线穿越黄浦江段的地铁隧道平均变形仅为 33.0mm，明显小于它相邻相侧隧道的沉降变形，将东方路—人民广场"沉降漏斗"分隔成两个次级的中心，使隧道变形的差异性更加明显，石门路—人民广场、河南路—黄浦江、黄浦江—陆家嘴站三个区段的地铁隧道不均匀变形分别为 91.9mm/km、131.2mm/km、74.3mm/km。

　　2. 轨道交通线路沉降规律特征

　　1）典型监测点沉降动态特征

　　轨道交通线路监测点变形的动态特征显示，地铁 1 号线隧道变形呈现逐渐收敛的趋势。2000 年前，地铁 1 号线隧道呈现较大的沉降速率，反映其受盾构扰动土体沉降、区域地面沉降等因素影响。随着盾构扰动土体变形趋于完成，地面沉降逐渐成为隧道沉降的主要影响因素，自 2001 年开始地铁 1 号线隧道监测点逐渐呈现与区域地面沉降动态相似的特点，即表现出冬季回弹或沉降速率减小、夏季沉降或沉降速率增大的动态变形特征（图 5-37）。2000 年前后地铁 1 号线隧道平均沉降量分别为 70.4mm、43.0mm。

　　地铁 2 号线隧道总体沉降明显小于地铁 1 号线（图 5-38）。据初步分析，首先地铁 2 号线隧道建设过程中吸取了地铁 1 号线隧道建设经验，改进了盾构施工工艺，更加严格控制盾构推进参数，盾构推进过程中隧道上方地面变形控制在"+20.0/-30.0mm"范围内，减小了盾构推动土体产生的隧道初始沉降量；其次，随着上海市委市政府进一步加大地面沉降控制措施，2000 年前后，中心城区地面沉降速率呈逐步减缓趋势，地铁 2 号线隧道自 2005 年开始受区域地面沉降影响表现明显，2005 年前后隧道平均沉降量分别为 47.3mm、13.1mm。

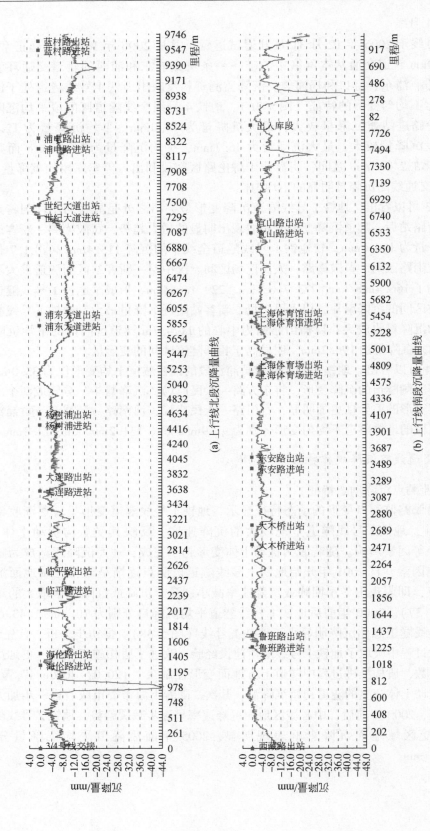

(a) 上行线北段沉降量曲线

(b) 上行线南段沉降量曲线

图 5-36　地铁4号线隧道沉降量曲线（2006.01~2007.06）

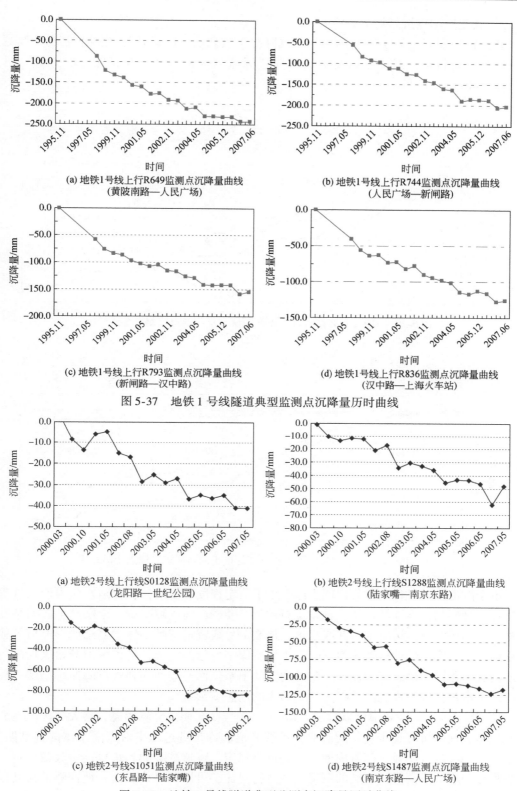

(a) 地铁1号线上行R649监测点沉降量曲线
(黄陵南路—人民广场)

(b) 地铁1号线上行R744监测点沉降量曲线
(人民广场—新闸路)

(c) 地铁1号线上行R793监测点沉降量曲线
(新闸路—汉中路)

(d) 地铁1号线上行R836监测点沉降量曲线
(汉中路—上海火车站)

图 5-37　地铁 1 号线隧道典型监测点沉降量历时曲线

(a) 地铁2号线上行线S0128监测点沉降量曲线
(龙阳路—世纪公园)

(b) 地铁2号线上行线S1288监测点沉降量曲线
(陆家嘴—南京东路)

(c) 地铁2号线S1051监测点沉降量曲线
(东昌路—陆家嘴)

(d) 地铁2号线S1487监测点沉降量曲线
(南京东路—人民广场)

图 5-38　地铁 2 号线隧道典型监测点沉降量历时曲线

2）典型监测点沉降规律分析

盾构推进期间土体扰动引起的初始沉降趋于收敛后，隧道监测点逐渐表现为区域地面沉降的动态特征，对比轨道交通沿线分层标监测资料，该特点表现更加突出（图5-39、图5-40）。

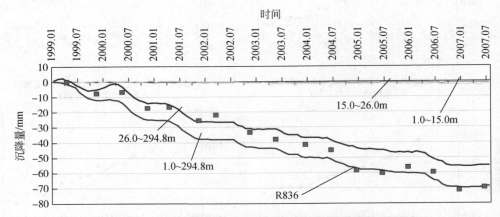

图 5-39　F10（新客站附近）不同深度土层与隧道监测点变形对比

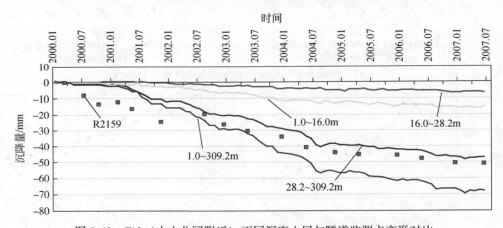

图 5-40　F12（中山公园附近）不同深度土层与隧道监测点变形对比

由于隧道施工过程中对其周围土体产生了一定程度的扰动，在孔隙水压力消散过程中土体颗粒骨架结构会逐渐调整，颗粒重新排列，使颗粒间空隙减少，土层产生次固结变形压缩。如隧道监测点历时变形曲线显示，地铁1号线隧道下卧土体次固结变形经历了数年才逐渐趋于稳定。随着地铁隧道下卧软土层次固结变形的完成，隧道变形开始表现出与区域地面沉降相同的动态变形规律：冬灌期随地下水位回升地面回弹或沉降速率趋缓，夏用期随地下水位下降地表沉降或沉降速率增大的动态变形规律。

从图5-39、图5-40中可以看出，地铁1、2号线初期沉降较明显，略大于区域地面沉降，而后表现为沉降逐步收敛的态势，反映隧道盾构推进过程中对周围土体的扰动明显，产生的初期沉降较明显，随着周围土体的逐步稳定，隧道沉降的趋势也逐步收敛稳定。通过与附近分层标不同埋深土层的沉降曲线进行对比，可以明显地看出，地铁隧道与其以下至基岩范围内的土层沉降趋势基本一致，说明后期沉降主要受区域地面沉降的控制。

3. 轨道交通线路沉降的主要影响因素

1）轨道交通线路沉降影响因素分析

根据沉降监测结果，轨道交通线路不均匀沉降影响因素主要有以下 5 个方面：①隧道施工期间扰动土体产生的初始沉降；②隧道邻近或上方地表加荷、卸荷，如大量的高层建筑物（包括基坑施工）；③隧道管片渗水渗砂产生的局部沉降；④地铁周期性振动荷载作用下的下卧土体变形，及其局部管片缺陷渗水沉降加剧；⑤区域地面沉降。

盾构推进过程扰动周围土体产生的初始沉降，对轨道交通线路沉降的影响是十分明显的，而且在隧道总体沉降量中占有较大的权重，由于轨道交通沿线地质结构复杂、盾构施工参数变化等因素影响，盾构推进产生的初始沉降具有明显的不均匀特点（图 5-41）。例如，地铁 2 号线龙东路—中央公园站区间段隧道，盾构通过的地层为灰色淤泥质黏土层（即工程地质④层），但隧道纵坡在全程范围内变化较大，使隧道的埋藏深度有较大的变化，监测数据表明，该区间地表沉降有很大的差别，最大值超过了 100mm，最小值仅为 0.5mm，反映由于隧道覆盖层厚度和盾构施工参数（盾构推力、盾尾空隙及回填注浆等）变化使盾构推进产生的初始沉降有较大差异。

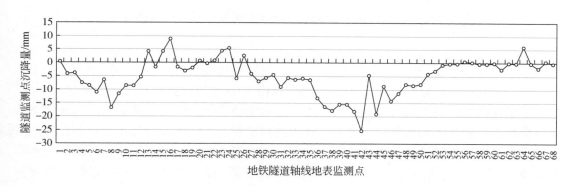

图 5-41　地铁 3 号线宜山路车库隧道施工期间轴线地表沉降曲线

2）地面沉降是轨道交通线路沉降的主要影响因素

对比轨道交通线路沉降（图 5-33 ~ 图 5-36）与区域地面沉降特征，很明显轨道交通总体沉降特征与区域地面沉降相一致，而且地面沉降控制着轨道交通线路沉降的总体趋势。

将地铁隧道沉降曲线与沿线水准点沉降进行对比（图 5-42），可以更加明显地反映地铁隧道沉降与区域地面沉降的相关性。地铁隧道变形与中心城区地面沉降总体规律是一致的，地铁隧道穿越区域地面沉降中心区段时变形量也呈增大趋势。

地铁隧道作为一种地下构筑物呈线状贯穿于地表下 10m 左右的软土体中，已成为地质环境的一个组成部分，城市地质环境的变化不可避免地影响到地铁隧道。地下水开采、城市建设活动所导致的地面沉降，同样作用于作为地质环境组成部分的地铁隧道，使其表现为与区域地面沉降规律相似的变形特征。

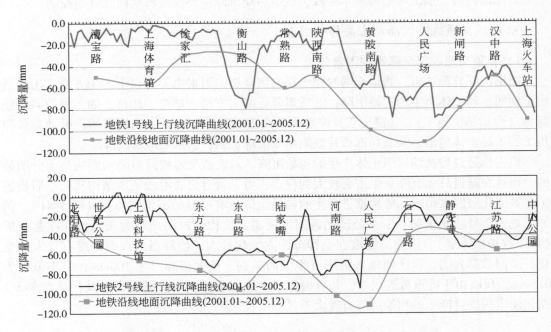

图 5-42　地铁隧道沉降与沿线区域地面沉降对比（2001～2005 年）

4. 隧道不均匀沉降对轨道交通安全的影响

（1）不均匀沉降导致隧道曲率半径变化，增大地铁运营维护成本。

由于地面沉降的不均匀性，以及受局部漏水漏砂等影响，地铁隧道呈现明显的不均匀沉降特点。隧道不均匀性沉降改变了隧道的初始状态，导致隧道曲率半径变化，改变了隧道参数，影响地铁运营的安全性和乘坐地铁的舒适度。同时，快速运行的地铁列车在隧道不均匀沉降明显区间行驶，加重了轨道的磨损，进而增加了隧道的运营维护成本。

根据相关规定，地铁轨道曲率半径不得小于 15000m，而地铁 1 号线的监测成果显示，全线已有约 1/3 的监测点曲率半径已小于 15000m。其中曲率半径在 1500m 以下的点，共有 45 个；曲率半径在 1500～3000m 的点，共有 70 个；其中曲率半径在 3000～5000m 的点，共有 52 个；曲率半径在 5000～15000m 的点，共有 127 个；曲率半径在 15000m 以上的点，共有 522 个。

（2）不均匀沉降会增加管片破损、渗水漏砂的潜在危险。

受地面沉降不均匀性及地铁建设施工工艺的差异等影响，地铁隧道亦发生明显的不均匀沉降现象。地铁隧道沉降的不均匀性致使刚性的隧道管片发生破损、断裂等现象，进而造成涌水流沙，危害地铁运营安全。

地铁 2 号线河南中路站—陆家嘴站区间穿越黄浦江，地质条件较复杂，隧道周边土体为饱水的含水砂层，若发生渗漏，将形成流沙、管涌等灾害，对地铁 2 号线的安全运营的影响将是致命的。因此，该区段采用了严格的沉降控制措施，以往监测显示该区段沉降量

较小，而附近的人民广场、陆家嘴等地区沉降较大，不均匀沉降较明显。2006 年 8 月 19
日，地铁 2 号线河南中路站—陆家嘴站由于不均匀沉降导致管片破裂，发生涌水流沙事
故，地铁隧道发生明显的沉降现象，最大沉降量达到 33.3mm（里程 19118.27，监测点
S1285，图 5-43），经注浆加固处理后，沉降得到有效控制。通过多次注浆等手段加固隧道
周边土体，控制了沉降的进一步发展，使隧道注浆段整体呈抬升趋势。

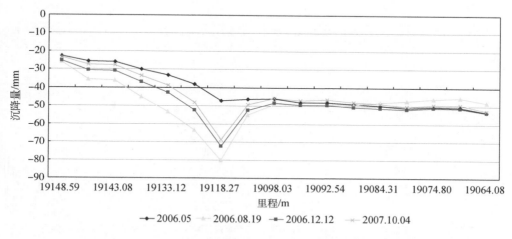

图 5-43　地铁 2 号线过江段累积沉降纵断面图

5.4.3.2　对高架道路影响

内环线高架道路 1994 年正式开通使用，其后又陆续建成了南北高架和延安路高架等
城市主要高架道路，形成了"申"字形的立体交通网络。

已建成的高架道路基本采用桩基础，由于不同地段地质结构差异，受到区域地面沉降
和周围复杂环境等影响，加之高架道路本身车流量和荷载等诸多因素的影响，可能会产生
不同程度的差异沉降，严重时则会影响到高架道路的结构及行车安全，增加城市高架道路
的维护成本。自 2003 年起，对上海全市高架道路沉降开始进行系统监测。

1. 城市高架道路沉降特征

2003 ~ 2006 年，市区主要高架道路总体处于沉降状态，且表现出比较明显的不均匀沉
降特征（图 5-44）。逸仙路高架道路总体沉降量较大，平均沉降量约为 34.4mm，而沪闵
高架道路沉降较小，平均沉降量约为 5.1mm，内环高架道路、南北高架道路、延安高架道
路平均沉降量约为 19.8 ~ 24.9mm。

（1）内环高架道路 2003 ~ 2006 年平均沉降量约为 19.8mm，且差异沉降较明显，表现
为三个主要的沉降漏斗区，曲阳路—周家嘴路平均沉降量约为 40.4mm，交通路—共和新
路区间段平均沉降量为 36.4mm，南浦大桥—西藏北路区间段平均沉降量约为 48.7mm，其
余区段沉降量为 5 ~ 20mm。

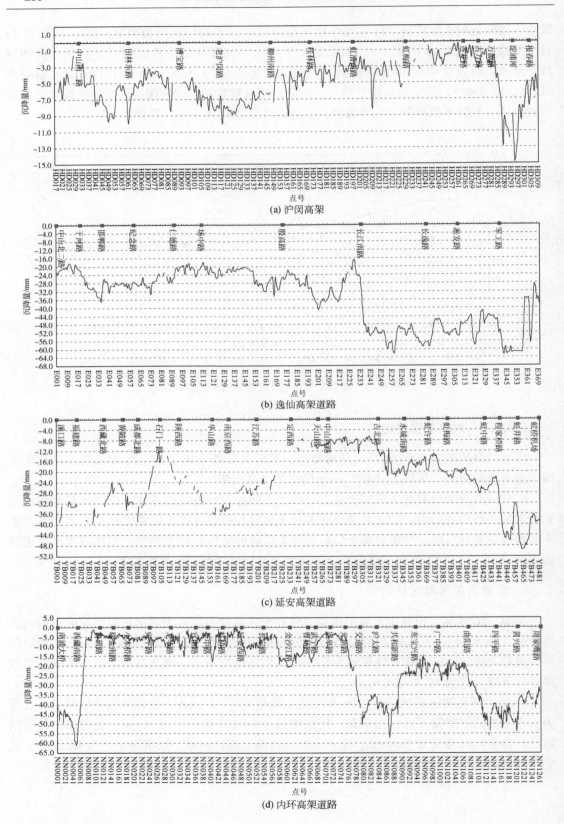

(a) 沪闵高架

(b) 逸仙高架道路

(c) 延安高架道路

(d) 内环高架道路

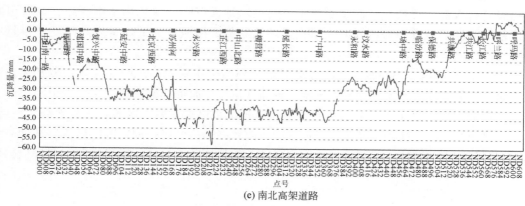

(e) 南北高架道路

图 5-44　上海市主要高架道路沉降曲线（2003～2006 年）

（2）南北高架道路 2003～2006 年平均沉降量约为 24.9mm，总体表现为南北两端沉降量较小，中部沉降量较大的特点。淮海路—汶水路区间段平均沉降量约为 37.4mm，其余区段沉降量为 5～20mm，且北部共江路—呼玛路区间段大部分高架道路表现为微量回弹，回弹量为 2～5mm。

（3）延安高架道路 2003～2006 年平均沉降量约为 23.5mm，总体表现为东西两端沉降量较大，中部沉降量较小的特点，古北路—虹桥机场区间段平均沉降量约为 25.6mm，溪口路—定西路区间段平均沉降量约为 27.4mm，其余区段沉降量为 5～15mm。

（4）沪闵高架道路总体沉降较小，2003～2006 年平均沉降量约为 5.1mm，整体差异沉降不明显。万源路—报春路区间段沉降较明显，该段平均沉降量约为 8.1mm，最大沉降出现在淀浦河附近地区，沉降量为 14.6mm，其他区段沉降量一般为 2.0～5.0mm。淀浦河附近地区为沪闵高架二期工程，从柳州南路一直延伸到外环线莘庄立交新梅天桥处，全长 5.4km，于 2001 年 12 月 19 日正式动工兴建，由于建设时间的不同，存在沉降差异现象。

（5）逸仙高架道路总体沉降较明显，2003～2006 年平均沉降量约为 34.4mm，全线表现为中山北二路—长江南路沉降较长江南路—长江路区间小的空间格局，中山北二路—长江南路区间段平均沉降量为 26.1mm，长江南路—长江路区间段平均沉降量约为 51.3mm，并且在长江南路附近表现为明显的不均匀沉降的特点（黄小秋，2007；谢远成，2008；秦晓琼等，2017）。

2. 地面沉降对城市高架沉降影响分析

城市高架道路在建设及运营的过程中，受各种因素的影响而产生沉降现象，其中区域地面沉降是引起高架道路沉降的主要影响因素。另外，高架道路施工方法及地质条件的差异、高架道路自身荷载和车辆运行动荷载对下卧土层产生的附加应力造成土体压密也会对高架道路沉降及不均匀沉降产生一定的影响。

　　对比高架道路与沿线地面水准点沉降可以清晰地反映出高架道路沉降与区域地面沉降趋势具有很好的相似性。高架道路变形与区域地面沉降总体规律基本一致，高架道路在跨越区域地面沉降中心区段时变形量呈增大趋势，区域地面沉降量与高架变形量基本一致。

　　如图 5-45 所示，中心城区地面沉降主要呈现两个主要地面沉降漏斗区，分别为西部华漕地区、黄浦区—人民广场—不夜城—杨浦五角场地面沉降漏斗区。从高架道路沉降与地面沉降特征对比图（图 5-45）上可以看出，上海市高架道路沉降表现为延安高架两端、南北高架中段、内环高架南浦大桥附近区段、内环高架曲阳路—周家嘴路区段、逸仙高架北段有沉降较大的特征，这与区域地面沉降的总体特征基本一致。高架道路沉降较大的区

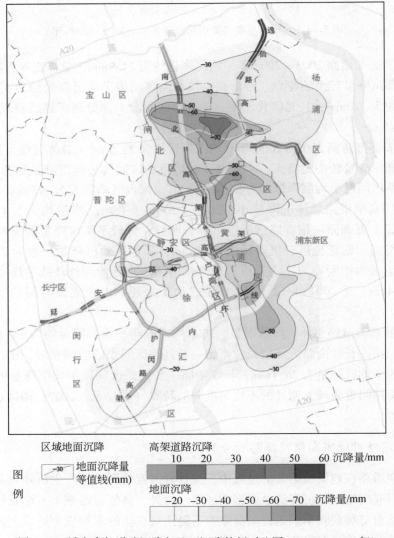

图 5-45　城市高架道路沉降与地面沉降特征对比图（2003～2006 年）

段一般位于区域地面沉降漏斗区内，且高架道路沉降量与区域地面沉降量基本相符。如南浦大桥附近内环高架沉降量为 40~60mm，平均沉降量约为 48.7mm，而周边水准点反映的地面沉降量为 46~50mm，基本与高架道路沉降量相符，其他地区也基本表现出类似的特征。

高架道路均采用桩基础结构，桩基持力层一般位于⑦层，即上海地区的第Ⅰ承压含水层，因此，高架道路的沉降量反映的主要是该层以下各土层的总体压缩变形量。另外，由于高架道路所选用的钻孔灌注桩、管桩和方桩等均属端承摩擦桩，在桩身与侧面土层摩擦阻力的作用下，使得桩身与周围土层保持着基本一致的沉降趋势，这种作用的效果会因浅部土层结构和桩类型不同而有所差异。

根据 20 多年中心城区多组地面沉降分层标的分层沉降统计数据，受地下水开采影响，深部含水砂层的压缩变形已成为诱发区域地面沉降的主要原因，尤以深部第Ⅳ、Ⅴ承压含水层的沉降量最大，这部分沉降也是高架道路所反映的主要沉降量，因此，区域地面沉降决定了高架道路沉降变形的总体趋势（介玉新等，2007；龚士良等，2008）。从高架道路沉降曲线图及平面图上可以看出，高架道路沉降呈现出明显的不均匀沉降的特征。一方面，区域地面沉降是高架道路的主要影响因素，受区域地面沉降的不均匀性影响，高架道路也表现出一定的不均匀性；另一方面，高架道路建设施工方法的差异、地质条件的差异、运营期间车流量的差异等均是造成高架道路不均匀沉降的影响因素。

高架道路在设计、施工过程中，一般根据工程地质条件并考虑建设成本、对邻近建（构）筑物影响等其他因素，分别选用各种不同的桩基类型和不同的桩长、桩径。不同桩基类型控制沉降变形的效果也会存在一定的差异，从而导致部分区段产生沉降异常。在其他因素基本一致的条件下，不同时期建成的高架道路桩基的沉降也会有所不同，早期建成的高架道路已经经过较长时间的工后沉降，其沉降速率将小于建成运营时间较短的高架道路。另外，高架道路作为一种桩基础型式的构筑物，在运营过程中其自身的重力和车辆的动荷载必然会对其下卧土层产生一定的附加应力，在该附加应力的作用下，土体骨架颗粒间的孔隙被压缩，进而导致土层持续缓慢地压缩压密变形。因工程地质条件的差异，这种附加应力导致的高架道路沉降变形也往往存在明显的差异。

高架道路桩基持力层一般位于⑦层，桩端多为土性较好的砂质粉土，由于该土层工程性质良好，在高架道路的运营过程中因高架自身重力和车辆动荷载发生固结变形而导致高架道路发生沉降的可能性较小，但由于高架道路线路较长，跨越了不同的工程地质类型区，部分区段因受古河道切割⑥层缺失，⑦层缺失或厚度、埋深变化较大，桩基持力层埋深和厚度变化大，桩基条件复杂。在⑦层分布较薄或不稳定区段，若桩端接近软弱的下卧土层，在高架道路自身重力和车辆动荷载作用下会产生软土地基变形，从而导致高架道路产生较大的沉降。例如，逸仙高架整体沉降较大，沉降量为 20~60mm，而且表现出较为明显的不均匀沉降特点，根据区域工程地质调查成果，该区段大部分位于古河道或古河道边缘，受古河道切割影响，区段内⑥层多缺失，⑦层厚度仅有 2~3m，甚至缺失，且下伏土性较差的⑧₁层灰色粉质黏土较厚，桩基条件较差，在高架道路自身重力和车辆动荷载作用下易导致地基变形，使高架道路表现出较大沉降量，地质条件差异也产生了比较明显的不均匀沉降特征。

5.4.3.3　对磁悬浮影响

1. 磁悬浮沿线地面沉降特征

1) 2010 年度（2009.12 ~ 2010.12）磁悬浮沿线地面沉降特征

2010 年度磁悬浮沿线地面整体表现为下沉，平均沉降量为 5.19mm，其中最大沉降量达 20.75mm，另外还有 10 个监测点沉降量均大于 10mm（图 5-46）。中环路以西出现回弹，最大回弹量为 3.98mm。申江路与川南奉公路附近有差异沉降现象，差异沉降量近 20mm。

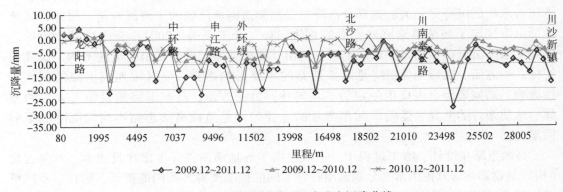

图 5-46　磁悬浮沿线地面水准点沉降曲线

2) 2011 年度（2010.12 ~ 2011.12）磁悬浮沿线地面沉降特征

2011 年度沿线水准点整体表现为下沉，仅局部地区表现为回弹，平均沉降量为 4.25mm，最大沉降量达到 17.46mm，最大回弹量为 1.7mm。沿线有一定不均匀沉降现象，最大差异沉降量约 15mm，一般在 10mm 左右。与 2010 年度水准点沉降特征相比，总体沉降量变小，起始段龙阳路附近表现趋稳，无回弹现象，出现差异沉降点数增多，但差异沉降量有所减小。

3) 2009 ~ 2011 年（2009.12 ~ 2011.12）磁悬浮沿线地面沉降特征

2009 ~ 2011 年沿线水准点整体表现为下沉，平均沉降量为 9.6mm，最大沉降量为申江路附近的 31.4mm。西部起始段龙阳路附近表现为回弹，最大回弹量为 5.6mm。沿线不均匀沉降现象较为显著。

2. 磁悬浮工程结构沉降特征

1) 2010 年度（2009.12 ~ 2010.12）磁悬浮工程结构沉降特征

全线磁悬浮立柱沉降量整体表现较稳定，东、西两端表现为抬升，中部下沉（图 5-47），沉降量一般在 ±2mm 以内。中起始段抬升量较大，最大值为 5.77mm，最大沉降量为 2.83mm。磁悬浮立柱不均匀沉降总体不明显，仅中环路以西、川沙路、川沙新镇附近有一定不均匀沉降现象，差异沉降量约 3mm。

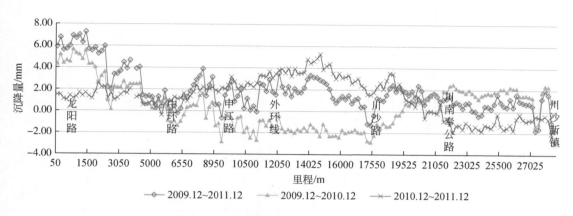

图 5-47　磁悬浮全线立柱监测点沉降曲线

2）2011 年度（2010.12～2011.12）磁悬浮工程结构沉降特征

磁浮线立柱监测点 2011 年度川南奉公路以西表现为抬升，以东表现为下沉，但沉降量整体表现较稳定，除申江路至川沙路段外，沉降量一般在 ±2mm 以内，与 2010 年度基本一致。中环路以西沉降稳定，回弹量在 1mm 左右；中环路至川沙路回弹变化量较大，其中外环线至川沙路段回弹量较大，最大值为 5.32mm；川南奉公路至川沙新镇表现为下沉，沉降量基本在 2mm 左右，变化不大；沿线终点段沉降量较大，且表现出差异沉降现象，最大沉降量为 2.87mm。与 2010 年度磁悬浮沉降特征相比，沿线沉降趋势呈现不同状态，起始段由较大回弹量渐趋稳定，中部由下沉趋于回弹，而东部由回弹转为下沉，总体上变化量较小。

2011 年 3 月，对磁悬浮立柱监测点进行了加密，监测点间距在以往 50m 加密至 25m，并将上行线和下行线分开布设，单行线监测点数量达 1150 点，并于 2011 年 4 月和 12 月分别进行了测量，监测结果表明该时间段磁浮上行线和下行线沉降趋势基本一致，沉降量一般在 ±2mm 以内，中环路以西沉降量普遍较小，中环路至川南奉公路表现为回弹，最大回弹量近 4mm，川南奉公路以东表现为下沉，最大沉降量约 3mm。

3）2009～2011 年（2009.12～2011.12）磁悬浮工程结构累积沉降特征

2009～2011 年磁悬浮立柱累积变形整体表现为抬升，平均沉降量为 1.9mm；最大抬升量为 7.0mm，位于起始段龙阳路以东；最大下沉量为 1.8mm，位于浦东国际机场附近。中环路、川沙路以及川沙新镇附近地段有一定的不均匀沉降现象，差异沉降量约 4mm。

4）磁悬浮工程结构沉降与沿线水准点沉降对比分析

对比分析表明（图 5-48），磁浮线立柱沉降小于地面水准点沉降，但从沉降趋势来看，两者基本一致。2010 年度立柱和水准点均表现为东、西两头略微抬升，中部略微下沉；2011 年度起始段均表现为轻微抬升，中部部分地段抬升量稍大，川南奉公路以东均表现为下沉。2009～2011 年，起始段均表现为抬升，水准点抬升量小于立柱，主要为浅部软黏性土层的变形量导致地面抬升量小，其他路段水准点均为下沉，立柱均为抬升。

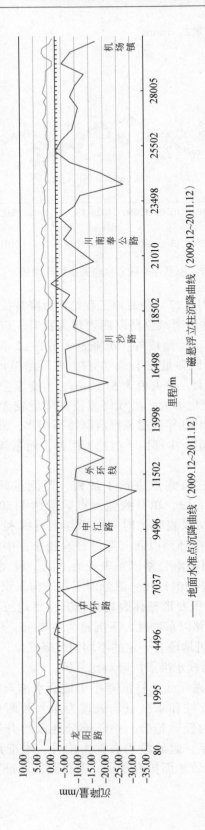

图 5-48　磁悬浮沿线水准点和立柱监测点沉降对比曲线（2009.12~2011.12）

3. 分层沉降特征

为分析磁悬浮沿线分层变形特征，2008 年在磁悬浮沿线布设了 5 组浅式分层标进行长期监测。浅式分层标组主要监测浅部土层变形情况。最深标的标底一般设置到第⑧工程地质层的底部（深度约为 70m），并分别在第②、④、⑥层的底部及⑧层的顶部各设置一个分层标监测（图 5-49），以每组分层标最深的标为基准，按一等精密水准测量要求，每月监测分层变形状况。

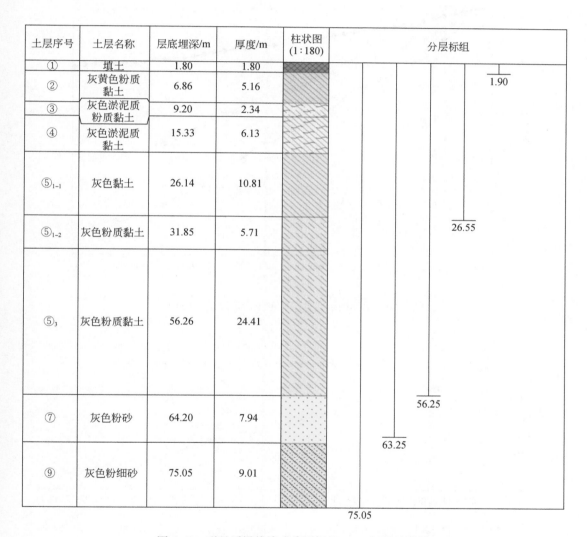

土层序号	土层名称	层底埋深/m	厚度/m	柱状图 (1∶180)	分层标组
①	填土	1.80	1.80		
②	灰黄色粉质黏土	6.86	5.16		1.90
③	灰色淤泥质粉质黏土	9.20	2.34		
④	灰色淤泥质黏土	15.33	6.13		
⑤₁₋₁	灰色黏土	26.14	10.81		26.55
⑤₁₋₂	灰色粉质黏土	31.85	5.71		
⑤₃	灰色粉质黏土	56.26	24.41		56.25
⑦	灰色粉砂	64.20	7.94		63.25
⑨	灰色粉细砂	75.05	9.01		75.05

图 5-49　磁悬浮沿线浅式分层标组 FS10 埋设示意图

对磁浮线沿线 5 个浅式分层标组 2008 年 7 月 ～2011 年 12 月监测数据进行分析，浅部各土层最大沉降量一般发生在浅部第一软土层和第二软土层。

FS10 分层标第一软土层（1.9~26.55m）、第二软土层（26.55~56.25m）沉降量分别为 -45.87mm 和 -17.67mm，其余土层沉降量均较小或略有回弹（图 5-50），1.9~75.05m 深度范围内土层沉降量为 -65.76mm。该处磁悬浮桩基持力层埋深为 59m，桩基持力层以上及以下土层沉降量数据统计分析表明，桩基持力层以上土层沉降量为 -63.54mm，占总沉降量的 97%，桩基持力层以下至 75.05m（⑨层）土层沉降量为 -2.22mm，占总沉降量的 3%（图 5-51）。

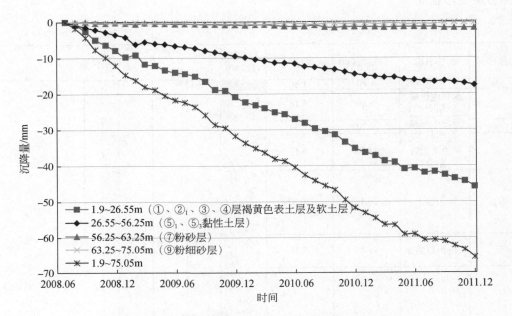

图 5-50　磁浮线沿线分层标各土层沉降量（FS10）

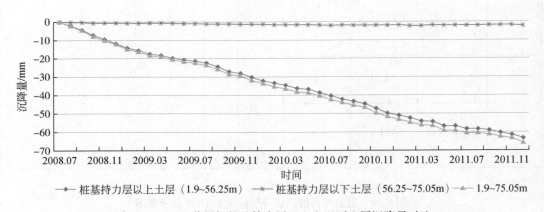

图 5-51　FS10 分层标桩基持力层以上和以下土层沉降量对比

其他分层标桩基持力层以上及以下土层变形曲线见图 5-52~图 5-55。

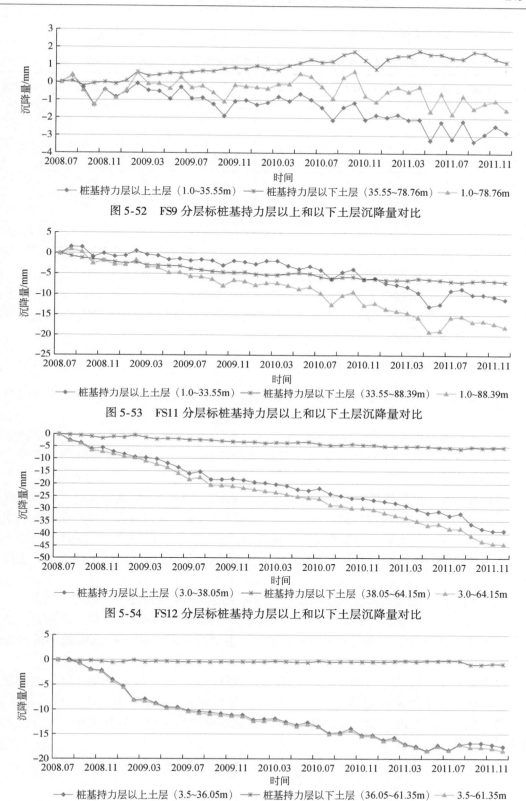

图 5-52　FS9 分层标桩基持力层以上和以下土层沉降量对比

图 5-53　FS11 分层标桩基持力层以上和以下土层沉降量对比

图 5-54　FS12 分层标桩基持力层以上和以下土层沉降量对比

图 5-55　FS13 分层标桩基持力层以上和以下土层沉降量对比

统计磁悬浮沿线各组分层标的持力层以上和以下土层的变形量，汇总于表 5-5。

表 5-5　磁悬浮沿线桩基持力层以上和以下土层变形量统计（2008.07～2011.12）

标组	浅标控制深度以上土层变形量/mm	桩基持力层以上土层变形量/mm	贡献率/%	桩基持力层以下土层变形量/mm	贡献率/%	桩基持力层埋深/mm	浅标控制深度/m
FS9	−1.51	−2.72	180	1.21	−80	35	78.7
FS10	−65.76	−63.54	97	−2.22	3	59	75
FS11	−17.89	−11.07	62	−6.82	38	33.5	88.34
FS12	−44.02	−38.78	88	−5.24	12	38	64.1
FS13	−18.34	−17.5	95	−0.84	5	36	61.3

以上磁悬浮沿线分层标分析结果表明，沉降主要发生在桩基持力层以上土层，除 FS11 分层标外，持力层以上土层变形量均超过总沉降量的 80%，FS11 分层标桩基持力层以上土层变形量也超过了 60%。即沿线浅部各土层最大沉降量发生在浅部第一软土层和第二软土层，桩基持力层以下土层变形量较小。

4. 磁悬浮沉降影响因素分析

（1）磁悬浮结构沉降主要受深部土层变形影响，与桩端持力层以下至基岩土层沉降量基本一致。

分析沿线布设的 5 个浅式分层标监测数据，可得出桩端持力层以下至基岩土层的沉降量（图 5-56）与磁悬浮立柱沉降量对比可知两者基本一致，说明磁悬浮沉降主要受深部土层变形的影响。

对比分析 5 个分层标桩端持力层以上土层、桩端持力层以下至基岩土层、地面沉降量和桥墩结构的沉降特征（图 5-57），结果表明 2009 年以来，区域地面沉降主要发生在浅部第一软土层和第二软土层，深部土层沉降量较小，部分地区出现回弹。桩端持力层以下至基岩土层沉降量与桥墩结构沉降量基本一致，也说明磁悬浮结构沉降量主要受深部土层变形影响。

（2）随着区域地面沉降逐渐得到控制，深部土层沉降量逐渐变小，且趋于稳定。

随着近年来地下水开采量逐年降低，回灌量逐年增加，全市地下水位普遍抬升，地面沉降普遍减缓，部分地区出现回弹现象，促使磁悬浮工程沿线的地面沉降趋势得到有效控制。

分析磁悬浮沿线 F22、F25 深部分层标监测数据可知，30m 以深土层（第⑦层以深至基岩）沉降量远小于 30m 以浅土层（图 5-58、图 5-59），且 2006 年以来出现回弹现象，在磁悬浮监测时间段内（2009.12～2011.12），磁悬浮结构也出现抬升现象，与分层变形监测结果一致。

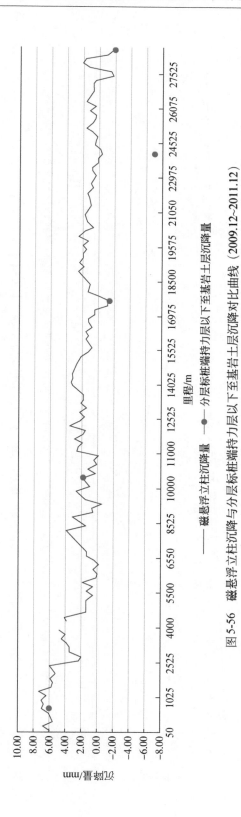

图 5-56　磁悬浮立柱沉降与分层标桩端持力层以下至基岩岩土层沉降对比曲线（2009.12~2011.12）

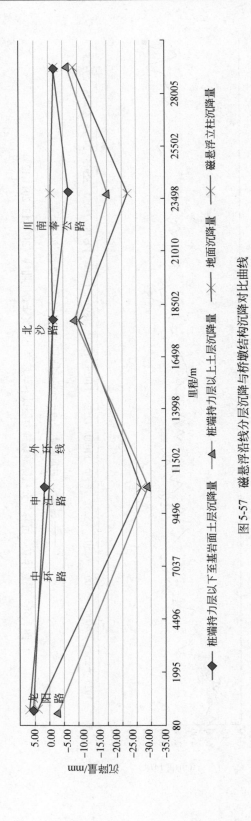

图5-57 磁悬浮沿线分层沉降与桥墩结构沉降对比曲线

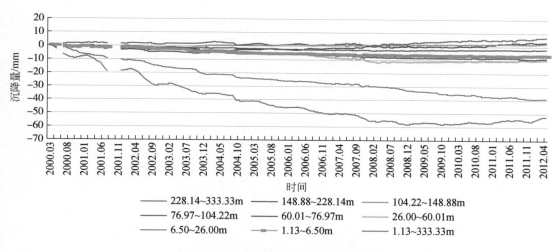

图 5-58　F22（浦东北蔡）分层沉降曲线

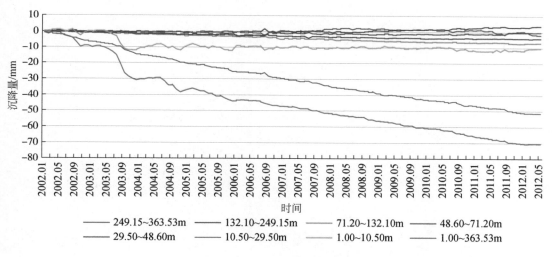

图 5-59　F25（浦东机场）分层沉降曲线

5.4.3.4　对防汛墙影响

1. 地面沉降对中心城区防汛形势的长期严重影响

上海中心城区位于地势较高的滨海平原和黄浦江苏州河冲积平原之上，推测中心城区在开埠之初的地面原始高程在 4.0 ~ 4.5m（吴淞高程，下同）。自 1921 年通过水准测量发现地面沉降以来，1921 年至 2006 年，中心城区地面已平均沉降约 2m，最严重地区沉降达 3m，形成了中心城区地面沉降洼地（图 5-60）。2006 年，内环线以内区域的地面标高在 2.5 ~ 3.0m，局部地区仅为 2.2m（图 5-61）。地面沉降最直接的影响是改变了上海市原始地貌形态，也改变了中心城区自然的径排流境况（魏子新和曾正强，2001；龚士良等，2008）。

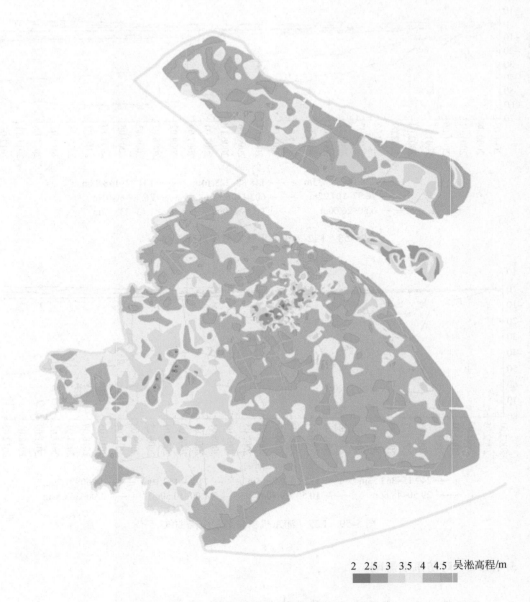

2　2.5　3　3.5　4　4.5　吴淞高程/m

图 5-60　上海市地势状况图 (2006 年)

　　黄浦公园站汛期在农历初三、十八前后，黄浦江高潮位均在 4.0m 以上，若恰遇热带气旋影响，潮位将更高；吴淞站实测最高水位 5.99m、黄浦公园站 5.72m、闸港站 4.82m，高于沿江地面 1.0~3.0m，给城市防汛安全带来了巨大的压力。地面沉降使中心城区地面高程大幅降低，甚至部分地区处于黄浦江平均潮位之下，大大加剧了上海遭受洪涝灾害的频率和受灾程度，使上海不得不依靠修建防汛墙来防御潮水，以及靠排水泵站防止涝灾积水。由于地面具有持续累积，不可逆转的特点，地面沉降对中心城区防洪防涝影响压力将

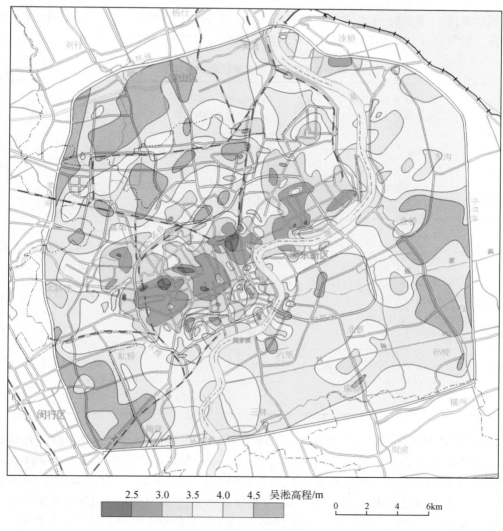

2.5　3.0　3.5　4.0　4.5　吴淞高程/m　　0　2　4　6km

图 5-61　中心城区地面高程图（2006 年）

长期存在，并随着地面沉降发展而不断加剧。

2. 地面沉降直接降低防汛设施防御能力

地面沉降导致地面标高持续损失的同时，亦对防汛墙等防汛设施有明显影响，降低了防汛墙等防汛设施的防御能力（标准），加重了城市遭受洪涝灾害的危险。

1）黄浦江防汛墙沉降特征

按黄浦江防汛墙建设规划，黄浦江两岸 208km 防汛墙防洪标准为千年一遇。2001 年上海市防汛墙建设管理处为评价黄浦江防汛墙防御能力现状，对黄浦江防汛墙墙顶高程进行了全面测量。由于测量时未考虑地面沉降影响因素，以黄浦江防汛墙附近水准点为引测基准（1996 年上海市测绘管理办公室颁布），使测量成果无法平差计算。这里以地面沉降监测网为基准，按 2001 年地面沉降监测水准数据对黄浦江防汛墙 2001 年测量结果重新平差计算，计算结果反映出区域地面沉降对防汛墙高程的影响（表 5-6）。

表 5-6 黄浦江防汛墙沉降测量结果 （单位：mm）

城区	按 2001 年地面沉降监测水准数据重新平差计算		2002~2003 年地面沉降对防汛墙影响的估算		至 2003 年防汛墙累积沉降估算	
	防汛墙总体沉降	区域地面沉降	防汛墙总体沉降	区域地面沉降	防汛墙总体沉降	区域地面沉降
杨浦	−219.1	−129.1	−28.1	−28.1	−247.3	−157.3
虹口	−206.8	−136.8	−22.5	−22.5	−229.2	−159.2
黄浦	−187.1	−167.1	−15.1	−15.1	−202.2	182.2
原卢湾	−152.7	−132.7	−3	−3	−155.5	−135.5
徐汇	−141.1	−131.1	−2.9	−2.9	−144.2	−134.2
闵行	−48.6	−38.6	8.4	8.4	−40.2	−30.9
浦东	−236.76	−116.76	−36.24	−36.24	−273.0	−153.0

　　从按 2001 年地面沉降监测水准数据重新计算的防汛墙高程，对比各岸段防汛墙设计高程可以看出，中心城区防汛墙至 2001 年发生了不同程度的沉降变形，共有 445 个测点显示出共计 76.11km 防汛墙墙顶高程比原设计高程低 0.20m 以上（图 5-62）。再按 2003 年地面沉降监测水准数据计算，共有 501 个测点显示共计 86.34km 防汛墙墙顶高程比原设计高程低 0.20m 以上（图 5-63）；若按 2006 年地面沉降监测水准数据计算，共有 523 个测点显示共计 89.26km 防汛墙墙顶高程比原设计高程低 0.20m 以上。

　　区域地面沉降是影响防汛墙沉降变形的主要因素，杨浦区、虹口区、黄浦区及浦东新区黄浦江防汛墙沉降较明显，这也与该地区较为严重的地面沉降是相符合的。

　　防汛墙自身的自重压力对下卧土层产生的附加应力使土体压密也是防汛墙沉降变形的另一个重要影响因素。其中区域地面沉降决定了防汛墙沉降变形的总体趋势。

　　中心城区地面沉降与黄浦江防汛墙沉降变形对比（表 5-7），黄浦江防汛墙沉降规律与区域地面沉降趋势之间具有很好的相似性，如杨浦区、虹口区、黄浦区是中心城区地面沉降速率较大的地区，黄浦江防汛墙沉降量相对较大；地面沉降相对较小的原卢湾区、徐汇区、闵行区的黄浦江沿线防汛墙沉降量也较小。

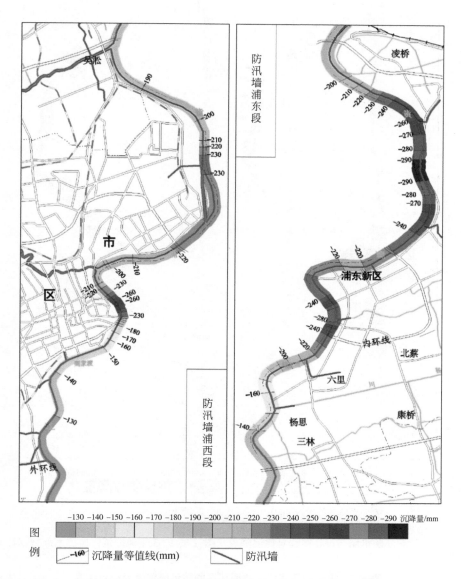

图 5-62　黄浦江防汛墙与设计高程对比沉降现状图（按 2001 年地面沉降监测水准数据计算）

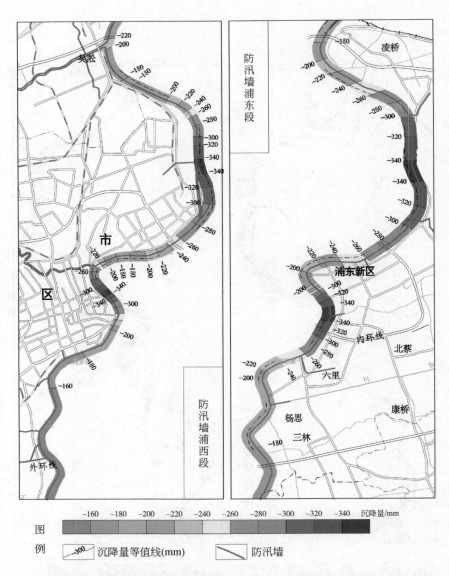

图 5-63　黄浦江防汛墙与设计高程对比沉降现状图（按 2003 年地面沉降监测水准数据计算）

表 5-7　市区地面沉降与黄浦江西侧防汛墙沉降变形对比表　　　（单位：mm）

城区	1995～2001 年		1995～2003 年	
	地面沉降	防汛墙沉降	地面沉降	防汛墙沉降
杨浦	−129.85	−219.1	−168.70	−247.3
虹口	−175.15	−206.8	−210.28	−229.2
黄浦	−194.90	−187.1	−226.76	−202.2

续表

城区	1995～2001 年		1995～2003 年	
	地面沉降	防汛墙沉降	地面沉降	防汛墙沉降
原卢湾	−111.90	−152.7	−133.44	−155.5
徐汇	−67.73	−141.1	−83.06	−144.2
闵行	−94.60	−48.6	−118.09	−40.9
平均	−129.02	−174	−156.72	−190.2

2) 黄浦江外滩防汛墙沉降特征

上海外滩指自十六铺码头至外白渡桥段的黄浦江西岸，它是我国近代建筑最为集中的滨江大道，被称为"万国建筑博览"的 52 幢风格各异的大楼沿着外滩一字排开。以外滩地区浦西段 1.8km 防汛墙为重点研究区段，在详细统计分析其沉降变形现状的同时，分析地面沉降对其沉降变形的影响及对策措施研究。

a. 外滩防汛墙结构沉降

外滩防汛墙于 1993 年完成综合改造后，开始对防汛墙结构沉降特征开展长期监测。由于监测基准点布设在外滩沿线的建筑物上，因此，所取得的外滩防汛墙沉降为其结构沉降数据。外滩防汛墙一期平均沉降为 32.38～57.33mm，近延安东路隧道的福州路—延安东路段防汛墙沉降量较大（表 5-8，图 5-64）。外滩防汛墙二期平均沉降量为 73.61～95.22mm，如图 5-65 所示。

表 5-8　外滩防汛墙实测结构沉降特征统计表（1994.05～2002.12）

区间		最大沉降量/mm	最小沉降量/mm	平均沉降量/mm	监测点数/个
一期 (1.2km)	北京东路—南京东路	−59.89	−4.04	−34.13	5
	南京东路口	−48.2	−12.01	−33.12	5
	南京东路—福州路	−46.64	−17.97	−28.06	3
	福州路口	−57.01	−10.29	−32.38	10
	福州路—延安东路	−89.07	−31.5	−57.33	4
二期 (0.6km)	延安东路—金陵东路	−116.72	−27.58	−73.61	4
	金陵东路—十六铺码头	−122.71	−72.4	−103.08	11

注：外滩防汛墙一期，为黄浦江外白渡桥至延安东路区间，长约 1.2km。

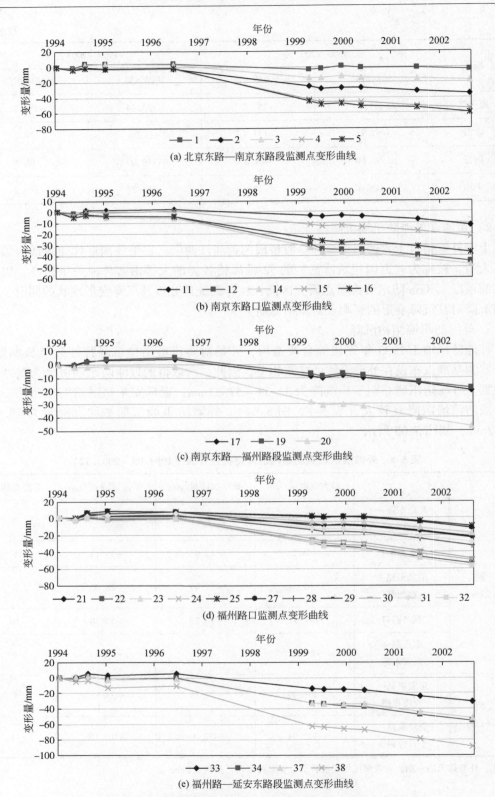

图 5-64 外滩一期防汛墙实测结构沉降变形曲线 (1994 ~ 2002 年)

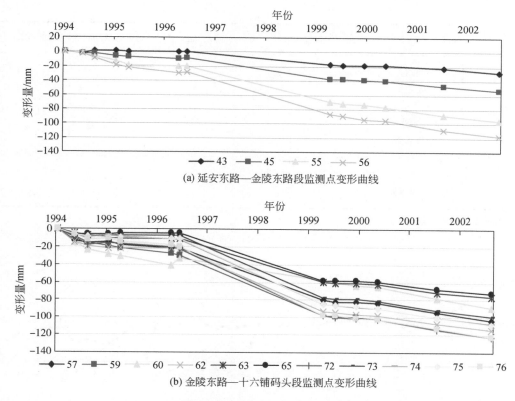

图 5-65　外滩二期防汛墙实测结构沉降变形曲线（1994~2002 年）

2004 年，以往布设的外滩防汛墙沉降监测点大部分已遭到破坏，为了对防汛墙沉降进行系统监测，2004 年在外滩地区重新埋设了防汛墙沉降监测点并测量了初值，通过 2005 年、2006 年的测量结果显示，外滩防汛墙 2004 年 12 月~2006 年 12 月沉降量较前阶段已明显减小，最大沉降量为 19.07mm，平均沉降量为 11.10mm（陈宝等，2006；王寒梅和焦珣，2015），具体沉降统计结果如表 5-9 和图 5-66 所示。外滩防汛墙二期，为黄浦江延安东路至十六铺区间，长约 0.6km。

表 5-9　外滩防汛墙实测结构沉降特征统计表（2004~2006 年）

	区间	最大沉降量/mm	最小沉降量/mm	平均沉降量/mm	监测点数/个
一期	北京东路—南京东路	−17.56	−4.15	−8.16	6
	南京东路口	−7.99	−6.94	−7.67	4
	南京东路—福州路	−12.7	−7.07	−10.15	10
	福州路口	−10.78	−8.19	−9.94	4

区间		最大沉降量/mm	最小沉降量/mm	平均沉降量/mm	监测点数/个
一期	福州路—延安东路	−16.49	−9.01	−11.24	20
二期	延安东路—金陵东路	−19.07	−7.44	−11.87	36
	金陵东路—十六铺码头	−14.36	−4.80	−11.73	19

* 引测基准为外滩基岩标，一等水准测。

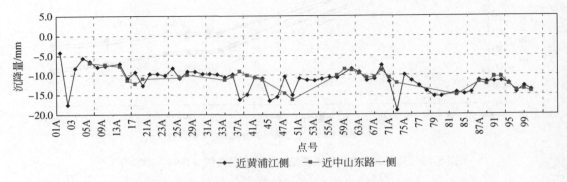

图 5-66　外滩防汛墙沉降纵断面图（2004～2006 年）

b. 外滩防汛墙总体沉降估算

由于外滩防汛墙监测数据不连续，外滩防汛墙总体沉降分两个阶段分别计算。1994～2002 年防汛墙沉降量由于未与基岩标联测，总体沉降应为区域地面沉降所造成的防汛墙高程损失、结构沉降两个部分；2004～2006 年沉降监测已与基岩标联测，总体沉降量为实际测量值。

通过分析位于外滩地区的 7 个水准点（0-252、0-253A、0-255B、0-428A、0-420、0-426B、0-426A）的历史监测数据（其测量基准点为附近的基岩标），反映出外滩地区地面沉降的发展规律，自 1994 年 5 月至 2002 年 12 月沉降 167.1mm，年均沉降量为 20.89mm。1994～2002 年外滩防汛墙总体沉降应该为区域地面沉降造成的防汛墙墙顶高程损失与防汛墙结构沉降之和，平均沉降量约为 218.77mm（表 5-10）；2004～2006 年外滩防汛墙平均沉降量约为 11.10mm；1994～2006 年外滩防汛墙平均沉降量约为 229.87mm。

表 5-10　外滩防汛墙总体沉降特征统计（1994～2006 年）　　　　（单位：mm）

区间段		1994～2002 年			2004～2006 年	1994～2006 年
		实测沉降量	沿线平均地面沉降量	外滩防汛墙总体沉降量		
一期	北京东路—南京东路	-34.13	-167.1	-201.23	-8.16	-209.39
	南京东路口	-33.12		-200.22	-7.67	-207.89
	南京东路—福州路	-28.06		-195.16	-10.15	-205.31
	福州路口	-32.38		-199.48	-9.94	-209.42
	福州路—延安东路	-57.33		-224.43	-11.24	-235.67
	平均	-35.93		-203.03	-10.19	-213.22
二期	延安东路—金陵东路	-73.61		-240.71	-11.87	-252.58
	金陵东路—十六铺码头	-103.08		-270.18	-11.73	-281.91
	平均	-95.22		-262.32	-11.82	-274.14
平均		-51.67		-218.77	-11.10	-229.87

3. 地面沉降对黄浦江防汛墙防御能力影响

根据黄浦江西侧防汛墙沉降现状，防汛墙全线处于沉降状态，且存在两个沉降较大的沉降中心，分别位于杨浦区复兴岛北段和外滩二期防汛墙，最大沉降量分别达到 260.29mm、285.28mm（沈洪等，2005；程徽丰和陈宝，2005）。

上海市黄浦江防汛墙是按照 1984 年批准的千年一遇设防水位建设的。根据《上海市防汛墙加高加固工程初步设计》、黄浦江西侧防汛墙沉降现状及 1984 年批准的黄浦江千年一遇设防水位，可以得到黄浦江防汛墙目前的防汛能力（表 5-11）。由表 5-11 可以看出，按 1984 年防汛标准黄浦江沿线防汛墙在安全超高 1.0m 的情况下，受地面沉降影响，其防汛能力与千年一遇设防水位欠缺 0.175m，外滩地区防汛能力与千年一遇设防水位欠缺 0.189m。

表 5-11　地面沉降对黄浦江防汛墙防汛能力的影响　　　　单位：m

区段	设防水位	防汛墙平均设计高程	防汛墙沉降量	超高	可防御水位	欠缺值
杨浦	6.17	7.20	-0.247	1.0	5.953	0.217
虹口	5.96	7.00	-0.229	1.0	5.771	0.189
外滩	5.86	6.90	-0.229	1.0	5.671	0.189
黄浦	5.86	6.90	-0.202	1.0	5.698	0.162
原卢湾	5.67	6.70	-0.156	1.0	5.545	0.126
徐汇	5.38	6.40	-0.144	1.0	5.256	0.124

注：①1984 年标准规定黄浦江千年一遇高潮水位，黄浦江吴淞站为 6.27m，黄浦公园站为 5.86m，吴泾站为 4.82m；②1984 年设防标准，超高值为 1.0m；③各区设防水位由 1984 年标准中三个验潮站设防标准插值平均计算得出；④各区防汛墙设计高程为各区间平均值；⑤外滩防汛墙沉降为 1994～2006 年沉降量。

5.4.4　防治对策

5.4.4.1　抽取深层承压水引发地面沉降防治对策

上海最先对地下水开采实施的措施是"封井停采"，但随后经短期内对地面沉降现象的监测研究，并对控制地面沉降与供水需求统筹兼顾分析，在此基础上确定必需本着既要控制市区地面大幅下沉为前提，又要做到科学合理地开采利用地下水资源，以满足国民经济发展和市民生活需求。以此为指导原则，针对地下水开发利用逐步实施了三项措施，具体如下。

1. 调整地下水的用途，严格压缩地下水开采量

上海地下水的水质多数为优质的饮用水源，但是过去开采的地下水却主要作为工厂夏季车间的空调降温，或部分直接作为工业生产的供水水源。随着工业生产不断发展，地下水开采量迅猛增长，在开采最高峰年份，全市地下水总开采量曾达 2.03 亿 m^3，中心城区达 1.34 亿 m^3，于是引发并导致市区年均最大地面沉降量达 110mm。因此，为了控制市区地面继续大速率下沉，从 20 世纪 60 年代初起，严格实行压缩地下水开采量，以地表水和人工制冷设备替代地下水作为工业生产和空调制冷供水，使全市和中心城区地下水开采量分别由 1964 年的 18158.5 万 m^3 与 9626.8 万 m^3 减少到 1968 年的 5854.2 万 m^3 与 996.9 万 m^3。随着地下水开采量的减小，致使地下水位迅速回升（第Ⅱ、Ⅲ承压含水层水位标高出现在 0m 以上），市区年度平均地面沉降量也相应大幅度减少，并至 1973 年出现累积地面回弹量 18.1mm。之后，逐步调整地下水的用途，将地下水资源由工业转向民用生活供水，逐步摆脱地下水开采受工业生产发展所牵制，以确保地下水的年度开采计划量，始终严格控制在地下水采灌计划方案中所给出的采灌量指标范围内，所以上海地区再未出现如五六十年代大速率的地面沉降现象。由此可见，压缩地下水开采量，是有效控制地面沉降的主要措施（包曼芳，1988）。地下水开采量与地面沉降对应关系如图 5-67 所示。

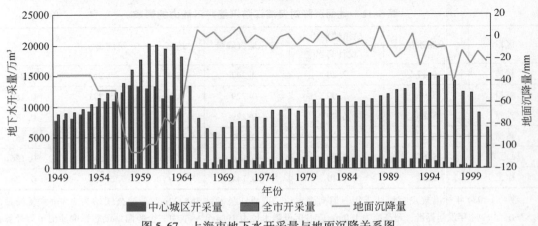

图 5-67　上海市地下水开采量与地面沉降关系图

2. 含水层人工回灌

人工回灌是采用净化处理的地表水（即自来水）向含水层施加一定压力的回灌，从而促使地下水位迅速抬高，达到控制地面沉降的目的。回灌方式以"冬灌夏用"为主，"夏灌冬用"为辅。"冬灌夏用"是通过在冬季进行回灌低温水（冷源）到夏季开采利用作为工厂企业车间的空调降温资源，而"夏灌冬用"则是在夏季回灌较高温的水到冬季开采作为工厂企业生产的热源。通过人工回灌既可提高地下水的应用效果，从而减小地下水的开采量，实质是利用含水层具有一定的保温特性作为"储能层"；又可增加含水层的补给来源，加速对含水层的直接补给，以恢复或提高地下水水位，达到抑制地面下沉或促使土层膨胀回弹（杨天亮等，2010；周理武和宋建锋，2006）。上海自 1965 年冬季开始进行人工回灌试点，1966 年全面推广实施，至 2000 年已累积回灌水量约 6 亿 m^3，平均每年回灌水量约 2000 万 m^3。在长期的人工回灌过程中，既开发了大量"能源"，节省了大量水资源，满足了工业生产发展对水资源的需求，又起到了抑制或抬高地下水位、减少地面沉降的作用。回灌层次以第 Ⅱ 承压含水层为主，约占总回灌量的 50%，其次是第 Ⅲ、Ⅳ 承压含水层，而第 Ⅴ 承压含水层回灌量较少；回灌区域主要集中在中心城区（即内环线以内），约占总回灌量的 90% 以上（高峰阶段），其次是近郊（内外环线间），原因是市区及近郊区工业集中，历来能源需求量大，通过季节性人工回灌，提高水源使用效率，减小地下水开采量，目的是既确保能源需求，又加强中心城区的地面沉降控制。

当在低水位时期，因为加大对含水层进行人工回灌，增加地下水补给量，并提高地下水利用效率，所以能达到减少地下水开采量促使地下水位迅速回升，（水位由原 −30m 上升至 0m 以上），从而有效地促使土层卸荷膨胀，快速遏制地面下沉或出现局部地区地面回弹；然而，当地下水位处在较高状态时，人工回灌促使土层膨胀回弹的效果显著降低，只是起到了抑制水位下降导致土层释水压密作用。自 20 世纪 70 年代中期起，人工回灌量与年均地面沉降量缺乏明显规律性，人工回灌控制地面沉降的效果减弱，但是人工回灌对提高地下水的利用效率和减少地下水的开采量以及增加地下水补给源，减少土层释水压密量，仍起到其他方法不可替代的作用。

3. 调整开采层次与开采量布局

如前所述，上海地区具有开发利用价值的含水层主要是第 Ⅱ、Ⅲ、Ⅳ、Ⅴ 承压含水层，尤其是第 Ⅱ、Ⅲ、Ⅳ 承压含水层蕴藏着比较丰富的地下水资源。通常将第 Ⅱ、Ⅲ 承压含水层地下水称谓"浅层水"，赋存于滨海河口相沉积的松软地层间，土层固结或压密程度低，历史开采监测数据表明，这部分地下水若过量集中抽汲，极易诱发大速率的地面沉降；而第 Ⅳ、Ⅴ 承压含水层地下水称为"深层水"，赋存于陆相沉积的硬塑地层中，土层超固结或压密程度较高，故抽汲这部分地下水与上部相比，通常引发的地面沉降量相对要小得多，尤其在开采阶段当造成的水位下降不低于临界水位时，诱发的土层压密量甚小。

1965 年以前，境内主要开采浅层水，其开采量约占全市总开采量的 71% ~ 86%，而且开采布局主要集中在市区，其开采量占全市总开采量的 53% ~ 100%。这种不合理的开采格局和开采量，导致了市区地面严重下沉。为了控制市区地面沉降，于是从1966 年起，在压缩市区浅层水开采量的同时，逐步实施调整开采层次和开采布局，增加深层水的开采量，尤以适当放宽郊县地区深层地下水的开采量，以满足城市经济发展和郊区、县市民生活的供水需求。至 20 世纪 90 年代，深层水的年开采量已占全市总开采量的 73%～78%。通过这一阶段的调整过程，全市的开采布局已由市区逐渐向郊区和郊县转移，郊区县的开采量由 60 年代的 2%～3% 增加至 2000 年的 25% 左右（图 5-68）；地下水的用途由原先工业生产用水量占总开采量的 95% 以上，逐步转向以市民生活供水为主，生活用地下水量已占地下水总开采量的 60% 以上。这项措施的实施，使地下水资源的开发利用更趋科学与合理，有利于市区地面沉降的控制，同时也确保了城市必要的需水要求。但也应指出，在 20 世纪 90 年代前，市区的控沉效果良好（图 5-69），90 年代以来，市区控沉效果不如以前，究其原因，其一，当前对深层水的开发利用已出现失控超采现象，已引发深部土层出现较大的压密变形量；其二，对深层优质地下水的使用也存在不尽合理的问题，加大了开采量过快增长，所以导致深部土层变形量有所加大。因此，对深层水的开发利用，仍需做进一步压缩与合理调整（刘铁铸，1981；郭永海等，1995）。

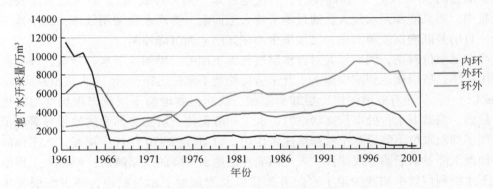

图 5-68　不同区域地下水开采量历时曲线图

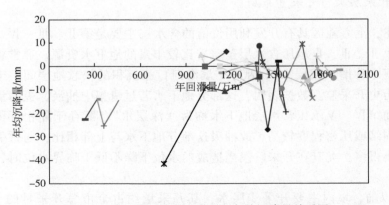

图 5-69　市区地下水年回灌量与年均沉降量关系图

上海地区由于采取以上三项措施，并通过沉降预测预报数学模型调节地下水采灌方案，实现了控制上海市区地面沉降的目标，即依据上年度实测的各土层变形量、各层次地下水实际开采量与相应的回灌量，在确定下年度地面沉降控制值的前提下，通过数学模型的调节，合理确定下一年度的各层次计划开采量与回灌量，预测相应各土层的变形量及地面沉降量。经多年实践表明，三项措施的实施，对控制地面沉降而言，总体效果良好，但是仍需在实践过程中，不断加以完善。

5.4.4.2　深基坑降排水引发地面沉降防治对策

在深基坑工程中为了加强对基坑周边的房屋、管线和隧道等保护，制定了有相关的地面沉降控制指标，但这些控制指标是依据基坑工程等级和周边保护设施适应地面沉降的能力来确定的，与深基坑减压降水地面沉降防治的要求有着一定的区别，通常适用于距基坑3H 以内区域，不适用于深基坑减压降水地面沉降控制，因此亟须制定相应的控制指标（骆祖江等，2007；杨天亮，2012）。

《上海市地面沉降"十二五"防治规划》总体目标是施行地面沉降分区管控，对超过10mm 的地面沉降区面积，提出了各管理分区具体区域地面沉降控制目标，该控制目标即为深基坑减压降水控制地面沉降要求最基础的依据。

5.5　浅 层 气 害

5.5.1　浅层气分布

上海地区为新生代沉降平原，以海相为主的第四纪地层和以陆相为主的新近纪地层，呈假整合接触。第四纪发生过几次海进、海退，交替沉积了数套富含有机质的淤泥层和砂层，形成了"黏性土层—砂性土层—黏性土层"的典型地层结构。黏性土层（含有机质）是生气层，它具有双重性质，既生气又具封闭能力。砂性土层是浅层沼气的主要储集层，其中的浅层沼气大部分来自临近的黏性土层，极少部分由砂性土层自身所含的有机质分解生成。

以海相为主的第四纪地层由下而上可以划分为：下部滨海河口相沉积层，中部陆相沉积层，上部海相沉积层和近代沉积层四个部分以及市域东部（钦公塘以东地区）和西部（淀山湖区）、东部与中部接界三个沉积古地理环境不同的地区（卢文忠，1995）。目前资料较多、了解比较清楚的是上部海相含气层系。综合各区的资料，第四纪含气层的特征见图 5-70。

5.5.1.1　浅层天然气的分布与埋藏特征

上海地区第四系普遍发育着浅层天然气，整个第四系可分为：上部海相层、中部陆相沉积层及下部滨海河口相沉积层三个含气层系。浅层天然气按埋深自上而下可划分为 3 个含气层，其分布特征简述如下。

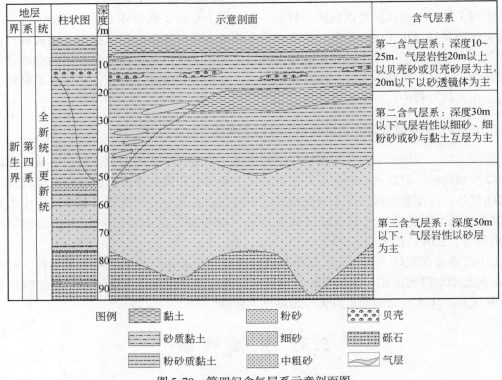

图 5-70　第四纪含气层系示意剖面图

1. 第一含气层

上部海相层系埋深相对较浅,分布最广泛,是开采利用及地下工程施工中遇到最多的层系。本含气层是最主要的含气层,它与古地理沉积条件有着密切的关系,埋深在 8~30m,通常在 12~25m,是对地下空间开发影响最大的含气层。主要有两个含气层位:20m 以浅的含气层一般呈交互状的扁豆体出现,以贝壳砂、贝壳砂层为主,是本市埋藏最浅的含气层;25m 左右的含气层为砂透镜体。中心城区处于本市最大的浅层天然气分布区——东部滨海平原含气区,含气层埋藏最浅的小于 9m,最深的可达 30m 左右。含气层上部以扁豆体贝壳砂层为主,下部以砂透镜体为主,局部也有黏砂互层或粉质黏土层。

本含气层天然气成分以甲烷(CH_4)为主,可占总含量的 85% 以上,其余为二氧化碳(CO_2)等。浅层天然气初始压力在 0.08~0.25MPa,其中呈交互状的贝壳砂、贝壳砂层为主的含气层初始压力在 0.08~0.12MPa;以砂透镜体为主的含气层初始压力一般在 0.10~0.20MPa,最大可达 0.25MPa,且含气量较高,气流稳定;以黏砂互层为主的含气层初始压力一般在 0.15MPa;以粉质黏土层为主的含气层初始压力一般在 0.08~0.10MPa。

　　埋深在 12.0 ~ 25.0m 的浅层沼气层对地下工程影响最直接，造成的事故也最多。上海第一层浅层沼气分布比较广泛，在外高桥、宝山、吴淞、黄浦江两岸、浦东、长兴岛、崇明岛等地均有大面积含气区。

2. 第二含气层

　　受中部陆相沉积层控制的含气层系，分布范围较小，仅见于古河道地带。一般埋深在 30m 以下，分布在中部陆相层缺失地区，或埋藏深度在 40 ~ 60m 范围内，海相层以充填的方式沉积嵌入陆相层内或与之相变。储气层主要为砂层或砂与黏土互层类型，一般有透镜体出现。特点为干气层，压力较高，流量较大。

3. 第三含气层

　　第三含气层的分布范围较小，分布范围大致与古海岸线延伸方向一致。其埋深较大（一般在 50m 以下，70m 左右），一般对地下空间影响较小。

　　上海地区浅层沼气的三个含气层中，第一含气层埋深较浅，分布最广，是工程建设遇到最多的层系，对工程安全影响最大，其次是第二含气层，而第三含气层对工程建设一般不会有影响。上海地区②$_3$、③$_2$、③$_夹$、④$_2$、⑤$_2$等工程地质层以粉性土、粉砂为主，为良好的储气空间，是浅层气的"储气层"。

　　除了上述三个主要含气层系以外，上海地区普遍发育有深 3.0 ~ 7.0m 的灰色淤泥质粉质黏土层，局部地区本层夹有粉性土、粉细砂和贝壳层透镜体，为区域性埋藏最浅的含气层，不连续，气量较小。

5.5.1.2　浅层天然气发育程度分区

　　浅层天然气主要分布于东部滨海平原区及河口沙岛区，按照含气层的发育程度将浅层天然气共划分为 5 个区。

　　(1) 浅层天然气极发育区：分布于浦东新区南部、原南汇区北部、宝山区东部、长兴岛、中心城区的龙华、漕河泾地区，三个含气层均发育，气藏分布密集，气藏面积可达全区面积的 50% 以上。

　　(2) 浅层天然气发育区：分布于浦东新区东部及崇明、长兴岛的部分地区，第一、二含气层发育，其中埋深 25m 左右的含气层最发育，本区气藏中 70% 左右分布于该层。

　　(3) 浅层天然气较发育区：分布于宝山区北部、浦东新区的合庆、蔡路及崇明岛的北部地区，仅分布有第一含气层，10 ~ 20m 的气藏面积占全区面积的 15% 左右，第二含气层有气显示，但不发育。

　　(4) 浅层天然气较不发育区：分布于闵行区的浦东地区、原南汇区的西部、奉贤区的东北部、宝山区的南部、嘉定区的东部及中心城区。第一含气层中，10 ~ 20m 的气藏面积占全区面积的 10% 左右，第二含气层有气显示，但不发育，呈零星分布。

　　(5) 浅层天然气不发育区：分布于奉贤区的南部、原南汇区的东部地区，第一含气层不发育，仅有零星气藏分布，气藏面积占全区面积的 5% 左右，第二含气层在本区缺失。

5.5.2　浅层气害特征分析

浅层沼气是基坑工程、地下空间开发及轨道交通建设中可能遇到的地质灾害之一。由于浅层沼气可燃，并具有一定压力，工程施工若揭露到浅层沼气会造成一定危险。特别是浅层沼气常赋存于浅层砂体中，气体逸出会加剧流沙，有经验表明，地下隧道作业时由于浅层沼气释放，将会造成下伏土层失稳，使已建隧道产生位移、断裂，造成无可挽回的重大损失。

浅层天然气对地下工程的影响主要有以下三个方面：①浅层天然气的存在会增加地下工程施工的难度，沼气的突然释放将威胁施工人员的安全，影响施工的质量，严重的甚至会造成停工、建（构）筑物的损毁、人员伤亡等事故；②已建成的建筑物下部若有浅层天然气存在，一旦天然气释放，会引起建筑物周围土体失稳，对建筑物造成毁灭性的破坏；③若天然气泄漏进入地下建筑物中，达到一定的浓度（一般超过1%人体会感到不适，超过5%有爆炸的危险）将威胁到建筑物中人员的生命安全。

在上海工程建设中，由于浅层天然气释放引起的工程事故已有多起，造成了重大损失。有以下几个典型案例。

（1）上海某长江口的排水隧道由于浅层天然气释放，造成下伏土层失稳，使已建好的隧道产生位移、断裂，造成了重大的经济损失。

（2）上海浦东新区有几条隧道都因浅层天然气释放造成土体失稳，使原先施工质量良好的隧道产生不均匀横向移动或轴线沉降而呈蛇曲状，局部出现渗水或冒气、冒沙，严重影响了隧道的整体质量。

（3）上海某工程基坑开挖至地面以下 7.0m 时，在坑底的 10.0m 长、7.0~8.0m 宽的范围内突然向上隆起 3.0m，同时发出暴喷声。在浅层天然气喷发以后，土体产生扰动、蠕动，基坑边坡及地顶在 8.5m 范围内产生滑塌，使基坑失稳。

（4）浦东外高桥有一口沉井，因沼气喷发造成沉井周围上层扰动，使沉井发生倾斜。

（5）上海某排污隧道在施工过程中沼气曾多次向隧道内释放，最高浓度曾达 6%，严重影响到施工人员的生命安全。

（6）杭州湾大桥在工程勘察阶段发现有分布范围广、气压力大的沼气层，对桥梁桩基础的设计造成了很大影响，最后将钻孔灌注桩改为钢桩，工程投资增加了 11% 以上。

5.5.3　浅层沼气对工程建设的影响

随着城市的快速发展和扩张，在沿江、沿海一带进行基础设施建设时，由于其地质条件的特殊性，在地下工程施工过程中经常会遇见沼气。因沼气的物理化学特性，当其含量超过一定浓度时周围的施工人员就会呼吸困难，如有火源或热源的情况下还可能发生火灾和爆炸，进而对隧道的结构造成影响，后果较严重。另外，由于沼气从其储存的土层中释放出来后，原土层就会因沼气的释放产生一定的压缩性，降低了土层对隧道的抗力，隧道朝着土层压缩方向变形，当变形到达一定程度就会影响隧道的正常使用。此外，土层也会因为沼气的释放而改变其工程性质，并影响盾构刀盘的切削。

5.5.3.1　浅层沼气对基坑工程的影响

在围护结构施工过程中，若遇到气源丰富、压力大的沼气储气层，如施工方法不当，很容易造成槽壁坍塌或孔壁失稳，致使含气土层的上覆荷载减小，应力状态发生变化。应力状态的改变，一方面会使土体的抗变形能力降低，另一方面使土体中孔隙气压力与外部压力失衡。当压力梯度大于土层的抗渗透变形能力时，必将发生土体的渗透破坏，严重时会造成含气土层的大范围扰动，使其强度急剧降低，严重影响正常施工。在基坑开挖过程中，含气土层的应力状态变化也是以卸荷的方式出现，其卸荷程度虽较地连墙或钻孔咬合桩施工时小，但其卸荷范围大得多，引起的地层变化范围也相应扩大。当基坑开挖深度较深时，可造成基坑底板土体大面积破坏，危害施工设备和人身安全。更为严重的是，当浅层气突然大量涌出时，基坑底部由于通风不畅，涌出的浅层气无法迅速稀释，其浓度迅速上升，当达到爆炸极限时，遇到明火，将发生剧烈爆炸，后果不堪设想。沼气对基坑工程的影响详见表 5-12。

表 5-12　沼气对基坑工程的影响

影响模式	造成影响的原因	造成影响的结果
沼气中毒、火灾、爆炸	沼气的性质	人员伤亡
对围护结构施工影响	由于沼气的喷发和一定气压，使得维护墙在施工过程中槽壁容易坍塌，另外围护结构体系受力发生很大变化，地连墙弯矩急剧增大，基坑失稳	围护结构施工质量不佳，出现断层、漏缝、鼓包
对基坑稳定性影响	随着基坑开挖，坑底沼气囊带上覆土层的重量不断减少，底层沼气在压力作用下会顶升上覆土层，引起基坑失稳	基坑隆起、坍塌

5.5.3.2　浅层沼气对隧道盾构施工的影响

在盾构施工过程中，由于施工扰动造成土层中沼气的释放，释放沼气后土层体积会有所收缩，此时在隧道的下方，土层和隧道结构分离，隧道管片就会失去下部土层的抗力，这时在隧道结构本身的自重和上部覆盖地层重力的作用下就会向抗力小的地方变形，变形进一步发展就会形成裂缝，导致管片破裂，影响隧道正常运行。在盾构掘进过程中，其底下土层中的沼气释放，也会使其上部的盾构机下沉，造成盾构机磕头危害的发生。沼气对隧道盾构施工的影响详见表 5-13。

表 5-13　沼气对盾构隧道工程的影响

影响模式	造成影响的原因	造成影响的结果
中毒	沼气是一种混合气体,成分中的有毒气体（CO、H_2S）使人中毒	使人发生窒息,严重者会导致死亡
火灾爆炸	沼气燃烧,主要是沼气中的甲烷在一定温度下与空气中的氧气发生作用,就会燃烧	燃烧、爆炸
对盾构机的影响	沼气的存在,使得土体的抗剪强度增加;盾构掘进过程中,底部土层中沼气释放,使其上部的盾构机下沉	增加了前进方向控制难度;造成盾构机磕头
对隧道的影响	施工扰动造成土层中沼气释放,造成隧道底部土体收缩,甚至造成土体与隧道结构脱离	隧道发生变形,严重时出现裂缝,影响结构安全
对旁通道施工的影响	由于土层中含有气体,影响冻结效果	旁通道局部塌方,隧道变形
对周边环境的影响	由于沼气的抽空排放和施工扰动导致沼气释放,土层中的有效应力增大,土体压缩变形,导致地表构筑物变形、破裂	房屋、道路、管线开裂而不能使用

　　上海地区进行隧道和基坑施工过程中曾发生多起沼气致灾事故。如长江口有一条圆形排水隧道,当盾构推进到长江底部粉砂层时（推进长度为862.00m）,在835.00m左右,沼气和水沿管片环缝隙大量涌出,使隧道下部粉砂层受到扰动并被掏空,致使隧道在835.00m处迅速下沉并发生断裂,该处沼气含量曾达6%,虽历经20多小时的抢险工作,但仍无法阻止断裂隧道下沉,抢险失败,因隧道位于长江底部,无法进行修复工作,最终导致工程报废,造成了重大经济损失。分析事故产生的原因,直径达4m的污水排放管道用盾构作业由陆地向长江水下铺设,近岸段穿越②₃层不含气的粉性土后进入③、④层软土层,淤泥质"生气层"中无明显含气砂透镜体,推进正常。当盾构推进至江底段排水口附近时,隧道处于⑤₁层黏性土中,底板标高十分接近下伏含气层⑤₂层砂质粉土顶板,因隧道局部"储气层"之上⑤₁层厚度不足以抵御⑤₂含气层上顶压力,导致底板突涌,浅层气连同泥水向隧道内突然涌出,使隧道坍塌、变形,酿成重大事故。

5.5.4　防治对策

　　在上海及沿海地区进行工程建设时因浅层天然气释放造成的工程事故比较多,危害也比较大,需要采取各种防范措施和对策加以解决,然而由于对浅层天然气的赋存和运移规律认识不清,特别是对含沼气砂土的工程性质研究以及对浅层天然气释放后其工程性质的变化规律缺乏科学的认识,目前主要是通过钻孔施工揭露浅层沼气使其通过钻孔进行释放,降低气层的压力和浓度,但防治的效果不甚理想,有待进一步研究和探索。

第6章　建筑场地与中心城区地下空间开发适宜性评价

工程建设场地评级既要考虑场地的稳定性，也要考虑场地的适宜性。按照国家和地方的建设规范，将场地稳定性划分为不稳定、稳定性差、基本稳定和稳定4级，而将工程建设适宜性可划分为不适宜、适宜性差、较适宜和适宜4级。有关场地稳定性分级，如果场地位于强烈全新活动断裂带、对建筑抗震的危险地段或者不良地质作用强烈发育及地质灾害危险性大地段，都应该划分为不稳定场地；对于场地位于微弱或中等全新活动断裂带、对建筑抗震的不利地段或者不良地质作用中等—较强烈发育且地质灾害危险性中等地段，应划分为稳定性差场地；而场地位于非全新活动断裂带、对建筑抗震的一般地段或者不良地质作用弱发育且地质灾害危险性小地段，应划分为基本稳定场地；如果场地内无活动断裂，或者场地位于对建筑抗震的有利地段，或者不良地质作用不发育地段，应划分为稳定场地。从不稳定开始，向稳定性差、基本稳定、稳定推定，以最先满足的为准。场地适宜性分类与评价主要是依据场地是否稳定、土质是否均匀、地基是否稳定、地下水对工程建设有无影响以及地形和排水条件等进行综合评定。

6.1　天然地基工程

地基作为支承基础的岩土体，有天然地基和人工地基之分。天然地基是没有经过人工改良加固就可以在其上修建基础的地基。地基基础工程需要考虑地基的容许承载力和地基的极限承载力。为了确保建筑物的安全和地基的稳定性，使地基的变形不至于过大而影响建筑物的正常使用，限制建筑物基础地面的压力不超过规定的地基承载力，这样限定的地基承载力就是地基的容许承载力。地基极限承载力是使地基土发生剪切破坏而即将失去整体稳定性时的最小基底压力。

6.1.1　上海地区天然地基工程类型

上海地区表层一般均分布有褐黄色黏性土层（②$_1$），俗称"硬壳层"，一般可作为天然地基持力层，但由于其下部土层具有一定变化，因此天然地基条件存在一定差异。上海地区天然地基工程的主要类型，根据基础的形状和尺寸分为：独立基础、条形基础、筏板基础、箱型基础等。

6.1.2　影响天然地基工程建设的主要工程地质问题

天然地基承载力问题是地基基础中最为关心的问题，一般影响天然地基工程建设的主要工程地质问题主要是地基不均匀沉降、地基承载力低、砂土和粉土震动液化问题等。地基的不均匀沉降容易导致建筑物倾斜、开裂甚至倒塌，地基承载力低往往不能满足建筑设计的要求，需要采取加固措施提高地基的承载力，而砂土液化问题与地下水的活动等有关。

6.1.3　天然地基工程建设适宜性分区

上海地区天然地基分区主要依照上海市表土层（②$_1$）下卧层的不同岩性进行分区。主要有以下几方面。

（1）冈身、滨海平原区沿江沿海和河口沙岛区表土层下部为浅部砂层（②$_3$），天然地基条件好，划分为 A 区。

（2）滨海平原区和湖沼平原区东部地区表土层下部为软土层（③或④），天然地基条件一般，划分为 B 区。

（3）湖沼平原区西部表土层下有泥炭层分布，天然地基条件较差，划分为 C 区。

（4）沿海地区如临港新城东部、崇明东滩地区无表土层分布，大量分布有欠固结的冲填土层，不能作为天然地基持力层，天然地基条件差，划分为 D 区。

天然地基分区示意图见图 6-1。

6.1.4　天然地基分区评价

6.1.4.1　天然地基条件好区（A）

主要分布在河口沙岛区和滨海平原区冈身、临港新城西部和黄浦江、吴淞江两岸，表土层均有分布，其下为②$_3$层灰色砂、粉性土，层顶标高一般为 0～2m，厚度变化较大，可与表土层联合作为天然地基持力层，因此天然地基条件较好。但应注意部分地区②$_3$层液化问题，如判别为液化土层，则不宜作为天然地基持力层。

6.1.4.2　天然地基条件一般区（B）

广泛分布于滨海平原区，表土层下部分布有厚度较大的软土层（如③层淤泥质粉质黏土、④层淤泥质黏土），其厚度在冈身以西一般小于 8m，而滨海平原区厚度一般大于 8m，由于软土层含水量高、强度低、压缩性高，在附加荷载作用下易产生变形，因此该区为天然地基条件较差区。

6.1.4.3　天然地基条件较差区（C）

分布于青浦、金山和松江西部地区，表土层下部分布有泥炭层，厚度一般在 0.3～0.5m，土性极差，易引起地基变形，工程建设时必须进行处理，因此天然地基条件较差。

6.1.4.4　天然地基条件差区（D）

主要分布在新近成陆区，主要有临港新城东部和崇明东滩地区。缺失表土层，广泛分布有冲填土层，岩性一般为砂、粉性土或淤泥质粉质黏土，其形成时代一般小于 10 年，处于欠固结状态，如不进行处理，不宜作为天然地基持力层，因此该区为天然地基条件差区。

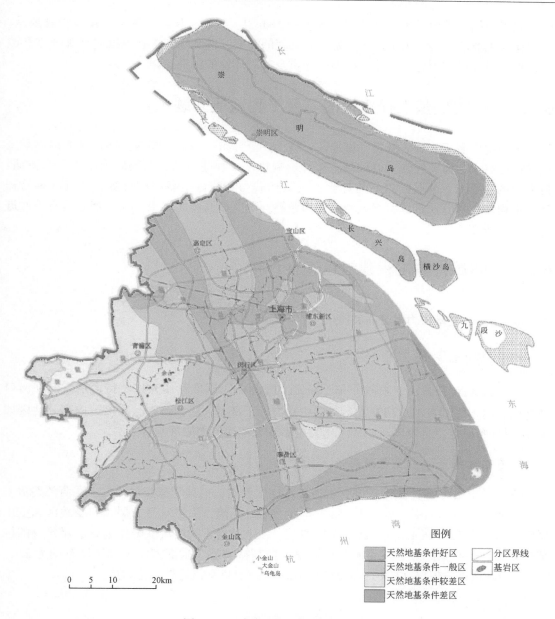

图 6-1 上海市天然地基分区示意图

6.2 桩基工程

6.2.1 桩基工程类型

桩基是由桩和桩承台组成。桩的施工法分为预制桩和灌注桩两大类。打桩方法的选定，除了根据工程地质条件外，还要考虑桩的类型、断面、长度、场地环境及设计要求。随着建筑工业的发展，为了适应大型桩基工程的需要，桩基础施工技术既要增加锤重和改进起重、吊装操作工艺，又要减少振动噪声及其对环境的污染。

6.2.2　影响桩基工程建设的主要工程地质问题

上海地区属于典型的滨海平原地区，软土广泛分布，为了提高地基的承载力以满足工程建设的需求，需要经常采取桩基工程。影响桩基工程建设的主要问题由以下几个方面：持力层的选择、下卧层的判断与计算、极限承载力和容许承载力的计算、沉桩的难易程度、不均匀沉降以及打桩引起振动液化问题等。需要根据场地岩土工程调查对地质条件进行深入的研究。

6.2.3　陆域桩基工程建设适宜性评价

6.2.3.1　桩基持力层分布特征

1. ⑤₂层中部砂层

⑤₂层灰色砂质粉土、粉砂分布不稳定，因此一般不推荐作为桩基持力层。但在河口沙岛区，由于受到古河道切割⑥、⑦层均缺失，下部⑧₂₋₂层埋藏深，在该区内部分地区如果⑤₂层分布稳定，且厚度适中，可作为中型或大型建筑物的桩基持力层。

2. ⑥层暗绿色—褐黄色硬黏性土层

第一硬土层（⑥）土性较好，岩性以黏性土为主，但其埋深变化较大。在西部湖沼平原区和嘉定区西部埋深一般为 3～5m，埋藏太浅，不能作为桩基持力层，冈身地区和宝山区南部埋深为 12～16m，其下卧层⑦层粉土、砂土厚度不大，可联合作为一般建筑物的桩基持力层，但不能作为中型或大型建筑物的桩基持力层。东部滨海平原区埋深则为 22～28m，埋藏适中，但厚度较小，一般为 3～5m，一般也不作为桩基持力层。

3. ⑦层砂层

该层岩性以砂质粉土、粉砂为主，属低压缩性土层，土质好，其分布与上覆⑥层密切相关，因此其埋深、厚度亦有一定变化。在湖沼平原区，该层厚度较小，且西部缺失，因此一般不宜作为桩基持力层。

冈身地区和宝山区南部埋深为 15～23m，厚度一般为 2～10m，其下部分布有厚度较大的⑧₁层高压缩性土层，易引起桩基沉降，因此该地区该层只能作为一般建筑物的桩基持力层。

东部滨海平原区该层由于受到古河道的切割，条件也有所不同，正常沉积区埋深一般为 28～31m，厚度一般大于 30m，尤其在浦东新区西部、中心城区南部、奉贤区东部其下不压缩层缺失，厚度更大，该层上部为砂质粉土（⑦$_1$层），下部为粉砂（⑦$_2$层），土层中密—密实，平均标准贯入击数>50 击，为良好的桩基持力层，可作为高层建筑、大型和特大型桥梁以及其他重型、超重型建（构）筑物的良好桩基持力层。但在滨海平原区的古河道切割区，⑦层埋深为 35~55m 不等，厚度也有较大差异，因此桩基条件差异较大，且基础投入较多。

4. ⑧$_2$层粉质黏土夹粉土、粉砂层

该层由于沉积成因较为复杂，岩性变化大，不同地区岩性差别大，其桩基条件也有一定差异。

湖沼平原区和嘉定区西部该层顶部为第二硬土层⑧$_{2-1}$暗绿色—褐黄色粉质黏土，埋深为 15~28m，埋藏适中，其下部为⑧$_{2-2}$灰黄色—灰色的砂质粉土、粉砂层和⑧$_{2-3}$灰色粉质黏土夹粉砂层，土质均较好，因此⑧$_{2-1}$层或⑧$_{2-2}$层可以作为桩基持力层。

滨海平原区该层顶部⑧$_{2-1}$和⑧$_{2-2}$一般均缺失，分布有⑧$_{2-3}$灰色粉质黏土夹粉砂层，部分地区为粉质黏土与粉砂互层，其工程地质特性较好，中等压缩性，亦可作为大型或特大型建筑物桩基持力层。但滨海平原区该层埋藏较深，因此基础投入较大，一般不作为桩基持力层。

河口沙岛区⑧$_2$层主要以⑧$_{2-2}$层灰色粉砂为主，埋深一般为 50~60m，无软弱下卧层，可作为大型或特大型建筑物桩基持力层，但由于埋藏较深，基础投入大。

5. ⑨层深部砂层

⑨层灰色砂层分布稳定，厚度大，属低压缩性土，可作为特大型建筑物桩基持力层。但由于其埋深过大，一般不推荐作为桩基持力层。

上海地区可选择作为桩基持力层的土层主要有⑥、⑦、⑧$_{2-1}$和⑧$_{2-2}$层，其分布特征与硬土层的缺失情况及埋深变化特征有密切关系，因此，可根据硬土层的缺失及埋深变化情况进行桩基工程建设适宜性分区。

6.2.3.2 不同高度建筑地质环境适宜性评价

良好桩基持力层在滨海平原区和湖沼平原区东部⑦层及湖沼平原区西部⑧$_{2-2}$层砂层的分布特征与硬土层密切相关，因此桩基工程分区按照⑥、⑧$_{2-1}$两层硬土层缺失情况及⑦、⑤$_2$层埋深、厚度变化情况对 100m 以浅进行分区。

1. 大区划分

按照有两层硬土层（湖沼平原区西部）、有⑥层（湖沼平原区东部和滨海平原区的正常沉积区）和无硬土层（古河道切割区）进行大区划分，有⑥、⑧$_{2-1}$层同时存在的为 A 区，可选择的桩基持力层较多，且分布稳定；有⑥层无⑧$_{2-1}$层分布的为 B 区，桩基条件有一定变化；无硬土层分布的为 C 区。

2. 亚区划分

亚区划分根据桩基持力层埋深、厚度变化情况在不同大区进行不同的划分。

A区桩基条件差别不大，因此不进行亚区划分。

B区则根据⑦层的厚度进行亚区划分，选择⑦层厚7m为界，大于7m的一般分布在湖沼平原区东部、滨海平原区东部、南部，⑥层顶板标高一般小于−17m，下部⑧₁层桩基压缩层埋深大，甚至缺失，桩基条件较好；而⑦层厚小于7m的一般分布在冈身、嘉定区西部和宝山区西部，⑥层顶板标高大于−17m，桩基压缩层埋深浅，厚度大，桩基条件较差，如选择⑦层作为中长桩桩基持力层，则有可能产生较大的桩基变形。由此，在B区，⑦层厚度大于7m的为B_1区，桩基条件好；⑦层厚度小于7m的为B_2区，桩基条件较差。

C区主要分布在河口沙岛区和滨海平原区的古河道切割区，缺失两层硬土层，亚区划分根据⑤₂层进行。河口沙岛区有⑤₂层分布，一般埋深、厚度较为稳定，划分为C_1区，桩基条件一般。滨海平原区的古河道切割区内仅局部地区⑤₂层分布稳定，已划分为C_1区。其余地区划分为C_2区，桩基条件差。桩基工程建设适宜性分区及评价见表6-1和图6-2。

表6-1　上海市桩基工程建设适宜性分区评价表

区 亚区	适宜性好区（A）	B		C	
		适宜性较好区 （B_1）	适宜性较差区 （B_2）	适宜性一般区 （C_1）	适宜性差区 （C_2）
分布地区	青浦、金山及松江区西部	上海市区、奉贤、金山、浦东正常沉积区	宝山、嘉定局部地区	崇明、长兴、横沙三岛区	滨海平原大部分古河道切割区及河口沙岛部分地区
桩基持力层分布特征	有第一硬土层（⑥）、第二硬土层（⑧₂₋₁）分布，下部⑧₂₋₂层分布稳定	有⑥层硬土层和⑦层分布，⑦层厚度一般均大于7m，⑥层顶板标高小于−17m	有⑥层硬土层和⑦层分布，⑦层厚度一般均小于7m，⑥层顶板标高大于−17m	无硬土层分布，⑤₂层大部分地区分布较为稳定，厚度适中	无硬土层分布，⑤₂层分布无规律，大部分地区厚度较小
建筑适宜性评价	地层分布稳定，可选择⑧₂₋₂层作为大型或特大型建筑物桩基持力层，且下部土层⑧₂₋₃层或⑧₃层土性好，产生桩基沉降及不均匀沉降的可能性较小	地层分布稳定，⑦层埋深适中，且厚度大，可作为大型或特大型建筑物桩基持力层，产生桩基沉降的可能性较小	地层分布稳定，⑥层埋藏较浅，下部⑦层相应也较浅，且厚度较小，易产生桩基沉降	⑤₂层可作为桩基持力层，但应注意其埋深、厚度变化情况	⑥、⑦层均缺失，较难选择桩基持力层，必须注意桩基沉降及不均匀沉降问题
地质灾害问题	适当注意区域地面沉降对桩基工程的影响	应特别注意区域地面沉降对桩基工程的影响			应注意区域地面沉降对桩基工程的影响

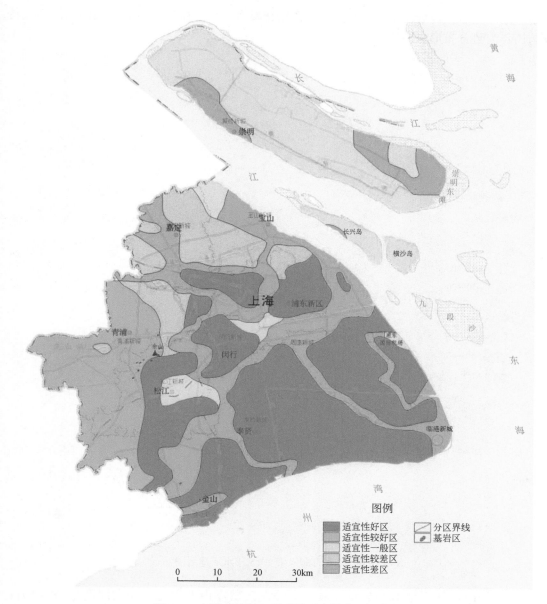

图 6-2　上海市桩基工程建设适宜性分区示意图

6.2.4　跨江跨海大桥桩基工程建设地质环境适宜性

6.2.4.1　水下地形地貌特征

利用 2015 年实测区域和综合剖面潮滩及单波束、多波束等仪器对水下地形进行测量，编制了全区 1∶25 万水下地形图，图件较全面地展示了区域最新水下地形特征，如图 6-3

所示。结果显示，区域北部岸坡较陡，水深变化较大，南部岸坡较缓。滩槽的总体变化特征与历年河势分布形势一致。

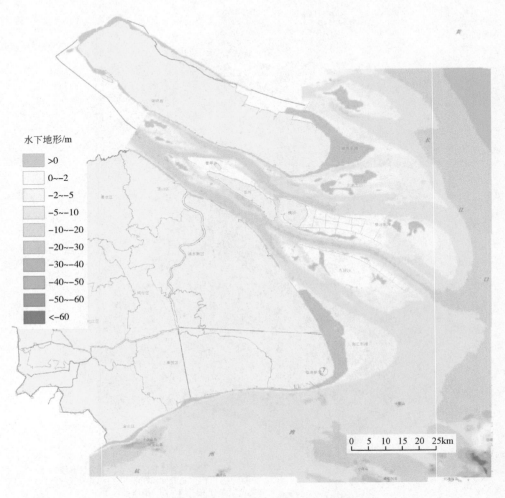

图 6-3　上海海岸带 2015 年水下地形图

根据 2015 年水下地形图显示，最大水深在区域洋山港附近，最大深度达 80~87m，其次为金山深槽，最大深度约 58m，平均深度为 40m，金山深槽较 2013 年冲刷 1~2m；最后为区域东北角水深较深。

6.2.4.2　冲淤变化特征

对比 2013 年水下地形，2015 年河口河槽内北港和南港北侧 −10m 等深线略向北岸偏移，南港南侧变化较小，北槽深水航道内 −10m 等深线向两侧偏移，口外等深线变化较小，只在南汇东部 −10m 等深线偏移较大，等深线向河槽方向蚀退；口外 −20m 等深线变化较小，2013~2015 年波动变化较多，整体偏移较小。

　　长江口南港–10m 深河槽略变宽，北港河槽中上段整体向北偏移，下段向南偏移，北槽深水航道由于航道内的清淤作用，–10m 深河槽变宽。口外南汇东部及小洋山海域，等深线整体向东侧偏移，这与 2011～2013 年变化趋势一致，如图 6-4 所示。

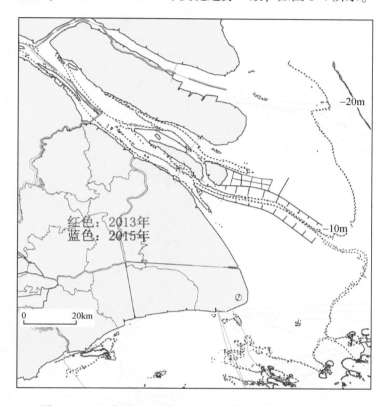

图 6-4　2013 年和 2015 年–10m 水深线与–20m 水深线对比

　　为了进一步了解水下地形变化，利用 ArcGIS 分别对 2013 年和 2015 年水下地形建立数字高程模型（DEM），然后叠加绘制 2013～2015 年的区域冲淤变化图，结果表明：区域整体淤积体积为 2.857km³，区域冲刷体积为 2.019km³，整体淤积 0.838km³，整体呈淤积态势，如图 6-5 所示。

　　长江口口内北支淤积较为明显，由于部分地区数据缺失，北支靠岸线部分淤积较为明显，平均淤积 1m 左右，最大淤积为 2m，北支口门拦门沙河段呈淤积态势，口外区域冲刷明显。南支河槽两侧淤积明显，中央呈冲刷态势，南北港分流口呈冲刷态势，北港整体呈淤积态势，尤其是北港上段部分，75% 淤积区域淤积厚度达 2m 左右。北港下段拦门沙河段淤积较弱，北港北汊冲刷明显。北港北沙淤积明显，南侧呈冲刷态势，北港口外整体淤积大于冲刷。北槽深水航道整体呈冲刷态势，局部区域如深水航道上段呈淤积态势，北槽口外冲刷明显。崇明东滩及横沙东滩外都呈现淤积。南槽河槽中央呈冲刷态势，南侧南汇东滩淤积明显，最大厚度约 2m。北侧九段沙附近略淤积。南槽口外区域呈冲刷态势，但变化较小。大小洋山和金山深槽附近冲淤变化剧烈，局部地区冲淤变化频繁。

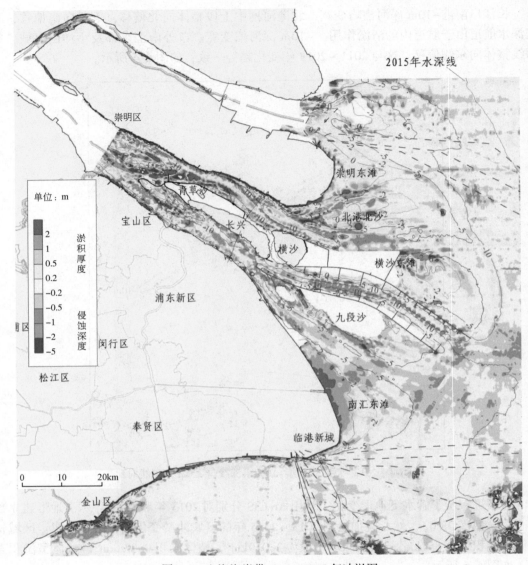

图 6-5　上海海岸带 2013~2015 年冲淤图

　　2013~2015 年河槽冲淤变化跟往年相近，区域口外侵蚀，口内北支和北港淤积，北槽和南槽冲刷，基本为"北淤南冲"的变化特征。这种一致性的变化态势可能是由于科里奥利力的作用及北侧区域大量河口工程的建设，这种变化对上海市城市安全有较大的不利影响，对未来岸线防护工程提出了更大的要求。

6.2.4.3　持力层特征

1. 下部砂层（⑦层）

岩性以砂质粉土、粉砂为主，属中、低压缩性土层，土质好，其分布与上覆⑥层土密切相关。陆域嘉定、宝山沿岸埋深较浅，厚度较薄，一般在 5～13m，水域滩浒山—大洋山—大辑山一线以南以东埋藏较深，层顶标高小于-43m，厚度在 5～13m，层顶起伏大，均不宜作为跨江跨海大桥的桩基持力层。其余地区埋深、厚度较为适中，上部为砂质粉土（⑦₁层），下部为粉砂（⑦₂层），层厚一般大于20m，中密—密实，平均标准贯入击数>50击，可考虑作为大型和特大型桥梁桩基持力层。此外，在崇明三岛、长江口以东和以北大部分水域受古河道切割影响，⑦层缺失，桩基条件较差。

2. 深部砂层（⑨层）

⑨层灰色砂层分布较为稳定，层顶标高一般在-60～-70m。钻孔资料表明，该土层厚度一般大于30m，上部一般为粉砂或粉细砂，中下部一般为含砾中砂或细砂，厚度大，属低压缩性土，为跨江跨海大桥等特大型建（构）筑物理想的桩基持力层。

综上所述，海岸带地区可选择作为大型和特大型跨江跨海大桥桩基持力层的土层主要有⑦层和⑨层。

6.2.4.4　跨海大桥桩基工程建设地质环境适宜性评价

跨江跨海大桥桩基工程建设地质环境适宜性分区首先考虑地貌类型，由于水域和陆域地形地貌截然不同，地质条件及施工条件差异较大，陆域地区桩基条件及施工条件一般好于水域，因此将陆域区划分为 A 区，水域区划分为 B 区。其次，按照桩基持力层（⑦层）分布情况进行亚区划分。陆域区⑦层层顶标高大于-27m 且厚度大于 15m 的为 A₁ 区，桩基条件好，其余地区为 A₂ 区，桩基条件一般。水域区⑦层层顶标高大于-35m，且层厚大于 20m，其下⑧层缺失，⑦层与⑨层连通，或虽有⑧层分布但厚度薄，一般小于 5m，桩基条件较好，但受水下地形等影响，桩基施工难度大，为 B₁ 区，其余地区⑦层基本缺失或层薄，一般厚度小于 13m，且其下卧层⑧层厚度大，桩基条件较差，施工难度大，为 B₂ 区。各区分布情况及分区评价详见表 6-2 和图 6-6。

表 6-2　跨江跨海大桥桩基工程建设地质环境适宜性分区评价表

区	陆域区（A）		水域区（B）	
亚区	适宜性好区（A₁）	适宜性一般区（A₂）	适宜性一般区（B₁）	适宜性差区（B₂）
分布地区	主要分布在杭州湾北岸陆域地区和临港新城、浦东新区部分地区	主要分布在崇明岛、长兴岛、横沙岛以及浦东新区、嘉定和宝山沿岸部分地区	主要分布在杭州湾水域和南汇东滩以东及以南部分水域	长江口大部分地区以及海岸带地区东部、东南部海域
桩基持力层分布特征	正常沉积区，⑥层硬土层和⑦层均有分布，⑦层埋深一般在 30m 左右，厚度一般均大于20m，分布连续	正常地层分布区⑦层埋藏浅，厚度薄，其下软弱下卧层厚度大，古河道切割区⑦层埋深、厚度变化较大，局部缺失；三岛地区⑦层缺失，有中部砂层⑤₂层分布，但层顶起伏大，分布不稳定	大部分地区有⑥层分布，⑦层分布连续，稳定，层顶标高一般在-27～-35m，厚度为 20～50m，其下⑧层基本缺失，下卧层以⑨层为主	受长江古河道切割，⑦层大部分地段均缺失，局部虽有分布但埋藏深，分布不稳定，厚度薄。桩基条件复杂，理想的桩基持力层埋藏深

续表

区	陆域区（A）		水域区（B）	
亚区	适宜性好区（A₁）	适宜性一般区（A₂）	适宜性一般区（B₁）	适宜性差区（B₂）
建筑适宜性评价	地层分布稳定，⑦层埋深适中，且厚度大，可作为大型或特大型桥梁辅桥墩桩基持力层，产生桩基沉降的可能性较小	地层变化较大，理想的桩基持力层缺失或分布不稳定，注意桩基沉降及不均匀沉降问题	地层分布较为稳定，⑦层均有分布，埋深适中，厚度大，可作为跨江跨海大型桥梁的桩基持力层，产生的桩基沉降可控制在设计允许范围内	⑥、⑦层基本缺失，较难选择桩基持力层，必须注意桩基沉降及不均匀沉降问题
其他地质问题	应注意区域地面沉降对桩基工程的影响		位于水域区，应注意水域滑坡、冲淤、潜蚀等对桩基工程的影响，应注意水流（力）及所挟带的泥沙对桩基础的冲刷、掏蚀破坏作用，此外还应注意波浪力、船舶挤靠力等对桩基的影响	

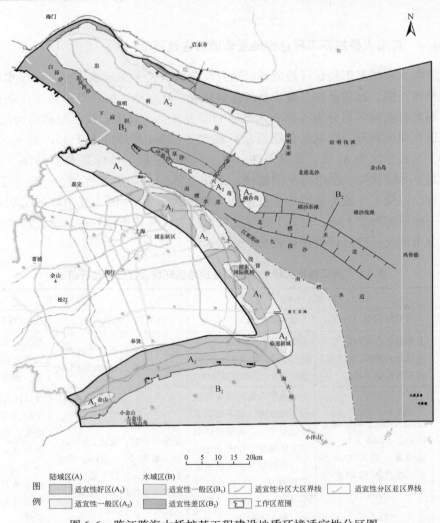

图 6-6 跨江跨海大桥桩基工程建设地质环境适宜性分区图

6.3　上海地下空间开发现状

6.3.1　地下空间开发利用现状

　　上海市地下空间开发利用在全国起步较早，主要经历了三个阶段，分别是 19 世纪以地下市政管线为主的起步阶段；20 世纪以防灾避难为目的，大力发展地下人防工程的拓展阶段；20 世纪 90 年代以后为全面铺开阶段，以轨道交通、城市副中心和重点建设区域为主要纽带，带动了全市地下空间开发利用的全面开花，近几年更是进入了快速发展时期。

　　根据上海地下空间管理联席会议办公室统计资料，截至 2016 年，全市已建成地下工程共有 36809 个，总建筑面积为 8186 万 m²，比 2011 年前增加建筑面积 2487 万 m²，地下空间开发量以每年约 1000 万 m² 的速度增长。其中，地下生产、生活服务设施占地下工程总量的 95%；地下公共基础设施占 3%；轨道交通及附属设施占 2%。上海地下空间开发规模已位居国际大城市前列，如图 6-7、图 6-8 所示。

图 6-7　已有地下室（不含桩基础）开发深度分布图（不完全统计）

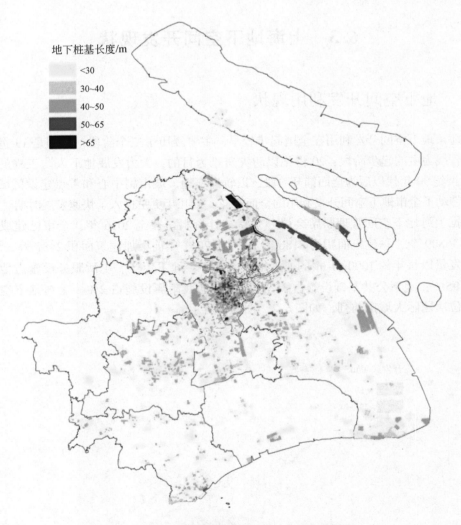

图 6-8　已有地下桩基长度分布图（不完全统计）

　　自 21 世纪初以来，上海市地下空间开发数量和规模逐年增加并呈现爆炸性的增长态势，地铁、越江隧道、地下道路、城市地下综合体、大型深埋地下市政设施等地下工程不断增多。

　　城市轨道交通：截至"十二五"末，上海市城市轨道交通网络运行线路总数达 14 条，总里程 600 余千米，地铁车站约 370 座，换乘站 51 座，城市轨道交通基本网络已全面建成。

　　地下综合体：以轨道交通站点为重要载体，以提升城市公共活动中心空间品质为目的，形成了以人民广场、静安寺、世博会园区、徐家汇、花木和五角场副中心等为代表的一批多功能、大规模地下综合体。

　　地下综合交通枢纽和道路：虹桥枢纽、浦东国际机场、上海火车站、上海南站、十六铺公共交通枢纽等已基本建成。外滩通道、北横通道等地下道路，上中路、西藏南路等越江隧道的建成，为优化城市交通提供了新的渠道。结合绿地、广场、公园建成的地下车库缓解了中心城区停车资源紧张的问题。

地下市政设施：市政管线是目前占用城市道路浅层地下空间的主要设施，已形成相当规模。专业管沟和综合管廊建设也正处于探索和推进阶段，已经建成了浦东新区张扬路综合管廊、松江新城综合管廊、嘉定区安亭新镇综合管廊和世博会园区重点配套项目西藏路电力电缆隧道；其他如泵站、变电站等设施也已向地下发展。

民防工程：建成了一批指挥工程、医疗救护工程、防空专业队工程和大型人员掩蔽部等骨干民防工程，进一步完善了民防工程布局和功能配套。

其他特殊工程：据了解，上海深层地下空间典型工程主要有苏州河段深层排水调蓄管道系统工程及硬 X 射线自由电子激光装置等工程，其主要特点是基坑开挖深度大，盾构隧道埋藏深，基坑围护结构插入深度大。

6.3.2　地下空间开发利用特征

根据上海市地质调查研究院收集和调查的不完全统计资料，全市地下空间利用总体上具有以下明显特征。

从区域分布上看，地下空间开发与土地价值呈现较强的相关性。环线内外地下空间开发规模和功能差异较大，中心城区的静安和黄浦地下空间开发强度最大，而郊区的嘉定、青浦、松江、奉贤、崇明开发强度较小。但随着新城的逐步发展，中心城区以外的地下空间也将成为今后的开发重点。

在开发深度上，地下空间开发呈现较明显的分层利用特点。目前开发深度主要集中在中浅层（40m 以浅）；其中，基坑工程一般小于 30m，隧道工程埋深多在 20~40m。此外，建筑桩基础端部大多在地下 30~70m，在一定程度上占用了地下空间资源。

从开发利用趋势分析，上海市地下空间开发已从浅层、中层向深层发展。上海市深层地下空间开发深度已超过 40m，如苏州河段深层排水调蓄管道系统（试验段）工程盾构工作井基坑开挖深度超过 60m，围护结构地连墙插入深度已达 98~105m，隧道埋深约60m；硬 X 射线自由电子激光装置工程盾构工作井基坑开挖深度约 50m，围护结构地连墙插入深度约 100m；地铁 4 号线修复工程基坑开挖深度达 41.5m，地连墙深度已达65.5m；上海长江隧桥工程隧道底部埋深最大达江底 55m，深度大于 40m 的路段长2.6km。可见，上海深层地下空间（40m 以下）的利用实际上已经进入起步阶段。

6.4　中心城区工程地质条件

6.4.1　中心城区主要工程地质层及埋藏分布特征

上海市中心城区第四系厚度一般为 200~350m（市区西南局部区域厚度为 100~200m），人类工程活动主要集中在 100m 以浅的土层内。本节重点阐述上海中心城区地表下 100m 深度范围内土层的构成与特征，并根据地表下 50m 深度范围的地层结构特点及对地下空间开发影响程度，进行工程地质结构分区。

6.4.1.1　工程地质层划分

上海中心城区地表下 100m 深度范围内的土层主要分为 9 大工程地质层，地质时代为晚更新世—全新世。

全新世土层（Q_h）共分为五个大层，土层序号为①~⑤层，一般厚度为 20~30m，在古河道切割区，厚度达 60m 左右。

晚更新世土层（Q_p）共分为四个大层，土层序号为⑥~⑨层（注：局部区域 100m 深度范围涉及⑩层，⑩层属 Q_{p_2} 地层，相关资料少且对地下空间开发影响小）。

上海中心城区地表下 100m 深度范围内涉及的地层的沉积年代、地层层序、土层名称及分布状况见表 6-3 和图 6-9~图 6-11。

6.4.1.2　工程地质层分布规律及评价

中心城区工程地质层总体分布较为稳定、连续，但由于受海进海退及沉积间断的影响，各工程地质层在水平向和垂向表现出一定的差异性，尤其是与工程建设密切相关的浅部土层。

1. ②₁层——表土层

该层是上海地区的"硬壳层"，可作为天然地基的持力层。分布较为普遍，仅在黄浦江、吴淞江两岸地区缺失，缺失区呈条带状。岩性在平面展布上变化不大，以粉质黏土和黏土为主。垂向上具有一定差异，大部分地区该层上部土性较好，以可塑的粉质黏土为主，而下部土层以淤泥质粉质黏土和黏土为主，土性较差，因此具有上硬下软特性。

该层分布于填土层之下，埋深、厚度变化均不大，埋深为 0.5~2m，厚度则在 0.5~3m。该层是上海市的表土层，土性较好，为上海地区俗称的"硬壳层"，为浅基础的良好持力层，但由于该层具有上硬下软特性，因此基础宜浅埋，同时还须注意该层厚度的变化，作为天然地基持力层时，应进行强度验算。

2. ②₃层——浅部砂层

该层主要分布在中心城区北部。吴淞江沿岸均有分布，但其北部较南部发育；吴淞江以北则主要分布在闸北、虹口、杨浦等地区，该段黄浦江两岸不发育；中环路以北黄浦江两岸较为发育（图 6-12）。

该层埋深总体变化不大，层顶标高在 1m 左右，仅南部吴淞江局部地区埋深较大，最大埋深为 5m 左右。厚度上该层变化较大，厚度在 1~16m。黄浦江和吴淞江沿岸地区厚度较大，尤其是黄浦江与吴淞江交界处厚度最大，此外虹口、杨浦地区厚度也较大，一般均大于 6m。中心城区西北部宝山地区厚度则较小，一般均小于 6m。

表 6-3　上海中心城区 100m 深度范围内土层层序表

地质时代		地层	土层名称	土层层号	层厚/m	层面标高/m	颜色	湿度	状态	密实度	压缩性	土层描述
全新统	晚期 Qh3	表土层	填土	①1	0.20~1.58	7.63~3.97						一般上部含较多碎砖石等建筑垃圾，下部以黏性土为主，含少量杂质；土质松散、杂乱；部分地区为浜填土
		浅部砂层	黏性土	②1	0.30~1.68	3.95~2.57	褐黄色	湿	可塑		中等	含氧化铁斑点及染斑，偶见铁锰质结核，部分地区为淤泥质粉质黏土
			砂质粉土	②3	0.60~6.61	4.94~1.11	灰色	饱和		松散—稍密	中等	含云母及有机质，染斑，偶见贝壳碎片
	中期 Qh2	软土层（第一压缩层）	淤泥质粉质黏土	③1	0.50~4.68	2.87~0.66	灰色	饱和	流塑		高	层内夹薄层粉砂，具有波状水平层理，局部见有交错层理，层内气孔发育，含贝壳碎片
			砂质粉土	③a	0.50~2.13	1.05~-1.10	灰色	饱和		稍密	中等	含云母，夹黏性土薄层，土质不均
		第二压缩层	灰色淤泥质黏土	④	0.90~8.26	-0.27~-5.30	灰色	饱和	流塑		高	含有机质，夹少量极薄层粉砂，底部一般含较多贝壳碎屑
			砂质粉土	④a	1.30~3.45	-6.01~-12.1	灰色	饱和		稍密	中等	含云母，夹黏性土薄层
	早期 Qh1		黏土	⑤1-1	0.70~5.54	-6.75~-13.55	灰色	很湿	软塑—流塑		高	含有机质，见灰白色泥钙质结核及半兰芦苇根茎，夹薄层黏土，土质较均匀
			灰色粉质黏土	⑤1-2	0.50~6.20	-7.63~-16.95	灰色	很湿	可塑—软塑		中偏高	含云母，夹薄层砂质粉土或黏质粉土
		中部砂层（微承压含水层）	砂质粉土	⑤2	1.00~10.9	-9.17~-19.37	灰色	饱和		稍密—中密	中等	含云母，土质不均，夹黏性土较多，部分地区呈砂与粉质黏土互层状或薄黏质粉土状出现
		第二压缩层	粉质黏土	⑤3	2.00~13.00	-15.1~-26.25	灰色	湿	可塑—软塑		中偏高	层内富含有机质，局部地段夹粉土层，夹薄层处见有斜层理或波状水平层理
上更新统 Qp3	上段	硬土层	粉质黏土	⑤4	0.80~3.15	-23.00~-36.12	灰绿色	稍湿	可塑		中等	部分地区为黏土，颜色有暗绿色、灰绿色、草黄色等，含氧化铁斑点，见铁锰质结核，偶夹粉砂薄层

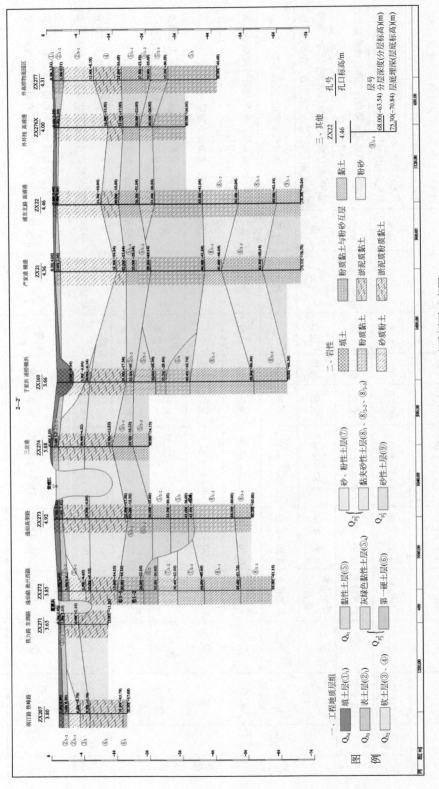

图6-9 中心城区典型地段工程地质剖面示意图一

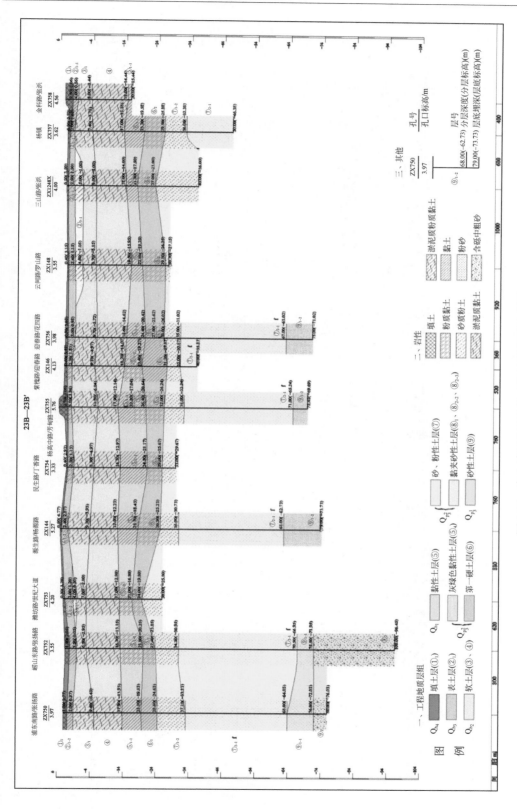

图6-10 中心城区典型地段工程地质剖面示意图二

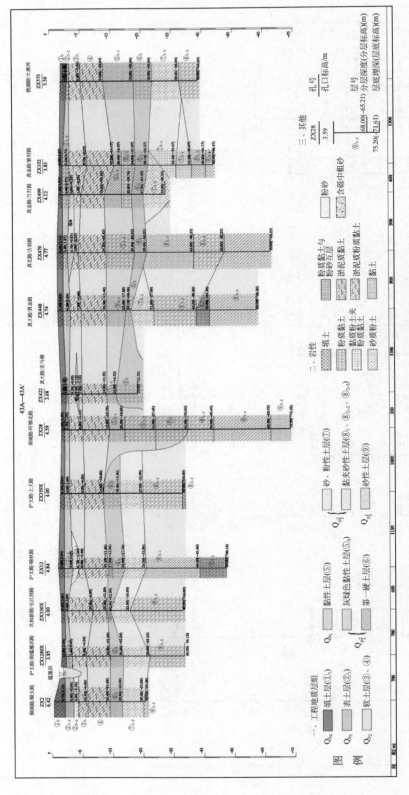

图 6-11　中心城区典型地段工程地质剖面示意图三

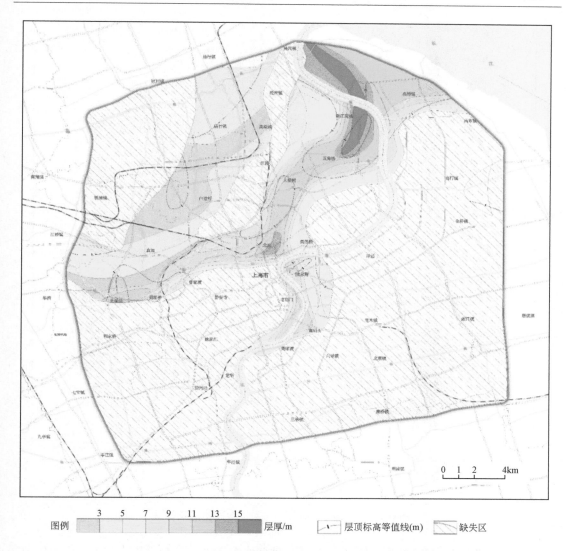

图例 ▭▭▭▭▭▭▭▭ 层厚/m　　┌╲┐ 层顶标高等值线(m)　　▨ 缺失区

图 6-12　中心城区浅部砂层（②₃）埋藏分布图

　　该层为上海地区的浅部砂层，饱和，稍密，其含水量为 29.5%，孔隙比为 0.85，压缩系数为 $0.18MPa^{-1}$，压缩模量为 11.4MPa，黏聚力为 4kPa，内摩擦角为 16.9°，平均黏粒含量为 5.3%，静探比贯入阻力为 3.4MPa，标准贯入击数为 11 击，水平渗透系数为 $5.82×10^{-5}cm/s$，垂直渗透系数为 $1.34×10^{-4}cm/s$，根据上述指标，按照规范判定该层土一般为可液化土层，应注意由其引起的砂土震动液化及渗流液化问题。

　　3. ③、④层——淤泥质黏土层（软土层）

　　该两层在中心城区分布较为广泛，仅在黄浦江与吴淞江交界处浅部砂层较发育地区缺失（图 6-13）。软土层岩性以淤泥质黏性土为主，其中③层以淤泥质粉质黏土为主，④层基本为淤泥质黏土。

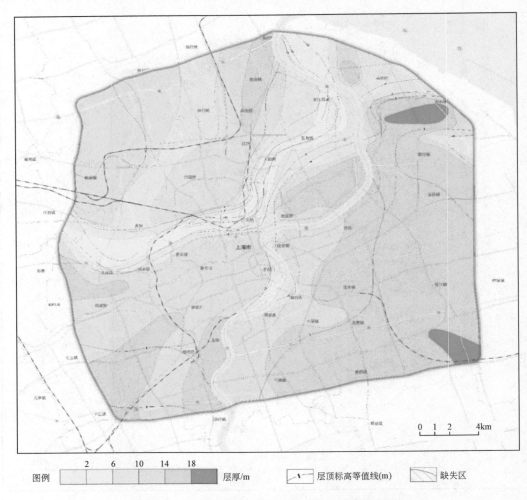

图 6-13　中心城区软土层（③、④）埋藏分布图

图例　2　6　10　14　18　层厚/m　层顶标高等值线(m)　缺失区

0　1　2　4km

　　软土层埋深及厚度随浅部砂层（②₃）的厚度变化而变化，②₃层厚度大的地区软土层埋深大、厚度小，反之则埋深浅、厚度大。②₃层缺失区（主要是中心城区南部和浦东新区大部分地区），软土层埋深一般为 4m 左右，厚度一般均大于 12m，其中东部厚度大于西部；黄浦江、吴淞江两岸和虹口、杨浦部分地区②₃层厚度大，软土层埋深一般均大于 10m，厚度则大部分地区小于 8m；西北部宝山地区②₃层厚度不大，软土层埋深一般为 4～12m，厚度为 8～12m。

　　③、④层为上海地区典型的软土层，该两层软土层具有含水量高、孔隙比大、压缩性高、强度低等不良工程地质特性，为地基沉降的主要层次，因此在高层建筑和路基工程施工过程中极易产生变形。此外，这两层还具有流变和触变特性，在基坑开挖和隧道盾构施工过程中，易引起边坡失稳或地层沉降。

　　4.⑤层——一般黏性土层

　　该层为滨海、沼泽相沉积地层，中心城区普遍分布，仅在宝山西北部地区缺失。由于受到古河道切割，该层岩性变化较大，尤其垂向上变化更大，岩性从上至下依次为灰色黏土层（⑤$_{1-1}$），灰色粉质黏土层（⑤$_{1-2}$），灰色砂质粉土、粉砂层（⑤$_2$），灰色粉质黏土夹粉土层（⑤$_3$）和灰绿色粉质黏土层（⑤$_4$层）。

总体上该层位于软土层之下，埋深变化不大，由西部向东部稍变深，层顶标高一般为-10～-16m。厚度上，该层由于古河道的切割使得厚度变化最大，从1m到43m不等。正常沉积区厚度一般为3～9m，而在古河道切割区厚度则骤然增大，厚度一般均大于21m，最厚可达43m。

该层中⑤$_1$层黏性土为滨海相沉积，埋深、厚度变化不大。⑤$_2$层砂质粉土、粉砂为溺谷相沉积，亦为区内的微承压含水层，零星分布于世博会园区、南部虹桥和三林的古河道切割区，埋深、厚度变化均较大，层顶标高一般为-13～-25m，厚度为6～30m。⑤$_3$、⑤$_4$层为溺谷相沉积地层，分布于古河道底部，⑤$_3$层岩性以粉质黏土夹砂质粉土为主，部分地区夹粉砂，呈"千层饼"状，颜色以灰色、褐灰色为主，⑤$_4$层为灰绿色粉质黏土夹粉土，岩性上部一般为灰绿色的粉质黏土，向下逐渐变化为灰绿色的黏质粉土和砂质粉土。

该层岩性变化较大，以黏性土为主，夹有砂质粉土、粉砂透镜体，因此土层总体表现为不均匀特性，且厚度变化大，为荷载较大建筑物的地基压缩层，易产生地基不均匀沉降。其中⑤$_{1-1}$、⑤$_{1-2}$层很湿—饱和，软塑—流塑，压缩性较高，强度低，为荷载较大建筑的压缩层。⑤$_2$层为规划区的微承压含水层，在大的基坑开挖工程和隧道工程中有可能揭露该层，应注意该层在地下水压力作用下可能产生的流沙现象。⑤$_3$、⑤$_4$层为溺谷相地层，分布在古河道切割区，厚度、埋深变化较大，且土质不均，易引起荷载较大建筑的不均匀沉降。

5. ⑥层——第一硬土层

为全新世和更新世分界的标志层，由于受到古河道的切割，该层分布不连续。南部徐家汇、三林地区有大的古河道切割，切割深度最大，大于50m，此外北部吴淞口至南部也有一条古河道穿过，与上述古河道交叉，切割区内⑥层均缺失。

该层岩性变化不大，大部分地区以粉质黏土为主，部分地区以黏土为主，一般从上至下黏粒含量减少，粉粒含量增加，颜色则从暗绿色逐渐过渡为褐黄色、草黄色。埋深上该层从西北部向东部、南部逐渐加深，西北部埋深一般均小于20m，而东部、南部埋深一般为24～28m，埋深最大地区位于内环以内延安高架两边局部地区，埋深为28～33m。厚度上该层变化不大，一般为3～6m。该层结构较密实，稍湿，其含水量为24.0%，孔隙比为0.64，压缩系数为0.26MPa^{-1}，压缩模量为6.50MPa，黏聚力为45kPa。从指标可看出该层具有含水量低、压缩性低、强度高等特点，土性好，该层与下部⑦层联合可作为中型建筑物的桩基持力层。此外，该层在控制地面沉降方面，除本身不易压缩外，在一定程度上还能消散或滞后下部应力对上部土层的影响。

6. ⑦层——下部砂层

该层为河流相沉积地层，分布广泛，仅局部地区缺失。从上至下岩性由粉土（⑦$_1$层）过渡为粉砂、细砂（⑦$_2$层）。⑦$_1$层岩性以砂质粉土为主，西北部宝山局部地区则以黏质粉土为主；⑦$_2$层以粉砂为主，部分地区为细砂，底部夹有砾石。

同样，由于受到古河道切割，该层埋深、厚度变化较大，其埋深与其上第一硬土层基本一致。正常沉积区埋深一般为 28~31m，西北部宝山局部地区埋深则一般小于 26m。古河道切割区则由于切割深度的不同，使该层埋深变化差异较大，35~50m 不等。厚度上，该层表现为西北部薄，东部厚，正常沉积区厚，古河道切割区薄的特征。西北部宝山地区厚度一般为 2~10m，其他地区则厚度较大，中心城区南部厚度最大，一般均大于 36m。

　　该层广泛分布，为上海地区的第Ⅰ承压含水层，从上至下该层由砂质粉土逐渐过渡为粉砂、细砂，其中⑦₁层一般为砂质粉土，压缩性低，强度高，而且埋藏适中，可作为大型建筑物的桩基持力层。⑦₂层为灰黄色—灰色粉细砂，厚度大，饱和，中密—密实，平均标准贯入击数达 46 击，中—低压缩性，平均比贯入阻力为 16.5MPa，可作为大型及重型建筑物的桩基持力层。该层亦为区内的第Ⅰ承压含水层，水头较高，地下空间开发过程中应注意由该层引起的基坑突涌和流沙问题（图 6-14 和表 6-4）。

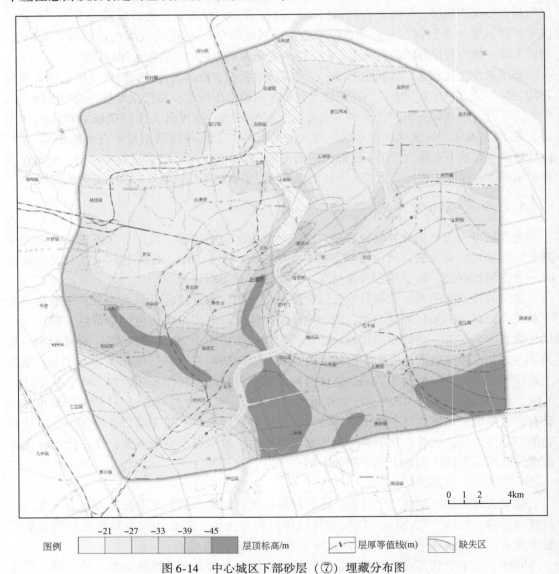

图 6-14　中心城区下部砂层（⑦）埋藏分布图

表 6-4　中心城区主要工程地质层物理力学性质表

土层层号	土层名称	含水量 w / %	容重 γ / (kN/m³)	孔隙比 e	塑性指数 I_p	直剪（峰值） c / kPa	直剪（峰值） φ / (°)	压缩系数 $a_{0.1-0.2}$ / MPa⁻¹	压缩模量 $E_{0.1-0.2}$ / MPa	标准贯入 N / 击	比贯入阻力 p_s / MPa
②₁	粉质黏土	25.4~42.6 / 35.0	17.9~19.8 / 18.5	0.68~1.04 / 0.92	11.5~16.90 / 16.8	8.2~28.0 / 19.8	12.5~24.2 / 18.0	0.25~0.60 / 0.39	3.20~5.28 / 5.02		0.72~1.40 / 0.86
②₂	黏土	28.5~38.2 / 36.5	18.0~19.2 / 18.7	0.80~1.02 / 0.96	17.2~21.0 / 17.9	8.5~24.8 / 17.8	12.8~23.3 / 17.7	0.28~0.52 / 0.40	4.2~5.50 / 4.48		0.92~1.32 / 0.88
②₃₋₁	黏质粉土—砂质粉土	26.8~38.3 / 32.8	18.1~19.2 / 18.8	0.80~1.05 / 0.90		3.2~14.8 / 10.2	12.5~22.7 / 16.9	0.20~0.42 / 0.31	4.42~8.90 / 6.82	1.6~6.9 / 4.9	0.96~3.47 / 1.47
②₃₋₂	砂质粉土—粉砂	26.1~39.8 / 32.6	17.7~19.7 / 18.5	0.70~1.15 / 0.94		0.3~9.8 / 3.6	16.8~28 / 23.1	0.10~0.25 / 0.20	6.8~11.2 / 9.8	3.7~15.9 / 9.4	1.96~4.37 / 3.78
②₃₋₃	粉砂	28.3~35.6 / 30.6	17.2~19.3 / 18.4	0.74~1.35 / 0.92		0.7~8.9 / 3.5	16.0~28.0 / 22.2	0.09~0.18 / 0.17	7.8~11.8 / 9.43	4.6~12.4 / 9.5	1.98~3.50 / 3.87
③	淤泥质粉质黏土	35.9~46.9 / 42.9	17.1~18.6 / 17.5	1.02~1.32 / 1.16	10.3~16.8 / 13.7	7.8~13.6 / 10.4	13.1~24.0 / 18.9	0.28~1.02 / 0.65	2.30~4.60 / 3.68		0.65~1.27 / 0.68
④	淤泥质黏土	39.0~58.6 / 49.8	16.4~17.9 / 17.3	1.08~1.47 / 1.36	17.2~25.1 / 21.1	10.5~14.7 / 12.6	7.8~16.4 / 11.7	0.43~1.62 / 1.13	1.35~3.62 / 2.53		0.42~0.69 / 0.52
⑤₁	黏土、粉质黏土	27.8~41.5 / 35.8	17.5~19.0 / 17.8	0.85~1.22 / 1.04	10.2~20.0 / 15.1	11.2~18.0 / 14.8	10.8~18.5 / 16.5	0.30~0.70 / 0.52	3.52~4.72 / 4.12		0.85~1.32 / 1.12
⑤₂	砂质粉土—粉砂	26.9~36.8 / 31.5	17.8~19.3 / 18.2	0.75~1.02 / 0.86		0~13.2 / 6.8	21.5~32.0 / 28.0	0.14~0.50 / 0.23	4.20~10.5 / 8.70	10.7~16.5 / 9.4	2.60~7.80 / 3.68

续表

土层层号	土层名称	含水量 w /%	容重 γ /(kN/m³)	孔隙比 e	塑性指数 I_p	直剪（峰值）c /kPa	直剪（峰值）φ /(°)	压缩系数 $a_{0.1-0.2}$ /MPa⁻¹	压缩模量 $E_{0.1-0.2}$ /MPa	标准贯入 N /击	比贯入阻力 p_s /MPa
⑤₃	粉质黏土夹粉砂	27.1~39.6 / 34.0	17.8~19.1 / 18.3	0.78~1.12 / 0.95	10.4~16.6 / 13.4	9.8~24.2 / 17.8	13.5~21.7 / 17.8	0.24~0.50 / 0.40	5.08~6.30 / 5.30		1.30~2.68 / 1.40
⑤₄	粉质黏土	18.3~26.5 / 26.0	18.9~20.8 / 19.4	0.56~0.82 / 0.68	10.1~16.8 / 14.0	27.5~43.0 / 33.0	14.5~26.4 / 20.0	0.16~0.30 / 0.30	5.30~7.63 / 6.40		1.68~2.57 / 2.12
⑥	粉质黏土	20.8~26.7 / 24.0	19.1~20.5 / 19.6	0.62~0.78 / 0.64	11.3~16.8 / 14.8	41.9~50.0 / 45.0	14.5~18.9 / 16.0	0.16~0.32 / 0.26	5.60~7.6 / 6.50		1.83~3.07 / 2.60
⑦₁	黏质粉土—砂质粉土	20.5~33.6 / 31.5	18.2~20.3 / 19.0	0.54~0.96 / 0.85		0~9.8 / 7	26.5~37.5 / 32.5	0.09~0.35 / 0.20	6.80~17.20 / 10.40	16.5	3.60~12.80 / 8.80
⑦₂	粉砂	18.5~33.1 / 28.0	18.4~20.3 / 19.5	0.58~0.90 / 0.75		0~5.6 / 2.6	26.5~38.5 / 32.5	0.09~0.25 / 0.13	8.30~21.63 / 15.50	25.0	10.2~25.8 / 16.50
⑧₁	粉质黏土	29.6~38.6 / 36.0	17.8~19.1 / 18.0	0.82~1.15 / 1.01	10.9~16.0 / 16.5	14.2~26.3 / 18.0	14.9~20.7 / 18.0	0.23~0.55 / 0.52	4.10~6.52 / 4.60	36~50	1.70~2.40 / 1.86
⑧₂	粉质黏土夹粉砂	22.1~37.5 / 33.0	18.2~20.0 / 18.7	0.62~1.03 / 0.85	8.1~20.0 / 13.5	8.3~17.5 / 15.0	17.6~23.4 / 20.0	0.16~0.42 / 0.30	4.55~8.40 / 6.80	46	2.58~4.52 / 3.26
⑨₁	粉砂夹黏性土	19.5~32.8 / 27.5	18.4~21.0 / 19.5	0.48~0.82 / 0.65		0~7.0 / 5	25.5~36.8 / 30.5	0.08~0.30 / 0.12	9.70~22.50 / 16.0	>50	
⑨₂	粉细砂夹中粗砂	14.0~28.6 / 23.5	18.7~21.6 / 19.9	0.48~0.76 / 0.60		0	28.5~42.0 / 34.0	0.08~0.21 / 0.10	10.70~24.50 / 18.60	>50	

注：表中数据表示 25.4~4.6（最大值~最小值）/ 35.0（平均值）。

6.4.2　中心城区工程地质结构分区

不同地层结构其地下空间开发涉及岩土工程问题不同，可能发生地质灾害类型、开发成本、工程技术治理对策和措施等均不同，因此进行工程地质结构分区研究是地下空间开发地质环境问题研究中重要的基础性工作。目前地下空间开发的主要深度大多在 30m 以内，未来若干年亦主要集中在 50m 以内。因此工程地质结构分区时主要根据地表下 50m 深度范围内的土层组合进行分区。

6.4.2.1　工程地质结构分区的原则

1. 工程地质结构大区划分

随着上海地下空间的不断发展，越来越多的地下空间开发深度超过 10m，地铁、超高层建筑物的地下空间深度可达地下 15～20m，甚至达到 30m 以上，因此中深部的土层分布特征对地下空间开发的影响也越来越密切，且该深度的地下工程产生地质灾害问题的概率大，危害程度高。地下工程开发影响范围内土层的变化对地下工程影响最大，尤其是隧道工程，因此，隧道工程施工时应密切关注地层的变化，调整盾构施工参数。另外，承压水（微承压水和第Ⅰ承压水）对深基坑工程影响较大，易产生基坑突涌、流沙、管涌等地质灾害问题，而微承压水主要赋存于古河道切割区的⑤$_2$层砂、粉性土中，正常沉积区第Ⅰ承压含水层（⑦）埋藏较古河道区埋藏浅，承压水头较高，对深基坑开挖产生不利影响。

因此，在工程地质结构大区划分时考虑的首要因素是土层的变化情况，即按照是否存在⑥层来划分为古河道切割区和正常沉积区。由此，可把中心城区分为两个大区，有⑥层分布（正常沉积区）的为第Ⅰ工程地质结构区，无⑥层分布（古河道切割区）的为第Ⅱ工程地质结构区。两区地基土层埋深及物理力学指标见表 6-5、表 6-6。

2. 工程地质结构亚区划分

浅部地层的土性差异对浅部地下空间开发影响最大，如浅部分布砂层（②$_3$层）区域与③、④层淤泥质土厚度大的区域，地下空间开发时涉及的地质环境问题具有明显差别。同时，根据上述中心城区工程地质层分布特征可知，软土层的埋深、厚度与浅部砂层的分布密切相关。浅部砂层分布区域，软土层一般埋藏较深，厚度较小；而浅部砂层缺失区，则软土层埋藏浅，厚度大。因此工程地质结构亚区划分时考虑的元素是浅部砂层（②$_3$）的埋藏分布特征。

基于以上分析，进行工程地质结构亚区划分，Ⅰ$_1$、Ⅱ$_1$区无②$_3$层分布，Ⅰ$_2$、Ⅱ$_2$区有②$_3$层分布。

表6-5 中心城区第Ⅰ土体类型结构区主要工程地质层物理力学性质表

土层层号	土层名称	厚度 m	层面标高 m	含水量 w %	容重 γ kN/m³	孔隙比 e	塑性指数 I_p	直剪(峰值) c kPa	直剪(峰值) φ (°)	压缩系数 $a_{0.1-0.2}$ MPa^{-1}	压缩模量 $E_{s0.1-0.2}$ MPa	标准贯入 N 击	比贯入阻力 P_s MPa
②₁	粉质黏土	0.30~3.00	3.90~-0.15	24.8~39.6	17.9~19.8	0.65~1.02	11.2~16.50	10.6~26.8	4.5~26.2	0.28~0.62	3.30~5.42		0.83~1.52
		1.65	35.0	34.0	18.5	0.90	14.8	18.5	15.9	0.42	5.05		0.78
②₂	黏土	0.50~1.60	4.59~1.50	27.5~36.2	18.0~19.2	0.78~1.05	17.6~22.0	9.2~23.6	13.6~22.6	0.28~0.62	4.5~5.60		0.96~1.42
		1.05	3.05	35.2	18.7	0.92	18.5	16.8	18.7	0.43	4.82		0.90
②₃₋₁	黏质粉土-砂质粉土	0.60~16.70	3.14~-2.73	25.9~38.3	18.1~19.2	0.78~1.03		3.8~15.6	13.6~20.5	0.32~0.45	4.48~8.92	1.8~7.2	0.98~3.52
		6.34	1.04	31.8	18.8	0.89		10.8	17.2	0.38	6.93	5.1	1.83
②₃₋₂	砂质粉土-粉砂	1.50~10.50	4.01~-0.85	25.9~40.2	17.7~19.7	0.70~1.15		1.2~10.2	16.2~28.9	0.12~0.26	6.9~11.5	3.8~16.2	1.98~4.52
		5.23	0.99	33.7	18.5	0.94		4.2	22.5	0.19	10.6	10.2	3.82
②₃₋₃	粉砂	4.20~12.00	1.53~-8.98	27.3~34.6	17.2~19.3	0.78~1.40		0.8~9.1	12.0~30.0	0.10~0.17	8.2~11.5	5.2~12.6	1.92~6.40
		7.02	-3.84	29.6	18.4	0.96		4.2	24.2	0.15	9.6	10.3	3.95
③	淤泥质粉质黏土	0.50~12.00	2.42~-3.36	34.8~46.9	17.1~18.6	1.05~1.36	10.5~16.9	8.2~14.3	14.6~23.6	0.23~1.08	2.70~4.80		0.67~1.42
		4.53	0.78	41.9	17.5	1.23	12.5	11.2	17.9	0.72	3.85		0.72
④	淤泥质黏土	0.90~14.60	-0.27~-14.94	40.2~56.3	16.4~17.9	1.12~1.51	17.8~26.2	10.6~15.2	7.8~16.4	0.45~1.72	1.42~4.32		0.45~0.72
		7.97	-5.44	48.8	17.3	1.40	22.1	12.6	11.7	1.32	2.83		0.79
⑤₁	黏土、粉质黏土	1.00~16.90	-6.75~-19.48	26.8~39.5	17.5~19.0	0.80~1.25	10.4~21.6	10.8~16.0	9.8~16.5	0.35~0.72	3.64~4.83		0.75~1.42
		5.33	13.40	34.8	17.8	1.16	15.8	13.5	14.8	0.62	4.52		1.89
⑥	粉质黏土	0.80~9.00	-10.35~-28.45	21.2~27.3	19.1~20.5	0.65~0.82	12.4~17.8	38.4~53.6	13.5~16.9	0.18~0.36	5.62~7.8		1.85~3.62
		3.75	-20.25	23.8	19.6	0.72	15.8	42.6	15.8	0.28	6.80		2.80

续表

土层层号	土层名称	厚度 m	层面标高 m	含水量 w %	容重 γ kN/m³	孔隙比 e	塑性指数 I_p	直剪 c kPa	直剪 φ (峰值) (°)	压缩系数 $a_{0.1-0.2}$ MPa⁻¹	压缩模量 $E_{s0.1-0.2}$ MPa	标准贯入 N 击	比贯入阻力 P_s MPa
⑦₁	黏质粉土—砂质粉土	3.00~12.50	-14.00~-29.62	22.5~35.6	18.2~20.3	0.54~0.90		0~10.5	25.4~36.5	0.12~0.36	6.90~15.20	16.8~35.9	3.70~12.52
		6.43	-22.93	32.5	19.0	0.78		8	33.5	0.24	11.50	26.0	9.62
⑦₂	粉砂	4.00~36.00	-22.00~-37.00	16.7~32.1	18.4~20.3	0.62~0.92		0~4.2	27.5~36.5	0.12~0.28	8.40~22.63	37~>52	10.5~26.8
		28.0	-31.82	27.5	19.5	0.78		2.4	33.5	0.21	17.50	48	17.50
⑧₁	粉质黏土	4.50~23.30	-19.65~-53.76	28.6~36.8	17.8~19.1	0.85~1.20	10.5~16.8	13.6~27.5	15.6~22.7	0.28~0.59	4.32~6.78		1.80~2.80
		13.62	-34.51	32.0	18.0	1.06	15.2	20.0	17.8	0.43	4.78		2.15
⑧₂	粉质黏土夹粉砂	3.00~11.20	-36.95~-51.76	21.1~36.5	18.2~20.0	0.75~1.03	8.5~22.0	8.5~16.5	17.6~23.8	0.16~0.42	4.62~8.70		2.62~4.83
		6.53	-42.72	32.0	18.7	0.88	15.2	13.5	19.6	0.30	6.90		3.43
⑨₁	粉砂夹黏性土	3.00~15.00	-58.12~-69.97	18.5~30.8	18.4~21.0	0.52~0.83		0~8.0	24.5~36.7	0.08~0.30	9.80~23.50	>50	
		7.45	-64.24	25.5	19.5	0.68		5.5	32.5	0.12	16.8		
⑨₂	粉细砂夹中粗砂	9.50~20.50	-67.52~-76.52	14.0~27.6	18.7~21.6	0.52~0.78		0	27.5~42.0	0.08~0.21	10.80~24.60	>50	
		14.93	-72.21	22.5	19.9	0.62		0	34.7	0.10	19.20		

注：表中数据表示

最小值~最大值	22.4~36.1
平均值	28.4

。

表 6-6　中心城区第 II 土体类型结构区主要工程地质层物理力学性质表（古河道地区）

土层层号	土层名称	厚度	层面标高	含水量	容重	孔隙比	塑性指数	直剪（峰值）		压缩系数	压缩模量	标准贯入	比贯入阻力
				w	γ	e	I_p	c	φ	$a_{0.1-0.2}$	$E_{s0.1-0.2}$	N	p_s
		m	m	%	kN/m³			kPa	(°)	MPa⁻¹	MPa	击	MPa
②₁	粉质黏土	0.40 ~ 2.80	5.88 ~ -1.53	26.5 ~ 38.6	16.9 ~ 19.8	0.72 ~ 1.06	12.5 ~ 17.00	8.5 ~ 27.0	13.5 ~ 26.2	0.28 ~ 0.62	3.30 ~ 5.30		0.75 ~ 1.43
		1.70	3.94	34.8	18.5	0.94	16.9	18.8	20.0	0.43	3.82		0.88
②₂	黏土	0.50 ~ 1.60	4.59 ~ 1.50	28.6 ~ 39.2	18.0 ~ 19.2	0.82 ~ 1.04	17.5 ~ 21.5	8.8 ~ 25.2	14.8 ~ 25.3	0.30 ~ 0.55	4.10 5.70		0.94 ~ 1.33
		1.05	3.05	37.6	18.7	0.98	18.3	17.2	18.7	0.44	4.68		0.90
②₃₋₁	黏质粉土—砂质粉土	2.40 ~ 19.30	3.76 ~ -1.34	28.8 ~ 37.2	18.1 ~ 19.2	0.78 ~ 1.03		3.5 ~ 15.8	14.5 ~ 24.7	0.25 ~ 0.45	4.59 ~ 8.92	2.1 ~ 7.2	0.98 ~ 3.52
		7.36	1.17	31.5	18.8	0.88		10.8	17.2	0.33	6.54	5.2	1.49
②₃₋₂	砂质粉土—粉砂	3.40 ~ 11.30	3.95 ~ -5.80	27.2 ~ 41.6	17.7 ~ 19.7	0.72 ~ 1.17		0.5 ~ 10.0	17.8 ~ 28.6	0.10 ~ 0.28	7.5 ~ 11.5	3.8 ~ 16.3	1.97 ~ 4.38
		6.28	0.45	34.6	18.5	0.96		3.8	23.6	0.24	9.9	9.7	3.85
②₃₋₃	粉砂	5.00 ~ 9.00	-3.43 ~ -6.50	27.5 ~ 34.6	17.2 ~ 19.3	0.75 ~ 1.36		0.9 ~ 9.1	17.2 28.5	0.10 ~ 0.19	7.9 ~ 12.8	4.8 ~ 12.7	1.86 ~ 3.60
		6.67	-4.46	29.6	18.4	0.93		3.6	22.4	0.18	9.52	9.9	3.52
③	淤泥质粉质黏土	0.80 ~ 10.70	2.18 ~ -3.30	34.6 ~ 48.7	17.1 ~ 18.6	1.00 ~ 1.42	10.5 ~ 17.0	7.9 ~ 13.8	13.2 ~ 26.0	0.30 ~ 1.04	2.52 ~ 4.80		0.67 ~ 1.28
		4.81	0.73	43.7	17.5	1.22	13.9	11.4	19.2	0.68	3.88		0.72
④	淤泥质黏土	2.00 ~ 15.40	-0.79 ~ -12.50	36.0 ~ 59.6	16.4 ~ 17.9	1.07 ~ 1.47	16.8 ~ 24.1	10.8 ~ 15.7	7.9 ~ 16.6	0.45 ~ 1.65	1.38 ~ 3.67		0.46 ~ 0.72
		8.67	49.8	47.8	17.3	1.26	23.1	12.8	13.7	1.18	2.64		0.56
⑤₁	黏土、粉质黏土	0.70 ~ 15.40	-7.81 ~ -19.60	29.8 ~ 43.5	17.5 ~ 19.0	0.86 ~ 1.22	10.4 ~ 20.8	11.8 ~ 17.2	11.8 ~ 19.5	0.32 ~ 0.75	3.58 ~ 4.92		0.88 ~ 1.35
		5.69	-13.78	37.8	17.8	1.01	15.7	15.8	16.57	0.54	4.15		1.15
⑤₂	砂质粉土—粉砂	2.50 ~ 24.00	-11.74 ~ -30.08	28.9 ~ 38.8	17.8 ~ 19.3	0.78 ~ 1.00		0.3 ~ 14.2	21.6 ~ 33.0	0.15 ~ 0.52	4.27 ~ 10.8	11.7 ~ 18.5	2.90 ~ 7.90
		9.99	-19.86	33.6	18.2	0.84		7.2	29.0	0.26	8.90	10.6	3.72

续表

土层层号	土层名称	厚度 m	层面标高 m	含水量 w %	容重 γ kN/m³	孔隙比 e	塑性指数 I_p	直剪（峰值）c kPa	直剪（峰值）φ (°)	压缩系数 $a_{0.1-0.2}$ MPa⁻¹	压缩模量 $E_{0.1-0.2}$ MPa	标准贯入 N 击	比贯入阻力 P_s MPa
⑤₃	粉质黏土夹粉砂	3.20~34.80 / 12.97	-15.10~-49.96 / -26.16	28.1~37.6 / 32.8	17.8~19.1 / 18.3	0.76~1.10 / 0.93	10.6~16.8 / 13.6	9.9~25.2 / 18.8	13.7~21.9 / 18.9	0.25~0.56 / 0.42	5.12~6.60 / 5.20		1.40~2.72 / 1.59
⑤₄	粉质黏土	0.80~8.80 / 3.34	-26.80~-50.23 / -36.46	17.3~25.5 / 32.5	18.9~20.8 / 19.0	0.54~0.84 / 0.87	10.5~17.0	26.5~42.0 / 32.6	15.7~24.4 / 20.6	0.17~0.32 / 0.24	5.40~7.68 / 10.70	27.0	1.72~2.59 / 8.90
⑦₂	粉砂	2.40~28.60 / 14.12	-28.30~-59.16 / -40.60	17.5~32.1 / 27.5	18.4~20.3 / 19.5	0.62~0.93 / 0.78		0~5.8 / 2.7	27.5~36.5 / 33.5	0.10~0.27 / 0.15	8.60~24.63 / 15.70	38~>50	10.5~25.9 / 16.72
⑧₁	粉质黏土	2.90~19.50 / 11.28	-30.70~-53.72 / -41.35	29.4~37.7 / 38.0	17.8~19.1 / 18.0	0.85~1.18 / 1.04	11.2~18.0 / 17.5	14.6~26.8 / 18.3	15.9~22.7 / 19.0	0.25~0.57 / 0.50	4.90~6.50 / 4.80	48	1.80~2.48 / 1.93
⑧₂	粉质黏土夹粉砂	2.70~25.70 / 13.06	-43.10~-68.15 / -53.86	21.1~36.5 / 32.0	18.2~20.0 / 18.7	0.64~1.05 / 0.87	8.3~20.4 / 14.5	8.5~17.8 / 15.4	18.6~25.4 / 22.0	0.18~0.45 / 0.32	4.75~8.70 / 6.20		2.62~4.55 / 3.29
⑨₁	粉砂夹黏性土	6.00~11.00 / 7.75	-48.18~-70.23 / -64.90	18.5~33.8 / 28.5	18.4~21.0 / 19.5	0.50~0.84 / 0.62		0~7.6 / 5.6	26.5~38.8 / 32.5	0.09~0.40 / 0.18	9.50~21.50 / 16.9	>50	
⑨₂	粉细砂夹中粗砂	14.0~28.6 / 23.5	-69.68~-77.06 / -72.64	13.5~27.6 / 24.5	18.7~21.6 / 19.9	0.50~0.78 / 0.62		0 / 0	29.5~43.0 / 38.0	0.07~0.26 / 0.14	10.80~24.70 / 18.80	>50	

注: 表中数据表示

最小值~最大值	22.4~36.1
平均值	28.4

。

3. 工程地质结构段划分

在正常沉积区，土体类型结构段的划分考虑⑥层和其下部⑦层的埋深情况，中心城区西北部宝山局部地区⑥层埋深较浅，一般小于20m，⑦层埋深一般均小于26m。由此，可将第Ⅰ工程地质结构区中Ⅰ₁、Ⅰ₂区进行工程地质结构段划分，Ⅰ₁₋₁、Ⅰ₂₋₁区⑥层埋深小于20m，Ⅰ₁₋₂、Ⅰ₂₋₂区⑥层埋深大于20m。

在古河道切割区，工程地质结构段的划分考虑中部砂层（⑤₂层）的分布情况进行划分，Ⅱ₁₋₁、Ⅱ₂₋₁区无⑤₂层分布，Ⅱ₁₋₂、Ⅱ₂₋₂区有⑤₂层分布（图6-15）。

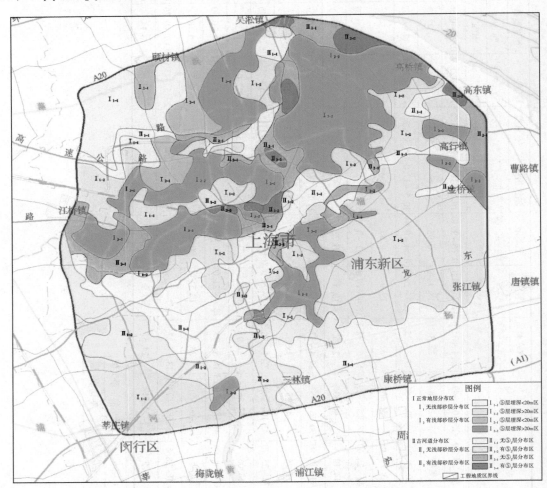

图6-15　中心城区工程地质结构分区示意图

6.4.2.2　工程地质结构分区评价

根据以上工程地质结构分区原则，对各工程地质结构分区评价如下（表6-7）。

表 6-7 中心城区工程地质结构分区评价表

工程地质结构区			主要工程地质层组成	分区评价		
区	亚区	段		地下工程	桩基工程	主要地质问题
I（正常沉积区）	I₁	I₁₋₁	无②₃层，⑥层埋深小于20m，软土层较厚	应注意基坑开挖时软土变形产生的边坡失稳和深基坑开挖时由⑦层引起的基坑突涌问题	⑦层埋藏浅，厚度较小，桩基条件差	软土地基变形、基坑突涌
		I₁₋₂	无②₃层，⑥层埋深大于20m，软土层较厚	应注意基坑开挖时软土变形产生的边坡失稳问题	⑦层埋藏适中，厚度较大，可作为良好桩基持力层，桩基条件好	软土地基变形
	I₂	I₂₋₁	有②₃层，⑥层埋深小于20m，软土层较薄	应注意基坑开挖时②₃层流沙和软土变形产生的边坡失稳和深基坑开挖时由⑦层引起的基坑突涌问题	⑦层埋藏浅，厚度较小，桩基条件差	②₃层砂土液化、软土地基变形、基坑突涌
		I₂₋₂	有②₃层，⑥层埋深大于20m，软土层较薄	应注意基坑开挖时②₃层流沙和软土变形产生的边坡失稳问题	⑦层埋藏适中，厚度大，可作为良好桩基持力层，桩基条件好	②₃层砂土液化、软土地基变形
II（古河道切割区）	II₁	II₁₋₁	无②₃层，无⑥层，无⑤₂层，软土层较厚	应注意基坑开挖时软土变形产生的边坡失稳问题及隧道盾构施工地层变化问题	⑦层埋深、厚度变化大，桩基条件差	软土地基变形
		II₁₋₂	无②₃层，无⑥层，有⑤₂层，软土层较厚	应注意基坑开挖时软土变形和⑤₂层的突涌和流沙产生的边坡失稳问题及隧道盾构施工地层变化问题	⑦层埋深、厚度变化大，⑤₂层分布稳定时可作为桩基持力层，桩基条件差	软土地基变形、⑤₂层流沙及基坑突涌
	II₂	II₂₋₁	有②₃层，无⑥层，无⑤₂层，软土层较薄	应注意基坑开挖时软土变形和②₃层流沙产生的边坡失稳问题及隧道盾构施工地层变化问题	⑦层埋深、厚度变化大，桩基条件差	软土地基变形
		II₂₋₂	有②₃层，无⑥层，有⑤₂层，软土层较薄	应注意基坑开挖时软土变形和②₃层流沙及⑤₂层的突涌和流沙产生的边坡失稳问题及隧道盾构施工地层变化问题	⑦层埋深、厚度变化大，⑤₂层分布稳定时可作为桩基持力层，桩基条件差	软土地基变形、⑤₂层流沙及基坑突涌

1. 第 I 工程地质结构区

主要分布在北部地区，浦西主要在内环延安高架以北和内环外吴淞江以北（黄浦区黄浦江沿岸和宝山区西部局部地区除外）及西南部，浦东主要分布在龙东大道以北，该区为正常沉积区，全新统下部的暗绿色—褐黄色黏性土层均有分布，地层分布较为稳定、连续。

（1）第 I_1 工程地质结构亚区主要分布在浦西中环以西及西南部和浦东除高桥以外地区。该区无浅部砂层（②₃层）分布，软土层（③+④层）埋藏较浅，埋深一般为 4m 左右，厚度一般均大于 12m。基坑开挖时应特别注意软土层流变和触变产生的基坑边坡失稳问题，同时，③层淤泥质粉质黏土中夹有砂质粉土透镜体，基坑开挖时应注意砂层透镜体产生的流沙问题。该区内地层分布稳定、连续，对隧道盾构施工较为有利，但应注意软土地基变形问题。

该区内按照⑥层的埋深情况，该工程地质亚区分为两个工程地质结构段，简要叙述如下。

第 I_{1-1} 工程地质结构段：⑥层埋深一般为 15～20m，厚度一般在 4m 左右，下部⑦层砂、粉性土埋藏浅，埋深一般为 21～26m，厚度在 2～10m。因此，在该工程地质结构段进行深基坑（大于 15m）开挖时，应尤其注意⑦层中承压水的问题，防止基坑突涌问题产生。在进行桩基持力层选择时，应确保⑦层的埋深和厚度满足设计要求，并进行下卧土层的变形验算。

第 I_{1-2} 工程地质结构段：⑥层埋深一般为 24～28m，厚度为 3～6m，下部⑦层砂、粉性土埋藏适中，埋深一般为 28～31m，厚度较大。因此，该工程地质结构段⑦层中承压水对一般基坑开挖影响不大，且⑦层埋藏适中，厚度大，为良好的桩基持力层，桩基条件好。

（2）第 I_2 工程地质结构亚区主要分布在第 I 工程地质结构区内浦西中环以内和北部地区以及浦东高桥地区。该区有浅部砂层（②₃层）分布，软土层（③+④层）埋藏较深。黄浦江、吴淞江两岸和虹口、杨浦部分地区②₃层厚度大，软土层埋深一般均大于 10m，厚度则大部分地区小于 8m；西北部宝山地区②₃层厚度不大，软土层埋深一般为 4～10m，厚度为 8～12m。因此，在该区进行基坑开挖时应密切注意浅部砂层的流沙问题以及软土层流变和触变产生的基坑边坡失稳问题。同时，由于浅部土层变化大，对隧道盾构施工有一定影响，还需注意软土地基变形问题。

同样，该区内按照⑥层的埋深情况，该工程地质结构亚区分为两个工程地质结构段，简要叙述如下。

第 I_{2-1} 工程地质结构段：⑥层埋深较浅，其下部⑦层砂、粉性土埋藏浅，厚度较小。因此，在该工程地质结构段进行深基坑（大于 15m）开挖时，应尤其注意⑦层中承压水的问题，防止基坑突涌产生。在进行桩基持力层选择时，应确保⑦层的埋深和厚度满足设计要求，并进行下卧土层的变形验算。

第 I_{2-2} 工程地质结构段：⑥层埋深一般为 24～28m，下部⑦层砂、粉性土埋藏适中，厚度较大。因此，该工程地质结构段⑦层中承压水对一般基坑开挖影响不大，且⑦层埋藏适中，厚度大，为良好的桩基持力层，桩基条件好。

2. 第 Ⅱ 工程地质结构区

主要分布在南部地区，浦西主要在内环延安高架以南和内环外吴淞江以南（西南部除外），此外黄浦区黄浦江沿岸和宝山区西部局部地区也有分布，浦东主要分布在龙东大道以南。该区为古河道切割区，全新统下部的暗绿色—褐黄色黏性土层（⑥层）均缺失，中地层分布不稳定。

（1）第 II₁ 工程地质结构亚区在第 II 工程地质结构区内大部分地区均有分布，仅北部吴淞江、黄浦江沿岸局部地区除外。

该区内按照⑤₂层的分布缺失情况，分为两个工程地质结构段，简要叙述如下。

第 II₁₋₁ 工程地质结构段：无中部砂层⑤₂层分布，由于浅部和中部砂层均缺失，一般基坑开挖工程流沙问题和基坑突涌问题较不突出，应重点关注软土的变形问题。由于中部土层变化大，且土性较差，因此桩基条件差。

第 II₁₋₂ 工程地质结构段：有中部砂层⑤₂层分布，埋深一般为 17~30m，厚度变化大，大于 10m 深基坑开挖时应注意该层的流沙和基坑突涌问题。该层土质较好，在分布较为稳定的地区可作为一般建筑物的桩基持力层。

（2）第 II₂ 工程地质结构亚区仅分布于北部吴淞江、黄浦江沿岸局部地区。该区有浅部砂层（②₃层）分布，软土层（③+④层）埋藏较深。黄浦江、吴淞江两岸和虹口、杨浦部分地区②₃层厚度大，软土层埋深一般均大于 10m，厚度则大部分地区小于 8m。因此，在该区进行基坑开挖时应密切注意浅部砂层的流沙问题以及软土层流变和触变产生的基坑边坡失稳问题，同时，由于浅部土层变化大，对隧道盾构施工有一定影响，还需注意软土地基变形问题。该区为古河道切割区，桩基持力层分布不稳定，应关注其埋深、厚度的变化。

该区内按照⑤₂层的分布缺失情况，分为两个工程地质段，简要叙述如下。

第 II₂₋₁ 工程地质结构段：无中部砂层⑤₂层分布，因此一般大于 10m 的深基坑开挖工程由该层引起的流沙和基坑突涌问题较不突出。由于中部土层变化大，且土性较差，桩基条件差。

第 II₂₋₂ 工程地质结构段：同时有浅部砂层和中部砂层⑤₂层分布，基坑开挖时应特别重视流沙和基坑突涌问题。

6.5 中浅层地下空间开发适宜性评价

6.5.1 基坑工程地质环境适宜性评价

上海地区对中浅层地下空间开发的基坑工程影响较大的主要有砂、粉性土层［浅层砂性土（②₃层）、中部砂性土（⑤₂层）和下部砂层（⑦层）］，地下水（主要是微承压水和第 I 承压水），软土（③、④层）。砂、粉性土层在基坑开挖中易产生流沙现象，致使边坡失稳和地面塌陷；地下水易引起基坑突涌，产生事故；软土则易产生变形，对周围建筑产生影响。这里重点针对以上三种问题对不同深度基坑分别进行适宜性分区。

6.5.1.1 10m 基坑适宜性评价

对于中心城区 10m 的基坑，开挖所揭露的土层一般为①层填土、②₁层褐黄色—灰黄色黏性土、②₃层砂质粉土、③层淤泥质粉质黏土和④层淤泥质黏土。

1. 考虑砂、粉性土层产生的流沙问题的适宜性分区

基坑开挖深度范围内涉及的流沙层主要为②₃层，岩性以砂质粉土为主，局部为粉砂或黏质粉土，渗透系数较大，且中心城区范围内变化不大，均易产生流沙现象。该层埋深总体变化不大，一般在3m左右，厚度变化较大，在1~16m，黄浦江和吴淞江沿岸地区厚度较大，尤其是黄浦江与吴淞江交界处厚度最大，此外虹口、杨浦地区厚度也较大，一般均大于6m。中心城区西北部宝山地区厚度则较小，一般均小于6m。由于该层岩性、物理力学指标在中心城区范围内变化不大，因此在10m基坑考虑流沙的适宜性分区则按照流沙层的埋藏分布特征进行分区：流沙问题轻微区，无②₃层分布；流沙问题中等区，②₃层厚度一般小于等于6m；流沙问题严重区，②₃层厚度大于6m。分区图见图6-16，分区评价见表6-8。

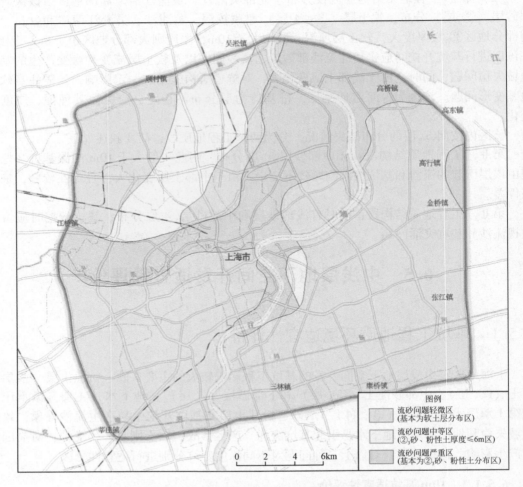

图 6-16　中心城区 10m 基坑考虑流沙问题适宜性分区示意图

表 6-8　中心城区 10m 基坑考虑流沙问题适宜性分区评价表

分区	流沙问题轻微区（A 区）	流沙问题中等区（B 区）	流沙问题严重区（C 区）
分区特征	无②₃层分布	②₃层厚度小于等于 6m	②₃层厚度大于 6m
分区范围	广泛分布于中心城区，主要分布在浦西苏州河南部、浦东高桥南部及西南部分地区	主要分布在浦西苏州河北部南北高架两侧，内环内黄浦江两侧及高行局部亦有分布	主要分布在苏州河两侧及北部黄浦江两侧，内环内部分黄浦江两侧亦有分布
分区评价	基坑开挖时一般不会产生流沙现象	基坑开挖揭露的流沙层厚度小于 6m，基坑底部土层为软土层，渗透系数低，为隔水层，应重视可能产生的流沙问题	基坑开挖揭露的流沙层厚度大于 6m，大部分基坑底部位于透水层②₃层之上，施工时极易产生流沙问题，从而导致边坡失稳或地面塌陷，应特别重视流沙问题
备注	③层淤泥质粉质黏土中多夹有砂质粉土透镜体③₂层，亦为流沙层，基坑开挖时应注意其可能产生的流沙问题		

2. 考虑地下水作用的适宜性分区

由于 10m 基坑开挖较浅，一般不涉及承压含水层，因此一般不会发生基坑突涌问题，在此不再进行适宜性分区。

3. 考虑软土变形的适宜性分区

10m 基坑所揭示的软土层主要为③层淤泥质粉质黏土和④层灰色淤泥质黏土上部，软土层埋深及厚度随浅部砂层（②₃层）的厚度变化而变化，②₃层厚度大的地区软土层埋深大、厚度小，反之则埋深浅、厚度大。软土层埋深一般为 3m 左右，厚度一般均大于 12m，吴淞江故道部分地区缺失。由于软土层具有含水量高、孔隙比大、压缩性高、强度低等不良工程地质特性，此外，该两层还具有流变和触变特性，在基坑开挖施工过程中，易引起边坡失稳。关于 10m 基坑考虑软土变形的适宜性分区主要依据软土层的埋藏分布特征进行划分（不考虑表土层）：软土变形轻微区（A 区）基坑开挖深度范围内无软土层分布；软土变形中等区（B 区）既有软土层分布亦有②₃层分布；软土变形严重区（C 区）开挖深度内都为软土层。分区图见图 6-17，分区评价见表 6-9。

6.5.1.2　20m 基坑适宜性评价

对于中心城区 20m 的基坑，开挖所揭露的土层除 10m 基坑揭示的土层外，尚有⑤₁层黏性土，西南部还揭示有⑥层暗绿色—褐黄色硬黏性土层。10m 基坑所考虑的问题在 20m 基坑中同样考虑，由于上面已有详细叙述，因此在该深度基坑的适宜性分区中主要对 10 ～ 20m 深度范围内土层对基坑的影响进行详细分析，并在此基础上进行适宜性分区。

1. 考虑砂、粉性土层产生的流沙问题的适宜性分区

20m 基坑所揭示的流沙层与 10m 基坑基本相同，因此其适宜性分区与 10m 基坑相同，但应注意③层淤泥质粉质黏土中③ₐ层和④层淤泥质黏土中④ₐ层砂、粉性土透镜体的流沙问题。

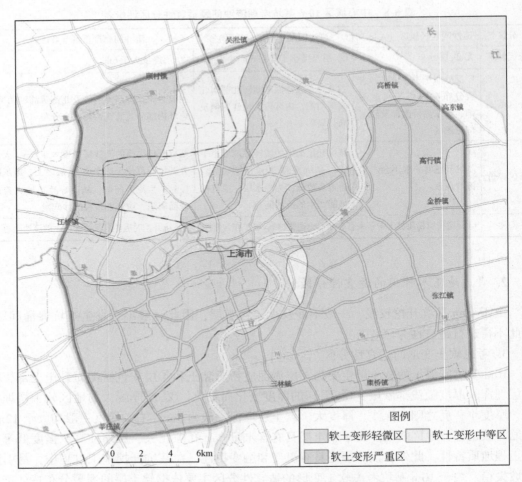

图 6-17　中心城区 10m 基坑考虑软土变形问题适宜性分区示意图

表 6-9　中心城区 10m 基坑考虑软土变形适宜性分区评价表

分区	软土变形轻微区（A 区）	软土变形中等区（B 区）	软土变形严重区（C 区）
分区特征	基坑开挖深度范围内表土层下无软土层（③、④）分布，全部为②₃层	基坑开挖深度范围内表土层下既有软土层（③、④）分布，亦有②₃层分布	基坑开挖深度范围内表土层下都为软土层分布，所揭示的软土层厚度一般为 7m
分区范围	主要分布在苏州河两侧及北部黄浦江两侧，内环内部分黄浦两侧亦有分布	主要分布在浦西苏州河北部南北高架两侧，内环内黄浦江两侧及高行局部亦有分布	广泛分布于中心城区，主要分布在浦西苏州河南部、浦东高桥南部及西南部分地区
分区评价	基坑开挖中一般无软土层分布，无软土变形导致的边坡失稳问题和侧向变形问题	开挖揭示的软土层厚度小于 7m，基坑底部土层为软土层，应重视软土的流变和触变对基坑稳定性的影响	开挖揭示的土层除表土层（②₁）外均为软土层，厚度一般大于 7m，应特别注意软土变形产生的边坡失稳问题
备注	基坑底部或底部以下较小深度范围内为软土层，应注意软土地基的竖向变形问题对基坑工程的影响		

2. 考虑地下水作用的适宜性分区

对于 20m 基坑，由于开挖深度大，大都涉及承压水问题，包括微承压含水层（⑤$_2$）和第Ⅰ承压含水层（⑦）。⑤$_2$层岩性一般为砂质粉土，部分地区为粉砂，渗透系数大，埋深一般为 20~29m，厚度为 6~30m，水位较高，对于 20m 基坑，均易产生基坑突涌问题。

⑦层岩性由于受到古河道切割，埋深、厚度变化较大，正常沉积区埋深一般为 28~31m，西北部宝山局部地区埋深则一般为 20~26m。古河道切割区由于切割深度的不同，该层埋深变化差异较大，从 35m 到 50m 不等。因此对于 20m 基坑，西北部宝山局部地区由于⑦层埋藏浅，地下水位高，低水位一般小于−3m，其他正常沉积区⑦层埋藏较深，但通过基坑突涌计算，也易产生基坑突涌问题，而古河道切割区和部分缺失区则由于埋藏较深，一般不会产生基坑突涌问题。

根据以上分析，对 20m 基坑考虑地下水作用的适宜性进行分区：⑦层埋藏深度大于 35m（主要为古河道切割区）和缺失区为地下水引起突涌轻微区；⑤$_2$层分布区和⑦层埋深小于 28m 区为地下水引起突涌严重区；其他地区为中等区。分区图见图 6-18，分区评价见表 6-10。

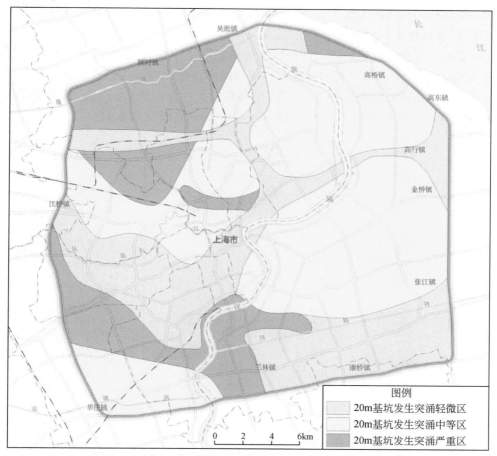

图 6-18　中心城区 20m 基坑考虑地下水适宜性分区示意图

表 6-10　中心城区 20m 基坑考虑地下水适宜性分区评价表

分区	地下水引起基坑突涌 轻微区（A 区）	地下水引起基坑突涌 中等区（B 区）	地下水引起基坑突涌 严重区（C 区）
分区特征	第Ⅰ承压含水层（⑦）埋藏深度大于 35m（主要为古河道切割区）或⑦层缺失	⑦层埋深大于 28m，小于 35m	⑤₂层分布或⑦层埋深小于 28m
分区范围	主要分布在南部地区的古河道内	主要分布在中北部和西南部	主要分布在西北部顾村、大场及西南部局部地区
分区评价	无浅部承压水或承压含水层埋藏深，对基坑影响较小，一般不会产生由地下水引起的基坑突涌问题	无微承压含水层分布，第Ⅰ承压含水层埋藏较浅，易产生基坑突涌事故，应予以重视	微承压含水层和第Ⅰ承压含水层均有分布，且埋藏浅，水位高，极易产生基坑突涌问题，应予以特别重视，施工中做好围护措施
备注	基坑工程建设过程中均应考虑地下水浮力对工程的影响		

3. 考虑软土变形的适宜性分区

20m 基坑所揭示的软土层主要为③层淤泥质粉质黏土和④层灰色淤泥质黏土上部，此外还有⑤₁层软黏性土层，亦易产生变形。

20m 基坑考虑软土变形的适宜性分区主要依据软土层及⑤₁层的埋藏分布特征进行划分（不考虑表土层）：软土变形轻微区为基坑开挖深度范围内基本无软土层分布；软土变形中等区为一方面既有软土层分布亦有②₃层分布，另一方面缺失⑤₁层；软土变形严重区为开挖深度内基本都为软土层。分区图见图 6-19，分区评价见表 6-11。

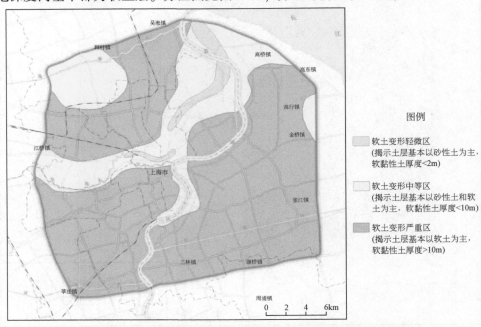

图 6-19　中心城区 20m 基坑考虑软土变形适宜性分区示意图

表 6-11　中心城区 20m 基坑考虑软土变形适宜性分区评价表

| 分区 | 软土变形轻微区（A 区） | 软土变形中等区（B 区） | | 软土变形严重区（C 区） |
		B$_1$ 区	B$_2$ 区	
分区特征	基坑开挖深度范围内表土层下基本无软土层（③、④）分布	基坑开挖深度范围内表土层下既有软土层（③、④）分布（厚度一般小于 10m），亦有②$_3$ 层分布（厚度一般大于 4m）	基坑开挖深度范围内表土层下基本都为软土层，所揭示的软土层厚度一般均大于 10m，缺失⑤$_1$ 层	基坑开挖深度范围内表土层下都为软土层分布，所揭示的软土层厚度一般均大于 10m
分区范围	仅局部分布于苏州河、黄浦江沿岸	主要分布在苏州河两侧及北部黄浦江两侧，内环内部分黄浦江两侧亦有分布	主要分布在西北部沪宁高速公路以北	南部大部分范围和北部闸北、普陀部分地区
分区评价	基坑开挖中一般无软土层分布，无软土变形导致的边坡失稳问题和侧向变形问题。但基坑底部为⑤$_1$ 层软黏性土层，应适当注意基坑底部的变形问题	开挖揭示的软土层厚度小于 10m，基坑底部土层为⑤$_1$ 层，应重视软土的流变和触变对基坑稳定性的影响	开挖揭示的软土层厚度较大，应重视软土的侧向变形问题，但缺失⑤$_1$ 层软黏性土层，且基坑底部为⑥层硬土层或压缩性低⑦层砂、粉性土层，因此基坑底部变形较小	开挖揭示的土层除表土层（②$_1$）外均为软土层，厚度一般大于 10m，基坑底部为⑤$_1$ 层，应特别注意软土变形产生的边坡失稳问题

6.5.1.3　30m 基坑适宜性评价

1. 考虑砂、粉性土层产生的流沙问题的适宜性分区

30m 深度范围内的基坑所揭示的流沙层有三层，即浅部砂、粉性土层（②$_3$），中部砂、粉性土层（⑤$_2$），下部砂层（⑦）。其中中部和下部砂层均为承压含水层，其埋藏分布特征上面已进行了详细叙述。

30m 基坑考虑流沙问题的适宜性分区主要依据以上砂层分布情况进行，开挖深度范围内无砂层的为流沙问题轻微区（A 区），有一层砂层分布的为流沙问题中等区（B 区），同时有两层砂层分布的为流沙问题严重区（C 区）。另外，根据分区内的砂层不同进行亚区划分，分区评价见表 6-12，分区图见图 6-20。

表 6-12　中心城区 30m 基坑考虑流沙问题适宜性分区评价表

| 分区 | 流沙问题轻微区（A 区） | | 流沙问题中等区（B 区） | | | 流沙问题严重区（C 区） | |
	A$_1$ 区	A$_2$ 区	B$_1$ 区	B$_2$ 区	B$_3$ 区	C$_1$ 区	C$_2$ 区
分区特征	基坑开挖深度范围内无砂层分布		开挖深度范围内有一层砂层分布			开挖深度范围内有两层砂层分布	
	基坑底部无⑦层分布	基坑底部有⑦层分布	有浅部砂层（②$_3$）分布	有中部砂层（⑤$_2$）分布	有下部砂层（⑦）分布	有浅部（②$_3$）和中部（⑤$_2$）砂层分布	有浅部（②$_3$）和下部（⑦）砂层分布

续表

分区	流沙问题轻微区（A 区）		流沙问题中等区（B 区）			流沙问题严重区（C 区）	
	A_1 区	A_2 区	B_1 区	B_2 区	B_3 区	C_1 区	C_2 区
分区范围	仅在北部普陀和闸北区零星分布	主要分布在南部徐汇区和浦东川杨河以南	主要分布在浦西苏州河沿岸局部地区	主要分布在南部和三林局部地区	主要分布在浦西北部，主要为宝山和普陀地区，浦东大部分地区均有分布	零星分布于市区中部	广泛分布于北部大部分地区和内环内黄浦江两侧部分地区
分区评价	基本无流沙问题	基本无流沙问题，但应注意底部基坑底部无⑦层的问题	应重视浅部砂层的流沙问题，中部和下部流沙问题轻微	应重视中部砂层的流沙问题，浅部和下部流沙问题轻微	应重视下部砂层的流沙问题，浅部和中部流沙问题轻微	应特别重视浅部和中部的流沙问题，下部流沙问题轻微	应特别重视浅部和下部的流沙问题，中部流沙问题轻微
备注	该基坑还应注意③层淤泥质粉质黏土中③ₐ层和④层淤泥质黏土中④ₐ层砂、粉性土透镜体的流沙问题						

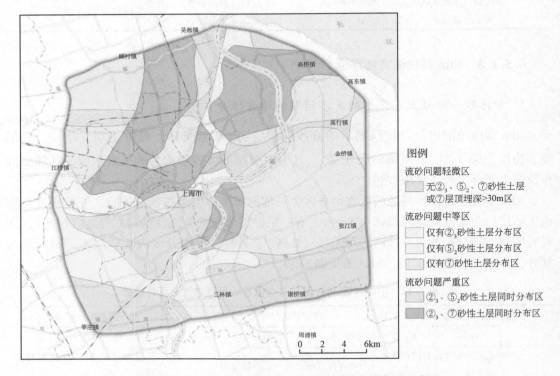

图 6-20　中心城区 30m 基坑考虑流沙问题适宜性分区示意图

2. 考虑地下水作用的适宜性分区

对于 30m 基坑，由于开挖深度较大，含水砂层一般均已揭示，因此流沙问题较为严重，上面已有了详细叙述。在古河道切割区，下部承压含水层（⑦）埋藏变化大，埋深一般大于 30m，在此区域（图 6-21）应考虑基坑突涌问题，而其他地区则适当注意即可。

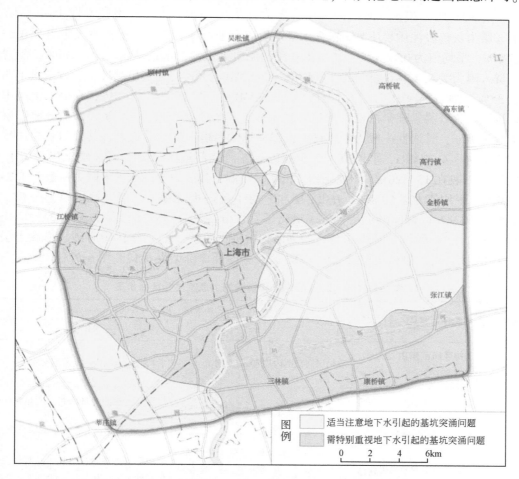

图 6-21　中心城区 30m 基坑考虑地下水适宜性分区示意图

3. 考虑软土变形的适宜性分区

30m 基坑所揭示的软土层（③、④）和压缩性高的⑤₁层与 20m 基坑相同，因此，其适宜性分区基本同 20m 基坑。

6.5.2　陆域隧道工程地质环境适宜性评价

对于隧道工程，施工中主要考虑的问题为盾构掘进面土层软硬的变化问题，一般情况下，在静力触探比贯入阻力小于1.5MPa的土层中掘进较为容易，在1.5~4MPa的土层中掘进难易程度一般，而在大于4MPa的土层中掘进则最为困难，在软硬分界面区域应特别注意。因此，隧道工程适宜性分区则主要根据土层变化情况进行。

6.5.2.1　10~20m区间隧道工程适宜性评价

中心城区10~20m区间内的土层主要为软土层（③、④）和饱和黏性土层（⑤₁）。其中③层为灰色淤泥质粉质黏土，含水量平均值大于45%，静力触探比贯入阻力为0.65~1.27MPa，平均值为0.68MPa；④层为灰色淤泥质黏土，含水量平均值大于50%，静力触探比贯入阻力为0.42~0.69MPa，平均值为0.52MPa；⑤₁层为灰色黏性土，含水量平均值大于35%，静力触探比贯入阻力为0.85~1.32MPa，平均值为1.12MPa，在以上土层中进行掘进则较为容易。在吴淞江故道区，浅部砂、粉性土层（②₃）厚度大，部分地区层底埋深超过10m，其岩性一般为砂质粉土，部分地区为粉砂或黏质粉土，其静力触探比贯入阻力为1.96~4.37MPa，平均值为2.95MPa。在西北部地区，由于第一硬土层（⑥）埋藏较浅，一般在15~20m，该层结构较密实，稍湿，其静力触探比贯入阻力一般为1.83~3.07MPa，平均值为2.60MPa。在②₃层和⑥层中掘进难易程度一般。根据以上分析，对中心城区10~20m区间隧道盾构施工进行适宜性分区，分布有③、④或⑤₁层的为盾构推进容易区（A）；有②₃层或⑥层分布的为盾构推进一般区（B），该区中有砂、粉性土层分布的为B₁区，有硬黏性土层分布的为B₂区。分区及评价见表6-13、图6-22。

表6-13　10~20m隧道工程盾构施工适宜性分区评价表

分区	盾构推进容易区（A区）	盾构推进一般区（B区）	
		B₁区	B₂区
分区特征	盾构区间范围内均为③、④或⑤₁层	盾构区间范围内均有②₃层分布	盾构区间范围内均有⑥层分布
分区范围	主要分布在南部及北部浦西部分地区	主要分布在吴淞江及北部黄浦江两岸	主要分布在西北部顾村、大场镇附近地区
分区评价	盾构穿越土层基本为软黏性土层，比贯入阻力较小，且变化不大，因此适宜盾构推进	盾构穿越土层有砂、粉性土层分布，且穿越厚度一般均大于4m，其下为软黏性土层，水平方向上土层变化不大，但比贯入阻力较大，推进难易程度一般。垂向上应注意土性由上至下从砂、粉性土层向软黏性土层过渡	盾构穿越土层除软黏性土层外，尚有硬黏性土层，其厚度一般在5m左右，比贯入阻力较大，推进难易程度一般。垂向上应注意土性由上至下从软黏性土层向硬黏性土层过渡
备注	应特别注意分区界线区间土层变化的影响。该区间范围内软土层较为发育，隧道盾构施工过程中和运营期间应注意软土地基变形对隧道工程的影响		

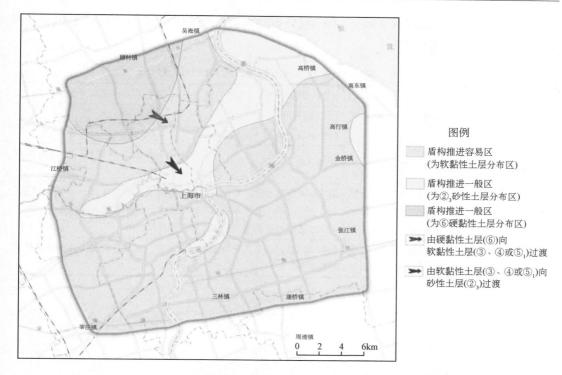

图 6-22　10～20m 隧道盾构考虑掘进面土层变化情况推进适宜性分区图

6.5.2.2　20～30m 区间隧道工程适宜性评价

中心城区 20～30m 区间内正常沉积区土层主要为饱和黏性土层（⑤$_1$）、硬黏性土层（⑥），西北部地区还有砂、粉性土层（⑦）。其中⑤$_1$ 层和⑥层的土特性上面已有论述，西北部地区的⑦层相对其他地区埋藏较浅，一般小于 26m，厚 5～10m，该层岩性一般为砂质粉土，部分地区为黏质粉土或粉砂，其静力触探比贯入阻力一般为 3.60～12.80MPa，平均值为 8.80MPa，在该层中掘进较为困难。古河道切割区 20～30m 区间内土层注意为饱和黏性土层⑤$_1$ 层、中部砂层⑤$_2$ 层和一般黏性土层⑤$_3$ 层。其中⑤$_2$ 层为微承压含水层，岩性一般为砂质粉土，部分地区为粉砂，埋深一般为 20～29m，厚度为 6～30m，其静力触探比贯入阻力一般为 2.60～7.80MPa，平均值为 3.68MPa，在该层中掘进难易程度一般；⑤$_3$ 层为粉质黏土夹砂，土质不均，其静力触探比贯入阻力一般为 1.30～2.68MPa，平均值为 1.40MPa，在该层中掘进较为容易，但应注意其土质不均问题。

根据以上分析，对中心城区 20～30m 区间隧道盾构施工进行适宜性分区，由于该深度范围内土层垂向上有一定变化，正常沉积区 25m 以浅一般为软黏性土层，25～30m 为硬黏性土层，此外，西北部地区 20～30m 范围内一般为砂、粉性土层（⑦），因此该区间盾构适宜性分区按照 20～25m、25～30m 分别进行。

1. 20～25m 隧道工程

在 20～25m 范围内分布有⑤$_1$ 层饱和黏性土层的为盾构推进容易区（A 区）；有⑤$_2$ 层

分布的为盾构推进一般区（B区）；有⑦层分布的为盾构推进困难区（C区）。分区评价见表 6-14，分区图见图 6-23。

表 6-14　20～25m 隧道工程盾构施工适宜性分区评价表

分区	盾构推进容易区（A区）	盾构推进一般区（B区）	盾构推进困难区（C区）
分区特征	该深度区间分布有⑤₁层饱和黏性土层	该深度区间分布有⑤₂层砂、粉性土层	该深度区间分布有⑦层砂性土层
分区范围	除西北部的大部分地区	零星分布	主要分布在西北部顾村、大场镇附近地区
分区评价	盾构穿越土层为饱和黏性土层（⑤₁），比贯入阻力较小，且变化不大，因此适宜盾构推进	盾构穿越土层为砂、粉性土层⑤₂分布，比贯入阻力较大，推进难易程度一般	盾构穿越土层为第Ⅰ承压含水层⑦层，且厚度大，评价比贯入阻力大于4MPa，盾构推进较为困难
备注	应特别注意分区界线区间土层变化的影响。该区间范围内软土层较为发育，隧道盾构施工过程中和运营期间应注意软土地基变形对隧道工程的影响		

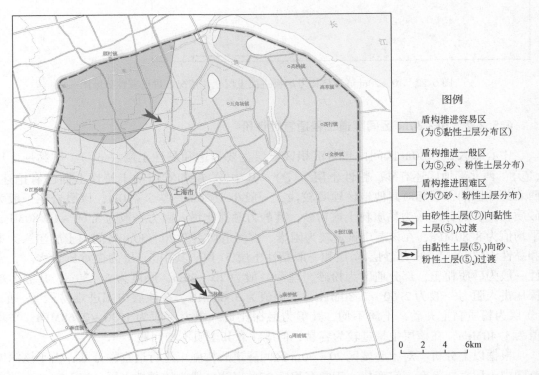

图 6-23　20～25m 隧道盾构考虑掘进面土层变化情况推进适宜性分区图

2. 25～30m 隧道工程

25～30m 范围内分布有⑤₁层或⑤₃层的为盾构推进容易区（A区）；分布有⑥层或⑤₂

层的为盾构推进一般区（B 区），其中有⑥层分布的为 B_1 区，有⑤$_2$ 层分布的为 B_2 区；有⑦层分布的为盾构推进困难区（C 区）（表6-15、图6-24）。

表 6-15　25～30m 隧道工程盾构施工适宜性分区评价表

分区	盾构推进容易区（A 区）	盾构推进一般区（B 区）		盾构推进困难区（C 区）
		B_1 区	B_2 区	
分区特征	该深度区间分布有⑤$_1$ 层或⑤$_3$ 层一般黏性土层	分布有⑤$_2$ 层砂、粉性土层或⑥层硬黏性土层		该深度区间有⑦层砂性土层分布
		分布的为⑥层硬黏性土层	分布的为⑤$_2$ 层砂、粉性土层	
分区范围	呈条带状分布，东南部川杨河以南及徐汇和市区大部分地区	分布最为广泛，浦东川杨河以北，浦西吴淞江两侧及西南端	主要分布在西南部外环线附近	主要分布在西北部顾村、大场镇附近地区
分区评价	盾构穿越土层为黏性土层（⑤$_1$ 和⑤$_3$），比贯入阻力较小，且变化不大，因此适宜盾构推进	盾构穿越土层为硬黏性土层⑥，比贯入阻力较大，推进难易程度一般	盾构穿越土层为砂、粉性土层⑤$_2$，比贯入阻力较大，推进难易程度一般	盾构穿越土层为第Ⅰ承压含水层⑦层，且厚度大，评价比贯入阻力大于 4MPa，盾构推进较为困难
备注	应特别注意分区界线区间土层变化的影响。该区间范围内软土层较为发育，隧道盾构施工过程中和运营期间应注意软土地基变形对隧道工程的影响			

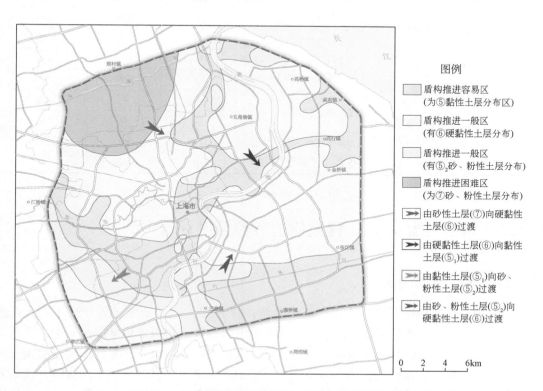

图 6-24　25～30m 隧道盾构考虑掘进面土层变化情况推进适宜性分区图

6.6　深层地下空间开发适宜性评价

6.6.1　工程地质适宜性评价依据

深层地质结构的差异将对地下空间工程的施工难度以及地质灾害的防治产生显著影响，因此，本章聚焦优先开发层即 40~65m 深度范围，以工程建设引发水土突涌、流沙和地面沉降等环境地质问题的严重程度为主要评价依据，结合对深层地下空间开发影响较大的地下水和砂性土为主要影响因子，考虑地下空间开发现状、基岩埋深、地面沉降风险等因素进行适宜性综合分区评价（彭建等，2010；杨天亮和黄鑫磊，2016；王建秀等，2017）。具体评价依据见表 6-16。

表 6-16　深层地下空间开发工程地质适宜性评价依据

分区级别	一级	二级	三级	工程地质适宜性评价	
分区依据	第 I、II 承压含水层是否连通	沉积特征	沉降风险	基坑工程	隧道工程
分区特征	有⑧层	⑦层埋深浅，厚度小于 10m 或缺失，⑧层埋藏浅，厚度大于 30m	高	较差	较差
			较高	中等	中等
			中	较好	较好
		⑦层埋藏较深，厚度一般为 10~30m，⑧层埋藏深，厚度一般为 10~20m	高	较差	差
			较高	中等	较差
			中	较好	中等
	无⑧层或⑦层⑨层沟通	⑦层厚大于 20m	较高	差	差
			中	差	差
		古河道切割，⑦层厚小于 10m，沉积较厚的⑤₃层	较高	较差	较差
			中	较差	较差

6.6.2　基坑（竖井）工程地质适宜性分区评价

6.6.2.1　适宜性分区

上海中心城区地面沉降风险程度高—中等，对于 40~65m 基坑（竖井）工程开挖施工揭遇的深部土层主要为⑦层、⑧层，该深度范围内一般不会揭遇第⑨层。其中，⑦层为粉土、粉砂层，基坑开挖施工时易引发流沙和基坑突涌；⑧层为灰色黏性土层，软塑—可塑，高—中压缩性，基坑开挖施工时将引发一定的地基变形，但该土层土性尚可，基坑开挖时自稳性较好，总体对基坑边坡的稳定有利。但上海市中心城区第 II、III 承压含水层均普遍分布，顶界埋深起伏较小，其承压水水头高，40～65m 基坑（竖井）工程施工易引发水土突涌，对基坑安全和周边地质环境影响较大，一般涉及对第Ⅱ、Ⅲ承压含水层的降排水问题。

　　综合考虑中心城区地面沉降风险程度和地质结构特征，根据上述分区依据，将中心城区优先开发层基坑（竖井）工程地质适宜性分为较好、中等、较差、差 4 个等级，分区见图 6-25。

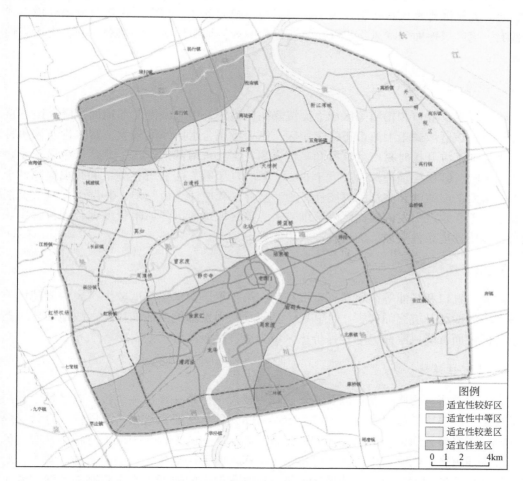

图 6-25　中心城区优先开发层基坑（竖井）工程地质适宜性分区图

6.6.2.2　适宜性评价

1. 适宜性较好区

　　北部大场、庙行、张庙等区域，⑦层埋藏浅，层顶埋深小于 25m，厚度一般小于 10m 或缺失，⑧层层顶埋深小于 40m，厚度一般大于 20m。南部三林东部区域，受古河道切割影响，上部沉积较厚的⑤₃层，⑦层层顶埋深大于 45m，厚度一般小于 10m，⑧层层顶埋深大于60m。该区域地面沉降风险中等，40~65m基坑开挖深度范围内涉及的深部土层以⑧层或⑤₃层（古河道区）灰色黏性土为主，而流沙层⑦层则由于埋藏浅、厚度薄或基本缺失，流沙现象较为轻微。此外，由于⑦层薄、⑧层厚度大，基坑降排水过程中，第Ⅰ承压含水层水量小且易于阻断，因此降排第Ⅰ承压含水层中的地下水对周围环境影响较小。但是，40~65m的大深度基坑工程施工过程中需降排第Ⅱ、Ⅲ承压含水层中的地下水，由于该两承压含水层的富水性好，且水头较高，因此大深度基坑开挖时易引发基坑突涌灾害。同时大量降排承压水将引发大面积的不均匀地面沉降，对周围建筑及地质环境造成一定影响。该区域地面沉降风险程度总体评价为中等，地质环境条件相对有利，为适宜性较好区。

2. 适宜性中等区

除了静安、虹口和杨浦等区域地面沉降高风险区，中心城区北部地面沉降风险程度中等—较高，该区域属于上海市正常沉积区，第Ⅰ承压含水层厚度较大，富水性及渗透性较好，大深度基坑开挖时易产生流沙和基坑突涌灾害；东南部的张江、北蔡等区域，受古河道切割影响，⑧层层顶埋深一般大于60m，基坑（竖井）工程开挖施工同时揭遇黏性土和砂土，引发⑦层流沙和突涌的可能性较大。竖井工程应注意由⑨层、⑪层引发基坑突涌的可能性，工程建设引发的地面沉降范围较大。该区域地面沉降风险程度综合评价为中等—较高，地质环境条件一般，为适宜性较中等区。

3. 适宜性较差区

静安、虹口和杨浦等区域属正常沉积区，第Ⅰ承压含水层厚度较大，大深度基坑施工时易产生流沙和基坑突涌灾害，且⑨层、⑪层具有引发基坑突涌的风险，故地质环境条件一般，但地面沉降风险高，综合评价该区域为适宜性较差区。

4. 适宜性差区

在浦西莘庄—梅陇—龙华以及浦东三林—杨思—严桥—洋泾—金桥沿线区域，⑧层灰色黏性土层缺失，⑦层厚度大，一般为15~30m，且与⑨层沟通，两层砂性土合计层厚大于60m。⑦层渗透性强，富水性好，水头高，大深度基坑工程开挖施工过程中易产生流沙和基坑突涌灾害；同时，由于基坑降排第Ⅰ承压水时无法阻断含水层，降排水量大，对周围建筑及环境影响大。此外，第Ⅱ和第Ⅲ承压含水层中的地下水水头较高，大深度基坑开挖时易产生因第Ⅱ和第Ⅲ承压水引发的基坑突涌事故，因而为避免产生基坑突涌事故进行降排大量承压水将引发大面积的地面沉降和不均匀沉降，对周围建筑及环境造成重大影响。该区域地面沉降风险为中等—较高，地质环境条件相对较差，为适宜性差区。此外，还应注意浅部粉、砂性土（②₃层）以及软土层（③、④层）等对大深度竖井（基坑）工程产生的影响。同时，鉴于地下空间已开发现状的不完全统计，在适宜性评价时，尚未将地下空间已开发现状等要素纳入适宜性分区图，在最终评价时可参照两张图进行综合使用。

6.6.3　隧道工程适宜性分区评价

6.6.3.1　适宜性分区

对于隧道工程，施工中首先考虑的问题为盾构掘进面土层软硬的变化问题。一般情况下，在黏性土层中掘进较为容易，在中密—密实的砂土层中掘进则较为困难。此外，隧道工程施工过程中深层地下水问题也将直接影响隧道施工的难易程度和风险大小。在黏性土或黏性土与砂土互层的土层中掘进施工时，由于土层富水性差，渗透性弱，盾构掘进施工时地下水控制难度较小。而在砂土中掘进施工时，由于砂土富水性好，渗透性强，水头压力大，盾构掘进时产生流沙的可能性较大，且易引发盾构掘进面不稳及土层流失问题（史玉金等，2016；白云等，2016；郑立博等，2018）。根据上述分区依据，同样将中心城区优先开发层隧道工程地质环境适宜性分为较好、中等、较差、差四个等级，分区见图 6-26。

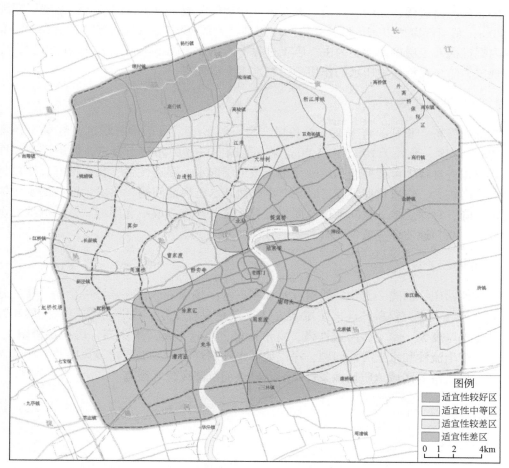

图 6-26　中心城区优先开发层隧道工程地质环境适宜性分区图

6. 6. 3. 2　适宜性评价

1. 适宜性较好区

大场北部、庙行等区域，⑦层厚度薄，一般小于10m，⑧层或⑤₃层埋藏浅，厚度大；三林镇以东局部区域，受古河道切割影响，⑦层缺失或厚度小于10m。40~65m深度范围内以黏性土及黏性土夹砂为主，盾构主要在黏性土中穿越，工程施工难度较小，风险较低。此外，黏性土富水性差，盾构掘进施工及运营期间深层地下水控制难度较小。

需要关注的是，由于该区域⑧层及⑤₃层中一般都夹厚度不均的粉砂层，土层均匀性较差，盾构掘进施工过程中可能产生掘进工作面不稳以及盾构轴线偏移等现象。此外，若盾构衬砌结构及管片存在裂缝，在深层承压水作用下，可能引发水土突涌灾害、大面积的水土流失和盾构隧道的不均匀沉降，严重影响盾构隧道的施工及运营安全。

2. 适宜性中等区

中北部的白遗桥、江湾、高境、淞南东、高桥等区域，属正常沉积区，⑧层层顶埋深30~40m，东南部康桥以东区域，受古河道切割，上部沉积较厚的⑤₃层，隧道在40~65m范围内掘进揭遇土层以黏性土为主。施工过程中需注意土层不均匀性引发的隧道掘进面不稳等现象，防止在深层承压水的作用下引发水土突涌灾害。

3. 适宜性较差区

中部的虹桥、长征、曹家渡、五角场、高行等区域，属正常沉积区，⑧层层顶埋深40~50m，厚度一般大于10m，45~60m深度范围内以⑧层黏性土为主，但由于土层面起伏，隧道掘进过程中可能揭遇⑦层砂性土，该土层饱水，渗透性强，富水性好，深层地下水控制难度较大，在盾构掘进施工时易产生流沙及水土突涌问题，引发大面积的水土流失和地基沉降，对深层地下空间上位及周边已有建筑及环境造成不利影响。该区域地面沉降风险较高—高，地质环境条件一般，为适宜性较差区。

4. 适宜性差区

在浦西莘庄—梅陇—龙华—线附近及浦东三林—杨思—严桥—洋泾—金桥一带，地面沉降风险等级中等—较高，且该区域缺失⑧层灰色黏性土层，⑦层和⑨层砂土层相互沟通，砂土层厚度大，密实，渗透性强，富水性好，水量丰富，水头高，盾构掘进阻力大，工作面易产生流沙和水土突涌问题，深层地下水控制难度大，工程建设风险高。中部上海火车站、提篮桥等区域地质环境条件一般，且地面沉降风险等级高。

第 7 章　深基坑减压降水引发地面沉降机理及控制措施

深基坑施工是一种重要的工程方法，对于地下水位埋深较浅的基坑开挖，需要采取降水或者降压的措施，以满足工程建设的需要。工程降水或降压会导致土体压缩，使土体的有效应力增加，必然引发地面的变形和沉降。如何控制地面沉降，减轻地质灾害的发生，需要对降压降水诱发地面沉降的机理进行深入研究，提出有针对性的控制和防患措施。

7.1　深基坑工程地质环境条件

7.1.1　水文地质与工程地质条件

7.1.1.1　水文地质条件

上海地区深基坑工程影响范围内的地下水含水层主要是潜水含水层、微承压含水层、第Ⅰ承压含水层和第Ⅱ承压含水层，其水文地质特征如下。

（1）潜水含水层的潜水位埋深浅且较稳定，主要受大气降水补给的影响，具有一定的季节性变化。区域监测资料显示，外环线以内的中心城区潜水位埋深约 0.5m。

（2）微承压含水层水位比较高，由于含水层不连续，各地区水位有一定差异，主要受工程降水和下伏含水层补排影响有一定波动。含水层顶板埋深较浅且水位较高，在基坑开挖过程中有突涌的可能。

（3）第Ⅰ承压含水层由于顶板埋深较浅，富水性较好，水位较高，受工程降水和第Ⅱ承压含水层的影响，在工程建设密集区域基坑降水将形成一定区域的地下水位降落漏斗，对基坑工程不利；在第Ⅰ、Ⅱ承压含水层沟通区域因受到第Ⅱ承压含水层水位抬升的影响，第Ⅰ承压含水层水位有一定的抬升，在基坑开挖过程中存在突涌的可能，且当隔水帷幕未隔断承压含水层的情形时，减压降水易引起基坑外水位的持续下降和地面沉降的发生。

（4）第Ⅱ承压含水层除在基岩凸起处缺失外全区广泛分布，且发育良好。其顶板埋深一般 60~70m，层厚为 20~30m，含水层岩性以细中砂含少量砂砾石为主。第Ⅱ承压含水层是上海地区透水性和富水性最好的含水层（组）之一。该含水层水位受区域水位和人工回灌控制，受人工回灌影响地下水位呈逐年微量抬升趋势，水位标高普遍在 -4~-1m，只在金山、松江地区受浙江地区地下水开采影响水位较低。另外，因受工程降水和第Ⅰ承压含水层水位波动影响水位会出现一定幅度的波动，且在工程建设活动密集的第Ⅰ、Ⅱ承压含水层沟通区域水位普遍偏低，如在陆家嘴地区水位标高在 -4~-3m。由于含水层顶板埋深较大，通常在第Ⅰ、Ⅱ承压含水层非沟通区域，基坑减压降水一般不涉及第Ⅱ承压含水层，而在第Ⅰ、Ⅱ承压含水层沟通区域因其含水层厚度较大，富水性好，隔水帷幕无法阻断承压含水层，减压降水对基坑外水位影响较大。

7.1.1.2　工程地质条件

上海地区与工程建设密切相关的土层主要包含 9 个工程地质层，并以黏性土、粉性土和砂性土为主，在垂直方向交替出现，呈现出较好的成层分布特征（莫群欢等，1999；史玉金等，2009）。其中，黏性土含水量较高，土层多以软塑、可塑状为主，前期固结程度较低，压缩性较高。粉性土和砂性土呈饱和状，较为松散，在地下水位下降时易压密下沉，具有较大的可压缩性。其工程地质层的主要特性如下。

（1）①层，分为 3 个亚层，分别为人工填土①$_1$，厚 0.5～3.0m 不等；灰色或灰黑色浜底淤泥层①$_2$，土质软塑—流塑，高压缩性，顶面埋深 1.0～3.0m，厚度 1.0～4.0m，分布于明浜、暗浜（塘）区；灰色粉性土①$_3$，局部夹有较多淤泥质土，顶面埋深 2.0～3.0m，厚度一般为 4.0～15.0m，多分布于黄浦江沿岸。

（2）②层为滨海—河口相沉积层，该层可分为 3 个工程地质亚层：褐黄色黏性土层②$_1$，可塑，中等压缩性，是良好的天然地基持力层，顶面埋深 0.5～2.0m，层厚 1.5～2.0m，全区普遍分布；灰黄色黏性土层②$_2$，软塑，中等—高压缩性，局部夹粉性土，顶面埋深 1.5～2.0m，层厚 0.5～2.0m，全区普遍分布；灰色粉性土、粉砂层②$_3$，松散—稍密，中等压缩性，顶面埋深 2.0～3.0m，层厚 3.0～15.0m，滨海平原地区主要呈带状分布，在长江河口沙岛和潮坪地貌区普遍分布。

（3）③+④层属 Q_4^2 滨海—浅海相沉积，是上海地区土体易发生整体变形的第一压缩层，全区普遍分布。土性总体较差，受工程建设活动影响明显。其中，③层灰色淤泥质粉质黏土，流塑，属高压缩性土，是浅部主要压缩层，常见顶面埋深 3.0～7.0m，层厚 5.0～10.0m，全区普遍分布；④层灰色淤泥质黏土，流塑，属高压缩性土，是浅部主要压缩层，常见顶面埋深 7.0～12.0m，层厚 5.0～10.0m，全区普遍分布。

（4）⑤层属 Q_4^1 滨海—沼泽相沉积，为第二压缩层，全区普遍分布。根据岩性差异该层可细分为 4 个工程地质亚层：⑤$_1$ 层褐灰色黏性土，软塑—可塑，土性自上而下逐渐变好，属中等—高压缩性土，是工程建设影响的主要压缩层之一，常见顶面埋深 15.0～20.0m，层厚 5.0～15.0m，全区普遍分布；⑤$_2$ 层灰色粉性土、粉砂，稍密—中密，局部密实，属中等压缩性土，常见顶面埋深 20.0～30.0m，层厚 5.0～20.0m，滨海平原区主要分布于古河道区，在河口沙岛地区分布较广；⑤$_3$ 层为灰色—褐灰色黏性土，可塑，属中等压缩性土，常见顶面埋深 25.0～32.0m，层厚 9.0～20.0m，主要分布于古河道区；⑤$_4$ 层灰绿色黏性土，可塑—硬塑，属中等压缩性土，常见顶面埋深 35.0～40.0m，层厚 1.0～3.0m，主要分布于古河道区。

（5）⑥层属 Q_3^2 河口—湖泽相沉积层，是上海地区第一硬土层。除河口沙岛地区整体缺失外，其他地区受古河道切割局部缺失。根据岩性差异，该层可细分为两个工程地质亚层：⑥$_1$ 层为暗绿色黏性土，可塑—硬塑，属超固结、中等压缩性土，常见顶面埋深 15.0～30.0m，层厚 2.0～5.0m；⑥$_2$ 层为草黄色黏性土，可塑—硬塑，属超固结、中等压缩性土，常见顶面埋深 30.0 ~ 32.0m，层厚 1.0 ~ 2.0m。

（6）⑦层属 Q_3^2 河口—滨海相沉积，除河口沙岛地区整体缺失外，其他地区普遍分布，是上海地区第 Ⅰ 承压含水层。根据岩性差异可分为两个工程地质亚层：⑦$_1$ 层为草黄色—灰色粉性土、粉砂，中密—密实，属中等压缩性土，是良好的桩基持力层，对深基坑工程影响较大，常见顶面埋深 20.0 ~ 35.0m，层厚 4.0 ~ 8.0m，分布较广，厚度变化较大；⑦$_2$ 层为灰色粉细砂，密实，属中等—低压缩性土，是良好的桩基持力层，对深基坑工程影响较大，常见顶面埋深 35.0 ~ 40.0m，层厚 6.0 ~ 30.0m，分布较广，层位不稳定。

（7）⑧层属 Q_3^2 滨海—浅海相沉积，为第三压缩层，在南部莘庄—漕泾—奉城等地区缺失，其余地区均有分布，根据岩性差异可分为两个工程地质亚层：⑧$_1$ 层灰色黏性土，软塑—可塑，属轻度超固结、高等—中等压缩性土，常见顶面埋深 30.0 ~ 50.0m，层厚 10.0 ~ 20.0m。⑧$_2$ 层为灰色粉质黏土、粉砂互层，可塑或中密，具交错层理，夹砂互层呈"千层饼"状，属中等压缩性土，是较好的桩基持力层，常见顶面埋深 50.0 ~ 60.0m，层厚 5.0 ~ 20.0m。

（8）第⑨层属 Q_3^1 滨海—河口相沉积，为第 Ⅱ 承压含水层，全区普遍分布，根据岩性差异可分为两个工程地质亚层：⑨$_1$ 层为青灰色粉细砂夹黏性土，中密—密实，砂土颗粒自上而下逐渐变粗，属中等—低压缩性土，是良好的桩基持力层，常见顶面埋深 60.0 ~ 77.0m，层厚 5.0 ~ 8.0m；⑨$_2$ 层为青灰色粉、细砂夹中、粗砂，密实，属低压缩性土，常见顶面埋深 70.0 ~ 81.0m，层厚 5.0 ~ 10.0m。

在滨海平原区进行基坑工程设计与施工时，涉及的各工程地质层主要物理力学性质指标统计结果见表 7-1。

7.1.2 深基坑工程地质结构分区研究

根据水文地质条件和工程地质特性分析，上海地区地层虽然具有显著成层分布特征，规律性较强，但受沉积环境和古河道切割等因素影响，在不同的区域呈现出不同的地层组合。根据工程实践经验，不同地层组合对深基坑工程影响差异较大，因此有必要进行地质结构分区研究（孙永福，1980；严学新和史玉金，2006）。目前深基坑工程的主要影响深度为⑨层及以浅地层，故分区需要考虑⑨层及其上部土层的组合特征。

上海地区由于受海侵和海退的影响，形成了湖沼平原、滨海平原、河口沙岛和潮坪四种地貌类型，不同的沉积环境决定了上海地区地层分布与缺失的基本格局。在局部地区地层分布主要受古河道切割影响，古河道切割导致地层层序发生变化，使得部分地区⑥层缺失，并沉积有⑤$_2$ 层。此外，上海部分地区⑧层缺失使得⑦层、⑨层沟通，形成了厚度较大的承压含水层，对工程建设影响较大，因此，在分区中应加以考虑。另外，深基坑工程地质结构分区应在地貌类型的基础上考虑⑤$_2$ 层和⑧层分布情况。表 7-2 和图 7-1 分别为深基坑工程地质结构分区表和分区图。

表 7-1　滨海平原区主要工程地质层及其物理力学特征简表

地质时代 纪	地质时代 世	成因类型	工程地质层	层号	土层名称	顶面埋深 /m	层厚 /m	含水量 /%	容重 /(kN/m³)	孔隙比 e_0	液性指数 I_L	塑性指数 I_P	渗透系数(经验值) /(cm/s)	固结快剪 内摩擦角 /(°)	固结快剪 黏聚力 /kPa	压缩系数 $a_{0.1-0.2}$ /MPa^{-1}	压缩模量 $E_{s0.1-0.2}$ /MPa
第四纪 Q	全新世 Q4 (Q_4^3)	人工	填土层 ①	①₁	填土	0	0.5~3.0										
		河漫滩	江滩土	①₃	灰色粉黏土	2.0~3.0	4.0~15.0										
	(Q_4^3)	滨海—河口	表土层 ②	②₁	褐黄色黏性土	0.5~2.0	1.5~2.0	33.0	18.5	0.94	0.74	16.3		19.5	18.5	0.43	5.11
				②₂	灰黄色黏性土	1.5~2.0	0.5~2.0	30.0	18.1	0.94	0.74	16.3		15.0	13.0	0.50	5.10
				②₃	灰色粉性土、粉砂	2.0~3.0	3.0~15.0	39.5	18.6	0.96			4.0×10^{-4}	29.3	6.5	0.33	8.00
	(Q_4^2)	滨海—浅海	第一压缩层 ③	③	灰色淤泥质粉质黏土	3.0~7.0	5.0~10.0	42.9	17.5	1.18	1.64	13.7	3.5×10^{-6}	20.0	11.4	0.67	4.09
		滨海—浅海	④	④	灰色淤泥质黏土	7.0~12.0	5.0~10.0	49.8	16.9	1.40	1.29	21.1	3.0×10^{-7}	12.7	13.6	1.10	2.45
	(Q_4^1)	滨海—沼泽	第二压缩层 ⑤	⑤₁	褐灰色黏性土	15.0~20.0	5.0~15.0	36.2	17.8	1.04	1.03	15.1	3.5×10^{-7}	20.0	15.8	0.50	4.89
				⑤₂	灰色粉性土、粉砂	20.0~30.0	5.0~20.0	32.6	18.5	0.94			4.0×10^{-4}	30.3	7.1	0.30	8.00
		溺谷		⑤₃	灰色—褐灰色黏性土	25.0~32.0	9.0~20.0	34.1	18.0	0.98	0.92	14.5	3.5×10^{-7}	22.1	17.2	0.37	5.75
				⑤₄	灰绿色黏性土	35.0~46.0	1.0~3.0	23.8	19.7	0.71	0.54	13.0	3.5×10^{-7}	21.5	42.8	0.24	8.27
	晚更新世 Q3 (Q_3^2)	河口—潟泽	暗绿色硬土层 ⑥	⑥	暗绿色黏性土	15.0~30.0	2.0~5.0	24.5	19.6	0.72	0.46	14.1	3.5×10^{-7}	18.2	44.5	0.22	7.50
	(Q_3^2)	河口—滨海	第二砂层 ⑦	⑦₁	草黄色—灰色砂质粉土	20.0~35.0	4.0~8.0	27.8	19.3	0.77			4.0×10^{-4}	33.0	5.0	0.19	12.39
				⑦₂	灰色粉细砂	35.0~40.0	6.0~30.0	26.8	19.5	0.75			9.0×10^{-4}	34.5	3.6	0.15	25.43
	(Q_3^2)	滨海—浅海	第三压缩层 ⑧	⑧₁	灰色黏性土	30.0~50.0	10.0~20.0	35.3	18.4	1.00	0.93	16.0	3.5×10^{-7}	22.8	21.5	0.35	6.41
				⑧₂	粉质黏土、粉砂互层	50.0~60.0	5.0~20.0	30.4	18.7	0.87	0.84	14.1	3.5×10^{-6}	22.8	18.6	0.27	7.75
	(Q_3^1)	滨海—河口	第三砂层 ⑨	⑨₁	青灰色粉细砂	60.0~77.0	5.0~8.0	26.7	18.8	0.68			9.0×10^{-4}	35.1	3.5	0.17	16.01
				⑨₂	青灰色粉、细砂	70.0~81.0	5.0~10.0	22.1	20.0	0.66				38.1	0	0.12	17.30

注：表中物理力学参数为平均值。

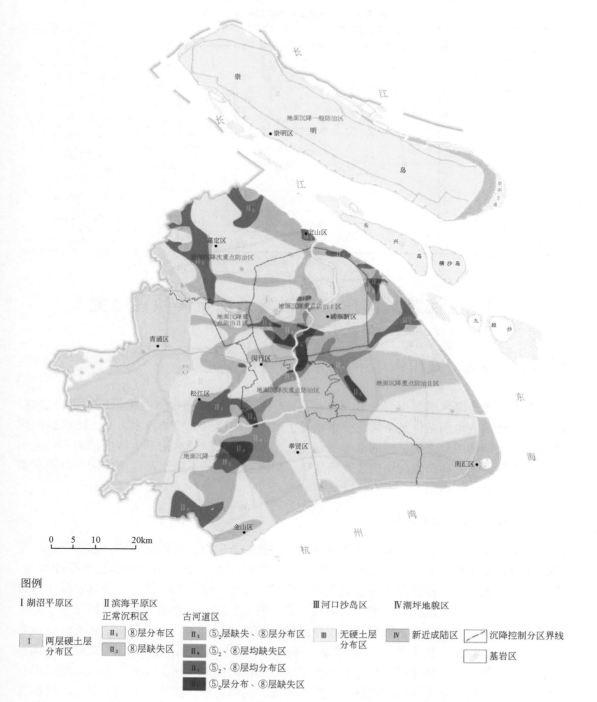

图例

I 湖沼平原区　　Ⅱ滨海平原区　　　　　　　　　　　　　　　　Ⅲ河口沙岛区　　Ⅳ潮坪地貌区
　　　　　　　　　正常沉积区　　古河道区

I	两层硬土层分布区
Ⅱ₁	⑧层分布区
Ⅱ₂	⑧层缺失区

Ⅱ₃ ⑤₂层缺失、⑧层分布区
Ⅱ₄ ⑤₂、⑧层均缺失区
Ⅱ₅ ⑤₂、⑧层均分布区
Ⅱ₆ ⑤₂层分布、⑧层缺失区

Ⅲ 无硬土层分布区　　　Ⅳ 新近成陆区　　　沉降控制分区界线

基岩区

图 7-1　上海市深基坑工程地质结构分区图

表 7-2　深基坑工程地质结构分区表

工程地质分区			备注
区	亚区		
Ⅰ（湖沼平原区）	—		两层硬土层分区
Ⅱ（滨海平原区）	正常沉积区	Ⅱ$_1$	⑧层分布区
		Ⅱ$_2$	⑧层缺失区
	古河道区	Ⅱ$_3$	⑤$_2$层缺失、⑧层分布
		Ⅱ$_4$	⑤$_2$、⑧层均缺失
		Ⅱ$_5$	⑤$_2$、⑧层均分布
		Ⅱ$_6$	⑤$_2$层分布、⑧层缺失
Ⅲ（河口沙岛区）	—		无硬土层分布
Ⅳ（潮坪地貌区）	—		新近成陆区

7.2　深基坑减压降水引发地面沉降机理研究

7.2.1　深基坑减压作用下土层变形特征研究

深基坑减压降水引起土层变形及地面沉降的机理，可以通过室内模拟试验进行研究。根据上海地区的地质条件及土层的分布状况，拟定室内模拟试验的技术方案，测试减压降水作用下土体和组合土层试样的基本变形特征，分析复杂地层结构下土体因抽水和回灌引起孔隙水压力变化而产生的小应变变形规律，为揭示基坑减压降水及回灌作用下分层沉降机理提供基础分析数据。

7.2.1.1　室内模拟试验

室内模拟试验测定土体的压缩变形特性，常规的是采用侧限固结试验。在侧限条件下的固结试验是土样沿 K_0 应力路径的固结，又称为 K_0 固结。侧限固结试验虽然操作简单，但与地基土的实际工程情况存在很大差异。针对该方法中存在的不足，改进和设计了一种土层渗流分层固结变形的三轴模型试验仪。本三轴模型试验仪包括：三轴仪围压室、竖向加荷平台、围压控制设备、数据采集设备及渗流控制设备，如图7-2所示。图7-3是设备工作原理图。与现有技术相比，该设备的特点在于：①将三轴试验仪引入常规的固结试验，可以测得土层在任意应力状态下沿任意应力路径的固结变形，改进了常规固结试验仪的不足；②渗流控制设备可以控制土试样的渗流方向和速率，探测三向应力状态时渗流作用对土层变形的影响；③分层安置多个位移传感器，能够观测到土试样的每一层土样的变形。试验仪器操作方便，数据精确。

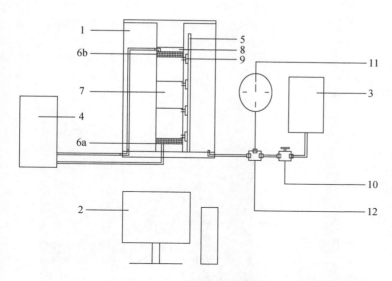

1. 三轴仪围压室
2. 试样的变形数据的采集装置
3. 试样进行加压处理的围压控制装置
4. 试样排水降压处理时的渗流控制装置
5. 传感器固定架
6a. 试样自下而上依次布置的第一透水石层
6b. 第二透水石层
7. 土样
8. 上排水盖
9. 位移传感器
10. 精密调压阀
11. 精密压力表
12. 三通管

图 7-2　三轴模型试验仪系统示意图

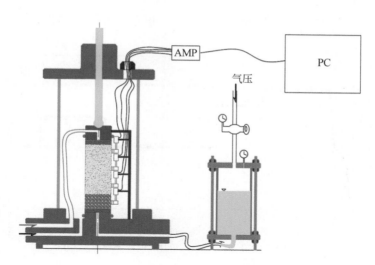

图 7-3　设备工作原理图

　　为了模拟现场抽水和回灌试验过程，采用该三轴模型试验仪进行室内模拟试验。在试样得到稳定的反压和围压后，在保持围压的基础上，通过降低反压值来模拟现场抽水，通过增加反压值来模拟回灌。使用装备进行试验研究如图 7-4、图 7-5 所示。

7.2.1.2　抽水回灌作用下土体变形试验与分析

　　试验首先通过两步加载，将围压和反压分别稳定在 400kPa 和 390kPa，10kPa 的差值或称有效围压是为了保证在加压过程中围压一直大于反压。整个试验过程的压力变化如图 7-6 所示。

图 7-4　试样制作安装施加围压

图 7-5　试样真空饱和加载调试试验

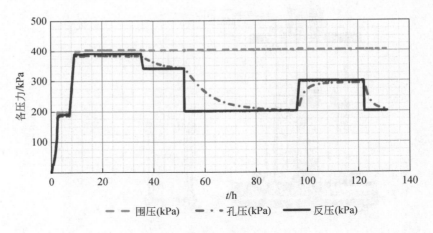

图 7-6　孔压消散过程

　　试验过程中同时观察和记录各个参数的改变过程,结果如图 7-7 所示。图中 radial pressure、pore pressure 和 back pressure 分别为围压、孔压和反压。local axial、local radial 为局部位移计的示数;axial displacement 是外部位移计得到的土体位移,该位移并不像局部位移计得到的土体真实位移,仅仅是底座抬升距离;back volume 是反压控制器得到的土体体积变化量。为了使各物理参数有效地显示在图 7-7 中,对局部位移计示数、外部位移计所得的位移和试样体积变化量分别设置了 100、30 和 1/50 的系数。

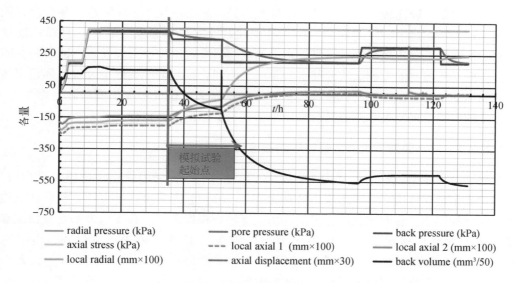

图 7-7　各参数随时间变化图

根据图 7-7 整理的结果见表 7-3。

表 7-3　孔压消散过程中各应变值

孔压变化/kPa	轴向应变/%	径向应变/%	体积应变/% （理论计算）	实测体积应变/%
−50	0.883	1.067	3.017	3.287
−100	2.338	3.286	8.910	9.375
+100	2.039	3.214	8.468	8.666
−100	2.355	3.341	9.036	9.535

从表 7-3 可以看出，理论计算的体变值与实测的体变值有一定的差别。在围压 400kPa 大小不变的情况下，多次加载导致孔压消散的时间越来越短。这可能是因为多次反压改变的情况下，土体的结构性遭到一定程度的破坏，导致土体的渗透性大大增加，因此，孔压稳定的时间逐渐变短，试验结果表明与实际情况相符。

对试验的数据进行整理，通过变水头公式和孔隙比以及弹性模量计算公式处理数据，得到表 7-4 的结果。

表 7-4　试验各参数计算结果表

各步骤压力/kPa	变水头区间/kPa	渗透系数/($\times 10^{-9}$ m/s)	孔隙比	压缩模量/MPa	回弹模量/MPa
390～340	377～360	5.471	1.126	2.12	—
340～300	340～300	2.204	1.072	3.27	—
300～200	300～250	1.632	0.993	6.59	—
200～300	200～250	1.13	1.009	—	37.72
300～200	291～240	1.527	0.99	30.23	—

当土体初期孔隙比较大时，渗透系数较大，且压缩模量较小，此时水容易排出，使得初期沉降较大；在过了一段时间后，由于孔隙比较小，渗透系数也较小，且弹性模量较大，此时沉降的发展比较缓慢，沉降较小。抽水与回灌做比较也可以发现，回灌时孔隙比会增大，但是回灌时的渗透系数比抽水时要小，相同孔压差条件下整个过程达到稳定所需要的时间比抽水时要长。同时，回弹模量比压缩模量大，也说明在相同的孔压差情况下，回灌造成的回弹量要比抽水造成的沉降量小，这与实际情况也相符。

7.2.1.3　抽水回灌下土层变形特性的数值反分析

采用轴对称模型，径向尺寸为 31mm，高度为 125mm，采用修正剑桥模型进行模拟。模型左边采用轴对称边界，下边采用位移边界 $U_2 = 0$，上边采用孔压边界，然后在上边和右边同时施加围压，在改变孔压边界值的情况下进行模拟试验。孔压边界的变化情况参考前述试验中的减压渗流过程，孔压从 390kPa 先后下降至 340kPa、200kPa，再增压至 300kPa 后重新降压到 200kPa。模拟过程中，围压施加在模型的上边和右边，大小为 400kPa，每一个分析步选取的时间均与实验室每一阶段的时间相同。最后得到孔压和测点间位移差随时间变化的结果，如图 7-8 和图 7-9 所示。

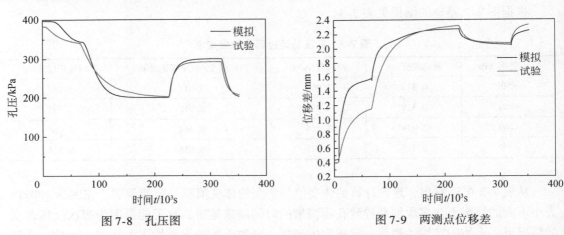

图 7-8　孔压图　　　　　　　　　　　　　图 7-9　两测点位移差

图 7-8 显示数值模拟的结果与实测结果比较接近，变化趋势一致，但仍然存在差异，这是因为在试验过程中，由于土体的变形，渗透系数会随时间而变化，而在数值模拟中渗透系数设定为一个常数，所以导致了该现象的发生。在图 7-9 中，位移差值的变化趋势是相同的，而且最终的结果也很接近，但是过程中的值有差异，导致这种现象的原因是试验时的渗透系数和模量值都是随时间变化的，而模拟中均取的定值，没能反映出随时间变化的情况，所以出现了这样的差异，但模拟结果与试验结果总体是吻合的。

7.2.2　深基坑降水开挖受力变形的数值分析方法研究

选取上海市典型土层下的基坑工程，通过深基坑减压降水引起地面沉降的数值分析，揭示局部减压降水和大范围地面沉降的相互作用机理，并通过参数分析评估不同控制措施的地面沉降控制效果。采用的研究方法包括：考虑水土耦合的基坑降水开挖数值分析方法、代表性案例的数值模拟反分析、地面沉降发展规律和机理的参数研究等。

7.2.2.1　抽水作用的稳态模拟与瞬态模拟方法

采用有限元软件 ABAQUS 进行降水分析时，可进行两种分析，即稳态分析和瞬态分析。稳态分析是采用压力控制法，设定降水点孔压为零，并设定完成渗流所需的时间，实现基坑降水；瞬态分析是采用流量控制的方法，在降水点施加一个流量荷载，并设定抽水时间，实现降水（曹力桥，2010）。

稳态分析和瞬态分析这两种方法的差别在于，采用稳态分析时水位是确定的，因此只能反映抽水的最终结果，不能反映地下水位随时间变化的实际过程。而瞬态分析是采用流量控制的方法，能更准确地模拟实际抽水过程，并且能够反映孔压随时间变化的规律。就分析过程的难易程度而言，稳态分析只需设定抽水点的孔压即可，分析过程比较简单；瞬态分析则需在抽水点设定各个抽水点的流量荷载和抽水的时间，这两个参数的选取比较复杂，必须通过现场抽水试验反分析来确定，且计算过程也较难收敛。

7.2.2.2　不同数值模拟方法的工程实例验证

1. 稳态分析

根据 Biot 固结理论，采用 ABAQUS 对世博会园区 500kV 地下变电站基坑工程进行降水开挖的稳态分析。首先根据现场抽水试验进行反分析，确定能与抽水试验实测值吻合较好的土体计算参数；然后选用这些计算参数进行稳态分析，计算步骤按实际工程采取分步开挖降水模拟，并将实测值与计算值进行比较，证明稳态分析的正确性及可行性。对计算结果分析如下。

1）水位变化

完成第 8 级降水后土体的孔压分布云图如图 7-10 所示。当基坑完成第 8 级降水后，坑内水位已经降到开挖面以下约 6m 处，达到了降水的要求。坑内降水对坑外的影响很小，从孔压分布云图（图 7-10）中可以看出，坑外的水位几乎没发生变化。图 7-11 为开挖至

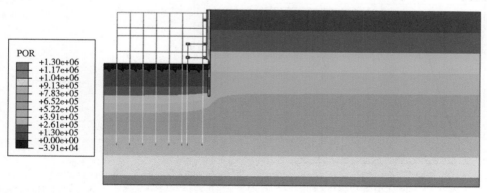

图 7-10　完成第 8 级降水后土体孔压分布云图

坑底后基坑内外孔压沿深度的分布曲线。由图 7-10 可知，降水开挖后地连墙内的孔压有明显减小，地连墙外孔压变化较小，且孔压变化主要发生在墙底以下一段深度范围内。

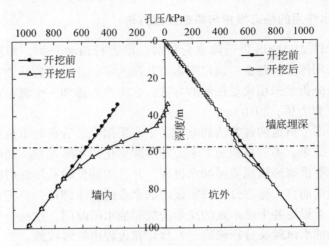

图 7-11　基坑开挖至坑底后土体的孔压分布曲线

2）土体沉降

基坑开挖至坑底后由于基坑附近的堆载作用，坑外地表产生了较大的地表沉降，沉降量达 29mm，且距离基坑越远地表沉降量越小，坑内最大回弹为 100mm。图 7-12 为基坑开挖到坑底时坑外地表沉降计算值与实测值的比较，图中地表沉降最大达 26mm，最大沉降点发生于距离地连墙 15m 处；在距离地连墙 80m 处的位置地表沉降已经很小，仅为 1.2mm，两者吻合较好。将整个基坑降水开挖过程分为 8 个施工步，通过模拟计算得到墙顶沉降、墙后土体沉降和坑底回弹随施工步的变化曲线，如图 7-13 所示，图中每个施工步的沉降量代表一次降水开挖结束后墙顶的沉降量，由此可见，在第 8 施工步引起的坑底竖向回弹变形较大。

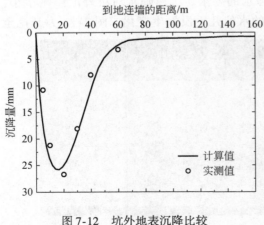

图 7-12　坑外地表沉降比较

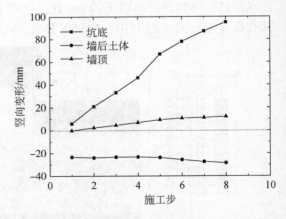

图 7-13　墙顶、墙后土体和坑底竖向变形曲线

3）土体水平位移

当基坑完成 8 级降水并开挖至坑底后，坑外土体的最大水平位移为 46mm，且土体最大侧移发生在地面以下 28m 处；通过基坑开挖对周边影响的有限元分析可以看出，由于采用了圆形地连墙并用逆作法施工，基坑开挖对周边环境的影响在坑外 80m 范围之内，采用逆作法的总体方案实现了对周边环境的保护。图 7-14 为基坑不同开挖步时坑外土体的水平位移沿深度变化的曲线。由图 7-14 可知，随着基坑开挖深度增大，坑外土体的水平位移逐渐增大，且发生最大侧移的位置随着开挖深度的增加而下移。开挖到坑底时坑外土体最大侧移 43mm，最大侧移位于地面以下 28m 处。

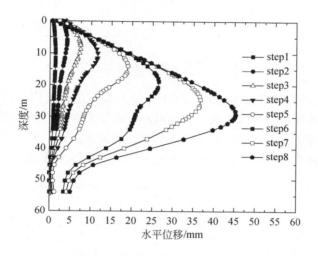

图 7-14　坑外土体水平位移曲线

通过孔压和位移反分析法确定基坑的土体计算参数，然后采用稳态分析对基坑降水进行模拟，计算结果能反映出基坑降水开挖过程中渗流场和应力场相互作用的关系，采用稳态分析进行基坑降水流固耦合分析可行。数值分析结果表明，在基坑内降水对坑外土体的水位和变形影响均较小，地连墙起到了较好的隔水作用，采用稳态分析效果良好。

2. 瞬态分析

以虹桥交通枢纽工程基坑降水开挖为例，根据 Biot 固结理论，采用 ABAQUS 首先对抽水试验进行模拟，采用水位和位移反分析方法确定土体计算参数，然后根据所选参数进行瞬态分析，计算步骤按实际工程采取分步开挖降水模拟，并将实测值与计算值进行比较，分析大面积多级梯次降水对围护体系及环境的影响。

1）水位变化

各级降水后的孔压分布随着降水步序的增加，地下水位逐渐降低，且每级降水后水位都位于开挖面以下，达到了降水要求。开挖至坑底时土体中的水位分布如图 7-15 所示，图中基坑底部水位埋深位于开挖面以下 3m，重力坝右侧水位埋深位于开挖面以下 2m，重力坝内外水位差达 4m，地连墙内外水位差达 10m，说明重力坝和地连墙起到了较好的隔水作用。

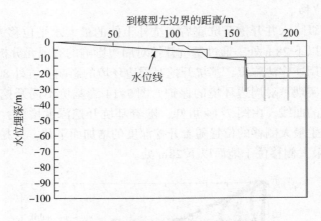

图 7-15　开挖至坑底时水位分布曲线

图 7-16 为基坑开挖前后地连墙内外孔压分布曲线，由此可以发现开挖后墙内外孔压都有所下降，且随着深度增加孔压的变化量减小。由于前 3 次降水均采用了坑内外同时降水的方法，因此墙外土体孔压也产生了较大变化，后两次降水只采用了坑内降水，因此墙内的孔压变化值明显大于墙外，说明地连墙起到了较好的隔水作用。

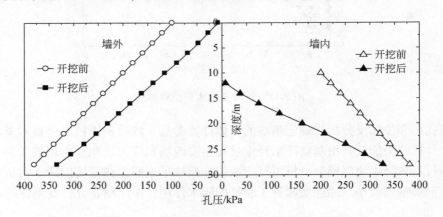

图 7-16　开挖前后土体的孔压分布曲线

2）土体沉降

通过数值计算得到一级坡顶、二级坡顶和重力坝顶的竖向位移随施工步变化的曲线，与实际监测结果进行比较如图 7-17 所示，计算值与实测值吻合较好。一级坡顶和二级坡顶均产生了向下的沉降，重力坝顶产生了向上的隆起。一级坡顶沉降达 20mm，二级坡顶沉降达 7mm，重力坝顶向上隆起 13mm。随着开挖深度增大，由于卸荷作用坡顶沉降逐渐增大。降水期间坡顶和重力坝顶均产生向下的位移，前 3 次坑内外同时降水位移变化较明显，后两次坑内降水时位移变化均较小。

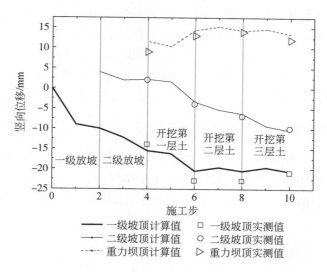

图 7-17　一级、二级坡顶和重力坝顶竖向位移曲线

3）土体水平位移

基坑开挖至坑底后，土体的水平方向最大位移发生在重力坝的位置，其次位于二级放坡坡脚处。图 7-18 反映了一级坡顶、二级坡顶和重力坝顶水平位移随施工步变化的关系。重力坝顶的水平位移最大，为 46mm，二级坡顶的水平位移为 40mm，一级坡顶的水平位移为 35mm，且以上 3 个计算点的水平位移都随着开挖深度的增加逐渐增大。从图 7-18 中还可以看出，前 3 次降水均为基坑内外同时降水，坡顶和重力坝顶的水平位移增加很快，坑外降水会对环境产生较大的影响，而后两次降水为坑内降水，坡顶和重力坝顶的水平位移变化较小，说明地连墙起到较好的隔水效果。

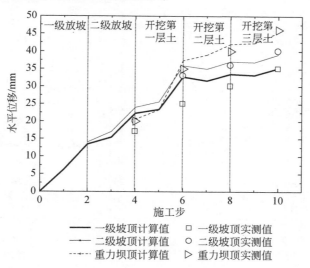

图 7-18　一级、二级坡顶和重力坝顶水平位移曲线

由此可见，采用流量控制的瞬态分析，在计算过程中引入了单井涌水量和降水时间等参数，考虑了降水的过程，模拟计算结果与实测值吻合较好，说明采用瞬态分析进行基坑边降水边开挖计算是可行的。但是，采用多级梯次降水对围护结构和土体的影响不可忽略，有必要关注降水过程中的孔压和变形问题，如果在复杂基坑的计算中采用瞬态分析的流固耦合方法，效果会更好。

7.2.2.3　本构模型对数值模拟的影响分析

以虹桥交通枢纽工程为背景，进行弹塑性土层水土耦合计算，并将弹性、理想弹塑性以及硬化型弹塑性模型的结果进行对比分析（王军祥等，2014；刘金宝，2014）。模型采用虹桥交通枢纽工程的模型，计算参数分别采用线弹性模型、莫尔-库仑模型和修正剑桥模型进行计算。

1. 基坑周边地表沉降

不同本构模型预测的各点地表沉降值随基坑降水开挖过程的发展趋势如图 7-19 所示，并与实测值进行对比。

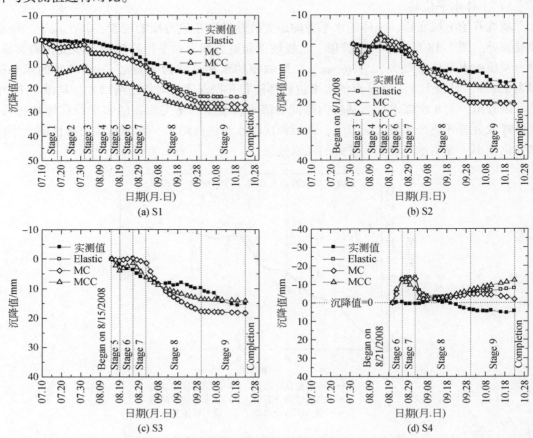

图 7-19　地表各点的沉降变化趋势

Elastic 为线弹性模型，MC 为莫尔—库仑模型，MCC 为修正剑桥模型，下同

由图 7-19 可见，对于坡顶上的监测点 S1，线弹性模型的结果最接近实测值，莫尔—库仑模型次之，修正剑桥模型的误差较大。这是因为采用莫尔—库仑和修正剑桥模型时，放坡处会产生很大的塑性剪切变形，加剧了地表沉降，而线弹性模型则不存在这个问题。对于 S2 和 S3，修正剑桥模型的预测结果与实测曲线很接近，线弹性模型与莫尔—库仑模型的结果差别不大，均与实测曲线有一定差距。对于 S4，几类模型的结果均呈现不同程度的回弹，这是由于大强度的开挖卸荷造成的，其中莫尔—库仑模型的结果在施工后期逐渐呈现沉降趋势，较为接近实测值。分析几类本构的地表沉降计算结果，发现可将基坑周边划分为如下 3 个区域：①剪切变形很大的区域（对应 S1），土体采用线弹性模型较为合适；②剪切变形中等的区域（对应 S2 和 S3），采用修正剑桥模型可得到较好的预测值；③剪切变形较小但卸荷作用强烈的区域（对应 S4），土体采用莫尔—库仑模型计算的结果较为接近实测值。

2. 基坑周边地表水平位移

采用不同本构模型预测基坑周边地表水平位移，其结果如图 7-20 所示。图 7-20（a）～图 7-20（c）均呈现了一个趋势，即修正剑桥模型预测的水平位移最小，线弹性模型的结果次之，莫尔—库仑模型的结果最大，其中修正剑桥模型的结果曲线最接近实测值。对于

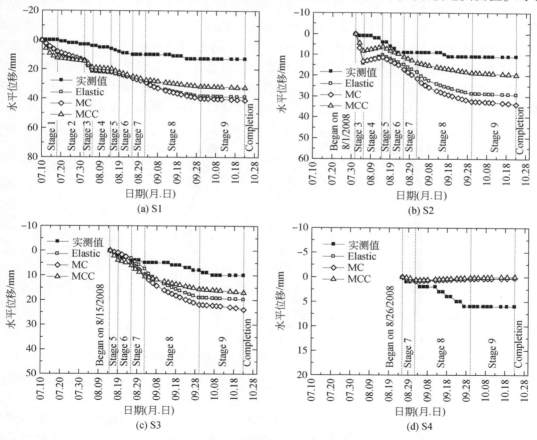

图 7-20　地表各点的水平位移变化趋势

图 7-20（d）为地连墙顶部 S4 位置的水平位移，几个模型计算值之间的差别很小，计算值与实测值之间有一定的差值，但该差值的绝对值并不大，约为 6mm。这主要是由于实际施工中，混凝土支撑的强度是随着时间逐步提高的，并非瞬间达到设计强度值。由于在数值计算中，假定支撑在安装完成后就达到设计强度，并未考虑支撑强度的形成过程，因此图 7-20（d）的实测值有逐渐增大并逐步稳定的趋势，而计算值则没有。总体而言，预测降水开挖工况下的地表水平位移时，土体采用修正剑桥模型较为合适。

3. 地连墙侧移

在基坑开挖过程中地连墙的侧移也是一个不容忽视的问题，经过模拟计算，得到的结果如图 7-21 所示。图 7-21（a）~7-21（c）反映了地连墙侧移值随基坑开挖进度的发展，并与实测值进行对比。由图 7-21（a）可知，实测值和几组计算值的初始侧移值基本是一致的（初始差值<1mm）。图 7-21（b）是基坑开挖至步骤 8 结束时，实测最大侧移发生在墙顶下 8~9m 处，计算最大侧移均出现在 10m 处；线弹性模型和修正剑桥模型预测的最大侧移与实测值较接近，而莫尔—库仑模型预测的最大值比实测值略大。图 7-21（b）所呈现的基本趋势延续至基坑开挖最终状态，如图 7-21（c）所示。在图 7-21 中，关于地连墙最大侧移的位置，实测曲线出现在开挖面以上 0.5m 处，线弹性模型和修正剑桥模型曲线出现在开挖面以下 1m，而莫尔—库仑模型曲线出现在开挖面以下 2m 左右；对于最大侧移值，线弹性模型和修正剑桥模型的预测结果比起实测值要略小，莫尔—库仑模型的预测结果则比实测值略大；最大侧移处以上部分，莫尔—库仑模型较贴近实测曲线，而最大侧移处以下部分，线弹性模型和修正剑桥模型更接近实测值。从工程应用的角度分析，线弹性模型和修正剑桥模型的结果偏于危险，而莫尔—库仑模型的结果偏于安全。因此，预测地连墙在降水开挖工况下的侧向位移时，土体采用莫尔—库仑模型更为合理。

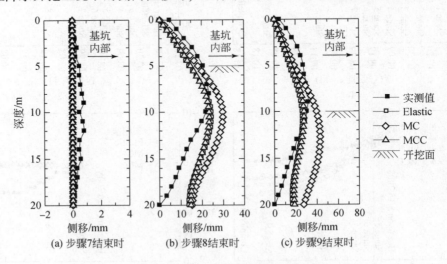

图 7-21　地连墙的侧移变化趋势

通过以上分析比较，如果仅从使用便利的角度出发，线弹性模型最简便，莫尔—库仑模型次之，修正剑桥模型参数较多相对复杂；而从考虑因素视角分析，则是修正剑桥模型比莫尔—库仑模型和线弹性模型更全面。在预测地表沉降值时，剪切变形很大的区域宜采用线弹性模型，剪切变形中等的区域宜采用修正剑桥模型，而剪切变形较小且卸荷作用强烈的区域应采用莫尔—库仑模型计算。在预测地表水平位移时，土体采用修正剑桥模型较合适。预测地连墙的侧移时，线弹性模型和修正剑桥模型的结果偏于危险而莫尔—库仑模型偏于安全，采用莫尔—库仑模型更合理。

7.2.3　减压降水引起地面沉降的作用机理与规律

7.2.3.1　不同地质结构与止水条件下的地面沉降参数分析

为研究不同止水条件下的地面沉降情况，根据 Biot 固结理论，对不同止水条件下的地面沉降进行参数分析，采用 ABAQUS 对基坑进行降水开挖的瞬态分析，研究大面积多级梯次减压降水及其对围护体系及环境的影响，以及地连墙插入深度对地面沉降的影响（陈杰等，2003；钱鑫，2016）。

如果地连墙的深度为 D_1，现定义隔断比为地连墙进入承压含水层的深度 D_2 与承压含水层的总厚度的比值，针对不同的隔断比，分别取表 7-5 中的几种情况进行研究。

表 7-5　参数分析情况

情况	隔断比	D_1/m	基坑开挖深度/m	地连墙插入比	基坑开挖宽度/m	D_2/m	承压水降水点深度/m
1	2/6（标准）	40	20	1.00	40	10	38
2	3/6	45	20	1.25	40	15	38
3	4/6	50	20	1.50	40	20	38
4	5/6	55	20	1.75	40	25	38
5	1（全隔断）	60	20	2.00	40	30	38

1. 有限元模型与计算方法

根据基坑剖面的对称性建立有限元分析的平面模型，建模时仅选取一半的基坑进行分析。基坑剖面图如图 7-22 所示，模型横向计算范围为 340m，竖向计算范围为 80m，单元总数为 10851。模型左边界为对称边界，右边界施加横向位移约束，模型底部边界施加全约束。计算参数参考虹桥交通枢纽工程岩土工程勘察提供的土层参数。土体采用平面四边形孔压单元，地连墙采用平面四边形单元，砼支撑采用梁单元，地连墙与土体的相互作用采用接触面来模拟。

实际施工中，在土体中布设了多级梯次的降水井，对降水的模拟采用流量控制的方法，即在降水深度处某个节点施加一个流量荷载，然后分析土体孔压和变形随着流量荷载的施加而发生的变化。

进行多级梯次降水开挖分析时，考虑开挖和降水的协调，同时考虑尽量减小减压降水对周边环境的影响，在进行第 6 级降水时同时对承压水进行降水。在减压降水时，考虑两

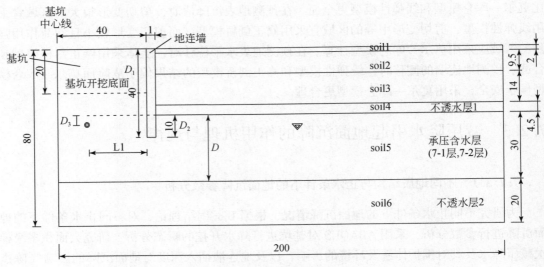

图 7-22　基坑剖面图（单位：m）

种不同的情况，第一种情况是在维持涌水量不变的情况下，研究地连墙插入深度对坑外地面沉降的影响；第二种情况是在保证每个施工步后坑内承压水降深一致情况下，研究地连墙插入深度对坑外地面沉降的影响。

2. 水位变化计算结果分析

1) 同一涌水量抽（排）水

将地连墙插入深度分别设定为 40m、45m 和 50m 三种情况，在同一降水点以相同涌水量和同一施工步开始减压降水，在完成第 8 步减压降水后得出的坑外承压含水层顶板（30m 深处）的孔压变化曲线如图 7-23 所示。由图 7-23 可知，地连墙在插入深度为 45m 和 50m 这两种情况下坑外孔压值都比插入深度为 40m 时略大，即水位降深比较小，说明加大地连墙的插入深度能够减小因坑内降水而引起的坑外水位降深，并且加大地连墙深度能在一定程度上起到加大悬挂式帷幕条件下地连墙的止水效果。

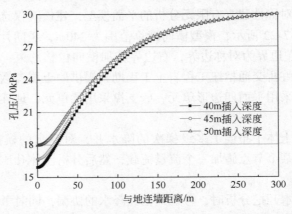

图 7-23　相同涌水量条件下坑外承压含水层顶板（30m 深处）孔压曲线

为进一步研究地连墙入土深度对其止水效果的影响，分析同一涌水量在地连墙不同插入深度下坑内孔压最小值随施工步的变化情况。同样由图 7-23 可知，在同一涌水量下，随着地连墙插入深度的增大，坑内孔压最小值会随之减小。在第 8 步之后，插入深度为 40m、45m 和 50m 时，其孔压最小值分别为 84.118kPa、67.668kPa 和 45.587kPa，说明加大地连墙深度可加大地下水绕流的路径，减小坑外地下水对坑内补给的影响。

2）相同水位降深抽（排）水

如果将地连墙入土深度由 40m、45m、50m 增加到 55m 和 60m，在同一降水点、相同的施工步开始减压降水，使每步减压降水后坑内承压含水层顶板的孔压均保持在开挖面以下且一致，最后一步减压降水后得出的坑外承压含水层顶板（埋深 30m 处）的孔压变化曲线如图 7-24 所示。随着地连墙插入深度的增加，坑外孔压会逐渐增大，随着地连墙插入深度的加大能够减小因坑内降水而引起的坑外水位降深。此外，当地连墙插入深度为 60m，穿越承压含水层形成完全隔断时，坑内减压降水对坑外承压水水头基本没有影响，这也充分证明了地连墙具有良好的隔水止水效果。

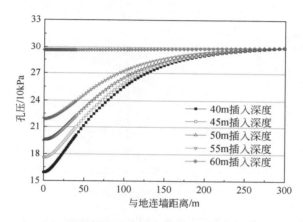

图 7-24　相同水位降深下坑外承压含水层顶板（埋深 30m 处）孔压曲线

3. 坑外地面沉降计算结果分析

1）同一涌水量情形

考虑地连墙在不同插入深度下坑内采用同一涌水量减压降水对基坑周边土体的影响，模拟计算得到地连墙插入深度分别为 40m、45m 和 50m 这 3 种情况下开挖至坑底时土体竖向变形曲线，如图 7-25 所示。由图 7-25 可以看出，减压降水对坑外地表沉降有着极大的影响，开挖至底层时坑外最大沉降量均大于 30mm，且影响范围广，在 10 倍开挖深度处仍有约 5mm 沉降。

2）同一降深情形

为了研究地连墙在不同插入深度坑内承压水降深一致情况下对基坑周边土体的影响，对 5 种地连墙不同插入深度基坑开挖至底层时的土体竖向变形曲线如图 7-26 所示。采用非隔断减压降水对坑外地表沉降有很大的影响，开挖至底层时坑外最大沉降量均大于 28mm，但随着地连墙插入深度的增大，基坑开挖和降水的影响范围会有所减小。当承压

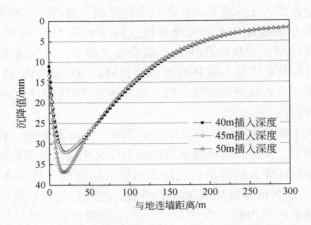

图 7-25　同一涌水量地连墙不同插入深度下坑外地表沉降曲线

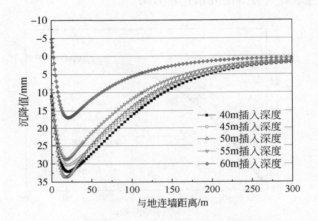

图 7-26　地连墙不同插入深度下坑外地表沉降曲线

含水层被完全隔断时，坑外最大沉降量为 16.9mm，且影响范围缩减明显。

　　将整个基坑降水开挖过程分为 8 个施工步，减压降水引起墙顶沉降和坑外土体沉降随施工步的变化曲线如图 7-27 和图 7-28 所示，图中每个施工步沉降量代表一次降水开挖结束后墙顶和坑外的沉降量。图 7-27 中，在减压降水情况下，在前 5 步施工步，墙顶会出现逐渐增大的回弹，在第 5 步开挖后第 6 步开挖前实施减压降水之后，墙顶回弹量会减少，但在完全隔断情况下，减压降水后墙顶回弹量的变化不大。图 7-28 显示坑外土体沉降量在减压降水后会有显著地增大，最终沉降量大于 28mm，在完全隔断的情况下，减压降水后不会引起坑外地面沉降的显著增大，可见地连墙的隔水止水效果明显。

　　4. 地连墙水平位移计算结果分析

　　图 7-29 为坑内承压水降深一致情况下，地连墙不同插入深度在开挖至底层后的水平位移曲线图。

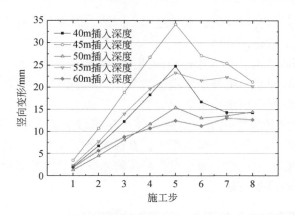

图 7-27　地连墙不同插入深度下墙顶竖向变形随施工变化曲线

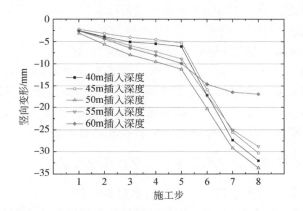

图 7-28　地连墙不同插入深度下坑外土体竖向变形随施工变化曲线

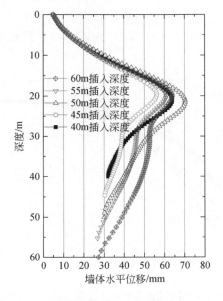

图 7-29　地连墙不同插入深度下墙体水平位移曲线

通过对多级梯次基坑降水开挖以及地连墙不同插入深度下的地面沉降和地连墙变形特性分析，可以得出如下结论。

（1）在坑内减压降水时，加大地连墙的插入深度能有效增加地下水的绕流路径，增强地连墙的隔水效果，从而减小坑外承压水位的变化，减小因坑内减压降水对坑外地面沉降的影响，在完全隔断情况下隔水止水效果最好。

（2）在降水和开挖共同作用下，坑外土体产生了较大的沉降，地连墙产生一定的侧移，而减压降水会对周围土体产生显著影响，且影响范围较大，可达到10H以上。加深地连墙的插入深度能够在一定程度上减小坑内减压降水作用对坑外地面沉降的影响，缩小影响范围，当完全隔断时效果最好。

7.2.3.2　抽水回灌联合作用下深基坑周边地面沉降分析

根据 Biot 固结理论，采用 ABAQUS 对基坑进行抽水和回灌联合作用下基坑开挖的瞬态分析，并将抽水和回灌联合作用与只抽水不回灌两种情况的计算值进行比较，分析回灌条件下基坑降水开挖对围护体系及环境的影响（李铎等，2007；赵希望和焦雷，2017）。

对不同回灌条件下地面沉降进行参数分析，主要针对开挖深度与承压水降水点一致的情况，并且在坑内承压水位满足施工要求的前提下，分析回灌量和回灌点对地面沉降的影响，分别选取回灌点为 0.5H 和 1H 以及回灌量设定为抽水量的 1/20、1/10、1/8、1/5、1/2 这 5 种情况进行研究。计算步骤则在第 7 级降水和第 8 级降水中加入回灌步。

1. 同一回灌点不同回灌量下承压含水层中孔压变化规律

考虑抽水和回灌联合作用情形，不同回灌量对基坑外承压含水层孔压的影响。当回灌点到基坑边沿的距离为 1H 和 0.5H 时，如果回灌量分别设定为承压水抽水量的 1/20、1/10、1/8、1/5 和 1/2，做出这 5 种回灌量情形下开挖至坑底时基坑外承压含水层顶的孔压分布曲线，如图 7-30 和图 7-31 所示。随着回灌量的增大，坑外承压含水层顶板的孔压会逐渐增大，且当回灌量为承压水抽水量的 1/2 时，对减小坑内降水对坑外承压含水层孔压的影响较为明显。

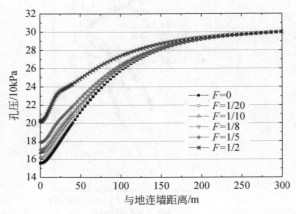

图 7-30　$D=1H$ 不同回灌量下基坑外承压含水层顶孔压分布曲线

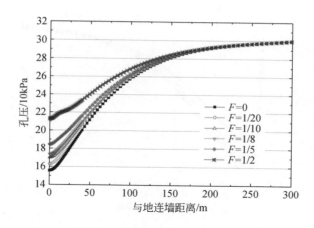

图 7-31　$D=0.5H$ 不同回灌量下基坑外承压含水层顶孔压分布曲线

2. 同一回灌点不同回灌量下基坑外地表沉降变化规律

同样考虑抽水和回灌联合作用情形，研究不同回灌量对基坑外地表沉降的影响。当回灌点到基坑的距离以及回灌量取值与前述第 1 种情形相同时，分别得到 5 种不同回灌量基坑开挖至坑底时基坑外地表沉降的分布曲线，如图 7-32 和图 7-33 所示。地表沉降随回灌量增大而减小，且在回灌量为承压水抽水量的 1/2 时，减小坑内开挖降水对坑外地表沉降的影响较为明显，为确保坑内承压水降水满足要求，其坑内承压水的抽水量是无回灌时抽水量的 1.2 倍左右。

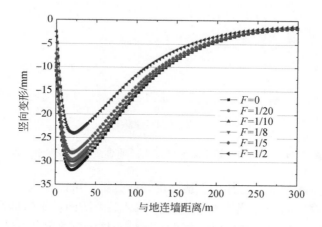

图 7-32　$D=1H$ 不同回灌量下基坑外地表沉降分布曲线

3. 不同回灌点同一回灌量地表沉降变化规律

为了研究抽水回灌联合作用下同一回灌量，不同回灌点对基坑外地表沉降以及坑内承压含水层顶孔压变化的影响，对回灌点距离基坑分别为 $0.5H$ 和 $1H$ 进行分析。

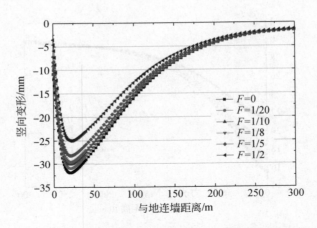

图 7-33　$D=0.5H$ 不同回灌量下基坑外地表沉降分布曲线

　　图 7-34 是两个不同回灌点在各个回灌量下第 8 级降水后基坑外地表最大沉降量的变化曲线。由图 7-34 可见，随着回灌量的增大，两个回灌点都表现出坑外地表最大沉降量随之减小的趋势，且在 $F=1/2$ 情况下，坑外地表最大沉降量有明显的减小，但不同的回灌点对基坑外地表最大沉降量并未产生明显的影响。

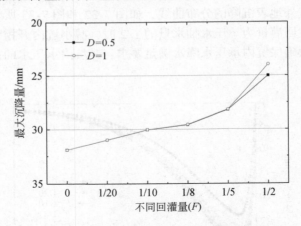

图 7-34　不同回灌量下第 8 级降水后地表最大沉降量对比曲线

　　通过对深基坑抽水回灌联合作用下地面沉降的分析，可以得出：①抽水回灌联合作用下基坑开挖时，回灌会减小基坑外土体的沉降，对围护结构和土体的水平变形影响不大。随着回灌流量的增大，坑内土体的隆起越大，坑外土体的沉降越小，在回灌量达到 0.5 倍抽水量的情况下影响较为明显，回灌的影响范围可以达到基坑外 7.5 倍的开挖深度处。在研究时设定回灌量为抽水量的 1/20、1/10、1/8、1/5 和 1/2 这 5 种情况中，当 $F=1/2$ 时，效果最好，此时的抽水量是无回灌时的 1.2 倍。②在距离基坑 $1H$ 的范围内，回灌点对基坑外土体沉降变形几乎没有影响，距基坑 $0.5H$ 处的沉降同距基坑 $1H$ 处的沉降几乎相同。

7.3　深基坑减压降水地面沉降规律研究

7.3.1　深基坑减压降水地面沉降防治综合分区研究

7.3.1.1　深基坑工程地面沉降特征

1. 深基坑工程特征

随着高层建筑和地下空间开发日益兴起，深基坑工程越来越多。通常将开挖深度超过7m 的基坑工程称为深基坑工程。深基坑工程需要进行基坑支护、土体加固、基坑降水、土方开挖、基坑变形监测等（朱嘉旺和谢昊，2007；贾媛，2018；艾杰等，2013；张朔，2010）。典型基坑工程是由地面向下开挖的一个地下空间，基坑开挖形式一般有放坡开挖和支护结构挡土开挖两种形式。放坡开挖的优点是施工方便、造价低，一般适用于土质较好（硬—可塑状态的黏性土、砂性土等）、场地允许的地区；支护结构挡土开挖的优点是占用场地少，对周边环境控制有利。上海地区深基坑工程通常均采用支护结构挡土开挖，挡土结构一般是在开挖面基底下有一定插入深度的桩排式或板墙式围护墙。常用的围护结构有钢板桩、钢筋混凝土板桩、钻孔灌注桩、地连墙等（徐方京和谭敬慧，1993；徐中华等，2008；董雪等，2008）。由于上海地区地下水量丰富，地下水位较高，深基坑工程通常需要设置连续的隔水帷幕。隔水帷幕可采用有连续搭接的水泥土搅拌桩和高压旋喷桩等，地连墙、型钢水泥土搅拌墙等也可兼做隔水帷幕，MJS 工法、TRD 工法目前也在部分深基坑工程中被采用（黄鑫磊等，2014；叶辉，2013；徐宝康，2015；陈仁朋等，2018；李星等，2011；王卫东等，2014）。

深基坑工程通常采取挡土、止水、土体加固、基坑变形监测等措施来控制基坑施工对周边环境的影响，上海地区软弱的土体性质和丰富的地下水使得深基坑工程在施工过程中不可避免地对基坑周边土体产生扰动，加之降水等措施也会对基坑周边环境产生影响。地面沉降是深基坑工程引发的主要地质环境问题之一，其不仅导致基坑周边建（构）筑物产生不均匀沉降，而且还是区域地面沉降的重要组成部分，已成为上海地面沉降防治工作的重要内容（黄林海和汪光福，2010；王瑞新和刘春原，2008；赵民等，2011；叶为民等，2009）。

2. 深基坑减压降水引发地面沉降特征

地下水是引发深基坑工程事故的主要原因之一，其问题主要包括流沙、管涌和基坑突涌等，并由此导致基坑边坡失稳、坍塌，以及周边地面沉降和地面塌陷等（陈洪胜等，2009）。因此，地下水的处理是深基坑工程中的重点，同时也是难点问题，通常采用隔水帷幕配合基坑降水来处理。当隔水帷幕隔断降水目的层时基坑降水对基坑外地下水影响较小，可不考虑降水引发的地面沉降，而当隔水帷幕未隔断降水目的层时，降水将对基坑外地下水产生影响，需要考虑降水引发的地面沉降。

　　深基坑工程中降水可以分为两种，一种是疏干降水，另一种是减压降水。

　　（1）疏干降水。主要是指对基坑开挖深度范围内的土体进行降水，其目的主要是降低土体含水量，提高土体强度以便于基坑开挖，同时也有利于土体稳定，减小基坑围护的变形。在深基坑工程中通常对开挖深度范围内的土体均采用隔水帷幕进行封闭，因此，疏干降水对基坑外地下水和地面沉降影响较小。

　　（2）减压降水。当基坑开挖深度较深，承压含水层上覆土压力小于承压水顶托力时基坑存在突涌可能，此时需要采取减压降水措施（缪俊发等，2011）。依据隔水帷幕插入承压含水层深度不同，在减压降水过程中，地下水向基坑内汇集时所呈现出的渗流特征也不同，并导致其引发的基坑外水位降深和地面沉降有显著差异（杨天亮，2012）。根据隔水帷幕插入承压含水层深度不同可分为 3 种情况。

1）情况 Ⅰ——落底式帷幕

　　该种情况下基坑隔水帷幕隔断承压含水层，降压井布置在基坑内，采用封闭式降水。减压降水期间，基坑内外没有水力联系，或水力联系很弱，坑外水位基本不受影响（宋玉田等，2003）（图 7-35）。这种减压降水模式对控制基坑周边地面沉降最为有利，但要求承压含水层底板埋深较浅，隔水帷幕能够隔断承压含水层。

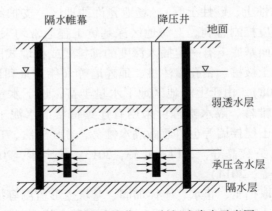

图 7-35　落底式帷幕——封闭式降水示意图

2）情况 Ⅱ——敞开式帷幕

　　该种情况下隔水帷幕对于承压含水层不起隔水作用，降压井常布置在基坑外（图 7-36），即采用坑外降水，目前上海地区也有一些基坑采用敞开式帷幕，降压井布置在基坑内（蔡雷波，2018）。敞开式帷幕时减压降水对基坑周边环境影响较大，通常不建议采用此类减压降水模式。

3）情况 Ⅲ——悬挂式帷幕

　　该种情况下隔水帷幕进入承压含水层一定深度，但未隔断承压含水层，隔水帷幕具有一定的隔水效果，但基坑内外地下水仍具有明显的水力联系（陈伟平，2019）。悬挂式帷幕通常采用坑内降水，不宜采用坑外降水。根据隔水帷幕插入深度与降压井井底深度间的相互关系又可将该种情况划分为两种类型，一种是降压井井底高于隔水帷幕底面（滤管内凹型悬挂式帷幕），由于隔水帷幕阻挡，地下水向基坑内汇集时水流路径增长，而且地下

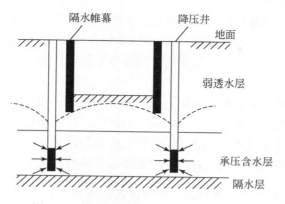

图 7-36　敞开式帷幕——坑外降水示意图

水以垂向流动向基坑内汇集，利用含水层垂直向渗透系数较水平向渗透系数小的特点，将显著减小向基坑内汇集的水量，显著减小基坑外水位降深和地面沉降 ［图 7-37（a）］；另一种是降压井井底低于隔水帷幕底面（滤管外凸型悬挂式帷幕），隔水帷幕阻挡地下水效果不明显，地下水向基坑内汇集仍以水平流动为主，对减小基坑外水位降深和地面沉降效果不明显 ［图 7-37（b）］，此时有些基坑工程也将降水井布置在基坑外，采用坑外降水。

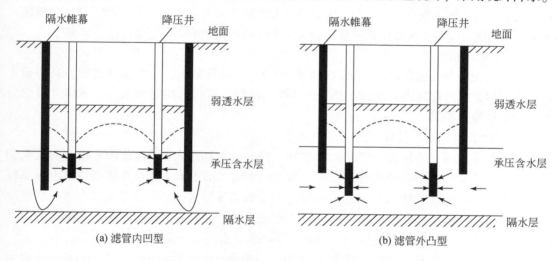

(a) 滤管内凹型　　　　　　　　　　　　　　(b) 滤管外凸型

图 7-37　悬挂式帷幕——坑内降水示意图

　　综上分析可知，敞开式和悬挂式帷幕情况下的减压降水对基坑周边环境影响较大。目前在深基坑工程中为对特定的建（构）筑物进行保护，或针对局部开挖深度较深位置采取局部加深隔水帷幕的情况较为普遍。基坑隔水帷幕的多元化发展旨在减轻基坑减压降水对坑外地下水位和地面沉降的影响，对悬挂式帷幕下的深基坑减压降水要加强地面沉降的防治工作。

3. 深基坑工程开挖引发地面沉降特征

　　基坑开挖在卸载基坑内土体时导致基坑围护受主动土压力作用向基坑内移动，从而引发基坑外地面下沉，并随着开挖深度的增加，土体自重在基坑内外产生的竖向压力差逐渐增大，使得墙外侧土体产生剪切应变，发生坑底隆起，由此引发地面沉降。另外，由于支撑预应力损失，基坑开挖过程中大型机械、设备和车辆等的堆（压）载也是导致基坑周边地面沉降的重要原因。

为了减小基坑开挖引发的地面沉降，基坑工程中通常采用分层、分块开挖，坑底和坑周土体加固，先撑后挖，边挖边撑，支撑预应力补偿，严禁基坑周边堆载等措施。根据工程经验，由基坑开挖导致的地面沉降是无法完全避免的，而且一般沉降量较大，但影响范围不大，主要对临近基坑的房屋、管线和地铁隧道等影响较大。

7.3.1.2　深基坑减压降水地面沉降影响因素分析

1. 地层组合对减压降水地面沉降影响分析

基坑减压降水中基坑内水位设计降深主要是由承压水水位和上覆土重二者决定的，而上覆土重由基坑开挖深度和承压含水层顶面埋深决定，因此地层组合与深基坑减压降水引发的地面沉降关系密切（王建秀等，2009；杨天亮，2018）。根据深基坑工程地质结构分区可知，与深基坑工程有关的地层组合首先受沉积环境控制，以分布面积最广的滨海平原沉积区为例，区内地层组合较为复杂，因是否受古河道切割可以分为正常沉积区和古河道区两种主要地层组合类型，受⑧层是否缺失影响，上述两种地层组合类型又可进一步细分。

1）正常沉积区

正常沉积区分布面积较广，区内地层较为稳定，包含第Ⅰ、Ⅱ承压含水层，其中第Ⅰ承压含水层是上海地区深基坑减压降水的主要目的层。根据⑧层是否缺失，该区又可细分为两种地层组合类型

a. 正常沉积——⑧层分布区

区内第Ⅰ承压含水层顶面埋深大致在20~35m，含水层厚度至西北向东南方向逐渐变厚，最厚可达40m，中心城区含水层厚度为10~20m。由于第Ⅰ承压含水层总体上埋深较浅，通常基坑开挖深度达到15m左右时即需要采取减压降水措施。第Ⅰ承压含水层底面有一定起伏，中心城区底面埋深为30~50m，埋深适中，可采用悬挂式或落底式帷幕，但在南部地区，含水层底板埋深达到60~70m，要隔断含水层有一定难度。

第Ⅱ承压含水层顶板埋深一般为60~70m，层厚一般为20~30m。由于第Ⅱ承压含水层总体上埋深较深，深基坑减压降水一般不涉及该层承压水，但若需要对该层进行减压降水时，由于第Ⅱ承压含水层顶面埋深一般超过60m，隔水帷幕难以进入，基坑减压降水对坑外地下水位和地面沉降影响较大。

b. 正常沉积——⑧层缺失区

当⑧层缺失时第Ⅰ、Ⅱ承压含水层沟通，形成了厚度很大的承压含水层，区内含水层顶面埋深大致在25~35m，一般深基坑工程均会涉及该含水层，但由于含水层厚度较厚，底板埋深较深，最深可以超过100m。因此，第Ⅰ、Ⅱ承压含水层沟通区通常采用悬挂式帷幕。

2）古河道区

古河道区总体分布面积有限，区内普遍分布有微承压含水层、第Ⅰ承压含水层和第Ⅱ承压

含水层。其中，微承压含水层分布极不连续，地层起伏较大；部分第I承压含水层由于古河道切割较深而变薄或消失。总体上古河道区地层不稳定，而且由于⑥层硬土层缺失，深基坑减压降水对上覆土层的影响更加显著，该地层组合对深基坑减压降水地面沉降防治不利。

a. 古河道切割——⑧层分布区

区内微承压含水层地层不稳定，含水层顶面埋深和含水层厚度变化较大，但总体上具有含水层顶板埋深浅，含水层厚度较薄，深基坑工程一般需要对该层承压水采取减压降水措施，通常采用悬挂式或落底式帷幕，对周边地下水位和地面沉降控制相对有利。

区内第Ⅰ承压含水层由于受古河道切割而加深，一般顶板埋深超过 35m，通常基坑开挖深度要超过 16m 才需要采取减压降水措施，而且由于含水层厚度较薄，通常隔水帷幕能够隔断该承压含水层，对减压降水地面沉降控制较为有利，但在微承压含水层与第Ⅰ承压含水层的沟通区将会形成顶面埋深较浅、含水层厚度较大的承压含水层，这种地层组合不利于地面沉降控制。第Ⅱ承压含水层对深基坑工程影响同正常沉积区。

b. 古河道切割——⑧层缺失区

当微承压含水层与第Ⅰ、Ⅱ承压含水层不沟通，若减压降水目的层为微承压含水层，则地层组合类型可同⑧层分布时古河道区；若减压降水目的层为第Ⅰ、Ⅱ承压含水层，则由于含水层厚度较大，底板埋深较深，隔水帷幕无法隔断，且由于缺失⑥层硬土层，减压降水对上覆相邻黏性土层影响较大，对减压降水地面沉降控制不利；当微承压含水层和第Ⅰ、Ⅱ承压含水层都沟通时，将形成巨厚承压含水层，而且含水层顶板较浅，对减压降水地面沉降控制极为不利。

2. 深基坑工程特性对减压降水地面沉降影响分析

工程实践和研究表明，深基坑减压降水受基坑开挖深度、基坑面积、基坑形状、隔水帷幕等基坑工程特性影响，其中以基坑开挖深度、基坑面积、隔水帷幕插入目的含水层深度对基坑减压降水引起的坑外水位降深和地面沉降影响最为显著。

1）基坑开挖深度

随着基坑开挖深度的加深，承压含水层上覆土重减小，当土层自重小于承压水的顶托力时，基坑有发生突涌的可能，且开挖深度越深，水位设计降深越大。因此，在隔水帷幕没有隔断承压含水层的情况下，基坑开挖深度越深，减压降水引起的基坑外承压水位降深就越大，引起的地面沉降也越明显（李伟等，2015）。

目前，上海地区基坑开挖深度越来越深，地铁 4 号线董家渡段修复工程中基坑开挖深度最深达到 41m。根据工程经验，在上海中心城区，当基坑开挖深度超过 15m 时就可能需要采取减压降水措施。因此，在含有多层地下室的深基坑工程中大多需要采取减压降水措施。

2）基坑面积

上海地区基坑面积跨度较大，据统计基坑最小约为 300m²，多为各种小型工作井，面积较大可达 50000m²，多为住宅小区。常见的工业与民用建筑及地铁车站基坑面积大多数在 5000～10000m²。随着社会发展对地下空间开发的需要，目前地下空间开发已具有呈片、呈区域开发的趋势，基坑也将从单个基坑向基坑群发展。

在同等条件下，基坑面积越大形成的地下水降落漏斗越大，由此引发的地下水位降深和地面沉降的影响范围也较大,深基坑工程密集区则有形成一定范围向区域性降水漏斗扩展的可能。

3) 基坑形状

基坑形状大多为矩形(近矩形)和不规则多边形,其中以矩形和矩形组合型最多(T型、L型等),此外还有像地铁车站等条形基坑数量也较多。以矩形基坑为例,基坑的长宽比对减压降水引发的基坑外水位降深和地面沉降有显著影响。长宽比越大的基坑,减压降水引发的基坑外水位降深和地面沉降在基坑的长边和短边方向差异越大,不均匀沉降也越明显。

4) 隔水帷幕插入目的含水层深度

通常隔水帷幕插入目的含水层深度决定了基坑减压降水方式,是目前控制基坑减压降水引发坑外水位降深和地面沉降最有效的手段之一(姚纪华等,2012;黄鑫磊等,2014)。然而采用何种隔水帷幕,以及隔水帷幕的设计深度既受工程需要,也受工程经济性的影响。水泥土搅拌桩、高压旋喷桩等虽然有效施工深度较浅,且防渗性能一般,但由于其造价较低,在一些开挖深度较浅的基坑工程中与挡土结构一起共同作为基坑的围护结构。地连墙虽然隔水深度较深,而且防渗性能较好,但工程造价较高,一般适用于开挖深度较深的基坑工程。此外,基坑施工周期(减压降水周期)、降水强度、隔水帷幕渗漏等因素都对深基坑减压降水引发的地面沉降有一定影响。

7.3.1.3　深基坑减压降水地面沉降防治综合分区

深基坑减压降水引发的地面沉降与很多因素有关,其中地层组合、减压降水方式(隔水帷幕插入目的含水层深度)、深基坑工程特性的差异都将直接导致深基坑减压降水引发地面沉降的差异。因此不分要素而对所有类型深基坑减压降水引发的地面沉降进行研究是相当困难的,而且对不同区域、不同类型的深基坑工程采用统一的防治措施和统一的控制标准显然也是不可取的。必须要抓住某些主要影响因素进行分区研究,综合分区有利于简化影响因素,是深基坑减压降水地面沉降防治研究的重要基础性工作(严学新等,2019a,2019b;杨天亮,2018)。

1. 综合分区方法

深基坑减压降水目的含水层包括⑤$_2$层(微承压含水层)、⑦层(第Ⅰ承压含水层)和⑨层(第Ⅱ承压含水层),降水目的含水层主要由地层组合和基坑开挖深度等因素确定,降水目的含水层不同意味着地层组合、基坑开挖深度、减压降水方式、降水引发的坑外水位降深和地面沉降等均具有较大差异,因此降水目的含水层是进行综合分区的主要依据。

深基坑减压降水引发的基坑外水位降深和地面沉降在很大程度上受隔水帷幕插入目的含水层深度影响,而隔水帷幕插入目的含水层的深度是由减压降水目的含水层顶、底面埋深和隔水帷幕有效隔水深度共同决定的,也应将其作为综合分区的分区依据。根据上海地区工程经验和相关技术标准,通常水泥土搅拌桩的有效施工深度以18m为下限,型钢水泥土搅拌墙最大施工深度可达30m左右,地连墙的有效隔水深度较深,上海地区常以60m为下限,极限深度可达70m。依据不同类型隔水帷幕的有效隔水深度不同,可以将目的含水层顶、底板埋深分为底板埋深小于30m、30~60m、60~70m和顶板埋深大于

70m 几类，以区别同一目的含水层、同一地层组合情况下，含水层顶、底埋深差异对减压降水的影响。

　　根据上述分析，综合分区采用三级分区，第一级分区是降水目的含水层；第二级分区是地层组合；第三级分区是目的含水层顶、底埋深，用于判定现有隔水帷幕是否可以隔断目的含水层。其具体分区方法见表7-6。

表7-6　综合分区方法

分区级别	一级		二级				三级		
分区依据	降水目的含水层		沉积特征与地层组合				目的含水层层底埋深 B（⑨层采用层顶埋深 D）		
分区特征	区号	特征	区号	特征	亚区号	备注	含水层	区号	埋深/m
	⑤$_2$	微承压含水层	I	湖沼平原区	—	两层硬土层分区	⑤$_2$	1	≤30
			II	滨海平原区	II$_1$	⑥、⑧层均分布区		2	$30<B<60$
	⑦	第 I 承压含水层		正常沉积区	II$_2$	⑥层分布、⑧层缺失区	⑦	1	$30<B≤60$
					II$_3$	⑥层缺失、⑧层分布区		2	$B>60$
				古河道区	II$_4$	⑥、⑧层均缺失区		3	第 I、II 承压含水层沟通
	⑨	第 II 承压含水层	III	河口沙岛区	—	无硬土层分布区	⑨	1	$D≤60$
			IV	潮坪地貌区	—	新近成陆区		2	$D>60$

2. 综合分区

　　依据综合分区方法，每个分区的编号分为 3 个层次，第一级编号指示减压降水的目的含水层；第二级编号指示目的含水层上覆地层组合情况；第三级编号指示不同隔水帷幕隔断的可能性及总体可隔断性。如编号 "⑦$_{II3-1}$" 区中 "⑦" 代表一级分区⑦层，"II3" 代表二级分区的滨海平原古河道区地层组合，"–1" 中的数字 1 代表三级分区的⑦层底板埋深为 30～60m。

　　此外，为避免分区重复仍需进行一定的简化，当以⑤$_2$层为目的含水层时，⑤$_2$层分布与⑧层无关，因此，分区中滨海平原古河道区不再划分亚区；当以⑦层为目的含水层时，当⑦、⑨层沟通时三级分区标号统一采用数字 "3"；当以⑨层为目的含水层时，分区中不再重复考虑⑦、⑨层沟通的情况。

　　依据上述分区办法和简化原则，综合分区见表7-7。

表 7-7　综合分区表

降水目的层	分区编号	特征		含水层底板埋深 B/m（⑨层采用顶板埋深 D）
		地层组合特征		
⑤₂	⑤₂II₋₁	滨海平原区		$B \leq 30$
	⑤₂II₋₂			$30 < B < 60$
	⑤₂III₋₂	河口沙岛区	无硬土层分布区	$30 < B < 60$
	⑤₂IV₋₂	潮坪地貌区	新近成陆区	$30 < B < 60$
⑦	⑦I₋₁	湖沼平原区	两层硬土层分区	$30 < B \leq 60$
	⑦II₁₋₁	滨海平原正常沉积区	⑥、⑧层分布区	$30 < B \leq 60$
	⑦II₁₋₂			$B > 60$
	⑦II₂₋₃		⑥层分布、⑧层缺失区	第Ⅰ、Ⅱ承压含水层沟通
	⑦II₃₋₁	滨海平原古河道区	⑥层缺失、⑧层分布区	$30 < B \leq 60$
	⑦II₃₋₂			$B > 60$
	⑦II₄₋₃		⑥、⑧层均缺失区	第Ⅰ、Ⅱ承压含水层沟通
	⑦IV₋₁	潮坪地貌区	新近成陆区	$30 < B \leq 60$
	⑦IV₋₂			$B > 60$
	⑦IV₋₃			第Ⅰ、Ⅱ承压含水层沟通
⑨	⑨I₋₁	湖沼平原区	两层硬土层分区	$D \leq 60$
	⑨I₋₂			$D > 60$
	⑨II₁₋₁	滨海平原正常沉积区	⑧层分布区	$D \leq 60$
	⑨II₁₋₂			$D > 60$
	⑨II₃₋₁	滨海平原古河道区	⑧层分布区	$D \leq 60$
	⑨II₃₋₂			$D > 60$
	⑨III₋₁	河口沙岛区	无硬土层分布区	$D \leq 60$
	⑨III₋₂			$D > 60$
	⑨IV₋₁	潮坪地貌区	新近成陆区	$D \leq 60$
	⑨IV₋₂			$D > 60$

　　虽然综合分区是在全面分析了上海全域的水文地质、工程地质条件的基础上进行划分的，但由于地层的复杂性，仍存在少数地层组合未包含在综合分区内，如在闵行部分地区⑤₂、⑦和⑨层沟通时，降水目的含水层为⑤₂层，含水层底面埋深大于 60m，以及降水目的的含水层为④₂层或⑤₁t层等情况。此时，采用相近原则，如当以⑤₂层为降水目的含水层时，含水层底面埋深大于 60m 时划入 $30m < B < 60m$；④₂层或⑤₁t层微承压含水层均划入⑤₂层。

　　依据上海三维城市地质信息系统海量地质钻孔资料绘制全市微承压含水层（⑤₂层）、第Ⅰ承压含水层（⑦层）和第Ⅱ承压含水层（⑨层）底（顶）面埋深图，并根据综合分区表绘制出深基坑减压降水地面沉降防治综合分区图，如图 7-38 ~ 图 7-40 所示。所绘制的综合分区图精度受钻孔分布及数量影响，因此在实际工程中应以实际地层参照综合分区表确定基坑工程所属分区。

分区特征表

分区	地层特征		含水层底板埋深(B)
	地层组合特征		
⑤₂II-1	滨海平原古河道区		$B \leqslant 30\text{m}$
⑤₂II-2			$30\text{m} < B < 60\text{m}$
⑤₂III-2	潮坪地貌区	无硬土层分布区	$30\text{m} < B < 60\text{m}$
⑤₂IV-2	潮沼平原区	新近成陆地	$30\text{m} < B < 60\text{m}$

图 7-38　目的含水层为微承压含水层深基坑减压降水地面沉降防治综合分区图

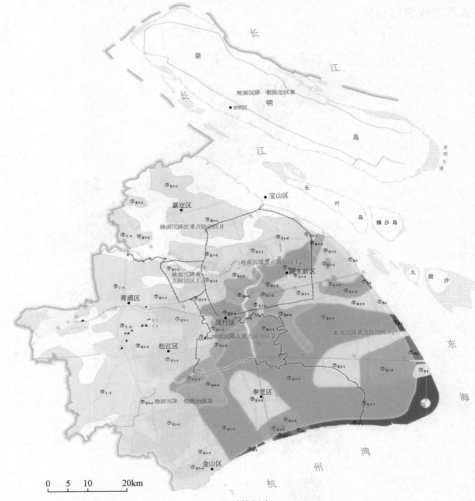

分区特征表

分区	地层特征		
		地层组合	含水层底板埋深(B)
⑦I-1	湖沼平原区	两层硬土层分区	$30m<B\leqslant60m$
⑦II1-1	滨海平原正常沉积区	⑥层、⑧层均分布区	$30m<B\leqslant60m$
⑦II1-2			$B>60m$
⑦II2-3		⑥层分布、⑧层缺失区	一、二承压含水层沟通
⑦II3-1	滨海平原古河道区	⑥层缺失、⑧层分布区	$30m<B\leqslant60m$
⑦II3-2			$B>60m$
⑦II4-3		⑥层、⑧层均缺失区	一、二承压含水层沟通
⑦IV1	潮坪地貌区	新近成陆区	$30m<B\leqslant60m$
⑦IV2			$B>60m$
⑦IV3			一、二承压含水层沟通

图 7-39　目的含水层为第 I 承压含水层深基坑减压降水地面沉降防治综合分区图

<table>
分区特征表
</table>

分区特征表

分区	地层特征		
	地层组合		含水层底板埋深(B)
⑨ I-1	湖沼平原区	两层硬土层分区	$B \leqslant 60\text{m}$
⑨ I-2			$B > 60\text{m}$
⑨ II1-1	滨海平原正常沉积区	⑧层分布区	$B \leqslant 60\text{m}$
⑨ II1-2			$B > 60\text{m}$
⑨ II3-1	滨海平原古河道区	⑧层分布区	$B \leqslant 60\text{m}$
⑨ II3-2			$B > 60\text{m}$
⑨ III-1	河口沙岛区	无硬土层分布区	$B \leqslant 60\text{m}$
⑨ III-2			$B > 60\text{m}$
⑨ IV-1	潮坪地貌区	新近成陆区	$B \leqslant 60\text{m}$
⑨ IV-2			$B > 60\text{m}$
	一、二承压含水层沟通区	⑧层缺失区	

图 7-40　目的含水层为第 Ⅱ 承压含水层深基坑减压降水地面沉降防治综合分区图

7.3.2 深基坑减压降水地面沉降案例分析

7.3.2.1 深基坑减压降水案例基本情况

收集的深基坑案例绝大部分分布于中心城区，面积最小的只有 2022m²，最大的达到 24529m²，开挖深度 13.05～34.00m 不等，基坑规模差异较大，类型丰富。减压降水目的含水层涉及微承压含水层和第 I 承压含水层。案例涵盖了 5 个综合分区，分别为⑦_{II1-1}、⑦_{II1-2}、⑦_{II3-1}、⑤_{2II5-2}、⑤_{2II6-2}，均属滨海平原区。主要案例见表 7-8。

表 7-8 收集案例基本情况及分区信息表

序号	项目名称	地区	综合分区	基坑形状	基坑面积/m²	一般/最大挖深/m	围护形式	围护深度/m	隔水帷幕形式
1	地铁 13 号线祁连山南路站	普陀区	⑦_{II1-1}	条形	4370	17.44/19.5	地连墙	30.8/34.2	悬挂式
2	世博变电站	静安区	⑦_{II1-1}	圆形	13267	34	地连墙	57.5	落底式
3	路发广场	浦东花木	⑦_{II1-2}	矩形	14998	21.65/25.15	地连墙	45	悬挂式
4	地铁 16 号线惠南站	浦东惠南	⑦_{II1-2}	条形	5180	18.4/22.96	地连墙	33/40	悬挂式
5	地铁 12 号线曲阜路站	闸北区	⑦_{II3-1}	条形	4417	23.37/25.35	地连墙	46	落底式
6	地铁 10 号线国权路站	杨浦区	⑦_{II3-1}	条形	2920	16.77/18.51	地连墙	32/35	敞开式
7	地铁 13 号线真北路	普陀区	⑦_{II3-1}	条形	2785	17.3/19.1	地连墙	34.3/37.3	悬挂式
8	地铁 10 号线同济大学站	杨浦区	⑤_{2II5-2}	条形	7148	21.06/23.01	地连墙	36.5/39.45	悬挂式
9	顶新国际	闵行区	⑤_{2II6-2}	近梯形	24529	13.05/16.2	钻孔灌注桩/地连墙	34/40	悬挂式
10	紫荆广场	杨浦区	⑤_{2II5-2}	矩形	11130	17.15/18.35	地连墙	35	敞开式
11	海南路 10 号地块	虹口区	⑤_{2II5-2}	近梯形	9500	15.45/18.25	地连墙	26	敞开式
12	徐汇日月光中心	徐汇区	⑤_{2II6-2}	矩形	18768	16.4/19.8	地连墙	38	落底式

对所选取的典型深基坑工程，在基坑周边布设水位观测井和地面沉降监测剖面，并在基坑施工期间开展水位和地面沉降监测和分析，研究不同综合分区的深基坑减压降水引起的水位变化和地面沉降特征。

7.3.2.2 ⑦$_{II1-1}$区深基坑减压降水地面沉降案例分析

在滨海平原正常沉积区，分布有⑧层，降水目的含水层为第 I 承压含水层，其含水层底面埋深为 30~60m，满足这 3 个条件可以划分为⑦$_{II1-1}$区。

以地铁 13 号线祁连山南路站基坑为例，本工程为地下二层地铁车站基坑，东西走向，全长 193m，宽 23m，整个基坑分为 3 个独立基坑，这里只选取东区基坑减压降水进行分析，基坑详细设计参数见表 7-9。根据场地工程勘察资料，在 70m 深度范围内揭露到的地层有①、②$_1$、②$_{3-1}$、④、⑤$_{1-1}$、⑤$_{1-2}$、⑥、⑦$_1$、⑦$_2$、⑧$_1$ 和⑧$_2$ 层，减压降水目的含水层为⑦层，其顶面埋深约 30.7m，含水层厚度约 11.0m。场区内地层及相关物性指标见表 7-10。

表 7-9　地铁 13 号线祁连山南路站基坑东区基坑信息统计表

项目名称	基坑面积/m²	基坑长宽比	开挖深度/m	帷幕类型	帷幕深度/m	帷幕进入含水层比例/%	坑内设计降深/m
地铁 13 号线祁连山南路站东区	2200	4:1	19.50（端头井）	地连墙	34.2	32	6.2
			17.44（标准段）		30.8	1	2.3

表 7-10　地铁 13 号线祁连山南路站基坑东区场地地层特性表

层序	土层名称	层底标高（平均值）/m	容重/(kN/m³)	强度参数 黏聚力/kPa	内摩擦角/(°)	室内渗透试验 K_V/(cm/s)	K_H/(cm/s)
②$_1$	砂质粉土夹粉质黏土	0.59	18.5	4	30.5	7.18×10^{-5}	1.29×10^{-4}
②$_{3-1}$	砂质粉土	-5.88	18.3	3	33.5	2.01×10^{-4}	4.40×10^{-4}
④	淤泥质黏土	-9.81	16.8	14	11.5	2.17×10^{-7}	6.95×10^{-7}
⑤$_{1-1}$	黏土	-17.91	17.5	16	13.0	8.36×10^{-8}	1.16×10^{-7}
⑤$_{1-2}$	粉质黏土	-23.71	17.9	16	18.0	5.74×10^{-7}	1.04×10^{-6}
⑥	粉质黏土	-26.92	19.4	47	16.0	1.02×10^{-7}	1.07×10^{-7}
⑦$_1$	粉砂	-30.82	18.4	0	32.5	3.19×10^{-4}	6.05×10^{-4}
⑦$_2$	细砂	-37.68	18.9	0	32.5	3.34×10^{-4}	6.24×10^{-4}
⑧$_1$	粉质黏土夹粉砂	-46.03	18.4	20	19.5	2.77×10^{-6}	5.43×10^{-6}
⑧$_2$	粉质黏土、粉砂互层	-63.70	18.3	21	22.0	1.45×10^{-6}	3.32×10^{-6}

由于采用悬挂式帷幕，且最大插入比只有约 1/3，插入较浅，减压降水导致基坑外承压水位大幅下降，地面出现明显下沉，在距离基坑 3H 处（观测井 GC2）水位最大降深达到 4.6m，垂直基坑长边方向距基坑 3H 点最大沉降量达到约 6.2mm（图 7-41）。

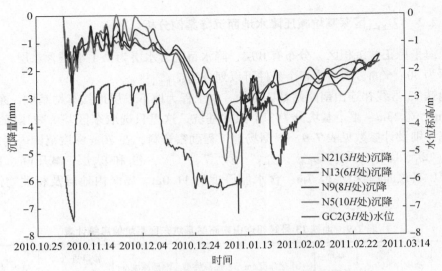

图 7-41　基坑南侧监测点沉降量与水位关系曲线

　　在基坑开挖至坑底时进行了短时间的地下人工回灌，回灌井位于距基坑 2H 处。在回灌期间基坑外承压水位得到了明显的抬升，观测井 GC2（距回灌井约 1H）内水位抬升约 3m。由于地下水位的抬升地面下沉趋势明显减缓，甚至出现小幅回弹（图 7-41），可见地下水人工回灌对控制基坑减压降水引发的地面下沉具有显著效果。

　　从基坑外水位降深和地面沉降量空间分布规律上分析，距离基坑越近水位降深越大，随着距离基坑越远水位降深逐渐减小，且水力梯度逐渐变缓；地面沉降与地下水位的空间分布规律相似，距基坑越近地面沉降量越大，在距基坑约 60m（大致为距基坑 3H 处）以内区域沉降量较大，且不均匀沉降显著，随距基坑越远地面沉降明显趋缓，且不均匀沉降逐渐不显著，但在距离基坑 250m 处沉降量依然达到 3~4mm，可见工程减压降水引发的地面沉降影响范围大于 250m，即大于 10H（图 7-42）。

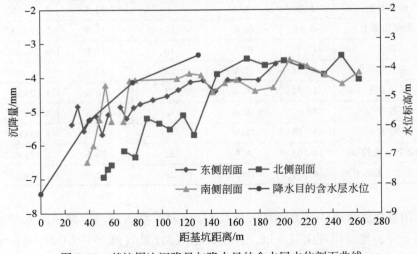

图 7-42　基坑周边沉降量与降水目的含水层水位剖面曲线

图 7-43 为分层土体沉降量曲线，发生压缩变形的土层主要有⑤、⑥、⑦层，地面沉降主要由这 3 层土压缩变形引起。⑤层土的变形特征与⑥、⑦层土不同，⑤层土在减压降水过程中持续压缩，在减压降水结束后压缩趋势减缓并逐渐停止压缩，但没有回弹趋势，而⑥、⑦两层土在减压降水结束后有明显回弹。由于⑥、⑦两层土在监测时没有进行区分，因此其所表现出的沉降特征为两层土的综合特征，但考虑到⑥层土厚度较小，且为硬塑土，因此认为此处表现的特征主要为⑦层砂土的变形特征。

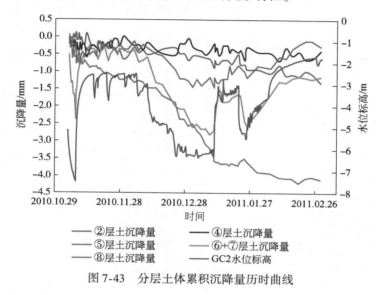

图 7-43 分层土体累积沉降量历时曲线

由于⑦层砂土在停止减压降水后有明显回弹，而⑤层土无明显回弹，因此从最终沉降量来分析，⑤层土的贡献率要比⑦层土大，最终⑦层土的沉降量不到⑤层土的 1/3。抽水目的层以下的⑧层土在减压降水过程中略有下沉，但总体变化量不大，可以认为减压降水对其影响较小。

通过以上分析，⑦$_{\mathrm{II1-1}}$区降水目的层总体富水性较好，含水层底面埋深较浅，适宜采用落底式帷幕，而当采用悬挂式帷幕时，减压降水将引起的坑外水位大幅下降，地面沉降显著，其影响范围可以超过 $10H$。减压降水除引发承压含水层压缩外，还会引起上覆⑤层土显著压缩，减压降水结束后承压含水层具有较高的回弹率，而上覆⑤层土几乎没有回弹，最终地面沉降量以⑤层土贡献率较高。

7.3.2.3 ⑦$_{\mathrm{II1-2}}$区深基坑减压降水地面沉降案例分析

在滨海平原正常沉积区分布⑧层，降水目的含水层为第Ⅰ承压含水层，其目的含水层底面埋深为 60～70m。满足上述 3 个条件可划分为⑦$_{\mathrm{II1-2}}$区。

以路发广场深基坑为研究对象，该工程为商务办公楼项目，基坑近似矩形，基坑外侧周长 473m，整个基坑分为 3 个独立基坑，以Ⅱ区基坑减压降水为例，开挖深度 21.65m，局部加深段开挖深度为 23.25～25.15m。在工程场地 100m 深度范围内揭露的地层有①、②、③、④、⑤、⑥、⑦$_1$、⑦$_{1-2}$、⑦$_2$、⑧和⑨层；减压降水目的含水层同样是⑦层，其顶面埋深为29.3m，含水层厚度为37.3m，基坑设计参数及场区内地层特性参数详见表7-11和表7-12。

表 7-11　路发广场深基坑Ⅱ区基坑信息统计表

项目名称	基坑面积/m²	基坑长宽比	开挖深度/m	隔水帷幕类型	隔水帷幕深度/m	隔水帷幕进入含水层比例/%	基坑内设计降深/m
路发广场Ⅱ区	8530	1.3:1	21.65	地连墙	45	42	14.07

表 7-12　路发广场深基坑Ⅱ区场地地层特性表

层序	土层名称	层底标高（平均值）/m	平均层厚/m	容重/(kN/m³)	建议渗透系数/(cm/s)
①	填土	2.34	1.64	—	—
②	褐黄色—灰黄色粉质黏土	1.13	1.21	18.3	$6.0×10^{-6}$
③	灰色淤泥质粉质黏土夹粉土	−5.02	4.64	17.5	$6.0×10^{-5}$
③夹	灰色砂质粉土	−2.03	1.51	18.8	$3.0×10^{-4}$
④	灰色淤泥质黏土	−13.36	8.35	16.9	$4.0×10^{-7}$
⑤	灰色粉质黏土	−21.08	7.70	18.2	$4.0×10^{-6}$
⑥	暗绿色—草黄色粉质黏土	−25.25	4.18	19.6	$5.0×10^{-6}$
⑦₁₋₁	草黄色砂质粉土	−30.83	5.58	18.4	$3.0×10^{-4}$
⑦₁₋₂	草黄色—灰黄色粉砂	−40.28	9.45	18.7	$7.0×10^{-4}$
⑦₂	灰黄色—灰色粉砂	−62.57	22.29	—	—
⑧	灰色粉质黏土	−71.01	8.44	—	—
⑨	灰色粉细砂	−89.57	18.68	—	—

　　工程采用悬挂式帷幕，坑内降压井井深42m。工程采取按需降水原则，随开挖深度逐渐降低承压水水头。当基坑开挖至坑底时，坑边承压水位观测井 G8 内最大水位降深约7.5m，距基坑1H和3H处最大水位降深分别达到5.9m和5.0m。随承压水位大幅下降基坑外出现显著地面沉降，距基坑3H处地面沉降量达到约15.6mm，距基坑10H处地面沉降量依然达到约11.5mm（图7-44）。

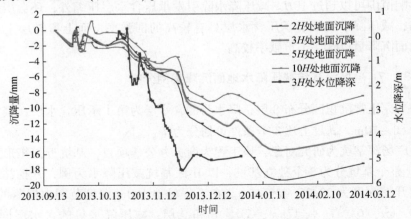

图 7-44　基坑西侧沉降监测点时空变化特征

随着坑内降深逐渐增大，坑外地面持续下沉，在减压降水结束后 $3H$ 范围以外区域普遍出现回弹，回弹量为 $2.5\sim4.2\text{mm}$；但 $3H$ 范围以内区域回弹不明显，甚至在局部地区受施工影响仍然表现为地面下沉（图 7-45）。

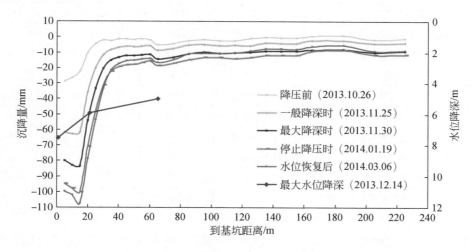

图 7-45　基坑西侧沉降监测点空间变化特征

7.3.2.4　⑦$_{\text{II}3-1}$区深基坑减压降水地面沉降案例分析

减压降水目的含水层为⑦层承压含水层，滨海平原区的古河道沉积区，⑤$_2$层缺失、⑧层分布，减压降水目的含水层底面埋深为 $30\sim60\text{m}$。满足上述 3 个条件可以划分为⑦$_{\text{II}3-1}$区。

符合⑦$_{\text{II}3-1}$区的案例有地铁 10 号线国权路站，该工程为地下两层地铁车站基坑，南北走向，长 158.8m，宽 18.4m，整个基坑分两个区域开挖，基坑设计参数见表 7-13。在工程场地 60m 深度范围内揭露的地层有①、②$_1$、②$_3$、④、⑤$_{1-1}$、⑤$_{1-2}$、⑤$_3$、⑤$_4$、⑦$_1$、⑧$_{1-1}$、⑧$_{1-2}$层；减压降水目的含水层仍然是⑦层，但顶面不稳定，埋深为 $36.81\sim43.96\text{m}$ 不等，含水层平均厚度为 4.28m，场地内各地层的基本特征参数见表 7-14。

表 7-13　地铁 10 号线国权路站地铁车站基坑信息统计表

项目名称	基坑总面积/m²	基坑分块	独立基坑长宽比	开挖深度/m	隔水帷幕类型	隔水帷幕深度/m	隔水帷幕进入含水层比例/%	基坑内设计降深/m
地铁10号线国权路站	2920	北端头井	8.6:1	18.19	地连墙	35.0	0	8.0
		标准段		16.77		31~32		
		南端头井		18.51		34.0		

表 7-14　地铁 10 号线国权路站地铁车站场地地层特性表

层号	土层名称	层底标高/m	平均厚度/m	室内试验渗透系数/(cm/s)	
				K_V	K_H
①	填土	2.50~0.36	1.69	—	—

层号	土层名称	层底标高/m	平均厚度/m	室内试验渗透系数/(cm/s)	
				K_V	K_H
②$_1$	褐黄粉质黏土	1.24 ~ -0.23	0.94	1.74×10^{-7}	2.17×10^{-7}
②$_3$	灰色砂质粉土夹粉质黏土	-3.92 ~ -8.58	8.70	8.14×10^{-5}	1.17×10^{-4}
④	灰色淤泥质黏土	-12.04 ~ -15.07	6.17	2.15×10^{-7}	3.14×10^{-7}
⑤$_{1-1}$	灰色黏土	-15.62 ~ -18.34	3.05	1.60×10^{-7}	2.66×10^{-7}
⑤$_{1-2}$	灰色粉质黏土	-24.74 ~ -36.28	9.96	2.35×10^{-7}	2.79×10^{-7}
⑤$_3$	灰色粉质黏土夹砂	-31.14 ~ -39.44	8.30	—	—
⑤$_4$	灰绿色粉质黏土	-33.61 ~ -40.76	2.83	—	—
⑦$_1$	灰绿色—灰色黏质粉土	-37.91 ~ -43.57	4.28	—	—
⑧$_{1-1}$	灰色粉质黏土	-48.88 ~ -51.34	9.63	—	—
⑧$_{1-2}$	灰色砂质粉土与粉质黏土互层	未钻穿	未钻穿	—	—

　　工程采用敞开式帷幕，坑外降水，减压降水期间坑外最大水位降深达到18m，最大沉降量超过50mm。距离基坑180m处沉降量达到约7.5mm，减压降水影响范围远超10H（图7-46）。

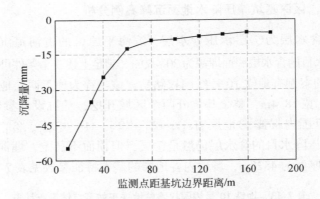

图7-46　基坑西侧（长边）监测剖面地面沉降曲线图

　　⑦$_{II3-1}$区地层由于古河道切割，⑦层顶面埋深较深，且起伏较大，厚度不均匀，通常在古河道切割较深时含水层厚度较薄，富水性一般，在实际基坑工程中常见敞开式帷幕。该分区地层受古河道切割，缺失⑥层硬土层，转而沉积了⑤层黏性土，由于⑤层黏性土物理力学性质普遍较差，在水位下降后压缩变形很大，因此，当坑外承压水位大幅下降时地面沉降十分显著，而且不均匀沉降明显。

7.3.2.5　⑤$_{2II-2}$区深基坑减压降水地面沉降案例分析

　　降水目的含水层为⑤$_2$层微承压含水层，属于滨海平原区，地层底面埋深为30~60m，满足上述3个条件属于⑤$_{2II-2}$区。

在⑤$_{2II-2}$区采用的案例为地铁10号线同济大学站，该工程为地下两层地铁车站，长358.4m，宽19.6m，基坑设计参数见表7-15。工程场区75m深度范围内揭露的地层有①$_1$、②$_1$、②$_3$、③、④、⑤$_{1-1}$、⑤$_{1-2}$、⑤$_{1-t}$、⑤$_2$、⑧$_1$、⑧$_2$和⑨层，降水目的含水层为⑤$_{1-t}$层和⑤$_2$层，其平均厚度约27m，顶面埋深19.2~21.8m，底板埋深50~60m，其中⑤$_{1-t}$层厚约8m，在基坑南端头井附近尖灭，⑤$_2$层厚15~30m，场地地层基本特征参数见表7-16。

表7-15　地铁10号线同济大学站地铁车站基坑信息统计表

项目名称	基坑总面积/m²	基坑分块	独立基坑长宽比	开挖深度/m	隔水帷幕类型	隔水帷幕深度/m	隔水帷幕进入含水层比例/%	基坑内设计降深/m
10号线同济大学站	7148	北端头井	14:1	23.01	地连墙	39.45	35	19.7
		标准段		21.06		36.5	20	17.7
		南端头井		22.39		40.0	38	19.0

表7-16　地铁10号线同济大学站地铁车站场地地层特性表

层号	土层名称	层底标高/m	平均厚度/m	容重/(kN/m³)	建议渗透系数/(cm/s)
①$_1$	填土	2.34~0.15	1.78	—	—
②$_1$	褐黄色—灰黄色粉质黏土	1.08~-0.37	1.30	18.8	2×10⁻⁵
②$_3$	灰色砂质粉土	-1.78~-7.63	4.67	18.3	2×10⁻⁴
③	灰色淤泥质粉质黏土	-6.57~-8.96	3.65	17.6	3×10⁻⁵
④	灰色淤泥质黏土	-12.07~-15.91	5.93	16.7	2×10⁻⁶
⑤$_{1-1}$	灰色黏土	-15.47~-18.91	3.28	17.4	3×10⁻⁶
⑤$_{1-2}$	灰色粉质黏土	-31.37~-35.41	12.23	18.0	2×10⁻⁵
⑤$_{1-t}$	灰色砂质粉土	-21.34~-26.27	7.52	18.3	3×10⁻⁴
⑤$_2$	灰色黏质粉土夹粉质黏土	-41.71~-55.78	19.54	18.1	8×10⁻⁵
⑧$_1$	灰色粉质黏土	-50.93~-57.24	8.36	18.2	—
⑧$_2$	灰色粉质黏土与砂质粉土互层	-56.18~-60.62	4.56	18.6	—
⑨	灰色粉砂	未穿	—	18.8	—

工程采用悬挂式帷幕，隔水帷幕深度超过⑤$_{1-t}$层层底，但未隔断⑤$_2$层，由于基坑开挖进入⑤$_{1-t}$层砂质粉土层，因此设计降深至开挖面以下1m，坑内水位降深较大。降压井井深30m，比隔水帷幕深度浅8~10m，滤水管主要位于⑤$_{1-t}$层；坑外承压水位观测井井深30m，主要观测⑤$_{1-t}$层微承压水位变化情况。

在基坑南侧减压降水期间，由于⑤$_{1-t}$层逐渐尖灭，且中间夹⑤$_{1-2}$层弱透水层，降压目的含水层被隔水帷幕完全阻断，故基坑南侧开挖及减压降水期间坑外观测井水位无明显趋势性变化；随着逐渐向北侧开挖，⑤$_{1-t}$层和⑤$_2$层沟通，在基坑北侧减压降水期间，各承压水位观测井水位均有明显下降，但相对于坑内大降深，坑外水位总体降幅不大，距离基坑$3H$处（SW3）水位降深约1.6m，距基坑$3H$处沉降量约10mm，如图7-47所示，分析认为这主要是基坑开挖引起的。

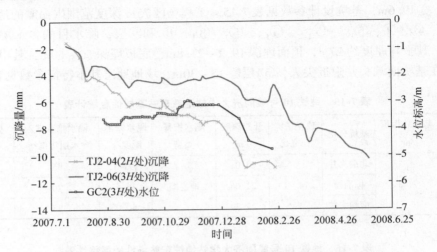

图 7-47　基坑周围典型监测点沉降量及观测井水位历时曲线

由地面沉降空间变化特征可知，距基坑大于 $3H$ 范围外地面沉降量普遍小于 5mm，地面沉降影响范围小于 $6H$。由此可见，由于工程场区内降水目的含水层渗透性总体较差，且隔水帷幕插入降水目的含水层较深，使得减压降水引发的坑外水位降深和地面沉降均较小，且影响范围有限（图 7-48）。

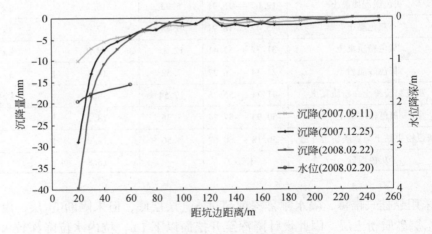

图 7-48　基坑周边地面沉降监测剖面图

图 7-49 为距基坑 $3H$ 处土体分层沉降历时曲线，图中⑤层（第二压缩层）及上覆④层（第一压缩层）和②₃层发生较明显压缩变形。分析认为④、⑤层土压缩应主要受减压降水影响，而②₃层沉降应不是受减压降水影响，而是受基坑施工、疏干降水或地墙渗流等因素所导致。减压降水目的含水层的下卧土层在减压降水期间未发生明显压缩变形。由此可知，微承压含水层减压降水对其上覆土层，尤其是第一、第二压缩层影响显著，而且在减压降水结束后没有出现明显的回弹现象，使得最终地面沉降量较大。

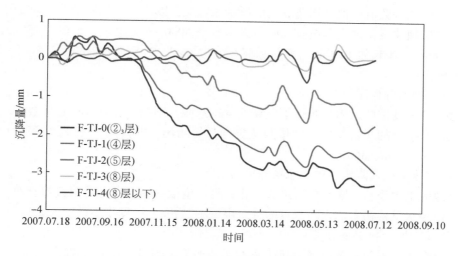

图 7-49　距基坑 3H 处土体分层沉降历时曲线

在⑤$_{2\text{II}-2}$区地层由于古河道切割，降水目的含水层厚度变化大，顶板埋深较浅，富水性和渗透性均较差。当基坑工程采用悬挂式帷幕时，减压降水对坑外水位和地面沉降影响范围可控制在 10H 范围以内。由于该分区降水目的含水层通常为粉土，且普遍夹黏性土，物理力学性质较差，减压降水过程中容易发生压缩变形，减压降水结束后回弹不明显，表现为塑性变形特征，加之该分区地层缺失⑥层硬土层，降水目的含水层上覆第一、第二压缩层黏性土，其物理力学性质普遍较差，在水位下降后压缩变形极为显著。因此，若在⑤$_{2\text{II}-2}$区采取悬挂式帷幕，减压降水将引起的地面沉降量普遍较大，且不均匀沉降明显。

7.3.3　深基坑减压降水地面沉降数值模拟研究

通过深基坑工程案例分析和现场试验，可在一定程度上了解深基坑减压降水引发的水位降深和地面沉降特征，但基坑案例数量有限，无法涵盖所有的分区和基坑类型。按照综合分区原则可划分为 24 个分区，基坑类型则更加复杂，因此仅依靠工程案例分析和现场试验无法全面掌握深基坑减压降水引发坑外水位降深和地面沉降的特征和规律，须借助数值模拟手段来系统分析不同工况下深基坑减压降水引发的水位变化和地面沉降规律。数值模拟计算成果还可为深基坑减压降水地面沉降控制指标的提出提供支持（骆祖江等，2007；戴根宝和杨民，2011；杨天亮，2012）。

7.3.3.1　深基坑减压降水数值模拟研究

1. 概念模型

1）基坑模型形状及面积

上海地区基坑形状大多为矩形（近矩形）和不规则多边形，其中不规则多边形以"L"形和"T"形为主，而其他形状如圆形（近圆形）、三角形（近三角形）、多边形等数量不多。因此，数值模拟计算选取基坑形状为矩形，以长宽比控制矩形基坑的形状。常见的工业与民用建筑及地铁车站基坑面积大多数在 5000 ~ 10000m²，将典型基坑面积取为 1000 ~ 10000m²，步长为 1000m²。基坑长宽比分为 1：1、1.5：1、2：1、2.5：1、3：1 等 5 种形状基坑。

2）基坑模型开挖深度

一般基坑深度按照民用建筑地下室层高 4m 选取，则挖深按照 4m 的倍数给出，需要采取减压降水措施的起始基坑深度按照抗突涌计算给出。⑤₂、⑦、⑨层最深截止计算深度分别为 24m、32m、36m。

3）隔水帷幕插入降水目的含水层深度

根据地区工程经验，隔水帷幕最大截止计算深度取 65m。考虑数值模拟计算工作量的合理性，取隔水帷幕初始插入降水目的含水层深度为 5m，计算步长设定为 5m。

4）设计降深（抗突涌计算）

根据上海市工程建设规范《基坑工程技术规范》（DJ/TJ08—61—2018），基坑开挖面以下存在承压含水层且其上部存在不透水层时，应进行基坑抗突涌稳定性验算，计算公式如下：

$$\gamma_s P_{wk} \leqslant \frac{1}{\gamma_{RY}} \sum \gamma_i h_i \tag{7-1}$$

式中：γ_s 为承压水作用分项系数，取 1.0；P_{wk} 为承压含水层顶部的水压力标准值，kPa；γ_i 为承压含水层顶面至坑底间各土层的容重，kN/m³；h_i 为承压含水层顶面至坑底间各土层的厚度，m；γ_{RY} 为抗承压水分项系数，取 1.05。

在具体工程中一般按最危险含水层标高计算，这里计算做了宏观概化，未考虑目的含水层的局部变化，为保证计算结果不小于实际工程可能产生的降深，并出于后期所提控制指标的安全考虑，在模拟中抗承压水安全系数取 1.1。

5）模拟降水时间

按照一般基坑降水工程的工期，基坑减压降水的工期取为 3 个月（90 天）。在计算中不考虑多期、多次降水问题，即假定从基坑降水起始时间算起连续运行 3 个月，计算中的水位和沉降均为运行结束时间对应的数值。

2. 数学模型

基坑降水三维非稳定渗流数学模型：

$$\begin{cases} \dfrac{\partial}{\partial x}\left(k_{xx}\dfrac{\partial h}{\partial x}\right) + \dfrac{\partial}{\partial y}\left(k_{yy}\dfrac{\partial h}{\partial y}\right) + \dfrac{\partial}{\partial z}\left(k_{zz}\dfrac{\partial h}{\partial z}\right) - W = \dfrac{E}{T}\dfrac{\partial h}{\partial t}, & (x,y,z) \in \Omega \\ h(x,y,z,t)\mid_{t=0} = h_0(x,y,z), & (x,y,z) \in \Omega \\ h(x,y,z,t)\mid_{\Gamma_1} = h_1(x,y,z,t), & (x,y,z) \in \Gamma_1 \\ h(x,y,z,t)\mid_{\Gamma_2} = h_2(x,y,z,t), & (x,y,z) \in \Gamma_2 \end{cases} \tag{7-2}$$

式中：$E = \begin{cases} S, & 承压含水层 \\ S_r, & 潜水含水层 \end{cases}$；$T = \begin{cases} M, & 承压含水层 \\ B, & 潜水含水层 \end{cases}$；$S$ 为储水系数；S_r 为给水度；M 为承压含水层单元体厚度，m；B 为潜水含水层单元体地下水饱和厚度，m；k_{xx}，k_{yy}，k_{zz} 分

别为各向异性主方向渗透系数，m/d；h 为点（x，y，z）在 t 时刻的水头值，m；W 为源汇项，1/d；h_0 为计算域初始水头值，m；h_1 为周围第一类边界的水头值，m；h_2 为基坑第一类边界的水头值，m；S_s 为储水率，$S_s = \dfrac{S}{M}$，1/m；t 为时间，d；Ω 为计算域；Γ_1、Γ_2 为第一类边界。

3. 数值模型

1）模型范围

根据深基坑减压降水案例和现场试验分析，敞开式和悬挂式帷幕情况下减压降水影响范围超过 $10H$，推算水位影响半径可达 1500m 以上。但在模型计算中，如果计算范围选取过大，可能无法保证地层一致性和变化稳定性。因此，在模拟中按照以基坑边长为基线，向四周各延伸 2000m，即将基坑减压降水最大影响距离定为 2000m。选取足够大的平面计算范围是用于消除和减小基坑减压降水计算中的边界效应，在计算中未考虑地质结构基础分区边界附近地质条件的突变问题（如由正常沉积区变化至古河道切割区）。跨越地质结构突变区的计算按照沉降不利条件的分区计算和选取。

模型在垂直方向的计算深度按以下方式确定：对于存在⑧层相对隔水层的取为该层层顶；对于不存在⑧层相对隔水层，且⑦、⑨层沟通的分区选为⑨层层底。

2）模型水头边界

由于基坑降压井布置数量、方式及井结构均事前未知，减压降水模拟均采用坑内定水头边界来实现。

3）模型参数

以⑤$_2$层（微承压含水层）、⑦层（第Ⅰ承压含水层）、⑨层（第Ⅱ承压含水层）作为减压降水目的含水层，不考虑隔水帷幕的渗漏问题。模型参数取值主要参照已有的研究成果，并结合上海市工程建设规范《岩土工程勘察规范》（DGJ08—37—2012）、《基坑工程技术规范》（DG/TJ08—61—2010/J11577/2018）以及大量工程案例中的实测数据综合确定。

4. 模型验证

采用地铁 13 号线祁连山南路基坑工程等实际工程案例作为数值模型的验证，如图 7-50 所示，验证结果表明，数值模拟计算结果与实际工程相吻合，数值模拟计算方法合理，计算结果准确、有效，但由于验证案例有限，只对个别综合分区的数值模型进行了验证，其他综合分区的数值模型仍有待进一步的工程检验。

7.3.3.2　深基坑减压降水坑外水位降深规律分析

基坑降水将引发坑外一定区域内地下水位下降并形成降落漏斗，降落漏斗以基坑为中心，距基坑边界越近，水位下降越大，水力坡度越陡；距基坑边界越远，水位下降越小，水力坡度越缓，如图 7-51 所示。根据基坑减压降水时坑外水位降落漏斗特征可将其分为 3 个区：陡变区、缓变区和残余区。

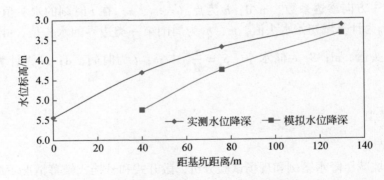

图 7-50　实测水位降深与模拟水位降深对比图
（地铁 13 号线祁连山南路站东区基坑开挖至坑底时水位降深）

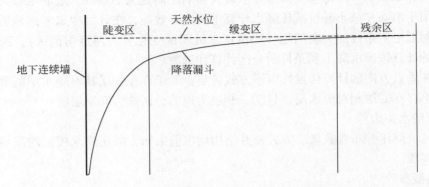

图 7-51　基坑外降水目的层水位降落漏斗分区

　　陡变区：基坑降水引发坑外水位降落漏斗拐点位置到基坑边界的范围为水位降深陡变区。由于降落漏斗陡变区范围受地连墙插入深度影响较大（图 7-52），以隔水帷幕插入降水目的含水层 5m 时的降落漏斗拐点为例进行水位降深陡变区规律分析（表 7-17）。

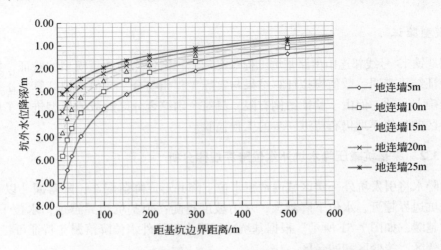

图 7-52　⑦$_{II4-3}$ 区面积 5000m^2 挖深 24m 时坑外水位降深随距离变化曲线

表 7-17　坑外地下水位降落漏斗陡变区位置统计表

分区编号	地连墙插入 5m 降深拐点位置	拐点降深/m
⑤$_{2 \text{II} - 2}$	9H~12H	1.2~2.0
⑦$_{\text{II} 1-1}$	10H~14H	2.8~5.0
⑦$_{\text{II} 1-2}$	7.5H~14H	3.3~5.7
⑦$_{\text{II} 2-3}$	4H~16.5H	1.1~4.8
⑦$_{\text{II} 3-1}$	6H~15H	2.3~5.5
⑦$_{\text{II} 3-2}$	9H~13H	1.0~1.5
⑦$_{\text{II} 4-3}$	4H~16H	0.7~3.6
⑦$_{\text{IV} 2}$	7.5H~14H	1.9~2.6
⑦$_{\text{IV} 3}$	6H~14H	1.5~3.3
⑨$_{\text{II} 1-2}$	4.5H~12.5H	2.1~4.0
⑨$_{\text{II} 3-2}$	5H~13H	2.3~4.4

根据以上数据分析可知：

（1）不同综合分区基坑减压降水引发坑外水位降深的陡变区范围差异较大，一般在 4H~17H，同时随着隔水帷幕插入深度的增加其范围会逐渐减小，降落漏斗形式逐渐由深大型向浅小型过度。

（2）对于⑤$_2$层，降落漏斗拐点位置距基坑距离一般小于 13H，拐点处降深小于 2m。

（3）对于⑦层，降落漏斗呈现宽浅型和窄深型两种形态。宽浅型：降落漏斗降深变化小，影响范围大，主要出现在含水层厚度较大区域（⑦、⑨层沟通区），降落漏斗拐点位置一般小于 17H，拐点降深小于 5m。在⑦$_{\text{II} 2-3}$区隔水帷幕插入目的含水层 5m 时降深随距离变化曲线如图 7-53 所示。窄深型：降落漏斗降深变化大，影响范围小，主要出现在含

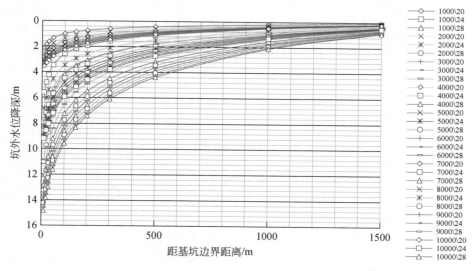

图 7-53　⑦$_{\text{II} 2-3}$区隔水帷幕插入目的含水层 5m 时坑外水位降深随距离变化曲线

水层厚度较小区域（⑦、⑨层不沟通区），降落漏斗拐点位置一般小于 $15H$，拐点降深小于 6m。图 7-54 是 ⑦$_{II3-1}$ 区隔水帷幕插入目的含水层 5m 时降深随距离变化曲线。

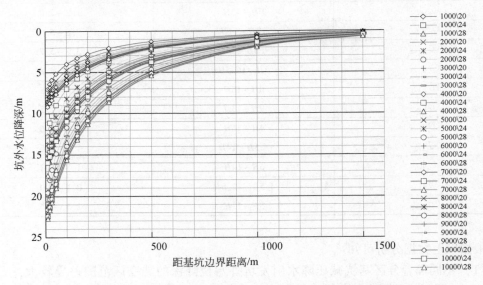

图 7-54　⑦$_{II3-1}$ 区隔水帷幕插入目的含水层 5m 时坑外水位降深随距离变化曲线

（4）同样对于⑨目的含水层，其降落漏斗出现拐点的位置一般也小于 $13H$，拐点处的降深均小于 4.5m。

缓变区：为了定量给出基坑降水的影响范围，定义基坑降水引发降深与指定地下水位波动幅值（0.30m）相等位置到陡变区边界的范围为降落漏斗的缓变区（表 7-18）。

表 7-18　基坑减压降水影响范围拟合公式

序号	层位	a	b	c	f	拟合优度系数
1	⑤$_{2II-2}$	0.151	2.197	0.000	1.680	0.975
2	⑦$_{II1-1}$	0.017	0.280	2.953	3.055	0.994
3	⑦$_{II1-2}$	0.192	1.325	37.326	1.762	0.813
4	⑦$_{II2-3}$	0.018	0.152	2.212	4.073	0.838
5	⑦$_{II3-1}$	0.109	1.250	23.296	1.847	0.904
6	⑦$_{II3-2}$	0.079	1.299	0.000	1.731	0.980
7	⑦$_{II4-3}$	0.015	0.138	2.131	4.117	0.902
8	⑦$_{IV2}$	0.094	1.161	21.316	1.767	0.924
9	⑦$_{IV3}$	0.051	0.243	5.631	2.788	0.886
10	⑨$_{II1-2}$	0.473	9.139	0.000	1.253	0.940
11	⑨$_{II3-2}$	0.003	0.148	0.000	4.325	0.993
拟合公式	$$D_y = (a \times M^{1/2} + b \times W + c/D^{1/3})^f$$ 式中：D_y 为减压降水影响范围，m；M 为基坑面积，m；W 为基坑挖深，m；D 为隔水帷幕插入含水层深度，m					

注：影响距离为基坑长宽比 2∶1 条件下垂直基坑长边方向坑外目的含水层水位降深大于 30cm 最大距离。

通过数值计算可以得出：

（1）坑外降深影响距离随基坑挖深和基坑面积的增大而增大，随隔水帷幕插入深度的增大而减小。

（2）对于⑤$_2$层，由于含水层渗透性较差且地层厚度较小，影响范围普遍小于1000m，又因降水目的含水层底板埋深较小，可采用加深隔水帷幕插入深度的方法控制影响范围。

（3）对于⑦层，由于含水层渗透性较好，当坑内设计降深较大时影响范围将大于1500m，其中⑦、⑨层沟通区影响范围普遍大于不沟通区，对于⑦、⑨层不沟通区，可采用加深隔水帷幕插入深度的方法将影响距离控制在1000m以内。

（4）对于⑨层，由于含水层渗透性好且地层厚度较大，因此隔水帷幕插入深度有限，隔水作用不明显，当基坑内设计水位降深大于12m时，基坑减压降水影响范围将大于1500m。

残余区：受基坑降水影响，缓变区范围以外一定区域内降水目的含水层水位仍有下降，由于其水位降深在地下水位天然波动幅值范围内，由此引发的沉降很小，且受到承压含水层自身水位波动影响不易测得。定义基坑减压降水引起的水位降深与指定地下水位波动幅值（30cm）相等位置到地下水位波动与天然条件下一致位置的范围为水位降落漏斗的残余区。

7.3.3.3　深基坑减压降水地面沉降规律分析

1. 沉降预测方法

由于降水目的含水层为粉土、粉砂和砂，认为其对地面沉降的贡献形式主要为瞬时弹性变形。按照《建筑地基基础设计规范》（GB 50007—2002）8.5.7 条和《城市轨道交通岩土工程勘察规范》（GB 50307—2012）的计算方法计算由降水引起的地面附加沉降。

按照规范，由地下水下降引起的土层附加荷载，可按式（7-3）计算：

$$\Delta P = \gamma_w (h_1 - h_2) \tag{7-3}$$

式中：ΔP 为降水引起的土层附加荷载，kPa；h_1 为降水前土层的水头高度，m；h_2 为水位下降后的水头高度，m；γ_w 为水的容重，kN/m^3。

降水引起的地面附加沉降量，可采用分层总和法，按式（7-4）计算：

$$S = \sum_{i=1}^{n} S_i = \sum_{i=1}^{n} \frac{\Delta P_i}{E_i} H_i \tag{7-4}$$

式中：S 为降水引起的地面总附加沉降量，m；S_i 为第 i 计算土层的附加沉降量，m；ΔP_i 为第 i 计算土层降水引起的附加荷载，kPa；E_i 为第 i 计算土层的压缩模量，kPa；H_i 为第 i 计算土层的土层厚度，m。

式（7-4）中的 E_i，对于砂土应为弹性模量；对于黏土和粉土可按式（7-5）计算：

$$E_s = \frac{1 + e_0}{a_v} \tag{7-5}$$

式中：e_0 为土层的原始孔隙比；a_v 为土层的体积压缩系数，MPa^{-1}，应取自土的有效自重压力至土的有效自重压力与附加压力之和的应力段。

由于上述方法存在一些缺点，因此需要采用以下修正方法进行修正计算。

（1）含水量修正：用实际水头乘以含水量对地下水的浮力进行折减。

（2）固结度修正：由于以上计算的沉降为最终沉降，不考虑沉降滞后效应。在实际沉降计算中，需要考虑各参加计算地层的固结度问题。固结可按式（7-6）计算。

$$U_z = 1 - \frac{8}{\pi^2} \sum_{m=1,3}^{m=\infty} \frac{1}{m^2} \exp\left(-\frac{m^2\pi^2}{4}T_v\right) \tag{7-6}$$

$$T_v = c_v t / H^2 \tag{7-7}$$

式中：T_v 为降水时间（3个月）对应的固结时间因数；c_v 为固结系数，m^2/d；t 为固结的时间，d；H 为土层厚度，m；U_z 为固结度。

（3）压缩模量修正：由于实际天然地基压缩模量与实验室所得压缩模量存在较大偏差，因此需要采用原位试验数据进行修正。

（4）区域内实际工程监测数据修正：以各综合分区内实际工程监测资料，修正各分区内沉降预测结果。

2. 深基坑减压降水地面沉降空间分布规律

依据深基坑减压降水地面沉降空间分布特征，可将坑外地面沉降区划分为3个区，依次为：多因素变形影响区、主控区和平缓延伸区（图7-55）。

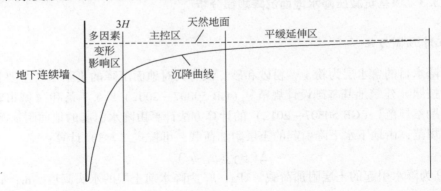

图 7-55　坑外地面沉降水平分区

（1）多因素变形影响区：在距基坑 $3H$ 范围内引发地面沉降的因素包括基坑开挖卸载导致的围护结构变形、坑底隆起、基坑降水及地面堆载等，由于该区域导致地面沉降的因素较多，因此定义基坑外距基坑 $3H$ 点至基坑边界的范围为多因素变形影响区。

（2）主控区：多因素变形影响区外的沉降主要由基坑减压降水引起，定义基坑减压降水引发坑外地面沉降随距离变化曲线拐点位置到 $3H$ 的范围为地面沉降主控区，是基坑减压降水引发地面沉降的主要控制区域。该区域外边界范围与水位降落漏斗缓变区外边界一致。

（3）平缓延伸区：虽然该区域距离基坑较远，但由于降水目的含水层水位降深影响范围较远，因此在主控区外一定范围内仍然存在地面沉降，是区域地面沉降控制不可忽略的重要组成部分，定义基坑降水引发地面沉降最大影响范围处到主控区边界的范围为坑外沉降随距离变化曲线的平缓延伸区。

3. 深基坑减压降水土体分层沉降规律

土体分层沉降计算依据现有规范和参数给出的理论计算值，未考虑地质体的空间变异性和组合地层的变形协调规律，实际工程中应根据具体工程地质、水文地质条件进行预测分析。

对⑤₂层进行降水时，除了⑤₂层本身沉降外还将引起上下接触地层内产生较大沉降，其理论计算结果见表 7-19。

表 7-19　⑤₂层为降水目的含水层时主要土层沉降百分比

分区号	③+④	⑤₁	⑤₂	⑤₃+⑤₄
⑤₂Ⅱ₋₂	27.23%	18.68%	39.56%	14.53%

对于⑦层而言，当⑦、⑨层不沟通时，对于正常沉积区，由于⑦层上下存在渗透性较差的黏性土层（⑥、⑧层），这两层黏性土层限制了⑦层与其他土层之间的水力联系，因此，基坑降水引发沉降量主要集中在⑦层附近；对于古河道区，由于缺失⑥层容易使得⑦层上部土层发生释水压缩，因此，基坑减压降水引发地面沉降量主要集中在⑦层及其上部土层。

当⑦、⑨层沟通时，由于缺失⑧层的阻隔作用，相当于在一个较厚的含水层中抽水，这时将会引起⑨层内产生较大沉降，且其总沉降量较大，沉降主要集中在⑦、⑨层中。

对于⑨层而言，当⑦、⑨层不沟通时，由于存在⑧层黏性土的阻隔作用，因此沉降量主要集中在⑨层。有关⑦、⑨层为降水目的含水层时，主要土层沉降理论计算百分比见表 7-20。

表 7-20　⑦、⑨层为降水目的含水层时主要土层沉降百分比

分区号	③+④	⑤	⑥	⑦	⑧	⑨
⑦Ⅱ₁₋₁	12.40%	8.42%	17.73%	34.04%	24.18%	3.23%
⑦Ⅱ₁₋₂	15.66%	9.20%	9.24%	47.95%	16.43%	1.52%
⑦Ⅱ₂₋₃	5.37%	1.93%	6.20%	41.75%	—	44.75%
⑦Ⅱ₃₋₁	16.38%	31.30%	—	34.48%	15.43%	2.41%
⑦Ⅱ₃₋₂	19.67%	51.77%	—	15.02%	9.38%	4.16%
⑦Ⅱ₄₋₃	20.17%	20.77%	—	24.50%	—	34.55%
⑦Ⅳ₂	29.73%	27.54%	—	31.68%	8.71%	2.34%
⑦Ⅳ₃	14.06%	16.26%	—	27.91%	—	41.77%
⑨Ⅱ₁₋₂	0.96%	0.41%	1.34%	4.08%	37.02%	56.20%
⑨Ⅱ₃₋₂	0.85%	0.10%	1.31%	6.25%	38.89%	52.59%

4. 距基坑 3H 处地面沉降量

通过多元回归分析方法，对坑外距基坑 3H 处地面沉降量与基坑开挖深度、基坑面积和隔水帷幕插入目的含水层深度进行拟合分析，拟合结果见表 7-21。

表 7-21　距基坑 3H 处地面沉降量拟合公式

序号	分区号	a	b	c	f	d	e	k	拟合优度系数
1	⑤$_{2\text{II}-2}$	0.004	0.070	1.273	2.894	-0.027	0.511	0.101	0.968
2	⑦$_{\text{II}1-1}$	0.003	0.071	0.000	2.974	0.005	0.500	0.082	0.983
3	⑦$_{\text{II}1-2}$	0.004	0.044	1.094	3.986	0.036	0.477	0.107	0.922
4	⑦$_{\text{II}2-3}$	0.004	0.037	0.587	5.708	1.017	-0.008	-3.919	0.959
5	⑦$_{\text{II}3-1}$	0.003	0.043	0.867	3.896	0.299	0.350	0.145	0.951
6	⑦$_{\text{II}3-2}$	0.003	0.054	0.000	3.683	0.021	0.491	0.113	0.991
7	⑦$_{\text{II}4-3}$	0.004	0.039	0.594	5.745	-0.217	0.610	0.057	0.955
8	⑦$_{\text{IV}2}$	0.003	0.047	0.882	3.990	-0.226	0.608	0.068	0.958
9	⑦$_{\text{IV}3}$	0.004	0.036	0.714	5.111	1.014	-0.006	-4.395	0.967
10	⑨$_{\text{II}1-2}$	0.001	0.034	0.000	7.904	0.354	0.322	0.059	0.997
11	⑨$_{\text{II}3-2}$	0.001	0.034	0.000	10.060	0.974	0.013	1.716	0.997
拟合公式	$C_s = (a \times M^{1/2} + b \times W + c/D^{1/3})^f (d + e \times P)^k$ 式中：C_s 为距基坑 3H 点地面沉降量，mm；D 为隔水帷幕插入目的含水层深度，m；W 为基坑挖深，m；M 为基坑面积，m²；P 为基坑长宽比（长/宽）								

7.3.3.4　坑外水位降深与地面沉降关系分析

通过对比基坑减压降水引发坑外水位降深与地面沉降关系可知，在距离基坑 3H 处降水目的含水层水位降深与地面沉降之间呈现近似线性关系（表 7-22）。

表 7-22　水位降深与地面沉降拟合公式

分区号	a	b	拟合优度系数
⑤$_{2\text{II}-2}$	1.7925	1.9043	0.999
⑦$_{\text{II}1-1}$	0.7669	0.1419	0.999
⑦$_{\text{II}1-2}$	1.4054	0.0214	0.999
⑦$_{\text{II}2-3}$	2.1991	0.0268	0.999
⑦$_{\text{II}3-1}$	0.7541	0.0536	0.999
⑦$_{\text{II}3-2}$	1.4621	0.3156	0.999
⑦$_{\text{II}4-3}$	3.2537	0.1559	0.999

分区号	a	b	拟合优度系数
⑦$_{IV2}$	1.4983	0.2311	0.999
⑦$_{IV3}$	2.9142	0.0417	0.999
⑨$_{II1-2}$	0.9448	0.0390	0.999
⑨$_{II3-2}$	1.5281	0.0192	0.999
拟合公式	$C_s = a \times D_s - b$		
	式中：C_s 为距基坑 3H 点地面沉降量，mm；D_s 为距基坑 3H 点降水目的含水层水位降深，m		

7.4　深基坑减压降水地面沉降防治试验研究

7.4.1　大定海泵站深基坑工程

7.4.1.1　工程概况

大定海泵站深基坑近似矩形，基坑主要设计参数见表 7-23。在场区 55m 深度范围内揭露的地层及主要物性指标见表 7-24，其典型工程地质剖面如图 7-56 所示。减压降水目的含水层为⑦层，顶面埋深约 29m，厚度约 30m。工程所在地区分布有⑧层，且⑦层底埋深约为 56m，因此，基坑工程属⑦$_{II1-1}$ 分区。

表 7-23　大定海泵站深基坑信息统计表

项目名称	基坑面积 /m²	独立基坑 长宽比	开挖深度 /m	隔水帷幕 类型	隔水帷幕深度 /m	隔水帷幕进入 含水层比例/%	基坑内设计 降深/m
大定海泵站	2116	1.4：1	19.4 （标准开挖深度）	地连墙	36	23	15.02
			23.5 （局部落深段）		43	47	

表 7-24　大定海泵站场地地层特性表

层序	土层名称	平均层底标高/m	平均层厚/m	容重/(kN/m³)	建议渗透系数/(cm/s)
①$_1$	杂填土	2.49	1.89	—	—
②$_0$	粉质黏土夹黏质粉土	0.00	2.50	18.3	2.25×10^{-7}
②$_3$	黏质粉土夹粉质黏土	-6.90	6.99	18.3	3.72×10^{-5}
④	灰色淤泥质黏土	-13.37	6.31	16.9	1.22×10^{-7}
⑤$_1$	粉质黏土	-20.63	7.28	17.9	1.66×10^{-7}

续表

层序	土层名称	平均层底标高/m	平均层厚/m	容重/(kN/m³)	建议渗透系数/(cm/s)
⑥	粉质黏土	−24.70	4.07	19.8	1.35×10^{-7}
⑦₁	砂质粉土	−28.81	4.71	18.7	2.76×10^{-4}
⑦₂	粉砂	未钻穿	未钻穿	18.9	5.21×10^{-4}

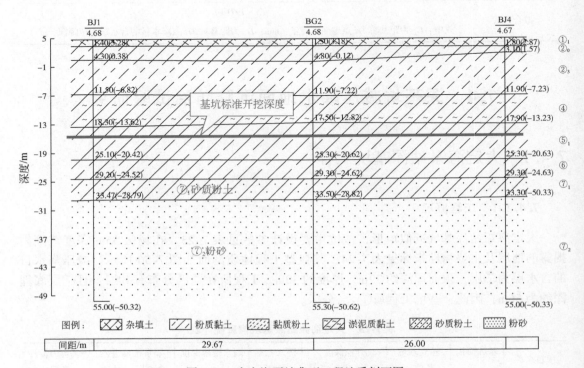

图 7-56　大定海泵站典型工程地质剖面图

工程采用悬挂式帷幕，降压井井深设计有 36m、40m、45m 三种，部分降压井井底超过地连墙深度。

7.4.1.2　试验场建设

深基坑周边建（构）筑物较少，环境相对简单，试验场设施布设在基坑北侧场地较为开阔的区域，布设的试验设施主要包括：3 口承压水位观测井、3 组孔隙水压力计、1 组分层标组、2 口回灌井及配套回灌系统、2 条地面沉降监测剖面，试验场布设平面见图 7-57，试验设施结构见图 7-58。

承压水位监测：在试验场内垂直于基坑边，距基坑 3H、5H、8H 处各布设 1 口承压水位观测井；另外，基坑降水设计中基坑边布设有 4 口承压水位观测井，观测井井深均为 36m。

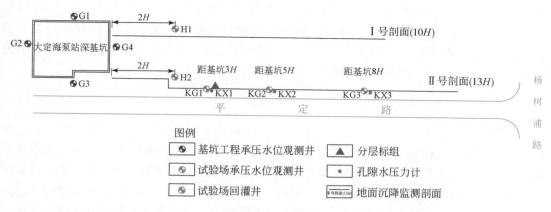

图 7-57　大定海泵站深基坑减压降水地面沉降防治现场试验设施布设平面图

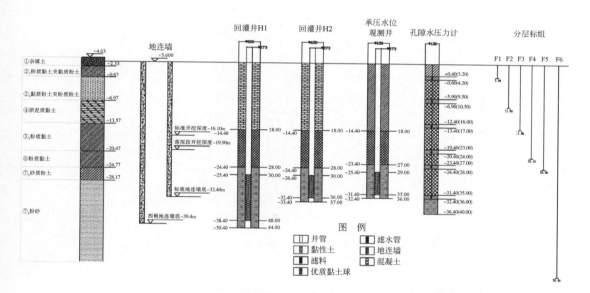

图 7-58　大定海泵站深基坑减压降水地面沉降防治试验设施结构剖面图

孔隙水压力监测：在每口承压水位观测井附近布设 1 组孔隙水压力计，分别监测②$_0$、②$_3$、④、⑤$_1$、⑥、⑦层土中孔隙水压力变化情况。

地面沉降监测：垂直于基坑边布设 2 条地面沉降监测剖面，最长监测剖面长约 13H。

土体分层变形监测：在基坑北侧距基坑 3H 处布设 1 组分层标组，分别监测②$_0$、②$_3$、④、⑤$_1$、⑥、⑦层土体的变形量。

地下水人工回灌试验系统：在距基坑 2H 处布置 2 口回灌井，并配套建设有回灌管路系统，可实现原水和自来水回灌。

7. 4. 1. 3　深基坑减压降水引发地面沉降特征研究

工程减压降水运行遵循按需降水原则，当基坑开挖至标高 −10. 67m 时开启减压降水，当开挖至坑底时坑内最大水位降深16.10m（超过设计降深约1m），减压降水运行持续164天，坑内排水量一般为800～1100t/d，累积排水量约150080t。减压降水期间坑边最大水位降深7.6m，试验场内距基坑3H、5H、8H处承压水位观测井内最大水位降深分别为6.3m、5.5m、5.1m，估算本工程减压降水影响半径超过1500m。

1. 地面沉降时空分布特征

本现场试验重点研究距基坑3H范围以外区域地面沉降的时空特征。减压降水前，距基坑3H范围以外区域地面沉降不明显；减压降水开始后，坑内水位大幅下降导致坑外距基坑3H处水位降深达6.3m，此时3H范围以外区域地面沉降明显，距基坑3H处最大沉降量达到约7.8mm，距基坑10H处最大沉降量达到约5.4mm，可见减压降水对坑外地面沉降影响显著。减压降水结束后，地下水位恢复过程中，距基坑3H范围以外区域地面回弹较为明显，回弹量在1.7mm左右（图7-59）。

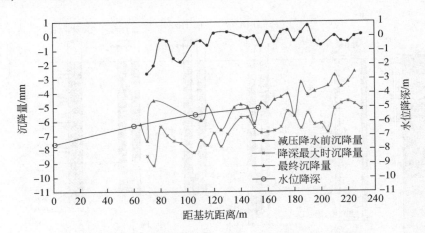

图7-59   Ⅱ号剖面地面沉降与地下水位时空特征曲线图

2. 土体分层沉降特征

减压降水过程中除降水目的含水层发生压缩变形外，其上覆黏性土层沉降亦较为明显，图7-60为抽水试验及减压降水期间距基坑3H处水位降深与土体分层沉降关系曲线。

由图7-60可知，在减压降水初期，随着承压水位快速下降，地面沉降以⑦层压缩变形为主；减压降水运行期间，随着承压水位趋于稳定，⑦层压缩变形亦趋于稳定，最大沉降量约5.4mm，但上覆黏性土层表现为持续压缩；减压降水结束后，随着承压水位恢复，⑦层出现明显回弹，最大回弹量约4.4mm，上覆黏性土层压缩趋缓，但仍呈现出一定的压缩态势，此时地面沉降以上覆黏性土层压缩变形为主。降水目的含水层下伏土层在减压降水期间整体上没有趋势性变化，减压降水对目的含水层下伏土层影响不明显。在减压降水结束后降水目的含水层下伏土层呈现一定的下沉趋势，分析认为此时基坑施工接近尾声，其沉降应是受区域地面沉降或其他因素影响。

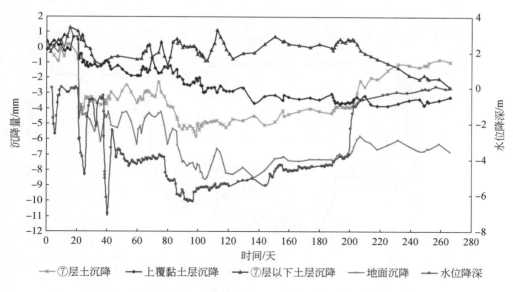

图 7-60　距基坑 3H 处水位降深与土体分层沉降历时关系曲线

由此可以得出，减压降水前期以减压降水目的含水层弹性变形为主，上覆黏性土层受影响较小；当基坑大流量长历时减压降水后，地面沉降变形由降水目的含水层的弹性变形逐渐演变为上覆黏性土层的弹塑性—塑性变形，在降水结束后，降水目的含水层有一定回弹，但其上覆黏性土层的压缩变形是不可逆的。

3. 孔隙水压力变化特征

抽水试验阶段，降水目的含水层水位下降，使得其上覆⑥、⑤$_1$ 层孔隙水压力出现较明显的下降。在减压降水期间，由于长历时大流量抽水，降水目的含水层孔隙水压力出现了大幅下降且历时较长，影响范围波及④层，④层土以上土层孔隙水压力较为稳定，受减压降水影响不明显。基坑减压降水结束后，降水目的含水层孔隙水压力迅速恢复，上覆黏性土层的孔隙水压力也随之恢复，但恢复速度要慢得多（图 7-61）。

7.4.1.4　地下水人工回灌防治地面沉降试验研究

为研究浅部承压含水层地下水人工回灌对水位降深和地面沉降的控制效果，测定回灌井的回灌能力，了解原水回灌工艺等，依托大定海泵站深基坑工程开展了多组回灌试验。

1. 自来水压力回灌试验

在减压降水运行期间对回灌井 H2（图 7-57）进行自来水加压回灌，平均回灌量为5.7t/h，回灌压力为 0.22MPa，持续回灌 26 天，累积回灌量达 3537.5t。单井回灌使得回灌井周边承压水位观测井内的水位出现一定程度的抬升，见表 7-25。

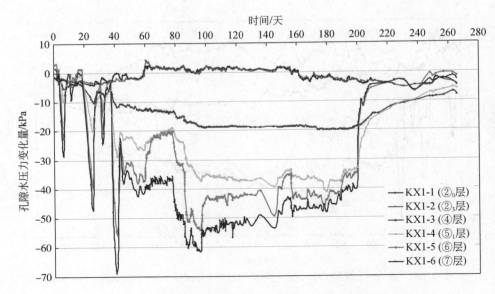

图 7-61　距基坑 $3H$ 处土体孔隙水压力历时曲线

表 7-25　自来水加压回灌期间承压水位观测井内水位变化统计表

观测井编号	最大水位抬升/m	距回灌井距离/m	回灌井
G4	0.50	48	
KG1	0.25	24	H2
KG2	0.10	68	
KG3	基本不受影响	138	

　　单井回灌过程中观测井 G4、KG1 水位发生较为明显的抬升，较远的观测井 KG2、KG3 水位抬升不明显，可见单井回灌影响范围较为有限，显著影响范围在 60m 以内。分析认为 G4 水位抬升较为明显是由于 G4 位于基坑边，基坑与回灌井间的水力坡度较大，更多的回灌水流向了基坑方向，以及地连墙的隔水边界效应等。

　　当回灌量不增加而基坑内抽水量增加时，坑外承压水位出现了较为明显的下降，可见应根据基坑内抽水量来调整回灌量，以取得较好的水位控制效果。然而由于试验采用单井回灌无法实现依据基坑抽水量来调整回灌量，导致后期坑外水位依然出现大幅下降，参见图 7-62。

2. 原水压力回灌试验

　　回灌试验需要考虑水环境的影响问题，根据水质分析结果显示，工程场地所在区域第 I 承压含水层地下水中铁、锰含量较低，因此在原水回灌试验中采用密封回灌管路，避免地下水与空气接触。同样采用 H2 作为回灌井，原水回灌期间平均回灌量为 4.1t/h，回灌压力约为 0.10MPa，回灌持续时间为 59 天，累积回灌原水量达 5932.7t。表 7-26 为原水压力回灌期间承压水位观测井内水位变化统计结果。

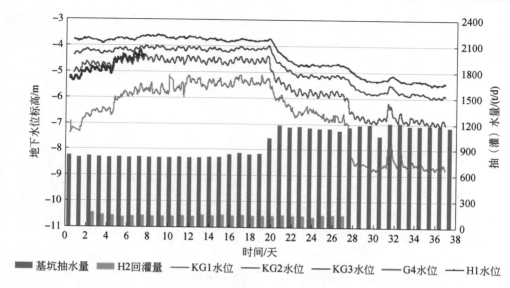

图 7-62　自来水加压回灌过程中水量-水位历时曲线

表 7-26　原水压力回灌期间承压水位观测井内水位变化统计表

观测井编号	最大水位抬升/m	距回灌井距离/m	回灌井
G4	0.60	48	
KG1	0.35	24	
KG2	0.13	68	H2
KG3	基本不受影响	138	

由表 7-26 可见，由于工程所在地区第 I 承压含水层地下水水质较好，而且通过管路密封、定期回扬等措施未出现明显的回灌井滤网堵塞现象，原水压力回灌与自来水加压回灌效果较为接近。

3. 人工回灌对地面沉降控制效果分析

减压降水期间进行地下水人工回灌可以防止地下水位大幅下降，对地下水位控制具有显著效果。本试验中单井回灌量仅为排水量的 8% ~ 10%，导致基坑外水位抬升较小，单井回灌影响范围也较为有限。另外，地下水人工回灌效果除与回灌本身有关外，还与基坑抽水情况有密切关系，回灌设计中回灌能力应与基坑抽水情况相匹配。

7.4.2　地铁 13 号线淮海中路站基坑工程

7.4.2.1　工程特征分析

1. 周边环境分析

地铁 13 号线淮海中路站基坑工程地处闹市区，周边多为敏感性建筑物，且紧邻地铁 1

号线，环境极为复杂，如工程地下水控制不当将会产生不良的社会效应，甚至可能造成重大的经济损失。鉴于此，应在基坑施工期间采取一定的保护措施，消除或减小减压降水对周围环境的不利影响，如图 7-63 所示。

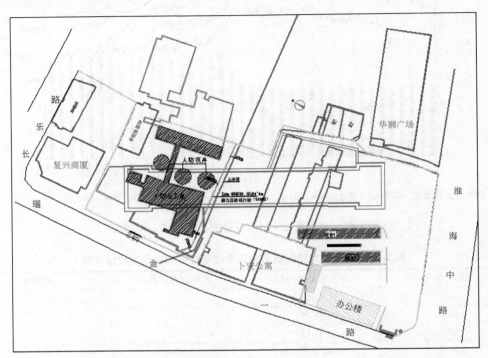

图 7-63　基坑周边环境分布示意图

2. 超深基坑悬挂式帷幕减压降水影响分析

基坑工程最大开挖深度达 32.8m，⑦层厚度较大，地连墙深度并未隔断⑦层。当基坑开挖至坑底时，坑内⑦层承压含水层水位安全降深将达到 26.0m，在坑内外水头差的作用下，坑外地下水对坑内的绕流补给及相邻土层的越流补给都将显著增加，从而可能导致坑外水位大幅下降，并引发强烈的不均匀沉降，对周边环境影响较大。

3. 地下水控制预测分析

如何准确评估减压降水对坑外水位降深和地面沉降的影响，以及采取何种有效防治措施是需要解决的重要问题。因此，首先必须在查清承压含水层水文地质条件的基础上构建准确的水文地质渗流模型，然后运用基坑围护与降水一体化设计理念合理设置隔水帷幕和降水井结构，保证基坑工程安全的同时尽量减小减压降水对周边环境的影响。

7.4.2.2　水文地质试验

为查清基坑场地范围内水文地质条件特征，取得模拟计算所需要的水文地质参数（如各含水层单位涌水量、渗透系数、导水系数、贮水系数、压力传导系数、影响半径等参数)，特别是⑦层含水层垂向渗透系数和地下水人工回灌引起的渗流特性，构建准确的水文地质渗流模型，需要进行水文地质现场试验。试验由 1 口抽水井（非完整井）和 5 口回灌井，进行现场抽水试验和抽灌结合试验。

通过水文地质调查和试验查清了工程场区内含水层和相对隔水层埋藏条件、含水层富水性、渗透系数等特征（图 7-64）。由水文地质调查结果可知，工程场地属于⑦$_{II1-2}$区。如采用悬挂式帷幕时减压降水对坑外水位和地面沉降影响较大，且由于含水层底面埋深较深，隔断承压含水层难度较大。

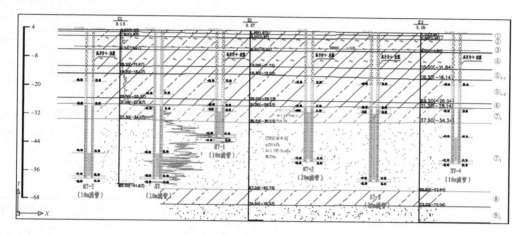

图 7-64　水文地质剖面图

7.4.2.3　地面沉降防治分析

1. 数值模型构建

根据基坑工程场地含水层分布特征、边界条件建立水文地质渗流模型，并利用 Visual Modflow 专业软件构建地下水渗流模型（图 7-65）。

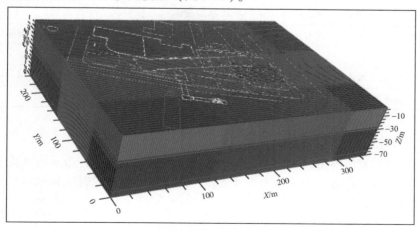

图 7-65　数值模型结构图

2. 数值模型校正

对建立的水文地质渗流模型，采用抽水试验资料进行参数校正，得到校正后的参数见表 7-27。

表 7-27 数值模型校正后水文地质参数

含水层	水平渗透系数 K_H/(m/d)	垂直渗透系数 K_V/(m/d)	贮水率 S_s/(1/m)
⑦₁	2.0	0.5	$4.0×10^{-4}$
⑦₂	5.5	1.0	$8.0×10^{-5}$

3. 周边环境影响预测

基坑最大开挖深度约 32.8m，根据场地内水文地质条件，取⑦₁层较浅埋深 31.00m（标高−27.87m），以水文地质调查实测水位埋深 7.30m（标高−3.90m）进行抗突涌稳定性验算，结果见表 7-28。

表 7-28 ⑦层基坑抗突涌稳定性验算表（安全系数取 1.10）

工程部位	基坑底板标高/m	承压水顶托力/kPa	基坑底板与含水层关系	设计水位降深/m	控制水位标高/m	围护深度与含水层关系
主体基坑	−27.923		⑦₁层顶板临界	25.0	−28.9	墙趾位于⑦₂层含水层中下部或底部
南端头井	−29.775	263.7	进入⑦₁层约2m	26.9	−30.8	
北端头井	−29.473			26.6	−30.5	

将初步设计阶段的围护设计深度（南端头井 62m，北端头井 58m，标准段 56.5m）和抽水井设计参数（井深建议 45~50m）赋值到校正后的数值模型中，预测减压降水期间坑外水位降深，预测结果见表 7-29。

表 7-29 减压降水对坑外承压水位影响（水位降深——理论值）（单位：m）

基坑部位	既有地铁1号线	华狮购物中心	混三民居及商铺	复兴商厦	卜令公寓
南端头井	0.77	0.81	0.78	0.32	0.66
北端头井及基坑北部标准段	1.70	2.20	2.80	3.50	4.10
基坑南部标准段	2.40	3.00	3.30	1.90	3.40

1）南端头井

根据校正后的数值模型，对南端头井区域进行数值模拟计算，当基坑开挖至最大设计深度需开启两口降压井方可满足坑内承压水位达到降深要求，此时坑外承压水位降深预测结果如图 7-66 所示。

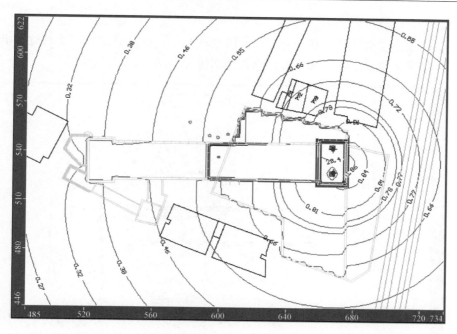

图 7-66　南端头井减压降水水位降深预测等值线图（单位：m）

2）北端头井及基坑北部标准段

采用同样的数值模拟方法，当北端头井及基坑北部标准段基坑开挖至最大设计深度时，需开启 8 口降压井才能使承压水位降深满足设计降深的要求，其坑外水位降深预测结果如图 7-67 所示。

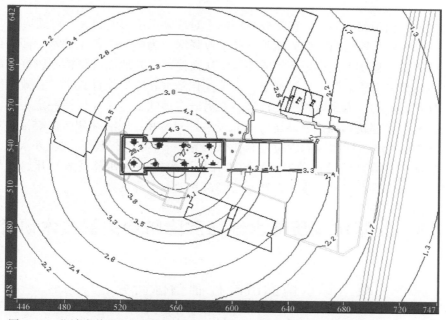

图 7-67　北端头井及基坑北部标准段减压降水水位降深预测等值线图（单位：m）

3）基坑南部标准段

同样通过数值模拟计算，基坑南部标准段基坑开挖至最深处需开启 7 口降压井，方可满足承压水位降深要求，此时坑外水位降深预测情况如图 7-68 所示。

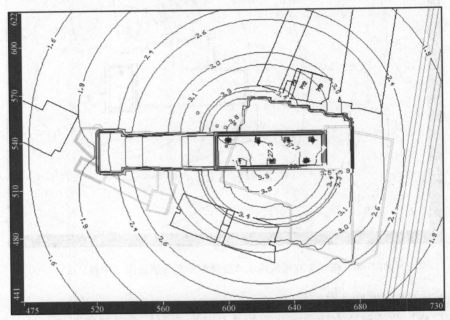

图 7-68　基坑南部标准段减压降水水位降深预测等值线图（单位：m）

4. 控制措施

根据数值模拟预测结果，工程实施减压降水对坑外水位影响较大，对周边建（构）筑物的保护不利，需采取适当措施，减小坑外水位降深。为此，进行了抽水—回灌试验，成果显示回灌能较大程度上减小地下水的降深，从而使得坑外地面沉降得到较好控制。基于场地水文地质试验和数值模型预测结果，需要优化降水和回灌设计方案，有效预防工程活动对周边环境的影响，需采取相应的措施，在沿既有地铁 1 号线（保持一定距离，一般在 50m 以外）和主要建筑物周边靠基坑方向布设一排回灌井；回灌井井深在 45m 左右，滤管长度控制在 10～15m，回灌井间距应控制在 20m 左右；同时应密切监测坑外水位和沉降变化，可根据保护等级要求设置警报值，同步开启回灌井或达到警报值时开启回灌井。此外，还可加深隔水帷幕以从根本上控制水位降深和地面沉降的发生。

7.5　深基坑减压降水地面沉降防治关键技术研究

7.5.1　深基坑减压降水地面沉降控制指标研究

为了加强对基坑周边的房屋、管线和隧道等设施的保护，亟须依据基坑工程等级和周边保护设施制定一套完整的控制指标，以达到工程建设中深基坑减压降水的目的，同时又满足地面沉降防治要求。

7.5.1.1　深基坑减压降水地面沉降控制要求

《上海市地面沉降"十二五"防治规划》总体目标是施行地面沉降分区管控（图 7-69），确保全市年平均地面沉降量控制在 6mm 以下，重点减少差异性地面沉降，缩小年均沉降量超过 10mm 的地面沉降区面积，并提出了各管理分区具体区域地面沉降控制目标（表 7-30），该控制目标即为深基坑减压降水地面沉降控制要求最基础的依据。

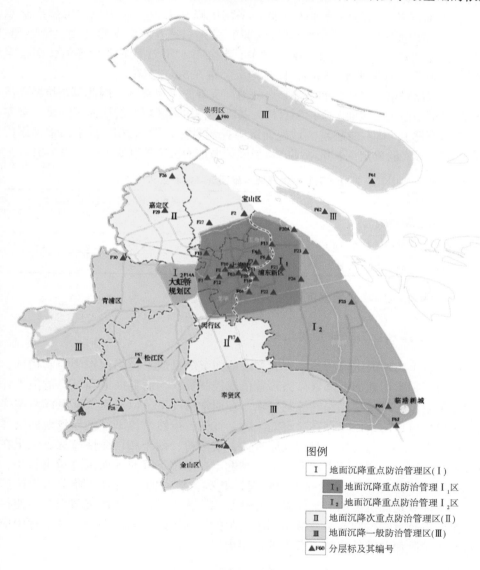

图 7-69　上海市地面沉降防治管理区分区图

表 7-30　上海市地面沉降"十二五"防治规划区域地面沉降控制目标

区域地面沉降管理分区		年沉降控制目标/mm
地面沉降重点防治管理区（Ⅰ）	I$_1$	7
	I$_2$	10
地面沉降次重点防治管理区（Ⅱ）		6
地面沉降一般防治管理区（Ⅲ）		5

根据全市 37 座地面沉降监测站 2013 年测量结果，全市平均地面沉降 5.9mm。其中地面沉降重点防治管理区（Ⅰ）平均沉降 7.2mm，地面沉降次重点防治管理区（Ⅱ）平均沉降 1.0mm，地面沉降一般防治管理区（Ⅲ）平均沉降 9.7mm。由于地面沉降次重点防治管理区（Ⅱ）和地面沉降一般防治管理区（Ⅲ）分别只有 5 座和 9 座地面沉降监测站，监测点较少，数据代表性不强，参照 2007~2011 年全市 5 年地面沉降量等值线图，全市大部分地区 5 年地面沉降量小于 25mm，即年均沉降量在 5mm 左右。

由于深基坑减压降水引发的地面沉降是区域地面沉降的组成部分，因此深基坑减压降水地面沉降控制要求是在区域地面沉降控制目标的基础上，扣除区域性的地面沉降量（非基坑工程导致的地面沉降），其不能超越区域地面沉降控制目标。根据 2013 年全市地面沉降情况，并结合工程实际经验确定深基坑减压降水引发区域地面沉降控制要求，见表 7-31。

表 7-31　深基坑减压降水地面沉降控制要求

沉降控制分区	减压降水地面沉降控制要求/mm
地面沉降重点防治管理区（I$_1$、I$_2$）	1.0
地面沉降次重点防治管理区（Ⅱ）	1.5
地面沉降一般防治管理区（Ⅲ）	2.0

7.5.1.2　深基坑减压降水地面沉降控制指标内涵

1. 深基坑减压降水地面沉降控制指标

在以往深基坑工程地面沉降防治中，大多以地面沉降量或水位降深作为控制指标，如在深基坑工程施工中常用地面沉降量作为预警值或控制要求，而目前地面沉降危险性评估中依据经验经常给出的是水位降深的控制要求。在通常情况下，以地面沉降量或水位降深作为控制指标也是可靠的，但也存在一定的问题。首先，虽然水位下降是导致地面沉降的原因，但沉降量的大小还与土层自身的性质有关，松散粉、砂土和压缩性高的黏性土在水位下降时沉降量较大，而密实砂土和低压缩性黏性土在水位下降时地面沉降量则较小，因此单一的水位降深不能完全反映地面沉降情况。其次，单一的以地面沉降量作为控制指标，其问题在于导致地面沉降的因素较多，容易受基坑施工、区域地面沉降影响，使得地面沉降的测量值没有真实反映深基坑减压降水引起的地面沉降。因此在深基坑工程中应以地面沉降量和水位降深共同作为地面沉降的控制指标。

2. 深基坑减压降水地面沉降防治关键控制点

深基坑减压引发的水位降深和地面沉降量随距离基坑远近是变化的，要对整个减压降水影响区域进行监测和控制是难以做到的，因此需要选择一个关键控制点，通过对该点水位降深和地面沉降的控制能够控制深基坑减压降水对地面沉降的影响，且该点要便于监测。

基坑开挖会在基坑周边一定范围内引起地面沉降，靠近基坑的位置难以有效识别基坑降水引发的沉降，而距基坑太远水位和地面沉降又难以监测，且易受其他因素干扰，因此，深基坑工程地面沉降防治的关键控制点应选在基坑开挖引起的地面沉降影响范围的边界处。

Hsieh 和 Ou（1998）结合地面沉降实测结果，通过回归分析，给出了三角形与凹槽形地面沉降的预测方法，并提出了主影响区和次影响区的概念。主影响区范围为距基坑 $2H$ 范围以内，次影响区范围为基坑外 $2H \sim 4H$ 位置（图 7-70）。

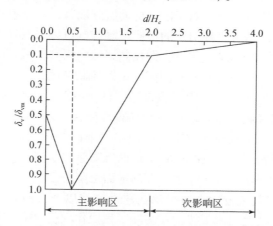

图 7-70　Hsieh 和 Ou 提出的三角形与凹槽形地面沉降的预测方法

利用收集的上海软土地区大量深基坑地面沉降实测数据，经统计分析绘制出基坑外土体变形曲线（图 7-71）。坑外地面沉降经验计算曲线与实测地面沉降进行对比可以发现，实测地面沉降大部分包络于经验沉降曲线内。由沉降估算曲线可以看出，地面沉降的显著区域大致在距离基坑 $3H$ 以内的区域。

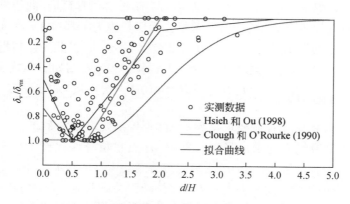

图 7-71　上海地区基坑外土体变形监测数据统计结果与变形曲线

由此可见，上海地区基坑开挖引起的地面沉降区域界线大致在距离基坑 $2H \sim 3H$ 处，因此，选择距基坑 $3H$ 点作为深基坑减压降水地面沉降防治的关键控制点。

7.5.1.3　深基坑减压降水地面沉降控制指标计算

1. 控制指标技术方法

根据案例分析、现场试验和数值模拟可知，深基坑减压降水引发的水位降深和地面沉降具有距离基坑越近水位降深和地面沉降越大，距离基坑越远水位降深和地面沉降越小的特征，在空间上表现为以基坑为中心的水位下降漏斗和地面沉降漏斗，具有显著的不均匀沉降特征。因此对整个基坑周边区域地面沉降提出控制指标是不现实的，在实际工程中也难以做到，不具有可操作性。而且对于区域地面沉降而言，单个基坑工程引发的地面沉降仍属于点状沉降，对于深基坑工程引发的地面沉降控制可以采取地面沉降总量控制（定义地面沉降总量＝地面沉降量×沉降范围），即控制区域内深基坑减压降水引发的地面沉降总量不超过深基坑减压降水地面沉降量控制要求乘以控制区域。

通过对数值模拟结果分析和工程经验总结，认为宜将距基坑 $3H \sim 10H$ 区域作为基坑减压降水地面沉降控制区域，即要求深基坑工程在距离基坑 $3H \sim 10H$ 区域引发的地面沉降总量不超过深基坑减压降水地面沉降量控制要求乘以 $7H$。并且通过对距基坑 $3H \sim 10H$ 区域地面沉降总量控制实现深基坑减压降水地面沉降量控制要求。这种控制方法有利于实际工程操作，并且符合深基坑减压降水引发的地面沉降特征。

由于 $3H \sim 10H$ 距离基坑较远，通常都在建设红线以外，而且范围较大，$3H \sim 10H$ 处水位和地面沉降容易受其他因素干扰，在实际工程操作中仍有一定难度，因此有必要将控制技术进一步简化。距离基坑 $3H$ 以外区域地面沉降主要受基坑减压降水影响，而距基坑 $3H$ 以内区域地面沉降的影响因素复杂，因此宜将距离基坑 $3H$ 点作为实际操作时的控制点。因此定义 $3H$ 点地面沉降量控制指标：当使用一定的防治技术或采用适当的防治措施使得距基坑 $3H$ 点的地面沉降量不超过 $3H$ 点地面沉降量控制指标，如此就能满足深基坑减压降地面沉降控制要求。

为方便计算，根据上述技术方法提出通过沉降槽法，对沉降漏斗曲线进行概化处理，采用梯形概化沉降总量代替原始沉降区沉降总量，梯形长边为距基坑 $3H$ 点沉降量，短边为距基坑 $10H$ 点沉降量，根据沉降关系可知 $3H$ 点等效沉降量，并以此为控制指标，计算值公式见式（7-8）、式（7-9），沉降形成的沉降槽，其计算过程示意图如图 7-72 所示。

$$概化沉降总量 = \frac{(3H \, 点沉降量 + 10H \, 点沉降量) \times 7H \, 距离}{2} \tag{7-8}$$

$$沉降量控制要求总和 = 沉降量控制要求 \times 7H \, 距离 \tag{7-9}$$

由于数值模型计算结果为水位降深，采用 $3H$ 点水位降深代替 $3H$ 点沉降量进行相关性分析，然后对各综合分区 $3H \sim 10H$ 范围内沉降总量与 $3H$ 点水位降深进行相关性分析，求得 $3H \sim 10H$ 范围内概化沉降总量与 $3H$ 点水位降深关系曲线，如图 7-73 所示。

通过拟合关系可以知道，深基坑减压降水地面沉降量控制要求总和对应的 $3H$ 点水位降深。此时存在两种情况：

（1）当在 $3H \sim 10H$ 区域沉降总量<深基坑减压降水地面沉降量控制要求×$7H$ 时，要按照计算的最大沉降量作为控制指标。

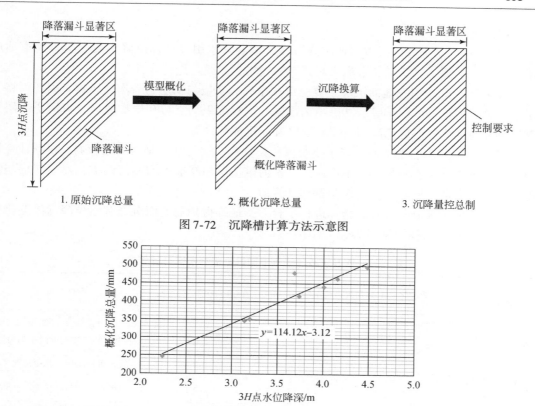

图 7-72　沉降槽计算方法示意图

图 7-73　⑦$_{II_{1-2}}$区 3H～10H 范围内概化沉降总量与 3H 点水位降深关系曲线

（2）当在 3H～10H 区域沉降总量>深基坑减压降水地面沉降量控制要求×7H 时，需要按照深基坑减压降水地面沉降量控制要求×7H 换算 3H 点水位降深和地面沉降量。关于 3H 点水位降深控制指标与地面沉降量控制指标可按照水位降深–沉降量关系曲线进行换算，参见图 7-74。

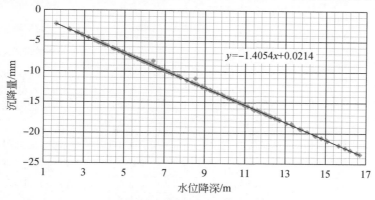

图 7-74　距基坑 3H 处水位降深–沉降量关系曲线（⑦$_{II_{1-2}}$区）

2. 3H 点地面沉降和水位降深控制指标

根据上述计算方法可获得 3H 点地面沉降和水位降深控制指标的计算值，通过分析可以得出以下规律。

（1）⑤$_2$层是上海地区古河道沉降形成，该层降水引发地面沉降主要受其古河道地层组合影响，下部⑦、⑨层是否沟通对其影响较小，因此可进行合并。

（2）⑦层降水引发地面沉降主要受沉积条件和⑦层与⑨层是否沟通影响，因此可将⑦层分区合并为正常沉积⑦层与⑨层不沟通区、正常沉积⑦层与⑨层沟通区、古河道⑦层与⑨层不沟通区，古河道⑦层与⑨层沟通区和新近成陆区等几类。

（3）⑨层降水引发地面沉降主要受沉积条件和⑦层与⑨层是否沟通影响，根据计算模型可分为正常沉积⑦层与⑨层不沟通区、古河道⑦层与⑨层不沟通区两类，对于⑦层与⑨层沟通区可参考⑦层对应分区控制指标计算值。

经简化后对部分分区控制指标进行了合并，最终得到的地面沉降和水位降深控制指标见表 7-32，控制指标图见图 7-75 ~ 图 7-77。

表 7-32　深基坑减压降水地面沉降控制指标（计算值）

地面沉降防治管理分区	综合分区	地面沉降控制指标/mm	水位降深控制指标/m	分区特征
地面沉降重点防治管理区（Ⅰ）	⑤$_{2Ⅱ-2}$	4.11 ~ 4.53	1.5	古河道区
	⑦$_{Ⅱ1-1}$	2.33 ~ 2.66	2.0	正常沉积⑦层与⑨层不沟通区
	⑦$_{Ⅱ1-2}$	2.64 ~ 2.99		
	⑦$_{Ⅱ2-3}$	1.74 ~ 2.08	1.0	正常沉积⑦层与⑨层沟通区
	⑦$_{Ⅱ3-1}$	1.78 ~ 2.31	1.5	古河道⑦层与⑨层不沟通区
	⑦$_{Ⅱ3-2}$	2.81 ~ 2.98		
	⑦$_{Ⅱ4-3}$	2.00 ~ 2.35	0.5	古河道⑦层与⑨层沟通区
	⑦$_{Ⅳ2}$	2.64 ~ 3.00	1.0	新近成陆区
	⑦$_{Ⅳ3}$	1.97 ~ 2.14		
	⑨$_{Ⅱ1-2}$	1.37 ~ 1.50	1.5	正常沉积⑦层与⑨层不沟通区
	⑨$_{Ⅱ3-2}$	1.54 ~ 1.68	1.0	古河道⑦层与⑨层不沟通区
地面沉降次重点防治管理区（Ⅱ）	⑤$_{2Ⅱ-2}$	4.53 ~ 5.15	1.5	古河道区
	⑦$_{Ⅱ1-1}$	2.74 ~ 3.24	2.0	正常沉积⑦层与⑨层不沟通区
	⑦$_{Ⅱ1-2}$	3.07 ~ 3.59		
	⑦$_{Ⅱ2-3}$	2.17 ~ 2.68	1.0	正常沉积⑦层与⑨层沟通区
	⑦$_{Ⅱ3-1}$	2.14 ~ 2.93	2.0	古河道⑦层与⑨层不沟通区
	⑦$_{Ⅱ3-2}$	3.40 ~ 3.65		
	⑦$_{Ⅱ4-3}$	2.44 ~ 2.97	1.0	古河道⑦层与⑨层沟通区
	⑨$_{Ⅱ1-2}$	1.82 ~ 2.01	2.0	正常沉积⑦层与⑨层不沟通区
	⑨$_{Ⅱ3-2}$	2.07 ~ 2.27	1.5	古河道⑦层与⑨层不沟通区
地面沉降一般防治管理区（Ⅲ）	⑤$_{2Ⅱ-2}$	4.95 ~ 5.78	2.0	古河道区
	⑦$_{Ⅱ1-1}$	3.16 ~ 3.82	2.0	正常沉积⑦层与⑨层不沟通区
	⑦$_{Ⅱ1-2}$	3.51 ~ 4.20		
	⑦$_{Ⅱ2-3}$	2.59 ~ 3.27	1.5	正常沉积⑦层与⑨层沟通区
	⑦$_{Ⅱ3-1}$	2.49 ~ 3.55	2.0	古河道⑦层与⑨层不沟通区
	⑦$_{Ⅱ4-3}$	2.88 ~ 3.58	1.5	古河道⑦层与⑨层沟通区
	⑦$_{Ⅳ2}$	3.55 ~ 4.28	1.5	新近成陆区
	⑦$_{Ⅳ3}$	3.30 ~ 3.38		
	⑨$_{Ⅱ1-2}$	2.27 ~ 2.53	2.0	正常沉积⑦层与⑨层不沟通区
	⑨$_{Ⅱ3-2}$	2.60 ~ 2.87	2.0	古河道⑦层与⑨层不沟通区

注：水位降深和地面沉降控制指标计算值指垂直基坑长边方向距离基坑边界 $3H$ 点水位降深和地面沉降量。

分区特征表

分区	地层特征		
	地层组合		含水层底板埋深(B)
⑦₁₋₁	湖沼平原区	两层硬土层分区	30m＜B≤60m
⑦ₗₗ₋₁	滨海平原正常沉积区	⑥层、⑧层均分布区	30m＜B≤60m
⑦ₗₗ₋₂			B＞60m
⑦ₗₗ₂₋₃			一、二承压含水层沟通
⑦ₗₗ₃₋₁	滨海平原古河道区	⑥层分布、⑧层缺失区	30m＜B≤60m
⑦ₗₗ₃₋₂		⑥层缺失、⑧层分布区	B＞60m
⑦ₗₗ₄₋₃		⑥层、⑧层均缺失区	一、二承压含水层沟通
⑦ₙw₁	潮坪地貌区	新近成陆区	30m＜B≤60m
⑦ₙ₂			B＞60m
⑦ₙ₃			一、二承压含水层沟通

距基坑边界三倍挖深处(3H)沉降、降深控制指标表

沉降防治分区	双控分区	分区特征	3H控制点降深控制指标计算值/m	3H控制点沉降控制指标计算值/mm
重点沉降防治区(Ⅰ)	⑦₁₋₁ ⑦₁₋₂	正常沉积⑦、⑨不连通区	2.0	2.33~2.99
	⑦₂₂₋₃	正常沉积⑦、⑨连通区	1.0	1.74~2.08
	⑦₃₃₋₁	古河道⑦、⑨不连通区	1.5	1.78~2.98
	⑦₄₄₋₃	古河道⑦、⑨连通区	0.5	2.00~2.35
	⑦ₙ₃	新近成陆区	1.0	1.97~3.00
次重点沉降防治区(Ⅱ)	⑦₁₁₋₁ ⑦₁₋₂	正常沉积⑦、⑨不连通区	2.0	2.74~3.59
	⑦₂₂₋₃	正常沉积⑦、⑨连通区	1.0	2.17~2.68
	⑦₃₃₋₁	古河道⑦、⑨不连通区	2.0	2.14~3.65
	⑦₃₃₋₂	古河道⑦、⑨连通区	1.0	2.44~2.97
一般沉降防治区(Ⅲ)	⑦₁₁₋₁ ⑦₁₋₂	正常沉积⑦、⑨不连通区	2.0	3.16~4.20
	⑦₂₂₋₃	正常沉积⑦、⑨连通区	1.5	2.59~3.27
	⑦₃₃₋₁	古河道⑦、⑨不连通区	1.5	2.49~3.55
	⑦₄₄₋₃	古河道⑦、⑨连通区	2.0	2.88~3.58
	⑦ₙ₂ ⑦ₙ₃	新近成陆区	2.0	3.30~4.28

图 7-75 深基坑减压降水（微承压含水层）地面沉降控制指标分布图

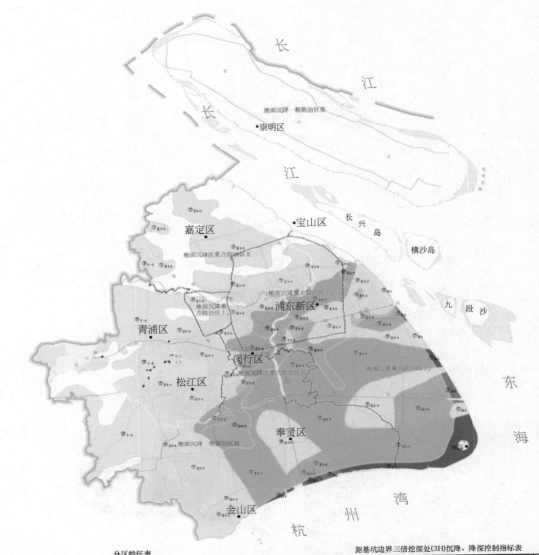

分区特征表

分区	地层特征		
		地层组合	含水层底板埋深(B)
⑦I-1	湖沼平原区	两层硬土层分区	30m<B≤60m
⑦II1-1	滨海平原正常沉积区	⑥层、⑧层均分布区	30m<B≤60m
⑦II1-2			B>60m
⑦II2-3		⑥层分布、⑧层缺失区	一、二承压含水层沟通
⑦II3-1	滨海平原古河道区	⑥层缺失、⑧层分布区	30m<B≤60m
⑦II3-2			B>60m
⑦II4-3		⑥层、⑧层均缺失区	一、二承压含水层沟通
⑦IV1	潮坪地貌区	新近成陆区	30m<B≤60m
⑦IV2			B>60m
⑦IV3			一、二承压含水层沟通

距基坑边界三倍挖深处(3H)沉降、降深控制指标表

沉降防治分区	双控分区	分区特征	3H控制点降深控制指标计算值/m	3H控制点沉降控制指标计算值/mm
重点沉降防治区(I)	⑦I1-1 ⑦I1-2	正常沉积⑦、⑨不连通区	2.0	2.33~2.99
	⑦II2-3	正常沉积⑦、⑨连通区	1.0	1.74~2.08
	⑦II3-1	古河道、⑨不连通区	1.5	1.78~2.98
	⑦II4-3	古河道、⑨连通区	0.5	2.00~2.35
	⑦IV2 ⑦IV3	新近成陆区	1.0	1.97~3.00
次重点沉降防治区(II)	⑦I1-1 ⑦I1-2	正常沉积⑦、⑨不连通区	2.0	2.74~3.59
	⑦II2-3	正常沉积⑦、⑨连通区	1.0	2.17~2.68
	⑦II3-1	古河道⑦、⑨不连通区	2.0	2.14~3.65
	⑦II3-2	古河道⑦、⑨连通区	1.0	2.44~2.97
一般沉降防治区(III)	⑦I1-1 ⑦I1-2	正常沉积⑦、⑨不连通区	2.0	3.16~4.20
	⑦II2-3	正常沉积⑦、⑨连通区	1.5	2.59~3.27
	⑦II3-1	古河道⑦、⑨不连通区	1.5	2.49~3.55
	⑦II4-3	古河道⑦、⑨连通区	2.0	2.88~3.58
	⑦IV2 ⑦IV3	新近成陆区	2.0	3.30~4.28

图 7-76 深基坑减压降水（第Ⅰ承压含水层）地面沉降控制指标分布图

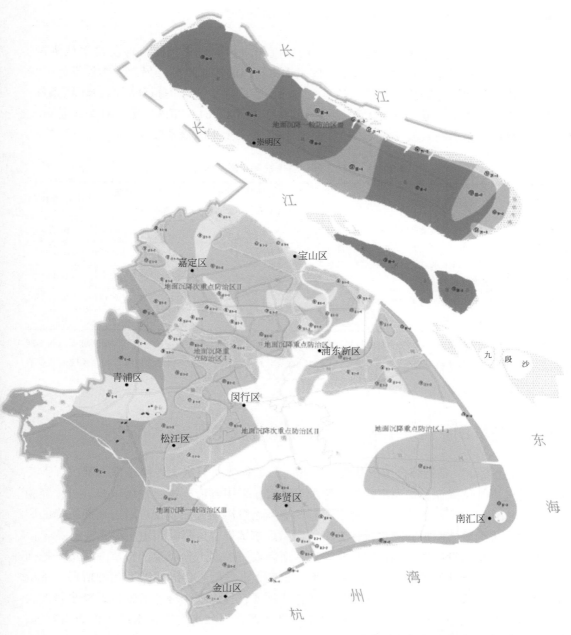

分区特征表

分区	地层特征		
	地层组合	含水层底板埋深(B)	
⑨Ⅰ-1	湖沼平原区	两层硬土层分区	B<60m
⑨Ⅰ-2			B>60m
⑨Ⅱ1-1	滨海平原正常沉积区	⑧层分布区	B<60m
⑨Ⅱ1-2			B>60m
⑨Ⅱ3-1	滨海平原古河道区	⑧层分布区	B<60m
⑨Ⅱ3-2			B>60m
⑨Ⅲ-1	河口沙岛区	无硬土层分布区	B<60m
⑨Ⅲ-2			B>60m
⑨Ⅳ-1	潮坪地貌区	新近成陆区	B<60m
⑨Ⅳ-2			B>60m
	一、二承压含水层沟通区	⑧层缺失区	

距基坑边界三倍挖深处(3H)沉降、降深控制指标表

沉降防治分区	双控分区	分区特征	3H控制点降深控制指标计算值/m	3H控制点沉降控制指标计算值/mm
重点沉降防治区(Ⅰ)	⑨Ⅱ1-2	正常沉积⑦、⑨不连通区	1.5	1.37~1.50
	⑨Ⅱ3-2	古河道⑦、⑨不连通区	1.0	1.54~1.68
次重点沉降防治区(Ⅱ)	⑨Ⅱ1-2	正常沉积⑦、⑨不连通区	2.0	1.82~2.01
	⑨Ⅱ3-2	古河道⑦、⑨不连通区	1.5	2.07~2.27
一般沉降防治区(Ⅲ)	⑨Ⅱ1-2	正常沉积⑦、⑨不连通区	2.0	2.27~2.53
	⑨Ⅱ3-2	古河道⑦、⑨不连通区	2.0	2.60~2.87

图 7-77 深基坑减压降水(第Ⅱ承压含水层)地面沉降控制指标分布图

在表7-32中，控制指标计算值仅从理论角度给出达到沉降控制目标所需水位降深，实际地面沉降控制管理时应结合多因素考虑，提出具体的控制指标。另外，本计算分区是以上海市地质条件为基础进行宏观分类，在实际工程中还应当考虑拟建区周边环境条件。根据上海市工程建设规范《基坑工程技术规范》（DGJ08—61—2018）第3.0.2条基坑工程的环境保护等级影响系数（表7-33），在表7-32基础上乘以该系数。

表7-33　基坑工程环境保护等级影响系数

环境保护对象	保护对象与基坑的距离关系	基坑工程的环境保护等级	影响系数
优秀历史建筑、有精密仪器与设备的厂房、其他采用天然地基或短桩基础的重要建筑物、轨道交通设施、隧道、防汛墙、原水管、自来水总管、煤气总管、共同沟等重要建（构）筑物或设施	$s \leqslant H$	一级	0.8
	$H < s \leqslant 2H$	二级	0.9
	$2H < s \leqslant 4H$	三级	1.0
较重要的自来水管、煤气管、污水管等市政管线，采用天然地基或短桩基础的建筑物等	$s \leqslant H$	二级	0.9
	$H < s \leqslant 2H$	三级	1.0

注：①H为基坑开挖深度，s为保护对象与基坑开挖边线的净距；②基坑工程环境保护等级可依据基坑周边的不同环境情况分别确定；③位于轨道交通设施、优秀历史建筑、重要管线等环境保护对象周边的基坑工程，还应遵照政府有关文件和规定执行。

7.5.2　基坑围护与工程降水一体化设计技术研究

"一体化设计"是指综合考虑基坑工程场区的工程地质与水文地质条件、基坑围护特征、坑外地下水位降深和地面沉降控制要求等因素，采用数值模拟、现场试验、工程经验等方法分析悬挂式帷幕条件下基坑降水引起的地下水渗流场特征以及对周边地面沉降的影响，提出最优的基坑围护和降水设计方案，以满足基坑外水位降深和地面沉降控制要求。

基坑围护结构设计以结构稳定性为首要考虑因素，根据工程经验围护插入基坑开挖面以下深度通常为基坑开挖深度的0.8～1倍。在该设计原则下会出现以下几种情形：基坑围护结构为落底式帷幕；基坑围护结构为悬挂式帷幕，且隔水帷幕底部较接近降水目的含水层底板；基坑围护结构为悬挂式，且隔水帷幕底部距离降水目的含水层底板距离较远，或基坑围护结构为敞开式帷幕。

7.5.2.1　一体化设计技术路线

一体化设计的技术路线如图7-78所示。

在大量基坑工程现场试验基础上，采用Visual MODFLOW专业软件对悬挂式帷幕条件下降水渗流规律做出理论分析，并对降水诱发的土体沉降规律做出初步探索，同时通过建立准确的水文地质渗流模型，来模拟预测基坑降水诱发的沉降规律。采用系统工程方法，对一体化设计的技术前提、一体化设计的基坑渗流理论基础、一体化设计的流程和方法，进行全面的探索，以形成完整的一体化设计技术。

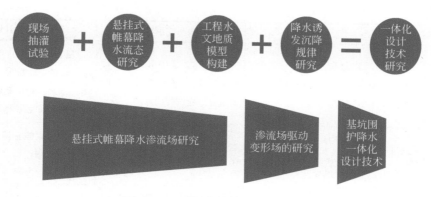

图 7-78　一体化设计技术路线框图

7.5.2.2　一体化设计原则

一体化设计要满足基坑安全和环境变形要求，安全且经济合理。一体化设计的对象是悬挂式帷幕条件下的基坑降水工程，隔水帷幕和降压井过滤器伸入到下部承压含水层中的位置对降水目的含水层及相邻含水层、隔水层中的渗流形态具有重要影响，由此引起的坑外水位变化和地面变形也是不同的。一体化设计具体原则有以下几点。

（1）当隔水帷幕进入承压含水层顶板以下的长度 L 不小于承压含水层厚度的 1/2，或不小于 10.0m，隔水帷幕对基坑内外承压水渗流具有明显的阻隔效应。

（2）对于坑内减压降水，降压井过滤器底端深度应小于隔水帷幕底端深度，以保证坑内水位降深满足设计要求的前提下，坑外水位降深较小，降水引起的坑外地面变形也较小；降压井滤管底端与隔水帷幕底端的高差（Δ）宜满足：当坑内承压水位降深设计值大于 10m 时，$\Delta \geqslant 5.0\text{m}$；当坑内承压水位降深设计值介于 $5.0 \sim 10.0\text{m}$ 时，则 $3\text{m} \leqslant \Delta < 5.0\text{m}$；当坑内承压水位降深设计值小于 5.0m，$1.0\text{m} \leqslant \Delta < 3.0\text{m}$。

（3）根据深基坑工程地质结构分区和综合分区，重点考虑滨海平原区，从地层沉积特征、降水与变形特征角度，在对滨海平原区所属综合分区中各细化分区经过合理概化和分类后，提出了深基坑一体化设计的原则及设计要点，详见表 7-34。

表 7-34　概化分区特征及一体化设计分区表

概化分区		土层组合特征	降水与变形特征	一体化设计原则
正常地层区域（⑥层分布区）	Ⅰ	⑦层与⑨层间有⑧层分布；⑦层垂向土性差异大	深部⑦层降水对浅部土层变形影响较小，对沉降控制有利	当基坑开挖深度超过 25m 时，帷幕应尽可能隔断⑦层含水层，进入⑧₁层形成封闭式降水
	Ⅱ	⑦、⑨层相连，缺失⑧层；⑦层垂向土性差异大		形成悬挂式帷幕降水，Δ 满足第 2 条原则；充分考虑⑦层垂向差异性

续表

概化分区		土层组合特征	降水与变形特征	一体化设计原则
古河道区域（⑥层缺失区）	Ⅲ	有⑤₂层分布，但⑤₄层缺失；部分区域⑤₂层与⑦层相连，且有⑧层分布	应考虑⑤₂、⑦层水头下降后引起的⑤₃、⑧层的压缩变形对坑外地面沉降的影响	⑤₂层富水性差，单井出水量小，帷幕应隔断⑤₂层，形成封闭式降水；对于第⑦层应根据具体情况确定是否需要隔断
	Ⅳ	有⑤₂层分布，局部⑤₂层与⑦层相连；⑦层与⑨层相连；承压含水层总厚度巨大	含水层厚度极大，降水难度大，变形控制不利	形成悬挂式帷幕降水，Δ 满足第 2 条原则；充分考虑⑦层垂向差异性
	Ⅴ	⑤₂层缺失，但分布有深厚的⑤₃层和⑤₄层；⑦₂层顶板埋深约40m；有⑧层分布	⑦层降水时，⑤₃层及⑤₄层黏性土替代⑥层对上部软土层起渗流阻隔作用，对沉降控制较有利	应充分考虑⑤₃层的砂性土透镜体中地下水的影响；帷幕应进入⑦层一定深度，形成悬挂式降水
	Ⅵ	⑤₂层缺失；⑦层埋深约45m；⑦层、⑨层相连	含水层埋深大，降深相对较小，对沉降控制有利	形成悬挂式帷幕降水，Δ 满足第 2 条原则

（4）一体化方案比选时，应以抽水量为控制标准，帷幕深度与减压井滤管的设置应使得基坑涌水量最小化，在工程造价相差不多的情况下使降水对周边环境的影响减小到最低。

7.5.2.3　一体化设计流程

一体化设计流程首先对基坑工程地下水控制风险进行预分析，判断工程重点和难点，然后从工程水文地质类比法、地面沉降控制成果和现场水文地质勘察等 3 条不同路线来开展研究工作，通过查明场地水文地质条件和水文地质参数特征，对类似工程采用的帷幕与降水形式进行对比分析，根据地面沉降分区控制标准所对应的沉降变形控制要求、现场试验结合数值理论计算以及渗流形态分析等确定可供选择的多种方案，再基于控制抽水量最小进行比选确定备选方案，最后通过现场验证试验对一体化设计成果进行验证。其具体流程可参考图 7-79。

7.5.2.4　一体化设计方法

在一体化设计时应注重对以往工程案例和研究成果的研究，通过已有类似工程和研究成果的分析为基坑工程一体化设计提供支撑。在已有成果和一体化设计原则的基础上通过水文地质勘察、隔水帷幕最佳插入比求解以及基于抽水量最小化的方案比选等方法进行一体化设计。

1. 水文地质勘察

目前工程降水设计基本依靠岩土工程勘察资料和工程经验进行，但岩土工程勘察无法提供一体化设计中数值模拟所需的多种水文地质参数和模型验证所需的数据。通过水文地质勘察可以查清基坑工程场区地下水埋藏、分布、补给、径流和排泄条件，以及降水目的

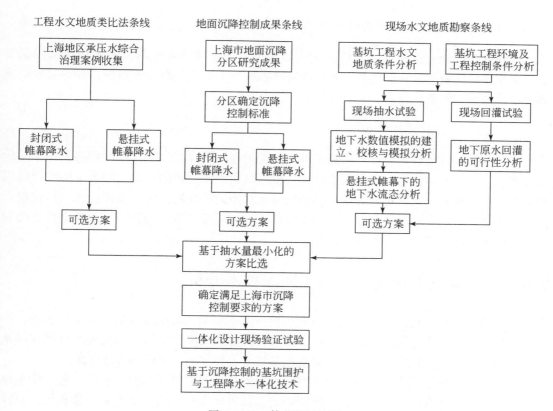

图 7-79　一体化设计流程

含水层的厚度、渗透系数、给水度、单井涌水量、静止水位、抽水影响半径、水质等，而且抽水试验还可为数值模型的验证提供数据支持。抽水试验引起的地面沉降数据可为一体化设计中地面沉降分析提供参考。

2. 隔水帷幕最佳插入比求解

隔水帷幕插入降水目的含水层深度越深，其挡水效果越明显，但当隔水帷幕超过一定深度（最佳插入比）后再增加隔水帷幕深度其挡水效果增加开始不明显，因此，从经济、技术角度考虑隔水帷幕插入目的含水层深度宜以最佳插入比为下限。隔水帷幕最佳插入比可通过数值模拟进行求解，数值模拟求解过程中降水井设计可选择多种井深，最终求解得到不同井深时隔水帷幕最佳插入比。

3. 基于抽水量最小化的方案比选

以隔水帷幕最佳插入深度进行围护结构设计虽然对坑外水位和地面沉降控制较为有利，但并不是最经济的，而且有些情况下并不一定能够求解出隔水帷幕的最佳插入比。因此，一体化设计还需考虑降水井设计对整体设计的影响，并以基坑内抽水量最小为方案比选依据。

4. 基坑围护与工程降水设计与评估

依据上述设计方法拟定的设计方案，如果不能满足坑外水位降深和地面沉降控制要求，则需要突破隔水帷幕最佳插入比的限制或采取地下水人工回灌等措施，并对采取措施后的设计方案进行重新评估。

7.5.2.5　一体化设计验证

按一体化设计流程和设计方法拟定的基坑围护与工程降水方案，在围护施工完毕后应对方案中采用的井结构进行现场验证试验，检验其出水量是否满足设计要求，同时对渗流模型参数进行校正，以便更客观地反映基坑降水对周边环境的影响，从而验证一体化设计的合理性和可行性。在降水井施工过程中应加强施工质量的监督与管理，落实设计意图和方案，保证一体化设计技术的成功应用。

7.5.3　深基坑工程地下水人工回灌技术分析

实践证明，在上海地区采用人工回灌是抬升地下水位、防治地面沉降的有效手段，在深基坑工程中，如无法通过增加隔水帷幕插入目的含水层深度来满足基坑外水位降深和地面沉降控制要求时，地下水人工回灌是控制基坑外水位和地面沉降的有效手段。

深基坑工程地下水人工回灌是与深基坑工程密切相关的浅部承压含水层，包括微承压含水层和第Ⅰ承压含水层。与以往广泛开展的深部承压含水层地下水人工回灌相比，对浅部承压含水层进行人工回灌较为困难，主要是由于回灌目的含水层颗粒较细，多为粉土、粉砂、粉细砂，并夹有黏性土颗粒，含水层渗透性较差，且地下水位较高。

7.5.3.1　深基坑工程地下水人工回灌必要性与可行性

目前很多深基坑工程中都将地下水人工回灌作为控制基坑外水位降深和地面沉降的重要手段，但取得的效果良莠不齐。因此，在进行地下水人工回灌设计前需要进行必要性和可行性分析，在有必要和可行的情况下才能将地下水人工回灌作为深基坑工程地面沉降防治的措施。

地下水人工回灌应在通过经济、技术手段优化基坑围护和降水设计后仍无法满足地面沉降和水位降深控制指标时才建议使用。这主要是由于地下水人工回灌效率还较低，回灌效果不确定性因素较多，而且人工回灌会对基坑降水造成一定影响。

地下水人工回灌的可行性主要包括水文地质条件、场地、回灌水源以及对降水的影响等是否能够满足要求。水文地质条件主要包括含水层的厚度、渗透性、水位等因素是否适合进行人工回灌，当含水层较薄、夹黏性土较多、渗透性较差、水位较高时会导致回灌效率较低，此时应考虑回灌的可行性问题。场地因素对回灌可行性的影响在中心城区表现较为明显，在城区很多深基坑工程的围护结构紧挨建设红线，没有场地布设回灌井。在部分深基坑工程中，由于施工需要原有供水管线被拆除，只铺设有小口径供水管路，供水无法得到保障。人工回灌通常会削弱降水设计的降水能力，严重时导致原有降水设计无法达到设计水位降深，此时不宜考虑人工回灌方法。

7.5.3.2　深基坑工程地下水人工回灌系统

深基坑回灌系统包括深基坑降水—回灌运行系统和监测系统，其中运行系统又包括回灌井井结构系统、地下水水质处理系统、抽灌管路系统以及水位监测系统等。

深基坑管井回灌一般属临时措施性工程，其运行控制时间较短，在回灌井材质、施工等方面应充分考虑其经济性；同时需注意虽然其运行控制时间较短，但回灌井的开启时间及运行时间受到严格的控制。有时因基坑场区空间狭小，坑外又往往存在各类建（构）筑物，回灌管井在空间上的布设受到众多制约。深基坑回灌中的目的承压含水层一般水头高且其含水层顶板埋深浅，回灌井的极限回灌压力较小，如未能有效控制回灌压力，宜造成回灌水从井底反渗出地表。回灌井的设计与基坑降水井的设计是一个完整的系统设计，回灌井作为保护环境的一项补充措施，同时应考虑回灌对坑内降水的影响。

7.5.3.3　深基坑工程地下水人工回灌技术

深基坑地下水人工回灌中存在的主要问题有回灌井布设间距、回灌井结构设计和回灌对基坑降水影响等。

1. 回灌井布设

回灌设计很多是在降水设计之后，有的甚至在降水井施工之后进行，因此回灌井的布设需要考虑回灌对已有降水设计降水能力的影响。回灌对于降水影响控制主要通过调整回灌井和基坑距离来控制。《基坑工程技术规范》（DG/TJ08—61—2010）要求回灌井距离降水井距离不宜小于 6m，但由于降水与回灌受地层、基坑工程等因素影响，而且在基坑降水、人工回灌和隔水帷幕等多因素影响下地下水将呈现复杂的三维流状态，因此，回灌井与基坑间的距离宜通过现场试验和数值模拟等方法进行确定，通常情况可将回灌井设置在距基坑 $2H$ 处。回灌井布设间距主要受回灌影响半径和基坑降水强度影响，可以通过现场试验、数值模拟、工程经验以及多方法联合等途径确定。

2. 回灌井结构设计

合理的井管结构设计及正确的成井施工是确保有效回灌的前提。根据工程经验，回灌井设计井深一般同降水井井深，且为提高回灌效率、减小回灌对坑内减压降水的影响，回灌井井深宜浅于隔水帷幕深度；回灌井孔径大多为 650mm 或 800mm，井径为 273mm 或 325mm；滤水管段常采用扩大孔径。回灌井需要进行回填止水。

3. 地下水人工回灌实施

1）回灌方式

在深基坑工程中，根据回灌压力的不同可以分为自然回灌、真空回灌和压力回灌，其中压力回灌在浅部承压含水层中回灌效率最高，尤其当含水层渗透性较差、水位较高时自然回灌和真空回灌很难将水回灌入地层中，只有压力回灌才能实现较高的水头差，提高回灌量。

2) 回灌水源

基坑工程中地下水人工回灌水源有自来水和原水, 其中又以自来水回灌为主, 这主要是由于自来水水质有保障, 不会对地下水造成污染以及不易对回灌井滤水管造成堵塞, 而且自来水回灌所需设备较少, 易于实现。原水回灌是指采用降压井抽出的地下水作为回灌水源, 但由于浅部承压含水层地下水中铁、锰含量通常较高, 当地下水被抽出后铁、锰氧化形成的沉淀以及絮状物容易引起回灌井滤网堵塞, 因此原水回灌通常需要对原水进行除铁、锰处理。

7.5.4　深基坑工程地面沉降监测技术分析

7.5.4.1　监测内容

深基坑工程地面沉降防治的监测内容主要包括水位、水量、地面沉降、孔隙水压力和土体分层沉降等。其中水位、水量和地面沉降监测为深基坑工程的必测内容, 孔隙水压力和土体分层沉降监测可作为深基坑工程的选测内容。

7.5.4.2　监测方法与技术

1. 地下水位监测

基坑内水位可直接通过基坑内观测井或备用井进行地下水位观测, 基坑外地下水位观测井宜布置在距基坑 $3H$ 处, 当没有条件时可布置在距基坑 $3H$ 以内区域, 但要求观测井能够反映目的观测区域地下水位变化。地下水位可采用人工测量或自动化水位监测仪进行监测。减压降水期间监测频率不低于 1 次/天, 必要时应加密监测。

2. 水量监测

通过在降压井排水管路中安装流量表的方法进行监测水量。减压降水期间测量频率不低于 1 次/天, 必要时应加密监测。

3. 地面沉降测量

地面沉降监测点布设技术要求应符合上海市工程建设规范《地面沉降监测与防治技术规程》(DG/TJ08—2051—2008) 和《基坑工程施工监测规程》(DG/TJ08—2001—2006) 的相关要求。地面沉降测量采用精密水准测量, 测量精度不低于二等水准测量精度。减压降水期间测量频率不低于 1 次/天, 必要时应加密监测。

4. 土体分层沉降监测

土体分层沉降监测可通过分层标组进行测量, 分层标组宜布置在距基坑不小于 $3H$ 位置, 以避免土体水平位移对于测量结果的影响。分层标组测量精度不低于二等水准测量精度，减压降水期间测量频率不低于 1 次/天，必要时应加密监测。

5. 孔隙水压力监测

孔隙水压力监测可采用振弦式或气压式孔隙水压力计。孔隙水压力计应布设在地下水位和地面沉降监测剖面上，位置宜靠近分层标组，埋设深度宜与分层标组监测土层相适应，以便于数据对比分析。减压降水期间测量频率不低于 1 次/天，必要时应加密监测。

7.5.4.3　监测范围

在建设工程中基坑周边环境监测主要是针对明显受工程施工影响的建（构）筑物进行监测，监测范围分为地面沉降常规监测区和地面沉降重点控制区（表 7-35）。《地面沉降监测与防治技术规程》（DG/TJ08—2051—2008）中的要求更符合基坑工程地面沉降的规律和深基坑减压降水地面沉降控制要求。

表 7-35　建设工程地面沉降监测范围分区表

建设工程类型		监测范围	监测范围分区	
			地面沉降常规监测区	地面沉降重点控制区
基坑工程	隔水帷幕完全阻断降水目的层	3H	0~3H	—
	隔水帷幕非完全阻断降水目的层　坑内降水	6H	0~3H	3H 以外
	坑外降水	10H		

7.5.4.4　监测预警

基坑周边地面沉降控制指标是依据基坑工程等级和周边保护设施适应地面沉降的能力来确定的。如《基坑工程施工监测规范》（DG/TJ08—2001—2006）（表 7-36）和《基坑工程技术规范》（DG/TJ08—61—2010）（表 7-37）中，基坑周边环境监测报警值的设定都依据了上述规范指标，而且控制指标均达到或超过 10mm。显然技术标准中的监测预警值与深基坑减压降水地面沉降控制指标提出的依据是不同的，不适合作为深基坑工程地面沉降防治指标。

表 7-36　基坑工程周边环境监测报警值

监测对象　项目	变化速率/(mm/d)	累积值/mm	备注
煤气、供水管线位移	2	10	刚性管道
电缆、通讯管线位移	5	10	柔性管道
地下水水位变化	300	1000	
邻近建（构）筑物位移	1~3	20~60	根据建（构）筑物对变形的适应能力确定

注：引自上海市工程建设规范《基坑工程施工监测规范》（DG/TJ08—2001—2006）。

表 7-37　基坑工程周边环境监测报警值

基坑工程环境 保护等级 监测项目	一级		二级		三级	
	变化速率 /(mm/d)	累积值 /mm	变化速率 /(mm/d)	累积值 /mm	变化速率 /(mm/d)	累积值 /mm
地面最大沉降量	2~3	0.15%H	3~5	0.25%H	5	0.55%H
地下水水位变化	变化速率：300mm/d，累积值：1000mm					

注：①引自上海市工程建设规范《基坑工程技术规范》（DG/TJ08—61—2010）；②H 为基坑开挖深度（m）。

深基坑工程地面沉降防治的监测预警应包括水位降深和地面沉降两方面，根据深基坑工程周边地面沉降特征，距基坑 $3H$ 以内范围仍可沿用《基坑工程施工监测规范》（DG/TJ08—2001—2006）和《基坑工程技术规范》（DG/TJ08—61—2010）的相关内容，而对于因减压降水引发的水位降深和地面沉降应制定符合减压降水特征的预警值。监测预警的控制点可以同地面沉降控制的关键控制点，选取 $3H$ 处作为监测预警的控制点。监测预警值包含变化速率预警值和累积预警值，其中累积预警值可在水位降深和地面沉降控制指标的基础上做适当折减，变化速率预警值则需要对深基坑减压降水过程中水位和地面沉降的时空变化规律做进一步的分析和研究。

7.5.5　深基坑减压降水地面沉降防治管理措施

7.5.5.1　地面沉降防治管理体制

1. 地面沉降防治法规及管理规定

上海地区于 2013 年 7 月 1 日起实施了《上海市地面沉降防治管理条例》，进一步规范了上海地区地面沉降防治工作。由于《条例》实施的时间尚短，相关落实工作还有待进一步加强。《上海市地质灾害危险性评估管理规定》（沪规土资矿规〔2013〕446 号）即是《条例》落实工作中重要的一步。该规定就《条例》中地面沉降危险性评估问题给出了具体的操作流程和管理规定，使得地面沉降危险性评估能够真正得到落实和有效执行。

在工程建设和水资源管理方面与地面沉降防治有关的主要有《上海市深基坑工程管理规定》和《上海市取水许可和水资源费征收管理实施办法》两部行政性管理文件。于 2006 年 4 月 15 日实施的《上海市深基坑工程管理规定》中要求对深基坑工程引起的邻近建（构）筑物、道路、管线等周围环境进行保护，采取措施减小深基坑工程对周边环境的影响。该规定强调了深基坑工程对周边建（构）筑物、道路、管线的影响，忽视了深基坑减压降水引发的更大范围的地面下沉对区域地面沉降的贡献，需要补充、完善深基坑减压降水引发地面沉降防治的相关内容，明确基坑工程在采取减压降水法施工时必须考虑减压降水对周边地面沉降的影响，采取减小基坑周边地面沉降的防治措施。

在水资源管理方面于 2014 年 2 月 1 日施行的《上海市取水许可和水资源费征收管理实施办法》中，对上海市取水施行总量控制，对建设项目取水要求进行水资源论证。对地下水开采实施严格控制，对区域性地面沉降控制具有重要作用。上海地区深、大基坑的累积抽水量可以达到几十万立方米，深基坑工程对地下水的影响是巨大的，有必要进行水资源论证，对抽水量较大的深、大基坑工程施行水资源论证制度，并对抽、排地下水征收水资源费，迫使施工单位自发地减少基坑减压降水量。

2. 地面沉降防治技术标准

上海地区与深基坑工程地面沉降监测、防治有关的工程建设规范普遍存在现有技术标准不适应深基坑减压降水引发的地面沉降监测和防治要求，需进行修编和完善。

《建设项目地质灾害危险性评估技术规程》（DGJ08—2007—2006）（以下简称《规程》）是目前正在使用的地质灾害危险性评估的技术标准，该规程自 2007 年 3 月 1 日实施，对地面沉降防治起到了重要的作用。但由于《规程》制定之时地面沉降情况与现在有了较大的变化，以往深部承压含水层地下水开采是引发地面沉降的主要原因，而且《规程》制定时地面沉降量普遍较大，因此《规程》重点要求评估区域地面沉降对建设项目的影响。现阶段深基坑工程对地面沉降的影响越来越显著，《规程》中缺少对深基坑工程引发地面沉降的危险性评估的具体方法和相应的防治措施。因此推进《规程》的修订将会规范和完善基坑工程引发地面沉降危险性评估工作。

《地面沉降监测与防治技术规程》（DG/TJ08—2051—2008）、《基坑工程施工监测规范》（DG/TJ08—2001—2006）是目前基坑工程中与地面沉降监测有关的主要规范，这两部规范都对基坑工程引起的地面沉降监测和防治做出了相应规定，相比较前者更注重深基坑工程引发的地面沉降监测和防治，后者则更注重对基坑周边建（构）筑物、管线、隧道等的沉降监测和保护。这两部规范对于地面沉降防治均有不足，前者没有就地面沉降防治给出具体控制指标，而且目前没有在工程建设中普遍使用；后者在监测范围、预警值的设定等方面不适应于地面沉降防治要求，因此应对两部规范进行进一步的完善。

《基坑工程技术规范》（DG/TJ08—61—2010）从地面沉降影响、防治措施和监测等方面较为全面地对基坑工程引发的地面沉降特征和防治进行了阐述，对深基坑引发的地面沉降防治具有一定的价值。但由于其关注的重点依然是基坑自身和周边保护设施的安全，所以其防治、监测方法和内容以及地面沉降报警值等无法满足深基坑工程减压降水引发的地面沉降防治。

3. 地面沉降防治规划

自上海市地面沉降"十一五"防治规划实施以来，上海地面沉降防治进入了规范化、科学化、高效化的轨道。上海市地面沉降防治规划有助于完善地面沉降防治管理机制，加强部门间合作，促进地面沉降监测、防治及预警机制建设。防治规划是根据上海市国民经济和社会发展规划编制的总体要求，在总结地面沉降规律和影响因素的基础上编制的，反映了国民经济发展对于地面沉降控制的要求，确定了地面沉降防治的目标。目前已经实施的上海市地面沉降"十二五"防治规划提出在"十二五"期间全市年平均地面沉降量控制在 6mm 以下的目标，并制定了工作计划和保障措施。在地面沉降"十三五"防治规划中进一步深化深基坑工程地面沉降防治规划，建立市规划国土资源、市建设交通和市水务等行政管理部门间的地面沉降防治定期工作会议制度，完善各部门间的联动工作机制；推动与地面沉降防治相关的管理办法或规定的修改和完善；推进与深基坑工程地面沉降防治相关技术标准的修编；加强对深基坑工程引发地面沉降的调查，为深基坑工程地面沉降防治提供数据支持；设立深基坑工程地下水人工回灌技术专题研究，进一步强化地下水人工回灌在深基坑工程中的应用。

7.5.5.2　深基坑工程地面沉降防治管理

深基坑工程地面沉降防治管理应包括与深基坑工程地面沉降防治有关的全过程的管理，包括事前管理、事中管理和事后管理。

加强事前管理，对深基坑工程地面沉降危险性进行评估。通过建设项目场区地质环境背景、主要地质灾害现状分析和发展趋势预测，针对地质灾害对工程建设可能产生的影响进行评价与综合分析，提出有针对性的防治对策；同时对工程建设可能加重或诱发地质灾害的可能性进行评价，使新建设项目避免遭受已有地质灾害的影响，同时避免建设项目加重或诱发地质灾害的发生，从而保障城市建设的健康发展。地面沉降是上海地区主要的地质灾害之一，具有缓变性特点，需要通过仪器测量进行监测，通过强有力的技术管理措施来加强深基坑工程引发的地面沉降危险性评估工作。

强化事中管理，从深基坑工程设计、施工、降水、地面沉降监测等方面实施严格监管。深基坑工程设计必须按照国家和上海市有关规范、标准、规定进行，并提出预防和降低对邻近建筑物、构筑物、道路、管线等周围环境造成损害的技术要求和措施，完善深基坑工程设计审查。在深基坑工程施工过程中，建立地面沉降防治措施落实的监督、检查机制，建立相应的管理机制严格控制施工进度，缩短减压降水周期。控制深基坑施工降水量，建立基坑工程监测信息管理系统，实施深基坑工程地面沉降监测。必要时需对深基坑工程实施地下水人工回灌，控制地面沉降过大引起的环境问题。

完善事后管理，当每个深基坑工程施工结束后，建设单位应当按规定将地面沉降影响监测资料汇交至市规划与自然资源行政管理部门，便于进行区域性地面沉降的研究和防治规划及治理工作，为政府决策提供依据。

第8章　重点区域工程地质调查与评价及环境效应

上海有"万国建筑博览群"之称，既有中外闻名的外滩，也有高耸入云的上海中心、环球国际金融中心、金茂大厦等，这些高层和超高层建筑的建设都离不开场地的工程地质调查工作。近些年来，随着上海城市发展布局的调整，围绕国际经济中心、国际金融中心、国际贸易中心、国际航运中心和国际科技创新中心"五个中心"建设，全方位提升上海市的核心竞争力。为适应上海市建设发展的需要，工程地质调查工作必须先行。在全面了解上海市工程地质环境的基础上，选取了上海市世博会会址区、临港新城和虹桥商务区等重点建设区域进行研究。

8.1　上海世博会会址区

8.1.1　会址区规划特征

世博会会址区位于上海市黄浦区和浦东新区交汇处，黄浦江两岸滨水区域，总面积 5.28km²，其中浦西 1.35km²，浦东 3.93km²。浦西部分界于南浦大桥和卢浦大桥之间，浦东部分北部以南浦大桥为界，向南至原上钢三厂厂区，如图 8-1 所示。场地工程地质调查以规划区为中心适当向外围扩展，研究区总面积达到 25km²。

世博会会址主要由核心区、浦东的东片区和浦西的西片区、配套服务区和风格协调区组成。在这些区内集中了主要的地面建筑，如主题馆、中国国家馆、部分外国国家自建馆、联合馆、会议中心和演艺中心等，地面建筑物以 1~3 层为主。

会址区内的工程建设以多层地下空间开发为特点，地下空间开发深度 2~3 层，建有大空间地下交通枢纽、地下车库、地下商场、地下城及地下市政设施等。附近有 5 条轨道交通线路直接或间接与世博会会址区相连，分别是地铁 4 号线、5 号线、7 号线、8 号线和 9 号线。

8.1.2　会址区工程地质条件

8.1.2.1　地基土的构成与特征

会址区工程地质调查采用横波勘探和钻探及原位测试等手段，以全面了解浅部地层变

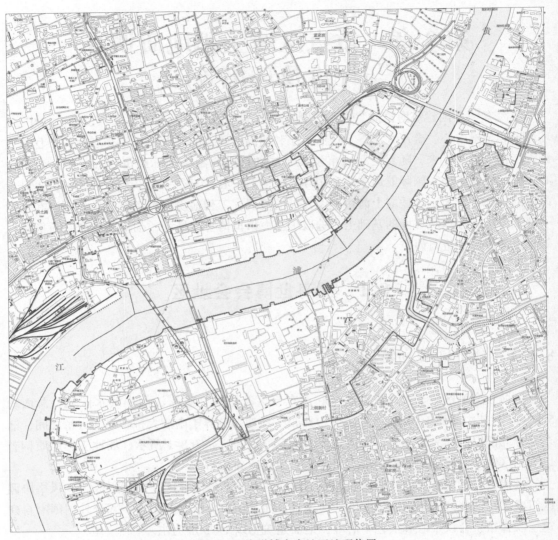

图 8-1　上海世博会会址区地理位置

化情况。根据钻探及原位测试调查结果，在所揭露深度 110m 范围内地基土均属第四系沉积物，主要由软土、黏性土、粉性土和砂土组成。根据土的结构特征和土体物理力学指标等综合分析，将地基土层共划分为 10 个工程地质层及分属不同层次的亚层，整个世博会会址区工程地质分层参见表 8-1。会址区典型地段工程地质剖面如图 8-2 所示。会址区工程地质分区分为 Ⅰ 区、Ⅱ 区，各层物理力学指标及分区指标统计结果参见表 8-2a ~ 表 8-2c。

表8-1　世博会会址区工程地质层划分简表

地质时代		工程地质层	土层名称	层号	层顶标高/m	成因类型	分布状况
全新世 Q_h	Q_h^q	填土层	杂填土、素填土	①$_1$	7.21 ~ -0.19	人工	遍布
		浅部砂层	灰色粉性土	②$_0$	2.55 ~ -2.65	河口相	江滩土，分布于黄浦江两岸区域
		表土层	褐黄色黏性土、灰黄色粉质黏土	②$_1$ ②$_2$	3.85 ~ 0.78	滨海—河口相	黄浦江两岸、暗浜区或厚填土区域缺失
		浅部砂层	灰色粉性土	②$_3$	3.09 ~ -4.80	河流相	局部分布
		软土层	灰色淤泥质粉质黏土	③	2.41 ~ -5.41	滨海—浅海相	除②$_0$层分布区缺失或变薄外均有分布
		浅部砂层	灰色砂质粉土	③$_a$	1.45 ~ -3.42	滨海—浅海相	呈透镜体状分布
	Q_h^s	软土层	灰色淤泥质黏土	④	-1.34 ~ -11.66	滨海—浅海相	除②$_0$层发育较厚地区缺失外均有分布
	Q_{h_1}	一般黏性土层	灰色黏性土	⑤$_{1-1}$ ⑤$_{1-2}$	-8.08 ~ -16.86 -10.69 ~ -24.51	滨海—沼泽相	全区均有分布
		中部砂层	灰色砂质粉土	⑤$_2$	-10.97 ~ -27.89	溺谷相	主要发育于古河道区域
		一般黏性土层	灰色—褐灰色黏性土	⑤$_3$	-13.77 ~ -44.32	溺谷相	
晚更新世 Q_{P_3}	$Q_{P_3}^n$	次生硬土层	灰绿色黏性土	⑤$_4$	-24.02 ~ -49.31	溺谷相	受古河道切割影响分布不稳定
		硬土层	暗绿色黏性土	⑥	-18.80 ~ -43.90	河口—湖泽相	
		下部砂层	草黄色砂质粉土、灰黄色—灰色粉砂	⑦$_1$ ⑦$_2$	-21.97 ~ -49.19 -23.30 ~ -57.68	河口—滨海相	全区均有分布，部分地区受古河道影响顶部埋藏深度变化较大
	$Q_{P_3}^c$	含水砂层	灰色粉砂、青灰色粉细砂	⑨$_1$ ⑨$_2$	-38.67 ~ -73.55 -59.47 ~ -83.25	滨海—河口相	全区遍布
中更新世 Q_{P_2}	$Q_{P_2}^j$	硬土层	蓝灰色黏性土	⑩	-74.99 ~ -97.59	河口—湖泽相	广泛分布

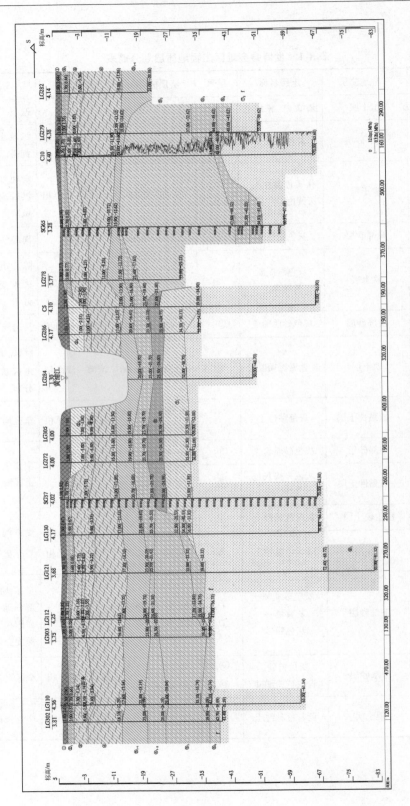

图 8-2　世博会会址区典型地段工程地质剖面图

表8-2a　世博会会址区工程地质层物理力学参数统计表（整个规划区）

土层号	土层名称	颗粒组成/mm						含水量 w %	容重 γ kN/cm³	孔隙比 e_0	塑性指数 I_p	液性指数 I_L	渗透系数		直剪固快（峰值）		压缩系数 $a_{0.1-0.2}$ MPa⁻¹	压缩模量 $E_{s_{1.1+1}}$ MPa	标准贯入阻力 $N_{63.5}$ 击	静力触探试验	
		>2 %	2~0.5 %	0.5~0.25 %	0.25~0.074 %	0.074~0.005 %	<0.005 %						K_V cm/s	K_H cm/s	黏聚力 kPa	内摩擦角 (°)				锥尖阻力 q_c MPa	侧壁摩阻力 f_s kPa
①₁	填土																			0.09	0.5
②₀	灰色砂质粉土				4.4	86.3	9.4	34.4	18.0	0.98			1.53×10^{-5}	3.72×10^{-5}	7	29.5	0.30	7.13	6.2	1.48	17.0
②₁	褐黄色黏性土							31.8	18.6	0.90	15.2	0.77	3.44×10^{-7}	8.22×10^{-7}	19	19.5	0.43	4.70		0.60	20.2
②₃	灰色砂质粉土				5.3	85.5	9.3	39.2	17.7	1.09					5	35.0	0.25	8.11			
③₁	灰色淤泥质粉质黏土							41.6	17.5	1.17	14.4	1.51	1.03×10^{-6}	4.55×10^{-6}	12	19.0	0.78	3.10	2.3	0.50	8.6
③₂	灰色砂质粉土				11.0	79.0	10.0	35.3	18.2	0.98					4	34.5	0.33	6.65		1.27	17.7
③₃	灰色淤泥质粉质黏土							44.1	16.9	1.31	12.3	1.98			15	12.0	0.98	2.21		0.49	8.1
④	灰色淤泥质黏土							48.9	16.8	1.38	20.1	1.34	2.18×10^{-7}	4.05×10^{-7}	12	11.5	1.1	2.25		0.56	8.4
⑤₁₋₁	灰色黏土							37.6	17.7	1.09	17.8	0.94	1.93×10^{-7}	2.99×10^{-7}	15	16.0	0.58	3.7		0.79	11.3
⑤₁₋₂	灰色粉质黏土							34.9	17.9	1.01	14.8	1.01	6.32×10^{-7}	2.46×10^{-6}	13	21.0	0.45	4.69		1.06	15.9
⑤₂	灰色粉砂				31.9	61.9	5.6	32.1	18.0	0.95			4.17×10^{-5}	1.12×10^{-4}	5	31.5	0.25	8.98	21.6	4.17	73.0
⑤₃	灰色-褐灰色粉质黏土							33.5	17.9	0.99	14.6	0.89	2.51×10^{-6}	6.45×10^{-6}	15	22.0	0.42	4.89	19.2	2.00	25.9
⑤₄	灰绿色粉质黏土							21.7	19.9	0.63	14.7	0.26			39	17.5	0.21	8.50			
⑥	暗绿色黏土							23.4	19.7	0.68	15.5	0.24			41	20.5				2.05	60.1
⑦₁	草黄色砂质粉土			0	27.5	67.5	4.8	27.7	18.8	0.80			2.66×10^{-5}	6.57×10^{-5}	6	33.0	0.15	12.52	29.7	9.74	152
⑦₂	黄色一灰色粉砂		0.1	0.6	62.9	32.4	2.8	26	19.0	0.76			7.66×10^{-5}	2.26×10^{-4}	3	34.0		15.28	>50	19.04	212.0
⑨₁	青灰色粉砂	0.3	0.4	2.2	70.2	16.0	1.7	24.6	19.2	0.71					2	35.0		18.39	>50		
⑨₂	细砂	3.6	11	7	59.4	14.7	2.0	20.9	19.5	0.63					8	34.0		16.6	>50		
⑩	蓝灰色粉质黏土							26	19.4	0.73					7	29.0	0.29	5.89			
⑪	青灰色粉细砂	2.2	6.2	5.9	56.6	18.7	1.8	19.6	19.8	0.6					0	37.5	0.12	14.54	>50		

表 8-2b 世博会址区工程地质层层物理力学参数统计表（第 I 工程地质区）

土层层号	土层名称	颗粒组成 >2 (%)	颗粒组成 2~0.5 (%)	颗粒组成 0.5~0.25 (%)	颗粒组成 0.25~0.074 (%)	颗粒组成 0.074~0.005 (%)	颗粒组成 <0.005 (%)	含水量 w (%)	容重 γ (kN/cm³)	孔隙比 e_0	塑性指数 I_p	液性指数 I_l	渗透系数 K_V (cm/s)	渗透系数 K_H (cm/s)	直剪固快(峰值) 黏聚力 (kPa)	直剪固快(峰值) 内摩擦角 (°)	压缩系数 $\alpha_{0.1-0.2}$ (MPa⁻¹)	压缩模量 E_{s1-2} (MPa)	标准贯入阻力 $N_{63.5}$ (击)	静力触探试验 锥尖阻力 q_c (MPa)	静力触探试验 侧摩擦阻力 f_s (kPa)
①$_1$	填土																			0.09	0.52
②$_0$	灰色砂质粉土				5.2	84.6	8.9	34.3	18.0	0.98			1.59×10^{-5}	3.87×10^{-5}	7.28	30.7	0.29	6.82	7	1.54	17.68
②$_1$	褐黄色黏性土							31.7	18.56	0.90	15.1	0.77			19.8	20.3	0.41	4.50		0.62	21.01
②$_3$	灰色砂质粉土				5.6	84.6	7.5	39.1	17.66	1.09			3.58×10^{-7}	8.55×10^{-7}	5.2	36.4	0.24	7.76		0.00	0.00
③$_1$	灰色淤泥质粉质黏土							41.5	17.47	1.17	14.3	1.5			12.5	19.8	0.75	2.97		0.52	8.94
③$_2$	灰色砂质粉土				12.0	78.0	9.0	35.2	18.16	0.98			1.07×10^{-6}	4.73×10^{-6}	4.16	35.9	0.32	6.36	3	1.32	18.41
③$_3$	灰色淤泥质粉质黏土							44	16.87	1.31	12.2	1.97			15.6	12.5	0.94	2.11		0.51	8.42
④	灰色淤泥质黏土							48.8	16.77	1.38	20	1.33	2.27×10^{-7}	4.21×10^{-7}	12.5	12.0	1.05	2.15		0.58	8.74
⑤$_{1-1}$	灰色黏土							37.5	17.66	1.09	17.7	0.93	2.01×10^{-7}	3.11×10^{-7}	15.6	16.6	0.55	3.54		0.82	11.75
⑤$_{1-2}$	灰色粉质黏土							34.8	17.86	1.01	14.7	1	6.57×10^{-7}	2.56×10^{-6}	13.5	21.8	0.43	4.49		1.10	16.54
⑥	暗绿色黏土							23.4	19.66	0.68	15.5	0.24	0	0	42.6	21.3	0.00	0.00		2.13	62.50
⑦$_1$	草黄色砂质粉土		0.3	0.8	26.8	68.4	4.5	27.6	18.76	0.80			2.77×10^{-5}	6.83×10^{-5}	6.24	34.3	0.14	12.0	31	10.1	158.1
⑦$_2$	黄色—灰色粉质砂		0.5	2.1	61.9	32.8	2.7	25.9	19.0	0.76			7.97×10^{-5}	2.35×10^{-4}	3.12	35.4		14.6	>50	19.8	220.5
⑨$_1$	青灰色粉砂	0.4		2.1	70.6	15.9	1.5	24.6	19.16	0.71					2.08	36.4		17.6	>50		
⑨$_2$	细砂	3.5	11	7	58.9	14.9	2.1	20.9	19.46	0.63					8.32	35.4		15.9	>50		
⑩	蓝灰色粉质黏土							25.9	19.36	0.73					7.28	30.2	0.28	5.6			
⑪	青灰色粉质细砂	2.2	6.2	5.9	56.6	18.7	1.8	20.1	19.56	0.62					0	38.22	0.12	14.3	>50		

表 8-2c　世博会会址区工程地质层物理力学参数统计表（第Ⅱ工程地质区）

土层层号	土层名称	颗粒组成/mm >2 %	2~0.5 %	0.5~0.25 %	0.25~0.074 %	0.074~0.005 %	<0.005 %	含水量 w %	容重 γ kN/cm³	孔隙比 e_0	塑性指数 I_p	液性指数 I_l	渗透系数 K_v cm/s	K_H cm/s	直剪固快(峰值) 粘聚力 kPa	内摩擦角 (°)	压缩系数 $\alpha_{0.1-0.2}$ MPa⁻¹	压缩模量 $E_{s_{1-2}}$ MPa	标准贯入阻力 $N_{63.5}$ 击	静力触探试验 锥尖阻力 (q_c) MPa	侧壁摩阻力 (f_s) kPa
①₁	填土																			0.09	0.5
②₀	灰色砂质粉土				3.8	80.1	6.1	35.4	17.8	1.009			1.58×10⁻⁵	3.83×10⁻⁵	6.86	28.9	0.31	7.34	6.1	1.45	16.7
②₁	褐黄色黏性土							32.8	18.41	0.93	15.7	0.79	3.54×10⁻⁷	8.47×10⁻⁷	18.6	19.1	0.44	4.84		0.59	19.8
②₃	灰色砂质粉土				4.2	82.3	4.5	40.4	17.52	1.123					4.9	34.3	0.25	8.35		0.00	0.0
③₁	灰色淤泥质粉质黏土							42.8	17.33	1.205	14.8	1.56	1.06×10⁻⁶	4.69×10⁻⁷	11.8	18.6	0.80	3.19	2.6	0.49	8.4
③₂	灰色砂质粉土				11.0	79.0	10.0	36.4	18.02	1.009					3.92	33.8	0.34	6.8		1.24	17.3
③₃	灰色淤泥质粉质黏土							45.4	16.73	1.349	12.7	2.04			14.7	11.8	1.01	2.27		0.48	7.9
④	灰色淤泥质黏土							50.4	16.63	1.421	20.7	1.38	2.25×10⁻⁷	4.17×10⁻⁷	11.8	11.3	1.13	2.31		0.55	8.2
⑤₁₋₁	灰色黏土							38.7	17.52	1.123	18.3	0.97	1.99×10⁻⁷	3.08×10⁻⁷	14.7	15.7	0.59	3.81		0.77	11.1
⑤₁₋₂	灰色粉质黏土							35.9	17.72	1.04	15.2	1.04	6.51×10⁻⁷	2.53×10⁻⁶	12.7	20.6	0.46	4.83		1.04	15.6
⑤₂	灰色粉砂				32.2	62.3	4.6	33.1	17.8	0.979			4.30×10⁻⁵	1.15×10⁻⁴	4.9	30.9	0.25	9.24	22	4.09	71.5
⑦₁	草黄色砂质粉土				26.8	68.2	4.9	28.5	18.61	0.82			2.74×10⁻⁵	6.77×10⁻⁵	5.88	32.3	0.15	12.9	30	9.55	148.96
⑦₂	黄色—灰色粉砂		0.2	0.6	62.9	31.9	2.9	26.8	18.8	0.783			7.89×10⁻⁵	2.33×10⁻⁴	2.94	33.3		15.7	>50	18.66	207.8
⑨₁	青灰色粉砂	0.5	0.4	2.2	69.5	15.6	2.1	25.3	19.01	0.731					1.96	34.3		18.9	>50		
⑨₂	细砂	3.7	11	7	59.4	14.5	2.2	21.5	19.31	0.649					7.84	33.3		17.1	>50		
⑩	蓝灰色粉质黏土							26.8	19.21	0.752					6.86	28.4	0.29	6.06			

　　会址区内地基土的分布特征表现为，浅部土层由于受黄浦江故道的影响，黄浦江两岸普遍沉积了②$_0$层灰色砂质粉土，俗称"江滩土"，使③层灰色淤泥质粉质黏土缺失，局部地段甚至使④层灰色淤泥质黏土亦缺失；区内大部分地区受古河道切割影响，使⑥层暗绿色硬土层缺失，代之以⑤$_2$、⑤$_3$、⑤$_4$层，在古河道深切区域，⑦$_1$层草黄色粉性土层或较薄或缺失，⑦$_2$层顶板埋深较深，最深可达58m左右；会址区内普遍缺失⑧层；⑨$_1$、⑨$_2$层灰色细砂夹黏性土，⑩层蓝灰色—褐灰色黏性土及⑪层青灰色粉细砂分布较为稳定。其中，②$_3$层灰色砂质粉土在区内分布不规则，主要分布于黄浦江南侧的卢浦大桥引桥、上钢新村、雪野新村附近，黄浦江北侧的陆家浜路董家渡等地，以及浦东的南浦大桥两岸，如图8-3所示。

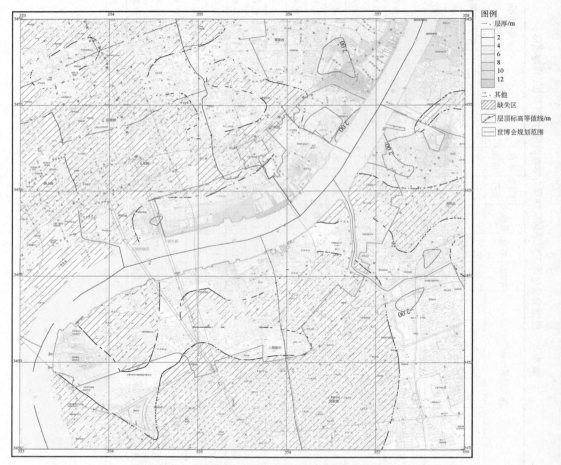

图8-3　世博会会址区浅部砂层埋藏分布示意图

　　⑤$_2$层灰色砂质粉土属溺谷相沉积，在黄浦江北部局门路、中山南一路沿线部分地区呈条带状分布，在黄浦江南部分布较广，见图8-4。

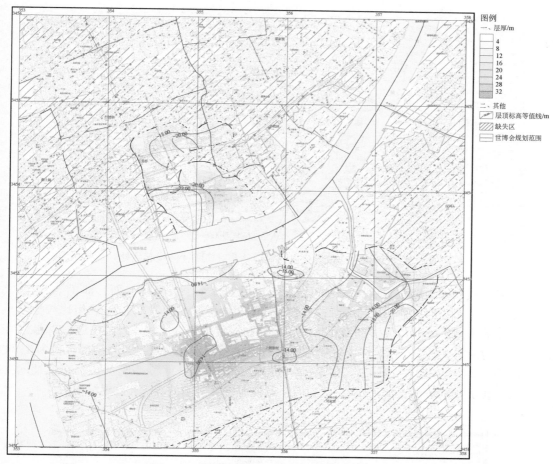

图 8-4　世博会会址区中部砂层埋藏分布示意图

8.1.2.2　横波人工地震勘探成果分析

区内地层除古河道切割区外总体分布较为稳定，但在古河道切割区，地层变化较大，为了解浅部地层的变化情况，探查世博会会址区浅部地层变化规律，为会址区沉积环境的研究提供基础信息，在局部区域进行了横波反射法勘探。

针对测线起始的地质分层，在时间剖面上主要可划分 4 个波阻抗界面，即 T_1、T_2、T_3、T_4，分别对应⑤$_{1-2}$、⑤$_2$、⑥、⑦层，如图 8-5 所示。T_1、T_4 波组比较连续且很清晰地反映土层的变化情况，T_2 波组往西逐步尖灭，T_3 波组往东也逐步尖灭，在 T_2 波组稳定的区域，该波组消失。这些特征反映测线范围内出现了一次海退，⑥层被侵蚀掉，⑦层部分被侵蚀，并在该区域出现了古河道，比较典型的是 T_2 波组对应的⑤$_2$层，在古河道区内沉积了该砂质粉土层。

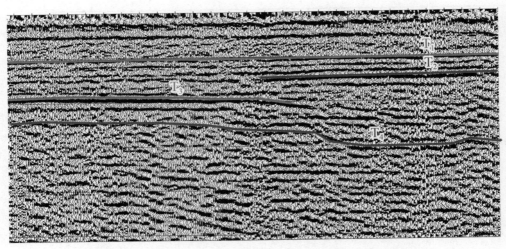

图 8-5　横波反射法成果资料与邻近钻孔对比图（测线起始处）

　　针对测线尾端的地质分层，在时间剖面上也可划分 4 个波阻抗界面，即 T_1、T_2、T_3、T_4，分别对应⑤$_{1-2}$层、⑤$_3$层、⑤$_4$层、⑦层，如图 8-6 所示，图中 T_1、T_4 波组比较连续且稳定，很清晰地反映层位深度的变化情况，并且测线首尾均有比较一致的反应；T_2 波组在近测线头对应⑤$_2$层，在测线尾对应⑤$_3$层，反映的地层顶板深度接近，且下部沉积为 T_3 波组对应的⑤$_4$层。由此分析判断，在第一次海退后，该处形成了一系列河道，在此期间有新的河流相沉积物堆积，即出现⑤$_2$层，后来经过海侵又有新的⑤$_4$、⑤$_3$层沉积。

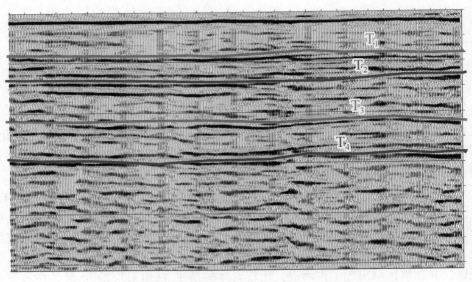

图 8-6　横波反射法成果资料与邻近钻孔对比图（测线尾端处）

　　综合整条测线的横波勘查资料，经分析可知世博会会址区下部地质情况比较复杂，其间经历了几次较大的海陆交互作用，形成有古河道，局部地层被剥蚀或侵蚀掉，老地层上部出现的新地层横向变化也较大，新地层的分布范围也可用来推测地质变迁的周期，为研究该区域的沉积环境提供依据。

8.1.2.3　工程地质分区

工程地质分区是在场区土体结构类型分区的基础上，根据区域工程地质层埋藏分布及其物理力学差异等工程地质条件进行划分的。

调查结果表明，会址区内由于沉积环境差异及受后期古河道的冲刷切割，地基土在水平和垂直方向上变化较大，土体结构类型存在差异。土体结构类型划分时，主要考虑与建（构）筑物和地下工程活动密切相关的 0～75m 深度范围内的工程地质层。为便于进行区内工程地质条件评价，以具有较特殊标志的硬土层缺失与否作为划分土体结构类型的标准，再以服务于地下空间开发为原则，进行土体结构亚类的划分。按此原则，区域内可划分为两个结构类型，五个结构亚类，土体结构类型划分及工程地质组合特征见表8-3。

表8-3　世博会会址区工程地质结构类型划分及工程地质组合特征

土体结构类型	土体结构亚类	代号		工程地质组合特征
有硬土层分布的结构类型	5 个工程地质层组成的结构亚类	A	A_1	表土层，软土层，一般黏性土层，硬土层，下部砂层
	6 个工程地质层组成的结构亚类		A_2	表土层，浅部砂层（或中部砂层），软土层，一般黏性土层，硬土层，下部砂层
无硬土层分布的结构类型	4 个工程地质层组成的结构亚类	B	B_1	表土层，软土层，一般黏性土层，下部砂层
	5 个工程地质层组成的结构亚类		B_2	表土层，浅部砂层（或中部砂层），软土层，一般黏性土层，下部砂层
	6 个工程地质层组成的结构亚类		B_3	表土层，浅部砂层，软土层，一般黏性土层，中部砂层，下部砂层

注：表土层指②$_1$层，浅部砂层指②$_0$、②$_3$、③$_a$层，软土层指③、④层，一般黏性土层指⑤$_1$、⑤$_2$、⑤$_3$层，中部砂层指⑤$_2$层，硬土层指⑥层，下部砂层指⑦$_1$层及下部粉土、砂土层。

首先根据是否有⑥层土分布，将世博会会址区场址划分为Ⅰ、Ⅱ两大工程地质区，其中：Ⅰ区为正常沉积区，有⑥层土分布，工程地质条件较好；Ⅱ区为古河道分布区，⑥层土缺失，桩基持力层（⑦）埋深和起伏较大，工程地质条件较差；再根据浅部砂层和中部砂层的分布及缺失情况进行亚区划分，缺失浅部砂层和中部砂层的为Ⅰ$_1$、Ⅱ$_1$亚区，有浅部砂层或中部砂层分布的为Ⅰ$_2$、Ⅱ$_2$亚区；Ⅰ$_2$、Ⅱ$_2$亚区又根据浅部砂层和中部砂层的组合情况划分为不同地段，Ⅰ$_2$亚区又划分为二个地段，Ⅰ$_{2-1}$地段有浅部砂层但中部砂层缺失，Ⅰ$_{2-2}$地段缺失浅部砂层但有中部砂层；Ⅱ$_2$亚区可划分为三个地段，Ⅱ$_{2-1}$地段同时有浅部砂层和中部砂层分布，Ⅱ$_{2-2}$地段有浅部砂层但中部砂层缺失，Ⅱ$_{2-3}$地段缺失浅部砂层但有中部砂层（图8-7）。世博会会址区工程地质分区评价详见表8-4。

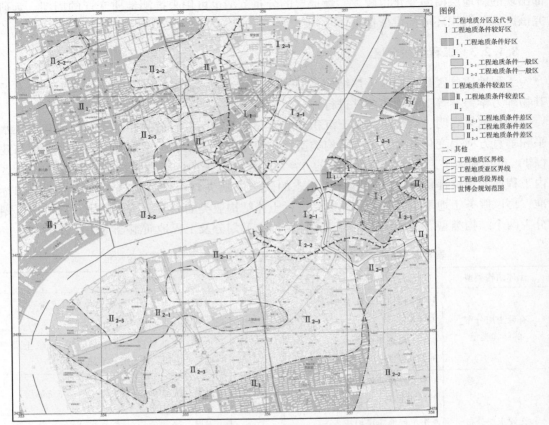

图 8-7　世博会会址区工程地质分区示意图

表 8-4　世博会会址区工程地质分区评价表

区	工程地质结构简单区（Ⅰ）			工程地质结构复杂区（Ⅱ）			
亚区	工程地质条件好亚区（Ⅰ）	工程地质条件好亚区（Ⅰ₂）		工程地质条件较差亚区（Ⅱ₁）	工程地质条件差亚区（Ⅱ₂）		
地段	工程地质条件好亚区（有利于工程建设）（Ⅰ₁）	较有利于工程建设地段（Ⅰ₂₋₁）	较不利于工程建设地段（Ⅰ₂₋₂）	工程地质条件较差亚区（较有利于地下工程建设）（Ⅱ₁）	最不利于地下工程建设地段（Ⅱ₂₋₁）	不利于地下工程建设地段（Ⅱ₂₋₂）	较不利于地下工程建设地段（Ⅱ₂₋₃）
地质结构特征	地基土层发育齐全，有暗绿色黏性土（⑥）层分布，⑦层分布稳定，厚度大，埋深一般小于30m，与⑨层沟通			无暗绿色黏性土（⑥）层，⑤层厚度大，⑤₂层砂质粉土、⑤₃层黏性土和⑤₄层次生硬土层较发育。但由于古河道切割深度差异，⑦层顶面埋藏深、起伏大			
	缺失浅部砂层和中部砂层，软土层较厚	有浅部砂层，中部砂层缺失，软土层较薄	缺失浅部砂层，有中部砂层，软土层较厚	缺失浅部砂层和中部砂层，软土层较薄	同时有浅部砂层和中部砂层，软土层较薄	有浅部砂层，中部砂层缺失，软土层较薄	缺失浅部砂层，有中部砂层，软土层较厚
	下部砂层埋深较浅，一般小于30m			下部砂层埋藏较深，一般大于40m			

图例
一、工程地质分区及代号
　Ⅰ　工程地质条件较好区
　　Ⅰ₁　工程地质条件好区
　　Ⅰ₂
　　　Ⅰ₂₋₁ 工程地质条件一般区
　　　Ⅰ₂₋₂ 工程地质条件一般区
　Ⅱ　工程地质条件较差区
　　Ⅱ₁　工程地质条件较差区
　　Ⅱ₂
　　　Ⅱ₂₋₁ 工程地质条件差区
　　　Ⅱ₂₋₂ 工程地质条件差区
　　　Ⅱ₂₋₃ 工程地质条件差区
二、其他
　工程地质区界线
　工程地质亚区界线
　工程地质段界线
　世博会规划范围

续表

区	工程地质结构简单区（Ⅰ）			工程地质结构复杂区（Ⅱ）			
工程地质评价	桩基条件较好，可选择的桩基持力层为⑦层，⑦层埋藏深度适中、分布稳定、厚度大，桩端下无软弱下卧层，可根据建（构）筑物的荷重选择桩端入土深度			桩基条件差，桩基费用高，可选择的桩基持力层一般为⑦层；⑤₂或⑤₃层埋藏条件适宜时，可作一般建筑物的桩基持力层，但应满足承载力和变形要求			
	一般不存在流沙问题	应注意浅部流沙层影响	应注意中部流沙层影响	一般不存在流沙问题	地下工程施工时易遭受流沙影响	应注意浅部流沙层影响	应注意中部流沙层影响
	下部砂层埋深较浅，深部地下工程活动应注意流沙影响			下部砂层埋深较深，产生深部流沙的可能性较小			
地质灾害	地面沉降发育，尤其在浦西段，1980～1995年沉降量在100～175mm，1996～2001年在100～250mm，2001～2003年在50～80mm，并有一定的差异沉降，对线性工程如地铁、防汛墙建设不利			地面沉降较A区相对不发育，1980～1995年沉降量在75～100mm，1996～2001年在50～75mm，2001～2003年在30～50mm，但有一定的差异沉降现象，应注意线性工程所遭受的地面沉降的影响			

8.1.2.4　场地地震效应

1. 会址区抗震设计基本条件

根据国家标准《建筑抗震设计规范》（GB 50011—2010）和上海市工程建设规范《建筑抗震设计规程》（DGJ08—9—2013）中有关条文判别，建设场地地基土类型为软弱场地土，场地类别为Ⅳ类，位于抗震设防烈度 7 度区，设计地震基本加速度为 $0.10g$，所属的设计地震分组为第一组。

2. 会址区液化判别

会址区地质调查结果表明，在场地 20m 深度范围内存在②₀、②₃、③ₐ、⑤₂层饱和砂质粉土层，②₃层仅在个别钻孔（SG5）中出现，③ₐ层呈透镜体局部分布于③层灰色淤泥质粉质黏土层中，厚度薄，夹较多薄层黏性土，故一般可不考虑其震动液化影响。根据相关工程建设规范，采用标准贯入试验和静力触探试验对②₀、⑤₂层进行液化判别。计算结果表明，②₀层在会址区东部及北部局部地区为液化土，液化程度为轻微—中等，⑤₂层为不液化土。根据国家标准《建筑抗震设计规范》（GB 50011—2010），可划分为对建筑抗震不利地段。

8.1.3　会址区工程建设适宜性评价

8.1.3.1　地面建筑适宜性评价

1. 天然地基适宜性评价

场地内①层填土，结构松散，不宜作为天然地基基础持力层；②₁层为黏性土，土性较好，可作为一般轻型建筑物的天然地基基础持力层，但该层具上硬下软特性，因此基础宜浅埋。在 I$_2$ 和 II$_2$ 工程地质亚区，浅部砂层（②$_0$ 或 ②$_3$）发育，土质较好，对天然地基较为有利，但应注意该层的震动液化问题。会址区内软土层（③层淤泥质粉质黏土、④层淤泥质黏土）发育，但在 I$_2$ 和 II$_2$ 工程地质亚区，尤其是在 I$_{2-1}$ 和 II$_{2-1}$ 工程地质地段，由于浅部砂层的分布，软土层较薄，因此对天然地基较为有利。区内⑤层为荷载较大建筑物的压缩层，该层埋深、厚度变化较大，尤其在 II 工程地质区，由于受古河道切割，厚度、岩性变化大，在附加荷载作用下易产生不均匀沉降，而 I 工程地质区该层分布较为稳定，对控制不均匀沉降较为有利。因此，I$_{2-1}$ 工程地质地段为天然地基条件最好区，而 II$_1$ 工程地质亚区则为天然地基条件最差区。

2. 桩基工程适宜性评价

1）桩基持力层的分布及稳定性

会址区由于受古河道切割的影响，不同工程地质分区内桩基持力层的分布及稳定性存在一定的差异，具体情况如下。

（1）会址区内⑤$_1$ 层及以上土层埋深浅，土性差（低强度、高压缩性），不能作为建（构）筑物的桩基持力层。⑤$_2$、⑤$_3$ 及⑤$_4$ 层土主要分布在 II 工程地质区内，其中⑤$_2$ 层主要分布在 II$_2$ 工程地质亚区，且地层分布不稳定，顶底面埋深变化比较大，一般不宜选择作为桩基持力层；但在⑦层埋深较深地区，当⑤$_2$ 或⑤$_3$ 层埋藏分布条件适宜时，可作一般建筑物的桩基持力层。

（2）在会址区内的 I 工程地质区内有⑥层土分布，该层为超固结硬土层，土性较佳，埋藏深度适中，其顶面埋深一般在 24～25m，但厚度较薄，据已有工程经验，一般不选择作为建（构）筑物的桩基持力层。

（3）⑦层土在会址区内分布稳定，厚度较大，为良好的桩基持力层。其上部⑦$_1$ 层为砂质粉土，下部⑦$_2$ 层为粉砂，土层密实，低压缩性，平均标准贯入击数>50击，可作为高层建筑以及其他重型、超重型建（构）筑物的良好桩基持力层。根据荷载大小、沉桩条件，选择适当的桩型和桩端入土深度。由于⑦层土在不同工程地质区内埋藏条件变化较大，在 I 工程地质区⑦层分布较为稳定，表现为⑦$_1$ 层顶面埋深起伏较小，埋深在 28～31m，一般小于 30m；在 II 工程地质区，⑦$_1$ 层顶面埋深普遍较深，且由于古河道切割深度不同，使⑦层顶面埋深起伏较大，对桩基设计将产生不利影响。

（4）⑨层为低压缩性砂土，由于其埋深较大，除超高层等特种建筑外一般不推荐作为桩基持力层。

通过以上分析，会址区内可选择作为桩基持力层的土层主要为⑦层，但不同工程地质区桩基条件有较大差异。I 工程地质区⑦层埋藏深度适中、分布稳定，桩基条件较好；II 工程地质区⑦层顶面埋深较深、起伏较大，桩基条件较差。由于区内桩基持力层厚度大，无软弱下卧层，地基沉降量一般较小，采用桩基对沉降控制有利。

2）沉桩可能性分析

不同工程地质区地层结构不同，会址区内沉桩条件有所差异。若以⑦层作为桩基的持力层，除桩基持力层本身对沉桩有一定影响外，在 I 工程地质区对沉桩影响较大的土层有

②$_0$、⑥层；在Ⅱ工程地质区对沉桩影响较大的土层有②$_0$、⑤$_2$、⑤$_4$层。在上述土层中，②$_0$和⑤$_2$层为稍密—中密状砂质粉土，⑤$_4$层土性较好，在这 3 层土厚度较大的地段，沉桩阻力会较大；⑥层为暗绿色硬土层，在打桩施工中，沉桩阻力也较大。当桩端进入持力层⑦层后，沉桩阻力会显著增大，如桩端需进入⑦层较大深度时，沉桩会非常困难，特别是Ⅱ工程地质区，由于持力层埋藏较深，桩长更长，沉桩会更加困难。

如果采用钻孔灌注桩方案施工，在成孔时②$_0$、⑤$_2$层部位易产生孔壁坍塌，③、④层可能产生缩径而影响成桩质量，而⑥、⑦层则钻进较为困难，因此，采用钻孔灌注桩施工时须对这些不利因素予以注意，并采取必要的防治措施。

8.1.3.2　地下空间开发适宜性评价

影响地下空间开发的因素有很多，地下空间开发对地质环境条件也会产生多种不同的影响，地下空间开发适宜性分区从地下工程的施工工艺出发，包括基坑、隧道等，进行相应的评价。基坑工程按照地下空间开发层次进行不同层次的分区评价，重点考虑砂性土的流沙、突涌及软黏性土的变形、流变问题。隧道工程则重点考虑地层的变化情况等问题。

1. 基坑工程适宜性分区

世博会会址区内影响基坑开挖的主要地质问题为砂土液化和软土变形问题，因此，分区主要考虑砂土和软土的分布情况。基坑开挖深度不同，其建设适宜性也不同，按照基坑开挖的 3 个层次进行分区，即 0～15m、15～30m、30～40m、40m 以下。

（1）0～15m，主要为地下管线、地下共同沟、地下车站、基础开挖等工程。适宜性分区按照浅部砂层分布状况进行，有浅部砂层分布区为Ⅰ区，无浅部砂层分布区域为Ⅱ区。浅部砂层分布区域应同时注意砂土液化问题和软土变形问题，而浅部砂层缺失区应注意软土层变形问题。

（2）15～30m，主要为地下车站、市政管线等工程。适宜性分区除考虑浅部砂层和软土层外，还必须考虑中部砂层及正常沉积区下部砂层液化问题。由于中部砂层一般分布在古河道切割区，且古河道切割区内下部砂层埋深较小，基坑一般将揭露该地层，因此按照古河道分布缺失状况，在上面分区的基础上分为 4 个亚区，即Ⅰ$_1$、Ⅰ$_2$和Ⅱ$_1$、Ⅱ$_2$亚区。Ⅰ$_1$、Ⅱ$_1$亚区为正常沉积区，除考虑 0～15m 的地质问题外，还必须考虑下部砂层，即承压含水层的液化问题。Ⅰ$_2$、Ⅱ$_2$亚区为古河道切割区，必须考虑中部砂层的液化问题及部分地段下部砂层的基坑突涌问题。

（3）30～40m，主要为多层地下车站及特殊工程等。适宜性分区在（1）、（2）的基础上，考虑古河道切割区内下部砂层的埋深情况，再进一步分区，下部砂层埋深大于 50m（顶板标高约为 -46m）的为Ⅰ$_{2-1}$，Ⅱ$_{2-1}$可基本不考虑下部砂层的突涌问题；小于 50m 的为Ⅰ$_{2-2}$、Ⅱ$_{2-2}$，必须考虑下部砂层的基坑突涌问题。Ⅰ$_1$、Ⅱ$_1$亚区所考虑的问题与上面一致。

（4）40m 以下，主要为多层地下车站、特殊工程或地下预留用地。

根据以上分区原则，绘制基坑工程的适宜性分区图，如图 8-8 所示。

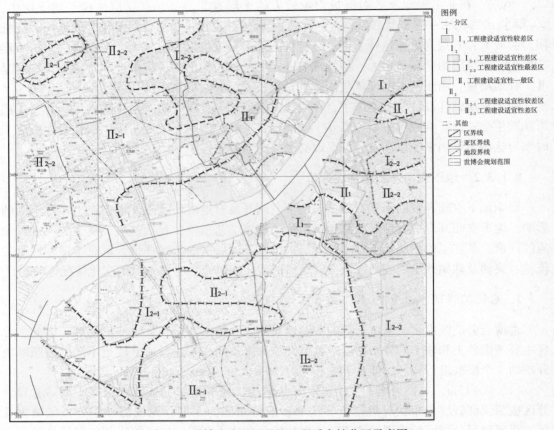

图 8-8　世博会会址区基坑工程适宜性分区示意图

各分区评价结果详见表 8-5，各个分区并无绝对意义上的好和差，只是每个分区所重视的地质环境问题不尽相同。

表 8-5　世博会会址区基坑工程建设适宜性分区评价表

基坑深度/m	分区评价		
	区代号	I	II
0~15	分布区域	主要分布在调查区黄浦江沿岸及东部地区	主要分布在调查区的西部及南部地区，中部雪野三村有分布
	地层特征	有浅部砂层（②₀、②₃、③₂）分布，软土层（③、④）厚度较薄	无浅部砂层分布，软土层厚度较大
	适宜性评价	应注意浅部砂层所引起的流沙、管涌等问题，由软土所引起的变形及流变导致基坑边坡失稳问题	一般无流沙问题，但软土层厚度大，应特别注意软土变形和流变所引起的边坡失稳问题

续表

基坑深度/m	分区评价				
	亚区代号	I₁	I₂	II₁	II₂
15~30	分布区域	调查区东北端	浦东钢铁公司、董家渡及调查区东南端	淞园及南码头地区	调查区西部及南部中段
	地层特征	为正常沉积区，下部砂层埋藏浅，一般无中部砂层（⑤₂）	为古河道切割区，下部砂层埋藏深，有中部砂层	为正常沉积区，下部砂层埋藏浅，一般无中部砂层（⑤₂）	为古河道切割区，下部砂层埋藏深，有中部砂层
	适宜性评价	除具有 I 区特征外，还应注意下部含水砂层中承压水引起流沙和基坑突涌问题	除具有 I 的特征外，还应注意中部砂层的液化问题以及局部地段由下部含水砂层中承压水引起的流沙和基坑突涌问题	除具有 II 的特征外，还应注意流沙和基坑突涌问题	除具有 II 的特征外，还应注意中部砂层的液化问题，以及局部地段由下部含水砂层中承压水引起的流沙和基坑突涌问题

基坑深度/m	分区评价					
	段代号	I₁	I₂₋₁	I₂₋₂	II₁	II₂₋₁	II₂₋₂
30~40	分布区域	同上	西南黄浦江两岸地区	东南端及董家渡附近	同上	五里桥及上钢新村地区	西部及南部中段
	地层特征	同上	下部砂层（⑦）埋深>50m	下部砂层埋深<50m	同上	下部砂层（⑦）埋深>50m	下部砂层埋深<50m
	适宜性评价	同上	适当注意下部承压含水层的突涌问题，其余同上	重视下部承压含水引起的基坑突涌，其余同上	同上	适当注意下部承压含水层突涌，其余同上	重视下部承压含水引起基坑突涌，其余同上

基坑深度/m	
>40	必须重视以上可能存在的所有地质问题，同时对下部砂层的流沙和管涌等问题予以特别关注，并密切监测地下水位变化情况

注：基坑开挖必须注意基坑降水所产生的地面沉降问题。

2. 基坑工程环境效应

（1）会址区 0~15m 的基坑，都必须考虑软土变形和流变所引起的边坡失稳和基坑变形问题，但 I 区浅部砂层发育，软土层厚度较小，因此必须重视砂土液化所引起的流沙和管涌等问题；而 II 区无浅部砂层分布，软土层厚度大，因此对软土变形问题必须重视。

（2）会址区 15~30m 深基坑，除了应考虑 0~15m 深度范围需要解决的问题外，还必须考虑中部砂层的液化问题。正常沉积区 I_1、II_1 一般无中部砂层分布（局部地区可能有零星分布，需考虑中部砂层的液化问题），但下部砂层埋藏浅，一般在 29m 左右，基坑开挖必将揭露该层，将会产生流沙问题，如不揭露，则必须注意由下部含水砂层中承压水引起的基坑突涌问题，因此，该两亚区还必须重视下部砂层的流沙问题，而且下部砂层为承压含水层，承压水位较高，一旦产生流沙问题，将很有可能造成工程事故；对于古河道切割区 I_2、II_2，因为一般均有中部砂层分布，所以还必须重视中部砂层的液化问题，同时对于部分地区下部砂层埋藏浅的区域也应注意由下部含水砂层中承压水引起的基坑突涌问题。

（3）会址区深度为 30~40m 的深基坑，既要考虑 0~15m 和 15~30m 深基坑可能遇到的所有地质问题，还要重点考虑古河道切割区下部砂层的基坑突涌问题。对于正常沉积区，由于下部砂层埋藏浅，且厚度大，因此，40m 的基坑一般不会揭穿下部砂层，需要注意的地质环境问题同样是基坑突涌问题。对于古河道切割区，下部砂层埋深一般大于40m，但由于下部砂层埋藏深度变化大，对于埋藏深度较小的必须考虑下部砂层的突涌问题。按照规范中基坑突涌的条件和会址区承压含水层的水位，初步计算了当基坑开挖 40m 时，下部砂层埋深必须大于 50m 时，可适当不考虑下部砂层的突涌问题，因此，对于古河道切割区埋深小于 50m 的 I_{2-2}、II_{2-2}，必须对由下部含水砂层中承压水引起的基坑突涌问题予以特别重视。

3. 隧道工程建设适宜性分区

隧道工程分区是指隧道盾构段的建设适宜性分区，上海地区隧道埋深一般在 15~30m，该段内如果地层分布较为稳定，各土层顶底板变化不大，则对隧道盾构有利，反之，如果地层变化大则对隧道盾构不利。此外，会址区的穿越黄浦江的隧道由于埋深大，而且在多条轨道交通线交汇段埋深更大，因此，黄浦江段和其他地区所产生的地质环境问题存在较大差异。因此，分区首先按照地貌进行，黄浦江段为 A 区，其他地区为 B 区。A 区根据正常沉积区和古河道切割区分为 A_1、A_2 两个亚区，A_1 亚区为正常沉积区，地层分布较为稳定，A_2 亚区为古河道切割区，地层变化较大。在 B 区，又根据正常沉积区和古河道切割区分为 B_1、B_2 两个亚区，B_1 区为正常沉积区，B_2 区为古河道切割区。同时，在 B_2 区又根据有无中部砂层（$⑤_2$）分为 B_{2-1}、B_{2-2} 两段，B_{2-1} 无中部砂层分布，B_{2-2} 有中部砂层分布（图 8-9）。

隧道工程建设适宜性分区详见表 8-6。适宜性分区只是在现有调查精度的基础上进行的，若针对具体工程（如某轨道交通线）尚应在调查的基础上进行详细勘察，针对具体问题采取相应措施。

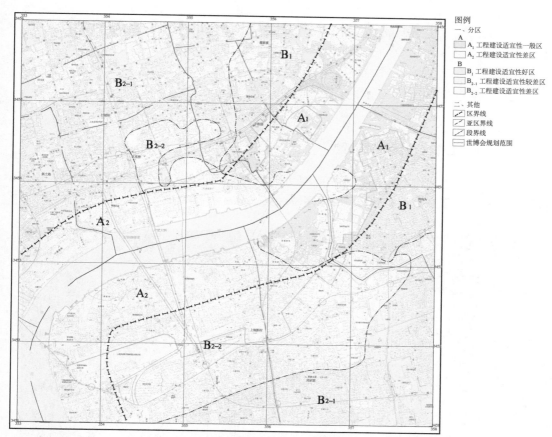

图 8-9　世博会会址区隧道工程建设适宜性分区示意图

表 8-6　世博会会址区隧道工程建设适宜性分区评价表

分区	A		B		
亚区	A_1	A_2	B_1	B_2	
地段				B_{2-1}	B_{2-2}
分布区域	黄浦沿线南浦大桥附近	黄浦沿线卢浦大桥附近	黄浦江沿线以外正常沉积区	调查区西北端及南部周家渡地区	南部上钢新村及浦西局部地区
地层特征	正常沉积区，地层变化较小	古河道切割区，地层变化较大	正常沉积区，地层变化较小	古河道切割区，无中部砂层分布	古河道切割区，有中部砂层
适宜性评价	轨道埋藏较深，可能会产生流沙问题，地铁 8 号线经过该区域	应注意黏性土层和砂性土层的变化对施工的影响，地铁 4 号线、5 号线、7 号线经过该区域	轨道埋藏较深，可能会产生流沙问题	应注意地层变化对隧道基础变形的影响	应注意黏性土层和砂性土层的变化对施工的影响及中部砂层的流沙问题
备注	隧道建设均应注意区域地面沉降，尤其是不均匀沉降对施工及运营的影响				

8.2 上海临港新城规划区工程地质调查与评价

8.2.1 规划特征

8.2.1.1 工作区自然地理位置

工作区位于上海市东南部，工作范围北至大治河，西至 A30 公路—A20 公路—南汇奉贤区界，东、南至东海和杭州湾，总面积为 296.64km² （图 8-10）。

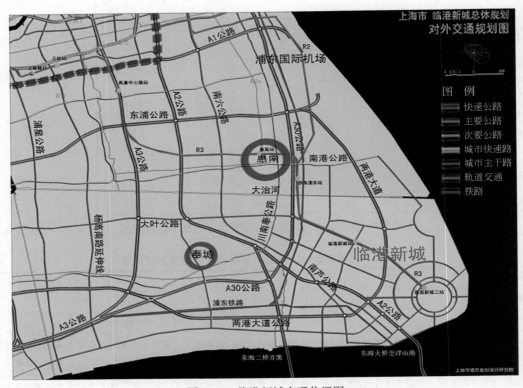

图 8-10 临港新城交通位置图

工作区交通便捷，临港新城主动脉两港大道建设使临港新城内各主要功能区域实现了沟通，与此同时，由于两港大道与临港新城内另一重要交通动脉 A2 高速公路及其相连的东海大桥形成交叉，从而间接使大小洋山港区至临港新城内的配套物流园区正式连通。规划的轨道交通 R3 线为临港新城与市中心的快速交通通道，并在临港新城内设两个地铁车站，此外，规划中的浦东铁路亦由临港新城西侧穿过。

8.2.1.2 临港新城规划概况

1. 新城规模

临港新城是上海国际航运中心的重要组成部分，依托未来洋山深水港的建设，临港新城主城区规划布局以 5km² 的人工湖为圆心，向四周环状扩散。被林荫道和城市湖滩环绕的中心湖位于新城中心，与湖岸相连的半岛伸向湖中，岛上设有大型的文化性建筑，如剧场、航运博物馆、海洋水族馆等。

至 2020 年，规划区内实际居住人口约 83 万人，其中，城镇人口约 81 万人，城市化水平为 97.6%。规划城市建设用地约 164.8km²，其中主城区约 36.3km²，主产业区约 57.1km²（包括书院和万祥城镇生活区），综合区约 19km²，重装备产业和物流园区约 52.4km²（包括泥城和芦潮港城镇生活区）。建成后的上海临港新城，将集现代物流、港口加工、金融贸易、商业服务、居住旅游等为一体，构筑 21 世纪中国港口城市的新形象。

2. 城镇体系布局

以两港大道和沪芦高速公路（A2 高速公路）为分隔，共分为主城区、主产业区、综合区、重装备产业区和物流园区 4 大片区。在 4 大片区集中城市建设用地之间设置临港森林(图 8-11)。

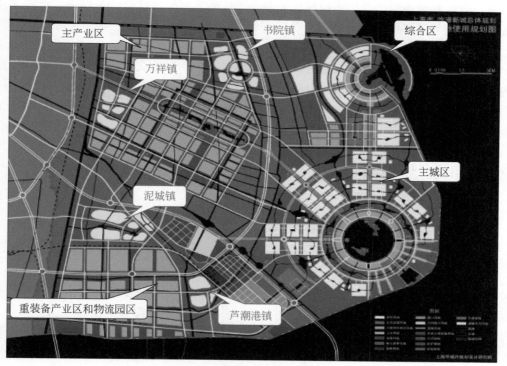

图 8-11 临港新城城镇体系布局图

1）主城区

规划以滴水湖为核心，集中了临港新城的主要市级公共服务设施和城市居住区。主城区是新城集中体现滨海都市魅力和活力、展示新世纪城市建设水平和都市生活环境质量的标志性地区。

2）主产业区

规划以轴线大道为发展主轴，主要发展现代装备产业、出口加工业和高科技产业，在轴线大道核心地区设置适量的教育研发、商务办公等综合功能；另外主产业区还包括书院和万祥两个城镇生活区。规划书院镇总人口8万人，其中城镇人口7.5万人；万祥镇总人口4.5万人，其中城镇人口4万人。主产业区是国家级现代装备业园区的主体部分，是综合型、生态型、以产业用地为主的地区，在城市建设风貌景观上是主城区的延续。

3）综合区

规划以高科技都市产业、教育研发、旅游度假、休闲居住和商业服务为主。综合区是以城市生态建设为主的综合功能区，是4大城市片区中开发强度最低、环保要求最高、生态环境最优的地区。在功能上，是国家级现代装备业园区的重要补充；在布局上，是新城城市生活功能的未来发展方向。

4）重装备产业区和物流园区

规划包括重装备产业、仓储、港口、码头、海关等用地；另外还包括泥城和芦潮港两个城镇生活区。规划泥城镇总人口7.5万人，其中城镇人口6.5万人；芦潮港镇3万人。重装备产业区和物流园区是国家级现代装备业园区的重要组成部分，是以第二产业为主的地区，并注重与滨海生态环境协调发展。

5）临港森林区

在4大片区的集中城市建设区之间，规划形成了包括对外交通、大型市政基础设施等在内的总面积接近100km²的生态隔离地区。规划在此基础上建设临港森林，以此形成临港新城的"城市生态核"，并形成与市级片林、城市楔形绿地等整体化建设，从而成为临港新城建设"碧水、蓝天、绿树环抱的生态都市"的重要保障。

8.2.2　工程地质条件

8.2.2.1　地基土构成及特征

1. 工程地质层埋藏分布特征

临港新城区域三维地质调查最大钻探深度为100m，在此深度范围内揭露的地基土均属第四系沉积物。根据地基土的成因、时代、结构特征以及物理力学指标等综合分析，可将地基土层划分为10个工程地质层及分属不同层次的亚层，见表8-7，其规划区内工程地质层总体分布较为稳定，尤其是正常沉积区，各土层埋深、厚度变化不大。其中①₃层冲填土在东部分布较为广泛，94大堤以西地区形成时代一般大于10年，基本呈正常固结状态，而94大堤以东地区冲填土形成时代较新，一般小于10年，厚度较大，处于欠固结状态。②$_3$层砂质粉土分布广泛连续，埋藏浅且厚度大。⑥、⑦层在正常沉积区分布均连续，对工程建设较为有利，而在古河道切割区⑥层缺失，导致⑤层压缩层厚度变化大，⑦层埋深变化大，工程设计过程中应结合区域工程地质调查成果做详细勘察。

表 8-7　临港新城规划区工程地质层划分简表

地质时代		工程地质层		工程地质亚层		成因类型	分布状况
		土层名称	层号	土层名称	层号		
全新世 Q$_h$	Q$_h^3$	填土层	①	填土	①$_1$	人工	遍布
		表土层		冲填土	①$_3$	人工促淤	规划区东部及南部岸边
			②	褐黄色粉质黏土	②$_1$	滨海潮上带	规划区西部
		浅部砂层		灰色砂质粉土	②$_3$	滨海潮间带	遍布
	Q$_h^2$	软土层	④	灰色淤泥质黏土	④	滨海—浅海	遍布
	Q$_h^1$	一般黏性土层	⑤	灰色黏性土	⑤$_{1-1}$	滨海潮上带	全区均有分布
				灰色粉质黏土	⑤$_{1-2}$	滨海潮上带	广泛分布
		中部砂层		灰色砂质粉土	⑤$_2$	沼泽	零星分布
		一般黏性土层		灰色—褐灰色粉质黏土夹粉土	⑤$_3$	沼泽	主要发育于古河道区域
晚更新世 Q$_{P_3}$	Q$_{P_3}^2$	灰绿色硬土层	⑤$_4$	灰绿色粉质黏土	⑤$_4$	沼泽	
		暗绿色硬土层	⑥	暗绿色黏性土	⑥	泛滥平原—湖泊	受古河道切割影响分布不稳定，主要在规划区
		下部砂层	⑦	草黄色砂质粉土、灰黄色—灰色粉砂	⑦$_1$ ⑦$_2$	河口—滨海相	全区均有分布，受古河道切割影响埋深变化大
		下部黏性土夹砂层	⑧	粉质黏土夹粉土	⑧$_2$	滨海	局部分布
	Q$_{P_3}^1$	下部砂层	⑨	灰色粉砂、青灰色粉细砂	⑨$_1$ ⑨$_2$	三角洲河流	全区遍布
中更新世 Q$_{P_2}$	Q$_{P_2}^3$	硬土层	⑩	蓝灰色黏性土	⑩	河口—湖泽相	全区遍布

新城规划区工程地质剖面图及各工程地质层埋藏分布如图 8-12 所示。

2. 工程地质层物理力学指标与评价

地质调查对各层地基土的物理力学指标进行分层统计，按规划区及工程地质区分别进行统计，在剔除个别明显不合理的指标后，提供各指标的最大值、最小值、平均值、均方差、变异系数等。采用的原位测试手段为静力触探试验和标准贯入试验，对静力触探实测 P_s-H 曲线及各土层静力触探比贯入阻力及标准贯入击数（$N_{63.5}$）均进行了统计。根据区内工程地质层埋藏分布特征及其物理力学指标，结合临港新城规划，对各工程地质层进行分析与评价。

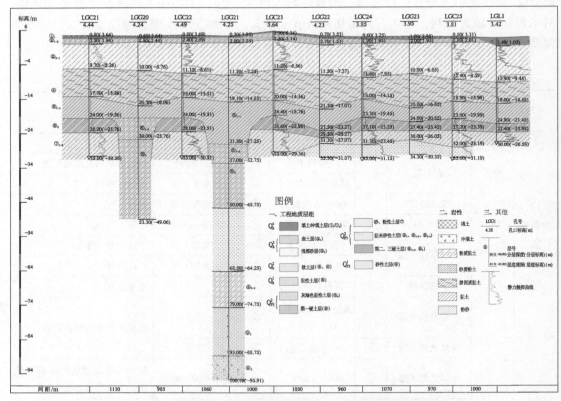

图8-12　新城规划区工程地质剖面图及各工程地质层埋藏分布

①₁层为填土，松散，均匀性极差，一般不宜作建筑物的天然地基持力层。

①₃层为冲填土，大部分为欠固结土，工程建设时在附加荷载作用下易产生沉降。由于区内冲填土分布广泛，且形成时代也不一致，因此各个区域冲填土的填料不尽相同，其工程特性也有一定差异。94大堤以东的冲填土形成时代较新（一般小于10年），在区域上其岩性不尽相同。以粉性土为主的（包括砂质粉土和黏质粉土）地区①₃层厚度大，饱和，稍密，含水量、压缩性较低，均匀性差，部分地区为可液化土层，不宜作为一般建筑物的天然地基持力层；以黏性土为主的冲填土区域①₃层含水量大，压缩性高，强度低，均匀性差，工程建设时如不经处理，极易产生变形。94大堤以西地区冲填土形成时代较老，一般大于10年，基本处于正常固结状态。

②₁层为褐黄色黏性土，软塑—可塑，中—高压缩性，厚度在0.5~2.5m，静力触探比贯入阻力为0.43~1.74MPa（平均值为0.65MPa），如以该层作为一般建筑天然地基持力层时，应注意其厚度的变化。

②₃层为灰色砂质粉土，区内分布广泛且连续，埋藏浅，厚度大，饱和，稍密，含水量为29.6%，孔隙比为0.84，黏聚力为3kPa，平均黏粒含量为5.3%，静力触探比贯入阻力为3.41MPa，标准贯入击数为11击，水平渗透系数 K_v 为 $5.68×10^{-5}$ cm/s，垂直渗透系数 K_h 为 $1.36×10^{-4}$ cm/s，该层土一般为可液化土层，应注意由其引起的砂土震动液化及渗流

液化问题。

④层为灰色淤泥质黏土,是典型的软土层,饱和,含水量达 49.5%,流塑(液性指数为 1.16),压缩性高(压缩系数 1.09MPa^{-1},压缩模量为 2.23MPa),强度低(黏聚力为 11kPa,静力触探比贯入阻力 0.63MPa),土质均匀。由于该土层具有以上不良特点,在高层建筑和路基工程施工过程中极易产生变形。此外,该层还具有流变和触变特性,在基坑开挖和隧道盾构施工过程中,易引起边坡失稳或地层沉降。

⑤层主要为灰色黏性土层,局部地区有砂质粉土透镜体分布,在古河道切割区底部为灰绿色粉质黏土。区内该层分为 5 个亚层,⑤$_{1-1}$灰色黏土层、⑤$_{1-2}$灰色粉质黏土层、⑤$_2$灰色砂质粉土层、⑤$_3$灰色粉质黏土夹粉土层和⑤$_4$灰绿色粉质黏土层。其中⑤$_{1-1}$、⑤$_{1-2}$层很湿—饱和,软塑—流塑,压缩性较高,强度低,为荷载较大建筑的压缩层;此外,这两层由于埋藏适中,可作为沉降控制复合桩的桩基持力层。⑤$_2$层为规划区的微承压含水层,在大的基坑开挖工程和隧道工程中有可能揭露该层,应注意该层在地下水压力作用下可能产生的流沙现象。⑤$_3$、⑤$_4$层为溺谷相地层,分布在古河道切割区,厚度、埋深变化较大,且土质不均,易引起荷载较大建筑的不均匀沉降。

⑥层暗绿色—草黄色黏性土为河、湖相沉积地层,后期经脱水固结,结构较密实,该层分布较为稳定,稍湿,含水量为 25.6%,孔隙比为 0.75,液性指数为 0.35,压缩系数为 0.26 MPa^{-1},黏聚力为 36MPa,静力触探比贯入阻力为 1.99 MPa。该层与下部⑦层联合可作中型建筑物的桩基持力层。此外,该层在控制地面沉降方面,除本身不易压缩外,在一定程度上还能消散或滞后下部应力对上部土层的影响。

⑦层草黄色—灰色砂质粉土、粉砂均有分布,古河道切割区内该层顶板埋深变化较大。根据岩性该层可分为 2 个亚层,⑦$_1$层草灰色砂质粉土和⑦$_2$层灰黄色—灰色粉砂。其中⑦$_1$层含水量为 30.1%,孔隙比为 0.86,压缩系数为 0.16MPa^{-1},黏聚力为 4MPa,静力触探比贯入阻力为 5.68MPa,标准贯入击数为 25.9 击,由此可看出该层压缩性低,强度高,而且埋藏适中,可作为大型建筑物的桩基持力层。⑦$_2$层为灰黄色—灰色粉细砂,厚度大,饱和,中密—密实,平均标准贯入击数达 50 击,中—低压缩性,压缩系数为 0.12MPa^{-1},平均静力触探比贯入阻力为 9.49MPa,可作大型及重型建筑物的桩基持力层。该层亦为区内的第 Ⅰ 承压含水层。

⑧$_2$层灰色粉质黏土夹粉砂层,区内分布不连续,埋深、厚度变化大,含水量为 27.5%,孔隙比为 0.80,压缩系数为 0.27MPa^{-1},黏聚力为 17MPa,可勘察该层含水量低,中等压缩性,土质较好。局部地段该层为蓝灰色硬土,经第四系研究确定其与西部湖沼平原区第二硬土层为同一时代地层,规划区内由于古河道的切割而呈零散分布。

⑨层砂性土为区内的第 Ⅱ 承压含水层,分布连续,厚度大,上部颗粒较细,黏粒含量较多,一般为砂质粉土,下部颗粒逐渐变粗,为粉砂或细砂,底部含有砾石。该层含水量为 24.8%,孔隙比为 0.72,压缩系数为 0.13MPa^{-1},黏聚力为 3MPa,标准贯入击数大于 50 击,土性好,该层可作为超大型建筑的桩基持力层,但由于埋藏较深,经费较大。

8.2.2.2　工程地质层序区域分布规律

1. 冲填土（①₃）

规划区分布的大面积的冲填土主要分布在随塘河以东、以南地区，规划的主城区、副城区广泛分布有该层。区内冲填土冲填始于 1973 年，先后在 1973 年、1979 年、1985 年、1994 年修筑了人工堤坝，从而将冲填土分隔为不同时段的土层。其中 94 塘以西至随塘河为老冲填土，冲填时间大于 10 年，基本处于正常固结状态，厚度一般为 2~3m，近规划主城区段厚度大于 4m，岩性以砂质粉土为主，近主城区为淤泥质粉质黏土。94 塘以东至海岸为新近冲填土，均为欠固结土，土性较差，易压密变形，厚度一般为 3~6m，沿海岸一带厚度大，一般均大于 4m，岩性以砂质粉土为主，饱和，黏粒含量较低，易产生液化现象。

2. 表土层（②₁）

该层为上海地区的硬壳层，规划区随塘河以西、以北地区均有分布，即在冲填土缺失区，该层均有分布。埋深较浅，一般在 0.5~1.5m，厚度较为均匀，一般为 0.5~2.0m，其中在书院、果园镇以及万祥镇东部厚度较大，一般大于 2m，泥城及随塘河沿线厚度最小，小于 1m。岩性以褐黄色粉质黏土为主，土性较好，含水量、压缩性、孔隙比较小，强度较大，可作为荷载较小建筑物的天然地基持力层。但局部地区该层下部为灰黄色粉质黏土，土性较差，为天然地基工程的压缩层。

3. 浅部砂层（②₃）

该层在规划区均有分布，埋藏浅，层顶标高为 0~2m，厚度大，一般为 6~14m，规划区该土层厚度表现为由西北部向东南部逐步增厚，最厚达 15m，分布在杭州湾北岸芦朝港镇以南地区，规划主城区厚度一般为 12m。岩性以砂质粉土为主，为规划区的潜水含水层，易产生震动液化及渗流液化问题。

4. 软土层（④）

该层为上海地区典型的软土层，规划区均有分布，且稳定、连续，埋深、厚度变化不大，层顶标高一般为 -4~-12m，由西北部向东南埋深逐渐增大，但厚度逐渐减小。西北部层顶标高一般大于 -4m，而厚度一般均大于 10m，东南部尤其是②₃层厚度大的区域层顶标高一般小于 -12m，厚度小于 4m。岩性主要为淤泥质黏土，含水量高、压缩性高，强度低，为地基土的主要压缩层。

5. 一般黏性土层（⑤）

规划区内该层均有分布，埋深较稳定，层顶标高一般为 -15~-17m，但由于规划区海岸地区以及中部局部地区受古河道切割，该层厚度变化大，古河道切割区内厚度大于正常沉积区。正常沉积区内厚度一般为 3~7m，平均为 5m，古河道切割区厚度一般为 10~20m，海岸地区厚度大于中部地区。岩性上部以黏性土为主，下部以黏夹砂为主，沿海一带该层底部分布有灰绿色的粉质黏土，为次生硬土层。

6. 第一硬土层（⑥）

该层为全新统与更新统分界的标志层，同样受古河道切割，沿海一线以及中部地区缺失，规划的主城区、副城区大部分地段缺失该层。但该层埋深、厚度变化不大，层顶标高一般为 $-18 \sim -24m$，厚度一般为 $2 \sim 6m$。岩性为暗绿色—褐黄色粉质黏土，土性较好，可作为一般建筑物的桩基持力层。

7. 下部砂层（⑦）

规划区该层均有分布，厚度较大，施工钻孔大部分未揭穿该层，厚度一般为 25m。受古河道切割，埋深变化大，正常沉积区层顶标高一般为 $-23 \sim -27m$，古河道切割区层顶标高则在 $-28 \sim -40m$，其中规划主城区东部埋深最大，层顶标高小于 $-34m$。岩性上部以草黄色砂质粉土为主，下部以灰黄色—灰色粉砂为主，为规划区良好的桩基持力层，但由于空间上埋深变化大，应注意桩基持力层的选择。

8.2.2.3　工程地质分区及评价

1. 工程地质分区原则

由于土体结构类型的差异，规划区内不同地段的工程地质条件也有所差异。工程地质区及亚区的划分，主要依据土体结构类型来划分，即影响天然地基条件的②$_1$、①$_3$层和影响桩基条件的⑥层的分布缺失情况。首先根据是否有⑥层土分布，将规划区划分为 Ⅰ 、Ⅱ 两大工程地质区（Ⅰ区为正常沉积区，Ⅱ区为古河道分布区），根据①$_3$、②$_1$层土的分布缺失情况进行亚区划分。临港新城规划区工程地质分区及评价详见表8-8，各区分布示意情况见图8-13。

表8-8　临港新城规划区工程地质分区评价表

区	工程地质条件较好区（Ⅰ）			工程地质条件一般区（Ⅱ）		
亚区	有②$_1$层分布的工程地质条件好亚区（Ⅰ$_1$）	无②$_1$层分布的工程地质条件较好亚区（Ⅰ$_2$）		有②$_1$层分布的工程地质条件一般亚区（Ⅱ$_1$）	无②$_1$层分布的工程地质条件较差亚区（Ⅱ$_2$）	
段		①$_3$层宜作为天然地基持力层的工程地质段（Ⅰ$_{2-1}$）	①$_3$层不宜作为天然地基持力层的工程地质段（Ⅰ$_{2-2}$）		①$_3$层宜作为天然地基持力层的工程地质段（Ⅱ$_{2-1}$）	①$_3$层不宜作为天然地基持力层的工程地质段（Ⅱ$_{2-2}$）
工程地质条件	有暗绿色硬土层⑥层分布，为正常沉积区，桩基持力层⑦层分布稳定，软土层和压缩层厚度较小			无暗绿色硬土层⑥层分布，为古河道沉积区，桩基持力层⑦层分布不稳定，埋深变化大，局部有中部砂层（⑤$_2$）分布，软土层和压缩层厚度较大		

续表

区	工程地质条件较好区（Ⅰ）			工程地质条件一般区（Ⅱ）		
工程地质条件	有褐黄色天然地基持力层②₁层分布	无天然地基持力层分布，分布有形成时间大于10年的冲填土①₃层	无天然地基持力层分布，分布有形成时间小于10年的冲填土①₃层，且厚度较大	有褐黄色天然地基持力层②₁层分布	无天然地基持力层分布，分布有形成时间大于10年的冲填土①₃层	无天然地基持力层分布，分布有形成时间小于10年的冲填土①₃层，厚度较大
工程地质条件评价	天然地基条件较好，桩基条件好	天然地基条件一般，桩基条件好	天然地基条件差，桩基条件好	天然地基条件较好，桩基条件较差	天然地基条件一般，桩基条件较差	天然地基条件差，桩基条件差
主要地质问题	浅部砂层、软土层普遍分布，应注意砂土液化和软土地基变形问题，同时还须注意区域地面沉降对工程建设影响问题	由于分布有冲填土，但形成时间较长，应适当注意冲填土变形对工程建设的影响	由于分布有大面积冲填土，且处于欠固结状态，因此应特别重视冲填土变形对工程建设的影响	浅部砂层，应注意砂土液化问题，软土层普遍分布，压缩层厚度变化大，应注意由工程建设引起的地基变形和差异变形问题，同时还须注意区域地面沉降对工程建设影响问题	由于分布有冲填土，但形成时间较长，应适当注意冲填土变形对工程建设的影响	由于分布有大面积冲填土，且处于欠固结状态，因此应特别重视冲填土变形对工程建设的影响

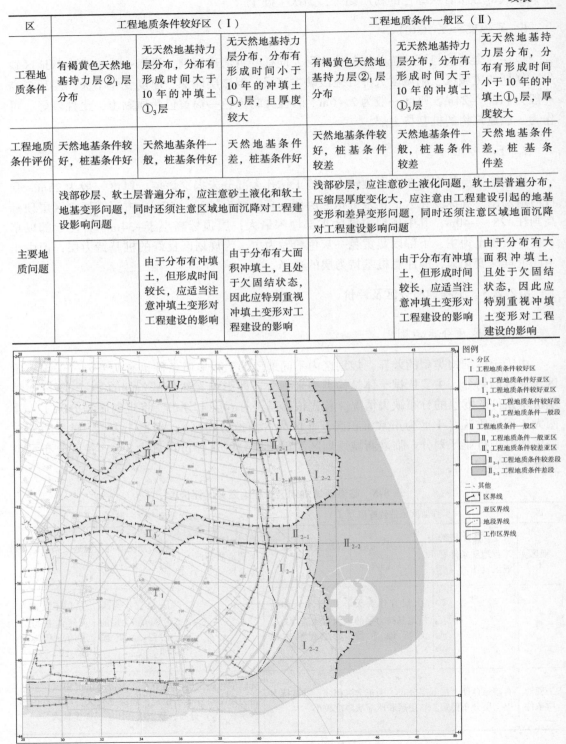

图 8-13　临港新城规划区工程地质分区示意图

2. 工程地质分区评价

规划区内分布变化不大的有②₃层砂质粉土和④层淤泥质黏土。②₃层砂质粉土均有分布，厚度大，应注意其震动液化问题，在基坑开挖时应注意其渗流液化问题。④层淤泥质黏土稳定分布，但厚度大、强度低、压缩性高，应注意由其产生的地基变形问题。因此，针对整个规划区都应注意以上问题。

1) 工程地质条件较好区 (I)

规划区内工程地质条件较好区 (I) 主要分布规划区西部，面积约占整个规划区的3/4，地层分布连续，工程地质层埋深、厚度变化不大。⑥层暗绿色—褐黄色粉质黏土层均有分布，桩基持力层⑦层顶板埋深和厚度稳定。因此，桩基条件好。但由于表土层的差异，区内天然地基条件有所差异。

a. 有②₁层分布的工程地质条件好亚区 (I₁)

主要分布在规划区西部，包括规划的主产业区和重装备与物流园区大部分地区。除①₃层冲填土外，各工程地质层均有分布。其中②₁层分布广泛，埋深、厚度与整个场区基本一致，具含水量、压缩性低，强度较高等特点，可作为天然地基持力层。②₃层砂质粉土和④层淤泥质黏土分布稳定。仅分布有⑤₁层黏性土，厚度、岩性变化不大，对天然地基较为有利。⑥、⑦层分布稳定，且土质好，可作为一般建筑物的桩基持力层。因此，该区为工程地质条件好的区域。

b. 无②₁层分布的工程地质条件较好亚区 (I₂)

主要分布于规划区东部和南部沿海地区，包括东海农场、综合区西部、主城区西部和重装备产业区与物流区南部。该区缺失②₁层表土层，普遍分布有新近沉积的冲填土①₃层，下部各工程地质层均正常分布。其中①₃层埋深浅，厚度变化较大，土质不均，压缩性、强度变化较大，因此应根据该层不同地区、不同的岩性特点选作天然地基持力层；该层部分地区岩性以粉性土为主，应注意可能引起的震动液化和渗流液化问题。

①₃层的岩性差异和形成时代差异，其工程特性也存在一定差异，一般来说，对于新近沉积的冲填土，如果其形成时代大于 10 年，一般可作为天然地基持力层；如果小于 10 年，不能作为天然地基持力层。因此，根据该层形成时代的不同，I₂区可分为两个段：①₃层宜作为天然地基持力层的工程地质段 (I₂₋₁)，①₃形成时代大于 10 年，根据经验，形成时代大于 10 年的一般可以作为天然地基持力层，因此，该工程地质段天然地基条件一般，桩基条件好；①₃层不宜作为天然地基持力层的工程地质段 (I₂₋₂)，①₃形成时代小于 10 年，天然地基条件较差，但桩基条件好。

2) 工程地质条件一般区 (II)

规划区内古河道切割工程地质区主要分布在东部沿海地区和西部局部地区，约占整个规划区的1/4，因受古河道切割，地层分布不连续，对工程影响较大的工程地质层埋深、厚度变化大。⑥层暗绿色—褐黄色粉质黏土层均缺失，桩基持力层⑦层埋深变化大，厚度不均。因此，桩基条件差。同时由于表土层的差异，区内天然地基条件也有所差异。

a. 有②₁层分布的工程地质条件一般亚区 (II₁)

主要分布于规划区西部书院、万祥、老港地区及规划主产业区埋藏古河道地区。

①₃层冲填土和⑥层暗绿色—褐黄色粉质黏土层均缺失。②₁层均有分布，可以作为天然地基持力层。②₃层砂质粉土、④层淤泥质黏土稳定分布。⑤层为滨海相沉积地层，厚度变化大，对天然地基和桩基均不利。从⑤层的层底埋深来看，古河道切割深度大（最深达56m），⑦层顶板埋深不稳定。

b. 无②₁层分布的工程地质条件较差亚区（Ⅱ₂）

主要分布于规划区沿海地带，包括规划的综合区东部和主城区东部。②₁层冲填土和⑥层暗绿色—褐黄色粉质黏土层均缺失，见Ⅱ₂区工程地质层物理力学指标统计表。其中①₃层土质较差，大部分地区呈欠固结状态，因此不宜作为天然地基持力层，此外，该层部分地区岩性以粉性土为主，应注意由其引起的震动液化和渗流液化问题。⑤层沉积环境与Ⅱ₁区相近，对天然地基和桩基均不利。但从该区⑤₄层分布情况来看，沿海一带其分布较为连续，古河道切割深度相对不大，一般为40m，⑦层埋深、厚度变化相对不大，因此，桩基条件相对Ⅱ₁要好。

根据①₃层形成时代的不同，Ⅱ₂区可分为两个段：①₃层宜作为天然地基持力层的工程地质段（Ⅱ₂₋₁），①₃形成时代大于10年，天然地基条件较差，桩基条件差；①₃层不宜作为天然地基持力层的工程地质段（Ⅱ₂₋₂），①₃形成时代小于10年，天然地基条件最差，桩基条件差。

8.2.2.4　特殊岩土体—冲填土的工程性质研究

1. 冲填土物理特征

临港新城规划区分布有大面积的冲填土，其冲填始于1973年。规划区内先后在1973年、1979年、1985年、1994年修筑了人工堤坝，从而将冲填土分隔为不同时段的土层，其物理力学性质也由时间的不同而存在较大差异，冲填土层厚度空间上也存在较大差异，根据调查结果，冲填土厚度一般为1～8.5m不等，大部分地区冲填土厚度大于4m（图8-14）。其中1994年前形成的冲填土基本处于正常固结状态，土性以黏质粉土和粉质黏土为主；1994年后冲填的土为新近冲填土，填料基本以粉性土为主，呈欠固结状态。根据现场与实验室试验结果，冲填土工程特性如下。

1) 颗粒组分特征

根据对规划区新近冲填土区域不同深度土样的粒度分析结果，冲填土的粒径大都在0.074～0.005mm，黏粒含量低，同一地点（图8-15）冲填土不均匀系数总体上自地表向下由小变大。在冲填土与自然沉积土层界面附近不均匀系数明显变大，进入自然沉积土层后不均匀系数又呈现出由小变大的规律；同一深度范围内不同地点的冲填土样上，不均匀系数也存在一定的差异，这与不同地点沉积的先后次序和沉积环境有关。

2) 密实度

冲填土密实度可以通过静力触探和标准贯入试验来进行评价，根据现场试验结果，冲填土分布范围内，标准贯入击数均在1～6击，静力触探比贯入阻力为0.01～2.59MPa，只有极少数超过2.6MPa，说明新近堆积的冲填土处于松散状态。

图 8-14　临港新城规划区冲填土埋藏分布示意

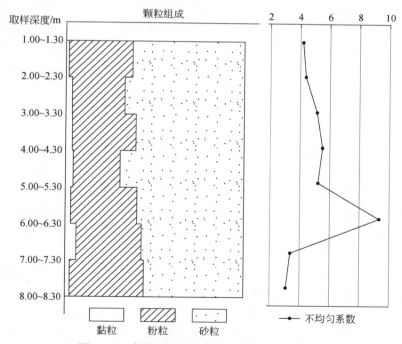

图 8-15　冲填土粒度成分及其不均匀系数曲线

3）物理指标特征

冲填土的主要物理指标见表8-9。

表 8-9　冲填土的主要物理性质参数

统计值	含水量	容重	孔隙比
最大值	58.4%	19.6kN/m^3	1.66
最小值	22.7%	16.1kN/m^3	0.66
平均值	31.9%	18.5kN/m^3	0.91
样本个数	52	52	52
标准差	7.58	0.08	0.21
变异系数	0.24	0.04	0.23

从表8-9可看出，含水量高、孔隙比大是冲填土最主要的物理性质之一。同时，含水量、孔隙比等指标的变异系数比较大，说明其离散性较大；冲填土层分布地区在停止冲填后，表面自然蒸发常呈龟裂状，地下水位下降，上部含水量明显降低；但下部冲填土排水条件较差仍呈流动状态。冲填土颗粒愈细，这种现象愈明显。另外，冲填土的形成时间对其物理性质影响较大，如新近冲填土含水量、孔隙比等指标较老冲填土高，容重和比重较老冲填土低。

4）冲填土沉积规律

根据调查及室内试验结果分析，冲填土形成具有明显的三维沉积韵律：①在垂直方向上，不同冲填地点的冲填土沉积均具有明显的分层性，下部颗粒较粗，上部颗粒较细，且具有多期次沉积旋回的特点，一般至少具有两个冲填旋回，层理不是水平的，而是缓倾斜。②在水平方向上，北面东西向分布较短，南面东西向分布较长，不同堤坝内的冲填土颗粒粗细基本上具有相同的沉积规律；由西向东，冲填土的厚度为0~8.5m不等，且南北方向上北厚南薄。③在时间上，冲填土形成较早的密实度较大，固结程度高；相反，新近吹填的土，密实度小，固结程度低。

2. 冲填土变形特征

载荷试验承压板采用0.5m^{2}的正方形钢板，加载系统为油压千斤顶，用堆载作为千斤顶10加压的反力系统，观测系统采用百分表，承压板的四角各置一个，分别量测一定荷载下承压板的沉降量，然后取平均值作为本级荷载下承压板的沉降量。加荷等级每级为10kPa。试验共进行了3个点，其中2个静载点试验由于反力系统失效而终止，另一个点加载到120kPa地基土仍未破坏。根据试验观测计算结果，3个静载点的Q-S曲线、S-$\lg t$曲线分别如图8-16~图8-18所示。

根据测试结果并依据上海市工程建设规范《地基基础设计规范》（DGJ08—11—2017）第14.7.5条规定，在S-$\lg t$曲线上取曲线尾部明显向下曲折的前一级所对应的荷载为天然地基极限承载力，但由于试验曲线拐点不明显，采用相对沉降控制法进行核算，取$S/b = 0.01~0.015$所对应的荷载作为地基承载力特征值 fak（S为承压板稳定沉降，b为承压板

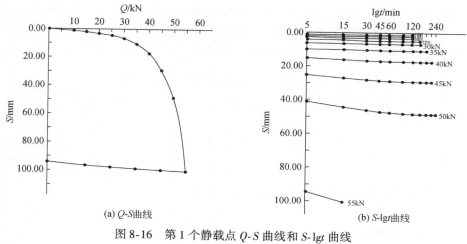

图 8-16　第 1 个静载点 $Q\text{-}S$ 曲线和 $S\text{-}\lg t$ 曲线

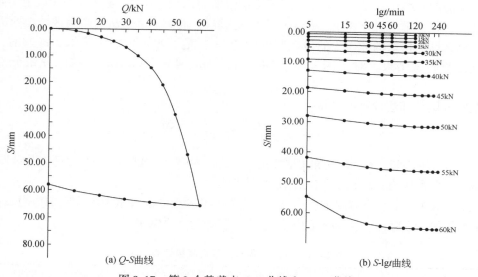

图 8-17　第 2 个静载点 $Q\text{-}S$ 曲线和 $S\text{-}\lg t$ 曲线

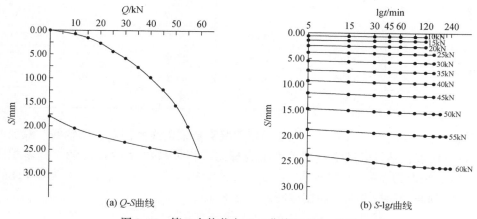

图 8-18　第 3 个静载点 $Q\text{-}S$ 曲线和 $S\text{-}\lg t$ 曲线

的边长或直径），相应点的 $p_{0.02}$ 作为地基承载力标准值。由 $S/b=0.07$ 对应的 $p_{0.07}$ 作为极限荷载。冲填土载荷试验及结果见表 8-10。根据静载试验结果可以得出：不同地点冲填土地基的承载力有一定的差异，这也说明冲填土具有非均匀性的特点。

表 8-10　现场载荷试验确定的冲填土天然地基承载力

点号	试验时间	最大加载量/kN	最大沉降量/mm	残余沉降量/mm	回弹率/%	天然地基承载力特征值/kPa	天然地基承载力设计值/kPa
1	2005.04.15	55	100.68	6.03	1.94	75	95
2	2005.04.17	60	65.22	7.44	3.84	80	105
3	2005.04.18	60	26.30	8.51	7.41	90	>120

3. 冲填土沉降效应

根据前期固结压力试验结果，前期固结压力均大于土体的自重应力，冲填土实际上为欠固结土，在自重压力作用下会产生一定的变形量，地面下沉，从而影响区域地面沉降。

研究区钻探揭露的冲填土的最大厚度约为 6m，地下水水位埋深为 1.0 m 左右，结合土工试验的测试结果，对不同深度（1m、2m、3m、4m、5m、6m）的沉降量分层进行计算。

按照分层总和法计算沉降量：

$$S = \sum \frac{H_i}{1 + e_{0i}} C_{ei} \lg \frac{p_{0i} + \Delta p_i}{p_{0i}} \tag{8-1}$$

式中：S 为总沉降量，m；H_i 为第 i 层厚度，m；e_{0i} 为第 i 层孔隙比；C_{ei} 为第 i 层回弹系数；p_{0i} 为第 i 层自重应力；Δp_i 为第 i 层附加应力增量。

在式（8-1）中，需有附加应力 Δp_i，把 i 层以上土层的自重考虑为附加应力 Δp_i，把 i 层自重应力考虑为 p_{0i}，其各层的沉降和累积沉降量计算结果见表 8-11。

表 8-11　分层沉降与累积沉降量计算结果

序号	分层厚度/m	回弹指数	自重应力/kPa	附加应力/kPa	分层沉降量/mm	累积沉降量/mm
1	1	0.0205	19.2	9.6	1.96	1.96
2	1	0.0164	9.39	19.2	4.31	6.27
3	1	0.0169	9.09	28.59	5.49	11.76
4	1	0.0153	9.19	37.68	5.92	17.68
5	1	0.0156	9.59	46.87	6.90	24.58
6	1	0.0154	9.09	56.46	7.10	31.68

根据上述计算结果，对充填土深度和累积沉降量采用线性回归、抛物线、双曲线、指数式等进行模拟，结果以抛物线型关系最为理想，相关系数 R 达到 0.98，其累积沉降量与深度的关系式为 $y = -0.3498x^2 - 3.5355x + 2.0250$（$x$ 为深度，m；y 为累积沉降量，mm）。将实测曲线和拟合曲线绘制成图形（图 8-19）。

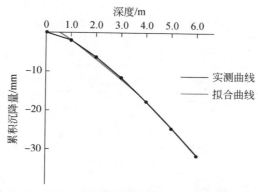

图 8-19　冲填土自重固结不同深度累积沉降量曲线图

4. 冲填土震动液化特征

为判别冲填土的震动液化特征，采用了标准贯入、静力触探和波速测试等方法。

1）标准贯入方法

调查针对冲填土进行了 56 次标准贯入试验，平均标准贯入击数为 6.9 击。此外，在冲填土专题研究中又进行了专门试验，位于 3 处载荷试验附近，贯入深度为 8.45m，标准贯入试验每米一次，共进行了 24 次标贯（图 8-20）。按上海市《岩土工程勘察规范》（DGJ—37—2012）中地震液化判别标准，综合以上冲填土标准贯入试验结果，判别冲填土为可液化土层，液化等级为轻微—中等。

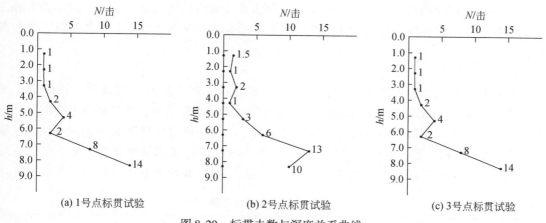

图 8-20　标贯击数与深度关系曲线

2）静力触探方法

试验在 3 个载荷试验位置进行了静力触探，并与附近未进行载荷试验的场地进行对比，如图 8-21 所示。

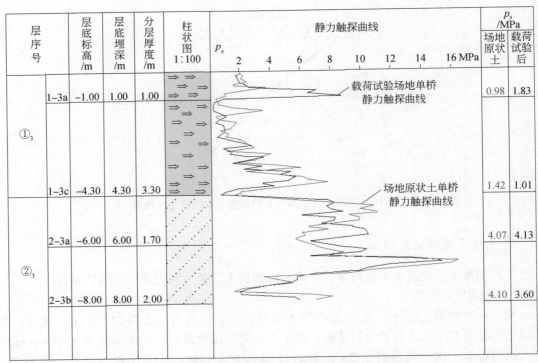

图 8-21　场地原状土及载荷试验后静力触探曲线

对比载荷试验前后场地的静力触探曲线可以看出：载荷试验后场地土的比贯入阻力比试验前有一定程度的增大，且在表层 0～1m 深度范围表现较为明显。同样，利用静力触探结果根据规范判定冲填土液化特征，判别结果与标准贯入判别结果基本一致，但液化指数稍高。

3）波速测试

根据标准贯入试验点布设了波速测试点，共布设了两个区 6 个测试点，测试结果见表 8-12。冲填土剪切波波速和压缩波波速均较天然沉积土数值小，主要是由于冲填土孔隙大、密度小，波速衰减快的缘故。按剪切波速判别液化，即剪切波速 V_S 与土层剪切波速临界值 V_{scr} 进行比较，当 $V_S > V_{scr}$ 时，可初步判别为不液化或不考虑液化影响。按 7 度抗震烈度设防，区内冲填土液化判别结果为轻微液化土层，与上面两种方法判别结果基本一致。

表 8-12　波速试验结果

埋深/m	平均剪切波速 V_S/(m/s)		平均压缩波速 V_P/(m/s)	
	A 区	B 区	A 区	B 区
0.5	116	126	193	209
1.5	108	121	179	201
2.5	103	115	171	191
3.5	112	126	186	209

续表

埋深/m	平均剪切波速 V_S/(m/s)		平均压缩波速 V_P/(m/s)	
	A 区	B 区	A 区	B 区
4.5	95	114	158	189
5.5	119	98	198	163
6.5	128	136	213	226
7.5	138	142	229	236

8.2.3　工程建设适宜性评价

8.2.3.1　地面建筑适宜性评价

1. 天然地基工程适宜性评价

1) 天然地基分析与评价

规划区内局部分布的填土层（①$_1$）由于结构松散、土质差，不能作为天然地基持力层。

规划区内表层普遍分布有厚度不等的冲填土层（①$_3$），对于吹填时间大于 10 年的（即 94 塘以西冲填土分布区域）Ⅰ$_{2-1}$ 和 Ⅱ$_{2-1}$ 工程地质段，如果地基承载力满足设计要求，一般可以作为天然地基持力层，而对于吹填时间小于 10 年（即 94 塘以东区域）的 Ⅰ$_{2-2}$ 和Ⅱ$_{2-2}$ 工程地质区，①$_3$ 层为欠固结的松散土层，在未进行地基土处理前不能作为天然地基的持力层。

拟建场区内局部地段分布有②$_1$ 层褐黄色粉质黏土（厚度为 0.50~2.50m），在厚度适中、土质均匀地区可作为一般轻型构筑物的天然地基持力层。但在厚度较小地区，如在Ⅰ$_{2-1}$ 和 Ⅱ$_{2-1}$ 工程地质段，应验算其强度是否满足建筑物设计要求，方可作为天然地基持力层。

2) 天然地基建筑适宜性分区与评价

规划区内天然地基条件主要由②$_1$ 层和①$_3$ 层的分布与缺失情况决定（图 8-22，表 8-13）。故天然地基建筑适宜性分区时主要考虑②$_1$、①$_3$ 两层土。首先根据②$_1$ 层土的分布缺失情况将规划区划分为 A、B 两区，A 区内有②$_1$ 层土分布，为天然地基建筑适宜性较好区，但在 A 区选择②$_1$ 层作为天然地基持力层时应注意其厚度的差异，同时，由于该层上硬下软，因此，必须进行沉降验算。B 区缺失②$_1$ 层土，天然地基建筑适宜性差。B 区又可根据①$_3$ 层的吹填时间划分为两个亚区，B$_1$ 亚区①$_3$ 吹填时间大于 10 年，天然地基建筑适宜性一般；B$_2$ 亚区①$_3$ 层吹填时间小于 10 年，天然地基建筑适宜性差。

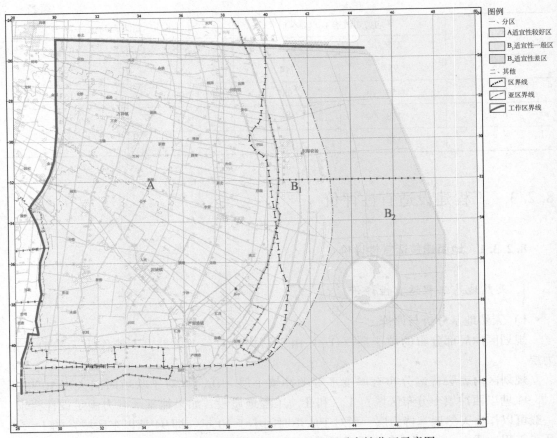

图 8-22　临港新城规划区天然地基工程适宜性分区示意图

表 8-13　天然地基建筑适宜性分区评价表

区	适宜性较好区（A）	B 区	
		适宜性一般区 B_1	适宜性差区 B_2
分区特征	缺失①$_3$层冲填土，②$_1$层均有分布	缺失②$_1$层，①$_3$层吹填时间大于 10 年	缺失②$_1$层，①$_3$层吹填时间小于 10 年
分布地区	规划区西部	规划区 94 塘与人民塘之间区域	规划区 94 塘以东区域
天然地基建筑适宜性评价	有天然地基持力层②$_1$层灰黄色粉质黏土，压缩性较低，强度较高，一般可作为一般轻型建（构）筑物的天然地基持力层，天然地基条件较好。但在选择②$_1$层作为天然地基持力层时应注意其厚度的差异，同时，由于该层上硬下软，因此，必须进行沉降验算。该区域表土层下部分布有厚度较大的②$_3$层砂质粉土，可和②$_1$层联合作为天然地基持力层	缺失②$_1$层，分布有大面积的不同时代形成的冲填土①$_3$层。一般不宜作为天然地基持力层。天然地基条件较 A 区差	缺失②$_1$层，分布有大面积的不同时代形成的冲填土①$_3$层。一般不宜作为天然地基持力层。天然地基条件较 A 区差
		①$_3$层形成时间大于 10 年，如强度和变形满足设计要求，可作为一般建（构）筑物的天然地基持力层	①$_3$层形成时间短，属欠固结土，未经过处理不能作为天然地基持力层

2. 桩基工程建设适宜性评价

1）桩基持力层的分布及稳定性

（1）Ⅰ工程地质区⑥层土发育，该层为超固结的硬土层，埋藏深度适中，其顶面埋深一般在 22～29m，平均厚度 3.2m，静力触探比贯入阻力为 1.99MPa，下卧层为低压缩性的⑦层粉土、砂土。该层可作为规划区内中型桥梁、小高层等一般建（构）筑物的桩基持力层。

（2）⑦层土在规划区内均有分布，厚度大（最厚可达 40m 左右，由于⑦$_1$、⑦$_2$层土性相近，分析时合并考虑），其上部为砂质粉土（⑦$_1$），下部为粉砂（⑦$_2$），土层中密—密实，平均标准贯入击数>50 击。因此，⑦层为良好的桩基持力层，可作为高层建筑、大型和特大型桥梁以及其他重型、超重型建（构）筑物的良好桩基持力层，可根据采用的桩型及荷载大小选择适当的桩型和桩端入土深度，但⑦层土在不同工程地质区内埋藏条件变化较大，在Ⅰ工程地质区⑦层分布较为稳定，表现为⑦层顶面埋深起伏较小，一般埋深在 26～31m，⑦$_1$层平均厚度为 4m，⑦$_2$层平均厚度为 33m；但在Ⅱ工程地质区，由于古河道切割使⑦层顶面埋深普遍较深，埋深在 30～50m，而且变化较大，桩基设计时详细查明持力层埋藏深度的变化情况。

（3）⑧$_2$层灰色粉质黏土夹粉土土层工程地质条件较好，中等压缩性，但由于分布不均，且埋藏较深，因此不把该层作为桩基持力层。⑨层灰色粉砂层，层厚大于 15.0m，标贯平均击数为>80 击，属低压缩性土。但由于其埋深过大，一般不推荐作为桩基持力层。

综上所述，规划区内可选择作为桩基持力层的土层为⑥和⑦层，其中⑥层仅分布于Ⅰ工程地质区，⑦层在规划区内均有分布。Ⅰ工程地质区桩基持力层分布稳定，且厚度大，无软弱下卧层，对建筑桩基设计有利；Ⅱ工程地质区因受古河道切割，桩基持力层分布不稳定，埋深、厚度变化大，但⑦层均有分布，且厚度大，无软弱下卧层，如果设计施工合理，也可较好地作为桩基持力层。

2）桩基适宜性分区与评价

桩基持力层的埋藏条件及其分布的稳定性，是衡量建筑桩基适宜性的重要条件。因此，对于规划区内的高层建筑、桥梁以及可能采用桩基础的其他重型、超重型建（构）筑物的桩基适宜性，主要取决于桩基持力层的埋藏条件及其分布的稳定性。

建筑桩基适宜性主要依据影响桩基条件的⑥层的分布缺失情况进行划分（图 8-23，表 8-14）。Ⅰ为建筑桩基适宜好区，有⑥层土分布，桩基持力层⑦层厚度大，埋藏适中且稳定；Ⅱ为适宜性一般区，无⑥层土分布，桩基持力层⑦层埋深、厚度变化大。

3）沉桩可能性分析

在Ⅰ工程地质区，若以⑥层暗绿色—褐黄色粉质黏土作为桩基持力层，对沉桩影响较大的土层为②$_3$层；若以⑦层作为桩基持力层，对沉桩影响较大的土层有②$_3$、⑥层，②$_3$层为稍密状砂质粉土，厚度较大（达 2.8～16.3m），标准贯入击数为 11.7 击；⑥层为暗绿色硬土层，厚度为 1.5～7.4m，静力触探比贯入阻力为 1.99MPa。在Ⅱ工程地质区，一般以⑦作为桩基持力层，对沉桩影响较大的土层有②$_3$层及局部发育的⑤$_2$层（灰色砂质粉土，厚度为 2.8m）。在打桩施工中，②$_3$、⑥层或⑤$_2$层沉桩阻力较大，特别当打入桩进入持力层⑦层后，沉桩阻力会显著增大，当桩端需进入⑦层较大深度时，沉桩会非常困难。

施工时需要进行试桩后再确定沉桩参数和桩基类型。

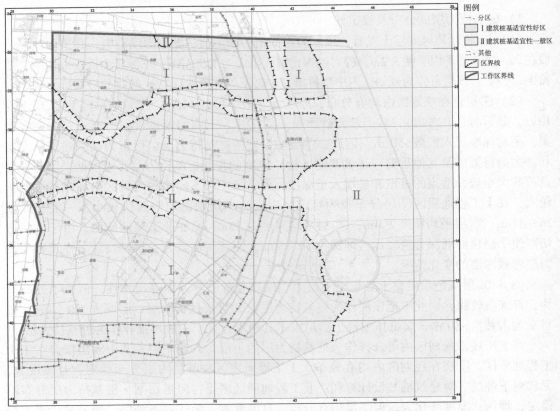

图 8-23　临港新城规划区桩基工程适宜性分区示意图

表 8-14　建筑桩基适宜性分区评价表

区	建筑桩基适宜性好区（Ⅰ）	建筑桩基适宜性一般区（Ⅱ）
桩基持力层条件	⑥、⑦层为良好桩基持力层，桩基持力层分布稳定，埋藏深度适中，厚度大，无软弱下卧层	可选择⑦层为桩基持力层，持力层厚度大，无软弱下卧层，但⑦层顶面埋深普遍较深，顶面埋深起伏较大
建筑桩基适宜性评价	为建筑桩基适宜区。适宜不同荷载的建（构）筑物的桩基础设计。对于多层、小高层、中小桥梁等荷载不太大的建（构）筑物，可选择⑥层为桩基持力层；对于高层、超高层建筑物、大型、特大型桥梁等荷载大的重型和超重型建（构）筑物，可选择⑦层为桩基持力层，并且可根据技术、经济合理性，按采用的桩型及荷载大小选择适当的桩端入土深度	为建筑桩基适宜性一般区。可选择的桩基持力层一般为⑦层，对于多层、小高层、中小桥梁等荷载不太大的建（构）筑物，由于持力层埋深过大，无法保证经济合理性。对于高层、超高层建筑物、大型、特大型桥梁等荷载大的重型和超重型建（构）筑物，可选择⑦层为桩基持力层，但由于持力层起伏较大，不利于桩基类型的选择和桩基础的设计、施工

3. 地下空间开发适宜性评价

1）工程地质层特性对地下工程的影响分析

规划区 0 ~ 20m 深度范围内分布的①₃、②₃、④层土对基坑稳定性的影响应引起重视。

分布在I₂和II₂工程地质区中的①₃层冲填土以砂质粉土为主，厚度 0.4 ~ 8.5m；②₃层砂质粉土，埋深 2 ~ 8m，厚度 2.8 ~ 16.3m；当基坑开挖进入①₃层和②₃层时，由于规划区内地下水位埋藏浅，①₃层和②₃层砂质粉土处于饱和状态，基坑开挖时在水头差作用下易形成流沙、管涌等渗流液化现象，产生地层蠕动和泥沙涌入，导致基坑边坡失稳；渗流液化还会加快土的固结，从而导致周围地面沉降，严重时将会危及周围建筑物与地下管线的安全。

④层淤泥质黏土抗剪强度低，具流变和触变特性，深基坑开挖时易产生侧向变形或剪切破坏，导致基坑边坡失稳。已有工程案例表明，上海地区产生滑坡事故的基坑工程，其滑动面主要产生在④层灰色淤泥质黏土中。因此，在进行深基坑开挖时，应注意④层淤泥质黏土对基坑稳定性的影响。

2）地下水对地下空间的影响

影响规划区地下空间开发最大的是潜水、微承压水及第I承压含水层中的承压水。其中潜水含水层在整个规划区均有分布，且厚度大，而微承压含水层（⑤₂层）仅在II工程地质区中的局部地区有零星分布，下部第I承压含水层（⑦层）在I工程地质区埋藏较II工程地质区浅，地下工程施工中揭露该层的可能性较大。由于微承压含水层零星分布，因此其对地下工程建设影响较小，而潜水含水层水位埋藏浅，对整个规划区的地下工程的影响均较大。第I承压含水层水位较高，尤其在I工程地质区，其水位在 1994 年后变化较大，因此，地下空间开发过程中应注意浅部含水层地下水位的变化，避免流沙、管涌等地质灾害对工程造成影响。

3）地下工程建设适宜性分析

由于规划区浅部均分布有厚度较大的浅部砂层，埋深、厚度变化不大，对地下工程建设不利。软土层均有分布，连续，埋深、厚度变化不大，对基坑边坡影响较大，但对于隧道盾构则较为有利，同时还需注意该层所引起的地基变形问题。因此，对于整个规划区，在地下工程建设过程中均需注意砂层的液化问题对工程的影响，同时还需注意软土层的变形问题。因此，规划区地下工程建设适宜性为一般。

8.3　上海虹桥商务区工程地质调查与评价

8.3.1　规划特征

8.3.1.1　规划定位

虹桥商务区功能定位为我国东部沿海地区、长江三角洲地区重要的城市综合交通枢纽；是贯彻国家战略、促进上海服务全国、服务长江流域、服务长江三角洲的重要载体；将成为上海实现"四个率先"、建设"五个中心"和现代化国际大都市的重要商务集聚区。其中商务核心区将建成长江三角洲面向世界的重要门户、上海服务全国和长三角的商务贸易平台、上海建设国际贸易中心的重要载体和上海多核心 CBD 结构的重要极点。

虹桥商务区拓展区主要起到商务区核心交通功能保障、基本配套功能配置、生态环境支撑的作用，将规划建设成为空间布局合理、生态环境良好、功能设置科学，对虹桥商务区的可持续发展起到重要支撑和保障的现代化和谐地区。

8.3.1.2　规划范围

规划虹桥商务区主功能区范围为东至环西一大道，西至现状铁路外环线，南至 A9 沪青平高速公路，北至北青公路、北翟路，总用地约 26.3km²；虹桥商务区拓展区规划范围为东至环西一大道，西至 A5 嘉金高速公路，南至 A9 沪青平高速公路，北至 A11 沪宁高速公路，总用地面积约 60.3 km²。行政区划主要涉及长宁、嘉定、青浦和闵行四个区，南部涉及极少量松江区九亭镇用地，如图 8-24 所示。

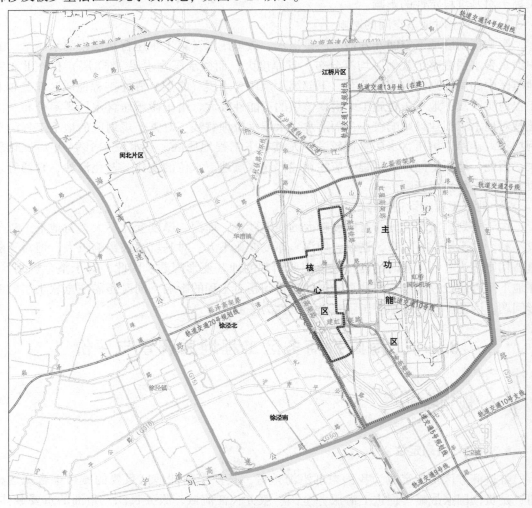

图 8-24　虹桥商务区规划范围示意图

8. 3. 1. 3　规划布局

虹桥商务区规划范围可分为虹桥商务区主功能区、核心区和拓展区，各分区空间布局及主要建设工程详述如下。

1. 商务区核心区

核心区为商务区西部商务功能集聚的区域，位于交通枢纽西侧，面积约 3.7km²。其中首期启动建设区范围东侧紧邻交通枢纽本体，西至嘉闵高架，南至义虹路，北至杨虹路，面积约 1.4km²。

根据初步编制的虹桥商务区核心区一期城市设计，1.4km²范围内总开发规模约 170 万 m²，其中商务办公约占总量的 60%，酒店、公寓式酒店约占 14%，商业约占 12%。商务功能主要布置在地面三层以上，商业功能主要布置在地下一层至地上三层，其他配套功能融合其中分层布置。由于虹桥机场周边限高为 43m 左右，区内建筑普遍为 6 ~ 8 层，标志性建筑最高为 10 层，局部以 3 ~ 4 层裙房联系。核心区一期建设效果图见图 8-25。

图 8-25　虹桥商务区核心区一期效果图

由于核心区高度受到限制，该区大量工程将以地下工程为主，一般开发深度为地下二层，局部地区可能有地下三层或四层。地下一层布置地铁站及商业休闲或地下停车场（图 8-26），地下两层一般为停车场或特殊设施，地下两层一般在 -9.0 ~ -10.0m，地下三层一般不低于 -14.0m。

2. 商务区主功能区

根据虹桥商务区控制性详细规划方案，主功能区约 26.3km² 规划范围，将按"一环、五区、两轴、三核"的结构进行布局。一环是指主功能区外围由绿地、河流等组成的生态

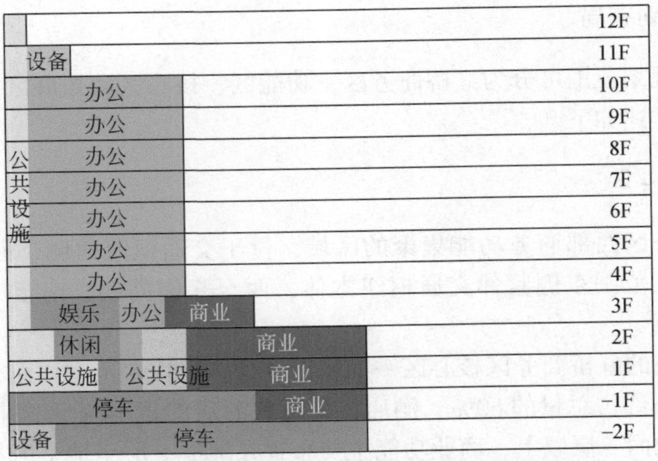

12F
设备
11F
办公
10F
办公
9F
公共设施
办公
8F
办公
7F
办公
6F
办公
5F
办公
4F
娱乐
办公
商业
3F
休闲
商业
2F
公共设施
公共设施
商业
1F
停车
商业
−1F
设备
停车
−2F

图 8-26　虹桥商务区核心区一期三维空间布局示意图

绿环，是商务区生态品质的保障；五区包括中心片区、机场片区、北片区、南片区和东片区，各片区功能定位如图 8-27 所示；两轴指连接枢纽各项交通设施、连通内外交通的交通功能轴线（东西向发展轴），由商务核心区向南北两个片区延伸的商务和公共活动轴（南北向发展轴）；三核指中部的交通功能核心、西部的商务功能核心和东部的配套功能核心。

北片区
动迁安置基地
商务办公
对外交通
物流仓储
东片区
生态环境
基础设施
机场片区
飞行区
航站楼
其他相关设施
中心片区
交通功能核心
商务功能核心
南片区
商务办公
对外交通
储备用地

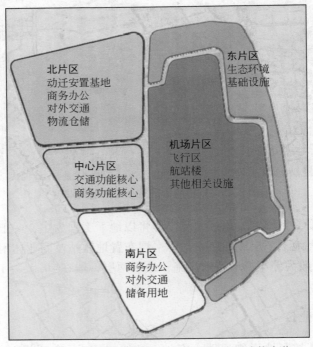

图 8-27　虹桥商务区主功能区片区划分及功能定位

根据虹桥商务区控制性详细规划方案，主功能区规划总建筑面积约 1100 万 m^2，规划地下建筑面积约 280 万 m^2，建（构）筑物以商务办公、对外交通和居住为主。其中机场、铁路等对外交通用地约 8.9 km^2，建筑面积约 301 万 m^2，对外交通包括虹桥机场和铁路虹桥站以及轨道交通，铁路虹桥站又包括京沪高速铁路、沪宁城际铁路、沪杭客运专线等铁路车站，轨道交通包括 2 号线、10 号线、20 号线等，其中沪宁城际铁路、轨道交通 2 号线等工程已经完成施工。商务办公等公共设施用地约 3.3 km^2，建筑面积约 487 万 m^2。动迁基地等居住用地约 2.1 km^2，建筑面积约 247 万 m^2。仓储、市政、储备等用地约 3.3 km^2，建筑面积约 65 万 m^2。其余为绿地和道路广场用地等。

该区建设工程地面建筑和地下工程均有，但地下工程一般为地下二层，且大部分重大线性工程已经完成。

3. 商务区拓展区

根据虹桥商务区拓展区结构规划方案，拓展区约 60.3 km^2 规划范围将按"五片、三轴、两廊"的空间结构进行布局（图 8-28）。五片包括徐泾南、徐泾北、华漕、闵北、江桥；三轴指东西向的交通和功能发展轴、南北向轨道交通轴（金园路—核心区—七莘路）和南北向公共交通轴（联友路—金丰路—诸光路）；两廊指沿苏州河的东西向景观休闲走廊和沿嘉闵高架的南北向生态绿化走廊。

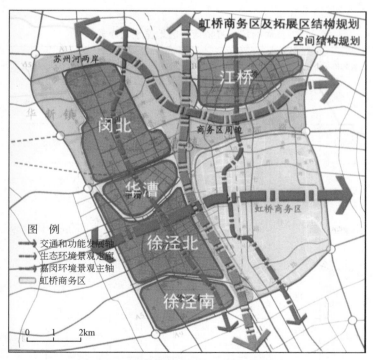

图 8-28　虹桥商务区拓展区空间结构规划

结合商务区的功能布局和配套要求，重点强化公共服务、居住和环境建设。规划居住用地约占 36.4%，公共设施用地占 10.4%，工业仓储用地占 7.7%，道路市政用地占 23.7%，绿地占 15.2%，储备用地占 6.3%。根据商务区功能发展要求，结合沿河、沿骨干道路的生态走廊，加强生态环境建设，规划生态空间约 19.3 km²，其中铁路、现状水域、农村建设用地等约 7.8km²，生态绿化约 5.9km²，基本农田约 5.6km²。

根据以上分析，拓展区主要建设工程为地面建筑，包括市政道路、住宅、工业建筑等，部分地区可能规划有轨道交通，其余为基本农田和绿化用地。

8.3.2　工程地质条件

8.3.2.1　工程地质层的划分及其特征

工程地质层划分首先依据地质时代及沉积环境，为此在进行工程地质钻探同时采取了第四系样品进行测试，重点分析了规划区晚更新世以来的沉积环境，重点确定了晚更新世早期和中期地层的分界深度，为工程地质层划分提供了基础依据。工程地质亚层划分主要依照沉积环境及岩性进行。

根据以上划分原则，规划区埋深 100m 以内的土层按其时代、成因、埋藏、岩性及其工程地质特性，可划分为 9 个工程地质层及分属不同层次的亚层，见表 8-15、表 8-16 和图 8-29、图 8-30。

表 8-15　虹桥商务区地基土层序表

地质时代		土层序号	土层名称	层厚/m	层底标高/m	颜色	湿度	状态	密实度	压缩性	成因类型	分布状况
			填土	0.2~1.3 4.5	4.31~2.84 0.10						人工	均有分布
全新世	晚期 Q_h,	②₁	粉质黏土	0.3~1.7 3.3	3.64~1.30 -1.50	褐黄色	湿	可塑—软塑		中等	滨海—河口	均有分布
		②₂	淤泥质粉质黏土	0.4~1.1 2.5	2.49~0.67 -0.75	灰黄色	饱和	流塑		高	滨海—河口	部分地区有分布
		②₃	砂质粉土	0.9~5.0 11.5	-0.02~-3.69 -9.42	灰色	饱和		松散—稍密	中等	滨海—河口	除主功能区和嘉金高速沿线外均有分布
	中期 Q_h,	③	淤泥质粉质黏土（局部为粉质黏土）	0.7~4.0 13.8	0.71~-5.36 -13.76	灰色	饱和	流塑		高	滨海—浅海	普遍分布
		③ₐ	砂质粉土	0.9~2.8 7.0	-1.86~-5.25 -10.61	灰色	饱和		稍密	中等	滨海—浅海	零星分布
		④	淤泥质黏土	1.0~6.9 14.0	-5.54~-12.45 -22.98	灰色	饱和	流塑		高	滨海—浅海	仅嘉金高速沿线局部地区缺失

续表

地质时代		土层序号	土层名称	层厚/m	层底标高/m	颜色	湿度	状态	密实度	压缩性	成因类型	分布状况
全新世	中期 Q_{h_2}	④a	砂质粉土	0.8~4.4 13.0	-7.79~-3.35 -20.62	灰色	饱和		稍密	中等	滨海—浅海	主要分布在主功能区南部
	早期 Q_{h_1}	⑤$_{1-1}$	黏土	2.0~7.1 15.2	-10.28~-19.74 -28.44	灰色	很湿—饱和	软塑—流塑		高	滨海	除西边界局部地区缺失外广泛分布
		⑤$_{1-2}$	粉质黏土	0.9~6.8 19.7	-14.48~-24.66 -31.60	灰色	很湿	可塑—软塑		中偏高	滨海	除西边界局部地区缺失外广泛分布
		⑤$_2$	砂质粉土	2.7~10.1 20.0	-21.13~-32.78 -43.48	灰色	饱和		中密	中等	滨海、沼泽	主要分布在北部吴淞江沿岸
		⑤$_3$	粉质黏土	3.0~11.7 26.2	-29.69~-38.34 -49.16	灰色	湿	可塑—软塑		中偏高	溺谷	沪宁铁路、纪翟路以东的古河道区内
晚更新世	上段 $Q_{p_3^1}$	⑤$_4$	粉质黏土	0.6~2.6 6.8	-33.40~-41.64 -50.06	灰绿色	稍湿	可塑		中等	溺谷	古河道区内局部分布
		⑥	粉质黏土	0.8~3.6 9.8	-15.24~-25.67 -35.42	暗绿色—褐黄色	稍湿	硬塑—可塑		中等	湖沼	主要分布在沪宁铁路、纪翟路以西
		⑦$_1$	砂质粉土	1.6~7.7 25.6	-19.54~-35.03 -50.74	草黄色	饱和		中密	中等	河口—滨海	主要分布在规划区西部
		⑦$_2$	粉砂	0.5~19.2 30.0	-35.52~-52.99 -66.02	灰黄色—灰色	饱和		密实	中偏低	河口—滨海	主要分布在东部和南部地区
		⑧$_{1-1}$	黏土	2.6~8.0 23.0	-30.52~-46.53 -61.78	灰色	很湿	软塑		高	滨海—浅海	除主功能区中部外广泛分布
		⑧$_{1-2}$	粉质黏土	1.7~8.1 19.5	-38.74~-51.48 -59.42	灰色	很湿	可塑—软塑		中偏高	滨海—浅海	除主功能区中部外广泛分布
		⑧$_{2-2}$	灰色粉砂	2.5~10.8 23.0	-49.73~-58.82 -63.02	草黄色—灰色	饱和		中密—密实	中等	滨海	主要分布在北部局部地区
		⑧$_{2-3}$	粉质黏土夹粉砂	1.8~6.7 15.5	-53.40~-62.67 -70.06	灰色	湿	硬塑—可塑		中等	滨海	广泛分布
	下段 $Q_{p_3^1}$	⑨$_1$	粉砂	2.5~9.0 14.8	-65.92~-70.52 -73.17	青灰色—灰色	饱和		密实	中偏低	河口	广泛分布
		⑨$_2$	粉细砂	未钻穿	未钻穿	青灰色	饱和		密实	低	河口	广泛分布

注：表中层厚栏中数据表示为 $\dfrac{最小值~平均值}{最大值}$，层底标高栏数据表示为 $\dfrac{最大值~平均值}{最小值}$。

表8-16 虹桥商务区主要工程地质层物理力学指标表

土层层号	土层名称	含水量/%	容重	孔隙比	塑性指数	液性指数	渗透系数 温度20℃ K_V/(cm/s)	渗透系数 温度20℃ K_H/(cm/s)	直剪固快(峰值) 黏聚力/kPa	直剪固快(峰值) 内摩擦角/(°)	三轴不固结不排水 黏聚力/kPa	三轴不固结不排水 内摩擦角/(°)	压缩系数/MPa^{-1}	压缩模量/MPa	标准贯入击	比贯入阻力/MPa
②₁	褐黄色粉质黏土	23.6~44.5	16.8~19.9	0.67~1.15	10.4~22.4	0.20~1.24	2.45×10^{-7}~1.99×10^{-4}	8.35×10^{-7}~2.48×10^{-4}	10~45	14.0~39.0			0.17~0.70	2.85~10.09		0.57~2.12
		30.7	18.7	0.88	16.5	0.59	2.12×10^{-5}	2.92×10^{-5}	21	21.5	67	3.5	0.38	5.31		1.02
②₂	灰黄色淤泥质粉质黏土	33.9~49.6	17.6~19.5	0.70~1.33	10.9~22.9	0.30~2.23			12~42	13.5~29.0			0.33~1.20	1.81~7.52		0.42~0.63
		35.2	18.2	1.0	16.4	1.06			21	20.0			0.55	4.01		0.47
②₃	灰色砂质粉土	23.9~44.6	17.6~19.7	0.67~1.12			1.76×10^{-6}~4.26×10^{-4}	3.91×10^{-6}~4.43×10^{-4}	1~18	3.0~48.5			0.18~0.54	1.97~15.20	3.5~12.0	1.04~5.61
		31.7	18.1	0.90			1.62×10^{-4}	2.06×10^{-4}	6	33.0			0.23	9.53	8.6	1.76
③	灰色淤泥质粉质黏土	28.1~49.6	16.1~19.3	0.78~1.73	11.1~22.5	0.50~2.46	1.51×10^{-7}~9.53×10^{-5}	2.74×10^{-7}~1.21×10^{-4}	10~27	12.0~43.0			0.32~1.62	2.16~5.86		0.40~1.12
		39.4	17.7	1.11	15.0	1.28	7.62×10^{-6}	1.05×10^{-5}	14	19.0	28	0.5	0.67	3.69		0.54
③₄	灰色砂质粉土	22.8~34.2	18.1~19.2	0.69~0.96					2~13	23.5~41.0			0.10~0.33	6.01~14.51		
		28.6	18.6	0.82			3.74×10^{-4}	5.76×10^{-4}	7	34.0			0.19	10.90		1.63
④	灰色淤泥质黏土	35.6~57.3	16.3~18.8	0.84~1.59	16.1~23.8	0.95~2.30	1.47×10^{-8}~1.90×10^{-5}	6.87×10^{-8}~4.24×10^{-6}	7~26	6.2~29.0	10~33	0~27	0.42~1.61	1.36~6.84		0.46~0.96
		44.6	17.3	1.31	19.0	1.20	1.76×10^{-6}	7.96×10^{-7}	14	13.0	22	0.9	0.92	2.59		0.57
④₂	灰色砂质粉土	27.5~37.2	17.1~19.2	0.82~0.99					3~17	26.0~35.5			0.14~0.48	4.95~13.61		1.29~3.52
		33.3	18.1	0.97			3.55×10^{-4}	4.50×10^{-4}	8	31.5			0.26	8.44	13.8	1.72

续表

土层层号	土层名称	含水量/%	容重	孔隙比	塑性指数	液性指数	渗透系数 温度20℃ K_v/(cm/s)	渗透系数 温度20℃ K_H/(cm/s)	直剪固快(峰值) 黏聚力/kPa	直剪固快(峰值) 内摩擦角/(°)	三轴不固结不排水 黏聚力/kPa	三轴不固结不排水 内摩擦角/(°)	压缩系数/MPa^{-1}	压缩模量/MPa	标准贯入击	比贯入阻力/MPa
⑤$_{1\text{-}1}$	灰色黏土	30.2~51.4	16.7~19.1	0.85~1.40	16.1~25.7	0.55~1.75	1.14×10^{-7}~3.45×10^{-6}	1.31×10^{-7}~6.13×10^{-6}	7~18	7.0~26.0	12~55	0~3.2	0.43~1.22	1.98~5.54		0.59~1.09
		39.6	17.6	1.14	18.6	0.95	6.27×10^{-7}	1.02×10^{-6}	16	15.0	34	0.5	0.68	3.26		0.73
⑤$_{1\text{-}2}$	灰色粉质黏土	27.2~49.3	16.9~19.2	0.79~1.37	11.2~19.7	0.39~1.24	2.24×10^{-6}~8.45×10^{-5}	4.46×10^{-6}~2.43×10^{-5}	5~25	8.0~28.0			0.29~1.04	2.36~8.45		0.80~1.74
		35.4	17.9	1.02	14.8	1.0	1.24×10^{-5}	2.57×10^{-5}	15	21.0	51	0.3	0.50	4.21		1.00
⑤$_2$	灰色砂质粉土	20.5~37.8	17.4~19.7	0.64~1.09					0~14	20.0~38.0			0.11~0.48	3.28~15.82	24	4.43
		31.3	18.2	0.91					6	29.0			0.26	8.13		
⑤$_3$	灰色粉质黏土夹粉砂	21.5~44.6	14.0~19.8	0.64~1.18	10.2~20.1	0.58~1.12			6~36	6.0~35.5			0.20~0.79	2.56~9.15		1.27~5.53
		34.7	17.8	1.02	16.1	0.83			15	19.5			0.44	4.80		1.83
⑤$_4$	灰绿色粉质黏土	19.8~32.5	16.8~20.6	0.57~0.98	10.7~19.5	0.12~0.78			16~52	9.0~29.1			0.13~0.42	4.25~9.32		2.05~4.12
		26.0	19.0	0.78	15.3	0.39			24	19.5			0.31	6.25		2.41
⑥	暗绿~褐黄色粉质黏土	20.8~34.4	17.7~20.4	0.60~1.00	11.9~20.3	0.10~0.91			11~55	14.0~28.5			0.13~0.48	3.50~10.80		1.23~3.45
		25.2	19.4	0.74	16.3	0.31			42	22.0			0.27	6.74		2.03
⑦$_1$	草黄~灰色砂质粉土	17.5~36.4	17.4~20.6	0.52~1.04					1~25	25.0~38.0			0.10~0.35	4.58~18.18	10~55	2.96~10.50
		26.7	19.1	0.77					11	32.0			0.20	9.75	32.1	4.72

续表

土层层号	土层名称	含水量/%	容重	孔隙比	塑性指数	液性指数	渗透系数 温度20℃ K_V/(cm/s)	渗透系数 温度20℃ K_H/(cm/s)	直剪固快(峰值) 黏聚力/kPa	直剪固快(峰值) 内摩擦角/(°)	三轴不固结不排水 黏聚力/kPa	三轴不固结不排水 内摩擦角/(°)	压缩系数/MPa^{-1}	压缩模量/MPa	标准贯入击	比贯入阻力/MPa
⑦₂	灰黄~灰色粉砂	14.1~34.0 / 26.2	18.2~20.8 / 19.0	0.49~0.97 / 0.79					0~8 / 4	22.0~39.0 / 32.5			0.06~0.29 / 0.16	8.90~21.90 / 12.52	23~62.5 / 47.3	5.24~20.26 / 9.00
⑧₁₋₁	灰色黏土	31.0~45.3 / 36.1	17.2~19.4 / 18.1	0.84~1.25 / 1.03	11.7~20.0 / 17.8	0.39~1.23 / 0.82			11~23 / 15	7.0~24.5 / 16.5			0.30~0.63 / 0.46	3.28~6.09 / 4.48		1.86
⑧₁₋₂	灰色粉质黏土	21.8~40.9 / 32.7	17.5~19.6 / 18.3	0.67~1.15 / 0.94	10.5~20.5 / 14.8	0.48~1.09 / 0.83			2~23 / 19	13.0~34.0 / 23.0			0.20~0.57 / 0.38	3.54~12.50 / 5.32		1.88~3.75 / 2.48
⑧₂₋₂	灰色粉砂	21.9~35.6 / 29.3	15.5~19.4 / 18.7	0.38~0.90 / 0.79					2~8 / 5	27.5~34.0 / 31.0			0.10~0.33 / 0.14	5.62~17.1 / 11.60	22~57.7 / 44.4	6.76~13.86 / 8.38
⑧₂₋₃	灰色粉质黏土夹粉砂	20.1~36.2 / 26.3	17.7~20.4 / 19.0	0.54~1.04 / 0.77	10.1~18.1 / 13.8	0.29~0.97 / 0.51			8~40 / 15	7.0~27.0 / 21.0			0.12~0.45 / 0.27	4.05~15.73 / 7.10		2.38~6.20 / 3.23
⑨₁	灰色粉砂	15.6~33.1 / 22.8	17.4~21.4 / 19.3	0.37~0.96 / 0.65					0~7 / 3	20.5~37.0 / 29.0			0.07~0.32 / 0.16	5.81~23.50 / 14.11	38~83.3 / 59.0	14.88~24.17 / 16.56
⑨₂	灰色粉细砂	12.8~37.6 / 20.9	17.1~21.9 / 18.3	0.26~0.89 / 0.54					0~6 / 2	29.0~37.5 / 34.0			0.06~0.31 / 0.13	6.21~22.73 / 14.86	60~166.7 / 88.7	

注:表中数据 22.4~36.1 / 28.4 表示 最小值~最大值 / 平均值。

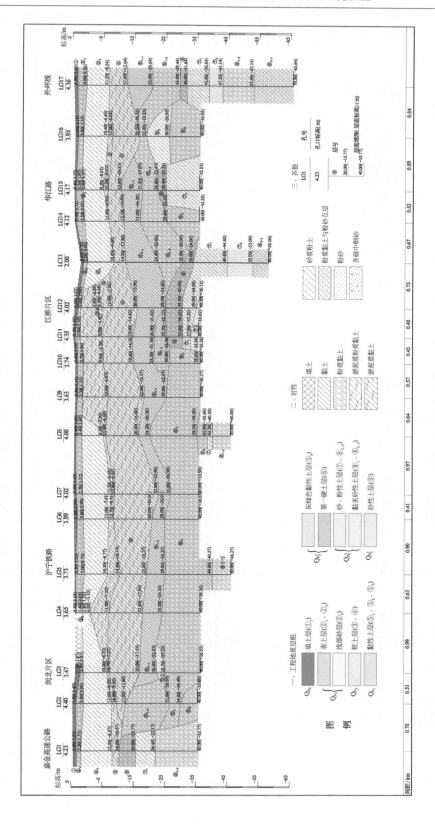

图 8-29　规划区拓展区典型工程地质剖面图

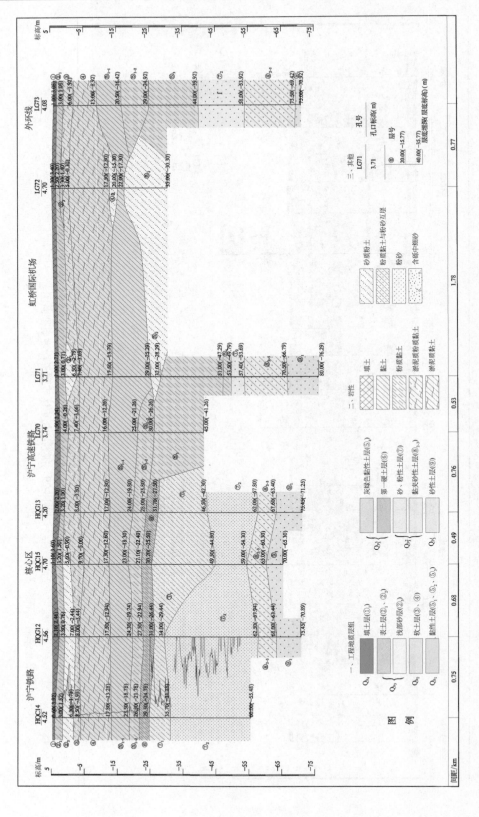

图 8-30　规划区主功能区（含核心区）典型工程地质剖面图

8.3.2.2 主要工程地质层分布规律

1. 浅部粉土层（②₃）

该层主要分布在吴淞江沿线以及主功能区西部，主功能区内基本缺失（图 8-31），层面埋深一般在 2~3m，变化不大，厚度变化较大，最大厚度达 12m，

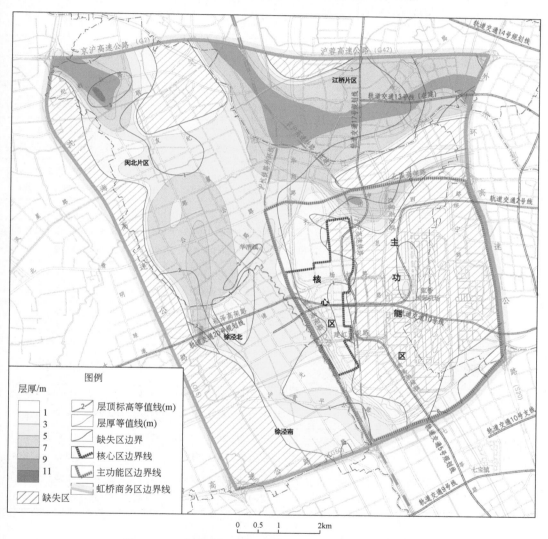

图 8-31　虹桥商务区浅部粉土层（②₃）埋藏分布示意图

吴淞江沿线厚度普遍较大。核心区该层厚仅在 2m 左右，主功能区厚度也较小，各区该层特征详见表 8-17。岩性以砂质粉土为主，局部为黏质粉土和粉砂。该层物理力学指标各规划区变化不大，含水量为 31.7%，黏粒含量为 7.3%，直剪固快试验黏聚力为 6kPa，压缩系数为 0.23MPa⁻¹，标准贯入 8.6 击，静力触探比贯入阻力为 1.76MPa。该层土性较

好，亦为规划区的潜水含水层，易产生震动液化及渗流液化问题。

表8-17　虹桥商务区各规划区主要土层特征一览表

土层名称	规划区	分布情况	层厚/m	层底标高/m
			最小值~最大值（平均值）	最大值~最小值（平均值）
浅部粉土层（②₃层）	核心区	普遍分布，仅东部局部缺失	0.9~3.6（2.3）	-0.36~-3.16（-1.39）
	主功能区	大部分地区均缺失，仅除北部和南部局部分布	0.9~9.4（2.6）	-0.18~-7.22（-1.71）
	拓展区	广泛分布，仅嘉金高速公路沿线缺失	1.6~11.5（5.7）	-0.02~-9.42（-4.32）
软土层（③、④层）	核心区		③层：1.0~7.0（3.5） ④层：4.4~12.0（8.3）	③层：-1.64~-8.16（-3.99） ④层：-9.87~-14.37（-12.02）
	主功能区	均有分布	③层：0.9~9.3（3.7） ④层：3.2~12.5（7.7）	③层：-0.30~-8.57（-3.83） ④层：-6.46~-15.40（-11.57）
	拓展区		③层：0.7~13.8（4.2） ④层：1.0~14.0（6.5）	③层：0.71~-13.76（-6.17） ④层：-5.54~-22.98（-12.92）
中部粉土层（④a、⑤₂层）	核心区	无分布		
	主功能区	主要分布在东部和南部	④ₐ层：0.8~13.0（4.3） ⑤₂层：3.0~20.0（9.9）	④ₐ层：-8.50~-20.62（-14.46） ⑤₂层：-21.13~-40.62（-32.17）
	拓展区	主要分布在江桥片区、华漕附近的吴淞江两岸	④ₐ层：2.1~9.0（4.4） ⑤₂层：2.7~19.4（10.4）	④ₐ层：-7.79~-15.11（-11.13） ⑤₂层：-25.23~-43.38（-33.35）
第一硬土层（⑥层）	核心区	除中部缺失外均有分布	2.3~4.0（3.0）	-23.90~-27.10（-25.71）
	主功能区	零星分布	2.3~4.2（3.1）	-23.94~-27.50（-25.91）
	拓展区	西部大部分地区均有分布，而北部江桥、华漕附近缺失	0.8~9.8（3.8）	-15.24~-35.24（-25.60）
下部砂层（⑦层）	核心区	均有分布	⑦₁层：3.0~20.9（10.3） ⑦₂层：8.2~30.0（19.9）	⑦₁层：-29.16~-45.72（-36.88） ⑦₂层：-54.25~-61.17（-57.57）
	主功能区	均有分布	⑦₁层：2.9~21.0（10.2） ⑦₂层：3.2~30.0（14.1）	⑦₁层：-29.05~-45.36（-36.76） ⑦₂层：-41.71~-63.26（-54.64）
	拓展区	除西部嘉金高速公路沿线部分地区缺失外均有分布	⑦₁层：1.6~25.6（6.8） ⑦₂层：0.5~24.9（12.0）	⑦₁层：-19.54~-50.74（-34.43） ⑦₂层：-35.52~-66.02（-50.21）

2. 软土层（③+④）

为上海地区典型的软土层，规划区均有分布（图8-32），但由于浅部粉土层较发育，该层埋深及厚度变化均较大。层顶标高在1~-9m，厚度在2~7m。该层与浅部粉土层（②₃）的分布密切相关，②₃层分布区软土层埋藏较深，厚度较小；②₃层缺失区软土层埋藏较浅，厚度较大。各规划区该层特征见表8-17。③层岩性以淤泥质粉质黏土为主，西部部分地区以粉质黏土为主；④层岩性以淤泥质黏土为主，西部部分地区以黏土为主。

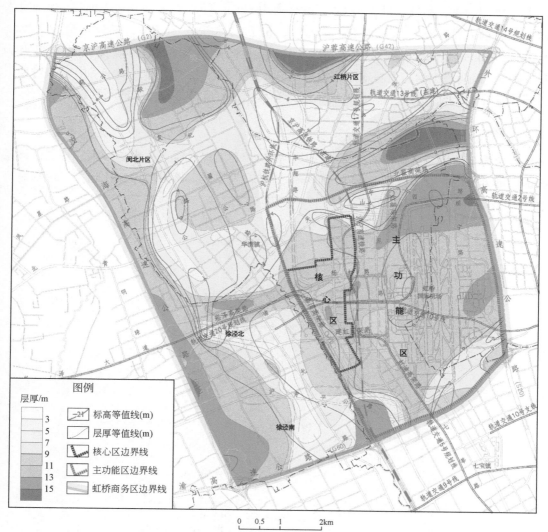

图 8-32　虹桥商务区软土层（③+④）埋藏分布示意图

③、④层软土层物理力学指标各规划区变化不大，含水量③层 39.4%、④层 44.6%，液性指数③层 1.28、④层 1.20，黏聚力③层 14kPa、④层 14 kPa，压缩系数③层 0.67MPa^{-1}、④层 0.92MPa^{-1}，静力触探比贯入阻力③层 0.54MPa、④层 0.57MPa。从该两层土的物理力学指标可知，③、④层具有含水量高、孔隙比大、压缩性高、强度低等不良工程地质特性，为地基沉降的主要层次，在附加荷载作用下极易产生变形。

3. 中部粉土层（④$_a$、⑤$_2$）

中部粉土层在规划区局部分布，主要分布在规划区吴淞江沿线以及东南端，其中④$_a$层呈透镜体状分布，顶板埋深为 9~17m，层厚 2~13m，⑤$_2$层顶板埋深为 16~35m，层厚

3~21m，该两层岩性均以灰色砂质粉土为主，局部地区⑤₂层为粉砂或黏质粉土。④ₐ层含水量为33.3%，黏粒含量为6.3%，黏聚力为8kPa，压缩系数为0.26MPa⁻¹，标准贯入13.8击，静力触探比贯入阻力为1.72MPa。⑤₂层含水量为31.3%，黏粒含量为7.7%，黏聚力为6kPa，压缩系数为0.0.26MPa⁻¹，标准贯入24击，静力触探比贯入阻力为4.43MPa。该两层土均为上海地区的微承压含水层，埋藏深度中等，稍密—中密，对地下空间开发有较大的不利影响，层中地下水具有承压性，应注意承压水的不利影响。

4. 第一硬土层（⑥）

该层为全新世与更新世的标志层，其存在与否对工程地质条件影响较大。规划区该层西部大部分地区有分布（图8-33），而东部分布较为零散。该层埋深变化较大，层顶标高

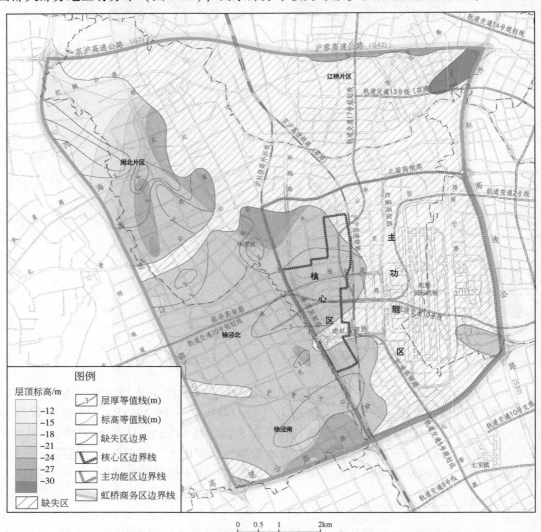

图8-33　虹桥商务区第一硬土层（⑥）埋藏分布示意图

在-11～-32m，由西向东埋深逐渐加深，西北部埋深最浅，而东部埋藏较深，厚度一般为1～9m，总体变化不大。该层物理力学指标各规划区变化不大，含水量为25.2%，液性指数为0.31，黏聚力为42kPa，压缩系数为0.27MPa⁻¹，静力触探比贯入阻力为2.03MPa。该层具有含水量低、压缩性低、强度高等特点，土性好，该层与下部⑦层联合可作中型建筑物的桩基持力层。此外，该层在控制地面沉降方面，除本身不易压缩外，在一定程度上还能消散或滞后下部应力对上部土层的影响。

5. 下部砂层（⑦）

该层在规划区普遍分布（图8-34），仅西部嘉金高速公路沿线部分地区缺失，由于受到古河道切割，埋深、厚度变化均较大。层顶标高在-13～-47m，由西向东埋深逐渐加深，核心区东部埋藏最深，西部和东部埋藏较浅，其中西北部埋藏最浅，厚度为3～37m，核心区及西部厚度最大，西北部厚度最小。

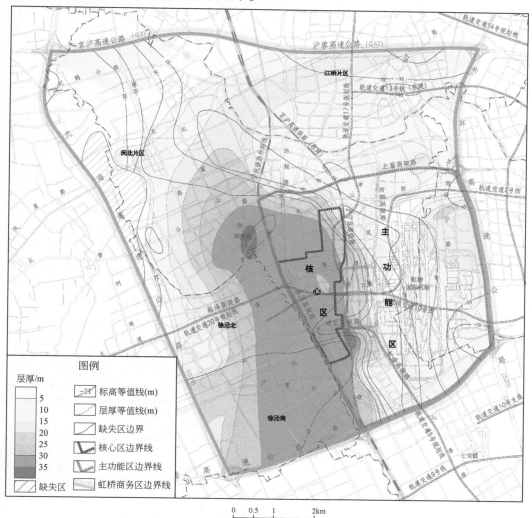

图8-34　虹桥商务区下部砂层（⑦）埋藏分布示意图

该层自上至下由粉土（⑦₁）过渡为粉砂、细砂（⑦₂）。⑦₁层岩性以砂质粉土为主，西部局部地区则以黏质粉土为主；⑦₂层以粉砂为主，部分地区为细砂。⑦₁层含水量为 26.7%，黏粒含量为 8.5%，黏聚力为 11kPa，压缩系数为 0.20MPa⁻¹，标准贯入 32.1 击，静力触探比贯入阻力为 4.72MPa。⑦₂层含水量为 26.2%，黏粒含量为 6.1%，黏聚力为 4kPa，压缩系数为 0.16MPa⁻¹，标准贯入 47.3 击，静力触探比贯入阻力为 9.00MPa。该层土质较好，为上海地区良好的桩基持力层。

8.3.2.3 工程地质分区及评价

对规划区工程建设影响较大的地基土层主要为浅部砂层（②₃）、软土层（③、④）、⑤₂、⑥、⑦层等，其中软土层的埋深及厚度与浅部砂层分布密切相关，⑤₂、⑦层的分布与⑥层埋藏特征密切相关，因此工程地质条件分区首先依照⑥层分布情况，亦即正常沉积区和古河道切割区进行，其次按照浅部粉土层（②₃）的分布情况进行。

有⑥层分布区为Ⅰ工程地质区，缺失⑥层区为Ⅱ工程地质区。在Ⅰ和Ⅱ工程地质区，有②₃层分布区为Ⅰ₁和Ⅱ₁工程地质亚区，缺失②₃层区为Ⅰ₂和Ⅱ₂工程地质亚区。各分区情况见表 8-18 及图 8-35。

表 8-18 规划区工程地质分区评价表

区	亚区	分布范围	工程地质层特征		分区评价
Ⅰ	Ⅰ₁	主要分布在嘉金高速公路沿线	有⑥层硬土层分布，埋深一般在 19~30m；无⑤₂层分布；第二压缩层仅分布有⑤₁层，厚度较小，一般在 5~10m；⑦₁层砂质粉土和⑦₂层粉砂广泛分布。西北角埋深较浅，小于 24m，其他地区一般大于 28m	有浅部砂层（②₃）分布，厚度变化较大，在 1~13m	应注意由②₃层引起的渗流液化稳问题，软土层均有分布，应注意由软土变形问题。桩基持力层分布较为稳定，但西北段埋藏浅、厚度小，应注意桩基变形问题。应注意深基坑开挖由⑦层引起的水土突涌问题
	Ⅰ₂	徐泾、闵北片区以及核心区大部分地区		无浅部砂层（②₃）分布。北部部分地区⑦层缺失	流沙现象不突出，但软土层均有分布，且厚度大，应注意软土变形对天然地基工程的影响。北部⑦层缺失或厚度小，桩基条件较差，南部桩基持力层分布较为稳定。应注意深基坑开挖由⑦层引起的水土突涌问题
Ⅱ	Ⅱ₁	主功能区内虹桥国际机场及周围地区	受古河道切割，⑥层硬土层缺失。⑤₁层厚度较大，累积厚度 20~40m。④ₐ层一般无分布。吴淞江两岸有中部砂⑤₂层分布，层顶标高–19~–27m。⑦层顶板埋深和厚度变化大，顶板埋深在 34~45m，厚度为 2~25m	有浅部砂层（②₃）分布，吴淞江两岸厚度较大，最厚达 12m，西部厚度小于 5m	应注意由②₃层引起的渗流液化稳问题，受古河道切割，第二压缩层（⑤）厚度变化大，对于荷载较大建筑易产生地基不均匀变形问题。桩基持力层分布不稳定，应注意桩基工程变形问题。应注意由中部砂层引起的基坑突涌问题
	Ⅱ₂	主功能区以北吴淞江两岸大部分地区		无浅部砂层（②₃）分布	浅部砂层的流沙问题不突出，但软土层及下部压缩层厚度大，对于荷载较大建筑易产生地基不均匀变形问题。桩基持力层分布不稳定，应注意桩基工程变形问题。应注意由中部砂层引起的基坑突涌问题

续表

区	亚区	分布范围	工程地质层特征	分区评价
其他应注意的地质问题			规划区内南部地区均有④$_a$层微承压含水层分布,应注意由其引起的流沙和基坑突涌问题;规划区地面沉降较为发育,应注意地面沉降对工程建设的影响;另外,规划区可能存在有暗浜土,应注意由其引起的地基变形问题	

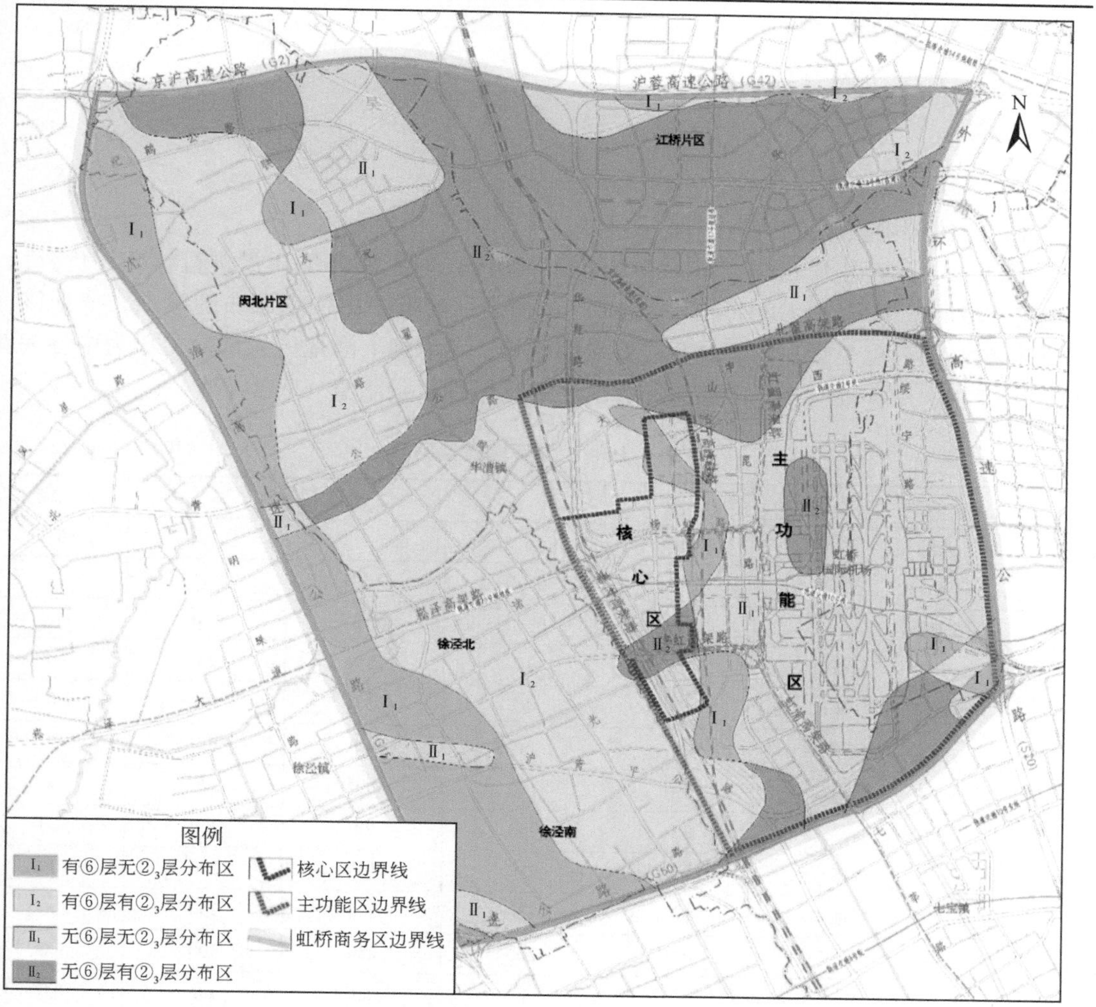

图 8-35 虹桥商务区工程地质分区示意图

8.3.3 工程建设适宜性评价

8.3.3.1 规划区场地稳定性评价

对断裂构造与地震特性进行分析,在该区及邻近地区断裂较多,主要有丰庄—静安寺断裂、大场—九亭断裂、青浦—龙华断裂、千灯—黄渡断裂等，但以上断裂在全新世以来无活动迹象，亦不存在其他难于克服的重大不良地质现象，规划区场地是稳定的，对规划无影响。

另外，从历史地震资料分析，无论是上海本地的地震，还是邻近地域地震的波及，对上海造成地震烈度影响均小于 6 度。因此，上海属于中国地震活动分区中的地震活动强度弱、频度低的地区之一。

8.3.3.2　用地性质地质评价

1. 土壤环境质量评价

1）土壤环境质量评价标准

依据《土壤环境质量标准》（GB 36600—2018）对土壤环境质量进行综合评价分级。《土壤环境质量标准》（GB 36600—2018）是我国目前唯一由国家颁布的标准，依据该标准进行类级划分也是唯一的选择。需要说明的是，考虑到上海地区大部分土壤为中性—碱性，所以在引用标准时，二级质量限制值便造反碱性区限制值（表 8-19）。

表 8-19　土壤环境质量标准　　　　　　　　　（单位：mg/kg）

级别		一级	二级			三级
土壤 pH		自然背景	<6.5	6.5~7.5	>7.5	>6.5
Cd≤		0.20	0.30	0.30	0.60	1.0
Hg≤		0.15	0.30	0.50	1.0	1.5
As	水田≤	15	30	25	20	30
	旱地≤	15	40	30	25	40
Cu	农田等≤	35	50	100	100	400
	果园≤	—	150	200	200	400
Pb≤		35	250	300	350	500
Cr	水田≤	90	250	300	350	400
	旱地≤	90	150	200	250	300
Zn≤		100	200	250	300	500
Ni≤		40	40	50	60	200

Ⅰ类土壤：主要适用于国家规定的自然保护区（原有背景重金属高的除外）、集中式生活饮用水水源地、茶园、牧场和其他保护地区的土壤，土壤质量基本保持自然背景水平。

Ⅱ类土壤：主要适用于一般农田、蔬菜地、茶园、果园、牧场等土壤，土壤质量基本对植物和环境不造成危害和污染。

Ⅲ类土壤：主要适用于林地土壤及污染物容量较大的高背景值土壤和矿产附近等地的农田土壤（蔬菜地除外）。土壤质量基本对植物和环境不造成危害和污染。

Ⅰ类土壤环境质量执行一级标准，其目的是保护区域自然生态，维护自然背景的土壤环境质量的限制值。

Ⅱ类土壤环境质量执行二级标准，其目的是保障农业生产，维护人体健康的土壤限制值。

Ⅲ类土壤环境质量执行三级标准，其目的是保障农林生产和植物正常生长的土壤临界值。

2）规划区土壤环境质量评价

在单一指标砷、镍元素评价下，规划区土壤环境质量总体以一级为主。在单一指标铬、铅元素评价下，规划区土壤环境质量总体以二级为主。在镉、汞、铜、锌指标评价下，规划区土壤环境质量总体以二级和三级为主，个别少量地方为一级和超三级。在砷、镍、铬、铅、镉、汞、铜、锌等 8 个元素综合评价下，规划区土壤环境质量总体以二级为主，个别少量地方为三级。

根据土壤等级定义，二级环境质量土壤基本对植物和环境不造成危害和污染。在规划区总体规划编制时，从土壤环境质量角度评价城市用地布局规划均为适宜建设区。建议将部分生态用地、高档住宅用地在同等条件下优先布置在土壤环境质量较好的地区。

由于评价所用数据为 2004 年度全市多目标区域地球化学调查数据，调查精度有限，目前规划区土壤环境质量现状如何还需更深入的调查评价。

2. 浅层地下水环境质量评价

1）浅层地下水环境质量评价标准

依据《地下水质量标准》（GB/T 14848—1993）① 对浅层地下水环境质量进行评价，选择总硬度、矿化度、SO_4^{2-}、Cl、Fe、Mn、Cu、Zn、Mo、Co、挥发酚、COD_{Mn}、NO_3^-、NO_2^-、NH_4^+、F、Hg、As、Se、Cd、Cr、Pb、Be、Ba、Ni 等作为评价指标。相关评价标准列于表 8-20。

表 8-20　浅层地下水环境质量评价标准　　（单位：mg/L）

项目	Ⅰ类	Ⅱ类	Ⅲ类	Ⅳ类	Ⅴ类
总硬度≤	150	300	450	550	>550
矿化度≤	300	500	1000	2000	>2000
SO_4^{2-}≤	50	150	250	350	>350
Cl≤	50	150	250	350	>350
Fe≤	0.1	0.2	0.3	1.5	>1.5
Mn≤	0.05	0.05	1.0	1.5	>1.5
Cu≤	0.01	0.05	1.0	1.5	>1.5

① 规划区总体规划时，《地下水质量标准》为 GB/T 14848—1993 版，现在标准有更新，为 GB/T 14848—2017。

项目	Ⅰ类	Ⅱ类	Ⅲ类	Ⅳ类	Ⅴ类
Zn ≤	0.05	0.5	1.0	5.0	>5.0
Mo ≤	0.001	0.01	0.1	0.5	>0.5
Co ≤	0.005	0.05	0.05	1.0	>1.0
挥发酚 ≤	0.001	0.001	0.002	0.01	>0.01
COD_{Mn} ≤	1.0	2.0	3.0	10	>10
NO_3^- ≤	2.0	5.0	20	30	>30
NO_2^- ≤	0.001	0.01	0.02	0.1	>0.1
NH_4^+ ≤	0.02	0.02	0.2	0.5	>0.5
F ≤	1.0	1.0	1.0	2.0	>2.0
Hg ≤	0.00005	0.0005	0.001	0.001	>0.001
As ≤	0.005	0.01	0.05	0.05	>0.05
Se ≤	0.01	0.01	0.01	0.1	>0.1
Cd ≤	0.0001	0.001	0.01	0.01	>0.01
Cr^{6+} ≤	0.005	0.01	0.05	0.1	>0.1
Pb ≤	0.005	0.01	0.05	0.1	>0.1
Be ≤	0.00002	0.0001	0.0002	0.001	>0.001
Ba ≤	0.01	0.1	1.0	4.0	>4.0
Ni ≤	0.005	0.05	0.05	0.1	>0.1

在浅层地下水环境地球化学调查的众多元素中,一些是与地质背景有关的元素(如 Cr、Co、Mo 等),一些是与地质环境有关的元素(如 Cl、Ca、HCO_3^- 等),一些是与成矿有关的元素(如 Pb、Zn 等),一些是与人类活动有关的元素(如 COD_{Mn}、NH_4^+、NO_2^-、NO_3^- 等)。从城市地质环境角度来看,与人类活动有关的元素尤为令人关注。

2)规划区浅层地下水环境质量评价

从单指标评价,规划区浅层地下水主要以Ⅲ类、Ⅳ类水为主,主要影响因子为 COD_{Mn}、NH_4^+、NO_3^- 等。采用内梅罗综合指数法进行浅层地下水质量综合评价,规划区浅层地下水综合质量主要为Ⅳ类水。在上海地区浅层地下水仅在郊区个别地区作为非饮用水使用,城市居民用水均不用浅层地下水。

在规划区总体规划编制时,从浅层地下水环境质量角度评价规划布局均为适宜建设区。

8.3.3.3 建筑高度控制地质评价

虹桥商务区分区规划中需考虑开发强度的控制,而开发强度控制包括容积率控制、建筑高度控制和适宜建筑层数,根据不同的建筑高度,结合规划区工程地质条件进行建筑高度适宜性评价，为规划布局提供依据。

根据调查结果，对不同高度建筑工程地质条件适宜性分析如下。

1. 24m 以下高度建筑地质适宜性分区及评价

1）分区特征

24m 以下建筑基本为多层建筑，层数在 8 层以下，一般包括住宅、商务楼等，桩基持力层主要考虑 20～30m 深度地层变化情况，由于受古河道切割，规划区东部和西部地层起伏较大；但 24m 以下高度建筑荷载较小，如选择合理的桩基持力层，工程建设引发的地质灾害较小，规划场地均适宜该类工程建设。因区分地质条件的变化，根据古河道的发育情况进行了亚区划分。

在正常沉积区，地层分布较为连续，埋深厚度变化不大，桩基持力层（⑥或⑦）分布较为稳定，如设计施工合理，24m 以下高度建筑工程产生的地基变形和不均匀变形较小，对控制投资成本有利，适宜 24m 以下高度建筑工程建设，地质条件较好（I_1 区）；在古河道切割区，⑥层均被切割，⑦层埋深、厚度变化均较大，对桩基条件影响较大，古河道内 $⑤_3$ 层分布较为稳定，如承载力满足设计要求，可作为 24m 以下高度建筑桩基持力层，但应注意桩基变形控制，因此该区地质条件较 I_1 区差，基础投入和地质灾害风险相对稍大，划分为 I_2 区。各区分布情况及评价见表 8-21 和图 8-36。

表 8-21　虹桥商务区 24m 以下高度建筑地质适宜性分区评价表

分区	亚区	范围	分区特征	分区评价
适宜区（I）	适宜区（I_1）	规划区西部，主要为拓展区闵北、华漕、徐泾北和徐泾南地区	均为正常沉积区，地层变化不大，桩基持力层（工程地质⑥、⑦层）分布稳定	适宜多层建筑，如设计施工合理，建筑工程产生的地基变形及不均匀变形量较小，对控制投资成本有利
	适宜区（I_2）	规划区东部，主要为拓展区的江桥区和商务区	为古河道切割区，地层有一定变化，桩基持力层埋深、厚度变化大	桩基条件相对 I_1 区差，多层建筑有引发地基变形及不均匀变形的可能性，但程度有限

2）规划区评价

对于虹桥商务区住宅或商务楼等 24m 以下高度建筑布局，规划区均可进行布局，但从节省投资成本，减轻工程建设过程中及建成后可能产生的地质灾害考虑，I_1 区适宜性好于 I_2 区。

2. 24～100m 高度建筑地质适宜性分区及评价

1）分区特征

24～100m 建筑为高层建筑，桩基持力层主要考虑上海地区⑦层埋深及厚度情况，由于受古河道切割，该层变化较大，且西部地区厚度较小，桩基持力层分布不稳定，地质适宜性分区主要考虑该层埋深、厚度及分布情况。

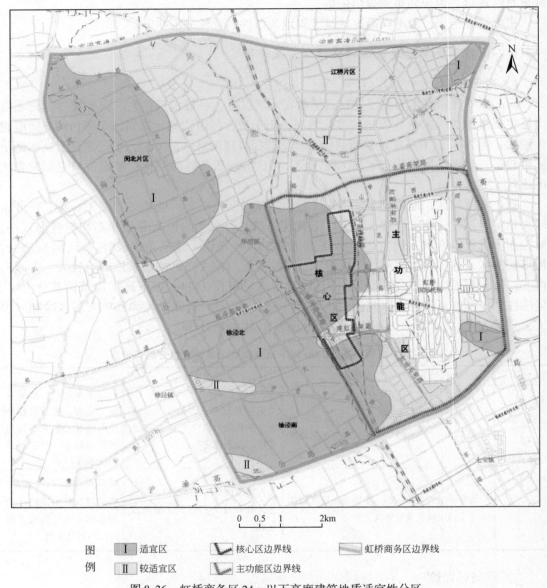

图
例

　■ I 适宜区　　　　　　核心区边界线　　　　　　虹桥商务区边界线

　■ II 较适宜区　　　　　主功能区边界线

0　0.5　1　　　　2km

图 8-36　虹桥商务区 24m 以下高度建筑地质适宜性分区

　　总体上，如果桩基持力层选择合理，并根据建（构）筑物荷载情况进行沉降验算，且保证施工质量，建筑物的最终沉降量一般可控制在设计容许的范围内，因此规划场西南部正常沉积区（I 区）适宜该类工程建设，但在古河道区及桩基持力层⑦层厚度较小区，应注意工程建设及运营期间的地基变形和不均匀变形问题，为较适宜建设（II 区）。

　　对于较适宜区的 II₁ 区，由于受地质环境演变影响，桩基持力层⑦层厚度较小，甚至缺失，其下卧层⑧₁ 层为桩基压缩层，易引起建筑变形。II₂ 区为古河道切割区，⑦层埋深和厚度变化均较大，易引起建筑物不均匀变形，基础投入和地质风险较大。各区分布情况及评价见表 8-22 和图 8-37。

表 8-22　虹桥商务区 24~100m 高度建筑地质适宜性分区评价表

分区	亚区	范围	分区特征	分区评价
适宜区（Ⅰ）	适宜区（Ⅰ）	规划区西南部，包括徐泾片区和核心区大部分地区	正常沉积区，良好桩基持力层⑦层均有分布，且厚度大于 10m，分布稳定	如设计、施工合理，高层工程建设引发地质灾害风险较小，对工程投资成本控制较为有利
较适宜区（Ⅱ）	较适宜区1（Ⅱ₁）	规划区西北部，闵北片区部分地区	正常沉积区，但桩基持力层⑦层大部分缺失或厚度小于5m，分布不连续	⑦层埋藏浅、厚度小，其下卧层⑧层较厚，易引起建筑物沉降基础投入较大
	较适宜区2（Ⅱ₂）	规划区东部大部分地区	古河道切割区，桩基持力层⑦层埋深、厚度变化较大	古河道切割使得地层变化较大，但桩基持力层较厚，工程建设有引起地基变形及不均匀变形的风险，基础投资成本较大

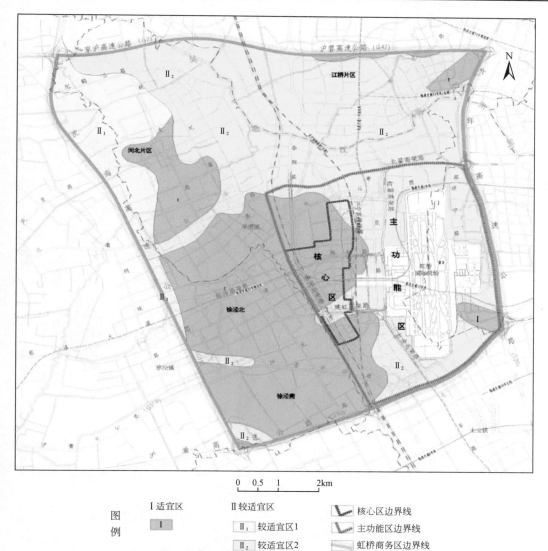

图 8-37　虹桥商务区 24~100m 高度建筑地质适宜性分区

2）对规划建议

对于虹桥商务区住宅或商务楼等24～100m高度建筑布局，规划场地I区对于该类建筑为适宜建设区，II区为较适宜区，在该区布设高层建筑应重点考虑投资成本以及工程建设过程中的地基变形。根据虹桥商务区初步规划资料，规划在徐泾南、徐泾北、闵北、江桥等区布设有高层建筑，徐泾南、徐泾北基本处于适宜区（I），对规划基本无影响，闵北片区西部和江桥片区南部处于较适宜区（II），投资成本和施工风险较大，对规划有一定影响。

3. 100m以上高度建筑地质适宜性分区及评价

100m以上高度建筑为超高层建筑，桩基持力层主要考虑深部的土层（⑦₂或⑨）变化情况。

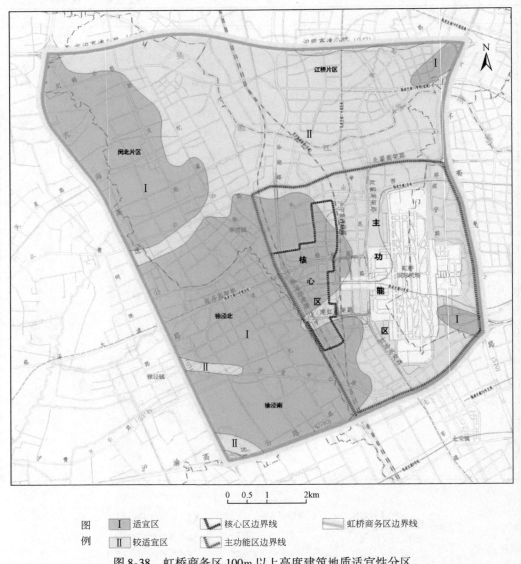

图 8-38　虹桥商务区100m以上高度建筑地质适宜性分区

　　总体上，规划区大部分地区深部桩基持力层（⑨）埋深、厚度变化不大。核心区及附近地区⑦层与⑨层沟通，联合可作为超高层建筑桩基持力层，桩基条件好，为适宜区（Ⅰ区）；其余地区⑧层均有分布，桩基持力层埋藏较深，基础投入较大，为较适宜区（Ⅱ区）。各区分布情况及评价见图 8-38 和表 8-23。

表 8-23　虹桥商务区 100m 以上高度建筑地质适宜性分区评价表

分区	范围	分区特征	分区评价
适宜区 （Ⅰ）	核心区及拓展区局部地区	基本为上海地区良好桩基持力层⑦层和⑨层沟通区，厚度大	适宜性好，对控制投资成本有利
较适宜区 （Ⅱ）	除核心区的大部分地区	针对超高层建筑的桩基持力层（⑨）埋藏较深，一般大于 60m	适宜性一般，投资成本较大

　　根据虹桥商务区规划初步资料，受到虹桥国际机场高度限制，规划区内一般无超高层建筑，但作为地质资料信息示范服务，仍进行超高层建筑地质适宜性分区，以起到示范作用。

8.3.3.4　道路交通选线地质环境适宜性评价

　　道路交通规划包括市政道路、轨道交通等线性工程，由于施工工艺的不同，地质适宜性也存在差异。对于市政道路的高架道路、立交桥或桥梁，主要考虑桩基持力层的变化，适宜性分区可参照建筑高度控制地质适宜性分区；对于轨道交通的车站基坑工程，可参照地下空间开发地质适宜性评价。但对于线性工程，尤其是轨道交通，应主要考虑工程建成运营后受到的地质环境的影响，重点考虑地面沉降的轨道交通选线评价。

　　地面沉降尤其是不均匀沉降对轨道交通正常运营影响较大，因此轨道交通选线地质环境适宜性分区主要考虑地面沉降发育特征。根据已有的地面沉降预测模型，在开采条件和开采布局不变的 2007 年现状开采条件下，利用建立的地下水准三维渗流耦合垂直一维沉降的有限元数学模型进行地面沉降预测。预测结果可为轨道交通选线提供地质依据。

　　2008～2020 年的预测时段内，规划区大部分地区沉降量在 60～140mm（图 8-39），年均沉降量为 4.5～10.5mm，沉降量大的区域主要为规划徐泾片区，且差异沉降现象明显，主功能区及核心区沉降量较小，差异沉降现象不明显。

　　结合虹桥商务区分区规划特点，通过地面沉降现状及发展趋势分析，对轨道交通规划提出了建议。在拓展区的徐泾片区及江桥北部片区，不均匀沉降量较大，对轨道交通安全运营稍有影响，而在主功能区和闵北片区，轨道交通受地面沉降影响较小。

8.3.3.5　主功能区（含核心区）地下空间开发地质环境适宜性评价

　　根据规划特点，虹桥商务区主功能区尤其是核心区将进行大量的地下空间开发，且开发深度不一，因此重点对不同深度地下空间开发地质环境适宜性进行分区评价，包括地下一层、二层、三层及深层。

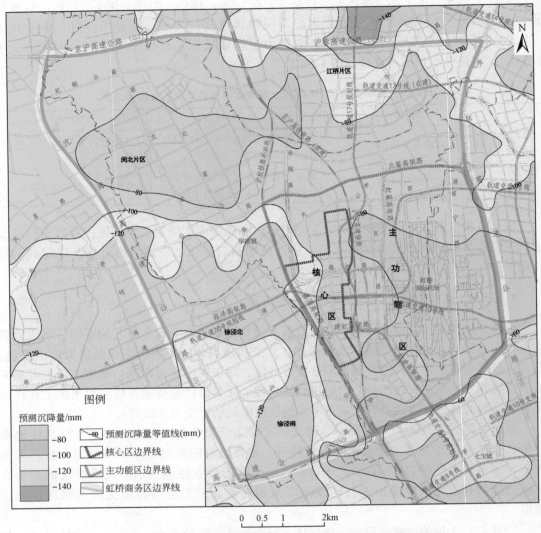

图 8-39　规划区及邻近区域 2008～2020 年地面沉降量等值线图

　　上海地区对地下空间开发影响较大的主要为浅层地下水、软土以及砂土，开发过程中将会产生不同程度的流沙、水土突涌等地质灾害。地质环境适宜性评价主要根据不同深度地下空间开发产生以上地质灾害的程度进行分区。

1. 地下一层空间开发地质环境适宜性评价

1）分区特征

　　地下一层埋深一般小于 5m，包括直径较大的市政管线、地下停车场、地下商场、民防工程以及地下仓库等地下工程，对工程影响较大的主要为浅部粉土层（②₃），工程施工及运营过程中易产生流沙和震动液化问题。地质环境适宜性分区则主要根据该层厚度变化情况进行。

　　总体上，地下一层开挖深度较浅，在采取适当的地质灾害防治措施后，规划场地为适宜区（Ⅰ），适宜以上工程建设，对规划布局影响不大，但为进一步区分地质条件的差异，在区内进一步划分了Ⅰ₁亚区和Ⅰ₂亚区。Ⅰ₂区分布有浅部粉性土层②₃层，且厚度较大，地下空间开发的地质条件较Ⅰ₁区差，工程建设的基础投入和产生地质灾害危险性稍大。各区分布情况及评价见图 8-40、表 8-24。

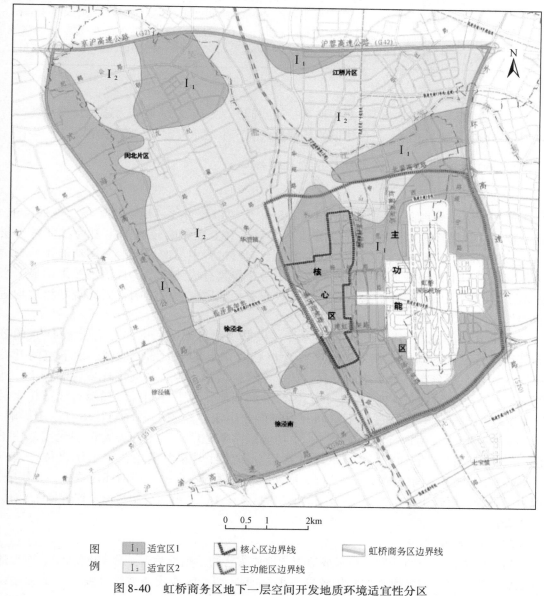

图 8-40　虹桥商务区地下一层空间开发地质环境适宜性分区

表 8-24　主功能区地下一层空间开发地质环境适宜性分区评价表

分区	亚区	范围	分区特征	分区评价
适宜区（Ⅰ）	适宜区 1 （Ⅰ₁）	核心区及机场片区的大部分地区	地下空间开发范围内无粉土层分布或粉土层厚度小于 3m	一般不会产生流沙现象，对周围环境影响较小，施工风险较小，对控制投资成本有利
	适宜区 2 （Ⅰ₂）	主功能区北部局部地区	地下空间开发范围内以粉土层（②₃）为主，且厚度一般均大于 3m	易产生流沙问题，需进行降水，对周围环境有一定影响，但影响程度有限，基础投入较Ⅰ₁区稍大

2）对规划建议

在主功能区（含核心区），对于地下一层空间开发，规划场地均为适宜建设场地，对规划布局影响不大，但Ⅰ₂工程建设的基础投入和产生地质灾害的危险性稍大。

2. 地下二层空间开发地质环境适宜性评价

1）分区特征

地下二层一般埋深 10m 以浅，包括直径较大的市政管线、地下停车场、地铁隧道、地下商场、民防工程以及地下仓库等地下工程，对工程影响较大的主要为浅部粉土层（②₃）和中部粉土层（④ₐ、⑤₂），工程施工及运营过程中易产生流沙、震动液化和基坑突涌问题。但上海地区该类工程地质灾害防治工作具有成熟技术，且治理效果明显，当采取了有效的地质灾害防治措施后，可减轻或避免地质灾害的影响，因此规划场地均适宜建设。

由于 10m 基坑开挖揭示的土层有差异，根据浅部粉土层和中部粉土层（④ₐ）的分布特征进行亚区的划分。在主功能区（含核心区）中北部大部分地区，地下空间开发范围内无粉土层分布，地下空间开发一般不会产生流沙现象，对周围环境影响较小，施工风险较小，为适宜区 1（Ⅰ₁）；核心区西部局部地区地下空间开发揭示有浅部粉土层（②₃），厚度一般大于 3m，地下空间开发可能产生流沙现象，对周围环境有一定影响，但影响程度较小，为适宜区 2（Ⅰ₂）；主功能区南部地区地下空间开发范围无浅部粉土层（②₃），但有④ₐ层和⑤₂层微承压含水层分布，且埋藏深度较浅，承压水位一般在4.5m 左右，地下空间开发易产生基坑突涌问题，需进行降水，对周围环境造成一定影响，但由于降水规模较小，影响程度较小，为适宜区 3（Ⅰ₃）。各区分布情况及评价见图 8-41、表 8-25。

2）对规划建议

对于地下二层空间开发，在采取适当的地质灾害防治措施后，规划场地总体上均为适宜建设场地，但区内地质条件变化较大，Ⅰ₁、Ⅰ₂、Ⅰ₃区地质条件逐渐变差，工程建设基础投入成本及地质灾害风险亦稍有加大。

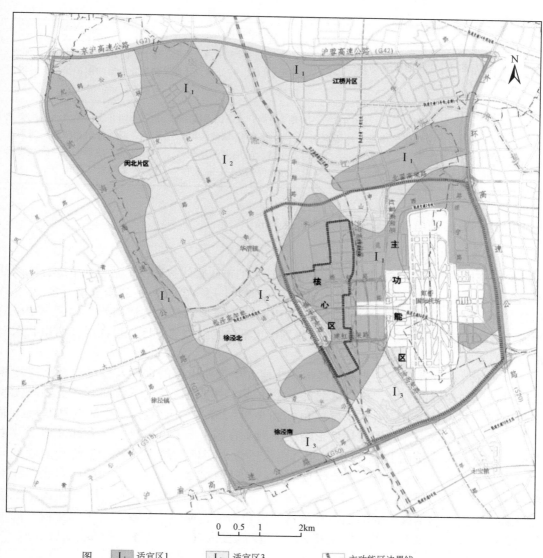

图例　I₁ 适宜区1　I₃ 适宜区3　　主功能区边界线

　　　　I₂ 适宜区2　　核心区边界线　　　虹桥商务区边界线

图 8-41　虹桥商务区地下二层空间开发地质环境适宜性分区

表 8-25　主功能区地下二层空间开发地质环境适宜性分区评价表

分区	亚区	范围	分区特征	分区评价
适宜区（Ⅰ）	适宜区1（I₁）	核心区大部分地区以及主功能区东部	地下空间开发范围内无粉土层，或粉土层厚度小于3m	地下空间开发一般不会产生流沙现象，对周围环境影响较小，施工风险较小

续表

分区	亚区	范围	分区特征	分区评价
适宜区（Ⅰ）	适宜区2（Ⅰ₂）	主功能区北部和西部局部地区	地下空间开发范围内有浅部粉土层（②₃）分布，且厚度较大	地下空间开发可能产生流沙现象，需采取适当的围护措施，对周围环境有一定影响
	适宜区3（Ⅰ₃）	主功能区南部，核心区无分布	地下空间开发范围无浅部粉土层，但有④ₐ层微承压含水层分布，且埋藏深度较浅，承压水位一般在4.5m左右	地下空间开发可能产生基坑突涌问题，需进行适当降水，对周围环境造成一定影响，但降水规模较小，影响程度有限

3. 地下三层空间开发地质环境适宜性评价

1）分区特征

地下三层一般埋深15m以浅，包括直径较大的市政管线、地铁车站、地下综合体以及民防等地下工程，对工程影响较大的主要为浅部粉土层（②₃）、中部粉土层（④ₐ、⑤₂）以及下部砂层（⑦），工程施工及运营过程中易产生流沙和基坑突涌问题。在采取相应的地质灾害防治措施后，对于以上工程，规划区大部分为适宜建设区，仅吴淞江两岸和东南部为较适宜区。

地质环境适宜性分区主要根据浅部粉土层和中部粉土层的埋深及厚度以及⑦层埋深情况进行区和亚区的划分。核心区北部及主功能区中部地区，地下空间开发范围内无浅部粉土层分布，且第Ⅰ承压含水层层顶标高小于−25m，一般不会发生流沙和基坑突涌问题，降水规模较小，对周围环境影响小，为适宜区1（Ⅰ₁）；核心区大部分地区及主功能区北部分布有粉性土层（②₃或④ₐ），承压含水层埋深较大，易产生流沙问题，但一般不会产生基坑突涌问题，降水程度有限，为适宜区2（Ⅰ₂）。主功能区东北部和南部地区，浅部粉土层（②₃）、微承压含水层（④ₐ或⑤₂）均有分布，厚度较大，工程建设易产生流沙和基坑突涌问题，且为古河道切割区，地层变化较大，工程建设对周围环境影响较大，需采取适当的防治措施，为较适宜区（Ⅱ₂）。各区分布情况及评价见表8-26和图8-42。

表8-26　主功能区地下三层空间开发地质环境适宜性分区评价表

分区	亚区	范围	分区特征	分区评价
适宜区（Ⅰ）	适宜区1（Ⅰ₁）	核心区大部分地区及主功能区中部	浅部无粉性土层，且第Ⅰ承压含水层层顶标高小于−25m	一般不会发生流沙和基坑突涌问题，对周围环境影响较小，基础投入和地质灾害风险较小
	适宜区2（Ⅰ₂）	主功能区西部局部地区	分布有粉土层（②₃或④ₐ），承压含水层埋深较大	易产生流沙问题，产生基坑突涌可能性小，降水程度有限，对周围环境有一定影响

续表

分区	亚区	范围	分区特征	分区评价
较适宜区（Ⅱ）	较适宜区1（Ⅱ₁）	在主功能区内无分布	为正常沉积区，浅部有②₃层分布，第Ⅰ承压含水层层顶标高大于−25m	产生流沙和基坑突涌的可能性较大，需进行降水，对周围环境影响较大
	较适宜区2（Ⅱ₂）	主功能区东南部	浅部分布有粉土层（②₃），且④ₐ层、⑤₂层微承压含水层有分布，水位埋深一般在4.5m左右	产生流沙的可能性大，基坑突涌可能性大，需进行大量降水，对周围环境影响较大，工程建设产生地质灾害的可能性较大

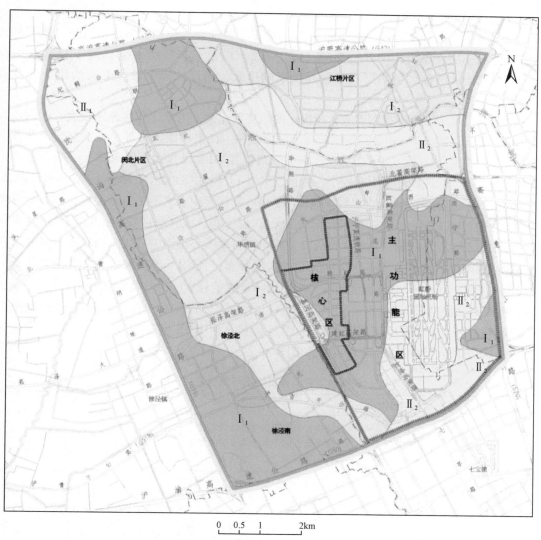

图 8-42　虹桥商务区地下三层空间开发地质环境适宜性分区

2）对规划建议

核心区：该区可能进行地下三层空间开发，均位于适宜区（Ⅰ区），适宜直径较大的市政管线、地铁车站、地下综合体以及民防等地下工程布设，但其中Ⅰ₂区有浅部粉土层分布，应注意围护结构不当产生的流沙问题。

主功能区其他地区：有可能进行地下三层空间开发，西部大部分地区均位于适宜区（Ⅰ区），适宜地下工程布设。机场北部和南部局部地区位于较适宜区（Ⅱ区），需谨慎考虑投资成本问题以及施工中可能出现的地质灾害问题。

4. 深层地下空间开发地质环境适宜性评价

1）分区特征

深层地下空间开发指埋深在 20m 以浅的地下工程建设，包括大型污水设施、地下车站等，浅部粉土层（②₃）、中部粉土层（④ₐ、⑤₂）以及下部砂层（⑦）对工程影响均较大，其中第Ⅰ承压含水层⑦层对工程建设影响最大，建设过程中易产生流沙和基坑突涌问题。

由于深层地下空间开挖深度大，所揭示的地层变化大，因此适宜性差别较大，区内适宜区（Ⅰ）、较适宜区（Ⅱ）和适宜性差区（Ⅲ）均存在。在主功能区中部，地下空间开发范围内无浅部粉性土层（②₃），无微承压含水层分布，且第Ⅰ承压含水层埋藏深，一般不会产生基坑突涌问题，对周围环境影响较小，为适宜区 1（Ⅰ₁）；主功能区南部有④ₐ层分布，但②₃层和⑤₂层缺失，且第Ⅰ承压含水层埋藏较深，④ₐ层有流沙或水土突涌可能性，但影响程度有限，为适宜区 2（Ⅰ₂）。主功能区西部浅部无②₃层分布，或其厚度较小，但第Ⅰ承压含水层（⑦）层顶标高大于−35m，易产生基坑突涌问题，对周围环境影响较大，为较适宜区（Ⅱ₁）；主功能区西南部局部地区浅部有厚度较大的②₃层分布，且第Ⅰ承压含水层（⑦）层顶标高大于−35m，易产生流沙和基坑突涌问题，对周围环境影响较大，为较适宜区（Ⅱ₂）。主功能区南部和东部局部地区浅部粉土层②₃层、微承压含水层⑤₂层均有分布，且为古河道切割区，降水规模较大，对周围环境影响大，工程基础投入和地质风险均较大，为适宜性差区（Ⅲ₂）。各区分布情况及评价见表 8-27 和图 8-43。

表 8-27　深层地下空间开发地质环境适宜性分区评价表

分区	亚区	范围	分区特征	分区评价
适宜区（Ⅰ）	适宜区 1（Ⅰ₁）	主功能区中部	地下空间开发范围内无浅部粉性土层分布，第Ⅰ承压含水层缺失或埋藏较深	无流沙和基坑突涌问题，在不考虑周围已有工程条件下，施工风险小
	适宜区 2（Ⅰ₂）	主功能区南部	浅部有粉性土层（②₃、④ₐ）有分布，但⑦层承压含水层层顶标高均小于−35m	易产生流沙，但无基坑突涌问题，对周围环境有一定影响，但影响程度较小
较适宜区（Ⅱ）	较适宜区 1（Ⅱ₁）	核心区大部分地区	②₃层缺失或厚度小于 3m，④ₐ、⑤₂层缺失，⑦层埋藏浅，层顶标高大于−35m	产生流沙问题的可能性较小，但可能产生基坑突涌问题，需降承压水，对周围环境影响较大，基础投入和地质灾害风险较大

续表

分区	亚区	范围	分区特征	分区评价
较适宜区（Ⅱ）	较适宜区2（Ⅱ₂）	主功能区西南部局部地区	浅部有厚度较大的②₃层分布，⑤₂层缺失，⑦层埋藏浅，层顶标高大于-35m	易产生流沙和基坑突涌问题，降水规模较大，对周围环境影响较大，基础投入和地质灾害风险较Ⅱ₁区稍大
适宜性差区（Ⅲ）	适宜性差区1（Ⅲ₁）	主功能区无分布	古河道切割区，无②₃、④ₐ层分布，⑤₂层均有分布，且厚度大	产生基坑突涌的可能性大，古河道切割使地基土层变化大，地质灾害对工程本身及周围环境影响大
	适宜性差区2（Ⅲ₂）	南部和东部部分地区	古河道切割区，浅部有厚度较大的②₃或④ₐ层分布，⑤₂层均有分布，且厚度大	易产生基坑突涌和流沙问题，降水规模大，对周围环境影响大，基础投入和地质灾害风险较其他区均大

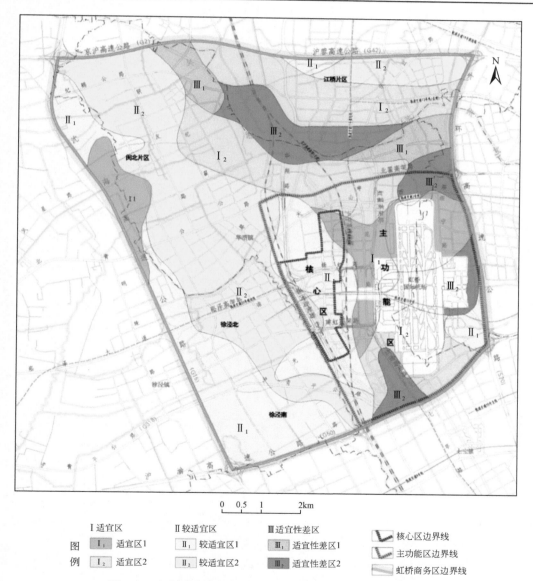

图 8-43　虹桥商务区深层地下空间开发地质环境适宜性分区

2）对规划建议

核心区：该区可能进行深层地下空间开发，大部分地区均位于较适宜区（Ⅱ），对于大型污水设施、地下车站等大型地下工程较适宜建设，投资成本和施工风险均较大。

主功能区其他地区：除核心区外，主功能区大部分地区位于适宜区（Ⅰ），对规划布局影响不大，但部分地区为适宜性差区（Ⅲ），投资成本及开发风险均大于其他地区，需谨慎考虑投资成本问题以及施工中可能出现的地质灾害问题。

第9章 轨道交通工程地质安全评估及风险控制关键技术

城市轨道交通包括地铁系统、轻轨系统、单轨系统、有轨电车、磁浮系统、自动导向轨道系统、市域快速轨道系统，构成大中型城市公共交通的骨干。地铁是城市轨道交通系统的主要组成部分，具有节能、省地、运量大、全天候、无污染（或少污染）又安全等特点，属绿色环保交通体系。地铁以地下运行为主，在城市中心以外地区可能会转成地面或高架路段。城市轨道交通的兴建离不开线路的工程地质调查与研究工作，对沿线的隧道、车站、高架桥等进行工程地质条件安全评估，并采取必要的技术措施防患于未然。

9.1 工程地质条件及主要工程地质问题

9.1.1 浅层地下水

地下水是隧道和基坑工程建设过程中不可忽略的因素，与轨道交通工程建设相关的地下水含水层主要为潜水含水层、微承压含水层和第 I 承压含水层，由于各含水层埋藏于地表下不同深度，而不同含水层中地下水有其自身的水头压力。当不同深度的车站基坑施工过程中，坑底将受到不同类型地下水水头压力的影响。一般基坑深度小于 10m 时，主要受潜水影响，当基坑深度大于 10m 时，除潜水外，还受承压含水层地下水的影响，如果基坑底部所受承压水的浮托力大于上覆隔水层的土压力时，基坑就有产生突涌的可能。另外地铁隧道施工涉及承压含水层时，由于水头具有承压性，如果盾构机土舱压力小于承压水头压力时，则会发生喷水、冒沙等事件，对工程会造成潜在危害。

上海地区轨道交通建设主要集中在地表下 55m 深度范围内（图 9-1），地层主要由滨海—浅海相的黏性土与砂性土组成。对轨道交通建设而言，当地质条件较差，工程降水措施不当时，容易引发软土地基变形、砂性土和粉性土的液化、流沙、管涌、浅层天然气害、地下水腐蚀等灾害。

9.1.2 主要不良地质体

9.1.2.1 砂土及粉性土对轨道交通建设影响

根据上海地区轨道交通线路工程地质调查结果，与轨道交通建设相关的地层主要涉及②₃、⑤₂和⑦层由于沉积环境有一定差异，其土体的物理力学指标也存在一定差异，对轨

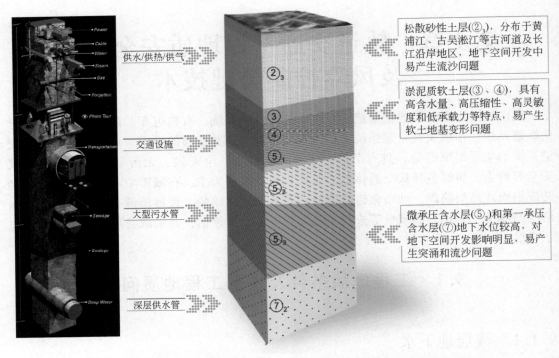

图 9-1 地下工程穿越不同深度土层及可能产生的地质问题示意图

道交通建设影响各不相同，主要表现为流沙、砂土震动液化问题，见表 9-1。

表 9-1 不同粉性土、砂土层组综合比较

粉性土、砂土层组	粉性土、砂土层的物理力学性质比较	综合评价
②₃层粉性土层	②₃层含水量一般为 26.8%～38.3%，孔隙比为 0.80～1.05，压缩系数为 0.20～0.42MPa⁻¹，压缩模量为 4.47～11.6MPa，静力触探比贯入阻力一般 0.96～3.47MPa，标贯击数为 1.6～6.9	埋藏浅，沉积年代新，土质松散，土颗粒较细，易发生流沙、管涌及液化等问题，对轨道交通造成的危害较大
⑤₂层粉性土、砂土层	⑤₂层含水量一般为 26.9%～36.8%，孔隙比 0.75～1.02，压缩系数 0.14～0.50MPa⁻¹，压缩模量 4.20～10.5MPa，静力触探比贯入阻力一般为 2.60～7.80MPa，标贯击数 10.7～16.5	埋藏深度中等，沉积年代较久，土质稍密—中密，土颗粒稍粗，但局部夹较多黏性土。对轨道交通建设有较大的不利影响，另外该层中地下水具有承压性，应注意承压水的不利影响
⑦层粉性土、砂土层	⑦层含水量一般为 18.5%～33.1%，孔隙比 0.58～0.90，压缩系数 0.09～0.25MPa⁻¹，压缩模量 8.3～21.6MPa，静力触探比贯入阻力一般为 10.2～25.8MPa，标贯击数 36.0～50	埋藏深度大，属晚更新沉积土层，土质中密—密实，土颗粒自上而下逐渐加粗。该层中地下水具有承压性，该层中承压水问题是目前地下空间开发最为关注的问题

9.1.2.2　软土对轨道交通建设的影响

软土层（③、④）具有含水量高、孔隙比大、强度低、压缩性高等性质，而且还具有低渗透性、触变性和流变性等不良工程特点，软土层对轨道交通建设的不利影响如下。

（1）在振动荷载作用下压缩变形量大，易产生较大的沉降和不均匀沉降。上海地区轨道交通建设，大部分区域涉及软土层，软土层厚度越大，压缩性越高，沉降量越大。软土次固结变形时间长，会导致隧道纵向和横向的长期缓慢变形，且变形收敛时间长，对地铁隧道的正常运营带来不利影响。

（2）抗剪强度低，基坑开挖时，容易导致边坡失稳。地铁车站基坑开挖时坑壁难以直立，因此，基坑深度超过 3m 一般需采取围护措施。

（3）具有明显的流变特征。车站基坑工程在开挖时易产生侧向变形和剪切破坏，导致支护结构变形或边坡失稳；隧道工程因软土流变及次固结变形会导致隧道纵向和横向的长期缓慢变形，且变形收敛时间长。

（4）具有明显的触变特性。土体若受到扰动或振动，影响土体结构破坏，会使强度骤然降低，导致土体沉降或滑动，使轨道交通施工安全度降低。

9.1.2.3　古河道对轨道交通建设的影响

古河道切割使得轨道交通建设范围内地层变化大，全新世晚期黏性土层地层（⑤）厚度增大，而⑥层均被切割而缺失，⑦层埋深、厚度变化大，对轨道交通建设带来不利影响。

1. 对隧道盾构的影响

在隧道盾构工程施工中，需考虑盾构掘进面土层软硬的变化情况以及砂性土和黏性土问题。土层性质不同，盾构施工风险及盾构参数不同，施工前，必须查明沿线地基土层空间分布特征。

2. 对区间高架线路的影响

地铁区间高架主要采用桩基础工程，需考虑桩基持力层变化问题。上海地区高层建筑一般选择⑦层砂、粉性土层作为桩基持力层，但由于受古河道切割，持力层分布不稳定，埋深、厚度变化较大。因此工程设计施工时如桩基持力层选择不合理，易引起地基不均匀变形，影响地铁正常运营。

9.1.3　轨道交通沉降特征分析

9.1.3.1　轨道交通沉降规律及现状

1. 轨道交通沉降总体规律

轨道交通穿越不同地质环境地区，其纵向变形影响因素较为复杂，受施工过程中对土体的扰动、工后沉降、区域地面沉降等因素控制，可大致分为盾构施工引起的地表即时沉降阶段及工后固结沉降变形阶段及后期受区域地面沉降控制沉降变形阶段（图9-2）。

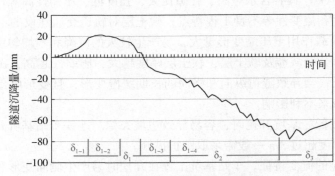

图 9-2　轨道交通沉降规律示意图

1）盾构施工引起的地表即时沉降阶段（δ_1）

盾构到达前的地面变形（δ_{1-1}）：是盾构到达前（到刀盘前方 3m 以外），盾构掘进使前方土体受挤压使其有效应力增加而引起的。采用土压平衡盾构或泥水平衡盾构施工时，密封舱需要维持一定的压力来平衡侧向土压力，但在实际操作中支护力与原始地应力并不能完全保持平衡，通常所施加支护力为静止土压力的 1.1~1.2 倍。土体在推力作用下，盾构前方土体受挤压后产生挤土效应，在饱和软土中出现超孔隙水压力，盾构前方上部土体受压，地表产生隆起现象，其影响距离略小于（$H+D$）（H 为覆土厚度，D 为盾构外径）。此阶段地表隆陷变化较小，变形量小于 5mm。

盾构到达时的地面变形（δ_{1-2}）：是盾构到达时（到盘前 3m 至后 1m），盾构刀盘对土体的切削引起周围土体发生复杂的应力状态改变而产生变形。刀盘旋转切削土体，周围土体受到复杂的剪切扰动作用，刀盘外部附近土体受剪切而发生结构性破坏，引起土体结构性强度损失及其他物理力学性质发生变化，地表隆陷承接阶段（δ_{1-1}）发展，但变化速率增大，本阶段沉降量可达 10~20mm。

盾构通过时的地面变形（δ_{1-3}）：是指盾构通过时（刀盘后 1m 至盾尾脱出），盾构外壳与土层间会形成剪切滑动面，剪切滑动面附近的土层内产生剪切应力引起地表变形。盾构推进速度越快，剪切应力越大，地表变形也越大。一般情况下地表呈沉降变化，其沉降量在 10mm 以内。

盾构通过后的瞬时地面变形（δ_{1-4}）：主要由盾尾空隙所造成，盾构刀盘外径大于盾壳直径，刀盘通过后开挖土体与盾壳之间出现间隙，周围土体出现临空面，产生部分应力释放，土体向盾构方向移动，突沉量可达 30mm。盾尾通过后，由于盾构外径大于隧道衬砌外径，将产生建筑空隙。

如果盾尾注浆不及时或注浆量不足，盾尾土体应力释放，并产生向衬砌方向的移动，表现为拱顶至地表发生沉降，下卧土层产生少量回弹隆起，周围土体向衬砌方向移动。如果盾构在推进过程中同步注浆控制较好，将在一定程度上缓解由于土体应力释放扰动所引起的土体位移。

2）工后固结沉降变形阶段（δ_2）

盾构隧道周围土体受施工扰动及注浆影响后，将形成超静孔隙水压力区，盾构离开该区后，超孔隙水压力下降，孔隙水消散，引起土体的主固结沉降。在软土地区，超孔隙水压力消散将持续很长一段时间；同时，软黏土进一步产生随时间增长而发展蠕变，称为次固结沉降。在孔隙比和灵敏度较大的软塑和流塑性黏土中，次固结沉降往往要持续几年以上。

3）受区域地面沉降控制沉降变形阶段（δ_3）

工后沉降基本趋于稳定后，隧道沉降主要受区域地面沉降的控制。由于地下水的开采以及周边工程活动的降水活动，隧道穿越的地区产生地面沉降现象，区域地面沉降也作用于穿越其中的轨道交通隧道，使其沉降变形规律与区域地面沉降基本保持一致。近年来，上海市不断加大区域地面沉降的控制力度，使区域地面沉降呈逐年趋缓的态势，轨道交通隧道沉降也表现出同样趋缓的规律，局部区段甚至出现了回弹的态势。

2. 轨道交通沉降现状及特征

上海市轨道交通运行线路穿越不同区域具有不同的沉降规律和特征，其中地铁1号线、2号线是穿越上海市南北向和东西向的2条主干地铁线路，其沉降规律具有很强的代表性，因此，选择1号线、2号线的沉降规律和特征进行分析。

1）地铁1号线

漕宝路—上海火车站区段：该区段上、下行线沉降变形态势相似（图9-3），全线平均沉降量111.1mm，最小沉降量为2.2mm；最大沉降量上行线为294.9mm，下行线为397.4mm，黄陂南路—上海火车站区间及衡山路站附近隧道沉降量较大，平均沉降量分别为197.0mm和205.2mm。

北延伸段、北北延伸段：1号线北延伸段上海火车站—共康路总体处于沉降状态（图9-4），共康路—共富新村总体处于抬升状态，平均沉降量为24.1mm，最大沉降量为80.5mm，最大抬升量为23.4mm；1号线北北延伸段除个别点外，总体处于抬升状态（图9-5），平均抬升量为4.6mm，最大沉降量为8.7mm，最大抬升量为15.9mm。

2）地铁2号线

张江高科—中山公园：张江高科—中山公园上、下行线变形态势相似（图9-6），全线平均沉降量为57.9mm；最大回弹量上行线为11.8mm，下行线为14.4mm；最大沉降量上行线为161.6mm，下行线为150.5mm。上海科技馆—人民广场区间和静安寺—中山公园区间沉降量较大，其中陆家嘴—南京东路穿越黄浦江段沉降曲线呈现一个相对隆起的凸峰，相对峰值约12mm；南京东路—人民广场是全线沉降最大的区段，上行线最大沉降量达161.6mm；下行线最大沉降量达150.5mm。

西延伸段：从沉降变形结果分析，2号线西延伸段总体处于沉降状态（图9-7），但沉降不大，全线平均沉降量为3.48mm，上行线最大沉降量为19.2mm，下行线最大沉降量为33.7mm；上行线和下行线最大回弹量分别为4.7mm、5.0mm。

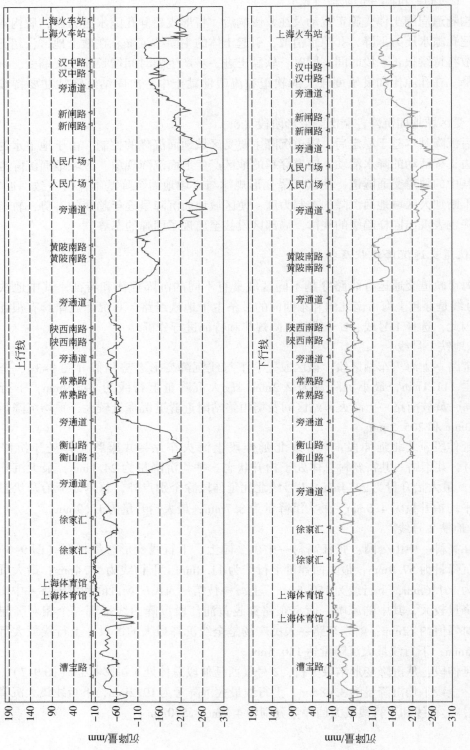

图 9-3　地铁 1 号线沉降曲线图 （1994.12～2010.12）

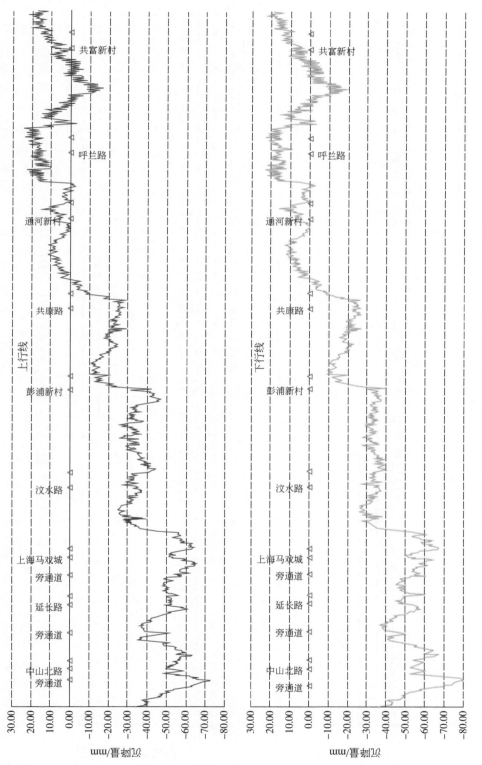

图 9-4　地铁 1 号线北延伸沉降曲线图（2003.12~2010.12）

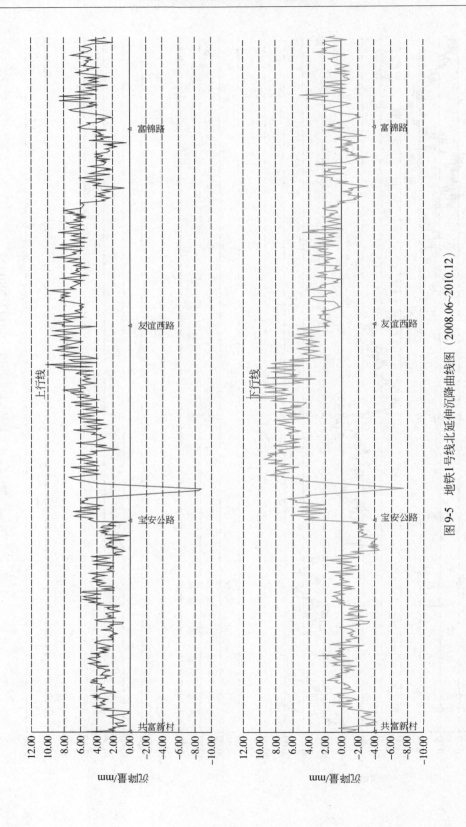

图 9-5　地铁1号线北延伸沉降曲线图（2008.06~2010.12）

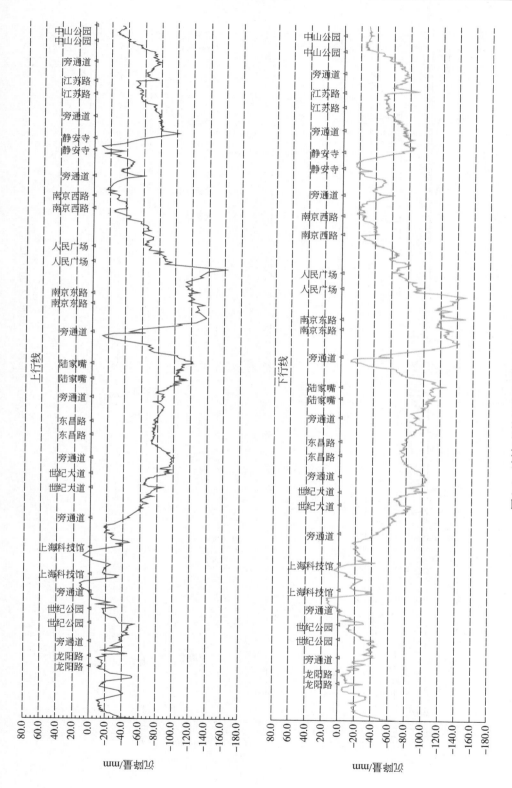

图 9-6　地铁 2 号线沉降曲线图（1999.11~2010.12）

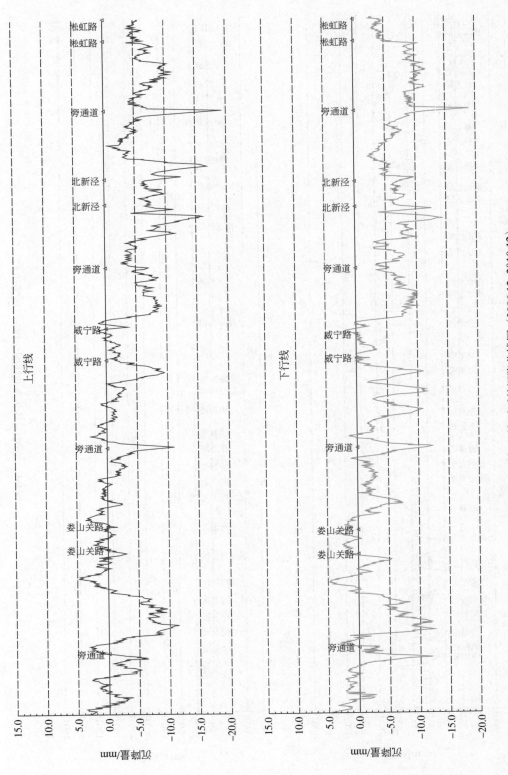

图 9-7　地铁2号线西延伸沉降曲线图（2006.12~2010.12）

9.1.3.2　轨道交通不均匀变形特征

1. 最大沉降梯度分析

考虑到各线路监测数据庞大，且各车站之间距离相差不大，以车站区间为分析单元，引入沉降变幅和最大沉降梯度来进行差异沉降分析。沉降变幅是指每个车站区间最大沉降量与最小沉降量之差；最大沉降梯度是车站区间单位里程沉降量的最大变化量（mm/m）。

（1）地铁 1 号线、2 号线差异沉降较大的区段各有 8 个（图9-8～图9-11），这些差异沉降较大的区段沉降变幅均达到了 40mm 以上，其中 1 号线徐家汇—衡山路区段沉降变幅最大，上行线沉降变幅达到了 188.3mm，下行线达到了 174.7mm。

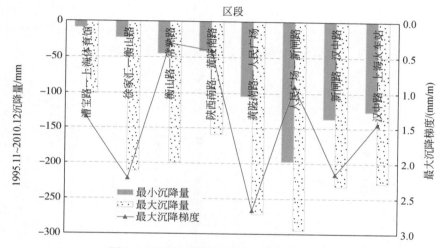

图 9-8　地铁 1 号线上行线差异沉降特征图

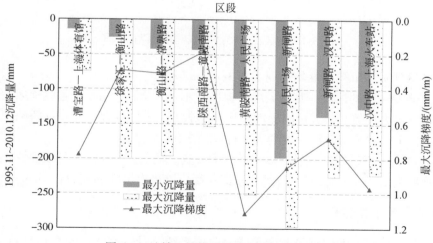

图 9-9　地铁 1 号线下行线差异沉降特征图

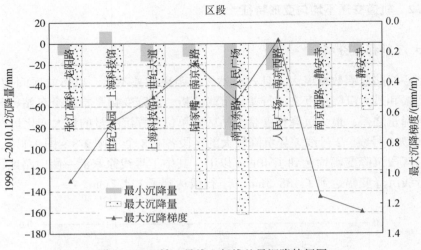

图 9-10　地铁 2 号线上行线差异沉降特征图

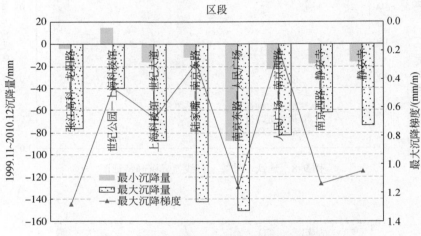

图 9-11　地铁 2 号线下行线差异沉降特征图

（2）各区段最大沉降梯度均达到了 0.3mm/m 以上。

（3）沉降变幅大的区段，其最大沉降梯度并不一定大。例如，1 号线徐家汇—衡山路区段沉降变幅最大，但其最大沉降梯度相比而言较小；4 号线宜山路—虹桥路上、下行线变幅相当，但上行线最大沉降梯度约为下行线的 2 倍。

（4）各线路上下行线的差异沉降特征并不一致。例如，1 号线上行线徐家汇—衡山路最大沉降梯度为 2.2mm/m，而下行线徐家汇—衡山路最大沉降梯度为 0.3mm/m。

2．隧道曲率半径影响分析

隧道沉降特别是不均匀沉降改变了隧道曲率半径，对轨道交通安全运营造成了影响。道床曲率半径是表示地铁线路行车条件好坏的重要指标，根据相关规范要求：地铁线路道床的曲率半径不小于15000m。目前各线路沿线各点曲率半径 ρ 分布范围很广,从最小值的不足千米,到最大值的趋于无穷,且各线路道床曲率半径超标部位较多(表9-2、表9-3)。其中1号线超标最为严重,1号线上行线、下行线曲率半径超标的点数分别占到了39.97%和41.92%。

表9-2 地铁1号线曲率半径超标点统计表

上行线					
曲率半径/m	$\rho \geqslant 15000$	$15000 > \rho \geqslant 10000$	$10000 > \rho \geqslant 5000$	$5000 > \rho \geqslant 1000$	$\rho < 1000$
点数/个	443	46	71	152	26
比例/%	60.03	6.23	9.62	20.60	3.52

下行线					
曲率半径/m	$\rho \geqslant 15000$	$15000 > \rho \geqslant 10000$	$10000 > \rho \geqslant 5000$	$5000 > \rho \geqslant 1000$	$\rho < 1000$
点数/个	424	40	88	142	36
比例/%	58.08	5.48	12.05	19.45	4.93

表9-3 地铁2号线曲率半径超标点统计表

上行线					
曲率半径/m	$\rho \geqslant 15000$	$15000 > \rho \geqslant 10000$	$10000 > \rho \geqslant 5000$	$5000 > \rho \geqslant 3000$	$\rho < 3000$
点数/个	2235	117	108	35	17
比例/%	88.97	4.66	4.30	1.39	0.68

下行线					
曲率半径/m	$\rho \geqslant 15000$	$15000 > \rho \geqslant 10000$	$10000 > \rho \geqslant 5000$	$5000 > \rho \geqslant 3000$	$\rho < 3000$
点数/个	2214	153	192	73	40
比例/%	82.86	5.73	7.19	2.73	1.50

9.2 轨道交通工程地质环境综合评估方法

9.2.1 工程地质调查方法

工程地质调查方法包括资料收集、钻探、原位测试、地球物理勘探和室内试验等。收集资料可以通过上海地质资料信息共享平台、上海市地质资料馆以及勘察、设计和施工单位获取。由此可以获得航天和航空遥感影像、气候、气象、主要水系的水文特征、现有水利工程及防洪设施资料,海(河)岸线变迁、岸带冲淤演进、基岩地质、地震地质、第四纪地质、地貌等基础地质研究成果,以及区域工程地质调查、各类建(构)筑物岩土工程勘察报告和相关钻探、原位测试、现场试验、室内试验成果等各类工程地质和水文地质资料。在此基础上,对沿线遥感影像、区域地质、基础地质、水文地质、工程地质、环境地质和气象水文等资料进行充分分析,研究轨道交通与地面沉降相关的各含水层地下水开采量、回灌量以及水位、水温、水质变化，地面沉降发展趋势，城市地质资源的分布、数量、开发利用价值、保护规划，沿线重点保护的建筑与工程设施等。

当现有资料不能满足要求时，可采取实地踏勘、地球物理勘探、钻探、现场和室内试验、遥感相结合等方法，获取相关的研究数据和资料，为轨道交通与地质环境的工程效应评价提供技术支持。

9.2.2　工程地质评价方法

9.2.2.1　工程地质分区评价

按照工程地质分区原则，首先，要紧密结合轨道交通工程特点，同时考虑轨道交通工程施工工艺类型多样，不同施工方法所产生的环境地质问题不同，工程地质分区需综合考虑各种施工特点进行分区；其次，密切结合上海地区地下地质结构复杂的特点，对轨道交通建设影响较大的主要为浅部地下水、软土层、砂土层等，工程地质分区综合考虑以上地质特征对轨道交通建设的影响；再次，综合考虑地貌特征、水文地质条件、工程地质条件的相似性和差异性，进行科学合理的工程地质分区。在此基础上，可进行基坑工程、桩基工程和盾构工程三方面的评价。图 9-12 为上海地区工程地质分区图，表 9-4 为全市工程地质分区及评价。

9.2.2.2　轨道交通建设地质环境适宜性评价

依据上海地区地质环境条件，在已划分工程地质分区的基础上，结合轨道交通不同施工工艺提出地质环境适宜性评价方法，为轨道交通规划和选线提供服务。

1. 区间高架段地质环境适宜性评价

根据工程地质分区评价，区间高架段主要考虑桩基持力层变化问题，因此，其地质环境安全评价可依据主要持力层空间分布特征进行。桩基持力层主要有⑤$_2$、⑥、⑦、⑧$_2$层，其分布特征与硬土层的缺失情况及埋深变化特征有密切关系，由此可根据硬土层的缺失与否及埋深变化情况进行地质环境安全性分区。

1）大区划分

在湖沼平原区西部存在两层硬土层，在湖沼平原区东部和滨海平原区的正常沉积区只有一层硬土层，而在古河道切割区硬土层缺失，据此进行地质环境安全性大区划分，有两层硬土层同时存在的为Ⅰ区，可选择的桩基持力层较多，且分布稳定；只有一层硬土层分布的为Ⅱ区，桩基条件有一定变化；而无硬土层分布的为Ⅲ区。

2）亚区划分

根据桩基持力层埋深、厚度变化情况，在不同大区进一步划分亚区。

Ⅰ区桩基条件差别不大，因此，可不进行亚区划分。

Ⅱ区则根据⑦层的厚度进行亚区划分，选择⑦层厚 7m 为界，大于 7m 的一般分布在湖沼平原区东部，滨海平原区西部、南部，⑥层顶板标高一般小于 $-17m$，下部⑧$_1$层桩基压缩层埋深大，甚至缺失，桩基条件较好；而⑦层厚小于 7m 的一般分布在冈身、嘉定

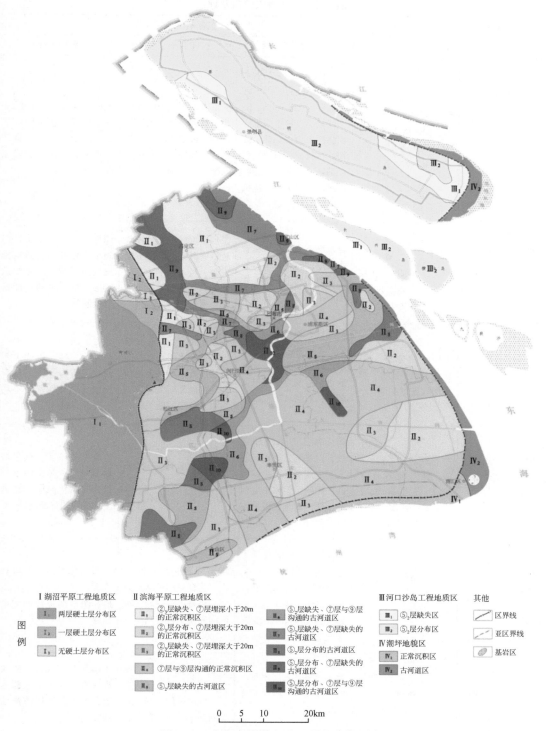

图例

I 湖沼平原工程地质区
- I₁ 两层硬土层分布区
- I₂ 一层硬土层分布区
- I₃ 无硬土层分布区

II 滨海平原工程地质区
- II₁ ②₂层缺失、⑦层埋深小于20m的正常沉积区
- II₂ ②₂层分布、⑦层埋深大于20m的正常沉积区
- II₃ ②₂层缺失、⑦层埋深大于20m的正常沉积区
- II₄ ⑦层与⑨层沟通的正常沉积区
- II₅ ⑤₂层缺失的古河道区
- II₆ ⑤₂层缺失、⑦层与⑨层沟通的古河道区
- II₇ ⑤₂层缺失、⑦层缺失的古河道区
- II₈ ⑤₂层分布的古河道区
- II₉ ⑤₂层分布、⑦层缺失的古河道区
- II₁₀ ⑤₂层分布、⑦层与⑨层沟通的古河道区

III 河口沙岛工程地质区
- III₁ ⑤₂层缺失区
- III₂ ⑤₂层分布区

IV 潮坪地貌区
- IV₁ 正常沉积区
- IV₂ 古河道区

其他
- 区界线
- 亚区界线
- 基岩区

0　5　10　　20km

图 9-12　上海市轨道交通工程地质分区图

表 9-4　工程地质分区及评价

工程地质区		主要土层组合	工程地质条件评价		
区	亚区		基坑工程	区间高架工程	盾构工程
I（湖沼平原区）	I_1	两层硬土层均有分布，30m 以浅有两层砂、粉性土层分布，软土层不发育	与基坑开挖相关的潜水含水层不发育，承压含水层分为上下两层，但厚度较小，揭示的土层以黏性土为主，且土质较好，软土层不发育，对基坑工程较为有利，应注意⑦层引起的基坑突涌或流沙问题	⑦层有发育，但厚度较小，浅部硬土层较多，可作为桩基持力层，总体桩基条件好，对区间高架较为有利	土层变化不大，但浅部硬土层较多，盾构推进较为困难，还应注意⑦层砂层引起的突涌或流沙问题
	I_2	分布有第一硬土层（⑥），第二硬土层缺失，上部粉性土层发育，下部不发育，软土层不发育	与基坑开挖相关的潜水含水层不发育，承压含水层厚度较小，揭示的土层以黏性土为主，软土层不发育，对基坑工程较为有利	⑦层厚度较小，且埋藏较浅，其下部黏性土层发育，桩基条件一般，区间高架工程应注意桩基变形问题	浅部土层变化不大，但硬土层埋藏浅，盾构推进较为困难，还应注意⑦层砂层引起的突涌或流沙问题
	I_3	无硬土层分布，砂、粉性土层不发育，软土层较发育	与基坑开挖相关承压含水层不发育，揭示的土层以黏性土为主，浅部软土层有发育，但厚度较小，对基坑工程较为有利	⑦层不发育，30m 以浅硬土层缺失，下部黏性土层发育，桩基条件较差，区间高架工程应注意桩基变形问题	受古河道切割，土层变化较大，砂、粉性土不发育，盾构施工应注意土层变化及地基土不均匀变形问题
II（滨海平原区）	II_1	⑥层分布，②₃层缺失，⑦层埋深小于20m，厚度一般小于10m	第 I 承压含水层埋藏浅，对基坑开挖影响较大，应注意基坑突涌和流沙问题，但软土层相对较薄，对基坑围护较为有利	⑦层虽然均有分布，但埋藏浅，且厚度较薄，桩基条件一般，应进行沉降验算，否则有产生地基变形的可能性	土层变化不大，软土层较不发育，对盾构推进较为有利，但应注意砂土的流沙和突涌问题
	II_2	⑥层分布，②₃层发育，⑦层埋深大于20m，厚度较大	②₃潜水含水层及第 I 承压含水层均有分布，厚度大，对深基坑开挖影响较大，由于降水规模大，对周围环境影响大	⑦层埋藏适中，厚度大，为良好的桩基持力层，桩基条件较好，对区间高架工程有利	土层变化不大，对盾构推进有利，但应注意②₃层和⑦层的流沙和突涌问题
	II_3	⑥层分布，②₃层缺失，⑦层埋深大于20m，厚度较大	第 I 承压含水层均有分布，厚度大，对深基坑开挖影响较大	⑦层埋藏适中，厚度大，为良好的桩基持力层，桩基条件较好，对区间高架工程有利	土层变化不大，对盾构推进有利，对于深部隧道，应注意⑦层的流沙和突涌问题

续表

工程地质区		主要土层组合	工程地质条件评价		
区	亚区		基坑工程	区间高架工程	盾构工程
Ⅱ（滨海平原区）	Ⅱ₄	⑥层分布，⑦层与⑨层沟通	第Ⅰ承压含水层和第Ⅱ承压含水层沟通，水量丰富，对深基坑工程影响大，降水规模大，对周围环境影响大	⑦层埋藏适中，且与下部砂层沟通，桩基条件好，对区间高架工程最为有利	土层变化不大，对盾构推进有利，但对于深部盾构，应注意⑦层和⑨层的流沙和突涌问题
	Ⅱ₅	⑥层缺失、⑤₂层缺失，⑦层埋深一般大于 30m	与基坑开挖相关的含水层相对不发育，第Ⅰ承压含水层埋藏深，对一般基坑工程较为有利，但深基坑工程应注意基坑突涌问题	⑦层受古河道切割，埋深、厚度变化较大，桩基条件差，地基易产生不均匀变形，对区间高架工程影响较大	受古河道切割影响，土层变化较大，砂、粉性土层较不发育，盾构揭示主要为黏性土层，对盾构推进较为有利，但应注意地基不均匀变形问题
	Ⅱ₆	⑥层缺失、⑤₂层缺失，⑦层与⑨层沟通	浅部含水层不发育，深部第Ⅰ承压含水层和第Ⅱ承压含水层沟通，水量丰富，对基坑工程影响大，降水规模大，对周围环境影响大	⑦层受古河道切割，埋深变化较大，桩基条件较差，但⑦层与⑨层沟通，深部桩基条件较好	土层变化较大，砂、粉性土层较不发育，盾构揭示主要为黏性土层，对盾构推进较为有利，但应注意地基不均匀变形问题
	Ⅱ₇	⑥层缺失、⑤₂层缺失，⑦层缺失	浅部含水层不发育，基坑开挖揭示的主要为软黏性土层，基坑降水规模较小，但应注意地基变形问题	⑦层受古河道切割均缺失，⑤₂层缺失，桩基条件差，高架工程应特别注意地基的不均匀变形问题	土层变化大，盾构揭示的主要为软黏性土层，对盾构推进有利，但应注意地基变形问题
	Ⅱ₈	⑥层缺失、⑤₂层与⑦层均有分布	微承压含水层（⑤₂）均有分布，由于埋深、厚度变化大，对基坑影响较大，应注意该层和⑦层引起的突涌和流沙问题	⑦层受古河道切割，埋深、厚度变化较大，但⑤₂层有分布，埋深、厚度适中时可作为桩基持力层，桩基条件一般	土层变化大，砂、粉性土发育，对盾构推进不利，应特别注意土层变化以及砂、粉性土层对工程的影响
	Ⅱ₉	⑥层缺失、⑤₂层分布，⑦层缺失	微承压含水层有分布，但厚度相对较小，第Ⅰ承压含水层缺失，基坑开挖降水规模有限	⑦层缺失，⑤₂层埋深和厚度变化较大，桩基条件较为复杂，桩基条件较差，应注意地基不均匀变形问题	土层变化大，应特别注意土层变化以及砂、粉性土层对工程的影响
	Ⅱ₁₀	⑥层缺失、⑤₂层分布，⑦层与⑨层沟通	基坑开挖范围内含水层发育，第Ⅰ承压含水层和第Ⅱ承压含水层沟通，水量丰富，对基坑工程影响大，降水规模大，对周围环境影响大	⑦层受古河道切割，埋深变化较大，但厚度大，⑤₂层有分布，埋深、厚度适中时可作为桩基持力层	土层变化大，砂、粉性土层发育，对盾构推进不利，应特别注意土层变化以及砂、粉性土层对工程的影响

工程地质区		主要土层组合	工程地质条件评价		
区	亚区		基坑工程	区间高架工程	盾构工程
Ⅲ（河口沙岛区）	Ⅲ₁	⑥层缺失，⑤₂层缺失，②₃层发育，厚度一般大于10m	②₃层潜水含水层发育，但微承压含水层和第Ⅰ承压含水层均不发育，基坑降水对周围环境影响程度有限	50m以浅以黏性土为主，桩基条件差，区间高架工程应特别注意桩基的不均匀变形问题	浅部土层以砂、粉性土为主，土层变化不大，深部土层有一定变化，盾构施工应注意地基变形问题
	Ⅲ₂	⑥层缺失，⑤₂层分布，②₃层发育，厚度一般大于10m	②₃层潜水含水层和微承压含水层发育，基坑开挖应注意流沙和基坑突涌问题，降水规模较大，应注意对周围环境的影响	⑤₂层有分布，可作为区间高架段的桩基持力层，但其埋深、厚度变化较大，应注意桩基不均匀变形问题	浅部和中部砂、粉性土层发育，盾构施工应注意流沙和突涌问题
Ⅳ（潮坪地貌区）	Ⅳ₁	⑥层分布，①₃层冲填土均有分布，大部分地区⑦层与⑨层沟通，②₃层均有分布	①₃层冲填土处于欠固结状态，对基坑边坡稳定影响较大，②₃层潜水含水层发育，第Ⅰ承压含水层和第Ⅱ承压含水层沟通，水量丰富，对基坑工程影响大，降水规模大，对周围环境影响大	⑦层埋藏适中，且与下部砂层沟通，桩基条件好，对区间高架工程最为有利，但应注意浅部冲填土对桩基工程的影响	土层变化不大，对盾构推进有利，但对于深部盾构，应注意⑦层和⑨层的流沙和突涌问题
	Ⅳ₂	⑥层缺失，①₃层冲填土均有分布，②₃层均有分布	①₃层冲填土处于欠固结状态，对基坑边坡稳定影响较大，②₃层潜水含水层发育，且厚度一般大于10m，承压含水层埋深厚度变化较大	⑦层受古河道切割，局部分布，埋深厚度变化较大，区间高架工程应注意桩基不均匀变形问题，还应注意浅部冲填土对桩基工程的影响	浅部土层以砂、粉性土为主，土层变化不大，深部土层有一定变化，盾构施工应注意砂土液化和地基变形问题

区西部和宝山区西部，⑥层顶板标高大于-17m，桩基压缩层埋深浅，厚度大，桩基条件较差，如选择⑦层作为中长桩桩基持力层，则有可能产生较大的桩基变形。由此划分亚区，在Ⅱ区，⑦层厚度大于7m的为Ⅱ₁区，桩基条件好；⑦层厚度小于7m的为Ⅱ₂区，桩基条件较差。

Ⅲ区均为古河道切割区，主要分布在河口沙岛区和滨海平原区的古河道切割区，两层硬土层均缺失。亚区划分根据⑤₂层进行，河口沙岛区有该层分布区一般埋深、厚度较为稳定，划分为Ⅲ₁区，桩基条件一般；滨海平原区的古河道切割区内仅局部地区⑤₂层分布稳定，已划分为Ⅲ₁区；其余地区划分为Ⅲ₂区，桩基条件差。

2. 地铁地下车站地质环境适宜性评价

整个上海地区地质环境条件较为复杂，地铁车站地质环境适宜性评价重点只对中心城区进行探讨，主要考虑地下水和砂、粉性土层分布情况。适宜性分区评价可按表 9-5 进行。

表 9-5　地下车站地质环境适宜性分区评价表

地质环境条件分区		含水层分布特征	软土层分布特征	硬土层分布特征	适宜性评价
沉积环境	区				
正常地层区域	I	无⑦层，大部分地区无②₃层	③、④层均有分布，累积厚度大于 15m	第一硬土层⑥层均有分布	好
	II	⑦层埋深小于 20m，基本缺失②₃层			一般
	III	⑦层埋深大于 20m，②₃层厚度小于 3m	③、④层累积厚度大于 10m		较好
	IV	⑦层埋深大于 20m，②₃层厚度大于 3m	③、④层累积厚度小于 10m		一般
	V	⑦、⑨层沟通	③、④层累积厚度大于 15m		较差
古河道切割区域	VI	无⑤₂层，②₃层厚度小于 3m	③、④层累积厚度大于 10m，⑤层黏性土层厚度大	第一硬土层⑥层缺失	较好
	VII	无⑤₂层，②₃层厚度大于 3m	③、④层累积厚度小于 10m，⑤层黏性土层厚度大		一般
	VIII	有⑤₂层，与⑦层不沟通	③、④层均有分布，⑤层黏性土层厚度较小		较差
	IX	⑤₂层与⑦层沟通	③、④层均有分布，⑤层黏性土层厚度小		差

3. 区间隧道段地质环境适宜性评价

对于区间盾构工程，需重点考虑盾构掘进面土层变化问题。根据上海市中心城区不同深度土层变化特征，可进行盾构掘进难易程度分区，为地质环境安全评价奠定基础。适宜性分区评价可按表 9-6 进行。

表 9-6　区间隧道段地质环境适宜性分区评价表

地质环境条件分区		含水层分布特征	软土层分布特征	硬土层分布特征	适宜性评价
沉积环境	区				
正常地层区	A	无⑦层	③、④层均有分布，累积厚度大于 15m	第一硬土层⑥层均有分布	较好
	B	⑦层埋深小于 20m			较差
	C	⑦层埋深大于 20m	③层分布受②₃层分布影响，②₃层厚度较大区，③层缺失，软土层累积厚度小于 10m		一般
	D	⑦、⑨层沟通	③、④层累积厚度大于 15m		较差

续表

地质环境条件分区		含水层分布特征	软土层分布特征	硬土层分布特征	适宜性评价
沉积环境	区				
正常沉积区与古河道区过渡区	E	⑦层埋深、厚度变化较大	③、④层埋深、厚度变化不大，⑤层黏性土层厚度变化大	过渡区	差
古河道切割区	F	无⑤₂层	③、④层累积厚度大于10m，⑤层黏性土层厚度大	第一硬土层⑥层缺失	一般
	G	有⑤₂层，与⑦层不沟通	③、④层均有分布，⑤层黏性土层厚度较小		较差
	H	有⑤₂层，与⑦层沟通	③、④层均有分布，⑤层黏性土层厚度小		差

9.2.3　地质灾害危险性评估方法

地质灾害危险性评估是对轨道交通工程建设中遭受地质灾害的危险性以及在建设中和建成后引发地质灾害的可能性做出评价，为轨道交通工程设计、施工提出地质灾害防治措施和建议。

9.2.3.1　轨道交通沿线地质灾害现状评估方法

1. 地面沉降现状评估

应从含水层系统的水文地质和工程地质条件与特点、地下水位及其动态变化、地下水的开采量与回灌量等方面予以综合分析。

（1）分析开采与回灌条件下地下水位的动态特征。调查轨道交通沿线范围内的深井分布，地下水开采量、回灌量在区域与轨道交通沿线范围内的历年变化，区域地下水位动态及其变化幅度与速率，地下水位降落漏斗的形态、发展变化趋势。

（2）分析地面沉降与地下水位变化、地层特性、抽水和回灌量变化等因素的关系，分析地面沉降的时空分布与发展变化。

（3）地面沉降现状评估，以历年资料为基础，全面反映地面沉降的发展演化过程，并着重分析最近10年的沉降现状与特点。分析已运营轨道交通地面沉降特征，调查已有地面沉降对轨道交通影响的实例。

2. 地基变形危险性现状评估

对轨道交通沿线范围内已有重大建（构）筑物地基变形情况进行分析，调查和分析轨道交通沿线范围内或邻近地质条件相近区的地基变形实例。

3. 边坡失稳危险性现状评估

对轨道交通沿线范围内已有的基坑边坡和河岸边坡的稳定性进行分析，研究轨道交通沿线范围内或邻近地质条件相近区曾发生过的基坑边坡、河岸边坡失稳的实例。

4. 砂土液化危险性现状评估

对轨道交通沿线范围进行砂土震动液化初判，并分析砂土渗流液化特征，调查分析渗流液化（流沙）实例。

5. 水土突涌危险性现状评估

分析评估区内水土突涌特征，探讨评估区或邻近地质条件相近地区水土突涌案例。

6. 岸带冲淤危险性现状评估

对长江口、杭州湾及黄浦江岸带冲淤进行分析，研究历年岸带冲淤变化规律及现状特征，调查分析已有工程实例。

7. 浅层天然气害危险性现状评估

研究评估区内浅层沼气发育特征，调查分析已有浅层天然气害实例。

9.2.3.2　轨道交通沿线地质灾害预测评估方法

地质灾害预测评估是对地质灾害发展趋势的评估，应包括轨道交通建设引发地质灾害的可能性与危险性分析评估、建设项目遭受地质灾害危害的可能性与危险性分析评估。主要内容包括：根据轨道交通所处地理位置及地质环境条件，结合类型与规模及拟采取的设计施工方案，分析在建设过程中和建成后对地质环境的影响与改变；对轨道交通在建设过程中及建成后，引发的地质灾害的类型、规模、范围与发展变化趋势进行预测；对轨道交通遭受地质灾害危害的可能性以及危害程度与损失进行评估。

1. 轨道交通建设引发或加剧地质灾害危险性预测评估

（1）地面沉降。对区域地下水开采和基坑降水引发地面沉降的规模、范围等进行评估，分析地下水开采引发的地面沉降特征及其对周围环境的影响。

（2）地基变形。对于地面轨道交通，分析大面积填土、厚填土、暗浜土、泥炭土、冲填土、软土等不良地质引发的轨道交通地基变形问题；对于区间高架段及高架车站，重点分析桩基工程因地质条件变化或上部荷载差异过大所引起的桩基变形和不均匀变形问题，并分析桩基工程引发地基变形对周围环境的影响；对于地铁地下车站，分析不同深度基坑因基坑降水、软土变形、流沙、暗浜等引发的地基变形以及对周围环境的影响。

（3）边坡失稳。轨道交通建设的基坑边坡失稳危险性预测评估，需根据不同深度基坑分析因软土、流沙、暗浜等不良地质、围护结构等引发的基坑边坡失稳以及对周围环境的影响；对周围河岸边坡的影响需分析因堆土、桩基施工、基坑开挖等引发河岸边坡失稳的危险性。

（4）砂土液化。分析基坑开挖、隧道盾构施工引发砂土渗流液化危险性评估，根据不同深度基坑开挖揭示的砂、粉性土层进行评估，分析流沙对周围环境的影响。

（5）水土突涌。应根据基坑开挖深度及承压含水层埋藏分布特征、水位变化特征进行评估，预测产生水土突涌的可能性及其对周围环境的影响。

2．轨道交通建设遭受地质灾害危险性预测评估

（1）地面沉降。根据地面沉降原因与现状及其采灌格局的变化，预测地面沉降发展趋势，对评估区的地面沉降发展趋势做出预估，分析评估区的地面沉降趋势与预测期内的沉降量及其沉降的差异性，预测其对轨道交通建设及运营的影响。

（2）地基变形。评估轨道交通在建设过程中及建成后遭受地基变形的危险性。

（3）砂土液化。评估砂土震动液化对轨道交通建设的影响，评估地下车站及隧道建设过程中及建成运营后受砂土渗流液化的危险性。

（4）岸带冲淤。根据岸带冲淤演化规律评价岸带冲淤发展趋势，分析岸带冲刷和淤积对轨道交通建设的影响。

（5）浅层天然气害。对于穿越天然气富集区的轨道交通项目，对浅层天然气害危险性预测评估，评估浅层天然气可能对工程建设的影响与危害。

9.2.3.3　轨道交通沿线地质灾害综合评估方法

地质灾害危险性综合评估是在现状评估与预测评估的基础上，提出地质灾害防治措施与建议，对轨道交通建设项目在拟建场地的适宜性做出评估。主要内容应包括：

（1）根据现状评估与预测评估的分析结果，对地质灾害危险性进行综合评述；

（2）提出消除或降低地质灾害危险性的措施；

（3）做出建设项目在拟建场地的适宜性的评估结论；

（4）对拟建场地受地质灾害危险性大，采取相应防治措施后仍难以取得明显效果的适宜性差的建设项目，应提出避让、改线与另择建址的建议。

9.3　轨道交通建设地质环境风险识别及评判

9.3.1　风险识别

根据工程地质分区，结合轨道交通不同施工工艺及区间高架、区间盾构、地铁车站以及地上地下过渡段的不同特点，分析建设过程中地质环境风险，见表9-7。

表 9-7 轨道交通建设主要地质灾害风险识别一览表

工程地质分区		地质灾害风险			
区	亚区	区间高架段	区间盾构段	地铁车站	地上地下过渡段
I	I_1	软土地基变形	砂土液化	水土突涌	地基不均匀变形
	I_2		砂土液化、地基变形	水土突涌、地基变形	
	I_3		地基变形、砂土液化	地基变形、水土突涌	
II	II_1		地基变形	水土突涌、地基变形	
	II_2		砂土液化、地基变形、浅层天然气害	砂土液化、水土突涌、地基变形、浅层天然气害	
	II_3		地基变形	水土突涌、地基变形	
	II_4		砂土液化、地基变形、浅层天然气害	水土突涌、砂土液化、地基变形、浅层天然气害	
	II_5		地基不均匀变形、砂土液化、浅层天然气害	地基变形、砂土液化、浅层天然气害	
	II_6		地基不均匀变形	地基变形、水土突涌	
	II_7		地基不均匀变形	地基变形	
	II_8		地基不均匀变形	水土突涌、地基变形	
	II_9		地基不均匀变形	水土突涌	
	II_{10}		砂土液化、地基变形	水土突涌、砂土液化、地基变形	
III	III_1		砂土液化、地基不均匀变形、浅层天然气害	砂土液化、水土突涌、地基变形、浅层天然气害	
	III_2		砂土液化、地基不均匀变形、浅层天然气害	砂土液化、地基变形、浅层天然气害	
IV	IV_1		砂土液化、地基变形、浅层天然气害	砂土液化、地基变形、水土突涌、浅层天然气害	
	IV_2		砂土液化、地基不均匀变形、浅层天然气害	砂土液化、地基变形、水土突涌、浅层天然气害	

由表 9-7 可知,区间高架、区间盾构、地铁车站、地上地下过渡段由于施工方法不同,其建设过程中面临的地质环境风险各有差异。区间高架段一般采用桩基础,主要的环境地质问题为软土地基变形;地上地下过渡段,地上段一般采用高架形式,地下段可能采用复合地基,地基基础形式的不同将导致轨道交通地基基础的不均匀变形;区间盾构段建设过程中一般会面临砂土液化、地基变形及不均匀变形等地质环境风险,东部和河口地区还会产生浅层天然气害问题;地铁车站一般为深基坑工程,施工过程中可能会产生砂土液化、水土突涌、地基变形、浅层天然气害等环境地质问题。

9.3.2　风险分级

通过地质环境风险识别，轨道交通工程建设中主要的地质环境风险为砂土液化（流沙）、软土地基变形、水土突涌、浅层天然气害等。在分析各地质环境风险危害程度大小的基础上，然后进行综合分级。

危险性分级主要按照与轨道交通建设相关的地质条件差异性进行，未考虑周围环境的复杂程度。危险性程度划分为大、中、小 3 个等级，危险性程度小表示轨道交通引发的地质灾害轻微，对工程建设影响较小；危险性程度中等则表示建设引发的地质灾害较为明显，对工程建设造成一定的影响；危险性程度大说明引发的地质灾害显著，其对工程建设安全存在明显隐患，需要重点加强防患。

9.3.3　轨道交通工程项目分级评价及应用

9.3.3.1　轨道交通不同工程建设项目分级评价

根据地质环境风险综合分区，针对地铁车站、区间高架、盾构工程建设项目分别进行评价，为地质环境风险控制提供依据。

1. 地铁车站基坑工程

地铁车站基坑工程一般采用大开挖方式，浅部地下水、不良土体等对工程建设影响较大。在地质环境风险大的区域，浅部含水层普遍发育（包括②$_3$、⑤$_2$、⑦层），且大部分地区为古河道切割区，对于车站基坑施工，易产生砂土液化、水土突涌、软土地基不均匀变形和浅层天然气害等环境地质问题，基坑施工地质环境风险大。在地质环境风险中等区域，第 I 承压含水层（⑦）和②$_3$层潜水含水层较发育，部分地区⑦层埋藏较浅，水头较高，但大部分地区为正常沉积区，地层总体分布稳定，因此基坑施工地质环境风险中等，应特别重视砂土液化和水土突涌问题。在地质环境风险小的区域，浅部含水层较不发育，尤其是西部地区，基坑施工地质环境风险较小，但在局部古河道切割区，应适当注意地基不均匀变形问题。

2. 区间隧道

根据上海市地下空间建设现状及规划，地铁隧道建设深度主要在 10 ~ 30m，30m 以深隧道建设未来可能涉及。在地质环境风险大的区域，②$_3$层和⑤$_2$层发育，砂土液化、水土突涌风险大，且大部分地区为古河道切割区，浅层天然气发育，软土地基不均匀变形和浅层天然气害危险性均较大，因此该区地铁隧道盾构施工地质环境风险大。在地质环境风险中等区，软土层发育且厚度大，②$_3$层部分地区有分布；对于埋藏较深的隧道，⑦层对其影响较大，但总体地层较为稳定，且⑥层硬土层均有分布，因此隧道工程建设危险性中等。在地质环境风险小的区域，湖沼平原区西部浅部含水层和软土层不发育，对隧道盾构有利，但在东部古河道切割区，虽然浅部含水层不发育，但软黏性土层厚度较大，应重视软土地基不均匀变形问题。

3. 区间高架

上海地区轨道交通区间高架一般采用桩基础，持力层一般选择⑦层。在地质环境风险大的区域，大部分为古河道切割区，⑦层分布不稳定，甚至缺失，但部分地区有⑤₂层分布，亦可作为桩基持力层；在临港新城地区，⑦层分布较为稳定，桩基条件较好，因此该区高架工程建设地质环境风险有一定变化，相对地铁车站基坑达不到风险大程度。在地质灾害危险性中等区域，⑦层分布均稳定，部分地区⑦、⑨层沟通，因此，对于高架工程来说本区地质环境风险为小。在地质环境风险小的区域，⑦层不发育，东部区域为古河道切割区，因此高架工程施工地质环境风险应为中等。

从以上各类型工程分析可知，在各地质环境风险分区中，车站基坑工程施工地质环境风险较为突出，与所划分的地质环境风险综合分级基本一致。而高架工程地质环境风险同一区内有一定变化，总体在中等及以下，相对地铁车站风险较小。

9.3.3.2　地质环境风险分级在轨道交通工程风险管理中的应用

依据上海市地质环境条件及轨道交通工程建设特点，对建设过程中轨道交通地质环境风险分级及不同类型项目分级评价，是轨道交通工程建设中风险管理的基础依据。

2010年，上海申通地铁集团有限公司下发了《上海轨道交通建设工程风险管理办法》（试行）（沪地铁〔2010〕34号），制定了轨道交通基坑工程、盾构法隧道工程、旁通道工程总体风险初步评价标准（试行），并要求根据不同的风险等级制定不同的管理措施。做到"事前"控制，强化从工程风险的"源头"管理，强化工程风险事先受控，并以科学的风险评估工作为抓手，以防范和预控作为工作重点，采取综合措施治理。

管理办法中风险等级评价依据的要素包括工程特性、地质与水文地质条件、周边条件、施工工艺及施工能力，见表9-8。其中地质与水文地质条件主要考虑的是砂、粉性土层的分布，软土层的空间发育特征，古河道的展布情况以及浅层天然气害的分布特征，其所对应的环境地质问题为砂土液化、软土地基变形、水土突涌、浅层天然气害，与地质环境风险分级评价基本一致。因此，在轨道交通选址阶段，由于未有详尽的地质资料，可参照编制的地质环境风险综合分区图进行风险等级评价；在建设阶段，利用分区图可以把握整个场区地质环境风险程度，做到全局把握、整体预防。

表9-8　轨道交通工程风险管理中车站基坑工程总体风险等级评价

序号	工程特性（A）	地质与水文地质条件（B）	周边条件（C）	施工工艺及施工能力（D）	风险等级
1	A1	B1	C1	D1	一级
2	A1	B1	C1	D2	一级
3	A1	B1	C2	D1	二级
4	A1	B2	C1	D1	二级

续表

序号	工程特性（A）	地质与水文地质条件（B）	周边条件（C）	施工工艺及施工能力（D）	风险等级
5	A2	B1	C1	D1	一级
6	A1	B1	C2	D2	二级
7	A1	B2	C1	D2	二级
8	A2	B1	C1	D2	一级
9	A1	B2	C2	D1	三级
10	A2	B1	C2	D1	二级
11	A2	B2	C1	D1	二级
12	A1	B2	C2	D2	三级
13	A2	B2	C2	D1	四级
14	A2	B1	C2	D2	三级
15	A2	B2	C1	D2	二级
16	A2	B2	C2	D2	四级
备注	根据《城市轨道交通地下工程风险管理标准》，风险等级从高到低以此分为一级、二级、三级、四级				

注：地质与水文地质条件（B）为地下工程的主要风险源，风险等级评价时，其权重大；周边条件（C）与地下工程存在相互作用，环境风险是地下工程风险评价最重要风险，风险等级评价时，其权重最大。

9.4　轨道交通地质环境安全控制

9.4.1　地铁车站基坑降水地质环境安全控制

根据轨道交通建设期地质环境风险识别，上海地区地铁车站基坑工程施工地质环境风险最为突出。基坑工程施工中不可避免抽取浅层地下水，导致坑外承压水位的大幅下降，直接引发显著的不均匀地面沉降，不仅对周边环境和重要建（构）筑物造成不利影响，最严重的是对上海市地面沉降控制带来了巨大挑战，从而威胁城市安全。因此，地质环境安全控制以基坑降排水为主要研究对象，曾在第7章中选择地铁13号线祁连山南路站基坑作为依托进行了基坑降水优化控制研究。

9.4.2　区间隧道地质环境安全控制

区间隧道是轨道交通工程的重要组成部分，按施工工艺的不同，可以分为明挖法隧道和盾构法隧道两种。明挖法隧道区间和车站基坑类同。盾构法隧道区间通常包括上行线、下行线和连接两条隧道的旁通道。在建设期间，地质环境是盾构施工和旁通道施工的重要环境介质。由于上海地区各个地层性质的不同，个别地层对工程的实施带来施工难度，并间接产生周边环境保护问题。如果按施工阶段的不同，可以大致划分为盾构进出洞段、推进段和旁通道 3 个类别。

9.4.2.1　盾构进出洞段的地质环境安全控制措施

盾构的进洞和出洞是盾构法隧道施工最具工程风险的施工阶段。在盾构进出洞段通常都需要采取加固措施，分为水泥系加固（图 9-13、图 9-14）、冻结法加固和复合加固措施。

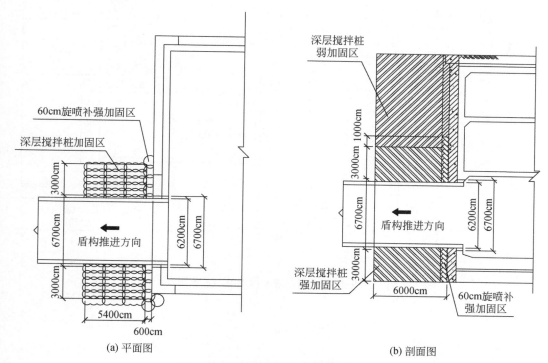

(a) 平面图　　　　　　　　　　　　　(b) 剖面图

图 9-13　水泥系出洞加固范围示意图

加固体除了要满足洞门拉出后盾构正面土体的稳定外，还必须考虑粉砂地层中由于水土流失造成的工程风险问题。对于浅层粉砂地层（如②₃、②₂层）采取水泥系加固，还应重视由于围护施工塌孔造成的加固体缺陷问题，如措施缺乏、管理不善、应对不当，极易发生工程事故。

应对盾构进出洞环节的环境地质问题，首先需要根据地质条件和环境制约条件选择合适的进出洞加固施工工法。如进洞加固范围存在⑤₂、⑦层等风险地层的，宜加长加固长度至大于盾构机长度 2m，盾构机完全进入加固体后，通过管片壁后双液注浆封闭间隙，然后再打开洞门，完成进洞。如现场条件不能满足增加加固长度的，可以增加水平冻结措施，结合盾构机预留注浆孔注浆，封闭渗水通道，并在进洞区域内设置承压水观测井（兼做应急降压井），盾构二次或多次进洞。其次，应采取恰当的施工工艺，其中特别要注意洞圈密封装置的安装质量（图 9-15）。对于浅层粉砂地层的围护塌孔问题，应加强定位、引孔措施。并且要利用好⑥层等有利地层的隔水作用，加固施工不宜穿透隔水层，形成新的渗水通道。最后，在盾构进出洞阶段，需要加强现场的施工监测工作，及时发现工程本体和周边环境的问题，并采取可靠措施。

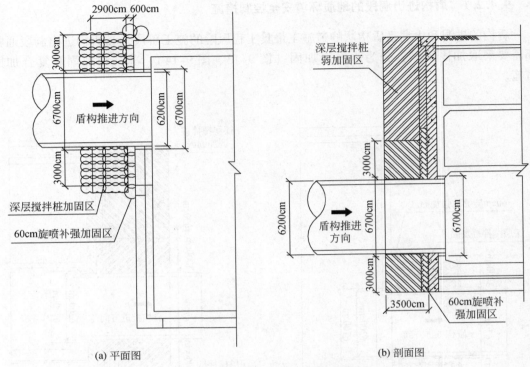

(a) 平面图　　　　　　　　　　　　　(b) 剖面图

图 9-14　水泥系进洞加固范围示意图

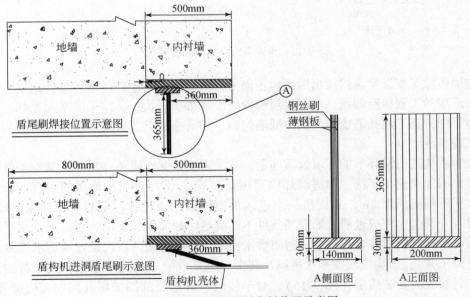

图 9-15　盾构进洞洞圈密封装置示意图

9.4.2.2　盾构推进区段的地质环境安全控制措施

盾构在推进施工中处于稳态平衡状态，合理控制盾构正面平衡、盾尾同步注浆和盾构姿态，可以确保盾构施工的地层损失率控制在5‰之内。但是，在不利地层或者盾构机配置能力与地层不匹配情况下，盾构施工易发生管片连续碎裂、盾构磕头等推进困难问题，严重的会导致隧道报废和产生环境破坏问题。

1. 隧道下方出现局部软弱地层

隧道盾构推进过程中，如遇下部为软弱地层，常会引起地面沉降，对附近管线、房屋建筑带来不利影响，需采取相应加固措施（李大勇等，2005；蔡建鹏，2012）。下面以某项目盾构为实例介绍下部软弱土层加固措施。

某项目盾构在推进过程中发现前方土体触动灵敏度大，盾构推进姿态难以控制情况，经查该区域为古河道分布区域，盾构轴线两处偏离设计轴线超过10cm，地表沉降、管线、建筑物沉降部分测点累积已达100mm，并造成了地面多处房屋开裂，如图9-16所示。

图9-16　某项目隧道盾构引起房屋裂缝

由于盾构推进路线位于城市繁忙道路和权属物业下方，不具备条件实施地层预先加固措施。在隧道贯通后，采取隧道下方加固注浆措施。在隧道注浆加固段两端设置过渡段，每个过渡段按16环设置，注浆深度分1.5m、2.5m、3.5m、5m四种，以保证隧道在加固段变形连续。同时考虑联络通道在第2个注浆加固段内，为避免今后联络通道冻结法施工对隧道变形的影响，将第2个注浆加固区的过渡段延长，使第2个注浆加固区的隧道下方加固将联络通道冻结法融沉注浆段范围包含在内。

注浆浆液以水泥–水玻璃双液浆为主，单液水泥浆为辅。水泥浆和水玻璃溶液体积比为1:1，其中水泥浆水灰比为1:1，水玻璃溶液采用B35-B40水玻璃和加1~2倍体积的水稀释。注浆高度为17.5cm，单次注浆总时间为4分钟，分4次拔管，单次注浆量为80L；拔管速度与注浆流量及注浆高度相匹配。注浆顺序如下。

（1）垂直方向：由上而下均匀拔管进行。

（2）水平方向：同环中两孔应同时注浆，保持管片的对称受力、变形。隧道纵向注浆顺序采用隔环跳打方式,每隔 2 环注 1 环,即 1-4-7-10-…。

（3）同孔注浆顺序为:先外再里后中间的注浆顺序,先注加固范围外最深的一段,然后沿隧道边分层向外注,与最深的一段加固搭接,单次注浆深度为 17.5cm。同孔重复注浆时间间隔不少于 48h。

（4）每段注浆应从加固区中部（最深加固区）向两侧进行。

（5）每次施工具体注浆孔位根据变形监测数据在施工前确定。注浆施工完成后,仍应进行不少于 3 个月的隧道变形监测,以确保隧道变形已稳定。

2. 盾构处于砂、粉性土等风险地层中的推进问题

盾构在砂、粉性土等风险地层推进过程中常会出现涌水涌砂现象（陈卓和陈强,2012；杨振伟等,2018）。某项目在盾构推进至⑦层时出现盾尾下部位置管片与盾尾之间的间隙发生涌水涌砂险情,险情发生后,施工人员在加大盾尾油脂的加注量的同时,采用备用海绵进行封堵,但海绵封堵失效,抢险队伍进场时隧道内涌砂量约为 15m³。抢险队伍在管片和盾尾的间隙内塞入 15cm 海绵条封堵间隙,同时做好加注聚氨酯封堵,清理及封堵完成后向盾尾内补充加注盾尾油脂,改善盾尾的密封性能,成功地堵住了漏点。

⑦层是上海地区第 I 承压含水层,施工时存在涌水涌砂的工程风险。在掘进过程中,每环管片脱出盾尾后即发生下沉,造成盾尾与拱底块管片之间没有间隙,在推进过程中盾尾钢丝刷与管片外弧面摩擦损坏了盾尾钢丝刷,造成盾尾密封失效。后续施工在拼装管片前,在整环管片外弧加贴两道海绵条,可有效避免漏砂通道的产生。在拱底块千斤顶靴板与管片间设置一道临时止水装置,由弧形钢板与橡胶条组成。增加每环盾尾油脂用量,采用 CONDAT89 号盾尾油脂。及时跟进二次注浆,水灰比为 0.5:1,每孔注浆量为 0.2~0.3m³,注浆压力小于 0.5MPa。盾构刀盘前方加注泡沫剂,土仓加注聚合物,改善土性,调整正面土压平衡；盾构机头部增加一台触变泥浆泵,通过 A 环预留注浆孔加注膨润土浆,减小盾构机侧摩阻力；盾构千斤顶根据土压和管片分块重新编组；根据理论计算值及每环出土量实际称重来合理设定土压力,保证盾构机头部稳定,避免产生超挖后磕头。严格控制盾构轴线与隧道轴线夹角小于 3‰,并减小总推力以防止小半径曲线段管片碎裂。

9.4.2.3 旁通道区段的地质环境安全控制措施

旁通道通常采用冻结法施工帷幕,再通过矿山法开挖并构筑结构。冻结法是岩土工程领域极为安全的施工工法,但是,不同的地层在冻土条件下比热容不同、物理力学性能不同,对旁通道的冻结和开挖施工有不同的影响,其中,在⑤₂、⑦层中施作旁通道工程的风险性远高于其他地层。

图 9-17 是某项目的旁通道工程处于④层灰色淤泥质黏土层、⑤₁层灰色黏土层和⑤₂层砂质粉土夹粉质黏土层,⑤₂层具有微承压水。采用冻结法施工（图 9-18）。

某日,冻结站施工人员发现盐水液位有微弱下降,立即关闭集水井内有可能断管的冻结孔管,同时进行打压检查漏管；隔天下午 6 点左右,查出上行线集水井内 D41 号冻结孔漏失盐水（冻结 47 天）,D41 漏失盐水 51L。当晚 8 点套管下放完毕后恢复盐水冻结,但

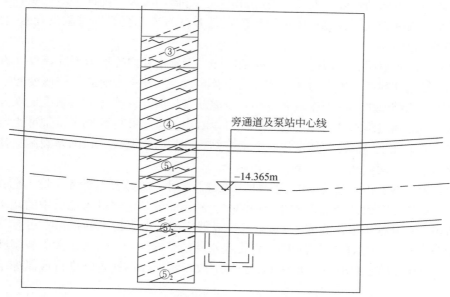

图 9-17　某旁通道工程地质剖面示意图

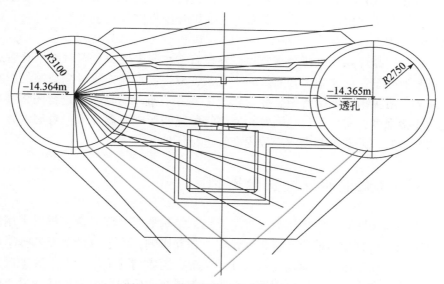

图 9-18　某旁通道工程冻结管布置图

是冻结站施工人员发现盐水液位又有微弱下降，经下行线打压后发现 D55 号孔断管漏盐水
（冻结 48 天），D55 共漏失盐水 240L；由于 D55 号孔盐水漏失较多，确定采用液氮冻结；
隔日 10 点 D55 号冻结孔内重新下入冻结套管，当晚 23 时 D55 号开始进行液氮冻结。5 日
后 6 点冻结站施工人员发现盐水液位又有微弱漏失，随即关闭怀疑有可能漏失盐水的下行
线 D60 号冻结孔管，对其打压试漏后确定是 D60 号冻结孔管（冻结 57 天），随即在 D60
号冻结孔管内下入液氮冻结套管，当晚 23 时对其恢复液氮冻结，D60 漏失盐水 180L。再

过两日，夜班 1 点冻结站施工人员发现盐水液位又有微弱漏失，随即关闭怀疑有可能漏失盐水的集水井内冻结孔管，经打压试漏后确定是 D40 号冻结孔管断管漏失盐水（冻结 59 天），D40 漏失盐水 120L。

原因分析结果表明，地层冻涨所产生的冻涨力因集水井内冻涨力无法释放（设计集水井是一个冻结土体封闭、冻涨力无法释放的土体空间），对冻结壁造成挤压变形，集水井内相对薄弱处冻结壁更容易产生较大位移，造成断管。因此，冻涨力是造成此次冻结管断裂的主要原因。通过集水井内冻结孔交圈图可以看出，集水井内两侧中下部冻土墙相对薄弱，极容易产生冻土墙冻涨挤压变形，造成冻结管断裂盐水漏失。目前断裂漏失盐水的冻结孔管皆为集水井两侧底部，上下行线各两个。

综合各种因素，由于断管 D40 及 D41 断裂缝隙较小，发现后开始先采取下套管恢复盐水冻结，其目的是在保证地层正常冻结的同时，利用断管裂缝将进入地层中的盐水尽可能地排放出来，在开挖集水井的前 3～5 天进行液氮冻结，由于盐水的排出，可有效地将冻结壁进行补强冻结，将漏水冻结封闭，保证集水井的开挖安全。对盐水漏失较多断裂缝较大的 D55、D60 冻结管采取拔除原有供液管，下放不锈钢冻结孔管路进行液氮冻结的处理措施。

根据施工经验，集水井内冻结管最可能发生冻涨断裂的有 10 个冻结孔，该工程已处理 4 个，还有 6 个危险孔管，采取下入内套管，继续进行盐水冻结，可防止盐水漏失破坏冻结壁。在旁通道所在地面施工 8 口降水井，如果开挖集水井发生突发情况时，进行井点降水，降低水土压力。

此外，对盐水循环系统进行严密监控，发现有盐水漏失现象立即对冻结孔管进行打压试漏，确定漏液孔管；优化施工方案及施工工艺，减少集水井冻胀对冻结壁的影响；冻结温度循序渐进，避免出现冻结管因急冷"淬火"现象；冻结管连接处进行内管箍焊接，增加接头处的连接强度，避免接口处因丝扣连接管壁脆弱形成薄弱环节；对集水井中受冻胀影响最大的冻结管，采取内部提前下放内套管进行保护。

9.4.3 区间高架地质环境安全控制

轨道交通的高架区间通常采用简支梁、连续梁结构形式，部分特大桥梁采用悬索桥梁结构，其桩基和承台直接与地质环境相互作用、相互影响。由于设计普遍选择⑦层作为桩基持力层，且设计充分考虑了建设和运营使用工况，通常情况下较少发生高架区间因环境地质问题发生结构安全问题和运营问题。但是，如果高架区间所处地质环境发生较大工程活动时，有可能对高架区间产生影响，如紧邻高架桥梁的承台开挖基坑、在高架桥梁一侧进行大规模的加载和卸载的工程活动等。

在高架桥梁的承台和桩基侧方开挖基坑，除了扰动土体、降低工程桩的承载力外，还有可能产生桩基的侧向位移，严重的会破坏桩体，造成结构安全问题，同时还有可能产生高架立柱的压杆稳定问题。而在高架桥梁一侧进行大规模的加载和卸载工程活动，是超越设计的工况，会导致高架桥梁发生侧向位移，直接威胁运营安全和桥梁结构安全，必须杜绝。

根据《上海市轨道交通安全保护区暂行管理规定》，高架区间的安全保护区范围是高架车站以及线路轨道外边线外侧30m内，在轨道交通安全保护区的任何工程活动，无论建设和运营期间，都有接受技术审查和监护管理的责任。

对于危及运营安全和结构安全的工程活动，需要从方案设计开始，采取合理的技术措施，把对高架区间的影响降到最低。对于已经发生的对高架区间产生影响的工程活动，应从最有利于高架区间的原则出发，及时采取有效措施。

图9-19是某项目高架区间因侧方堆土问题，使桥梁承台发生侧向位移，最大侧向位移达到111mm。该高架区间下部结构施工完成后，其他土方运输单位就开始紧挨施工红线外侧进行渣土堆放。104#～112#墩之间东侧堆土宽度约60m，高度约5m；西侧堆土宽度约60m，高度约7m。113#～125#墩之间东侧堆土宽度约250m，高度约13m；西侧堆土宽度约130m，高度约9m（图9-20～图9-22）。

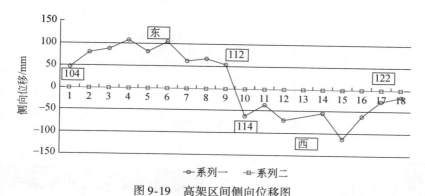

图9-19　高架区间侧向位移图

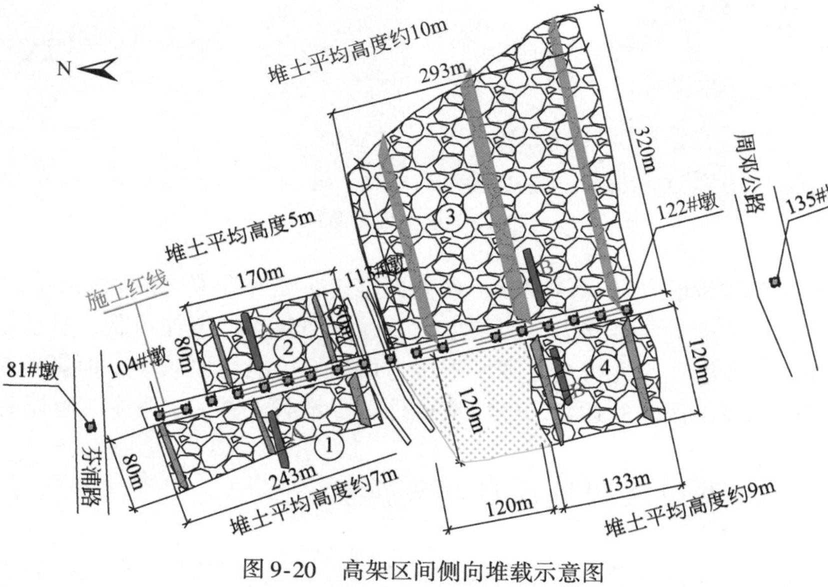

图9-20　高架区间侧向堆载示意图

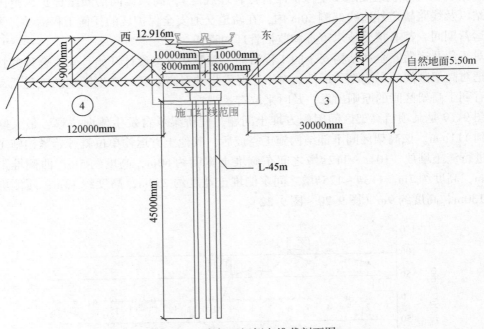

图 9-21　高架区间侧向堆载剖面图

图 9-22　堆土现场照片

　　在偏移较大部位桥墩（104# ~ 122#）两侧高堆土，是在盖梁完成未架梁前不对称分层堆土，对桥墩有一定的侧向推移力，但是土压力逐步加载不是突加荷载，且桥墩承台及其下桩基不是在临空状态，因此桩基被高堆土压力切断的可能性比较小，但影响到轨道线路的施工，并影响到高架区间的运营。经协调，外运了堆载土方，消弭了工程隐患。

9.4.4　地上地下过渡段地质环境安全控制

　　区间引导段是高架区间转入地下区间的过渡区段，通常高架区间采用桥梁深桩基础，设计普遍选择⑦层作为持力层，而引导段结构采用砼箱涵结构，结构下卧土层局部采用搅拌桩加固，通常坐落在④层上方。

上海的④层为饱和淤泥质黏土层，具有含水量高、灵敏性高、压缩比高、渗透系数小、强度小的特点。在长期运营车辆荷载作用下，易发生较大的排水固结沉降，而与之连接的高架区段发生沉降极小，由此产生明显的差异沉降，对运营线路构成威胁。如近邻区域发生大面积加载等工程活动，会加速引导段的差异沉降现象。

对于已经发生较大差异沉降的引导段，首先可以采取箱涵上方卸载措施，减缓沉降的发展趋势。但是，由于④层土的长期蠕变性质，采取卸载措施只能延缓沉降发展，不能彻底解决差异沉降的问题，需要因地制宜，采取基础托换措施，将箱涵的持力层托换到压缩比小、承载能力高的地层。此外，需要在项目建设时对引导段差异沉降问题予以充分重视，合理选择可靠的基础持力层，优选设计方案，避免此类问题重复发生。同时，需要对运营线路的引导段加强沉降观测和轨道线路检查。

图 9-23、图 9-24 是某项目引导段上行线和下行线沉降曲线图，引导段实际最大沉降约 260mm，箱涵不均匀沉降造成箱涵侧墙及底部开裂，道床与箱体脱开，支撑块空吊，恶化了运行条件，直接威胁行车运营安全。

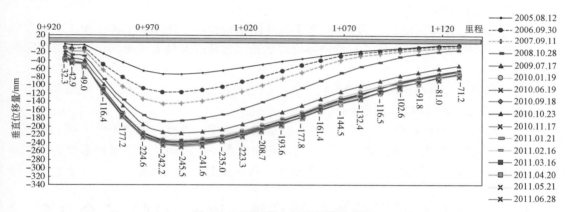

图 9-23　引导段上行线沉降曲线图

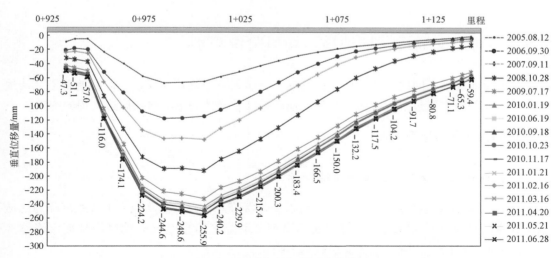

图 9-24　引导段下行线沉降曲线图

引导段箱涵所处的地质条件软弱，其下卧地层有将近 18m 厚的淤泥质软弱土层(④)，这类土层具有高压缩性和较大的流变性特点，土层扰动后，强度明显降低，而且在较长的时间内发生固结和次固结沉降，沉降量大。而且，箱涵上方的绿化覆土也是引起箱涵沉降的一项重要不利因素。在箱涵上部及两侧覆土直接加载于箱涵，并对箱涵下卧土层带来直接扰动。由于箱涵下卧土层已经发生扰动，箱涵长期将发生持续不收敛的不均匀沉降。

发现沉降问题后，地铁管理部门当即与建设方及公园方面进行沟通，要求停止绿化覆土及绿化施工，对前期已经施工的覆土进行卸载，并调整了后续施工方案，将覆土置换成 EPS 轻质泡沫塑料（40kg/m³）。但因已对箱涵下卧软黏土层产生了扰动，箱涵沉降持续发生，最大沉降量发生在第 2 个箱涵部位。监护单位每月进行 1~2 次的监测和检查，跟踪分析监测沉降变化，并及时报警。与此同时，工务单位通过将既有扣件替换成加高的特殊铁垫板抬高轨道，改善轨道平顺性；通过增设轨距拉杆等措施，保证轨道稳定性。并数次组织间断性微扰动充填注浆控制，有初步效果但不能彻底解决问题。

经多次专家深入的讨论与论证，形成施工方案。首先通过在箱涵外部实施压桩控制箱涵沉降，待箱涵沉降稳定后，再实施箱涵内部的设施设备改造与恢复，改善列车运行条件。主要措施和步骤如下。

（1）卸载。卸除箱涵顶部约 30cm 覆土及两侧斜坡土体，使箱涵上部无覆土，并期望箱涵回弹，减缓箱涵持续沉降，改善箱涵受力状态，尤其改善最大沉降部位的附加沉降曲率半径。

（2）绑纵梁。沿箱涵纵向两侧绑扎钢筋，钢筋与箱涵锚固，形成箱涵、纵梁和肋板一体化的结构，并为实施压桩创造条件。

（3）压桩。设桩 66 根，桩深达到地下 31m 稳定土层，单桩可承受竖向荷载 120t，通过"桩基-纵梁"的形式将箱涵托住，控制住箱涵的进一步沉降。至箱涵外部改造工作完成，有超过 1.2cm 的上抬余量，且箱涵没有发生进一步的不均匀沉降。

9.5　轨道交通运营期地质环境风险源识别及安全监控

9.5.1　轨道交通运营期地质环境风险源识别

轨道交通穿越不同地质环境地区，其纵向变形风险来源较为复杂。运营期轨道交通地面沉降的风险源主要包括区域地面沉降、地质条件差异性的影响以及周边工程的施工。

9.5.1.1　区域地面沉降

1. 区域地面沉降对轨道交通沉降影响分析

（1）区域地面沉降空间格局决定了轨道交通沉降总体趋势。从地铁 1 号线沉降与区域地面沉降对比分析可以看出，轨道交通隧道沉降明显区段也是同时期区域地面沉降漏斗区，区域地面沉降量与隧道沉降变形量基本吻合。

（2）隧道沉降的不同阶段，区域地面沉降对轨道交通沉降的影响权重略有差异。工后沉降阶段，隧道沉降漏斗区沉降一般大于区域地面沉降；工后沉降结束后，隧道沉降基本与区域地面沉降一致。下面以地铁 1 号线为例进行分析。

地铁 1 号线于 2004 年全线基本完成工后沉降阶段，1995～2005 年隧道沉降与区域地面沉降对比显示（图 9-25～图 9-30），该阶段轨道交通沉降虽然总体趋势与区域地面沉降一致，但轨道交通沉降漏斗区沉降变形量大于同期区域地面沉降量，说明该阶段隧道沉降漏斗区段本身工后沉降较明显，隧道荷载施加在下卧土层上的固结过程尚未结束，导致隧道沉降比同期区域地面沉降大。在 2006～2010 年，轨道交通工后沉降基本稳定，其隧道沉降变形量较区域地面沉降略小，参见图 9-31～图 9-33，说明区域地面沉降包括隧道底板以上土层的压缩量，而这部分变形量对隧道影响较小。

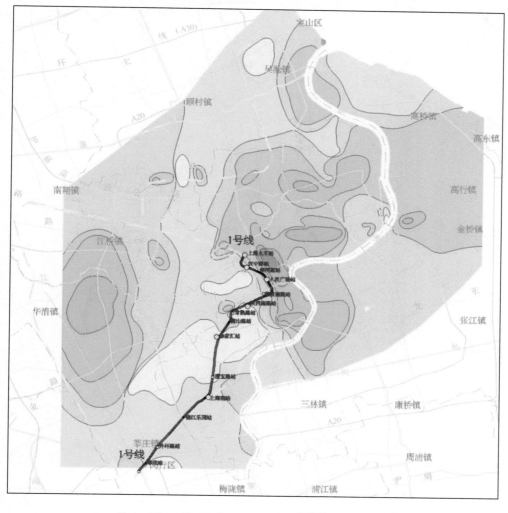

图 9-25　1995～2000 年中心城区沉降量等值线和运营轨道交通分布图

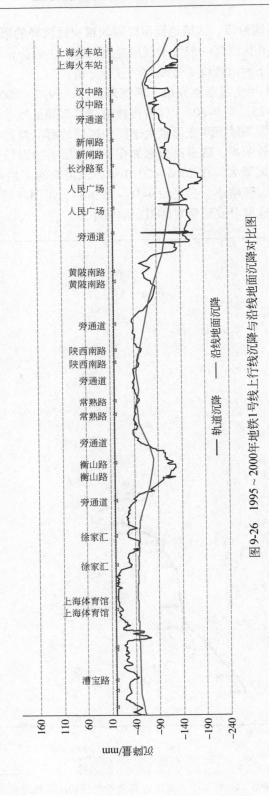

图 9-26　1995～2000年地铁1号线上行线沉降与沿线地面沉降对比图

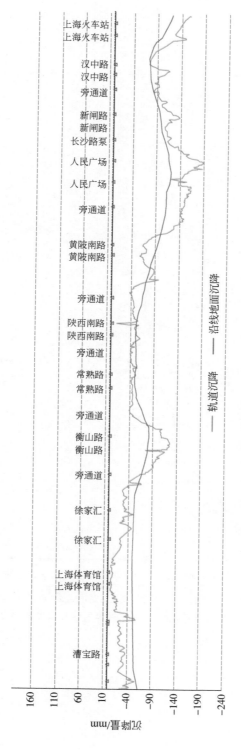

图 9-27   1995～2000年地铁1号线下行线沉降与沿线地面沉降对比图

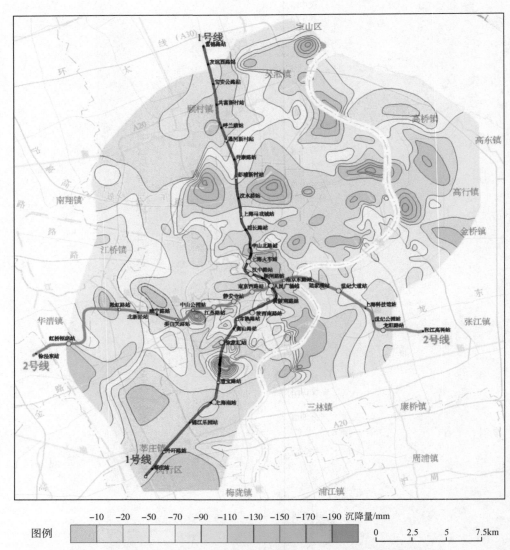

图 9-28　2001～2005 年中心城区沉降量等值线和运营轨道交通分布图

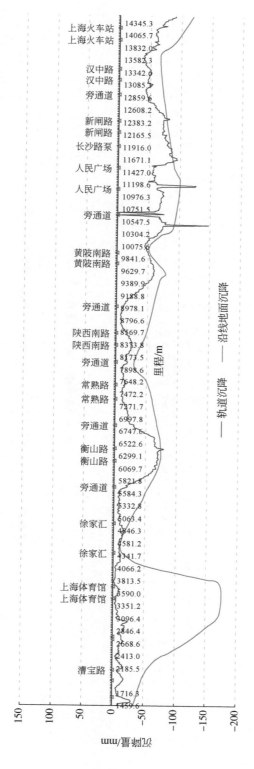

图 9-29　2001~2005 年地铁 1 号线上行线沉降与沿线地面沉降对比图

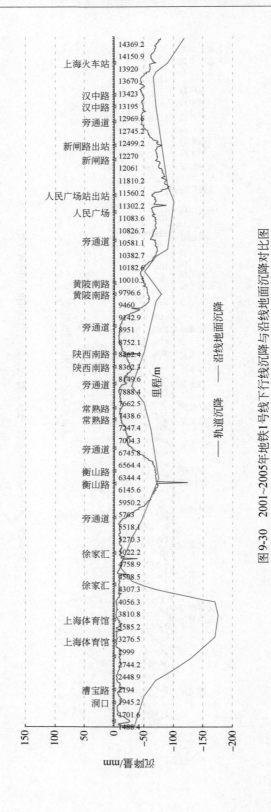

图 9-30 2001~2005年地铁1号线下行线沉降与沿线地面沉降对比图

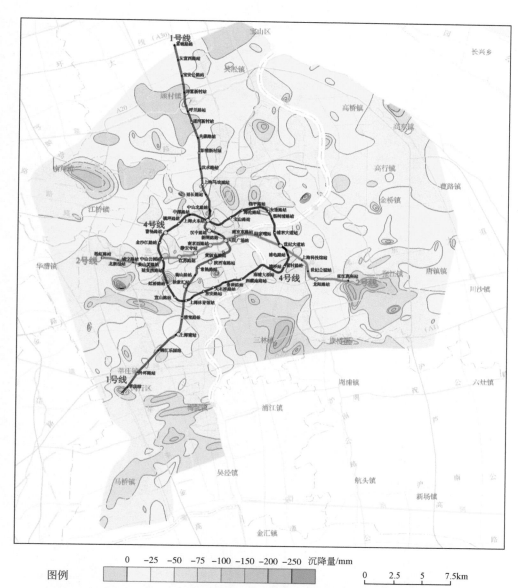

图 9-31　2006~2010 年中心城区沉降量等值线和运营轨道交通分布图

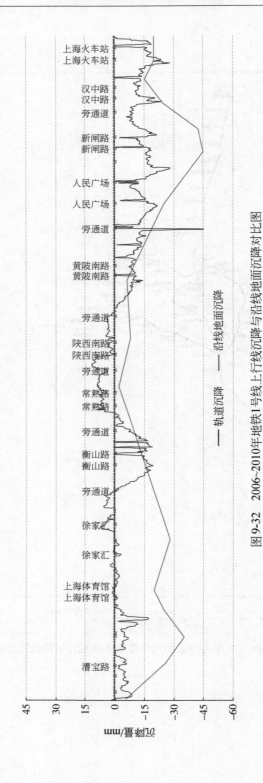

图9-32　2006~2010年地铁1号线上行线沉降与沿线地面沉降对比图

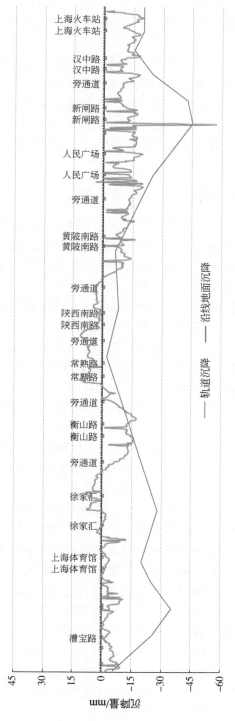

图 9-33　2006~2010 年地铁 1 号线下行线沉降与沿线地面沉降对比图

　　地铁 2 号线、4 号线等其他轨道交通线路也具有类似的规律，说明在轨道交通沉降不同阶段，由于引起轨道交通沉降变形的因素有所不同，使其沉降变形趋势略有差异，但总体仍受区域地面沉降控制。

　　（3）近年来随着区域地面沉降逐年趋缓，轨道交通沉降逐步趋于缓和。近年来随着对地面沉降控制力度的不断加大，区域地面沉降速率已控制在 7mm/a 以内，且部分地区出现地面回弹。受其影响，轨道交通沉降速率也明显趋缓。从 2009 年、2010 年区域地面沉降和轨道交通沉降对比分析可以看出，近两年轨道交通沉降总体较小，部分区段出现了回弹现象，轨道交通沉降略小于同期区域地面沉降量，其总体趋势与区域地面沉降格局仍较吻合。

2. 不同埋深土层压缩变形对轨道交通沉降的影响

　　为了评价引起轨道交通沉降变形的主要土层，上海结合轨道交通等生命线工程，建设了生命线工程骨干监测网，通过基岩标、分层标以及浅式分层标组，监测不同埋深土层的压缩变形情况，进而为提出针对性的防治对策提供了决策依据。通过分析轨道交通沉降与不同埋深土层分层压缩变形量关系，可以看出如下特点。

　　（1）隧道底板以下土层压缩变形对轨道交通隧道沉降起到控制性作用。

　　从轨道交通监测点与分层标组分层监测成果对比曲线可以看出，地铁隧道与其以下至基岩范围内的土层沉降趋势基本一致，说明后期沉降主要受区域地层沉降的控制。

　　通过沉降监测数据定量分析，地铁 1 号线上海火车站（图 9-34）附近隧道沉降监测显示，1999 年 5 月～2010 年 12 月隧道总沉降量为 53.1～73.8mm，同期分层沉降监测（F10）显示隧道底板以下土层压缩变形量约为 59.2mm；地铁 1 号线人民广场区段（图 9-35）2007～2010 年隧道沉降-2.6～-7.3mm，同期南京东路浅式分层标（FS1）显示该地区隧道底板以下土层压缩量为 6.31mm。地铁 1 号线隧道沉降与隧道底板以下土层沉降较吻合，沉降发展规律也基本一致，说明地铁 1 号线后期沉降主要受区域地面沉降控制，且主要受开采地下水引起的深层土层压缩变形控制。

　　通过轨道沉降与深部土层沉降相关性分析，轨道交通沉降与隧道底板以下土层沉降相关性较好，近似呈线性相关，说明隧道底板以下土层压缩变形是轨道交通隧道沉降变形的主要影响因素，也证明了区域地面沉降对轨道交通隧道沉降变形起到控制性作用。地铁 1 号线及 2 号线隧道沉降与其底板以下土层压缩变形量相关系数均超过 0.82，且以基岩标为起算点的 F10、F12、F59 监测资料显示，隧道沉降与隧道底板以下土层压缩量相关系数均超过 0.95，而浅式分层标组由于最深标以下土层的沉降量未监测，其相关系数略低，也说明了浅式分层标组的监测与基岩标进行联测是十分必要的。

　　上海市地面沉降防治力度不断加大，特别是"十五"以来，全市地面沉降呈逐年趋缓的态势，目前全市平均地面沉降速率已控制在 7mm/a 以内，轨道交通隧道沉降也显示出趋缓的态势，部分区段出现了回弹现象。说明加大地面沉降控制力度，控制区域地面沉降的发展速率，对轨道交通沉降变形起到控制性作用。

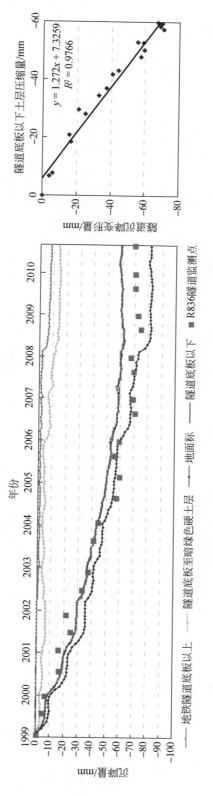

图 9-34　地铁 1 号线上海火车站(F10)区段监测点与不同埋深土层沉降变形对比曲线

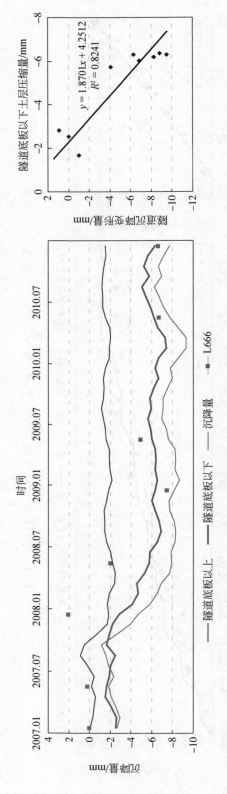

图9-35　轨道交通1号线人民广场(FS1)区段监测点与不同埋深土层沉降变形对比曲线

（2）隧道底板以上土层压缩变形对轨道交通沉降影响不大。

上海地区浅部欠固结软土层受地面荷载作用以及浅部含水砂层受工程建设的基坑降排水活动影响而产生的压缩，发生在轨道交通隧道以上，一般对轨道交通沉降影响较小。

盛大金磐分层标（F59）显示 2007 年 12 月～2010 年 12 月沉降主要发生在隧道顶板以上，其累积沉降为 34.8mm，而同期地铁 2 号线相应区段沉降较小，为 3.0mm，回弹 1.2mm，说明隧道顶板以上土层压缩量对轨道交通沉降影响较小。

地铁 4 号线世纪大道—浦电路区间隧道 2009 年 6 月～2010 年 12 月沉降为 2.0mm 至回弹 1.9mm，同期福山路浅式分层标组（FS17）监测数据（图 9-36）显示，该地区沉降量主要发生在第一软土层及其以浅土层，同期沉降量达 20mm，其余土层基本没有沉降量或略有回弹。该地区地面沉降主要由周边工程建设对浅部软土层的扰动以及对浅部含水砂层的降排水引起，对隧道沉降影响较小。这与上述区域地面沉降对轨道交通沉降影响的分析不谋而合。地铁 8 号线曲阳路—四平路区间隧道沉降与周边国权路（FS5）分层标（图 9-37）沉降监测结果也显示出类似的规律，该地区沉降主要发生在浅部砂层②$_3$层中，2009～2010 年累积沉降达到 26.8mm，主要由周边工程建设对②$_3$层的扰动引起的，而同期轨道交通沉降较小，说明隧道底板以上土层的压缩变形对轨道交通隧道沉降影响较小。

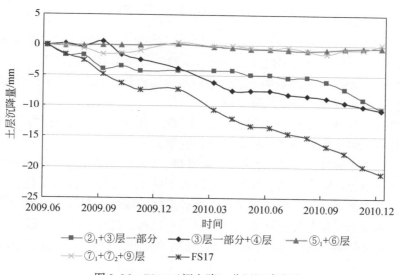

图 9-36　FS17（福山路）分层沉降曲线

9.5.1.2　地质结构差异性

盾构隧道周围土层地质条件的差异性是导致运营隧道产生不均匀沉降的主要原因。由于地质条件不同，周围土体，特别是隧道下卧层的厚度、物理力学性质、土的渗透性均存在差异，在同样盾构推进、超挖和注浆条件下，土层的扰动、回弹量、固结和次固结沉降量、沉降速率、沉降达到稳定时间等都有不同程度的差别，压缩模量较低、渗透系数较小的饱和软黏土对扰动的反应较敏感，经盾构施工扰动后总沉降量大而且持续时间长。隧道穿越地区下卧层对隧道沉降影响主要体现在如下方面。

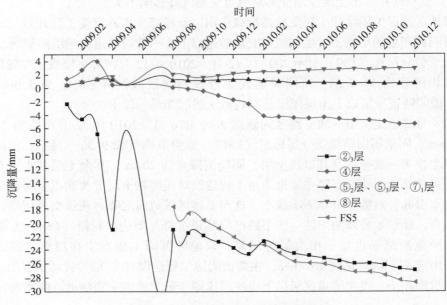

图 9-37　FS5（国权路）分层沉降曲线

（1）下卧层中存在⑥层暗绿色硬土层的区段，隧道下卧软黏土层一般较薄，且⑥层由于压缩模量较大，一般压缩变形量较小，该类区段沉降变形量一般较小。

（2）古河道切割区，下卧软黏土层一般较厚，隧道静荷载及列车动荷载作用下易产生压缩变形，往往引起较大的隧道沉降变形。

（3）有些区段穿越较厚砂性土层如②₃、⑤₂层，由于砂性土受扰动后结构破坏明显，一般也会引起隧道竣工后短期产生较大的沉降变形。

研究重点分析了地铁 1 号线、2 号线、4 号线、8 号线隧道下卧土层结构特征与隧道沉降特征，通过分析评价可以看出，轨道交通隧道下卧土层地质结构特征是轨道交通沉降差异性的重要影响因素之一，下卧软黏土层发育较厚的地段往往隧道沉降量较大，不均匀沉降也较明显，而分布⑥层暗绿色硬土层的正常沉积区段，隧道沉降一般较小。

（1）下卧层中存在⑥层暗绿色硬土层且⑤层厚度较小区段，轨道交通隧道沉降一般较小。

该层分布较为稳定，具有含水量低、压缩性低、强度高等特点，土性好。该层土除本身不易压缩变形外，还能一定程度上消散或滞后轨道交通隧道的附加应力向深部土层扩散，因此，该层土的存在，对控制轨道交通总体沉降特征有重要意义。

从地铁 1 号线沿线工程地质层分布情况可以看出，陕西南路附近区间（图 9-38）为正常沉积地层，且⑥层暗绿色硬土层埋深较浅，⑤层黏性土厚度一般为 12m 左右，地铁 1 号线沉降曲线反映出该区段总沉降量较小，1995 ~ 2010 年沉降 38.7 ~ 75.3mm，年均沉降速率仅 2.42 ~ 4.71mm/a。

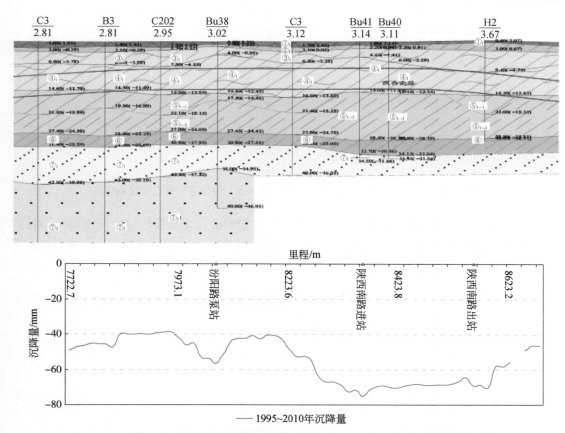

图 9-38　地铁 1 号线陕西南路区间（正常地层地区）工程地质剖面与沉降曲线图

（2）下卧土层中⑤层软黏土层发育厚度是决定轨道交通总体沉降变形量的一个重要因素。

地铁 1 号线黄陂南路—上海火车站区段是 1 号线沉降范围最大、沉降量最大的区段，通过分析该区段沿线地层分布情况可以看出，自黄陂南路以西约 500 m 至新闸路以南约 180 m 区段属古河道切割区，隧道下卧⑤层灰色黏土层厚度较大，最厚达 39m，平均厚度达 24.32m（图 9-39），且无⑥层暗绿色硬土层分布，该区段下卧较厚软黏土层导致该区段发展成为地铁 1 号线沉降变形最大的区段。

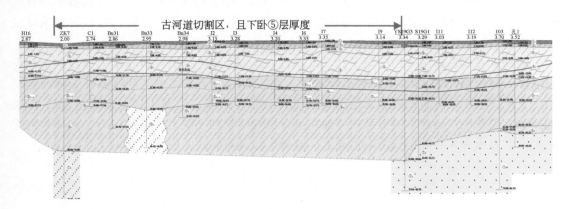

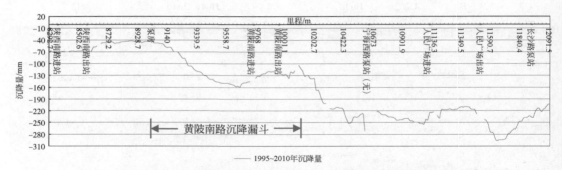

图 9-39　地铁 1 号线黄陂南路—人民广场区段工程地质剖面与沉降曲线图

地铁 1 号线衡山路附近区段同样处于古河道切割地段，无⑥层暗绿色硬土层分布且隧道下卧⑤层灰色黏土层较厚，厚度达 24.5 m，深厚的软黏土层的压缩变形致使衡山路附近区段发展成为地铁 1 号线的沉降漏斗之一（图 9-40）。

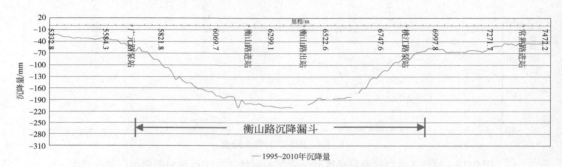

图 9-40　地铁 1 号线衡山路附近区段沉降曲线图

（3）隧道穿越深厚砂性土层，施工阶段对砂性土的扰动是砂性土分布地区隧道沉降变形过大的一个重要因素。

砂性土结构性较强，隧道盾构施工扰动后沉降变形较明显，而且地铁穿行于②$_3$层浅部砂层中，易产生漏水、漏砂等而隧道过大沉降。因此，轨道交通隧道穿越巨厚的砂性土（②$_3$、⑤$_2$）分布地区时，往往后期沉降变形较明显。

地铁 1 号线汉中路以北 360m 至上海火车站区段处于 1 号线黄陂南路—上海火车站沉降漏斗区，分布较深厚的②$_3$层粉细砂层（图 9-41），隧道位于该层中，施工过程中对该层砂性土的扰动致使该区段在竣工后初期产生较为明显的沉降变形，致使该区段隧道沉降变形较大。

地铁 4 号线总体沉降趋势较平缓，沉降较大区域为海伦路引导段和出入库段地上地下过渡段。海伦路段②$_3$层浅部砂层比较发育，地铁隧道位于该层中，且隧道处于古河道切割区，下伏地层变化较剧烈，海伦路附近发育有较厚的⑤层软黏土层。施工过程对②$_3$层的扰动，以及地铁运营后隧道荷载施加在下卧层⑤层软黏土层上的附加应力，是导致海伦路附近发展成为 4 号线全线沉降量最大、差异沉降最明显的区段（图 9-42）。

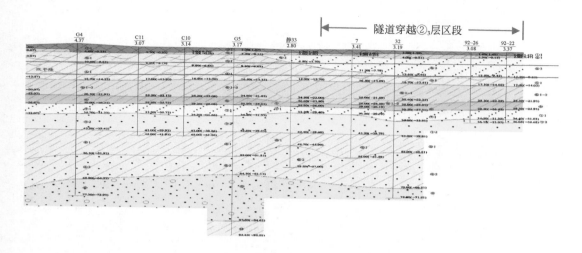

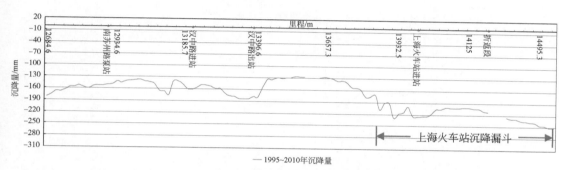

—1995~2010年沉降量

图 9-41　地铁 1 号线汉中路—上海火车站区段工程地质剖面与沉降曲线图

9.5.1.3　周边工程施工对轨道交通沉降影响

随着城市建设的发展，常会出现各类工程位于已运行的轨道交通之上或旁侧这一新问题。这些工程施工行为势必会对其相邻轨道交通的使用功能及运营安全产生影响。

1. 基坑工程对轨道交通沉降的影响

1）基坑工程位于地铁隧道上方

基坑工程位于地铁隧道上方，基坑开挖对开挖面以下土体具有显著的垂直向卸荷作用，不可避免地引起坑底土体的回弹，并且基坑围护结构在背后土体压力作用下迫使基坑开挖面以下结构向坑内位移，挤压坑内土体，加大了坑底土体的水平向应力，也使得坑底土体向上隆起。此外，随着基坑开挖深度的增加，基坑内外的土面高差不断增大，该高差所形成的加载作用和地表的各种超载，会使围护结构外侧土体产生向基坑内的移动，使基坑底产生向上塑性隆起（图 9-43）。当基坑下方土层中有地铁隧道通过时，坑底土体的隆起必然带动基坑下方的隧道产生局部纵向变形，该变形随着坑底土体的隆起量的增加而增大，与基坑开挖深度、基坑规模、基坑开挖搁置时间、坑底与隧道间距、坑底地基加固、坑底土体地质条件等因素相关。

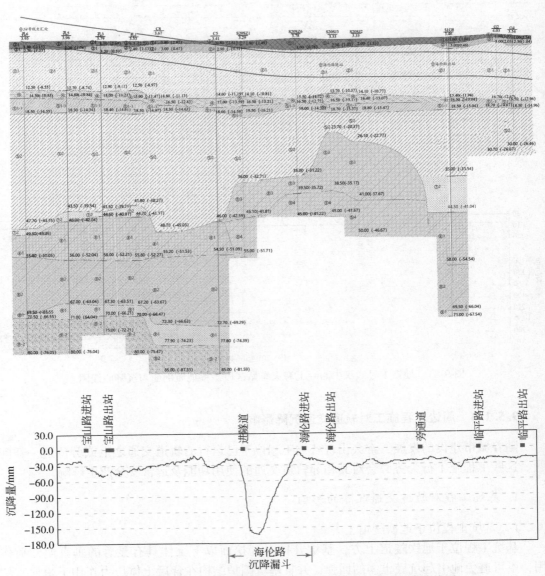

图 9-42　地铁 4 号线海伦路附近区段工程地质剖面与隧道沉降曲线图

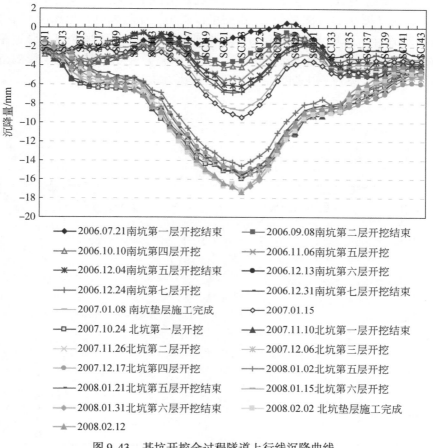

图 9-43　基坑开挖全过程隧道上行线沉降曲线

2）基坑降水对轨道交通沉降的影响

基坑开挖时一般需要降水，特别是开挖较深时，需要降承压水，引起降水目的层和相邻软土层沉降，对邻近的轨道交通沉降产生影响。影响因素包括基坑开挖深度、基坑距隧道距离、坑外土体加固、地基土地质条件、隧道深度、维护结构深度和厚度、基坑施工时间和施工工序、降水强度及降水运行时间等。

以虹口商城基坑工程为例，该工程地下室一层、二层东南角兼作地铁 3 号线与地铁 8 号线虹口足球场站的换乘站厅，西侧地下室距规划红线 3.6m，北侧地下室距规划红线 3.6m，东侧地下室距规划红线 7m，地下室距轻轨明珠线虹口足球场站约 31m，东南角为地铁 8 号线虹口足球场站，工程外墙与地铁车站外墙间距 6.5m。主楼基坑开挖深度 22.97m，裙房基坑开挖深度 21.47m，特殊位置（电梯井）最深开挖深度为 26.62m，地连墙有效长度 38m，近 3 号线及 8 号线处地连墙加深至 44m，进入下伏⑧$_1$层。场地位于正常地层沉积区，④层淤泥质黏土层较厚，该点 8 号线位于④层中并且下伏有较厚的④层和⑤$_1$层软弱黏土层，3 号线桩基一般位于⑦层中。

2008 年 9 月 28 日基坑开始开挖，2009 年 4 月 22 日降压井正式运行，2009 年 12 月 27

日主楼基坑底板施工完成。基坑施工期间，基坑开挖和降水对 3 号线与 8 号线隧道沉降均
产生了较大影响（图 9-44 ~ 图 9-47）。由图可以看出，伴随基坑开挖深度的增加，3 号线
典型监测点 2009 年沉降增大至 80mm/a，基坑施工结束后，典型监测点沉降速率明显减小
至 20mm/a。3 号线基坑施工期间沉降曲线图（图 9-45）显示，基坑施工影响范围达到近
30 倍基坑开挖深度，基坑施工期间最大沉降量均达 100mm。

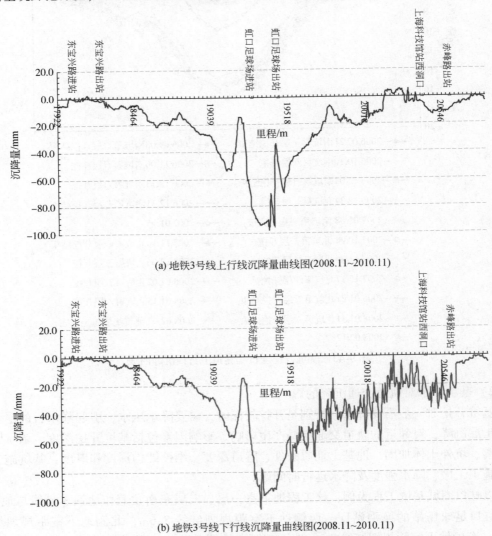

(a) 地铁3号线上行线沉降量曲线图(2008.11~2010.11)

(b) 地铁3号线下行线沉降量曲线图(2008.11~2010.11)

图 9-44　基坑施工期间附近地铁 3 号线沉降量曲线图

　　8 号线典型监测点沉降历时曲线同样显示，2009 年 6 月 ~ 2009 年 12 月隧道沉降速率
突然增大，典型监测点沉降达到 -60 ~ -80mm，与该时期基坑开挖和降水密切相关，基坑
施工结束后，沉降速率急剧降低。8 号线基坑施工期间沉降曲线图（图 9-47）显示，基坑
施工影响范围同样达到 30 倍基坑开挖深度，最大沉降量近 100mm。

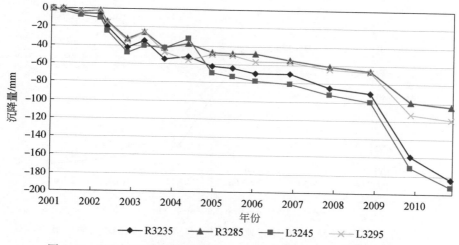

图 9-45　基坑施工期间附近地铁 3 号线典型监测点沉降量历时曲线图

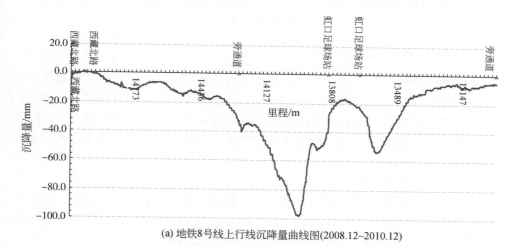

(a) 地铁8号线上行线沉降量曲线图(2008.12~2010.12)

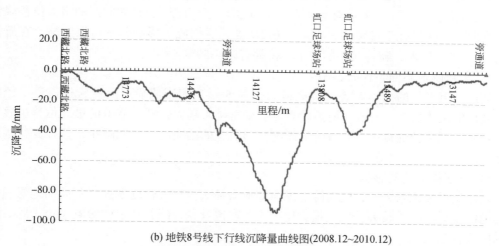

(b) 地铁8号线下行线沉降量曲线图(2008.12~2010.12)

图 9-46　基坑施工期间附近地铁 8 号线沉降量曲线图

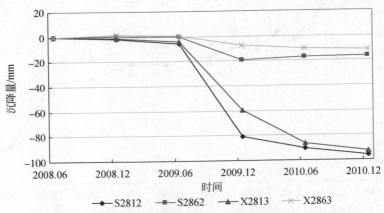

图 9-47　基坑施工期间附近地铁 8 号线典型监测点沉降历时曲线图

对比 3 号线和 8 号线沉降分析，高架沉降与地铁隧道沉降影响程度和影响范围近似，基坑施工影响土层沉降应主要发生于隧道底板以下土层。

2. 穿、跨越工程对轨道交通沉降的影响

与基坑开挖的影响不同，由于深层土体水文地质条件的复杂性和隧道纵曲线设计对曲率半径的严格要求，目前地铁区间隧道的埋深一般较浅，造成隧道净距一般较小（1～3m）。因此隧道掘进卸载对运营隧道的影响距离比基坑更近，不可避免地对运营隧道的沉降产生较大的影响，同时，后施工的隧道本身产生的固结和次固结沉降还会进一步增大运营隧道的沉降。

1）不同隧道埋深的影响

当新建隧道埋深距离既有隧道埋深较大时，新建隧道对既有隧道的变形影响较小。而随着新建隧道埋深距离既有隧道埋深越近，既有隧道纵向变形的最大位移剧烈增大。穿越、跨越施工盾构与已建隧道间距是指两者之间的垂直净距，基本以盾构上、下方 $0.5D$（D 为隧道直径）为界，在盾构上（下）方 $0.5D$ 以上（下），随着间距的增大位移峰值减小，横向沉降曲线趋于平缓，在盾构下方 $2D$ 处，盾构施工影响基本可以忽略；在盾构上（下）方 $0.5D$ 以内，随着间距的减小，位移有减小的趋势。

2）新建隧道不同半径的影响

新建隧道半径的大小对既有隧道最大位移的影响相当明显。随着新建隧道半径的增大，被挖的土体增多，对既有隧道的影响就变得越来越大，既有隧道的最大位移也显著增大。随着隧道半径的减小，既有隧道纵向变形所受的影响随之大幅减小，位移变化幅度趋于平稳。

3）地层损失比的影响

当地层损失比增大后，既有隧道纵向变形的最大位移大幅度增加。不同的地层损失比对隧道的变形影响比较大，地层损失比越大，隧道开挖对既有隧道的影响越大，既有隧道的纵向位移越大。

4）空间夹角的影响

随着夹角的增大，盾构施工扰动的范围减小，$\theta = 90°$ 即盾构与掘进方向垂直时，影响范围最小。盾构施工扰动范围在盾构侧向，距离盾构边缘 $5D$ 范围内以及盾构下方，距离盾构 $2D$ 深度以上。盾构上方土体各项位移均大于相应位置处的下方土体。

5）其他参数的影响

正面附加压力产生于盾构前方密封舱内进、出土速度差，盾构掘进速度决定了密封舱内进土速度，螺旋出土器排土速度决定了密封舱的出土速度。当两者不相协调时将引起土体位移场较大的扰动；侧壁摩阻力的大小取决于盾壳与地层间的摩擦系数，光滑的盾壳及适当的润滑剂有利于减小摩擦系数，降低对土体的扰动；超挖和纠偏是盾构掘进时造成土体损失的重要原因，均匀小段的进行纠偏或曲线掘进可以减少土体损失，从而减小对土体位移场的影响；土体加固能够改善土体物理力学参数，进而达到减小土体扰动以及减少对已建隧道扰动的目的；盾构正面土压力影响、盾构姿态变化影响和盾尾注浆影响大约的比例是 0.55 : 0.24 : 0.2，在低速推进且速度变化不大的情况下，正面土压力的影响占主要的地位。

6）穿越和跨越影响差异

穿、跨越施工对已建隧道影响均为前压后拉，因而造成上、下方已建隧道水平位移趋势一致，其中轴向水平位移与盾构掘进方向一致，断面水平位移在盾构周围表现为水平向外；而上、下方隧道隆沉趋势相反，穿越施工时上方隧道表现为先隆后沉，跨越施工时下方隧道表现为先沉后隆。由于约束条件的差异，相同间距穿越施工引起的上方隧道的位移大于跨越施工对下方隧道的位移影响。

以地铁 7 号线在静安寺站穿越 2 号线沉降特征为例进行研究。地铁 7 号线于 2005 年底开始建设，从 2 号线底部穿越，距 2 号线隧道底部约 8m。从静安寺站 2 号线地铁隧道监测点的沉降历史曲线可以看出（图 9-48），2005 年底该段隧道沉降量表现为先有少量回弹，后急剧增大，沉降速率约 25mm/a，均表现为先隆后沉。

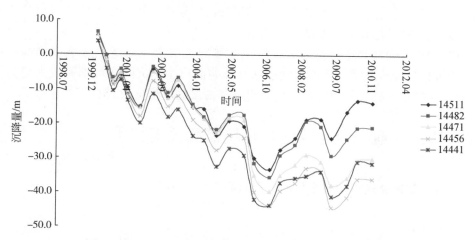

图 9-48　地铁 2 号线静安寺站典型监测点沉降历时曲线图

3. 桩基工程对轨道交通沉降的影响

1）桩基工程施工对地铁隧道沉降的影响

对于距离采用钻孔灌注桩仅 3m 的隧道而言，整个灌注桩施工全过程引起的隧道水平变形非常微弱，在 0.5mm 左右。其中影响效应最大的过程为混凝土浇筑面超过隧道所在水平位置后，隧道水平方向表现为远离桩孔运动。同样整个施工过程引起的隧道竖向沉降亦非常微弱，在 0.5mm 以下。其中泥浆护壁钻孔以及浇筑混凝土阶段，隧道均表现为轻微的隆起；在混凝土硬化阶段，隧道有一个较为明显的沉降，但量值很小；在后期的固结阶段，隧道的水平以及竖向均有向初始状态恢复的趋势。

2）桩基础加载对地铁隧道沉降的影响

桩基础加载后，对地铁隧道变形的影响均以沉降为主，当桩基础位于隧道单侧时，隧道会产生向桩基础方向的扭曲变形，产生一定的轨道倾斜率；当桩基础对称分布于隧道两侧时，隧道变形模式为整体下沉。隧道沉降与桩基础的桩位布置、桩长、隧道计算刚度、桩基础荷载等密切相关：沿隧道纵轴线方向增加桩数造成的隧道沉降增加显著于垂直于隧道纵轴线方向增加桩数；增加桩长可以有效降低桩基础沉降及隧道受到的影响，对桩基本身沉降的影响效果大于对隧道沉降的影响；随隧道计算刚度的增大，隧道横向沉降呈幂函数曲线形式减小，隧道纵向沉降呈高斯曲线形式；2 倍桩基础工作荷载情况下，桩基础仍基本处于弹性工作状态，隧道变形随荷载增大几乎为线性变化。

3）桩基础长期沉降对地铁隧道沉降的影响

桩基础加载结束后，随着时间的延续，桩基础呈整体下沉趋势，且带动周围土体的持续下沉。随深度增加，深度位置越大处平面的蠕变沉降越小，这是因为越靠近地表，作用在土体上的附加应力越大，导致土体蠕变沉降越明显。

在桩基础加载完成时产生的桩基础沉降以及隧道沉降占最终沉降的 75%～80%。桩基础荷载水平较高时，桩基础沉降以及隧道沉降在加载完成时沉降的比例较低。隧道沉降随时间发展比较缓慢，在桩基础加载完成时的沉降比例要小于桩基础沉降完成时的比例，且荷载水平对桩基础的影响大于对隧道的影响。

从桩基础全寿命期对隧道的影响来看，桩基础施工阶段对隧道影响比例很小，低于 5%；当建筑物封顶竣工时，隧道受到桩基础影响而产生的沉降量可以完成大部分，达到 75% 以上；后期桩基础长期沉降造成的隧道沉降占最终沉降量的 25% 以内。

9.5.2　轨道交通安全运营地质环境监测关键技术

9.5.2.1　轨道交通结构安全长期变形监测

1. 监测目的

上海地区庞大的轨道交通网络形成了覆盖面大、站点密集、交互换乘枢纽多、延伸线路长等特点，如此大规模的轨道交通开发建设，主要涉及深大车站基坑、盾构隧道等工程类型，由于在地质条件脆弱、地基土层变形大、差异沉降显著的区域建设和运营，势必产生诸多工程安全问题，尤其是在长期运营过程中，地基土层的累积变形和区域地面沉降灾害将直接威胁。因此，在轨道交通建设和运营期间变形监测工作至关重要，一方面可为轨道交通管理部门提供变形数据指导轨道交通建设和运营，另一方面为轨道交通长期运营安全提出有效的技术防治措施，最终保障轨道交通网络的安全运营。长期监测主要采用"定期体检"的方式，监测主体结构随所在的地层变化而引起的隆沉和地铁运营而引起的结构变形。

2. 监测内容

结构安全长期监测的主要内容为沉降位移监测、隧道收敛监测。采取的方式为人工监测，其中沉降位移监测采用水准测量方法，隧道收敛监测采用固定直径测量法或全断面测量法。

3. 沉降监测

1）长期沉降监测点布设

布设的监测点应能反映隧道结构局部及整体的变形，因此需要根据结构特点来布设。根据轨道交通的相关要求，布设原则如下。

道床部分按每幅道床结构块两端各埋设一个监测点（间隔60cm），幅内按6m左右布设一个监测点，监测点布设于轨道枕木中间，在枕木上钻孔后埋入不锈钢标志，用环氧树脂封固，监测点顶部圆帽略高于道床面（图9-49和图9-50）。浮置板道床区段的监测点宜布置于隧道管片结构上。

图 9-49　道床沉降监测点埋设示意图

地面高架段除在道床上按上述要求埋设观测点外，在每个桥墩立柱上设一对监测点，埋设于离地面0.5m左右高度的柱身上，采用顶部呈半球形不锈钢标志。

地面车站仿照地面高架段布设监测点尽可能利用建设期间布设的符合监测要求的监测点，以便与前期监测数据的利用和接续。

2）高程控制网布设

由于区域地面沉降的原因，目前所有水准点和各种深、浅标均存在不同程度的沉降现象，多年的测量数据已充分证明部分普通水准点沉降量甚至已超过建筑物或构筑物的沉降量，因此不能选择深标及普通水准点作为轨道交通沉降观测的基准点。而基岩水准点直接建于地底基岩之上（图9-51、图9-52），它有效地避免了地面沉降对水准标志的

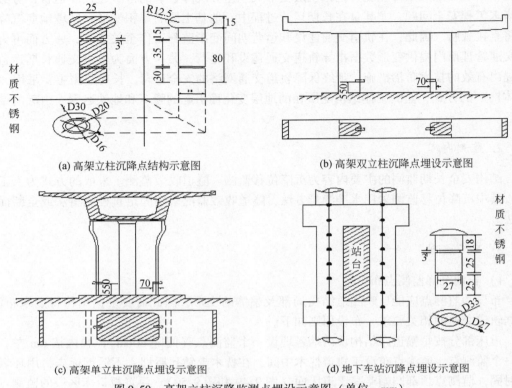

(a) 高架立柱沉降点结构示意图　　　　　　　(b) 高架双立柱沉降点埋设示意图

(c) 高架单立柱沉降点埋设示意图　　　　　　(d) 地下车站沉降点埋设示意图

图 9-50　　高架立柱沉降监测点埋设示意图（单位：mm）

影响，十分稳定可靠，并且通过每年对各基岩标进行一等精密水准联测，具有最新的一等精度水准平差成果，因此基岩点是进行轨道交通高精度沉降监测的最有效、最可靠的参考基准点。

自 20 世纪 60 年代以来，上海市先后布设 40 座基岩标，分布在全市范围内，在"十一五"期间，已在全市范围布设 10 座基岩标及 61 组分层标组，进一步完善地面沉降高程控制网络。但从整个网形来看，中心城区较密集且分布均匀，而市郊较少，测量年限从 10～50 年不等，最早实施观测的是基岩标 J1-1（1965 年）。因此，为统一轨道交通高程控制基准网，提高轨道交通沉降监测的精度，在轨道交通沿线新增 10 座基岩标，该项工作于 2012 年上半年全部完成，进一步增强了轨道交通沉降变形综合分析能力。

a. 地面路线布设

根据《关于上海轨道交通测量工作实施管理办法（试行）》的要求，轨道交通工程的各类沉降观测必须起算于沿线基岩点或深埋水准点。以从基岩标作为起算依据的一等附合水准网作为高程控制测量的骨干网。地面水准路线按轨道交通路线走向进行布设，沿线联测专为轨道交通布设的城市普通水准点，附合于基岩标上（图 9-53）。

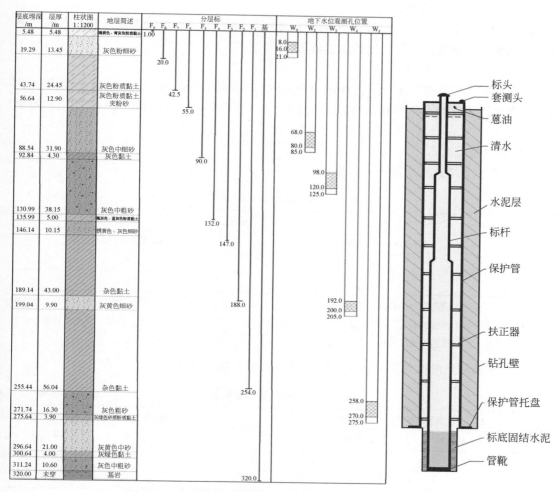

图 9-51　基岩标组分层柱状图　　　　　　　图 9-52　基岩标结构图

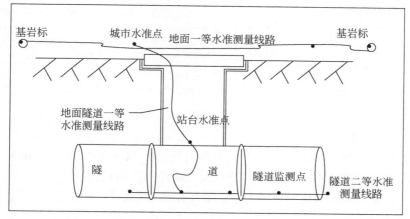

图 9-53　轨道交通长期沉降监测高程控制技术流程图

b. 上、下联测路线布设

从地铁车站出入口附近的城市水准点至地铁站台工作点组成二等水准路线，通过联测，将地面控制测量的高程传递到地下隧道。

c. 地下水准路线布设

在地下隧道两车站的上、下行线内分别布设二等水准路线，从一个车站站台工作点出发，两条水准路线闭合到相邻车站站台工作点，车站间地下水准路线构成一个小的水准闭合环。

3）监测精度要求

（1）监测等级及精度要求见表 9-9。

表 9-9　监测等级及精度要求　　　　　　（单位：mm）

等级	垂直位移监测	
	变形观测点的高程中误差	相邻变形观测点的高差中误差
一等	±0.3	±0.1
二等	±0.5	±0.3

注：①变形观测点的高程中误差和点位中误差，是指相对于邻近基准点的中误差。②特定方向的位移中误差，可取表中相应等级点位中误差的 $1/\sqrt{2}$ 作为限值。③垂直位移监测，可根据需要按变形观测点的高程中误差或相邻变形观测点的高差中误差，确定监测精度等级。

（2）水准测量的作业要求及观测限差分别见表 9-10、表 9-11。

表 9-10　水准测量作业要求　　　　　　（单位：mm）

等级	上下丝读数平均值与中丝读数的差		基辅分划读数的差	基辅分划所测高差的差	检测间歇点高差的差
	0.5cm 刻划标尺	1cm 刻划标尺			
一等	1.5	3.0	0.3	0.4	0.7
二等	1.5	3.0	0.4	0.6	1.0

表 9-11　水准测量观测限差要求

等级	视距/m	前后视距差/m	任一测站上前后视距累积差/m	水准路线测段往返测高差不符值/mm	检测已测测段高差之差/mm
一等	≤30	≤0.5	≤1.5	$\pm1.8\sqrt{K}$	$\pm3.0\sqrt{K}$
二等	≤50	≤1.0	≤3.0	$\pm4.0\sqrt{K}$	$\pm6.0\sqrt{K}$

4）监测方法

a. 地面路线测量

地面路线测量按照《国家一、二等水准测量规范》（GB/T 12897—2006）二等要求执行。地面路线往返测安排在不同的时间段进行；由往测转向返测时，互换前后尺再进行观测（图 9-54）；晴天观测时应给仪器打伞，避免阳光直射；扶尺时借助尺撑，使标尺上的气泡居中，标尺垂直。

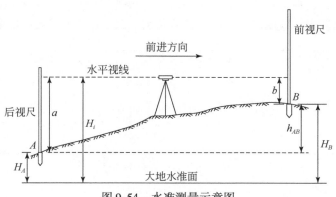

图 9-54　水准测量示意图

b. 上、下联测

地面、地下路线联测参照《国家一、二等水准测量规范》（GB/T 12897—2006）二等要求执行。

从地铁车站出入口附近的城市水准点出发，按照二等水准测量技术要求，通过地铁车站出入口，将高程联测至站台工作点，实现地面控制测量高程到地下隧道的传递。

上、下联测采用 DiNi 12 电子水准仪和与之配套的条码水准尺进行测量。因出入口视线短、高差大、路面滑，联测中注意缩短观测视线和仪器安全。夜间隧道测量时，注意手电照射光线均匀。

c. 地下路线测量

地下路线测量参照《国家一、二等水准测量规范》（GB/T 12897—2006）二等要求执行。

隧道测量路线沿地铁隧道上、下行线走向布设，按二等水准测量规范进行全程观测，为缩短观测时间，提高观测精度，采用 2 台电子水准仪分别从上、下行线同时观测，上、下行线构成小水准路线闭合环，仪器直接架设于铁轨道床上，用射灯照明，中间监测点采用中丝法进行观测。为提高监测点的测量精度将部分监测点纳入二等水准路线进行往返观测（作为固定转点），并固定测站、固定转点；为保证中间监测点在最短时间内完成外业数据采集，其余监测点仅往测时测量采用中视法。在测量其余监测点时通过 i 角值仪器主动改正来消除由于视线长度差异引起的测量误差。运营引起的地铁轨道振动可能会给观测质量带来一定的影响，一般在地铁停止运营半小时后再进行隧道的测量任务。

隧道（高架）水准路线与地面水准线在每个车站位置进行联测形成小环闭合，以加强网形结构，提高整体测量精度。由于监测点布设平均间距为 5m，最短为 0.6m，若将所有监测点纳入水准测量路线，势必增加大量测站数，直接降低观测精度，因此拟将部分监测点（每千米约 15 个监测点）纳入二等水准路线进行往返观测，并固定测站、固定转点；为保证中间监测点在最短时间内完成外业数据采集，其余监测点仅在往测时采用中丝法测量，反测时不再进行测量。进行监测点观测时，视线长度差异较大，在对监测点观测时有 i 角值仪器自动改正。

轨道交通线路一般在 23:00 左右停止运营，为消除运营引起的地铁轨道振动，给观测质量带来一定影响，宜在地铁停止运营半小时后，再进行观测。隧道测量时，注意手电照射光线均匀。对于监测点，应编制专门的点位分布图，以便点位查找及夜间测量（图9-55）。

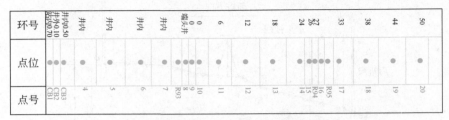

图9-55 监测点位分布图

5）监测频率

长期监测属于"定期体检"式的检测，因此结合多年的监测经验和监测成本考虑，监测频率一般如下：隧道区间沉降监测频率为每年2次，高架区间沉降监测频率为每年1次，局部差异沉降大的区段加密监测。

4. 收敛监测

1）监测点布设

目前长期收敛主要采用直径法和隧道断面测量方法进行测量。直径法测量时在隧道管片上用红油漆标出管片水平直径位置，然后采用全站仪无棱镜方式进行测量。地铁隧道在设计时主要有单圆通缝、单圆错缝、双圆隧道等形式。不同管片类型点位布设位置也各不相同。隧道断面测量法则是使用全站仪全断面自动扫描采集数据，拟合计算半径方法进行。隧道横断面应为隧道轴线的法线方向，实际工作中以管片环的前（后）端边作为隧道横断面方向。外业观测时仪器设于两断面方向标记连线点上，按设定的测点密度自动测定并记录断面方向上各点的三维坐标。按需人工增补测点。

2）监测精度要求

有关规范未提出明确的隧道收敛变形允许值指标，现根据上海地铁严格限制荷载作用下结构变形小于 $1‰D$ 的设计要求，取其 $1/2$ 作为管径收敛测量精度指标，按地铁隧道内径 $D=5500mm$ 计算管径测量的中误差 $\leqslant \pm3mm$。

3）监测方法

收敛监测主要采用水平直径测量法和隧道断面测量两种方法。水平直径测量方法为每次测量时将全站仪安置在每个站点上，准确对中、整平后用免棱镜测量方式测定两水平直径位置油漆十字处在同一坐标系中的坐标，通过坐标反算得到两直径端点间的直线距离。将各次直径测量值与理论值进行比较，可以得到隧道的直径收敛变形情况。隧道断面测量，则是通过全站仪无棱镜的方式测量隧道断面上的散点，并通过这些点进行拟合同设计断面或上一期断面进行比较，得到隧道收敛情况。

4）监测频率

长期监测收敛的监测频率正常状况下为每年1次。

9.5.2.2　轨道交通监护监测

1. 监测目的

监护监测是在地铁保护区范围内（隧道段范围为50m，高架段范围为30m）进行各种工程施工时，为了及时了解施工对轨道交通结构的影响程度、确保地铁结构安全，而依法进行的轨道交通结构的监护监测。

2. 监测内容

监护监测的主要内容为监控隧道、高架道床和结构、车站以及出入口和附属结构的沉降、收敛、位移等变形情况。监护监测是地铁监护工作的一个重要部分，与长期监测相比，监护监测的监测范围有限、数据实时和精度要求高、变形及过程不可复现、作业环境困难、隧道内无稳定的基准点、工程多样性及对地铁影响程度的不同等等。

监护监测目前主要进行定位监测、沉降位移监测、水平位移监测、隧道收敛监测。各监测项目依工程对地铁的影响分别采用人工监测和自动化监测。人工监测是采用人工的方式低频度进行数据采集。其中沉降位移监测采用水准测量方法，水平位移监测采用经纬仪测量或投影方法，隧道收敛监测采用固定直径测量法。自动化监测是将自动化监测的仪器设备安装在监测区域范围内进行无人值守的高频度自动数据采集，通过有线或者无线的方式传输到控制中心，从而达到实时监测的目的。其中沉降位移监测采用静力水准仪或电子水平尺，水平位移监测采用全站仪极坐标自动化监测。

3. 监测范围

自1997年地铁开展监护监测工作以来，积累了大量的工程案例，以基坑工程为主。以轨道交通保护区内的施工项目对轨道交通的影响范围作为监护监测范围。监测范围根据施工项目类型的不同而有区分。监测范围为施工区域在所影响的轨道交通上正投影范围以及向两端延伸的区域。两端延伸区域根据工程类型、施工工艺、施工范围等不同而不同。

4. 沉降监测

沉降监测布点一般是在投影范围内按间距5m、投影范围外按间距10m布设，原则上可利用原有隧道长期沉降测点。对于监测精度，人工监测及自动化静力水准监测主要精度指标要求见表9-12、表9-13。

表9-12　人工监测精度要求

等级	变形观测点的 高程中误差/mm	相邻变形观测点的 高差中误差/mm	往返较差，附合或 环线闭合差/mm	主要监测方法
I	±0.3	±0.1	±0.15$\sqrt{n}$	水准测量
II	±0.5	±0.3	±0.30$\sqrt{n}$	水准测量
III	±1.0	±0.5	±0.60$\sqrt{n}$	水准测量

注：n 为测站数。

表 9-13　静力水准观测的主要技术要求

等级	仪器类型	读数方式	两次观测高差较差/mm	环线及附合路线闭合差/mm
一等	封闭式	接触式	±0.15	$±0.15\sqrt{n}$
二等	封闭式、敞口式	接触式	±0.30	$±0.30\sqrt{n}$

注: n 为高差个数。

观测前, 应对观测头的零点差进行检验。应保持连通管路无压折, 管内液体无气泡。两端测站的环境温度不宜相差过大。仪器对中误差不应大于 2mm, 倾斜度不应大于 10°。宜采用两台仪器对向观测, 也可采用一台仪器往返观测。液面稳定后, 方能开始测量; 每观测一次, 应读数 3 次, 取其平均值作为观测值。

监护监测范围相对有限, 因而与长期监测相比, 监护监测的垂直位移监测有其特点。基准点选取困难, 尽量选择相对稳定之处, 基准点一般布设在影响范围外大于 50m 或车站等相对稳定位置; 水准线路大部分不足 1 km, 观测精度要求宜以测站为单位衡量, 按规范规定的二等水准测量每千米往返测高差中数偶然中误差为 ±1.0mm ($S \leq 50$m), 换算得单程观测站高差中误差 $M = ±0.45$mm。

采用人工水准测量方法, 监护监测中水准测量和长期沉降一样, 同样包括控制网测量和变形观测。一般监护监测中的基准点多选择地面上的水准点, 而工作基点一般选在车站站台或站厅层。控制网通过上、下联测来确定基准点和工作基点的稳定性。而测量变形点时, 一般以隧道车站内的工作点作为起始点, 在地下隧道两车站的上、下行线内分别布设二等水准闭合路线, 变形点则采用中视法进行测量。

静力水准沉降位移监测, 其工作原理是利用液体通过连通管, 使多个容器实现液面平衡, 测定基准点、观测点到液面的垂直距离, 这两个垂直距离之差, 就是两点间的高差。用传感器测量各观测点容器内液面的高差变化量, 计算求得各测点相对于基点的相对沉降量。一般以静力水准测线的一端或者两端作为基准点。基准点同样也处于影响范围内, 可以用人工水准测量的方式进行修正。由于隧道坡度的影响, 当监测范围较大时, 需要布设多条水平静力水准测线, 每条测线的首尾相接在隧道同一环上作为转点。

以往监护项目中人工隧道沉降监测频率一般见表 9-14。

表 9-14　人工隧道沉降监测频率

建设工程类型	工况描述	隧道沉降监测频率
基坑工程	施工前	至少测 2 次初值
	围护桩施工	每周监测 2 次
	基坑降水、开挖到结构底板浇筑完成后 1 周	每周监测 2 次
	结构底板浇筑完成后 1 周到地下结构施工至 ±0.0 标高	每周监测 2 次
	地下结构施工至 ±0.0 标高之后	每周监测 1 次
	结构±0.00 ~ 结构封顶	每月监测 1 次

建设工程类型	工况描述	隧道沉降监测频率
隧道工程	隧道掘进穿越施工过程中	实时监测
	隧道掘进穿越施工结束后	每半年至少监测 1 次，沉降敏感区域加密监测，沉降相对稳定后，每年监测 1 次

5. 收敛监测

1）布点原则

监护监测隧道结构收敛测量一般采用水平直径法进行，水平直径点位置如图 9-56 所示。

A—A'位置：在隧道左右两侧中心位置沿腰部接缝上沿（隧道标准块与邻接块接缝上沿）画 "+" 字标记确定 A 和 A' 位置，并粘贴反射片。

B—B'布设：标准部分的地铁圆形隧道的每环隧道管片由 6 块管片拼装而成。其中，接缝宽度约为 1cm。按圆形隧道拼装理论计算，自腰部接缝下沿（隧道标准块与邻接块接缝下沿）量弦长 0.803m，端点即为圆形隧道水平向直径的端点。因此，测量圆形隧道直径的关键在于确定所测直径两端点的位置，按上述方法，参照隧道腰部拼装缝位置，可以比较准确地确定直径端点位置。测量时，为方便实施，采用有机玻璃材质加工专用工字构件，其具体尺寸见图 9-57。实际施工过程中，将构件上边沿与隧道腰部接缝对齐，构件紧贴隧道内壁，则下边沿为隧道直径所在直线。定线后，用油性笔画出直线，再在隧道左右两侧中心位置画 "+" 字标记确定隧道直径的两个端点（B 和 B'），并粘贴全站仪反射贴片。其监测精度参照轨道交通规范进行。

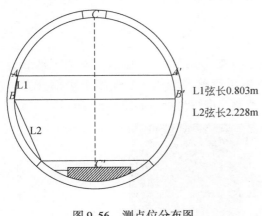

图 9-56　测点位分布图

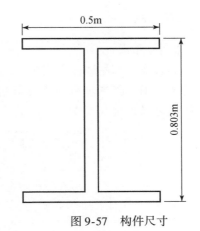

图 9-57　构件尺寸

2）监测方法

a. 人工收敛监测

监护监测时隧道收敛监测采用固定对径测量法。固定对径测量时，置全站仪于环中部，测定每一对径两端反射贴片在同一坐标系中的坐标（X_a、Y_a、Z_a）和（X_b、Y_b、

Z_b），利用坐标反算得到水平直径：

$$D = \sqrt{(X_a - X_b)^2 + (Y_a - Y_b)^2 + (Z_a - Z_b)^2}$$

将各次平距测量值与原始值进行比较，可以得到隧道的该对径变化情况。

b. 自动化收敛监测

自动化收敛监测采用激光测距仪测量直径的方式。测量时将激光测距仪固定在水平直径一端的管壁上，激光点对准水平直径的另外一端。该方式可以连续进行测量并得到水平直径，测量数据实时传到指挥中心。

3）监测频率

以往监护项目中人工隧道收敛监测频率一般见表 9-15。

表 9-15　人工隧道收敛监测频率

建设工程类型	工况描述	隧道收敛监测频率
基坑工程	施工前	至少测 2 次初值
	围护桩施工	每周监测 1 次
	基坑降水、开挖到结构底板浇筑完成后 1 周	每周监测 1 次
	结构底板浇筑完成后 1 周到地下结构施工至 ±0.0 标高	每周监测 1 次
	地下结构施工至 ±0.0 标高之后	每月监测 1 次
	结构 ±0.00 ~ 结构封顶	每月监测 1 次
隧道工程	隧道掘进穿越施工过程中	实时监测
	隧道掘进穿越施工结束后	每半年至少监测 1 次，收敛敏感区域加密监测，收敛相对稳定后，每年监测 1 次

6. 位移监测

1）监测点布设

在隧道管壁或车站墙体上安装平面监测点支架，如图 9-58 所示，支架下半部为 2 个安装预留孔，用膨胀螺丝可以将支架固定在隧道管壁或墙体上。支架上半部分为棱镜接头，圆棱镜可以直接套入支架上部的接头并锁紧，进行测量，如图 9-59 所示。

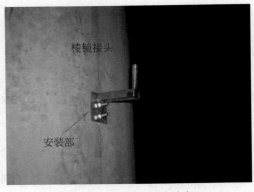

图 9-58　平面监测点支架

图 9-59　棱镜套入接头后进行测量

2）监测精度要求

平面位移主要精度指标见表 9-16。

表 9-16　平面位移主要精度指标

等级	变形点的点位中误差/mm	坐标较差或两次测量较差/mm	主要监测方法
I	±1.5	±2.0	坐标法（极坐标法、交会法）或基准线法、投点法等
II	±3.0	±4.0	
III	±6.0	±8.0	

3）监测方法

a. 人工水平位移监测

将全站仪测站置于适当部位，保证能与设置的平面监测点通视，每次测量时测站固定，如图 9-60 所示。同时在远离监测区域处设置 2 个后视点，用于测站定向以及测站稳定性的检查。当测站定向以及后视检核完成后，测量各个平面位移监测点的平面坐标，并将坐标转换到以平行于隧道方向为 y 轴，垂至于隧道方向为 x 轴的坐标系中。单点相邻两次测量的 x 坐标变化为平面位移变化量，与初测 x 坐标的变化为累积平面位移变化量。

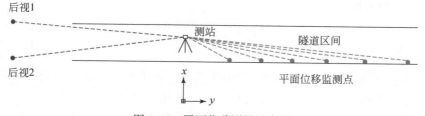

图 9-60　平面位移测量示意图

b. 自动化水平位移监测

目前在隧道中主要采用带有自动目标识别功能的全站仪进行自动化水平位移测量。将全站仪置于隧道中，并在远离影响范围处布设 3 个以上棱镜作为后视点，用于实时更新测站坐标及定向。在影响区域内则布设监测棱镜，全站仪定时测量棱镜坐标，并将坐标投影到监测断面上，可以得到相对于监测断面的横向和纵向位移量。所有功能可以通过软件进行操控，并将测量数据通过 GPRS/CDMA 传送到监控中心。

4）监测频率

以往监护项目中人工隧道水平位移监测频率见表 9-17。

表 9-17　人工隧道水平位移监测频率

建设工程类型	工况描述	隧道水平位移监测频率
基坑工程	施工前	至少测 2 次初值
	围护桩施工	每周监测 1 次
	基坑降水、开挖到结构底板浇筑完成后 1 周	每周监测 1 次
	结构底板浇筑完成后 1 周到地下结构施工至 ±0.0 标高	每周监测 1 次
	地下结构施工至±0.0 标高之后	每月监测 1 次
	结构±0.00 ~ 结构封顶	每月监测 1 次
隧道工程	隧道掘进穿越施工过程中	实时监测
	隧道掘进穿越施工结束后	每半年至少监测 1 次，收敛敏感区域加密监测，收敛相对稳定后，每年监测 1 次

9.5.3　轨道交通结构安全预警信息化技术

轨道交通的安全监护管理伴随运营而产生，自上海地铁 1 号线运营以来，已积累了 20 多年的海量监护数据。传统的人工分析、管理手段已经不适应现状地铁监护管理工作的需要，"数字地铁"对地铁监护管理工作提出了更高的要求，先进、高效的管理手段的开发应用是目前地铁监护管理工作中最迫切需要解决的技术。为此，多部门联合开发了轨道交通数字化监护管理系统，以及时为专家决策提供相关数据，形成地铁监护快速反应机制，确保地铁运营安全。

9.5.3.1　系统平台

1. 平台架构

轨道交通数字化监护管理系统融合了地铁标图、地面沉降、地铁沉降、工程管理、地质信息管理等多领域、多技术手段的数据和研究方法，通过 GIS 平台，统一展现和管理，为地铁监护工作提供了综合、全面、高效的信息管理手段，为决策提供了实时的数据。

从功能角度，目前系统分为以下几大模块：隧道变形分析、重点区段分析、地面线路巡查、隧道结构检查、电子地图、监护项目、监护动态、数据管理、系统管理等模块。各模块的框架图如图 9-61 ~ 图 9-64 所示。

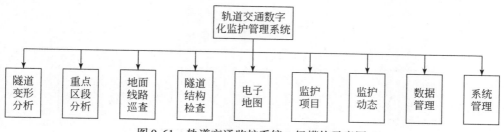

图 9-61 轨道交通监护系统一级模块示意图

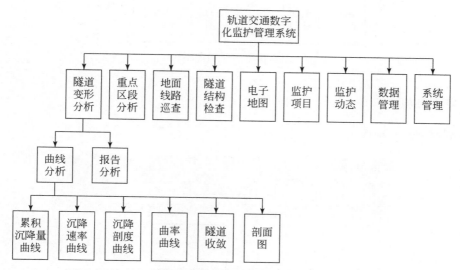

图 9-62 隧道变形分析模块

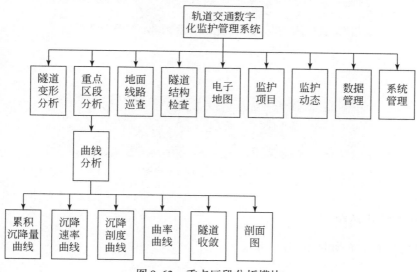

图 9-63 重点区段分析模块

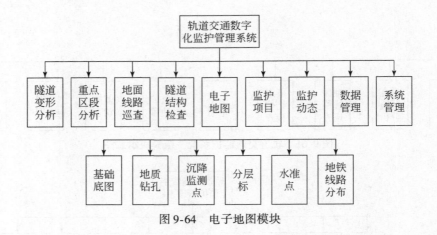

图 9-64　电子地图模块

2. 网络架构

网络架构见图 9-65。

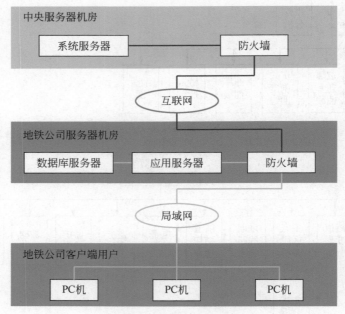

图 9-65　系统网络架构图

3. 系统软件体系结构

系统软件体系结构如图 9-66 所示。

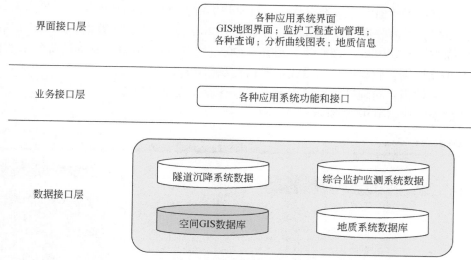

图 9-66　系统软件体系结构图

9.5.3.2　数据库建设

该系统管理了基础数据和海量的业务数据，实现了地铁监护数字化管理，为轨道交通安全预警奠定了基础。系统采用 Microsoft SQL Server 2005 进行数据库管理。

1. 基础数据

（1）上海市地理地图：1∶2000 SHP 格式的上海市地理地图，包含主要道路数据、河流数据、高架数据、行政区划数据等。

（2）轨道交通线路数据：上海市地铁 1 号线、2 号线、3 号线、4 号线、5 号线、6 号线、7 号线、8 号线、9 号线、10 号线、11 号线等线路的中心线数据。

（3）地形数据：上海市地铁 1 号线、2 号线、3 号线、4 号线、5 号线、6 号线、7 号线、8 号线、9 号线、10 号线、11 号线等线路沿线 500m 范围内的地形数据。中心城区为 1∶500 的地形数据，中心城区以外为 1∶1000 或 1∶2000 的地形数据。

（4）典型建筑数据：地铁沿线典型建筑数据，收集的地铁 1 号线和 2 号线的典型建筑 466 个，包括建筑物名称、坐标、高度、层数和建筑面积等。

2. 业务数据

（1）地铁长期沉降监测数据：整理了自 1994 年地铁 1 号线开始长期沉降以来的监测数据。目前系统包含地铁 1 号线、2 号线、3 号线、4 号线、5 号线、6 号线、8 号线、9 号线等线路的长期沉降数据。其中地铁 1 号线和 2 号线的沉降监测点均通过坐标定位在图上，1 号线沉降监测点 1666 个，2 号线沉降监测点 7636 个。

（2）长期收敛测量数据：收集了地铁长期收敛测量的数据。

（3）重点区段数据：收集了 11 条运营线路中，所有 61 处重点区段的监测数据。

（4）地面沉降数据：收集整理了地铁沿线的水准点、分层标数据以及地面沉降等值线数据。主要有：①地面沉降水准点数据，目前收集的地铁沿线的地面沉降水准点有 49 个。②分层标数据，目前收集的地铁沿线的分层标有 20 组，包括坐标数据、地质土层数据和各标的沉降数据。③1996 ~ 2000 年、2001 ~ 2005 年、2006 ~ 2010 年地面沉降等值线数据。

（5）地质数据：收集有地铁沿线地质钻孔数据 2000 多个。

（6）巡查数据：对地铁沿线巡查数据进行管理、查询和处置。

系统数据管理如图 9-67 所示。

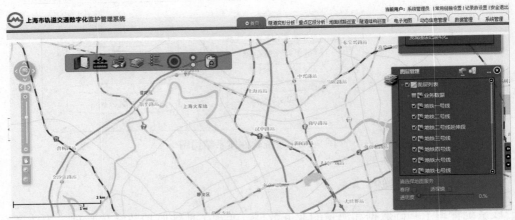

图 9-67　系统数据管理图

9.5.3.3　系统主要功能介绍

1. 长期沉降

长期沉降是了解地铁变形的重要业务数据。系统对长期沉降数据进行了深入分析，除查询累积沉降曲线，还可查询沉降速率、曲率、沉降坡度等重要参数（图 9-68）。

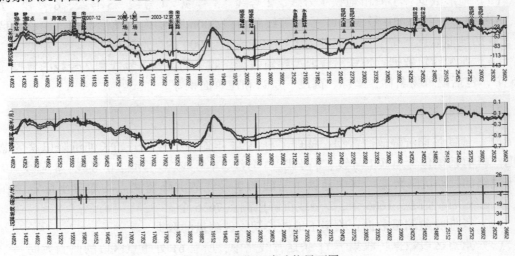

图 9-68　长期沉降功能界面图

2. 重点区段

全市共有61处重点区段监测区域，重点区段主要监测沉降、平面位移、隧道收敛和高差（图9-69、图9-70）。

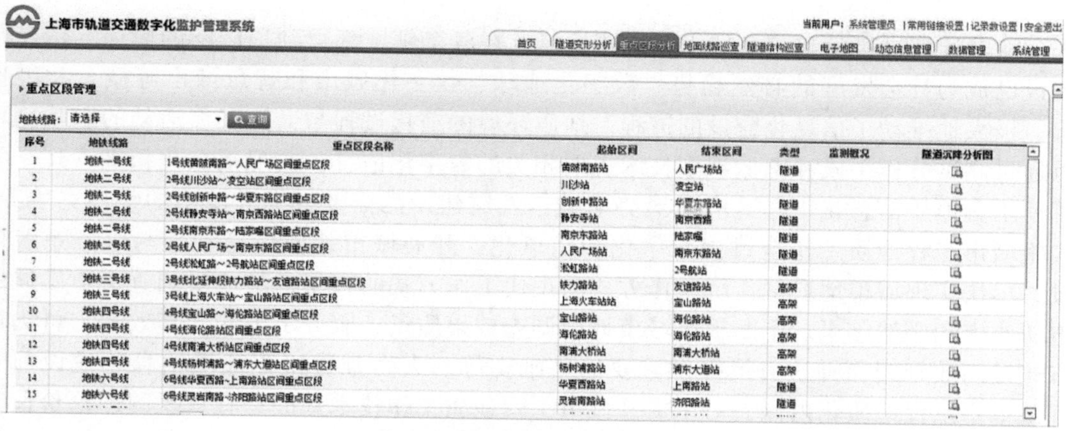

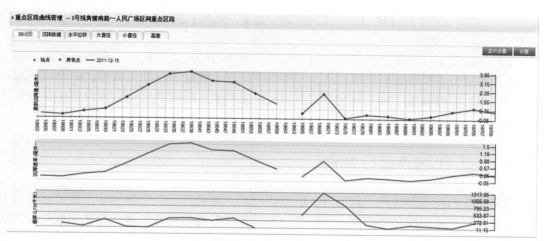

图9-69　重点区段管理界面图

图9-70　重点区段功能界面图

第10章 工程地质信息化与服务体系构建

随着计算机科学和信息技术的快速发展，在各个领域都得到了广泛的应用，信息化建设已成为社会发展的必然趋势。数字化地球、数字化城市和智慧城市等概念相继提出，极大地推动了信息化建设的进程。地质环境的演化过程与人类工程活动的影响均可以通过测试分析手段和图像识别技术提取相关的数字化信息，实现信息化精细管理。为了使工程地质信息化工作适应新形势下城市发展建设的需要，提升城市的整体竞争力，实施城市工程地质工作全过程数字化和信息化，开展城市地质信息管理与服务系统建设，尽快实现城市地质从传统工作方式向现代工作方式的转变，是地质调查工作发展的迫切要求和必然结果。不断提高城市地质调查成果质量、服务水平和工作效率，可为城市建设高效管理和科学决策提供重要的基础支撑。大力推进工程地质信息化建设与管理，丰富工程地质化内涵，对于提升城市工程地质工作技术水准具有重要的理论价值和现实意义。

10.1 工程地质数据信息化

工程地质数据信息化是在广泛收集工程地质资料的基础上，按照一定的格式要求对工程地质资料进行不断整合和挖掘，从而实现数字信息的提取和标准化管理，并及时根据获取的信息进行实时更新、补充和完善，准确反映工程地质环境的变化，为政府决策提供咨询服务。

10.1.1 工程地质资料整合

制定系统的标准和规则，按照统一的分类代码、命名规则、数据结构、数据格式等要求，整合收集和采集的各类数据，分层叠加各类地质专题或专业数据，并建立数据快速索引目录。具体内容如下。

（1）基础地理信息，包括行政境界、地名、水系、交通等信息。

（2）基础地质数据，包括区域地质调查、地球物理勘查、地球化学勘查、水文地质调查等数据。

（3）工程地质数据，包括各级馆藏工程地质勘察资料信息化数据。

（4）地质环境数据，包括地下水监测、地面沉降监测、地球化学特征、地质灾害防治规划、地质灾害调查与监测、场地土壤和地下水污染调查等数据。

（5）其他数据，包括后备土地资源评价、矿产资源评价、地热资源评价等相关数据。

10.1.2　工程地质资料标准化

　　根据资料收集样本情况，早期资料的形式是以纸质工程勘察报告为主，需要通过录入方式进行数字化。由于采集的资料是不同年代完成的，所采用的工程规范有国家标准和地方标准（如 1994 年、2002 年、2009 年、2012 年的"岩土工程勘察规范"；1975 年、1989年、2011 年的"地基基础设计规范"）有较大区别，特别是在土样测试指标、地层分层标准等方面。为了不给用户造成使用不便，必须根据现行规范对原始资料进行标准化处理。标准化工作过程如下。

　　（1）建立统一的、标准的地质分层规则。

　　（2）对土工测试数据进行转换，对照钻孔描述，重新进行分层。

　　（3）将分层结果绘制成剖面图，以验证分层的正确性。

　　（4）由于收集到的资料中有的并未提供钻孔坐标位置，这就需要根据报告中提到的地址以及钻孔平面布置图，确定具体钻孔坐标位置。一般采用以下两种方法：①将钻孔平面布置图叠在遥感影像图或 1 : 500 地形图上，从而读出钻孔坐标；②根据门牌号码，到现场用 GPS 测量，作为一种辅助手段或参考。

10.1.3　工程地质数据动态更新

　　地质资料信息库要进行不断更新，其实现过程不但与数据种类、来源和特征有关，还与基础数据在数据库中的组织和存储方式等有关，具体包括数据更新工作流程和工作方式。

1. 数据更新工作流程

　　数据更新就是将新的数据导入数据库中，根据数据对象的不同，采用不同的处理方法，其主要工作流程如图 10-1 所示。

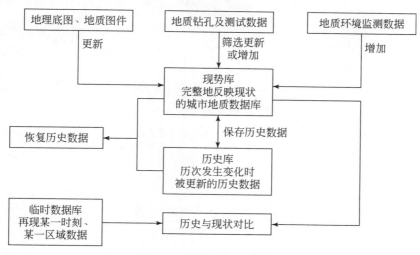

图 10-1　数据更新工作流程

　　对于地理数据及地质成果图件类数据等，需要将旧的数据保存到历史数据库中，再以新的数据替换现势库中的地理数据；对于文档、图件、模型数据等，则需要将现有数据与已有数据进行比较，对于资料缺乏的地方，则需要补充或增加新的数据，对于资料已经比较丰富的地区，需要根据规则进行筛选，然后进行更新或增加；而对于地质环境动态监测数据，已经记录其数据采集时间，可直接增加到现势数据库中。

2. 数据更新方式

　　基础数据集成工作由数据管理部门负责统一建设和管理，各数据采集部门负责通过网络或其他传输手段提供原始数据及有关信息，数据集成部门负责数据的处理、标准化和建库工作。采用这种方式更新，虽然数据管理部门承担的任务较重，但可有效地提高数据标准化程度、保证数据入库质量。图 10-2 是城市三维地质调查中地质信息化更新工作模式。

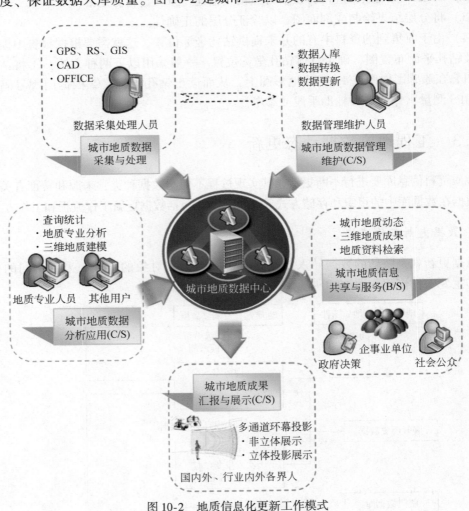

图 10-2　地质信息化更新工作模式

10.2　工程地质信息系统建设

　　工程地质信息化工作系统主要包括六大部分：①工程地质数据采集模块；②数据库，用于存储工程地质数据采集模块采集的地质数据；③外业工作平台系统，用于野外地质勘察工作及绘制材料图；④地质信息数据管理系统，用于对数据库中地质数据的管理和应用，可对工程地质数据进行实时查询；⑤三维地质建模系统，用于根据工程地质数据采集模块采集的地质数据动态自动生成地质体三维模型；⑥工程地质绘图系统，用于以地形图、正射影像图为背景，根据地质数据生成各种规程、规范要求的标准地质图件。工程地质信息系统建设的主要目的是进行工程地质数据信息的实时查询以及智能化地质图表的自动生成等，为指导具体工程实践提供帮助。

10.2.1　工程地质数据实时查询

　　工程地质数据是地质信息的基本要素之一，对数据的实时查询能更好地确保数据准确性和时效性，但目前区域性的工程地质数据需要到相应的数据库中进行查询。在一般的数据库中，为完成某项任务，如查询数据、接收数据、检索数据或输出某部分数据等，可向数据库后台提出对应的申请，当申请受理后即可调出对应的数据。

　　地方性的工程地质数据库是基于地理信息系统中空间数据库技术，对一定范围内现有的工程地质勘察资料进行统一管理，以及基于 SQL Server 数据库平台对研究范围内的工程地质勘察属性数据进行统一管理，实现空间数据与属性数据的数据采集、编辑、查询、分析以及图件、报表的输出等，将大大提高现有资料在城市规划和建设过程中的利用价值，并有效地指导工程地质工作。还有专门针对工程应用采用兼容型数据库和 GIS 平台技术，建立面向工程应用的工程地质数据管理平台（GDM），为工程地质数据库系统的建设提供了一套系统化的解决方案。

10.2.2　智能化地质图表生成

　　地质图表有多种类型和表达形式，其中绘制钻孔柱状图、剖面图等地质图表是工程地质调查工作中最常用的地质分析和表达方式。如何利用系统快捷、方便地绘制各类地质图表，并进行地质分析和辅助决策服务等是系统需要解决的关键问题之一。地质图表作为地学研究的基础图表，现已进入数字化时代，但使用 GIS、CAD 等工具软件或其二次开发系统绘制地质图表时，仍存在专业性过强，非地质专业人员不宜掌握，且扩展性差、信息融合度低等问题，无法满足大规模工程地质信息化过程中对地质图表生成的规范化、智能化、动态性要求。因此系统以面向对象（object-oriented）技术为核心的设计技术，采用模板化的设计思想，将专家知识经验、数据库和图形信息有机结合，开发了一系列具有特色的面向工程地质的专业地质图表生成技术方法和系统功能。

10.2.2.1　基于模板定制的通用柱状图生成技术

1. 模板概念的引入

钻孔柱状图是日常地质勘查和工程地质调查工作中最基本的、数量最多的地质图件，为了克服传统计算机绘制钻孔柱状图方法的格式固化、无法灵活修改的不足，平台通过综合各类钻孔柱状图的特点，引入钻孔柱状图模板概念，允许用户根据需要预先编辑定制不同类型的钻孔柱状图模版并加以保存。

2. 面向对象和 GIS 相结合的核心模块创建

为了最大限度地满足用户对柱状图生成的适应性、扩展性、可编辑性要求，整个柱状图生成由三大模块构成：数据管理模块、模板管理模块和柱状图生成与编辑模块，如图 10-3 所示。

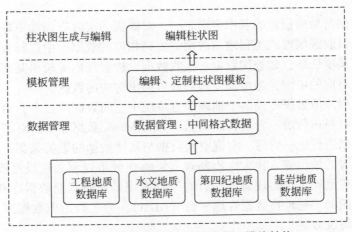

图 10-3　地质钻孔柱状图生成核心模块结构

（1）数据管理模块，主要有两大功能：一是负责将地质数据中的数据转化成通用格式的数据，以生成柱状图；二是将编辑修改后的柱状图的数据更新到地质数据库中。该模块主要为柱状图模板提取数据和将柱状图的数据转化到地质数据库中。

（2）模板管理模块，负责定制钻孔柱状图的样式和数据源。由于钻孔柱状图的种类繁多，样式也很复杂，本模块主要提供模板素材的管理和钻孔柱状图模板的定制功能。柱状图模板的最小单元是单元格，通过单元格，可以构造出一些基本要素，包括表头、表尾和图道。通过模板定制，可构造出工程钻孔、水文钻孔、第四纪钻孔、基岩地质钻孔等的柱状图图样和数据来源。在模板编辑中，引入了面向对象技术和多层体系结构，真正实现了对柱状图中每一个元素的有效管理。

（3）柱状图生成与编辑模块，实现柱状图的自动生成与编辑。本模块将 GIS 和面向对象技术相结合，使得柱状图的每一个元素（单元、对象）都带有空间信息和属性信息。由于 GIS 的图形编辑和属性数据管理功能都很强大，因此本模块提供的编辑功能也很多，如窗口操作、点线面等要素编辑、属性编辑、文本数据与图的直接转换等。

3. 应用模式及特色

当需要生成钻孔柱状图时,首先由用户选择钻孔和模板,然后由平台从数据库中提取钻孔数据并套用模板格式自动生成柱状图,并允许对所看到的几乎所有柱状图元素(单元、对象)进行编辑、修改,包括添加、删除、合并图道,添加、删除表头和表尾,修改图面、图道、图元信息,修改图的显示样式等。通过柱状图元素与数据库记录的关系映射,系统自动实现钻孔柱状图与数据库的双向联动,进而实现地质专业人员对数据库中钻孔数据的辅助分层,达到地质专家知识、数据库与图的有机结合和统一,如图 10-4 所示。

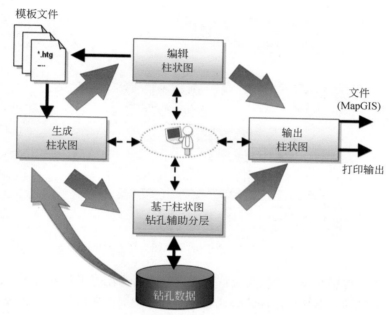

图 10-4　钻孔柱状图生成应用模式及特色

钻孔辅助分层功能,允许用户根据自己的知识经验,在自动生成钻孔柱状图的基础上,对分层数据进行修改,允许更新基础数据库中的原有钻孔分层信息。辅助分层功能实现了在二维图形环境中交互地编辑钻孔中的地层信息。辅助工程人员直接在计算机中进行地层划分,这种方式改变了传统工作只能在纸质草图上分层的工作方式,可大大降低成本和提高工作效率。

10.2.2.2 基于知识规则的地质剖面图生成技术

1. 知识规则思想的引入

剖面图绘制的信息虽然一般是来源于钻孔数据,但如果只应用钻孔数据,其实并不能完整、准确地获取钻孔之间复杂的地质体界线或者地层分层连接等信息,还需要利用专家

· 568 · 上海地质环境演化与工程环境效应研究

知识来辅助生成剖面图。通过将地质专业人员在实际绘制剖面时所使用的地层连接方法进行归纳总结，形成一些可描述、可量化的地质界线连接规则，在此基础上结合面向对象和 GIS 技术系统开发出一种基于知识规则的钻孔剖面图自动绘制方法，通过应用不同的规则来处理地层对应、地层尖灭、夹层、透镜体、古河道、地层外推等剖面绘制过程中的复杂地质情况，对钻孔之间连接关系的修改只是对规则和解释器的修改，不涉及程序核心框架的改变，实现地层连接知识规则、钻孔数据和剖面图形的有机结合和统一，使得因连接规则、钻孔数据更新带来的剖面图更新就变得非常简单，具体过程如图 10-5 所示。

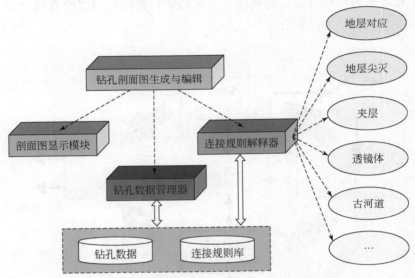

图 10-5　基于规则库的剖面图自动生成框架

在该系统中，地层对应、地层尖灭这两种连接规则比较简单且容易实现，其他连接则需要制定相应的规则，以软件插件的形式通过"计算地层连接信息"来实现，并方便对地层连接规则进行修改或扩展。

2. 地层分级连接处理

在钻孔之间进行地层连接时，要遵循"先连大层再连小层"的基本原则，与实际手工连接的处理过程相类似。为此需要将整体的地层描述表转换为一个带有级别信息的树状结构，即"整体地层树"。在程序进行自动识别和连接的过程中，将原钻孔数据取出来后，经过与建立的标准地层树关联对比，根据需要的连接精度和级别整理得到一个逻辑上的数据结构。该逻辑钻孔段与分层编码、分层精度相关联，便于更好地处理"先连大层再连小层"的原则，同时协调与其他连接规则的关系。在用户使用程序自动生成剖面图时，可以任意地选择当前的地层连接精度，增加地层连接的灵活性。图 10-6 为不同级别地层连接处理示意图，其过程是将实际钻孔数据转换为大层逻辑钻孔数据，然后连接大层。

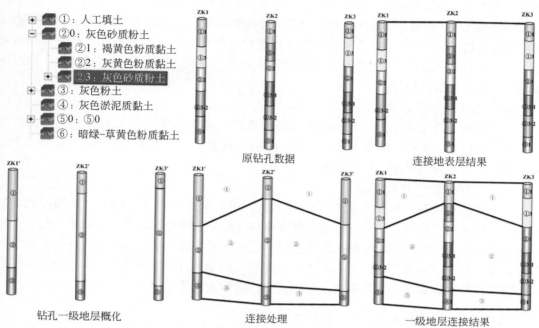

①：人工填土
②0：灰色砂质粉土
　②1：褐黄色粉质黏土
　②2：灰黄色粉质黏土
　②3：灰色砂质粉土
③：灰色粉土
④：灰色淤泥质黏土
⑤0：⑤0
⑥：暗绿-草黄色粉质黏土

原钻孔数据　　　　　　　连接地表层结果

钻孔一级地层概化　　　连接处理　　　一级地层连接结果

图 10-6　不同地层级别地质钻孔剖面图地层连接处理方法

3. 不同连接规则处理

每个连接规则分两步处理，首先是如何判断某一地层是否符合当前规则，以及当前规则的精度范围；其次是对符合当前规则的地层，需要按照什么方式去连接，涉及哪些参数。

1）"地层对应"连接处理

如某一地层在两个钻孔中都出现且都只出现一次，只要是不满足夹层判断条件的地层，则均可判断为对应层，且对应层只需要简单的连接地层层底分界线即可。

2）"地层尖灭"连接处理

对于夹层中岩性与其顶/底板岩性不一致的地层，如上层、下层岩性相同，而且在对应钻孔中找不到与之对应的地层，则将该夹层当作透镜体处理，需要对夹层的顶、底地层线控制，并按照尖灭参数处理。透镜体尖灭参数，其尖灭点的位置与地层厚度以及两个钻孔之间的间距相关（朱莹等，2007）。

3）"夹层"连接处理

某一地层在钻孔中出现过多次，则直接判断该层为夹层，分别标识夹层顶、底，其夹层内部的地层需要借助其他规则进一步判断。在找到夹层顶、底之后，其夹层顶不需要处理，只需要连接夹层底分界线即可，但是需要区别夹层中的其他各地层（如标识与夹层顶/底板岩性相同的层以及岩性不同的层）。

4）"古河道"连接处理

对两个钻孔进行比较，其中一个⑥层缺失可判断为古河道存在，如多个相邻钻孔都缺失⑥层则作为一般情况处理。对于古河道的处理主要包括古河道的河床处理、古河道内部/外部地层的处理。在处理过程中，对古河道层采用平推方式，用光滑曲线连接，注意平推受上层底线控制，防止相交；在古河道内，大层连接一般不会出现这种情况，小层处理较复杂，尖灭层直接平推，需要古河道层底界限控制；在古河道外，尖灭层直接平推，稍往下倾斜，受上层的层底线控制。

5) "尖灭" 连接处理

在前面所有情况判断后，剩余的未处理的地层全部作为尖灭层处理。尖灭地层的处理，大层直接向上尖灭，需要上边界控制；小层有向上/下/不处理三种方式，需要上下边界控制，还要考虑其厚度及权重等选项。

6) "地层外推" 连接处理

外推地层的判断，从钻孔底部开始往上，将所有尖灭层做外推标记，直到找到对应层。对于找到的对应层，标记外推的条件为该对应层是本钻孔的最后一层或者为另一个钻孔的最后一层，然后根据两个钻孔的当前层位置高度最终确定是否需要外推。外推地层的处理需要上层的层底线控制以及需要外推的距离（仅适用于工程地质）。外推连接点的计算一般采用外推距离按照图上距离、间距百分比两种方式计算。

10.2.2.3　地质剖面与钻孔数据信息融合

地质剖面图反映出剖面沿线的地层岩性、岩（土）体界线、工程地质特征、水文地质特征和地质构造形态等，它比钻孔柱状图具有更加丰富的地质信息。剖面图是由 2 个或 2 个以上钻孔信息利用专家知识和人工经验推测的结果，往往具有多解性，但相比单个钻孔信息则更准确。在剖面中如何将钻孔数据信息与剖面进行有机融合、相互补充，对于进行地质调查和工程应用研究具有十分重要的意义。

系统通过建立剖面图与其钻孔数据源之间的关联关系，支持在生成剖面图的基础上，重新选择或添加钻孔后重新生成剖面，并可选择当前剖面上钻孔各地层的地层属性进行统计或直接查询相关钻孔信息，生成钻孔柱状图，从而实现剖面图与钻孔之间信息的高度融合，其模式如图10-7所示。

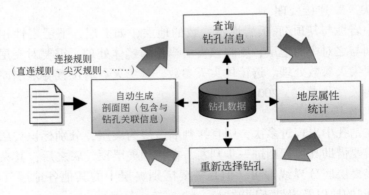

图 10-7　剖面图与钻孔信息融合应用框架

10.2.2.4　基于模板的专业报表生成

传统的报表制作程序大多是将报表格式固化在程序中，一旦需要的报表格式发生变化，修改起来非常困难。为了研究和解决传统方法将报表格式固化在程序中带来的修改困难等问题，系统支持由数据库中的钻孔数据自动生成预定义格式（模板）的柱状图；根据地层连接规则库自动生成初始钻孔剖面，提供灵活方便的地质剖面编辑工具进行地层连接线、图例等的编辑；基于 Excel 与 OLE 技术，通过制作报表模板，实现将报表格式定义、数据库数据提取等功能，自动生成需要的有关专业报表。

10.2.3　三维地质结构模型构建

三维地质结构模型构建是通过三维地质建模来实现。三维地质建模是运用计算机技术，将各类地质基础资料、空间信息、地质解译、空间分析和预测、地学统计、实体内容分析以及图形可视化等工具结合起来生成三维定量随机模型，在三维环境下进行全面系统的地质条件分析，并对不良工程地质问题研究，为上海市地质环境的合理综合利用服务。

三维地质建模是以数据/信息分析为基础，建立的地质模型汇总了各种信息和解释结果。按照数据来源不同，可以将建模方式分为基于钻孔数据、剖面数据、物探数据及多源数据等方式（杨波等，2017；白林等，2018），其中基于钻孔数据建模方式是构建三维地质模型最为广泛的一种。在建模过程中，采用钻探资料进行地质体的三维可视化时，模型外推预测往往会与实际情况产生偏离，由此提出了一种基于指示克里金的序贯指示模拟方法进行煤层顶板岩性预测，可大大提高建模的精度。基于钻孔数据建模的方式有地层建模、岩性建模两种，可以根据地层分布情况和需要结合使用。

已建成的三维地质模型可以为地质环境演化与工程活动影响研究提供很多相关信息。首先，地层结构的三维可视化，可以了解区域及场地地质环境的三维空间分布及变化，也可以根据需要生成二维的图形，如地层结构图、暗浜分布图、古河道演化图、地下水流场分布图等；其次，它很方便地提供了一套有机融合的数据体，因为建模过程就是各种数据的融合过程，真正使物理模型转化为数字信息模型，方便量化计算；最后，它提供了进行分析和研究的信息交流平台，服务于三维空间数据分析与区域工程地质环境评价。

10.2.4　三维空间分析技术

建立三维地质模型的目的就是更好地揭示研究区域内的地质现象及其演化规律，并从中获取新的知识，或寻找新的发现，这就需要采取相应的技术手段对三维地质模型进行必要的空间分析来达到此目的。三维空间分析是利用地质三维空间信息（特别是隐含信息）所具有的提取和传输功能，这也是它区别于一般信息系统的主要功能特征。在城市建设中都离不开地质环境，需要开发和设计一套新的具有三维空间分析方法与功能的三维地质信息系统，并不断进行推广和应用。

在众多的三维空间分析方法中,依托 TDE 存储管理和三维渲染引擎,利用研制和开发的三维地质模型,可以实现任意平面剖切,对地下空间(基坑、隧道)模拟等应用的地质模型任意切割分析是城市地质领域三维空间分析的关键技术和特色功能。基于空间三角网切割算法 TriCut,研发出单个块体的平面剖面生成算法,该算法可实现任意形状的复杂块体的平面剖面自动、快速、准确的生成,进而实现由多个地质块体所构成的地质模型任意切割分析功能,包括生成剖面图、栅状图等可视化的图件以及基坑开挖、隧道模拟等功能(陈国良等,2007)。针对上海地区,利用三维空间分析技术,可以很方便地对区域内分布的暗浜、软弱夹层、不良地质体及工程地质分区进行分析和评价,为工程勘察、设计与施工等工作提供技术支持。

10.3　工程地质信息应用服务体系

10.3.1　服务各类城乡规划

地质资料信息是城市规划的基础,开展地质资料信息服务于城市规划试点研究,探索信息化的服务内容、服务方式、服务方法等,总结地质资料信息服务于城市规划的工作模式,建立常态化的工作机制,推动地质资料信息服务走向产业化。

10.3.1.1　服务各类城乡规划的内容要求

地质资料信息服务城市规划有其基本的内容要求,同时还要根据不同规划阶段、规划类型的特点提出相应的特殊需求。城市规划分为总体规划、详细规划和专业规划。对于城市总体规划的制定与修编,可以提供规划区及周边区域内的综合地质背景信息,为总体规划在城市或地区发展中发挥龙头与先导作用提供支撑。对于详细规划,则要结合具体的规划地区或区域特点提供详尽的地质环境基础信息,以满足规划要求及规划实施后的后评估工作,切实使规划达到自然资源利用与地质生态环境保护协调统一。对于专业规划,则应根据具体的专业类型提供专门性的地质信息,由于涉及不同专业的交叉与融合,要更应突出信息与图件的可读性、针对性与实用性。

1. 地质信息服务城市规划的基本内容

地质信息服务城市规划的基本内容应包括工程地质评价、水文地质评价、场地稳定性评价和工程建设地质环境适宜性评价等。

1) 工程地质评价

工程地质评价是场地稳定性评价和工程建设地质环境适宜性评价的重要依据,可以根据规划区内不同场地的地形地貌形态、地基土的构成以及工程地质特征、不良地质现象的分布等工程地质条件差异性,进行工程地质分区,并对各分区的工程地质条件和主要工程地质问题进行分析和评价。

2）水文地质评价

水文地质评价对城市规划至关重要，应对规划区内含水层的埋藏条件、岩性、厚度、富水性、渗透性、水位（头）、水质等水文地质要素进行研究，分析地下水对城市规划中地下空间开发的不良影响，并对规划区的水文地质条件进行综合评价，必要时宜进行水文地质分区。上海地区大量的工程实践表明，在地下空间开发过程中经常发生基坑坍塌、流沙、水土突涌、地面开裂、地表塌陷等工程事故，这除与土的因素有关外，更重要的是对水文地质条件认识不清或者对地下水处置不当等原因所引起，因此，水文地质条件评价结果是规划区地下空间开发地质环境适宜性评价的重要依据。

3）场地稳定性评价

场地稳定性评价是工程建设地质环境适宜性评价的主要依据。由于上海地区不存在影响场地稳定的活动断裂，自然环境下不存在影响场地稳定的崩塌、滑坡、泥石流等突发性地质灾害，故建设场地总体上是稳定的。不过在场地稳定性评价时，对沿江、沿海地区应注意分析堤岸稳定性、岸带冲淤对岸边场地稳定性的影响；在大范围新吹填成陆地区以及新近自然淤涨成陆地区应分析地基稳定性对场地稳定性的影响；对有厚层液化土分布且地基液化等级为中等及以上的场地，应重点评价地震液化对场地稳定性的影响。因此，应根据规划区内各场地地质环境条件，分析是否存在影响场地稳定的重大不良地质现象和地质灾害，并对场地稳定性进行评价。

4）工程建设地质环境适宜性评价

由于上海地区建设场地总体上是稳定的，绝大部分地区应属于适宜工程建设地区，但也不能忽视局部地区不良地质条件和地质灾害对场地稳定性和工程建设地质环境适宜性的影响，同时，因工程地质、水文地质条件差异，工程建设地质环境适宜性也会有所差异。此外，还应适当考虑土壤环境质量对用地适宜性的影响，对遭受严重污染的场地，应尽量避免规划为大型居住区和大型公共设施用地。因此，在总体适宜工程建设的前提下，应根据适宜程度调整规划布局。

工程建设地质环境适宜性评价是地质调查与评价的核心任务，评价结论是否客观、准确，是否符合规划编制需求，将直接影响成果文件质量，影响规划布局。通过对工程建设地质环境适宜性评价内容、评价方法、评价要素选取和成果表达方式进行探索，提出工程建设地质环境适宜性分类所依据的主要分类要素。在实际工作中，工程建设地质环境适宜性评价应在对规划分析的基础上，针对规划区可能采用的工程类型，如天然地基工程、桩基工程、基坑工程、隧道工程等，并适当结合用地性质开展评价，分别编制适宜性评价图件。对主要的工程类型应进行重点评价，必要时对评价内容宜进一步细化，如桩基工程可按建筑工程不同规划控制高度进行适宜性评价，地下工程可按不同开发深度进行适宜性评价等。总之，应针对规划区可能的工程建设类型和特点，评价工程建设地质环境适宜性。

2. 地质信息服务于总体规划的内容要求

总体规划是结合用地规划性质，分析和预测规划实施过程及远景发展中引发或遭受地质灾害的可能性，对规划区场地稳定性和工程建设地质环境适宜性做出评价，从地质和环境角度为各项用地的合理选择、功能分区和各项建设的总体部署提供依据和建议。

总体规划地质环境评价所涉及的内容最为广泛、全面，因此，除评价上述基本内容外，根据上海地区的实际，还应对地面沉降、海岸带及江边岸坡稳定性、地下水环境、土壤环境和地质资源等做出评价。

1）地面沉降评价

阐明地面沉降产生的原因、发展过程和发育现状，分析沉降速率及其变化趋势，调查地面沉降的危害情况，还应对地面沉降进行预测，分析其对重大市政工程的影响。

2）岸带稳定性评价

阐明沿江和沿海地区护岸结构、岸带地势、水动力条件、冲淤现状及其发展变化过程，对岸带稳定性做出评价。

3）地下水环境评价

评价地下水环境质量及地下水受污染的状况，还应分析地下水环境质量对总体规划布局及建设的影响。

4）土壤环境评价

首先要开展土壤环境质量现状调查与评价，从总体上了解规划区土壤质量状况，分析土壤环境质量对总体规划布局的影响。

5）总体规划应对地质资源进行评价

地质资源有多种类型，在上海地区主要是水资源和地热资源，因此，必要时应提供浅层地热能开发利用区划图和应急地下水水源地评价图。

3. 地质信息服务于详细规划的内容要求

详细规划的主要服务内容是在总体规划地质环境评价结论的基础上，对规划区内各建筑地段的稳定性和工程建设地质环境适宜性做出更为详细和明确的评价，为确定规划区内近期房屋建筑、市政工程、公用事业、园林绿化、环境卫生及其他公共设施的总平面布置提供与地质条件相关的依据；同时，基于对规划区不同地段地质环境条件差异性的客观认识，向规划编制部门提出合理化建议。详细规划服务内容除了基本内容要求外，还应符合下列要求。

（1）重点评价各建筑地段的稳定性和工程建设地质环境适宜性。

（2）如规划有大型居住区和公共设施时，要综合评价土壤环境质量及其影响。

（3）当规划区位于地面沉降漏斗区或邻近地区时，要分析其发展趋势及其影响。

4. 地质信息服务于专项规划的内容要求

专项规划主要服务内容要参照总体规划内容的要求，需要进一步分析和预测在规划实施过程及远景发展中可能引发和遭受地质灾害的可能性，重点对规划区内场地稳定性和工程建设地质环境适宜性做出评价，特别是对工程建设地质环境适宜性差的地段，要提出地质灾害防治措施，同时还应提出调整规划或进行技术经济论证的建议。

专项规划服务内容除前述的基本内容要求外，对于规划铁路、轨道交通、越江隧道和桥梁工程、地下管线、水务工程、机场、港口等，还应符合下列要求。

（1）重点评价重要工程节点的场地稳定性和工程建设地质环境适宜性。

（2）由于专项规划项目对地面沉降较为敏感，需要分析地面沉降对规划项目的影响。

（3）对于规划隧道、地下车站及地下管线工程等，由于位于地下水位以下，长期与地下水、土接触，需要评价地下水和土壤环境质量对工程建设和运营的影响。

10.3.1.2　服务产品及成果

地质信息服务城市规划的成果形式包括成果报告、图集和信息服务系统三个部分。

1. 成果报告

根据任务要求、规划特点及规划区地质环境条件，结合规划需求和已有工程经验，经综合分析后精心编制成果报告，包含工作量、地质条件分析、地质环境评价等，主要为专业人员提供与规划相关的地质参考意见和建议。

2. 图集

成果图件以图集的形式汇编，主要包含基础图、专题图、规划地质评价图三大类。

（1）基础图，包括实际材料图、钻孔柱状图、工程地质剖面图、水文地质剖面图、工程地质层序表、工程地质层岩土体的物理力学指标表、水文地质剖面图、现场抽水试验图表等。

（2）专题图，包括主要工程地质层埋藏分布图、影响工程建设的含水层埋藏分布图及地下水位等值线图、地面沉降现状图、土壤和地下水主要元素含量分布图等。

（3）规划地质评价图，包括不同高度建筑地质适宜性评价图、地下空间开发适宜性评价图、地面沉降预测图、土壤质量综合评价图、地下水应急供水水源地建设可行性评价图等。

3. 信息服务系统

信息服务系统主要依托上海市地质资料数据中心进行开发，包含从收集资料到规划地质评价的各类原始资料分析和整理、中间评价过程展示及成果图件输出等。上海市地质资料数据中心是信息服务系统的主要入口和对外服务窗口。

10.3.1.3　地质资料信息服务城市规划的工作方法

地质资料信息现已在城市规划中发挥了积极的作用，初步形成了一套合作共商、相互融合的常态化工作方法（图 10-8），并将通过与规划部门更加紧密的交流与沟通，使地质工作的专业优势在城市规划工作中得到更好的体现，进一步保障城市规划的科学合理性。

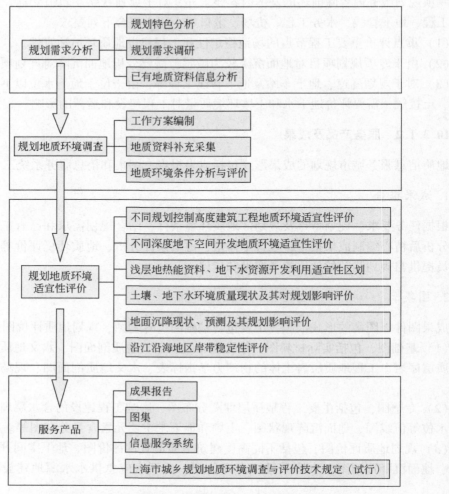

图 10-8　上海市地质资料信息服务城市规划的工作流程

10.3.1.4　地质信息服务城市规划案例分析

围绕地质信息服务于城市规划工作，综合考虑不同规划层级、不同规划特色、重点建设开发区域等因素，选择虹桥商务区、浦江镇、枫泾特色镇、上海国际汽车城、上海国际旅游度假区 5 个规划地区开展研究。

1. 规划需求分析

1）规划特色分析

地质信息服务城市规划，首先需要分析规划特色，包括规划类型、规划所处阶段、规划用地性质、规划建筑工程类型及规模、规划地下空间开发类型及深度等。

a. 虹桥商务区

虹桥商务区定位为我国东部沿海地区、长江三角洲地区重要的城市综合交通枢纽，是贯彻国家战略，促进上海服务全国、服务长江流域、服务长江三角洲的重要载体，是上海实现"四个率先"、建设"五个中心"和现代化国际大都市的重要商务集聚区。虹桥商务区可分为虹桥商务区核心区、主功能区和拓展区。

核心区内建筑由于限高，普遍为 6~8 层，标志性建筑最高为 10 层，大量工程将以地下工程为主，一般开发深度为地下二层，局部地区可能有地下三层或四层；主功能区建（构）筑物以商务办公、对外交通和居住为主，地下工程一般为地下二层；拓展区主要建设工程为地面建筑，包括市政道路、住宅、工业建筑等，部分地区规划有轨道交通，其余为基本农田和绿化用地。

b. 浦江镇

浦江镇总体定位是立足创建上海郊区新型城乡统筹示范区，以现代居住为基础，以特色风貌的中心镇区建设为依托，以航天和微电子产业发展为引领，通过产业化和城市化的联动发展，建成高科技产业集聚、商贸服务业发达、生态型、宜居性，并具有现代化独特城市风貌的新市镇。

浦江镇规划分为三个功能分区，即城镇生活区、东部产业发展区、农业与生态保护区。城镇生活区包括中心镇区、谈家港社区、鲁汇社区等大型居住社区，规模约为 29.1km²，人均城镇生活区用地约为 72.8m²。东部产业发展区包括漕河泾开发区浦江高科技园、航天科技产业基地等浦江镇闵东工业区，规模约为 16.8km²。城镇生活区和东部产业发展区组成了浦江镇集中建设区。农业与生态保护区包括大治河以南、黄浦江以东和 S32 两侧的大片农林用地，规模约为 50.1km²。

c. 枫泾特色镇

枫泾特色镇地处上海市西南隅，金山区西北角，为沪浙五县区十乡镇交界之地，距离市中心约 80km，是上海市"一城九镇"试点镇之一，是沪杭交通轴线上的重要节点，是金山区的重要产业区和旅游区。枫泾特色镇的规划定位为上海西南门户，金山西部工业重镇和综合中心，历史文化名镇，国际大都市郊区现代化特色城镇。规划目标是加强中心镇的集聚辐射功能，促进新市镇、传统水乡古镇和商贸城三区整合联动，进一步提升城镇旅游文化功能，建设具有吸引力的居住环境，打造景观和生态环境良好的城镇。

枫泾特色镇镇区建设用地规划范围包含三个片区，分别为新枫泾片区、枫泾老镇片区和国际服装机械城片区，形成"三区联动、中心渗透、多元整合"的格局，总建设用地面积约 12.0km²；规划区内建筑现状较为复杂，枫泾老镇片区以传统民居为主，多数建筑建成年代较早，建筑物密集；新枫泾片区则以农民自建住宅为主，仅小部分地块进行了开发，新建部分为多层、高层住宅；国际服装机械城片区以新建多层商业市场和工业建筑为主。

d. 上海国际汽车城

根据嘉定区域总体规划，安亭将作为嘉定新城的城市组团，因此，上海国际汽车城规划区的功能定位包括了产业功能和城市功能两个方面，将打造成为集制造、研发、贸易、博览、运动、旅游等多功能于一体的综合性汽车产业基地及现代化新城镇。

规划区内东西向的铁路交通走廊、南北向的高压走廊和高速公路走廊，从空间联系上将规划区划分为比较明显的五大空间片区：安亭综合片区、黄渡产学研片区、零配件生产片区、外冈产业拓展片区和汽车运动休闲片区，各空间片区功能各有侧重、各有特色。主要建设工程为地面建筑，包括工业、仓储、住宅、市政道路和其他市政设施等，核心区及其所在的安亭综合片区部分地块涉及地下车库、共同沟等地下空间开发工程，深度一般不超过地下二层，其余区片零星分布。外冈产业拓展片区西侧、西北侧为基本农田，其余片区之间将形成生态且宽敞的大型结构绿地及农用地。

e. 上海国际旅游度假区

上海国际旅游度假区以上海迪士尼项目为核心，整合周边旅游资源联动发展，建成能级高、辐射强的国际化旅游度假区域和主题游乐、旅游会展、文化创意、商业零售、体育休闲等产业的集聚区域。核心区外围区域为发展备用地，以旅游会展、文化创意、商业零售、体育休闲等产业为主。

主要建设用地类型包括管理办公、旅馆、游乐设施、商业娱乐、道路、游憩集会广场、停车场、公共交通枢纽、市政设施及发展备用地等，其中游乐设施用地面积最大，占35.2%。核心区原则上按照20m高度进行控制，对于乐园、旅馆等开发地块，由于建设的特殊要求可突破高度控制要求。核心区内规划有地铁11号线和2号线接驳线两条轨道交通线。

2）规划需求调研

结合各规划区特色，通过与规划部门或规划区管理委员会沟通，在广泛调研的基础上确定各规划区对地质资料信息服务的需求，主要包括如下内容。

a. 基本需求

规划区与工程建设相关的工程地质、水文地质、环境地质条件，以及地面沉降等地质灾害发育特征和趋势预测分析，浅部砂层、软土层等不良地质体分布特征及其对规划建设的影响；进行用地适宜性分区评价，包括天然地基、桩基等地面建筑和地下空间开发利用等方面的工程建设适宜性评价；规划区土地质量综合评价，为绿化、农田和生态环境保护等方面的规划提供必要的地质资料信息。

b. 特色需求

虹桥商务区需要重点进行大规模地下工程建设密切相关的工程地质信息及地下空间开发适宜性评价。浦江镇主要考虑不同高度地面建筑物地基条件及地质环境适宜性评价，黄浦江边特殊地质条件及其对工程建设的影响。枫泾特色镇以加强古镇古建筑保护为主，开展工程建设和地面沉降对古建筑的影响评价。上海国际汽车城侧重于工业建筑地基条件及相关地质环境适宜性评价，地面沉降对交通走廊的影响。上海国际旅游度假区则要注重工程建设及各类设备运行安全、旅游用地水土生态安全、饮用水安全等。

3）已有地质资料信息分析

充分利用上海市地质资料数据中心进行资料收集，包括遥感影像、区域地质、基础地质、水文地质、工程地质、环境地质等资料，另外还要到其他部门收集气象水文、已有建筑工程、规划初步资料以及其他与规划地质评价相关的资料，通过对上述五个试点区地质资料进行整理和分析，发现主要存在以下问题。

（1）工程地质钻孔分布不均匀且因位于郊区钻孔数量较少，难以达到调查精度要求。

（2）浅部含水层地下水监测相对欠缺，特别是对与地下空间开发密切相关的微承压含

水层和第 Ⅰ 承压含水层资料较少。

（3）土壤地球化学资料以 1∶25 万土壤地球化学调查资料为主，对于有特殊需求的土壤和浅层地下水环境质量分析时样品数据量不足。

2. 规划地质环境调查

已有地质资料信息无法满足地质调查精度及规划地质评价要求，需要在进行实地踏勘与现场调查基础上编制工作方案，补充采集工程地质、水文地质、环境地球化学等信息。

1）工作方案编制

不同规划阶段所需要的地质环境调查精度不同，但调查内容基本相同，根据具体项目的特色需求有针对性地编制工作方案，一般通过增加钻孔数量和取样分析使获取的地质信息资料满足城市规划精度的要求。工作方案的内容包括气象及水文基本特征、地形地貌、区域地质背景、工程地质结构及特征、水文地质条件及地下水开采和回灌动态、土壤环境质量、地质灾害、浅层地热能开发利用前景、应急水源地选取等。

2）地质资料补充采集

结合规划区地质环境调查特色需求，虹桥商务区侧重于与工程建设密切相关的工程地质条件调查，包括古河道、暗浜等不良地质体分布，影响地下空间开发的浅部含水层水文地质特征及浅部软土发育特征等。浦江镇侧位于黄浦江边，要注重特殊地质条件调查及黄浦江防汛墙地面沉降、岸带冲淤等地质灾害调查。枫泾特色镇则要补充调查与古镇古建筑保护相关的地质条件及地基稳定性。上海国际汽车城侧重于工业建筑基础工程地质条件调查及地面沉降地质灾害补充调查。上海国际旅游度假区应补充水土环境质量调查和软土、古河道等不良地质条件调查，以应急供水水源地为目的的水文地质条件调查。

3）地质环境条件分析与评价

地质信息服务城市规划需详细分析规划区地质环境条件，结合规划特点进行地质环境条件评价，主要内容包括以下几方面。

（1）自然地理特征：地形地貌、气象、水文等特征，其中水文特征应分析规划区及邻近区域河流的宽度、深度、水位动态特征、河岸稳定性等。

（2）基础地质特征：分析规划区及邻近地区断裂构造与地震地质概况，第四纪地层的埋藏分布与地层岩性等基本特征，对断裂活动性进行重点评价。

（3）工程地质：分析规划区内地基土的成因、时代、类型、空间分布规律及其物理力学性质，查明规划区的工程地质条件，对容易引发地质灾害的不良地质条件予以重点分析。

（4）水文地质：分析各含水层的分布与特点、地下水的开采量与回灌量变化、地下水位动态及其变化、水化学特征等，对影响地下空间开发的浅部含水层予以重点分析和评价。

（5）水土质量：根据区域水土地球化学特征，综合评价水土生态环境质量，对影响居民住宅建设、旅游用地等水土污染生态环境问题予以重点评价。

（6）地面沉降：根据区域地面沉降特征，研究规划区地面沉降的累积发育程度以及预测未来发展趋势，对不均匀沉降区重点分析评价。

（7）规划区及周边环境条件：调查规划区内保留建（构）筑物及毗邻规划区的建（构）筑物、地下工程设施的情况，包括建（构）筑物的层数、建筑年代、结构型式、基础型式、基础深度、使用状况等，以及地下管线的类型、直径、埋深等情况。对保护建筑、重大工程项目应予重点调查、分析。

3. 规划地质环境适宜性评价

五个规划地区试点工作对规划地质环境适宜性评价的评价内容、评价方法、评价要素选取和成果表达方式进行了探索，提出了地质环境适宜性评价的主要分类要素，总体上依据五个试点的不同规划特色，地质环境适宜性评价侧重点各不相同，分别总结如下。

1）规划场地稳定性评价

场地稳定性是工程建设地质环境适宜性评价的主要依据，由于上海地区不存在影响场地稳定性的活动断裂，也不存在影响场地稳定的崩塌、滑坡、泥石流等突发性地质灾害，建设场地总体上是稳定的，但在沿江沿海地区堤岸稳定性、岸带冲淤对岸边场地稳定性存在一定的影响，如在浦江镇规划场地稳定性评价时，需要分析规划区内黄浦江边堤岸稳定性以及岸带冲淤的影响。

2）不同高度建筑物地质环境适宜性评价

各规划区均开展了不同高度建筑物地质环境适宜性评价。由于上海是典型的软土地区，为避免地基变形对建筑物的不良影响，一般采用桩基础。桩基设计时，可根据不同高度建筑物的上部结构、荷载分布及大小，选择相应的桩基持力层和桩端入土深度，因此，不同高度建筑物的地质环境适宜性主要由规划区不同地段的桩基条件差异决定。如上海国际汽车城规划有大量的住宅、商务楼及大型厂房等地面建筑，在规划编制时需要地质信息为建筑布局提出合理化建议，因此根据规划特点按照不同建筑高度（24m 以下、24～100m、100m 以上）进行不同高度建筑物的地质环境适宜性评价，编制地质环境适宜性分区图。图 10-9 是上海国际汽车城 100m 以上高度建筑地质环境适宜性分区评价图。

3）地下空间开发地质环境适宜性评价

各规划区均开展了不同深度地下空间开发地质环境适宜性评价。上海地区对地下空间开发影响较大的主要为浅层地下水、软土以及砂土，开发过程中将会产生不同程度的流沙、水土突涌等地质灾害，适宜性评价主要是根据不同深度地下空间开发产生地质灾害的程度进行分区评价。由于上海是典型的软土地区，软土对工程建设的影响具有普遍性，因此进行地下空间开发适宜性评价时不以其作为评价依据，而主要是根据浅部粉性土（②$_3$、③$_a$、④$_a$、⑤$_2$、⑦）的分布发育情况，分析不同深度地下空间开发引发和遭受流土、流沙、水土突涌、基坑坍塌等地质灾害的风险程度，以及减灾防灾投入大小来进行地下空间开发适宜性分区和评价。如虹桥商务区核心区规划中将进行大量的地下空间开发，且开发深度不一，因此开展了不同深度地下空间开发地质环境适宜性分区评价，包括地下一层（≤5m）、二层（≤10m）、三层（≤15m）及深层（≤20m），编制了虹桥商务区地下空间开发地质环境适宜性分区图。图 10-10 是虹桥商务区深层地下空间开发地质环境适宜性分区图。

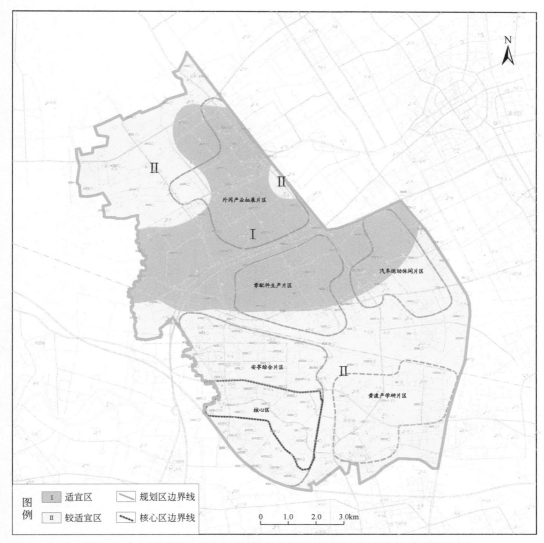

图 10-9　上海国际汽车城 100m 以上高度建筑地质环境适宜性分区评价图

4）水土环境质量对规划用地适宜性评价

近年来随着人们生态环保意识的提高，水土环境质量越来越受到人们重视，上海市农用地、建筑用地、旅游用地等均对水土环境质量具有一定的要求，根据规划用地类型采用不同的标准开展水土环境质量对用地类型的适宜性评价，对规划用地提出建议。五个示范区中，上海国际旅游度假区作为大型旅游度假胜地，旅游区环境生态问题更为重视，规划区土壤环境质量现状评价结果如图 10-11 所示，土壤环境质量以二级为主，对规划用地适宜性无不良影响，进行总体规划编制时，在同等条件下将绿化、休闲和生态用地优先布置在土壤环境质量为一级和二级的地区，对于少量分布的三级土壤地区需要加强土壤环境的监测工作，超三级土壤地区可以根据规划要求需要可采取置换措施。

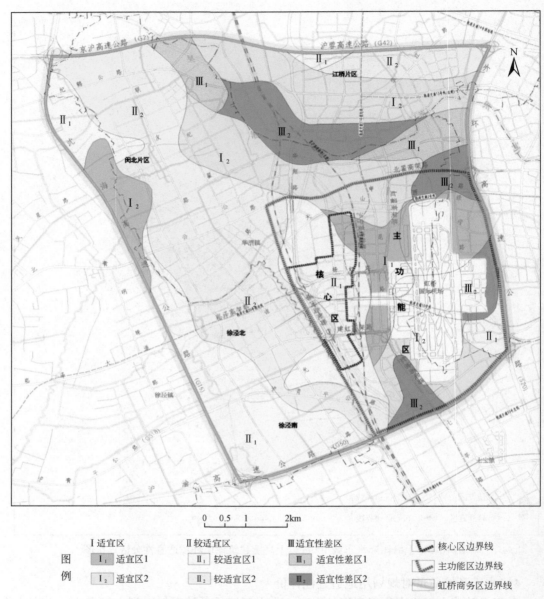

图 10-10 虹桥商务区深层地下空间开发地质环境适宜性分区图

5）规划特殊需求地质评价

a. 道路交通规划选线地质环境评价

根据初步规划资料，结合轨道交通、高架、桥梁、公路等进行地面沉降、地基不均匀变形、水土突涌等方面的评价，重点进行地面沉降不均匀评价。

对于轨道交通这类线性工程，主要考虑工程建成运营后受到地质环境的影响，特别是考虑差异性沉降的轨道交通选线评价，如虹桥商务区、浦江镇、上海国际旅游度假区等，均开展了道路交通选线适宜性相关评价工作。

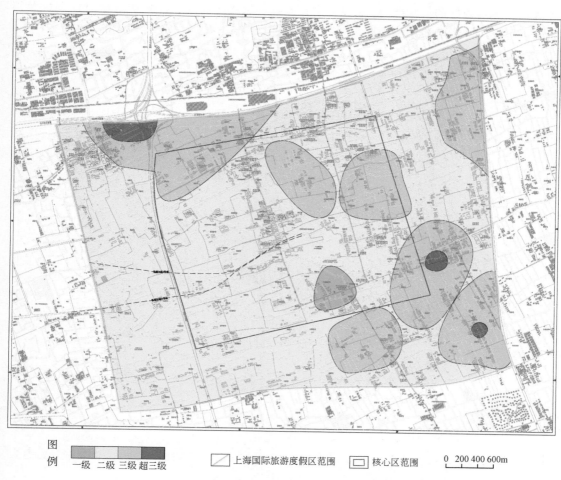

图
例
　一级　二级　三级　超三级　　　　　上海国际旅游度假区范围　　　核心区范围　　　0　200 400 600m

图 10-11　上海国际旅游度假区土壤环境质量综合评价图

b. 古建筑保护地质环境适宜性评价

当规划区内分布有需要保护的古建筑、历史文化古迹等，需要开展此类评价。如枫泾古镇古建筑密集，建筑基础埋藏浅，结构类型一般为石砌体或木结构，桥一般为砌体拱桥，结构抵抗振动和变形能力差，工程建设易引起古建筑的基础滑移、墙体开裂甚至坍塌，因此，在古镇核心保护区范围内一般不适宜进行新建大面积地面建筑以及大型地下市政管线等地下空间开发和建设活动。此外，根据枫泾古镇片区地面沉降监测现状表明，枫泾古镇片区地面沉降已存在，且近年来受邻省地下水超采的影响，规划区地面沉降未得到有效控制，且差异沉降明显，因此，枫泾古镇片区地面沉降及差异沉降将对古建筑物正常使用和保护带来一定的影响。

c. 地下水应急供水水源地建设可行性评价

针对规划区饮水安全特殊需求，如上海国际旅游度假区，当处于旅游旺季时，考虑到园区内密集人群的饮水安全问题，进行了地下水应急供水水源地建设可行性评价（图 10-12），评价结果显示上海国际旅游度假区第 IV 承压含水层厚度大、分布广，富水性好，水质优良，具备很好的供水能力，4 口开采井连续抽水 1 个月时，经预测分析对规划区及邻近地区地面沉降影响较小，因此规划区内具备地下水应急供水水源地建设的条件。

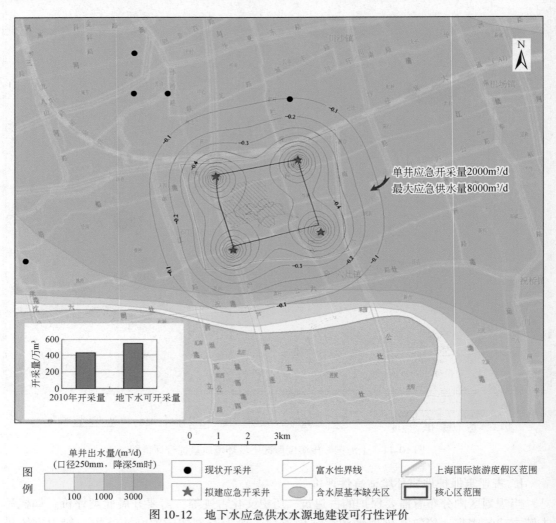

图 10-12　地下水应急供水水源地建设可行性评价

10.3.2　服务土地资源管理

10.3.2.1　土地质量动态监测

土地质量动态监测是指对所有土地进行定点监测，积累土壤质量数据，掌握土地质量动态变化，为土地质量监管提供地质资料信息。

1. 土地质量监测网络体系

按照土地利用类型、土壤类别、土壤环境质量等因素，建立市域土地质量三级监测网络。一级网全市整体控制，监控不同土地利用类型和用地的环境质量情况；二级网加密控制，为土地管理、不同功能区土地质量监测控制提供数据资料；三级网按需控制，为各区级土地利用规划修编、耕地保护、占补平衡、农业种植结构调整、土壤污染治理等提供信息数据。目前一级网点每年监测一次，二级和三级网点每 4 年监测 1 次。在 2012 年底之前就已完成了全市所有土地质量第一轮调查监测工作，获得了 6000 多个表层土壤的无机指标调查监测数据，所有监测数据均已进入上海市地质资料数据中心，其土地质量管理技术流程如图 10-13 所示。

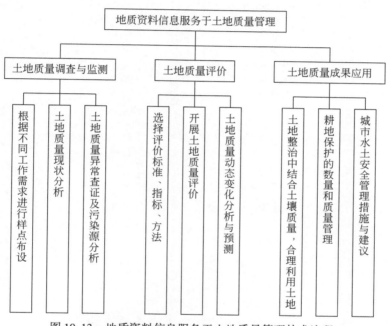

图 10-13　地质资料信息服务于土地质量管理技术流程

2. 市域土地质量状况

利用上海市地质资料数据中心已有的监测数据，根据《土壤环境质量标准》，开展土壤环境质量综合评价和土壤综合污染评价，其评价结果如图 10-14、图 10-15 所示。全市土壤环境综合质量总体良好，上海三岛（崇明岛、长兴岛、横沙岛）及上海广大地区的土壤环境质量基本为一级和二级，其中一级土壤主要分布在上海三岛及市域东南部地区，淀山湖周边地区也属一级土壤，而三级和超三级土壤主要分布在上海市区和宝山及松江的工业区。全市土壤以清洁和尚清洁为主，污染主要集中在中心城区和宝山区的东部，中心城区以外的嘉定区和松江区的污染地块均主要分布在各自的工业园区，其余区的污染范围较小，呈零散状分布。

图例 ▢ 一级 ▢ 二级 ▢ 三级 ▢ 超三级

图 10-14　土壤环境质量综合评价图

图例 ▢ 清洁 ▢ 尚清洁 ▢ 轻污染 ▢ 中污染 ▢ 重污染
　　　　　0.7　1.0　　2.0　　3.0

图 10-15　土壤综合污染评价图

10.3.2.2　农用地分等定级

农用地分等定级工作主要是在调查和收集上海市农用地的自然质量、利用状况、投入与产出状况等方面资料的基础上，选取有效土层厚度、表层土壤质地、剖面构型、盐渍化程度、土壤有机质含量、土壤酸碱度（pH）、灌溉保证率、排水条件等 8 个因素作为上海市农用地分等定级的评价因素。对农用地的质量优劣进行综合、定量评定，并划分等别，从资源管理的角度虽然能够比较全面地反映农用地的质量差异和生产能力，但是它未考虑污染因素对农用地的质量造成的影响。因此，利用上述土地质量动态监测成果，依据土地有益元素、有毒有害元素和有机污染物含量水平等地球化学指标，以及其对土地基本功能的影响程度，开展土地质量地球化学评价，并将评价成果与农用地分等定级研究进行整合，探索农用地质量评价的新方法，更好地开展耕地保护工作，实现对基本农田高效利用与生态管护的有机结合。

以金山区为例，应用土地质量调查成果资料进行土地质量地球化学评价，结果如图 10-16 所示，然后结合金山区农用地分等成果（图 10-17），采用因素法和叠加法将两项成果进行整合，得到结果如图 10-18 所示。与原有农用地分等成果相比，整合成果除综合反映土地自然属性、利用水平、经济效益水平和地球化学质量方面的特征外，还可以判断同一等别的农用地在土地质量地球化学方面的差异，提高土地质量评价的精度，可根据整合后的土地肥力综合质量及土地环境综合质量，确定基本农田的理论保护数量与质量指标，为基本农田划定工作提供更科学的依据。

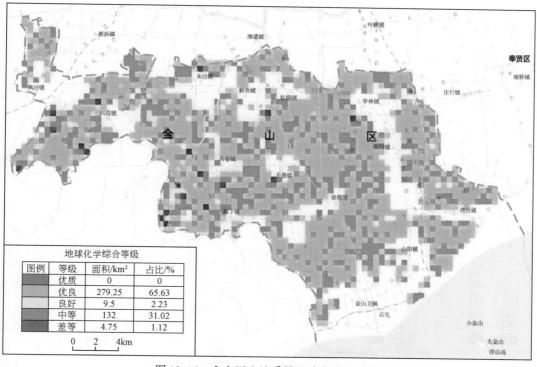

图 10-16　金山区土地质量地球化学评价图

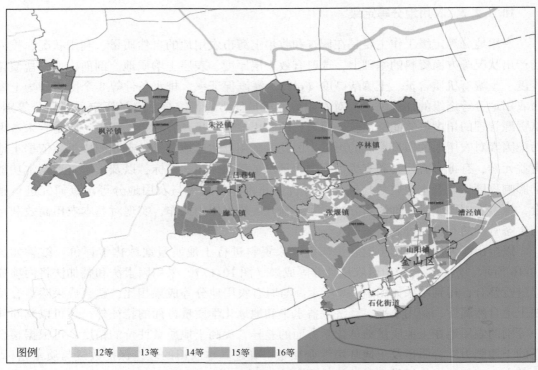

图 10-17　金山区农用地自然质量等别图

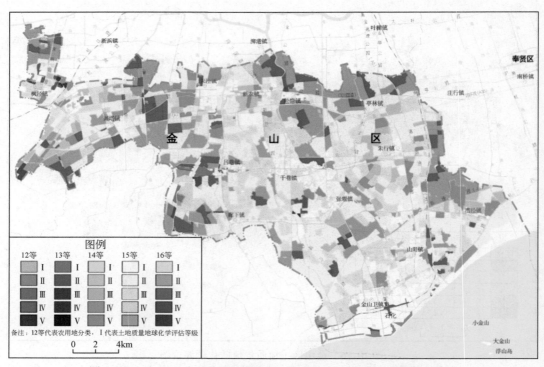

图 10-18　金山区土地质量地球化学评价与农用地分等成果叠加整合图

在上述研究成果的基础上，综合考虑土壤污染程度、适宜发展无公害与绿色食品生产程度、土壤肥力质量以及利用现状等因素，编制农用地利用综合区划图（图 10-19），可以对土壤污染治理与种植结构调整提出建议。如在无公害绿色农产品优质种植区和一般种植区，可以根据当地的农业生产特色，大力开发品牌绿色产品；在无公害农产品优质种植区和一般种植区，可以种植无公害农产品；对于土壤已经被污染的区域，需要对污染土壤进行重金属元素形态分析和生物有效性分析，确定污染金属元素的迁移过程，评估生态风险，结合实际情况，进行土壤污染治理。

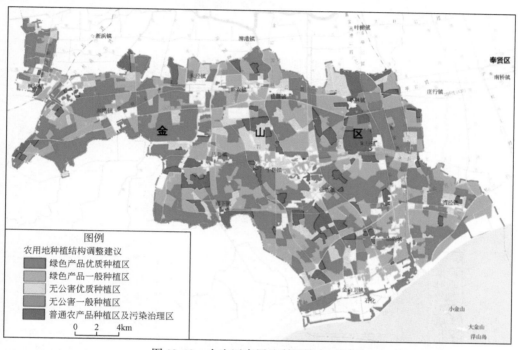

图 10-19　金山区农用地利用综合区划图

10.3.2.3　后备土地资源潜力评价

1. 后备土地资源潜力评价信息服务目标与技术流程

地质资料信息服务于后备土地资源潜力评价，重点围绕三个层次的服务目标展开：一为滩涂资源开发的潜力评价，指出"哪里可以开发"；二为滩涂资源开发适宜性评价，指出"能不能开发"；三为滩涂资源开发后的影响评价，指出"开发后产生了什么影响和后果"。后备土地资源管理技术流程如图 10-20 所示。

围绕这三个服务目标，在传统水下地形冲淤分析的基础上，将沉积环境演化和水下地形的冲淤演化记录进行了有效结合，全面总结了千年—百年尺度上重点后备土地资源区的沉积演化和沉积速率、通量变化情况，并在总结现有后备土地资源数量和质量现状的基础上，研究促淤圈围筑堤砂源的分布及来源，并对其综合利用潜力进行总体评价，科学地指导后备土地资源的促淤圈围和土地利用规划工作。

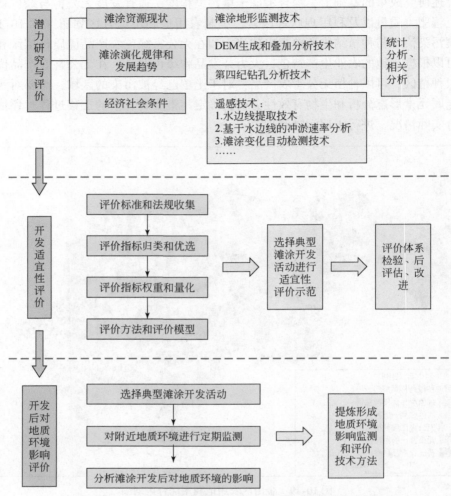

图 10-20　地质资料信息服务于后备土地资源管理技术流程

2. 后备土地资源数量与质量

上海市后备土地资源主要分布在崇明东滩、北港北沙、横沙东滩、九段沙和南汇东滩，五大滩涂面积之和占上海市滩涂总面积的 78% 左右。2011 年五大滩涂 "0m" 线以上、"−2m" 线以上和 "−5m" 线以上滩涂面积分别为 544.4km² 、954.3km² 和 1842.2 km²（理论最低潮面计算）。

按照《沉积物质量标准》和《土壤环境质量标准》分别对后备土地资源的质量进行评价，尤其是崇明东滩—北港北沙、青草沙—中央沙、横沙东滩—铜沙浅滩、九段沙等几个典型滩涂进行环境质量评价。总体上质量状况较好，大部分元素都处于一级质量水平。

3. 后备土地资源综合开发潜力

崇明东滩—北港北沙地区、横沙浅滩—铜沙浅滩地区、九段沙地区、南汇东滩—杭州湾地区、崇明北沿边滩均具有一定的开发潜力。崇明东滩—北港北沙地区沉积物环境质量总体比较良好，可以用于自然保护区、集中式生活饮用水水源地、茶园、牧场等保护区建设，也适用于一般的农用地来进行使用。横沙浅滩地区是目前大规模进行促淤圈围的地区，其演化趋势仍然向南东方向进行推进，从其所处地理位置分析，南侧面临深水航道，从长远考虑，深水航道运行中不断进行疏浚形成的泥沙为该区的综合利用提供了有利条件；圈围后可广泛应用于工业和农业的后备用地；由于现有土地质量较好，在开发利用过程中，应该注重保护和充分的应用。九段沙地区为重要的湿地自然保护区，但从演化趋势分析，其前缘仍然主要处于斜坡沉积环境，处于较高的沉积速率阶段，且具有较便利的促淤圈围用沙条件，由于现有土地质量较好，在开发利用过程中，应注重保护，并且合理应用；圈围所得的土地，可优先发展特色水产养殖、绿色农业、生态绿化、生态旅游等项目。综合分析南汇东滩—杭州湾地区的高中低滩分布，其资源十分有限，开发利用的综合潜力较低。崇明北沿是上海市可开发利用中高滩资源比较集中的区域，并且由于长江北支处于不断的淤积和萎缩之中，该区综合利用的潜力较高。上海市后备土地资源可持续利用潜力区分布如图 10-21 所示。

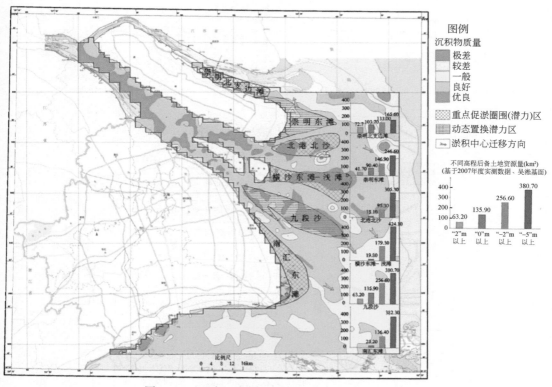

图 10-21　后备土地资源可持续利用潜力区分布图

10.3.2.4　浅层地热能开发利用

浅层地热能作为有前景的新能源，也是一种可持续开发利用的能源。随着我国能源结构政策的调整和地源热泵技术水平的逐步提高，今后浅层地热能作为新型能源开发利用将会越来越受到重视。近几年国家和政府大力倡导低碳节能，浅层地热能应用发展很快，但由于地源热泵技术在我国的应用时间不长，人们对其认识不够，一些规程和规范也不尽完善，使得地源热泵技术进行全面推广与应用还存在一些问题，特别是浅层地热能开发利用急需地质资料信息的大力支持。

1. 浅层地热能开发利用地质资料信息服务技术流程

上海市地质资料信息服务与管理系统中汇集了大量的第四纪地质、水文地质基础数据资料，探索地质资料信息服务在浅层地热能开发利用领域的应用，首先需要充分挖掘上海现有的基础地质资料，据此开展浅层地热能调查与评价工作，查明浅层地热能地质背景及可开发利用的区域和合理开发量，开发浅层地热能信息管理系统，科学规划浅层地热能资源的开发利用，开展成果示范应用项目，促进上海城市能源结构调整和生态型城市建设。工作总体思路如图 10-22 所示。

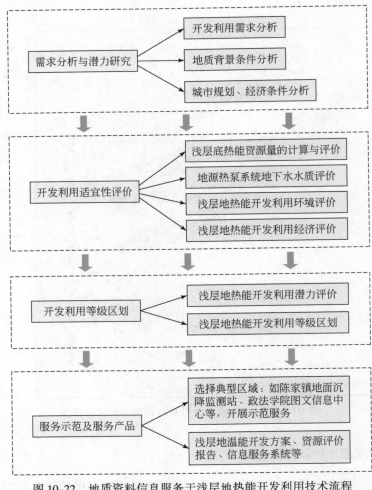

图 10-22　地质资料信息服务于浅层地热能开发利用技术流程

2. 浅层地热能开发适宜性评价

依据地质资料信息服务与管理系统以及浅层地热能调查工作取得的工程地质、水文地质、岩土热物性参数、地温场分布特征等相关资料，充分考虑地面沉降控制、地下水资源保护、地下建筑设施保护要求以及工程建设和运行成本，并结合上海地区浅层地热能资源和气候特点，进行浅层地热能开发利用适宜性评价，如图 10-23 所示。通过定性与定量分

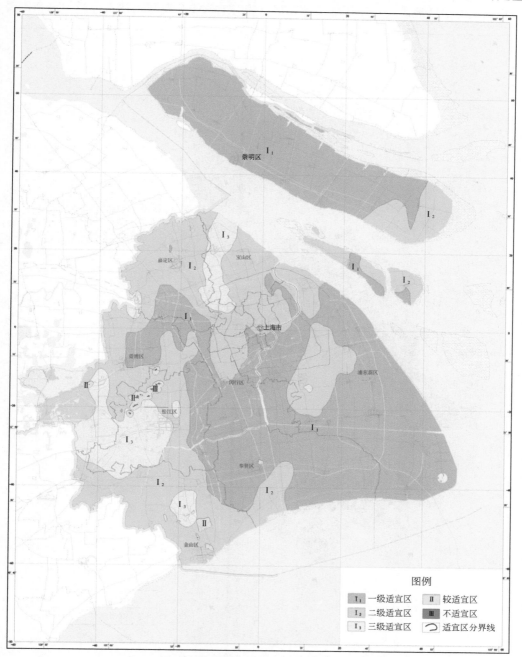

图 10-23　上海市浅层地热能竖直地埋管利用方式适宜性分区图

析，将基岩出露地表区域定性为不适宜区，基岩埋深 0～80m 区域定性为较适宜区，基岩埋深大于 80m 定义为适宜区。再综合考虑水文地质条件、地层结构、地温场特征、岩土热物性参数等因素，将浅层地热能开发利用适宜区按适宜程度分为一级（Ⅰ）、二级（Ⅱ）、三级（Ⅲ）适宜区。

3. 浅层地热能开发利用潜力评价

根据上海地区地质及自然环境条件和现有浅层地热能开发利用技术分析，可利用温差

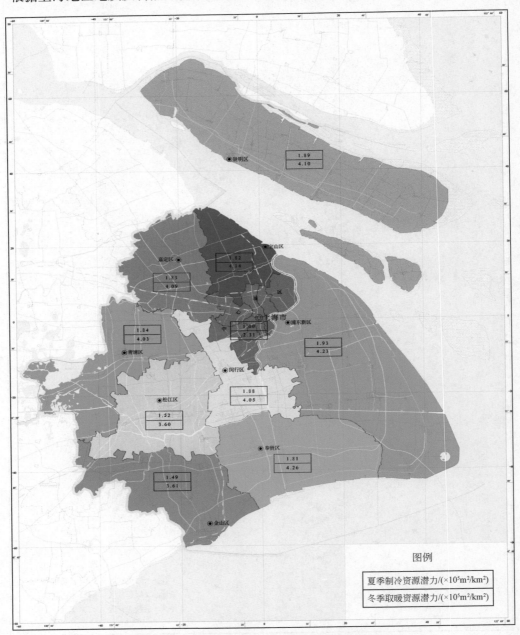

图 10-24　地埋管利用方式浅层地热能资源潜力图

上限为 5℃，采用热储体积法计算得到上海市浅层地热能静态储量为 12131.04 万亿 kJ。依据区域岩土体热物学参数资料，计算地埋管利用方式制冷、供热区域换热功率，并结合地源热泵机组性能参数和地源热泵应用建筑物平均冷、热负荷统计结果，计算地埋管利用方式以及夏季制冷、冬季供暖可供建筑面积，进行浅层地热能开发利用潜力评价（图 10-24）。

4. 浅层地热能开发利用等级区划

综合考虑"上海市浅层地热能适宜性分区结果"、"上海市各行政区浅层地热能地埋管利用方式潜力评价结果"以及"上海市城市总体规划"和"上海市土地利用规划"等因素，进行浅层地热能开发利用等级区划，将上海市浅层地热能开发利用划分为一等、二等、三等、四等开发区 4 个区域，其分区依据及原则见表 10-1，各等级区分布情况如图 10-25 所示。

表 10-1　开发利用等级划分情况一览表

分区等级	依据及原则	备注
一等开发区	地质条件适宜区，集中建设用地区域，"十二五"集中建设区域	嘉定新城、松江新城、青浦新城、南汇新城、奉贤南桥新城、金山新城、崇明城桥新城以及重点城镇
二等开发区	地质条件适宜区，集中建设用地区域，"十二五"非集中建设区域	外环线以外，非规划新城及重点城镇地区
三等开发区	地质条件适宜区，集中建设用地区域，已基本建成区	市中心地区，外环线以内
四等开发区	地质条件不适宜区、土地性质为农用地区以及地下空间开发区	铁路、公路、地下隧道、地铁、人防工程、地下停车场、其他地下工程设施区等国家法律和相关规划禁止进行地下资源开发利用的区域

10.3.3　服务工程建设

经过多年探索，上海市已经形成了一套行之有效的地质资料信息服务于地质灾害防治的工作模式，主要体现在地质资料服务于地面沉降防治、地质灾害危险性评估、地质灾害应急抢险等方面。

10.3.3.1　地面沉降防治

地质资料信息已应用到上海市地面沉降防治的日常管理之中，并在"十一五"及后续的地面沉降防治实践中发挥了重要作用。"十一五"期间实施地面沉降控制的具体应用步骤如下：首先根据当前上海市地质资料信息服务与管理系统中地下水和地面沉降监测资料及水文地质条件的研究程度，总结归纳得出与区域地质环境控制密切相关的地下水位控制条件，据此提出地面沉降控制目标，并计算得出最优地下水开采格局条件下的地下水环境容量，以此作为全市地下水资源利用的前提，编制年度采灌方案；结合各行政区实际供水

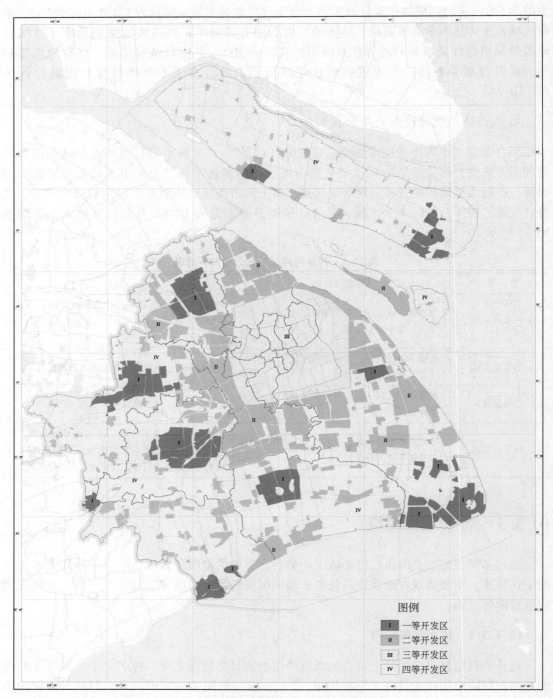

图 10-25　浅层地热能开发利用等级区划图

情况及供水需求执行本年度采灌方案，开展地下水和地面沉降动态监测，监测数据进入信息系统，进行地面沉降的分析，编制上海市地下水和地面沉降动态监测的月报、季报、年报，形成上海市地质环境公报；根据采灌方案执行情况和信息系统中的监测数据，编制下一年度采灌方案；对"十一五"地面沉降防治规划进行后评估，依据该段时期地下水和地面沉降监测资料以及对地质条件新的认识制定"十二五"和后续的地面沉降防治规划目标（图 10-26）。

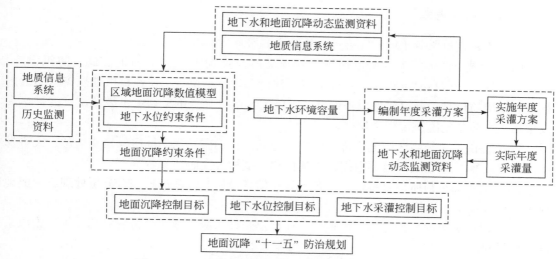

图 10-26　地质资料信息服务于地面沉降防治工作流程

10.3.3.2　地质灾害危险性评估

按照"国土资源部关于加强地质灾害危险性评估工作的通知"（国土资发〔2004〕69号）及其附件《地质灾害危险性评估技术要求（试行）》、上海市规划和国土资源管理局发布的"上海市地质灾害危险性评估管理规定"（沪规土资矿〔2011〕73号），需对上海市规划区、建设用地进行地质灾害危险性评估。地质灾害危险性评估利用已有的地质资料信息，包括基岩地质、水文地质、第四纪地质资料和地面沉降监测资料等，对工程建设可能诱发或加剧的地质灾害危险性及工程建设本身可能遭受的地质灾害危险性进行评估，并提出防治措施。

对于规划区地质灾害危险性评估，主要结合规划特点，充分利用规划区已有的地质资料信息，开展规划区地质灾害危险性评估，对规划提出建议。

对于重要建设项目，一般是指需报国家审批的建设项目，如轨道交通、铁路、磁浮列车、隧道工程、高速公路、高架道路等工程，跨江和跨海等桥梁工程，高度≥150m、基坑深度≥15m 的各类建（构）筑物工程，对环境具有较大影响的重化工业项目、原重化工业用地开发项目等，要根据工程特点，充分利用评估区范围内的地质资料，单独进行地质灾害危险性评估。

对于除重要建设项目以外的其他建设项目不再单独进行地质灾害危险性评估，实行分区评估和告知承诺制。基于上海市地质资料数据中心集成的全市地质资料，将全市分为 52个分区单元，出台了《上海市地质灾害危险性分区评估技术要求》，编制了《上海市分区单元地质灾害危险性评估报告》，并上传至上海市规划和自然资源管理局网站，同时进行定期更新，详情可查询相关网站。

10.3.3.3　地质灾害应急抢险

1. 主要服务内容

地质资料信息服务于地质灾害应急抢险主要服务内容如下。

（1）为城市防灾减灾、城市建设、管理部门及重大工程（如轨道交通、防汛设施、天然气管网、城市高架道路、重要桥梁等）建设和运营单位等，快速提供地质灾害事故发生地点的地质信息，通过对地质条件及实时监控数据综合分析，划定事故范围，为城市突发地质灾害应急抢险决策提供依据。

（2）提供灾害发生区域地质背景资料，包括工程地质、水文地质等地质信息，灾害发生区域建（构）筑物实时监测数据，土体位移、变形等实时监测数据。

（3）应用综合地质信息平台，对各种地质信息及监测数据进行综合分析处理，形成地质灾害处理决策咨询报告。

（4）对灾害事件处理完成后的重建工作提出长期监测计划、分析发展趋势等，为决策部门提供建议。

2. 地质资料信息服务于防汛墙应急抢险案例

2009 年 6 月 26 日下午，闵行区莲花南路西面、淀浦河南岸河畔景苑一在建商品房工地内防汛墙倒塌，6 月 27 日凌晨 5 点左右，该在建商品房工地内，在建中的 7#住宅楼倒塌，其中倒塌防汛墙长约 70m，防汛墙向淀浦河内最大位移约 5.6m，致使河道内淤泥隆起，直接影响到防汛安全和河道通航。险情发生后，地质灾害应急救援队迅速做出反应，紧急启动处置预案，迅速开展地质资料信息服务工作。

（1）在第一时间赶到现场对险情区的防汛墙、防汛通道、河道、建筑物、现场地形等进行细致的踏勘工作，并调查因滑坡体引起的地表裂缝发育情况及防汛墙滑移情况，以对险情有一个总体的了解。

（2）立即从地质资料信息服务与管理系统内调取了险情所处区域地形图、暗浜图、工程地质钻孔信息、事故附近防汛墙的岩土工程勘察报告等地质信息，为应急抢险决策提供参考依据。

（3）根据倒塌防汛墙状况及周边地质资料，确定抢险工作的重点：对险情区防汛墙的平面位移、沉降以及防汛通道和周边楼房的沉降进行实时监测，其监测结果如图 10-27 和图 10-28 所示；通过实施钻探和物探勘查，探明滑坡体范围、深度，如图 10-29 所示；重点对防汛墙倒塌段内侧土体进行地面巡查，对河床形态展开测量，为后期疏浚、通航做好技术准备工作。

（4）对各种地质信息及监测数据进行综合分析处理，提交监测简报 12 份，最终形成了《淀浦河莲花河畔景苑防汛墙抢险工作报告》处理决策咨询报告。

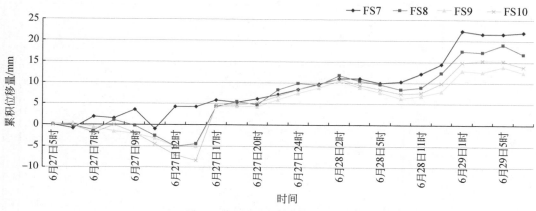

图 10-27　淀浦河莲花河畔景苑防汛墙累积位移量曲线图

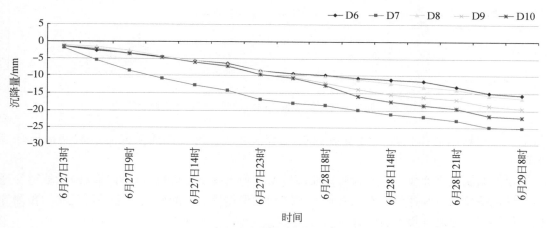

图 10-28　淀浦河莲花河畔景苑防汛墙沉降曲线图

10.3.4　服务城市安全

地质资料信息已为城市安全等提供了重要的技术支撑，特别是在轨道交通、高架道路、磁浮列车等交通生命线工程安全运营中发挥了重要作用，因集成了大量的监测数据，据此开展了一系列安全咨询、安全预警等服务工作。通过对地质信息的深层次挖掘，实现了覆盖轨道交通立项、建设、运营等全生命周期的安全服务。

10.3.4.1　地质资料信息服务于轨道交通安全

1. 轨道交通立项选线选址

围绕地质资料信息服务于城市安全的目标，利用已有地质资料信息，在轨道交通立项阶段分析轨道交通沿线地质条件和环境地质问题，开展轨道交通地质环境适宜性评价，为

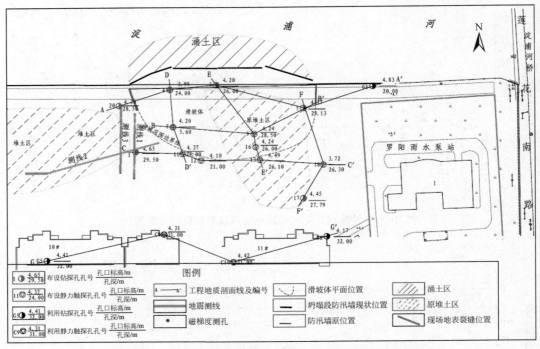

图 10-29　淀浦河莲花河畔景苑防汛墙滑坡体调查实际材料图

轨道交通规划选线提供地质环境方面的技术依据，以便在选线阶段有效规避地质环境风险。

　　以控制轨道交通建设、运营时地质环境安全为出发点，进行选线和选址阶段轨道交通地质环境条件分析和评价，对已有地质灾害和工程建设引发的地质灾害进行现状和预测评估，最终给出地质环境适宜性评价。

　　对于地质环境条件评价及地质灾害危险性预测评价，需要根据轨道交通施工工艺，进行地质环境条件评价，对可能发生的地质灾害发展演化趋势进行评估，包括轨道交通建设引发地质灾害的可能性与危险性分析评估、遭受地质灾害危害的可能性与危险性分析评估。

　　（1）根据轨道交通所处地理位置及地质环境条件，结合类型与规模及拟采取的设计施工方案，分析在建设过程中和建成后对地质环境的影响。

　　（2）对轨道交通在建过程中及建成后引发的地质灾害类型、规模、范围与发展变化趋势进行预测。

　　（3）对轨道交通遭受地质灾害危害的可能性以及危害程度与损失进行评估。工程建设适宜性评价，需在现状评估与预测评估的基础上，提出地质灾害防治措施与建议，对轨道交通建设项目在拟建场地的适宜性做出评估，如拟建场地受地质灾害危险性大，采取相应防治措施后仍难以取得明显效果的适宜性差的建设项目，应提出避让、改线或重新选址的建议。

　　如对于地下车站地质环境适宜性评估，可依据已有地质资料信息参照表 10-2 进行。

表 10-2　上海地区地下车站地质环境适宜性分区

地质环境条件分区		含水层分布特征	软土层分布特征	硬土层分布特征	适宜性评价
	区				
正常地层区域	I	无⑦层,大部分地区无②₃层	③、④层均有分布,累积厚度大于15m	第一硬土层⑥层均有分布	好
	II	⑦层埋深小于20m,基本缺失②₃层			一般
	III	⑦层埋深大于20m,②₃层厚度小于3m	③、④层累积厚度大于10m		较好
	IV	⑦层埋深大于20m,②₃层厚度大于3m	③、④层累积厚度小于10m		一般
	V	⑦、⑨层沟通	③、④层累积厚度大于15m		较差
古河道切割区域	VI	无⑤₂层,②₃层厚度小于3m	③、④层累积厚度大于10m,⑤层黏性土层厚度大	第一硬土层⑥层缺失	较好
	VII	无⑤₂层,②₃层厚度大于3m	③、④层累积厚度小于10m,⑤层黏性土层厚度大		一般
	VIII	有⑤₂层,与⑦层不沟通	③、④层均有分布,⑤层黏性土层厚度较小		较差
	IX	⑤₂、⑦层沟通	③、④层均有分布,⑤层黏性土层厚度小		差

依据上述地质资料信息服务于轨道交通立项选址阶段的工作思路,已对上海市多条轨道交通线路作了地质咨询工作。如在市域地铁 11 号线建设之前,充分利用已有地质资料,初步查明了 11 号线沿线地基土的埋藏分布与构成、各层地基土主要物理力学性质指标,对拟建线路沿线工程地质条件进行了初步的分析与评价,并开展了地质环境适宜性评价,为有效规避地质环境风险提供了技术支撑(图 10-30)。

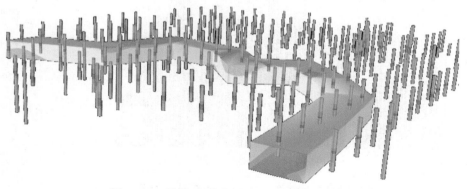

图 10-30　地铁 11 号线沿线三维地质结构模拟

2. 轨道交通建设

通过充分收集区内的工程地质分区资料、不同施工工艺的地质灾害资料，提出轨道交通工程建设中地质环境风险控制，如针对建设过程中可能出现的砂土液化（流沙）、软土地基变形、水土突涌、浅层天然气危害等地质风险控制，为轨道交通建设阶段规避地质灾害风险，保障施工安全，减少投入损失提供重要的技术服务。

在地铁车站建设期间，利用已有地质环境监测资料以及地质结构信息，开展基坑降水优化控制，减轻基坑降排水引发的地面沉降。以地铁 13 号线一期工程祁连山南路站为例加以说明。

地铁 13 号线一期工程祁连山南路站位于普陀区祁连山南路、金沙江路十字交叉处，车站总长 193m，为地下二层 12m 宽岛式站台车站，基坑最大开挖深度为 26m。根据已有地质资料信息，车站深基坑工程与浅部潜水和⑦层第Ⅰ承压含水层地下水密切相关。潜水埋深一般离地表面 0.3 ~ 1.5m，年平均地下水位离地表面 0.5 ~ 0.7m。⑦层为砂（粉）土层，赋存丰富的地下水，为第Ⅰ承压含水层，水位埋深为 6.20 ~ 7.27m，其相应标高为 −2.81 ~ −3.88m。

为了控制深基坑降排水引发的地面沉降问题，依据以往工程案例分析及地质环境监测资料，提出了工程建设期间为减轻地面沉降所采取的基坑降水优化方案。当坑内布置 9 口减压井全部开启时，地下水位可以最大控制在地下 14.0m 左右，能够满足降水要求。抽水过程中，水位较快达到稳定，但沉降是逐渐发展的，降水一个月后基坑周边因降水引发基坑附近的地面沉降量达 10mm 以上，影响范围达 1km 以上，对周边环境影响较大，特别是对基坑北侧邻近居民住宅楼的影响较大，因此需在基坑周边布设回灌井以控制地下水位和地面沉降。采用已建立的数值模型进行分析，经过最优化求解，结合基坑形状，在基坑周边布设 3 口回灌井，能够在满足坑内地下水位降深条件下控制基坑工程引发的地面沉降。优化方案实施监测结果见图 10-31 和图 10-32。

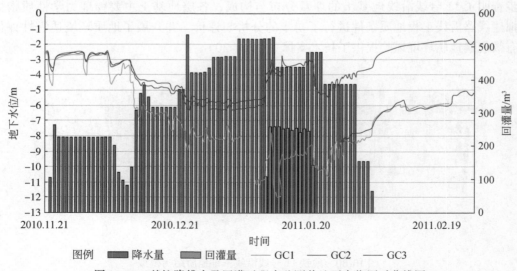

图 10-31　基坑降排水及回灌过程中监测井地下水位历时曲线图

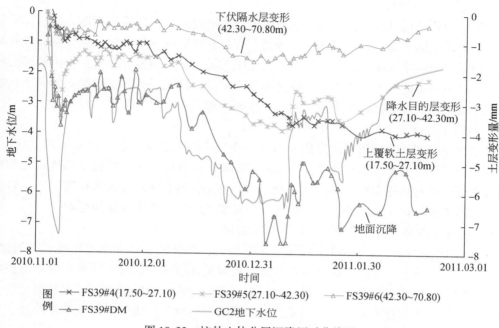

图 10-32　坑外土体分层沉降历时曲线图

3. 轨道交通运营

利用上海市地质资料数据中心的轨道交通沉降监测数据和轨道交通沿线工程地质资料、水文地质资料、区域地面沉降监测资料等，主动加大地质信息"量身定做"服务，提供有别于其他监测单位的高附加值的高端咨询报告，开展运营期地面沉降地质环境风险源识别，制定有针对性的监测技术标准，定制开发"轨道交通数字化管理信息平台"，并负责维护与管理。

1）轨道交通运营期沉降地质环境风险源识别

利用轨道交通沉降监测数据，结合区域地面沉降监测资料和地质环境条件，综合分析轨道交通运营期沉降的地质环境风险源，主要包括区域地面沉降、地质结构差异性及周边工程施工的影响。

a. 区域地面沉降

区域地面沉降对轨道交通沉降的影响较大，受轨道交通沿线附近工程降水的影响，隧道在漏斗区的沉降一般大于区域地面沉降；工后沉降结束后，隧道沉降基本与区域地面沉降一致，但轨道交通总体沉降特征仍受区域地面沉降控制。由于近年来随着区域地面沉降逐年趋缓，轨道交通沉降逐步趋于缓和，部分区段甚至出现了回弹现象。分析沉降原因发现，区域地下水开采引起的隧道底板以下土层压缩变形对轨道交通沉降起到了控制性作用，而工程建设等原因对隧道底板以上土层扰动引起的压缩变形对轨道交通沉降影响不大。

b. 地质结构差异性

利用地质资料信息服务与管理系统中轨道交通沿线的工程地质剖面图,分析地质结构差异性对轨道交通沉降的影响发现:下卧层中存在⑥层暗绿色硬土层,且⑤层厚度较小的区段,轨道交通隧道沉降一般较小;下卧土层中⑤层软黏土层发育厚度是决定轨道交通隧道总体沉降变形量的一个重要因素。隧道穿越深厚的砂性土层,施工阶段对砂性土的扰动是砂性土分布地区隧道沉降变形过大的一个重要因素。

c. 周边工程施工

结合相关案例和地质资料信息服务与管理系统中相关监测数据,综合分析基坑工程、隧道穿跨越工程、桩基工程对轨道交通沉降的影响,研究结果表明轨道交通周边工程建设活动或多或少地对轨道交通沉降产生不利影响,也是轨道交通沉降的风险源之一,特别是轨道交通周边抽排地下水的深基坑工程,对轨道交通沉降会产生明显的影响。

2)轨道交通安全运营监测工作技术标准制定

在现行国家标准、地方标准、行业标准基础上,结合常态情况下多年轨道交通监测、测量、分析、评价、研究的资料和应急状态下应对处理措施,制定有针对性的监测技术标准。对监测工作中的起算基准、测量精度、监测点的设置、监测频率、监测数据分析、监测成果编制等一系列技术问题进行规范,方便管理部门对不同施测单位的质量管理,现已在管理单位内部得以承认,条件成熟时将上升为行业标准。

3)轨道交通结构安全预警信息系统开发

多部门已联合开发了轨道交通结构安全预警信息系统(图10-33),"数字地铁"为地铁监护管理提供了先进、高效的管理手段,能够及时为专家决策提供相关数据,形成地铁监护快速反应机制,确保地铁运营安全。

系统融合了地铁标图、地面沉降、地铁沉降、工程管理、地质信息管理等多领域、多技术手段的数据和研究方法,采用 GIS 平台进行统一展现和管理,通过研究地铁隧道沉降变形特点与发展规律,建立地铁隧道沉降预警机制,实现数据的综合分析和自动预警功能,提高了轨道交通的安全预警能力(图10-34)。

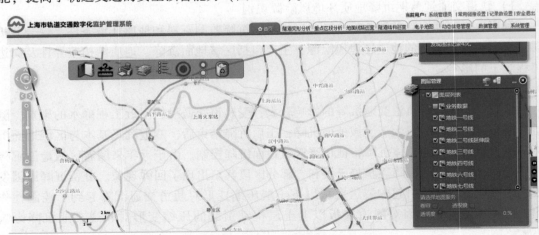

图10-33　系统数据管理

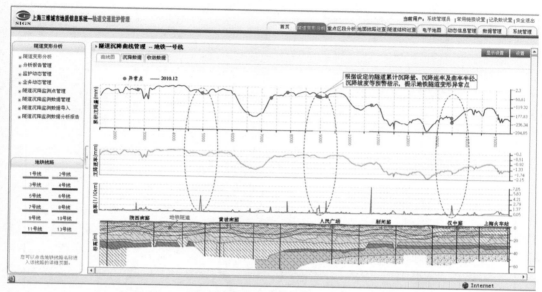

图 10-34　轨道交通安全运营地质风险识别与监测预警

10.3.4.2　地质资料信息服务于高架道路安全运营

上海市地质资料数据中心已集成了上海市高架道路自 2003 年以来的地面沉降监测数据，包括内环线高架（南浦大桥段—浦西杨浦大桥段）、延安高架（外滩—虹桥机场段）、南北高架（中山南一路鲁班路立交—泰和路外环线立交段）、沪闵高架（内环线立交—莘庄外环段）及逸仙高架道路（内环高架大柏树立交—逸仙路吴淞大桥段），通过与区域地面沉降监测数据、区域工程地质资料进行对比分析，了解沉降影响规律，以此为高架道路安全运营提供基础依据。

1. 高架道路沉降规律分析

分析高架道路历年沉降监测数据可以发现，延安高架与逸仙高架全线处于沉降状态，其余 3 条高架的沉降表现为有升有降。总体而言，5 条高架道路的沉降特征以沉降为主，局部区段存在抬升现象，所占比例较小。此外，高架道路沉降存在一定的差异性，部分区域的差异沉降较为明显，需要在后期运营管理工作中加强关注。

2. 高架道路沉降影响因素分析

1）区域地面沉降

对比高架道路沉降监测数据以及中心城区地面沉降等值线图（图 10-35、图 10-36），显示高架沉降总体上仍受区域地面沉降控制。伴随近年来地下水开采量逐年减小，回灌量逐年增加，全市地下水位普遍抬升，区域地面沉降普遍减缓，促使高架等线性工程沿线的地面沉降趋势得到有效控制，但近年来工程建设对地面沉降影响日益显著，对高架沉降也表现出一定的影响。

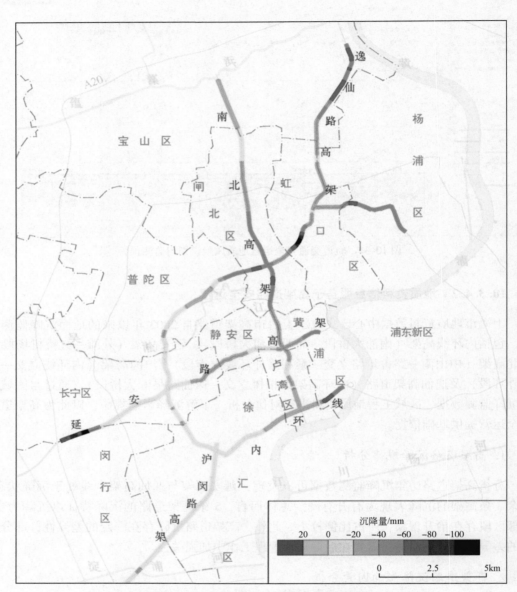

图 10-35 2003～2011 年高架道路沉降图

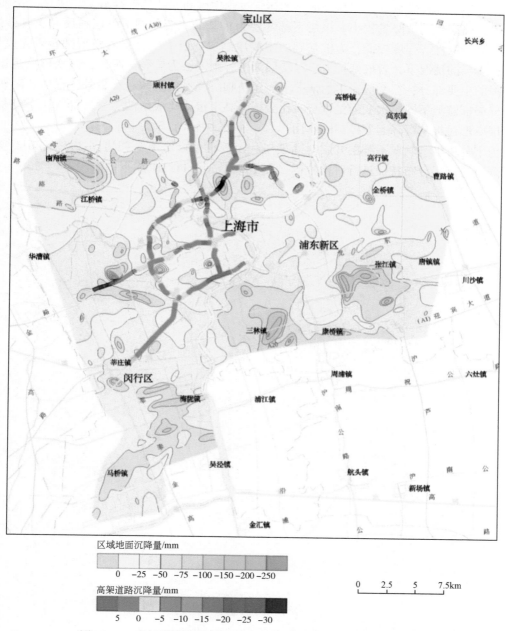

图 10-36　高架道路沉降与区域地面沉降对比图（2006～2010 年）

2）工程地质条件

　　根据地质资料信息集群化成果，对高架道路沿线的工程地质钻孔资料进行了重新梳理，绘制了高架道路沿线工程地质剖面图和主要地层埋藏分布等值线图，在此基础上结合高架道路沉降特征，分析工程地质条件对高架道路沉降的影响。

　　上海市高架道路桩基持力层一般位于⑦层，桩端处地层多为土性较好的砂质粉土、粉砂，该土层工程性质良好，在高架道路的运营过程中因高架和车辆荷载发生固结变形而导致高架道路产生的沉降量较小。该层下部⑧层为桩基的主要软弱下卧层粉质黏土夹砂层，属中—高压缩性，强度较低，为桩基础的主要压缩层。根据已有室内模型试验研究成果，在存在⑧层的情况下，若桩基持力层以⑦层为主，则⑧层为软弱下卧层，其变形量是建筑物沉降的主要部分；在⑧层缺失的情况下，建筑物沉降量明显减小。另外，根据各高架沉降与分层标监测不同层次变形量进行对比分析，高架道路建成后的工后沉降阶段，桩基以下土层变形对桩基沉降起着控制性作用。

为了分析桩基软弱下卧层⑧层对高架工程沉降的影响，将高架道路 2003～2011 年累积沉降量与⑧层分布特征进行对比分析（图 10-37），分析结果如下。

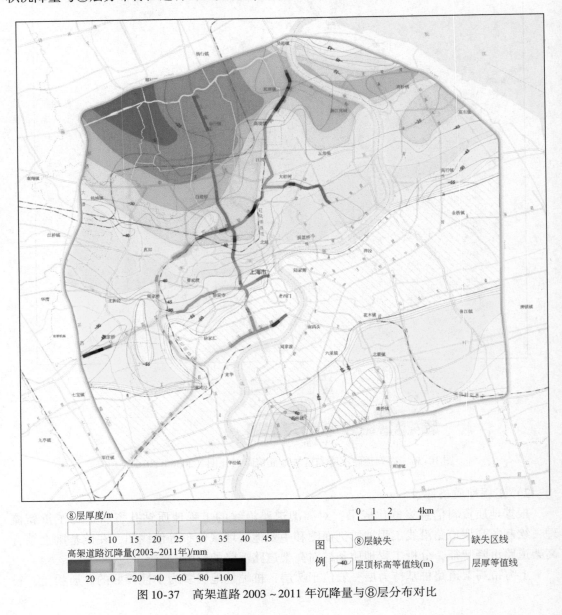

图 10-37   高架道路 2003～2011 年沉降量与⑧层分布对比

⑧层存在与否对高架道路的沉降影响明显，尤其在高架运营的前期阶段。由前述分析可知，延安高架道路及以北地区沉降量大于南部地区，而该地区为⑧层分布区，厚度一般均大于 20m，沉降量一般大于 10mm，且由于厚度变化较大，差异性沉降现象显著。南部的沪闵高架、内环高架南部和南北高架徐家汇路以南⑧层缺失，⑦层与⑨层沟通，沉降量基本小于 10mm。

⑧层分布状况的变化对高架道路差异沉降影响较大。由图 10-39 可知，在⑧层分布区差异沉降现象较为显著，尤其是埋深及厚度变化较大区。几个典型地段分析如下：内环高架沪宁铁路至虹桥路段差异沉降量较大，交通路附近最大沉降量达 50mm，最大回弹量约 8mm，差异沉降量达 58mm，该地段为⑧层厚度变化较大地区，在 5 ~ 30m，苏州河以南厚度较小，以北厚度较大；南北高架中环路以北地区差异沉降现象亦较为显著，庙行镇以北基本为回弹，回弹量最大达 20mm，而中环附近最大沉降量达 30mm，差异沉降量为 50mm，该段中环路以北为⑧层厚度最大地区，⑦层埋藏浅且厚度较小，不适宜作为高架道路的桩基持力层，因此该段设计桩基持力层可能位于⑧层下部的⑧$_2$层粉质黏土与粉砂互层或⑨层，其单桩承载力较高，因此沉降量总体较小，但⑧$_2$层岩性有一定差异，导致高架产生差异沉降；沪闵高架段，该段沉降量基本在 0 ~ 10mm，差异沉降量小，而该段全线基本位于⑧层缺失区，⑦层与⑨层沟通，均为中低压缩性土层，对控制沉降有利。

3）周边工程施工

周边工程施工对高架道路的影响是突变性的。在高架沉降比较严重的地区，均位于地面沉降漏斗中心附近，且经过调查，附近均有明显的工程建设活动影响，如内环高架东宝兴路—广中路、延安高架虹中路—虹井路、逸仙高架长江西路附近区段等的地面沉降监测资料显示，因周边施工差异沉降现象显著，信息系统会提醒高架道路管理单位需进行重点关注。

3. 高架道路安全运营

通过以上结果分析，对高架道路安全运营提出以下建议。

（1）进一步加强高架道路沿线监测网建设与维护工作，保证监测数据的连续性，为高架沉降防治提供有力的信息保障。

（2）对高架道路下部有⑧层分布区、古河道区以及与正常沉积区交界部位、差异沉降较为显著区、沿线地面沉降漏斗区等重点地段进行重点关注。

（3）加强邻近工程施工对高架沉降影响的监控与防护，密切关注周围工程建设对高架工程安全运营的影响，根据沿线地质环境特征对周围施工提出不同的要求，确保高架工程安全。

（4）建立高架道路监测综合信息系统，加强沉降监测和地质数据综合分析，针对高架道路特点，分析其沉降影响因素，编制高架道路沉降监测年度综合分析报告，全面提高高架道路安全运营能力。

10.3.4.3　地质资料信息服务于磁浮列车安全运营

上海磁悬浮全线均为高架段，采用深桩基础，由于受到区域地面沉降和周围复杂的环境因素影响，为及时了解磁悬浮高架轨道沉降形变特征，从 2009 年开始对磁悬浮进行定期沉降测量。上海市地质资料数据中心集成了磁悬浮自 2009 年以来的沉降监测数据，结合磁悬浮周边地质条件，分析磁悬浮沉降规律及其影响因素，为磁悬浮安全运营、预警及结构分析提供服务。

1. 磁悬浮沉降特征分析

1）磁悬浮工程结构沉降与沿线水准点沉降对比分析

对比磁悬浮沿线水准点地面沉降监测资料，磁悬浮立柱沉降小于地面水准点沉降，但从沉降趋势分析，两者基本一致，起始段均表现为抬升，水准点抬升量小于立柱，主要为浅部软黏性土层的沉降导致地面抬升量小，其他路段水准点均为下沉，立柱均有一定量的抬升。

2）磁悬浮沿线分层变形规律

对磁浮线沿线 5 组分层标的监测资料统计分析结果表明，沉降主要发生在桩基持力层以上土层，持力层以上土层变形量超过总沉降量的 80%，沿线浅部各土层最大沉降量发生在浅部第一软土层和第二软土层，桩基持力层下卧层变形量较小，如图 10-38 所示。

图 10-38　磁浮线沿线分层标桩基持力层以上和以下土层沉降量（FS10）

2. 磁悬浮沉降影响因素分析

1）区域地面沉降

通过对磁悬浮桩基持力层上、下土层以及区域地面沉降量和桥墩结构沉降的对比，2009 年以来区域地面沉降主要发生在浅部第一和第二软土层，桩基以下至基岩土层变形量与桥墩结构沉降量基本一致，说明磁悬浮结构沉降量主要受深部土层变形量影响，如图 10-39 所示。随着近年来地下水开采量逐年减少，回灌量逐年增加，全市地下水位普遍抬升，深部土层沉降普遍减缓，部分地区出现回弹现象，促使磁悬浮工程结构沉降得到有效控制。

2）工程地质条件对磁悬浮结构沉降的影响

通过集成的地质资料信息，梳理了磁悬浮沿线的工程地质资料，绘制了工程地质剖面图，与磁悬浮沉降量进行叠加。通过对比分析可知，在沿线中环路、申江路附近，⑧层普遍分布，且其顶部与桩基底部的距离较小，监测数据显示为下沉状态，且有一定不均匀现

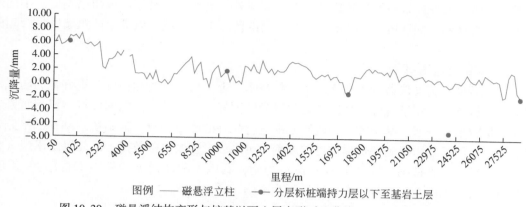

图 10-39　磁悬浮结构变形与桩基以下土层变形对比曲线（2009.12～2011.12）

象，表明工程地质条件的差异将对磁悬浮差异沉降影响较大。另外，磁悬浮沿线中环路至外环线段均为古河道切割区，该区段也是不均匀沉降表现突出区。由此可见，古河道对磁悬浮沉降的影响主要表现为差异性沉降，其主要原因为古河道区地层的变化以及所选择的桩基参数差异。古河道区内良好的桩基持力层⑦层埋深及厚度变化均较大，龙阳路以东、申江路以西等地区甚至缺失，因此，为满足桩基变形要求，磁悬浮桩基在古河道区的长度要比正常沉积区大，桩型、桩径等参数也有一定区别，其下卧层岩性也各不相同，从而引起一定的差异沉降。

　　通过以上分析结果，磁悬浮沉降主要受区域地面沉降以及工程地质条件影响，且有一定的不均匀沉降现象，对磁悬浮安全运营带来一定影响，因此需进一步加强地面沉降长期监测，尤其要对差异沉降段予以重点关注。磁悬浮起始段、浦东国际机场、沿线⑧层分布区以及古河道切割区等差异沉降突出地段进行重点关注；密切关注临近工程施工对磁悬浮沉降影响的监控与防护，尤其是基坑工程易引起较大的地面变形，对工程影响较大；加强测量、地面沉降评价与运营维护等负责部门之间的沟通协作，并做到数据共享，为磁悬浮安全运营提供保障。

10.3.4.4　地质资料信息服务于城市防汛安全

　　地面沉降作为上海市主要的地质灾害，导致中心城区目前已成为全市的洼地，对城市防汛，以及防汛墙、海堤等防汛设施产生严重影响。

1. 防汛墙安全

　　地质资料信息服务于防汛墙安全，主要是开展防汛墙沉降监测，实现多源监测数据融合，以监测数据与地质条件耦合分析为基础，形成年度防汛墙综合监测安全咨询报告和咨询成果，推动防汛墙定期沉降复测工作，为城市防汛能力评估提供精准高程数据，为防汛墙建设、维护和管理提供重要依据。

1）制定专门监测工作方案

　　在现行国家标准、地方标准、行业标准基础上，结合常态下多年防汛墙监测、测量、分析、评价、研究的资料及近年应急状态下应对处理措施,针对不同地质结构区、不同地面沉降发育区和不同区段设防标准,编制专门的监测工作方案,以满足防汛墙维护管理的需要。

2)高精度监测服务

借助新型高精度仪器设备和新方法、新技术,进一步提高监测精度,更好地为防汛墙安全管理服务。利用基岩标,将区域地面沉降监测网、工程骨干监测网以及防汛墙沉降监测网有机联系在一起,基于统一的监测基准进行统一的严密平差,输出统一基准的平差计算成果,为防汛能力精确评估提供更加准确、可靠、严密的基础数据。以外滩防汛墙(外滩苏州河口—十六铺码头段约1.8km长)为例,利用离测区最近的外滩基岩标J9引测,直接测得防汛墙的总沉降量,测量结果更为准确(图10-40)。

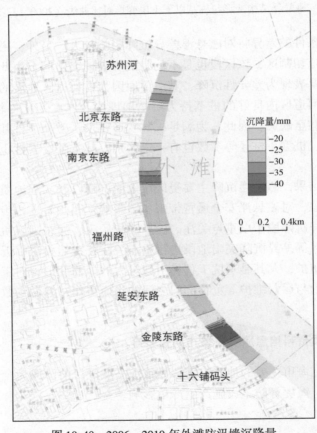

图10-40　2006~2010年外滩防汛墙沉降量

3)防汛墙沉降原因分析

分析整理上海市地质资料数据中心关于外滩防汛墙沿线水准点地面沉降监测资料,通过与外滩防汛墙沉降对比分析,结果表明防汛墙沉降与区域地面沉降有着相同的趋势,虽然地面沉降在防汛墙沉降中所占比例在逐年下降,但总体仍超过50%,地面沉降是导致防汛墙沉降的主要原因。此外,监测成果还表明地下空间开发对土体的扰动加重了防汛墙的沉降，容易引发不均匀沉降，而且影响是长期的。

4）防汛墙沉降对防汛安全影响分析

按 2002 年的防汛标准，根据上海市地质资料数据中心监测成果显示，在防汛墙沉降和黄浦江高潮位不断抬升的双重因素作用下，外滩防汛墙防洪能力在不断下降，其防汛能力已经远达不到设计时的千年一遇标准，想要恢复千年一遇的防汛标准平均需要加高 1.46m，最低处需要加高 1.66m（图 10-41）。

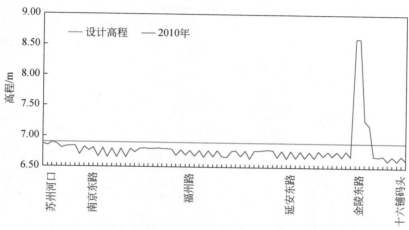

图 10-41　外滩防汛墙 2010 年标高与 2002 年防汛标准对比图

2. 防汛安全评估

地面沉降最直接的影响是改变了上海市原始地貌形态，降低了地表高程，使内河水位相对升高，改变了城市的自然径流、排泄条件。同时又受台风、暴雨、洪汛、潮汐等影响，汛期积水严重、江河水位相对上升并强化海平面上升影响，城市防汛排涝面临严峻压力。地质资料信息服务于防汛安全评估，主要是利用地面沉降监测资料，根据地面高程现状，结合全市水利分片综合治理情况，通过有效的地面沉降容量与可控地面沉降的对比来综合评估城市防汛安全。

1）有效地面沉降容量

上海地区有效地面沉降容量是指 2010～2030 年期间，城市排涝设计标准减去自然因素控制下（海平面上升、构造运动等）的地面沉降量。利用相关资料评估未来海平面变化趋势及新构造运动引起的基底沉降，并结合上海市除涝排水格局，计算得到有效地面沉降容量（图 10-42）。全区平均有效地面沉降容量约为 44cm。西部的青松控制片、商塌片、太北片、太南片、浦南东片、浦南西片由于地势较低，有效地面沉降容量较小，均小于 20cm，其中青松控制片有效地面沉降容量为 0；中心片有效地面沉降容量为 27.4cm，也相对较小；崇明区的崇明片、长兴岛片和横沙岛片的有效地面沉降容量较大，为 60cm；嘉宝北片、淀南片和浦东片的有效地面沉降容量最大，但基本都在 80cm 范围以内。

2）可控地面沉降

上海市可控地面沉降主要受区域地下水开采和城市工程建设两大因素影响。利用现

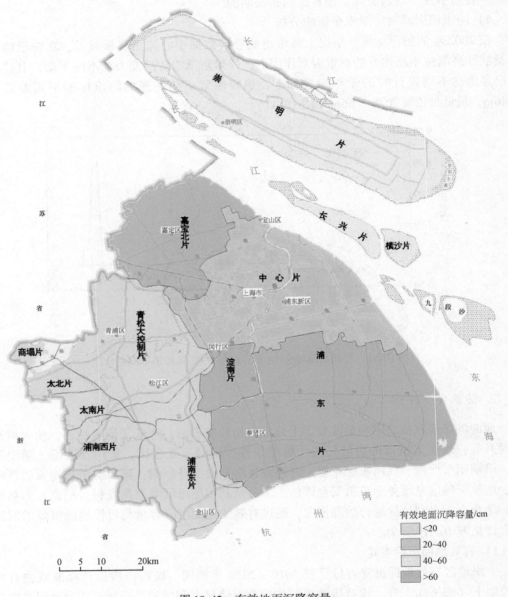

图 10-42 有效地面沉降容量

有的水文地质资料及地下水开发利用现状（2010 年末），结合地面沉降防治规划、方案和城市规划建设，对未来 20 年上海市可控地面沉降总量进行预测（图 10-43）。利用浅部软土层分布资料对全域范围内第一、二、三软土层进行空间结构分区，统计分析各分区基岩标、分层标近 10 年监测资料，结合《上海市土体利用总体规划（2006～2020）》中各土体利用类型分布情况，得出浅部软土层沉降速率，预测工程建设的地面沉降量（图 10-44）。

图 10-43　上海市沉降量预测图（2011～2030 年）

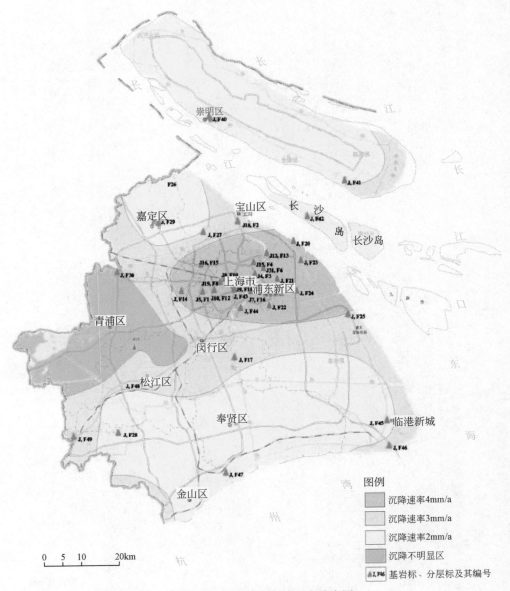

图 10-44　浅部土层沉降速率分布图

3）城市防汛安全评估

根据有效地面沉降容量与可控地面沉降量（包括预测的地下水开采和工程建设引起的地面沉降量）之差，得到图 10-45，由此可以判断，青松片和太南片的大部分地区有效地面沉降容量小于可控地面沉降量，防汛排涝危险性较大；中心片及西部的商塌片、太北片、浦南西片和浦南东片有效地面沉降容量仅高出可控地面沉降量 20cm 以内，防汛排涝也有一定的危险性；三岛片区、嘉宝北片有效地面沉降容量与可控地面沉降量之差在 20～60cm，浦东片有效地面沉降容量与可控地面沉降量之差最大，属于防汛安全区。

图 10-45　有效地面沉降容量与可控地面沉降量比较图

　　工程地质信息系统服务于上海市城市建设的方方面面，根据各个不同部门的需求，经过充分论证，开发不同的模块，嵌入信息系统中，进行不断升级，实现数据实时更新，查询历史纪录，提取城市规划、设计和建设所需要的各类参数，打造信息化城市和数字化城市，努力将上海建设成为引领全球的智慧型城市。

参 考 文 献

艾杰,陈浩,牟岚,等,2013. 超大面积深基坑降水及土方开挖技术. 施工技术,42(22):102-105

白林,林敏,彭伟航,2018. 基于剖面的福建石门火山口三维地质建模方法. 中国科技论文,13(15):1716-1721

白云,刘志,陈吉祥,2016. 上海市深层地下空间开发关键施工技术分析. 上海建设科技,z1:45-48

包曼芳,1988. 地下水人工回灌对控制上海地面沉降的作用及其对地下水污染的影响. 上海地质,1:43-44

包曼芳,孙永福,刘家贤,等,1981. 上海地区第四系水文地质工程地质特征与地面沉降的关系. 上海国土资源(1):42-54

蔡建鹏,2012. 受盾构隧道下穿影响的房屋结构加固前后对比分析. 铁道勘测与设计,2:50-53

蔡雷波,2018. CSM 工法在上海地区深基坑围护止水帷幕中实践探究. 山西建筑,44(16):34-36

曹洪,骆冠勇,廖建三,等,2006. 广州城区地下空间开发对地下水环境的影响研究. 岩石力学与工程学报,25(S2):3347-3356

曹力桥,2010. 考虑渗流固结耦合作用的软土深基坑降水施工的三维数值模拟. 铁道勘测与设计,5:212-218

柴军瑞,崔中兴,2001. 渗流对土体抗剪强度的影响. 岩土工程技术,1:10-12

陈爱侠,杨晓婷,2011. 轨道交通线网规划实施对地下水环境影响分析. 北京理工大学学报,31(2):236-239

陈宝,程徽丰,杨林德,2006. 上海市外滩防汛墙结构沉降的预测研究. 岩土力学,27(8):1287-1292

陈畅,戴斌,王卫东,2010. 上海世博中心基坑工程设计. 岩土工程学报,s1:397-403

陈大平,2014. 上海深部地下空间开发关键地质问题分析. 上海国土资源,35(3):73-77

陈国良,刘修国,尚建嘎,2007. 三维地质结构模型的三维切割分析技术及方法. 计算机工程,33(20):184-186

陈洪胜,陈宝,贺翀,2009. 上海深基坑工程地面沉降危险性分级. 地下空间与工程学报,5(4):829-833

陈晖,2006. 上海典型地质条件变异性引起的基坑工程失效风险分析. 岩土工程学报,28(S1):1907-1911

陈吉余,2007. 中国河口海岸研究与实践. 北京:高等教育出版社

陈吉余,陈沈良,2002. 南水北调工程对长江河口生态环境的影响. 水资源保护,3:10-13

陈吉余,徐海根,1988. 长江河口南支河段的河槽演变//陈吉余,沈焕庭,恽才兴,等. 长江河口动力过程和地貌演变. 上海:上海科学技术出版社

陈杰,朱国荣,顾阿明,等,2003. Biot 固结理论在地面沉降计算中的应用. 水文地质工程地质,2:28-31

陈仁朋,张品,刘湛,等,2018. MJS 水平桩加固在盾构下穿既有隧道中应用研究. 湖南大学学报(自然科学版),45(7):103-110

陈神龙,陈龙珠,宋春雨,2006. 基于模糊综合评判法的地铁车站施工风险评估. 地下空间与工程学报,22(3):32-41

陈太红,王明洋,解东升,等,2008. 地铁车站基坑工程建设风险识别与预控. 防灾减灾工程学报,28(3):375-381

陈伟平,2019. 谈悬挂式止水帷幕基坑承压降水. 山西建筑,45(9):75-76

陈有亮,李林,刘井学,2008. 某深基坑地下连续墙开挖变形有限元分析. 地下空间与工程学报,4(2):320-324

陈卓,陈强,2012. 浅谈复杂环境下粉土粉砂地层盾构进洞施工技术. 四川建筑,32(1):191-193

成强,2013. 深基坑土方开挖施工与安全措施实施探讨. 工程与建设,3:396-398

程海峰,刘杰,赵德招,2010. 横沙通道近期河床演变及趋势分析. 水道港口,31(5):365-369

程徽丰,陈宝,2005. 外滩防汛墙二期工程防御能力分析. 上海地质,1:25-28

程祖锋,余金,2011. 邯郸市区地下水对建筑基础的腐蚀性研究. 河北工程大学学报(自然科学版),28(1):
　　14-18

崔征科,杨文达,2014. 东海陆架晚第四纪层序地层及其沉积环境. 海洋地质与第四纪地质,4:1-10

戴根宝,杨民,2011. 长江三角洲地区深基坑降水与地面沉降模拟预测耦合模型研究. 地质学刊,35(1):
　　45-49

戴雪荣,李良杰,俞立中,等,2005. 上海城市地貌环境形变与防汛墙地理工程透析. 地理研究,24(6):
　　911-918

董雪,李爱民,柯静懿,等,2008. 超大超宽深基坑放坡开挖中心岛施工基坑围护结构设计. 岩土工程学报,
　　s1:619-624

杜景龙,姜俐平,杨世伦,2007. 长江口横沙东滩近30年来自然演变及工程影响的GIS分析. 海洋通报,
　　26(5):43-48

杜景龙,杨世伦,2007. 长江口北槽深水航道工程对周边滩涂冲淤影响研究. 地理科学,27(3):390-394

段光贤,高灯亮,毕兴锁,等,1989. 上海及其邻区的楔形断裂系统. 上海地质,1:13-22

范益群,许海勇,2014. 城市地下空间开发利用中的生态保护. 解放军理工大学学报:自然科学版,3:
　　209-213

冯铭璋,季军,2006. 上海地区浅层气地质灾害评估. 上海国土资源,27(4):44-47

高灯亮,1990. 上海及其邻区潜在地质灾害的构造背景与成因机理. 上海国土资源,11(2):1-8

葛雪华,赵小龙,2010. 浅析预制桩沉桩过程中挤土效应的分析与控制. 技术与市场,17(9):13-14

耿长良,陈大勇,李承鹏,2011. 地面沉降对地铁施工测量的影响及应对措施. 测绘通报,11:53-56

龚士良,1998. 上海城市建设对地面沉降的影响. 中国地质灾害与防治学报,2:108-111

龚士良,李采,杨世伦,2008. 上海地面沉降与城市防汛安全. 水文地质工程地质,35(4):96-101

龚士良,杨世伦,2008a. 地面沉降对上海城市防汛安全的影响. 人民长江,39(6):1-3,17

龚士良,杨世伦,2008b. 地面沉降对上海黄浦江防汛工程的影响分析. 地理科学,28(4):543-547

龚士良,严学新,曾正强,2001. 上海软土地区工程性地面沉降分析. 上海地质,S1:20

顾宝和,1993. 城市地下空间开发中的工程地质问题. 工程地质学报,1(1):47-50

顾澎涛,程之牧,1990. 也谈上海地区的断裂构造系统. 上海国土资源,11(4):1-6

顾相贤,2000. 上海市黄浦江防汛墙评价. 水利建设与管理,2:35-37

顾正华,徐晓东,曹晓萌,等,2013. 感潮河网区水量调控的调水总量计算. 人民长江,44(11):23-28

顾志文,1997. 试论上海及邻区晚新生代沉积特征与断裂构造的关系. 华东师范大学学报(自然科学版,2:
　　68-75

郭永海,沈照理,钟佐,等,1995. 从地面沉降论河北平原深层地下水资源属性及合理评价. 地球科学,4:
　　415-420

何长鸣,闫长虹,2000. 城市地下工程与地下水污染. 环境保护科学,2:19-20

何小燕,冯凌旋,严婧,等,2018. 近期杭州湾北岸金山岸段滩势演变机制及趋势分析. 海洋地质前沿,
　　34(4):1-7

胡琦,凌道盛,陈仁朋,等,2008. 粉砂地基深基坑工程土体渗透破坏机理及其影响研究. 岩土力学,29(11):
　　2967-2972

胡瑜韬,田敬,彭芳乐,2012. 上海工程地质特征与大深度地下空间开发模式探讨. 地下空间与工程学报,
　　8(s1):1333-1338

胡展飞,张刚,周健,2005. 软土基坑突水基底变形研究. 地下空间与工程学报,1(4):638-641

胡中雄,1997. 土力学与环境土力学. 上海:同济大学出版社

桓颖,张文静,杜尚海,2015. 基于野外试验的上海市地下水人工回灌可行性分析. 科学技术与工程,

　　15(14):126-131

黄家祥,张晓春,2008. 城市地铁工程的地下水问题分析. 岩土工程界,1:54-56

黄林海,汪光福,2010. 上海某基坑降水环境影响评价研究. 建筑监督检测与造价,5:5-8

黄小秋,2007. 城市高架道路沉降监测研究. 上海地质,3:32-34,44

黄鑫磊,何晔,占光辉,2014. 深基坑减压降水设计优化与止水帷幕隔水效应分析. 上海国土资源,35(2):
　　25-27,61

火恩杰,章振铨,刘昌森,等,2003. 长江口海域新生代地层与断裂活动性初探. 中国地震,3:12-22

贾坚,2007. 土体加固技术在基坑开挖工程中的应用. 地下空间与工程学报,3(1):132-137

贾媛,2018. 基坑开挖支护结构与周边建筑变形监测分析. 山西建筑,44(29):64-66

焦荣昌,1990. 上海及邻区重磁场的地震地质分析. 上海国土资源,14(4):46-55

介玉新,高燕,李广信,2007. 城市建设对地面沉降影响的原因分析. 岩土工程技术,2:78-82

金小荣,俞建霖,祝哨晨,等,2005. 基坑降水引起周围土体沉降性状分析. 岩土力学,26(10):1575-1581

靳虎,聂集祥,肖克云,等,2018. 深基坑内管涌、流沙的事故原因及补救措施. 智能城市,4(6):156-157

俊英,李勤奋,乔坚强,2000. 上海市地下水超采现状及防范措施. 地下水,4:143-146.

兰守奇,张庆贺,2009. 基于模糊理论的深基坑施工期风险评估. 岩土工程学报,31(4):648-652

郎宝玉,1992. 地下工程的工程地质和环境地质问题研究. 上海国土资源,13(3):53-63

雷芳,董治平,刘宝勤,等,1999. 平甘宁青地区地温场及其与地震的关系. 甘肃科学学报,11(3):22-27

黎兵,2010. 上海近岸海域近30年来的地形演变和机制探讨. 上海国土资源,31(3):29-34

李伯昌,余文畴,郭忠良,等,2010. 长江口北支近期河床演变分析. 人民长江,41(14):23-28

李超,戴雪荣,2011. 上海城市地貌形变的生态环境效应及应对策略. 长江流域资源与环境,s1:81-86

李春胜,2018. TRD工法水泥土连续墙止水帷幕在地铁明挖深基坑的应用技术. 建设监理,9:74-79

李从先,范代读,杨守业,等,2008. 中国河口三角洲地区晚第四纪下切河谷层序特征和形成. 古地理学报,
　　10(1):87-97

李从先,范代读,张家强,2000. 长江三角洲地区晚第四纪地层及潜在环境问题. 海洋地质与第四纪地质,
　　20(3):1-7

李从先,闵秋宝,孙和平,1986. 长江三角洲南翼全新世地层和海侵. 科学通报,21:1650-1653

李大勇,王晖,武亚军,2005. 盾构掘进对周围环境的影响分析. 地下空间与工程学报,1(z1):1062-1064

李铎,王安华,朱培男,2007. 基于比奥固结理论的基坑降水对建筑物沉降影响的有限元模拟分析. 科技创
　　新导报(34):76-77

李建强,2011. 深基坑支护及降水施工控制. 城市建设理论研究,16(16):3045-3047

李鹏,杨世伦,戴仕宝,等,2007. 近10年来长江口水下三角洲的冲淤变化——兼论三峡工程蓄水的影响.
　　地理学报,62(7):707-716

李勤奋,王寒梅,2006. 上海地面沉降研究. 高校地质学报,12(2):169-178

李天一,徐进,王璐,等,2012. 高孔隙水压力作用下岩体软弱结构面(带)力学特性的试验研究. 岩石力学
　　与工程学报,31(S2):3936-3941

李伟,童立元,王占生,等,2015. 不同地连墙插入深度下降水对周边环境影响分析. 地下空间与工程学报,
　　11(S1):272-277

李晓,2009. 上海地区晚新生代地层划分与沉积环境演化. 上海国土资源,1:1-7

李星,谢兆良,李进军,等,2011. TRD工法及其在深基坑工程中的应用. 地下空间与工程学报,7(5):
　　945-950

刘苍字,虞志英,2000. 杭州湾北岸的侵蚀/淤积波及其形成机制. 福建地理,3:12-15

刘恩军,2001. 侵蚀性地下水对地下结构工程的影响、评价标准及其防治措施. 地下工程与隧道,4:38-40

刘光生,2013. 杭州湾水沙运动特性分析. 浙江水利科技,41(2):56-60

刘慧林,周蕾,成湘伟,等,2008. 城市地下工程建设诱发的环境地质问题及其预防. 华东公路,5:81-83

刘金宝,2014. 基于三维水土耦合数学模型的深基坑降水优化设计. 上海国土资源,35(4):123-126

刘堃,刘明,张馨予,2009. 地下空间开发对城市环境地质的影响及保护措施浅谈. 城市,9:45-47

刘铁铸,1981. "郊灌市用"含水层储冷规划设想. 上海地质,4:48-52

刘卫平,张金善,2009. 长江口外高桥六期码头港池泥沙回淤分析. 水运工程,34(5):32-38

刘兴起,沈吉,王苏民,等,2003. 16ka以来青海湖湖相自生碳酸盐沉积记录的古气候. 高校地质学报,(1):
    38-46

刘学昆,崔溦,2012. 考虑软土低应变性态的深基坑变形分析. 地下空间与工程学报,8(a01):1431-1436

刘毅,2000. 上海市地面沉降防治措施及其效果. 华东地质,21(2):107-111

刘毅飞,陈沈良,蔡廷禄,等,2017. 杭州湾金山深槽冲淤演变及其趋势预测. 海洋通报,36(3):284-293

刘映,林北海,周俊峰,2002. 上海市工程地质信息系统. 上海国土资源,4:6-10

刘运明,2016. 区域沉降对城市轨道交通建设的影响及应对措施. 测绘与空间地理信息,39(1):187-189

卢文忠,1995. 中国东南沿海、长江中下游地区第四系浅层天然气概查. 南方油气地质,2:33

陆建生,2015. 悬挂式帷幕基坑地下水控制中的尺度效应. 工程勘察,43(1):51-58

骆祖江,刘金宝,李朗,2008. 第四纪松散沉积层地下水疏降与地面沉降三维全耦合数值模拟. 岩土工程学
    报,30(2):193-198

骆祖江,刘金宝,张月萍,等,2006. 深基坑降水与地面沉降变形三维耦合数值模拟. 江苏大学学报(自然科
    学版),27(4):356-359

骆祖江,张月萍,刘金宝,2007. 深基坑降水与地面沉降控制研究. 沈阳建筑大学学报(自然科学版),1:
    47-51

马锋,2015. 基于Mapgis的工程地质资料集成与服务研究. 中国房地产,36:50-54

苗朝,石胜伟,谢忠胜,等,2016. 红层缓倾岩质斜坡地下水作用机制及稳定性分析. 人民长江,47(18):
    50-55

苗巧银,宗开红,陈火根,等,2016. 长江三角洲(江苏)地区第四纪地层沉积分区及沉积特征. 上海国土资
    源,37(2):51-56

缪俊发,崔永高,陆建生,2011. 基坑工程疏干降水效果分析与评判方法. 地下空间与工程学报,7(5):
    1029-1034

闵秋宝,李从先,1992. 长江河口晚第四纪古地理研究. 同济大学学报(自然科学版),4:459-466

莫群欢,季良华,庄永乐,等,1999. 上海市第四系的工程地质研究. 高校地质学报,4:467-473

彭超,2013. 挤土桩的环境影响防治措施和施工技术. 科技经济市场,28(8):67-68

彭建,柳昆,郑付涛,等,2010. 基于AHP的地下空间开发利用适宜性评价. 地下空间与工程学报,6(4):
    688-694

钱鑫,2016. 基坑降水对区域地下水及周边环境影响的综合分析. 低碳世界,11:30-32

秦晓琼,杨梦诗,廖明生,等,2017. 应用PSInSAR技术分析上海道路网沉降时空特性. 武汉大学学报(信息
    科学版),42(2):170-177

邱金波,李晓,2007. 上海市第四纪地层与沉积环境. 上海:上海科学技术出版社

瞿成松,王金生,朱悦铭,等,2012. 基于浅层地下水回灌的基坑工程沉降防治分析与计算. 水文地质工程地
    质,39(6):62-66

冉龙,胡琦,2009. 粉砂地基深基坑渗透破坏研究. 岩土力学,30(1),241-245

上海地质矿产局,1988. 上海市区域地质志. 北京:地质出版社

上海市地震局,1992. 上海地区地震危险性分析与基本烈度复核. 北京:地震出版社

上海市地震局,2005. 上海市地震监测志. 上海:同济大学出版社

上海市地震局,同济大学,2004. 上海市地震动参数区划. 北京:地震出版社.

沈洪,魏子新,吴建中,等,2005. 黄浦江防汛墙沉降特征及其对防洪能力影响的分析. 上海国土资源,4:
21-24

沈建文,华宜平,邱瑛,等,1989. 地震危险性分析的经验点椭圆模型. 地震学报,11(3):259-267

沈建文,庄昆元,蔡长青,1992. 地震危险性分析的不确定性及其对策. 中国地震,4:14-17

沈宗丕,赵伦,王美英,2004. 上海市及边邻地区的地震活动周期与预测//中国地球物理学会. 全国天灾预
测总结学术会议文集:84-86

史玉金,2008. 上海市中心城区地下空间开发中面临的主要地质灾害问题及防治对策. 全国工程地质大会
论文集:70-77

史玉金,2011. 上海陆域古河道分布及对工程建设影响研究. 工程地质学报,19(2):277-283

史玉金,陈洪胜,杨天亮,等,2009. 上海市工程地质层层序厘定及工程地质条件分析. 上海地质,1:28-33

史玉金,严学新,2008. 上海市中心城区地下空间开发中面临的主要地质灾害问题及防治对策//中国地质
学会. 第八届全国工程地质大会论文集:61-68

史玉金,张先林,陈大平,2016. 上海深层地下空间开发地质环境条件及适宜性评价. 地质调查与研究,
39(2):130-135

宋飞,赵法锁,2008. 地下工程风险分析的层次分析法及 MATLAB 应用. 地球科学与环境学报,30(3):
292-296

宋先月,宋治平,张肃,等,2003. 上海及邻区的地壳形变速率与地震活动. 华南地震,23(1):13-19

宋玉田,魏茂雪,齐永红,2003. 深基坑防渗帷幕插入深度的分析. 山东水利,8:43-44

孙翠玉,1987. 上海市潜水含水层环境水文地质评价. 上海国土资源,4:47-50

孙明,高兴,2007. 地铁车站建筑工程中的风险及其防范措施. 铁道工程学报,10:97-100

孙永福,1980. 上海地区第四系地层工程地质性质与分区. 上海地质,1:1-16

汤连生,张鹏程,廖化荣,2007. 基于 GIS 的城市工程地质系列专题图编制方法研究. 广东地质,22(1):
38-42

唐益群,栾长青,王建秀,等,2008. 上海某地铁站试降水对周边环境的影响分析. 武汉理工大学学报,
30(8):147-151

滕延京,姚爱军,衡朝阳,等,2011. 地铁隧道施工对周边环境影响的数值分析方法适宜性评价及其改进方
法. 建筑科学,27(3):1-4

万远扬,孔令双,戚定满,等,2010. 长江口横沙通道近期演变及水动力特性分析. 水道港口,31(5):373-378

王寒梅,2010. 上海地面沉降风险评价及防治管理区建设研究. 上海国土资源,31(4):7-11

王寒梅,焦珣,2015. 海平面上升影响下的上海地面沉降防治策略. 气候变化研究进展,11(4):256-262

王会兰,杨雷鹏,2006. 地下水对建筑基础工程、地下隐蔽工程的腐蚀性分析. 西部探矿工程,18(s1):
522-523

王建秀,刘月圆,刘笑天,等,2017. 上海市地下空间地质结构及其开发适应性. 上海国土资源,38(2):39-
42,53

王建秀,吴林高,朱雁飞,等,2009. 地铁车站深基坑降水诱发沉降机制及计算方法. 岩石力学与工程学报,
5:151-160

王军祥,姜谙男,宋战平,2014. 岩石弹塑性应力–渗流–损伤耦合模型研究(I):模型建立及其数值求解程
序. 岩土力学,35(S2):626-637,644

王俊菲,朱元清,王小平,2009. 上海及其邻近地区地壳速度结构研究//中国地球物理学会. 中国地球物理
学会第二十五届年会论文集:327

王瑞新,刘春原,2008. 基坑降水与周围地面沉降的耦合分析. 河北工业大学学报,37(3):94-97

王卫东,翁其平,陈永才,2014. 56m 深 TRD 工法搅拌墙在深厚承压含水层中的成墙试验研究. 岩土力学, 35(11):3247-3252

王小平,李惠民,王燕纹,2005. 上海及其邻近地区地壳、上地幔速度结构的研究. 中国地球物理学会. 中国 地球物理学会第二十一届年会论文集:262

王岩,黄宏伟,2004. 地铁区间隧道安全评估的层次-模糊综合评判法. 地下空间,24(3):32-41

王宇,王士军,谷艳昌,2016. 基于分形理论的多孔介质渗透破坏研究. 中国农村水利水电,3:80-83

王允侠,高灯亮,1993. 上海及其邻区楔形断裂系统北翼断裂构造岩显微构造及岩组动力学研究. 上海国土 资源,4:46-51

王张华,赵宝成,陈静,等,2008. 长江三角洲地区晚第四纪年代地层框架及两次海侵问题的初步探讨. 古地 理学报,10(1):99-110

王张峤,陈中原,魏子新,等,2005. 长江口第四纪沉积物中构造与古气候耦合作用的探讨. 科学通报,14: 1503-1511

魏纲,魏新江,屠毓敏,2006. 平行顶管施工引起的地面变形实测分析. 岩石力学与工程学报,S1:3299-3304

魏子新,王寒梅,吴建中,等,2009. 上海地面沉降及其对城市安全影响. 上海地质,1:34-39

魏子新,曾正强,2001. 上海洪涝灾害的地面沉降因素及其长期影响. 上海地质,2:12-15

魏子新,翟刚毅,严学新,等,2010. 上海城市地质. 北京:地质出版社

温思哲,张宁,李海琳,2009. 苏州市某场地地下水对建筑材料腐蚀性评价. 西部探矿工程,10:193-196

吴怀娜,顾伟华,沈水龙,2017. 区域地面沉降对上海地铁隧道长期沉降的影响评估. 上海国土资源, 38(2):9-12

吴立成,刘苍字,杨蕉文,等,1996. 长江河口及其水下三角洲晚第四纪地层和环境变迁. 第四纪研究, 16(1):59-70

吴林高,李国,方兆昌,等,2009. 基坑工程降水案例. 北京:人民交通出版社.

吴敏慧,姜叶翔,张凯,等,2018. TRD 工法在临近地铁深基坑工程中的应用. 施工技术,47(S1):552-554

谢建磊,王寒梅,何中发,等,2008. 上海市长江口及邻近海域地质调查现状及展望. 上海地质,4:17-23

谢远成,2008. 上海中环线高架竣工后的沉降监测及数据处理. 中国市政工程,S1:65-66,86

信忠保,谢志仁,2006. 长江三角洲地貌演变模拟模型的构建. 地理学报,5:549-560

徐宝康,2015. MJS 工法在邻近地铁车站的深基坑中的工程实践. 建筑施工,7:781-783

徐方京,谭敬慧,1993. 地下连续墙深基坑开挖综合特性研究. 岩土工程学报,15(6):28-33

徐文杰,胡瑞林,李厚恩,等,2007. CAD 软件在工程地质三维建模中的应用. 工程地质学报,15(2):279-283

徐秀香,2010. 饱和砂土振动液化的分析与应用. 沈阳建筑大学学报(自然科学版),4:110-113

徐岩,赵文,2008. 沈阳地铁降水工程风险分析. 地下空间与工程学报,4(7):1382-1393

徐振宇,方朝刚,殷启春,2015. 亚间冰期以来长江入海口下切河谷充填型沉积体系与生物气聚集. 资源调 查与环境,36(2):130-136

徐中华,王建华,王卫东,2008. 上海地区深基坑工程中地下连续墙的变形性状. 土木工程学报,41(8): 81-86

许劼,王国权,李晓昭,1999. 城市地下空间开发对地下水环境影响的初步研究. 工程地质学报,1:15-19

许靖华,1992. 新仙女木事件——全球变化的一段典型历史. 第四纪研究,2:179-180

许胜,缪俊发,魏建华,等,2008. 深基坑降水与地面沉降的三维黏弹性全耦合数值模拟. 岩土工程学报 (s1):41-45.

许世远,黄仰松,范安康,1986. 上海市地貌类型与地貌分区. 华东师范大学学报(自然科学版),32(4): 75-82

严钦尚,洪雪晴,1987. 长江三角洲南部平原全新世海侵问题. 海洋学报(中文版),6:744-752

严学新,方正,曾正强,等,2004. 上海地下空间开发环境地质问题分析. 上海国土资源,1:1-5

严学新,史玉金,2006. 上海市工程地质结构特征. 上海国土资源,27(4):19-24

严学新,王寒梅,杨天亮,等,2019. 滨海地区深基坑减压降水地面沉降研究成果及应用——以上海市为例. 中国地质调查,6(1):69-76

严学新,杨天亮,林金鑫,等,2019. 超深基坑减压降水引发地面沉降的估算及其影响因素分析. 南京大学学报(自然科学),55(3):401-408

杨波,杜建国,胡海风,等,2017. 深部矿产地质调查中多元数据三维地质建模技术研究——以铜陵矿集区为例. 华东地质. 38(3):218-227

杨科,贾坚,2013. 上海软土基坑变形土体扰动机理及室内试验研究. 地下空间与工程学报,9(6):1266-1270

杨木壮,张建峰,郑先昌,2009. 城市地下空间开发利用的潜在不利影响及其对策. 现代城市研究,24(8):24-28

杨天亮,2012. 深基坑减压降水引发的地面沉降效应分析. 上海国土资源,33(3):41-44,70

杨天亮,2018. 深基坑减压降水地面沉降控制综合分区方法研究. 上海国土资源,39(2):64-69,74

杨天亮,黄鑫磊,2016. 上海深层地下空间开发中的重大地质问题及分层研究. 上海建设科技,z1:26-29

杨天亮,严学新,王寒梅,等,2010. 水位与沉降双控模式下浅层地下水压力回灌试验研究. 上海国土资源,31(4):12-17

杨天亮,叶观宝,吕远强,2008. 地面沉降流固耦合模型在深大基坑降水工程中的应用. 工程勘察,3:27-29

杨晓婷,张徽,王文科,等,2008. 地下工程建设对城市地下水环境的影响分析. 铁道工程学报,25(11):6-10

杨振伟,赵勇,王敏,2018. 盾构在富水粉细砂地层施工洞内涌砂风险分析. 公路交通科技(应用技术版),14(4):288-290

姚保华,章振铨,王家林,2007. 上海地区地壳精细结构的综合地球物理探测研究. 地球物理学报,50(2):482-491

姚纪华,宋汉周,彭鹏,等,2012. 深基坑降水引起地面沉降的影响因子权重体系. 勘察科学技术,6:16-20

姚志雄,周健,张刚,等,2016. 颗粒级配对管涌发展的影响试验研究. 水利学报,47(2):78-86,96

叶辉,2013. MJS 工法在外包井组合式围护施工中的应用. 上海建设科技,3:51-53,75

叶为民,万敏,陈宝,等,2009. 深基坑承压含水层降水对地面沉降的影响. 地下空间与工程学报,5(s2):1799-1805

俞洪良,陆杰峰,李守德,2002. 深基坑工程渗流场特性分析. 浙江大学学报(理学版),29(5):595-600

恽才兴,1988. 长江河口动力过程和地貌演变. 上海:上海科学技术出版社

恽才兴,2004. 从水沙条件及河床地形变化规律谈长江河口综合治理开发战略问题. 海洋地质动态,20(7):8-14

占光辉,何晔,黄鑫磊,2013. 上海地铁车站深基坑工程地面沉降防治实例分析. 上海国土资源,34(2):68-70

张阿根,2006. 上海城市地质工作回顾与展望. 上海地质,4:1-4

张斌,2009. 盾构在复杂地质条件下的进出洞施工技术. 隧道建设,29(3):305-309

张弘怀,郑铣鑫,2013. 城市地下空间开发利用及其地质环境效应研究. 工程勘察,41(7):45-49

张瑞虎,谢建磊,刘韬,等,2011. 长江口水下三角洲沉积物记录的古环境演化. 海洋地质与第四纪地质,1:1-10

张朔,2010. 深基坑支护方案中坑内土体加固方法的选用. 建筑施工,32(8):787-789

张文龙,史玉金,2013. 上海市工程地质分区问题. 上海国土资源,34(1):5-9

张先林,2001. 城市地质工作与可持续发展及其若干思考——以上海市为例. 上海地质,4:1-4

张云,薛禹群,李勤奋,2003. 上海现阶段主要沉降层及其变形特征分析. 水文地质工程地质,30(5):6-11

张云,薛禹群,叶淑君,等,2006. 地下水位变化模式下含水砂层变形特征及上海地面沉降特征分析. 中国地质灾害与防治学报,17(3):103-109

张云峰,张振克,刘玉卿,等,2019. 长江口北支沉积动力变化及对人类活动的响应. 人民长江,50(9):24-28

章振铨,火恩杰,刘昌森,等,2004a. 长江口海域断裂第四纪活动性特征. 地震学报,4:426-431,456

章振铨,刘昌森,王锋,2004b. 上海地区断裂活动性与地震关系初析. 中国地震,20(2):143-151

章振铨,刘昌森,2001. 上海两条隐伏经四纪断裂的研究. 地震地质,23(4):545-555

赵峻,戴海蛟,2004. 盾构法隧道软土地层盾构进出洞施工技术. 岩石力学与工程学报,23(s2):5147-5152

赵民,于开宁,万力,等,2011. 基坑降水环境影响评价体系研究. 施工技术(s1):142-146

赵希望,焦雷,2017. 深大基坑降水开挖施工对结构及周边环境影响有限元分析. 交通科技与经济,19(1):64-68

赵亚永,2013. 基于PCA模型土体临界水力坡降的预测. 科技致富向导,20:54

郑碧仿,2005. 隧道塌拱及防治的力学行为分析. 西部探矿工程,17(S1):202-206

郑剑升,张克平,章立峰,等,2003. 承压水地层基坑底部突涌及解决措施. 隧道建设,23(5):25-27

郑立博,陈雪梅,席恺,等,2018. 某市隧道工程地下空间开发利用工程地质条件适宜性研究. 地质灾害与环境保护,29(1):39-44,49

郑璐,张伟,王军,等,2015. 1972–2013年杭州湾北岸金山深槽演变特征与稳定性分析. 海洋学报,37(9):113-125

郑永来,韩文星,童琪华,等,2005. 软土地铁隧道纵向不均匀沉降导致的管片接头环缝开裂研究. 岩石力学与工程学报,24:4552-4558

钟建敏,2017. 预制桩沉桩挤土引起的桩基质量问题与处理. 建筑结构,47(S2):458-463

周积元,高灯亮,1995. 上海及其邻区潜在地质灾害的活动构造背景. 同济大学学报(自然科学版),3:326-332

周理武,宋建锋,2006. 回灌技术在控制地下水位中的应用. 城市道桥与防洪,4:47-49,7

朱发华,贺怀建,刘强,2009. 基于GIS的工程地质信息管理与三维可视化. 岩土力学,30(s2):404-407

朱桂娥,薛禹群,李勤奋,等,2000. 上海市多层结构地下水系统准三维模型的改进. 中国岩溶,19(4):321-326

朱积安,1990. 上海市地震灾害预防中若干值得重视的问题. 灾害学,1:35-38

朱积安,朱履熹,刘宜栋,等,1984. 上海及邻区的地质构造与地震活动. 华东师范大学学报(自然科学版),4:83-92

朱嘉旺,谢昊,2007. 大型深基坑支护、降水工程的施工质量控制要点. 金陵科技学院学报,2:41-44

朱履熹,顾志文,1994. 上海及邻区地震地质背景和地震基本烈度探讨. 华东师范大学学报(自然科学版),2:76-84

朱莹,刘学军,陈锁忠,2007. 基于GIS的地质剖面图自动绘制软件的研究. 南京师范大学学报(自然科学版),30(4):104-108

朱珍德,黄强,王剑波,等,2013. 岩石变形劣化全过程细观试验与细观损伤力学模型研究. 岩石力学与工程学报,32(6):1167-1175

朱珍德,邢福东,王思敬,等,2003. 地下水对泥板岩强度软化的损伤力学分析. 岩石力学与工程学报,z2:4739-4743

朱子沾,1992. 上海市南部地区地震危险性分析. 上海国土资源,13(1):24-30

朱子沾,徐关生,1990. 上海地区重磁场特征与断裂构造关系初探. 上海国土资源,2:42-50

祝立栋,2016. 隧道施工中突水突泥事故原因分析及预防措施. 山西建筑,42(14):176-177

邹静娴,许模,杨艳娜,2010. 隧道施工涌突水处理方法综述. 地下水,2:166-167

左书华,李九发,陈沈良,2006. 海岸侵蚀及其原因和防护工程浅析. 人民黄河,1:23-25,41

Baioni D,2011. Human activity and damaging landslides and floods on Madeira Island. Natural Hazards and Earth System Sciences and Discussions,11(11):3035-3046

Bi L,Yang S,Zhao Y,et al.,2016. Provenance study of the Holocene sediments in the Changjiang (Yangtze River) estuary and inner shelf of the East China Sea. Quaternary International,441:147-161

Béjar-Pizarro M,Ezquerro P,Herrera G, et al.,2017. Mapping groundwater level and aquifer storage variations from InSAR measurements in the Madrid aquifer,Central Spain. Journal of Hydrology,547:678-689

Cheng W M,Liu Q Y,Zhao S M,et al.,2017. Research and perspectives on geomorphology in China:four decades in retrospect. Journal of Geographical Sciences,27(11):1283-1310

Clough G W,O'Rourke T D,1990. Construction induced movements of insitu walls//Proceedings of the Design and Performance of Earth Retaining Structures. ASCE Special Conference:439-470

Cui Z D,Tang Y Q,2010. Land subsidence and pore structure of soils caused by the high-rise building group through centrifuge model test. Engineering Geology,113(1-4):44-52

Dassargues A, Biver P, Monjoie A, 1991. Geotechnical properties of the Quaternary sediments in Shanghai. Engineering Geology,31:71-90

Deng C L,Hao Q Z,Guo Z T,et al.,2019. Quaternary integrative stratigraphy and timescale of China. Science China(Earth Sciences),62(1):324-348

Diamond M L,Hodge E,2007. Urban contaminant dynamics:from source to effect. Environmental Science & Technology,41(11):3796-3805

Dou Y G,Yang S Y,Lim D I,et al.,2015. Provenance discrimination of last deglacial and Holocene sediments in the southwest of Cheju Island,East China Sea. Palaeogeography,Palaeoclimatology,Palaeoecology,422:25-35

Elbaz K,Shen S-L,Arulrajah A,et al.,2016. Geohazards induced by anthropic activities of geoconstruction:a review of recent failure cases. Arabian Journal of Geosciencds,9(18):708-719

Fang J Y,Liu Z F,Zhao Y L,2018. High-resolution clay mineral assemblages in the inner shelf mud wedge of the East China Sea during the Holocene:implications for the East Asian Monsoon evolution. Science China(Earth Sciences),61(9):1316-1329

Gao G,Yao S,Cui Y,et al.,2018. Zoning of confined aquifers inrush and quicksand in Shanghai region. Natural Hazards,91:1341-1363

Ge H M,Zhang C L,Versteegh G J M,et al.,2016. Evolution of the East China Sea sedimentary environment in the past 14 kyr:Insights from tetraethers-based proxies. Science China(Earth Sciences),59(5):927-939

Ge Y,Xu W,Gu Z H,et al.,2011. Risk perception and hazard mitigation in the YangtzeRiver Delta region,China. Natural Hazards,56:633-648

Ghobadi M H,Fereidooni D,2012. Seismic hazard assessment of the city of Hamedan and its vicinity,west of Iran. Natural Hazards,63(2):1025-1038

Glassey P, Barrell D, Forsyth J, et al., 2003. The geology of Dunedin, New Zealand, and the management of geological hazards. Quaternary International,103(1):23-40

Haddad R,Labiad M,Bouzid M K,et al.,2016. Landslide cartography at the region of Nabeul-Hammamet based on geographic information system and geomatic. International Journal of Geosciences,7(9):1088-1101

Hsieh P G, Ou C Y, 1998. Shape of ground surface settlement profiles caused by excavation. Canadian Geotechnical Journal,35(6):1004-1017

Jiang A N,Su G S,Li K,et al.,2009. 3D numerical simulation of seawater intrusion seepage- diffusion coupling based on GIS//2009 International forum on computer science-technology and applications proceedings:384-387

Kadirov F,Floyd M,Alizadeh A,et al.,2012. Kinematics of the eastern Caucasus near Baku,Azerbaijan. Natural Hazards,63(2):997-1006

Kampmann J,Summers J W,Eskesen S D,1998. Risk assessment helps select the contractor for the Copenhagen metro system//World Tunnel Congress '98 Tunnels and Metropolises 24th ITA Annual Meeting. Sao Paulo-Brazil:123-128

Kozlyakova I, Mironov O, Eremina O, 2015. Engineering geological zoning of Moscow by the conditions for subsurface construction. Engineering Geology for Society and Territory,5:923-926

Lepore C,Kamal S,Shanahan P,et al.,2012. Rainfall-induced landslide susceptibility zonation of Puerto Rico. Environmental Earth Sciences,66(6):1667-1681

Li D W,Yang K,Li C,2011. Study on the environmental hazard situation and prevention of the Three Gorges Area in China. Disaster Advance,4:45-54

Li D Y,Chen H G,Xu S J,et al. 2019. Stratigraphic sequence and sedimentary systems in the middle- southern continental slope of the East China Sea from seismic reflection data:exploration prospects of gas hydrate. Journal of Ocean University of China,18(6):1302-1316

Li H P, 2014. Research of the underground water level prediction model in deep foundation pit engineering. Applied Mechanics and Materials,675-677:901-904

Li X Y,Jian Z M,Shi X F,et al.,2015. A Holocene record of millennial-scale climate changes in the mud area on the inner shelf of the East China Sea. Quaternary International,384:22-27

Liu J G,Mason P J,Clerici N,et al.,2004. Landslide hazard assessment in the Three Gorges area of the Yangtze river using ASTER imagery:Zigui- Badong. Geomorphology,61(1-2):171-187

Liu S F,Shi X F,Liu Y G,et al.,2013. Holocene paleoclimatic reconstruction based on mud deposits on the inner shelf of the East China Sea. Journal of Asian Earth Sciences,69(12):113-120

Liu S,Shi X,Fang X,et al.,2014. Spatial and temporal distributions of clay minerals in mud deposits on the inner shelf of the East China Sea: implications for paleoenvironmental changes in the Holocene. Quaternary International,349:270-279

Markowski A S,Mannan M S,2008. Fuzzy risk matrix. Journal of Hazardous Materials,159:152-157

Mi B B,Liu S F,Shi X F,et al.,2017. A high resolution record of rare earth element compositional changes from the mud deposit on the inner shelf of the East China Sea: implications for paleoenvironmental changes. Quaternary International,447:35-45

Nirupama N,Simonovic S,2007. Increase of flood risk because of urbanization:A Canadian example. Nature. Hazards,40:25-41

Oliveira P J V,Correia A A S,Lemos L J L,2017. Numerical modelling of the effect of curing time on the creep behaviour of a chemically stabilised soft soil. Computers and Geotechnics,91:117-130

Rahnema H, Mirassi S, 2016. Study of land subsidence around the city of shiraz. Scientia Iranica, 23(3): 882-895.

Rezaie K,Amalnik M S,Gereie A,et al.,2007. Using extended Monte Carlo simulation method for the improvement of risk management:consideration of relationships between uncertainties. Applied Mathematics and Computation, 190:1492-1501

Sengezer B,Koc E,2005. A critical analysis of earthquakes and urban planning in Turkey. Disasters,29(2): 171-194

Shalev D M, Tiran J, 2007. Condition-based fault tree analysis (CBFTA): a new method for improved fault tree analysis (FTA), reliability and safety calculations. Reliability Engineering and System Safety, 92(9): 1231-1241

Song B, Li Z, Saito Y, et al., 2013. Initiation of the Changjiang (Yangtze) delta and its response to the mid-Holocene sea level change. Palaeogeography Palaeoclimatology Palaeoecology, 388(454): 81-97

Sturk R, Olsson L, Johansson J, 1996. Risk and decision analysis for large underground projects, as applied to the stockholm ring road tunnels. Tunneling and Underground Space Technology, 11(2): 157-164

Sunitha V, Khan A, Reddy M, 2016. Evaluation of groundwater resource potential using GIS and remote sensing application. International Journal of Engineering Research and Applications, 6(1): 116-122

Villarini G, Smith J A, Baeck M L, et al., 2010. Radar analyses of extreme rainfall and flooding in urban drainage basins. Journal of Hydrology, 381: 266-286

Wang H Q, Feng G C, Xu B, et al., 2017. Deriving spatio-temporal development of ground subsidence due to subway construction and operation in Delta Regions with PS-InSAR data: a case study in Guangzhou, China. Remote Sensing, 9(10): 1004

Wang J A, Shi P J, Yi X S, et al., 2008. The regionalization of urban natural disasters in China. Natural Hazards, 44: 169-179

Wang J X, Hu L S, Wu L G, et al., 2009. Hydraulic barrier function of the underground continuous concrete wall in the pit of Metro station and its optimization. Environmental Geology, 57: 447-453

Wang J X, Liu X T, Yang T L, 2015. Prevention partition for land subsidence induced by engineering dewatering in Shanghai. PIAHS, 372: 207-210

Wang J, Feng B, Yu H, et al., 2013b. Numerical study of dewatering in a large deep foundation pit. Environmental Earth Sciences, 69(3): 863-872

Wang X, Shi X, Wang G, et al., 2015. Late Quaternary sedimentary environmental evolution offshore of the Hangzhou Bay, East China—implications for sea level change and formation of Changjiang alongshore current. Chinese Journal of Oceanology and Limnology, 33(3): 748-763

Wang Z H, Jones B G, Chen T, et al., 2013a. A raised OIS 3 sea level recorded in coastal sediments, southern Changjiang delta plain, China. Quaternary Research, 79(3): 424-438

Wen X H, Diao M N, Wang D, et al., 2012. Hydrochemical characteristics and salinization processes of groundwater in the shallow aquifer of Eastern Laizhou Bay, China. Hydrol Process, 26(15): 2322-2332

Werner A D, Bakkerd M, Post V E A, et al., 2012. Seawater intrusion processes, investigation and management: Recent advances and future challenges. Advances in Water Resoures, 51: 3-36

Williams M A J, Dunklerley D L, De Deckker P, et al., 1997. 第四纪环境. 刘东生, 等, 译. 北京: 科学出版社

Wu J C, Meng F H, Wang X W, et al., 2008. The development and control of the seawater intrusion in the eastern coastal of Laizhou Bay, China. Environmental Geology, 54: 1763-1770

Wu S R, Shi L, Wang R J, et al., 2001. Zonation of the landslide hazards in the forereservoir region of Three Gorges Project on the Yangtze River. Engineering Geology, 59(1-2): 51-58

Xu Y S, Ma L, Shen S L, et al., 2012. Evaluation of land subsidence by considering underground structures that penetrate the aquifers of Shanghai, China. Hydrogeology Journal, 20(8): 1623-1634

Xue X Z, Hong H S, Charles A T, et al., 2004. Cumulative environmental impacts and integrated coastal management: the case of Xiamen, China. Journal of Environmental Management, 71(3): 271-283

Yang T L, Yan X X, Wang H M, et al., 2015a. Comprehensive experimental study on prevention of land subsidence caused by dewatering in deep foundation pit with hanging waterproof curtain. The International Association of Hydrological Sciences, 372: 1-5

Yang W Q, Zhou X, Xiang R, et al., 2015b. Reconstruction of winter monsoon strength by elemental ratio of sediments in the East China Sea. Journal of Asian Earth Sciences, 114：467-475

Yang W, Zhou X, Xiang R, et al., 2017. Palaeotsunami in the East China Sea for the past two millennia：a perspective from the sedimentary characteristics of mud deposit on the continental shelf. Quaternary International, 452：54-64

Yin P, Phung V P, Tran D L, et al., 2018. Introduction to the China- Vietnam cooperation project：a Comparative study of the holocene sedimentary evolution of the Yangtze and Red River deltas. Journal of Ocean University of China, 17(6)：1269-1271

You Y, Yan C, Xu B, et al., 2018. Optimization of dewatering schemes for a deep foundation pit near the Yangtze River, China. Journal of Rock Mechanics and Geotechnical Engineering, 10(3)：555-566

Zertsalov M G, Kazachenko S A, Konyukhov D S, 2014. Investigation of foundation pit excavation influence on adjacent buildings. Proceedings of Moscow State University of Civil Engineering ╱ Ve, 104(6)：57-62

Zhang X S, Wang J X, Wong H, et al., 2013. Land subsidence caused by internal soil erosion owing to pumping confined aquifer groundwater during the deep foundation construction in Shanghai. Natural Hazards, 69(1)：473-489

Zheng G, Cao J R, Cheng X S, et al., 2018. Experimental study on the artificial recharge of semiconfined aquifers involved in deep excavation engineering. Journal of Hydrology, 557：868-877

Zhou N Q, Pieter A V, Lou R Q, et al., 2010. Numerical simulation of deep foundation pit dewatering and optimization of land subsidence controlling. Engineering Geology, 116(3-4)：251-260